智能系统与技术丛书

移动平台深度神经网络实战

原理、架构与优化

卢誉声 著

机械工业出版社
China Machine Press

图书在版编目（CIP）数据

移动平台深度神经网络实战：原理、架构与优化 / 卢誉声著．—北京：机械工业出版社，2019.11（2021.11 重印）
（智能系统与技术丛书）

ISBN 978-7-111-64100-1

I. 移… II. 卢… III. ①人工神经网－研究 ②机器学习－研究 IV. ① TP183 ② TP181

中国版本图书馆 CIP 数据核字（2019）第 243085 号

移动平台深度神经网络实战：原理、架构与优化

出版发行：机械工业出版社（北京市西城区百万庄大街 22 号 邮政编码：100037）

责任编辑：高婧雅　　责任校对：殷　虹

印　　刷：北京建宏印刷有限公司　　版　　次：2021 年 11 月第 1 版第 2 次印刷

开　　本：186mm×240mm 1/16　　印　　张：31

书　　号：ISBN 978-7-111-64100-1　　定　　价：129.00 元

客服电话：（010）88361066 88379833 68326294　　投稿热线：（010）88379604

华章网站：www.hzbook.com　　读者信箱：hzjsj@hzbook.com

序

这是一本讲解怎么养大象，以及如何把大象装进口袋里的实战书。

深度学习的出现和应用，把许多科幻小说中预言的机器智能变成现实，也助力计算机将海量数据处理能力转化为更深层的解构、洞察和创造力，进而提供更加人性化的服务。在深度学习炸裂式发展的背后，是无数科研工作者对算法网络的不断改善和工程师们夜以继日的努力，才将这些成果转化为更多人触手可及的力量。

然而深度学习并不是一门程序语言或者一个编程框架，而是一个知识体系。对于有志进入这个领域发展的人来说，这个名词所代表的数学知识和计算机技术，以及将这些概念转化为应用所牵涉的框架和体系，恰如一只身躯庞大、威力无穷的大象。它的鼻子、耳朵、四肢、尾巴，每一处都饱含新知，每一处都值得细细琢磨。这很容易让人感觉处处都要学习，无从下手，生出畏惧心来。

这时候让一个养过大象、知道它习性的人带着一起看，自然会事半功倍。这本书的前半部分由浅入深地讲解了深度学习中的关键概念、重要知识点以及它们之间的关系，从一开始就串联起了这个知识体系的脉络，让读者先开门见大象，心中有大象。然后在每个局部以探讨学习的口吻和启发式提问将问题抽丝剥茧地层层展开，引出适合的框架，让读者不忍释卷的同时，能知其然更知其所以然。我尤其喜欢的是作者在每个知识点都能保持较小篇幅的同时，在核心知识的介绍中揉入自己的心得体会，并提供很多扩展阅读的线索，让这本实战书兼具了索引书的效用。

这本书后半部分讲的是如何把养好的大象装进口袋里——结合移动端计算环境的特点定制深度学习网络。如果说把大象装进口袋可以靠魔术师，那么在资源有限的环境中完成计算任务就得靠工程师了。作者以轻量化网络为核心，展开讨论了模型裁剪压缩的主要思路，然后演示了移动平台需要的前向引擎移植、数据处理准备和接口封装等必要的工程工作，完整地展示了一个典型项目落地的技术探索过程。贯穿其中的是在实时性、准确率、功耗和空间开销中寻找可用性平衡的种种尝试，这也是在真实工程开发中对工程师最为考验的部分。

如何将深度学习和移动端计算相结合这个主题本身也是恰逢其时。

想想50年前，阿波罗登月飞船载着人类追星逐月的梦想驶入太空，搭载的主机的RAM仅有2048字节。而现在连老人机都已经是至少4GB内存、8核CPU，不由得感慨这个时代对计算机行业独一无二的青睐——算力、存储、互联和可访问的总数据量都呈指数级发展，既极大地拓展了计算理论付诸实际应用的边界，将不可能变为可能，也助力海量运算撞开了初阶智能的一丝裂缝，让新计算形态的曙光照射进来。

作为诞生于这个最好时代的工程师，我们幸运地见证了一波又一波的技术革新及其带来的比预期更为深远的影响。这些时代高光的浪潮中，先锋们大多提前预判了行业变革点，在计算资源变得更普及、更有商业价值的前夜，抢先一步探索和准备。

在当下，我们看到了手持终端上算力和信息采集能力的飞速提升，看到了5G的呼之欲出和算力随时可及的便捷，看到了行业先驱在各自领域中提出了边缘计算、雾计算等新的概念并进行实践。这些征兆都在向我们提示一个新兴的、以广泛互联和边缘计算相结合，以深度计算为突破的新计算形态的诞生，所以当看到这本书关注的主题时，我真真是眼前一亮。

最难能可贵的是，这本书在分享深度学习知识和实战思考的同时，也将一个深度学习前行者的学习路径和理解完整地呈现在我们面前，让更多同行的人可以汲取思路，在遇到具体问题的时候举一反三，更顺利地探索出自己的实践之路。不管你是想在深度学习的海洋中搏浪遨游，还是想在算力扩散的前夜先人一步了解、布局，相信阅读此书都会不虚此行。

祝愿读到这本佳作的朋友都能够“养出自己的大象”，拥有自己的动物园。

Sam Xia

Director of Autodesk Forge Platform

2019.8.5

于10 000余米高空

前　言

为什么要写这本书

机器学习、云计算与移动技术的兴起为计算机科学领域注入了前所未有的活力，而海量数据时代的来临更是为机器学习技术带来了新的发展契机。我们可以看到，越来越多的企业和研发机构开始在自己的产品当中加入机器智能，曾经仅仅是为了锦上添花而使用的机器学习应用，如今摇身一变，成了现代软件产品或服务的核心竞争力。通过机器学习技术，软件或服务的功能和体验得到了质的提升。比如，我们甚至可以通过启发式引擎智能地预测并调节云计算分布式系统的节点压力，以此改善服务的弹性和稳定性，这是多么美妙。而对移动平台来说，越来越多的移动终端、边缘计算设备和 App 开始引入人工智能技术，而且对预测实时性要求高的环境也越来越依赖于离线实时机器学习，另外移动技术的普及也让边缘计算支持机器智能成为可能。

然而，开发成熟完善的机器学习系统并不简单。不同于传统计算机软件系统开发，研发机器学习系统不仅需要掌握扎实的软件开发技术、算法原理，还需要掌握纷繁复杂的数据处理原理和实践方法。此外，机器学习系统的实际载体多种多样。一个典型的机器学习系统可以是运行在云计算平台（比如 Amazon AWS）之上的实例，通过 API 调用的方式提供预测服务。另一种情况是，集中式提供机器学习服务固然不错，但离线机器学习计算是一项重大补充。在对实时性要求极为苛刻的生产环境中，实时的本地机器学习预测技术就显得尤为关键，如何在确保准确率的前提下，提升整体计算效率、降低系统功耗成为需要攻克的难题。在移动技术、边缘计算等技术突飞猛进的当下，研发高可靠、高效率以及低功耗的移动平台机器学习系统拥有广阔的发展愿景和市场，这既为我们创造了新的机遇，也使研发面临巨大的挑战。这是笔者撰写本书的原动力。本书着眼于移动平台之上的深度神经网络系统的研发和实战，从理论开始，抽丝剥茧地阐述、归纳和总结研发高性能计算系统的各个方面，同时辅以实战，带领读者一起掌握实际的工程落地方法。

未来已至，我们需要做好准备！

本书特色

本书是一本由浅入深详细讲解研发高性能移动平台深度学习系统的编程实战书。本书从基础机器学习知识开始讲起，涵盖设计和使用高性能分布式实时处理系统，移动平台编程，前向引擎优化和裁剪，实际的代码编写，最终实现一整套针对移动领域开发的完整机器学习解决方案。在本书中，我们将介绍一套以 C++ 编写的高性能分布式实时处理系统 Hurricane 及其使用方法，供数据收集和预处理使用。在此基础上，我们会深入剖析机器学习原理和深度神经网络概念，而概念讲解伴随而来的是编程实战，本书主要使用 Python 来讲解基础算法，验证设想。

另外，本书采用循序渐进的方式讲解理论知识，从基础知识入手到艰涩的优化算法。相比于 C/C++，Python 是一门易于上手并实验友好的胶水语言，因此在讲解各类概念与算法时，我们会使用 Python 来验证设想。从神经网络和深度学习篇章开始，为了给工程开发学习打下坚实的基础，本书除了使用 Python 代码验证设想外，还使用 C/C++ 来实现产品级的代码。

由于本书的主题是讲解如何开发实现高性能的移动平台深度学习系统，因此会花费大量篇幅讲解各种旨在提升算法速度和减小模型的小的算法与技术手段，从轻量级网络等算法模型层面改良到 Neon 指令集应用、权重稀疏化、半精度、权重量化等优化算法与技术实现，最终完成适用于移动平台的深度学习引擎性能增强与模型裁剪。为了完成完整的深度学习系统，我们除了要掌握基本原理外还需要掌握各类实现应用所需的工程技术。例如，在第三篇讲解与完成整个系统相关的所有技术时，还介绍了如何爬取训练用的图像数据、清理训练数据、编写训练代码等内容，并以 TensorFlow Lite 为例，讲解移动平台深度学习引擎框架的搭建方法，卷积层、池化层和全连接层实现与 iOS（包括 iPadOS）、Android 等平台的互操作实现与封装方案，最终完成可以在 iOS 与 Android 上实际运行的深度学习系统。

期待读者能从本书中学到新的知识，以便对深度学习与移动平台系统开发有更加深入的认识，了解如何构建一个高性能移动平台深度学习系统。

如何阅读本书

本书从最基本的机器学习基础概念和原理开始，逐步引入研发高性能移动平台机器学习系统所需要的方方面面，抽丝剥茧地把有关机器学习和框架的问题娓娓道来。

第一篇为**深度学习基础**，包含第 1 ～ 4 章。

第 1 章 介绍机器学习的一些基本概念、学习方法和开发机器学习系统所需的重要知识点，由此引出开发移动平台机器学习系统的主题，带领读者进入移动平台机器学习实战领域。

第 2 章 进一步介绍机器学习方法、原理和算法，为理解人工神经网络打下基础。

第 3 章 介绍人工神经网络、基于无监督学习的稀疏自编码器以及相应的数据预处理实战。

第 4 章 介绍深度网络和卷积神经网络的概念以及相应的编程实战，作为移动平台实现算法的基石。

第二篇为**移动平台深度学习基础**，包含第 5 ～ 6 章。

第 5 章 介绍移动平台深度学习开发基础，聚焦于 ARM 指令集加速技术。

第 6 章 介绍移动平台轻量级网络的实现原理和编程实战。

第三篇为**深入理解深度学习**，包含第 7 ～ 8 章。

第 7 章 介绍数据预处理原理、方法，及基于高性能实时处理系统开发的 PCA 产品级数据预处理解决方案。

第 8 章 介绍模式识别和物体识别的基本概念以及经典算法，并通过深度神经网络编程实战实现 AlexNet、Faster R-CNN 和 Retina Net。本书最后实现的移动平台示例主要是图像分类，因此本章的作用是先介绍一下前导知识。

第四篇为**深入理解移动平台深度学习**，包含第 9 ～ 12 章。

第 9 章 深入介绍移动平台性能优化主题，在移动平台对深度网络的速度进行优化，使移动平台系统能够高速低功耗使用模型的具体策略和方法。

第 10 章 介绍采集、训练数据的方法和编程实战，并通过 TensorFlow 完成训练与测试，最后完成整个数据采集和训练平台，为开发移动平台图像分类系统建立基础。

第 11 章 介绍了 TensorFlow Lite 的代码体系、构建原理、集成方法以及核心代码与裁剪分析，并介绍模型处理工具，完成移动平台系统集成。

第 12 章 介绍流行的移动平台机器学习框架和接口并辅以实战，最后总结并展望未来。

阅读前提

本书采用 Ubuntu、Debian 以及 Windows 操作系统作为基本的开发环境。此外，本书不会介绍基础的编程概念和理论。我们假定读者在阅读本书之前已经具备基本的编程技术以及一定的 Python、C/C++ 编程经验（最后一章还需要一些 Swift 和 Java 的基本语法知识）。

除此之外，数据对深度学习来说至关重要，读者还应该具备基本的实时数据处理方法和实践经验。建议读者先阅读《Python 程序设计》和《C++ 编程思想》以了解编程的基本概念，然后阅读《高级 C/C++ 编译技术》和《分布式实时处理系统：原理、架构与实现》来进行提高。

本书排版约定

在本书中，读者会发现针对不同信息类型的文本样式。下面是这些样式的示例和解释。

所有命令行输入和输出如下所示：

```
mkdir mobile-ml-learning
cd mobile-ml-learning
```

代码清单通常以以下格式展现：

```
2 #include <cstdlib>
3
4 int main()
5   {
6     std::cout << "Hello mobile ML_world!!" << std::endl;
7
8     return 0;
9 }
```

在正文当中，我们可能会用以下方式拓展所讲解的内容：

提示

这里是相关提示的文字。

读者对象

本书适合以下读者：

- 移动平台应用程序研发人员
- 嵌入式设备软件研发人员
- 智能系统架构设计与开发工作者。

对于研发人员来说，本书是一本系统学习和掌握深度学习原理及深入剖析移动平台开发机器学习系统的指南。对于架构师来说，本书是一本移动平台机器学习系统架构设计的实战书。读者可以深入理解移动平台机器学习系统的内部构造以及重要组成部分，并自己设计、优化和改进系统的层次。同时，本书适合初学者学习机器学习实战技术，掌握开发机器学习系统当中惯用的编程技巧。

勘误和支持

虽然笔者在编写本书的过程中经过反复审校，全力确保本书内容的准确性，但错误在所难免。书中难免可能会出现一些错误或不准确的描述，恳请读者批评指正。书中所涉及的所有源代码及工程都可以从华章官网（www.hzbook.com）或 GitHub（https://github.com/samblg/book-mobile-ml）下载，这些项目都是开源项目。现在我怀着期盼和忐忑的心情，将这本拙作呈献给大家，我渴望得到您的认可，更渴望和您成为朋友，如果您有任何问题和建议，请与我联系（电子邮件：samblg@me.com），期待能够得到您的真挚反馈。

致谢

在创作本书的过程中，我得到了很多人的帮助，这里必须要一一感谢，聊表寸心（排名不分先后）：顾仁民、侯捷、鲁昌华、彭垚、邵良、夏臻新、于俊、彭敏、旷天亮、徐立冰、风辰、陈炜、俞欢、Eddie Ruan、龙俊彤、石莲、徐航、曾玉明、李佳和钱曙光。感谢我在 Autodesk 的同事和 Cisco Systems 的朋友。特别是我的良师益友金柳颀，感谢你在技术问题上的严谨精神。还要感谢机械工业出版社的高婧雅编辑对我的信任。

谨以此书献给我最亲爱的家人与朋友，你们是我奋斗路上坚强的后盾。

卢誉声

于上海

目　　录

第二篇 移动平台深度学习基础

第一篇

深度学习基础

第1章 向未来问好

作为本书内容的起点，我们将会先介绍机器学习的一些基本概念、入门学习的方法和开发机器学习系统所需要具备的一些重要知识点，由此逐步引出研发移动平台机器学习系统的各方面，这包括理论指导、概念介绍和工程实践。对于基本概念来说，这些内容十分重要。不过读者也不需要担心，我们会在本书的开头就向大家介绍传统机器的学习算法，接着引出移动平台深度学习的主题，最后介绍并指导读者实践一个经典机器学习的预测案例。期望你已经做好准备，进入移动平台深度神经网络实战领域。

1.1 机器学习即正义

不管大家有没有接触过机器学习，但是我们的生活中已经被机器学习包围了。比如被各种媒体报道了无数遍的自动驾驶技术就是机器学习和人工智能的结晶。甚至我们生活中的方方面面都已经受到了机器学习的影响。

最早的例子就是我们日常使用的搜索引擎的搜索推荐结果了。我们搜索一个关键词的时候，搜索引擎可能会推荐出我们感兴趣的其他关键词，那么搜索引擎是怎么实现的呢？一方面收集了大量的搜索和访问历史；另一方面通过爬取大量网页来生成知识图谱，两者结合完成搜索推荐。这些都离不开机器学习技术的应用。

同样，现在在银行、车站等公共场所都可能有一些无人开户或无人检票的系统。比如，银行的无人开户业务，通常的流程是先让你放置个人证件，接着拍下你的人脸，再检验一下现场人脸和身份证照片是否一致。以往这需要依靠柜员才能完成的任务，由于人脸识别技术的发展，已经可以在一定程度上用机器来替代了。而人脸识别自然就是基于机器学习来实现的。

再简单介绍一下无人驾驶技术，其涉及的技术栈十分广泛，包含图像识别、导航定位、驾驶辅助系统等各种技术。因此，在这个领域当中就不仅仅是机器学习一种技术那么简单了，而是需要多领域的多种技术相互融合。当然，现在的无人驾驶技术离成熟也是任重而道远。还有一个与我们生活息息相关的领域——智能医疗健康。从智能手环开始，各种智能穿戴设备层出不穷。不过我们需要知道的是，在传统情况下想做一个医疗器械具有很高的门槛。而现在我们能看到的部分智能设备，它们一不抽血、二不化验，只是根据很多外部数据就能够“拟合”你的健康状况，这种设备很大程度上规避了审核门槛，这就让普通科技企业也有机会尝试进入健康医疗领域。我们在这里提到了一个关键字：拟合。这听起来有些“专业”，我们会在接下来的章节中围绕“拟合”这个问题展开来讲。当然，还有各种实实在在做医疗健康数据的企业，它们根据各种体检数据和评估数据来做健康管理等工作。

我们可以看到，机器学习技术的应用从方方面面渗透到我们的生活中，它已成为科技领域的“中坚力量”。在了解了机器学习的典型应用场景后，我们再来谈一谈具体的工程实践和研发问题（这是本书需要研究和探讨的主题）。从本章开始，我们会先从机器学习基本理论开始讲起。

未来已经到来，我们需要做好准备。

1.1.1　照本宣科

说了这么多例子，现在我们来考虑一个严肃的问题，那就是到底什么是机器学习？机器学习又是怎么样一个过程呢？这是我们所要讲解的所有内容的开始，顺着这个思路，后续的很多问题，也会迎刃而解。

想想我们小时候在学校里上数学课的场景。我们拿到课本，老师会根据课本里的内容，帮着梳理其中知识点。接着老师会布置作业，当我们做完作业后老师还会给我们批改作业。我们经过小学一年的学习——终于学会了加减乘除以及解决相关的衍生问题。

事实上机器学习的原理跟这个简单的过程十分类似，我们可以将机器看作一个人，然后要给他准备一系列的数据，而这些数据就是课本的知识来源了。当然一堆乱七八糟的废数据是没用的，所以我们要帮机器整理数据，而这些整理后的数据就是课本。接着，我们要给机器安排一个老师，告诉机器如何使用这些数据，并梳理这些知识点之间的关系，与之对应的则是我们在机器学习领域当中的训练程序和模型了。现在有了课本和老师，机器就可以开始进行学习了，我们把这个学习的过程叫作**训练**。在训练完之后，我们会生成一个含有具体参数的模型，这个模型就是机器的学习结果，也就是那些存储在我们脑子里的知识了。以后当有人问机器问题的时候，机器就会使用这个模型来处理输入的问题，并生成一个输出来回答问题，那么这个过程就是所谓的**预测**了。当然，就像我们在学校里，我们要怎么检验学生的学习成绩呢？当然就是考试。而对于机器学习而言，我们会将一系列准备好的测试数据输入到机器学习系统中，然后机器学习系统就会输出相应的答案。我们比较一下测试数据的正确答案和机器给出的答案，就可以给机器学习的成果打一个分数了，而这个分数就是测试的准确率。当然机器比人类学习知识要烦琐得多，可能学习完一个知识点后就要一次性做个几万道题目才能确保模型的有效性，在这里我们先为机器默哀一分钟。

我们梳理一下整个流程。首先，我们会整理一系列的数据给训练程序，这些数据就叫作训练数据。其次，我们再给训练程序指定一个现成的模型学习方法，训练程序就会根据所提供的方法读入训练数据，然后经过计算得到学习后的模型。这个模型我们可以抽象成一个泛化的函数，作用就是输入一批自变量（训练数据中的特征），然后得到最后的应变量，即问题的答案。

理论上讲，我们就可以拿这个模型到实际环境里去使用了。不过在这之前，我们还有两步工作需要完成。

第 1 步：输入训练数据，确定得到的模型能否正确处理训练数据，只有准确率达到一定水平才能进入下一步。

第 2 步：输入测试数据，然后让模型给出结果，我们再来得到准确率。

如果这两步当中有一步不满足，那我们就只能更换训练数据（也就是换课本），抑或是更换老师（也就是换训练方法和模型）。直到两个准确率足够为止。

但是这里就有一个问题了，一个在训练数据上表现很好的模型到底效果好不好呢？那不一定，就像现实当中，课本会告诉我们 1+1 等于 2，但是不会告诉我们 9999+1 等于 10 000。我们要学会方法的本质，然后举一反三。那么机器也需要如此，机器要从训练数据中找出其规律所在，才能去应付现实世界中的实际数据，不然就成了一个只会做课本题目或做试卷的“傻学生”了。但是现实中的确有很多在训练和测试数据上表现非常好，但是现实中却不理想的模型，我们将这种现象叫作“过拟合”。对于很多模型来说，如果数据量过小就很容易出现这种问题。如孔子说：“举一隅不以三隅反，则不复也。”模型设计不当的话，给再多数据也没用。如果我们训练出来一个模型是“过拟合”的，自然也就没有什么实用价值了。这种需求我们称之为模型的泛化能力。所以，所有的客户在使用机器学习产品的时候，都需要使用自己的数据去验证模型的使用价值。当然，可以想象，如果有学生作弊，把自己学过的题目告诉老师，让试题都选自这些题目，那这个学生有很高的几率能考 100 分。对于机器来说有过之而无不及，如果遇到的数据都是训练数据，那么准确率可想而知。这种情况我们称之为作弊。

1.1.2 关键概念概述

了解完机器学习的最基本运作原理后，我们再来认识几个和机器学习相关的关键名词与含义。本章以开门见山的方式概述大数据、机器学习和深度神经网络的基本概念。这些概述并不完美，我们会先在这里提出来，并在后续章节的阐述过程中不断完善这些定义。

第 1 个是大数据。大数据也称海量数据，它们由巨型数据集组成。这些数据集的大小超出我们可以正常收集、管理和处理的能力。随着计算机性能的提升，对大数据规模的定义也随之变化，越来越大。有人提出大数据目前有 4 个 V，分别是量（volume，指数据大小）、速（velocity，指数据输入或输出的速度）、多变（variety，指数据样本多样性）和真实性（veracity）。如果我们善于利用这些大数据，那么它们的价值将难以估量，因此这也对我们存储与处理数据的技术提出了更高的要求，使得我们必须使用一些超越常规的方法来解决问题。

第 2 个是机器学习，我们在 1.1.1 节已经基本有所认知。

除此之外，就是机器学习领域当中经常能看到的一个词：深度学习。深度学习也称作深度神经网络，即层数非常深的神经网络。至于神经网络，也就是人工神经网络。这并不是什么时下新发明创造出来的词汇、技术或思想。其实，早在 20 世纪 40 年代这个概念就被提出了。所以说相关技术和方法是遇上了一个好的时代而被发扬光大了，具体是为什么，我们会在后面的章节进行阐述。神经网络是众多机器学习模型当中的一种，除此之外，常见的模型还包括决策树、SVM（Support Vector Machine，支持向量机）、贝叶斯网络等，数不胜数。

那么，深度神经网络又是怎么回事？事实上，深度神经网络仅是人工神经网络中的一个小分类。由于其训练效果出众，因此无论是学术研究还是研发工作都越来越多地开始采用这种方法。

1.1.3　数学之美

我们继续讲与机器学习相关的概念。虽然我们在前面的章节中已经用类比的方式概括了机器学习的主要任务。回过头来，我们再用理性的文字来讲解什么是机器学习，我们又为何需要机器学习。

大家都知道，人可以看到的东西是有限的，但是人总是希望从已知的信息中得到一些普遍的规律，并使用这些规律得到未知但想要知道的信息。比如，各种物理定理就是这个过程的产物。

我们再说一个更实际但非常简单的例子，它来源于基础统计学。比如，我们要如何才能知道某个工厂产出的产品可能出现的次品数？通常的做法往往是从实际的产品中抽取一定的样本，然后统计样本中的次品数量，计算样本里的次品频率。我们会假定样本和真实产品同等分布，比如样本有 10 个工件，工件里有 1 个是次品，那么我们可以假定次品率是 10%，所以如果总共有 100 个工件，那么次品数量可以推断为 10 个，以此类推。

看一下这个过程，我们已知的是样本情况（样本包含多少个工件、里面有多少次品），以及整体数量，这些就是我们的原始数据，最后得出的是整体的次品数目，即未知的需要我们去预测的一个值，这也就是我们想要得到的信息。

只不过这个过程非常简单，我们用一个简单的数学模型就能解决。

所以早期我们来做这类预测时需要使用数学模型来帮助解决问题。而建立数学模型需要考虑这个系统中所有的因素，并思考这些因素之间的逻辑关系，以便得到准确的数学公式。这个就是数学模型的本质，也就是数学建模需要完成的任务。这种思路其实就是希望使用数学来描述我们现实世界中的一切现象。

诚然，数学很美。但是在有限资源的情况下，仅仅使用数学并不能解决一切问题。

大家可以思考一下天气预报的问题。天气预报的整个过程是非常复杂的，需要考虑的因素非常多，而且还需要进行趋势预测。在这个场景下，数学模型可以完成基本的预测，但是如果想要得到更高的准确率，那么只用数学模型已经力不从心了。疾病预测一类的问题亦是如此。

我们使用数学模型的思路是，观察收集的数据，然后使用数学工具去人工分析并建立数学模型，但是如果数据量不够，我们又怎么能够假定复杂的数学模型是普适的呢？主要矛盾在于，人的精力是有限的，如果数据量太大肯定不切实际。

那么，我们能不能让机器自己去观察更多的数据呢？

为了解决这个问题，机器学习就出现了。机器学习的思路是，如果我有一定量的数据，那么我就把人类自己分析数学模型的那套过程转嫁给计算机，让计算机读取数据，并提取数据中的一些特征。比如在疾病预测里，我们需要考虑的因素除了基本的各项身体健康指标外，可能还要考虑各种基因的因素，这些健康指标和基因都算作一个特征。然后，寻找这些特征和最后我们想要得到的结果之间的关系，我们需要做的就是设计这个寻找的算法，并使用计算机程序来实现，具体如何寻找就完全交给计算机来做。

所以，现在的趋势就是使用机器学习模型去替代我们传统的数学模型来解决现实问题。

那么为什么现在机器学习模型会变得越来越重要，甚至完全取代了数学模型的地位呢？一是因为人们现在想要解决的问题越来越复杂，很多问题数学模型已经无法胜任了。二是因为现在数据的来源越来越丰富，数据量越来越大。不过俗话说得好，巧妇难为无米之炊，哪怕使用了机器学习模型，但是没有数据又有什么用呢。这时我们就要再次提到前面列举的大数据概念了，海量数据走进人们的视野让机器学习乃至深度神经网络的实际运用成为可能。除此之外，还有机器性能的大幅提升。以前，很多模型无法使用的原因就是机器性能不足以让计算机胜任相关的计算任务，比如深度神经网络。而现在随着 CPU 性能提升、GPU 和异构运算、分布式计算的兴起，到现在的 ASIC、FPGA 的应用，我们可以使用的资源自然也就越来越多，以前需要一个月才能处理完的数据现在一天之内就能处理完，因此机器学习也就不是天方夜谭。

我们会在本书的后续章节中，随着内容的推进陆续详细介绍抓取与预处理数据的技术、框架、方法和具体步骤，因为数据对我们的实际应用来说实在太过重要，因此我们会针对数据本身这个问题展开讨论。

1.2 机器学习的场景和任务

什么是机器学习模型，机器学习又能在什么场景下解决什么问题？

为了解释清楚这两个问题，我们需要先了解一下机器学习的大致流程，然后再来解释机器学习模型的问题。

特征是什么？简而言之就是一个事物异于其他事物的特点。而我们能够根据这些特点区分出这个事物与其他事物的不同之处。假设我们想让机器学习认识一只猫，我们就需要给机器一系列猫的数据样本，而且每一个样本都包含用于识别猫的关键特征，这些特征可以包含毛发颜色、体型大小、叫声等。然后为机器定义一套学习特征的方法，机器会按照这个方法，并根据猫的特征数据从数据当中提取出一些用于识别猫的关键“参数”，那么只要保证机器学习方法没问题，而且数据量足够大，最后就可以学习到识别猫的参数。以后我们就可以通过输入猫的照片，让机器学习系统及时给予人反馈，从而得出照片当中的动物是不是猫的结论。

需要注意的是，这里有一个语境问题。当我们讨论机器学习算法的时候，有可能会把这些机器学习算法称为机器学习模型。当讨论训练和预测的时候，我们把使用机器学习算法训练出来的参数文件称为模型，后面为了便于讨论，我们会把机器学习的结果叫作模型参数文件。

所以我们可以将一个机器学习模型看成一个黑盒子，在数学建模时代，我们除了必须非常清楚这个盒子里面的构造外，还要知道盒子中每个零件的参数是怎么来的。而现在我们只需要设定这个盒子的基本结构，至于零件的参数则让机器自己去学习，我们也不知道这个参数的具体学习过程。

那么，这个机器学习模型可以用来完成什么任务？

第一类问题叫作分类（classification），和前面猫的例子类似，我们再举一个例子。假设我们知道某个鸟的各个特征，现在要根据这些特征确定这只鸟属于哪种鸟类，这就是所谓的分类问题。首先，我们要收集能收集到的所有的鸟类信息，包括鸟的各种特征以及鸟的种类，其中颜色、体重、翅膀等属性都属于特征，而种类则是鸟的标签。其次，我们建立的机器学习的目的就是让用户输入一个鸟的特征，然后输出这个鸟的种类，也就是对应的标签。这个过程就是一个根据鸟的属性分类的过程，只不过是由计算机自动完成的。

第二类问题是回归（regression），比如我们根据病人的身高、体重等各种表征信息预测这个病人的血糖浓度。血糖浓度是一个数值，表征信息属于特征，也是数值，这种对数值型数据的预测称之为“**回归**”。回归的学习过程就是收集每个病人的体征与其血糖浓度，然后通过回归学习得出一个模型，这样用户只要输入他的体征就可以计算出自身的血糖浓度。

我们发现，这两类问题不仅需要提供原始数据里的“特征”，还要提供每个样本的结果，也就是“目标”。机器所要学习的正是从特征到目标之间的映射关系。

这种机器学习方法，我们称之为监督学习（supervised learning）。

总的来说，机器学习模型被用来解决两大类任务：分类、回归。

我们在这里第一次提出监督学习的概念。那么有监督学习，自然就有无监督学习（unsupervised learning）。无监督学习指的是我们只需要提供样本的特征数据（比如上述例子中鸟的颜色、体重等），然后交给机器训练，不需要提供任何标签和对应结果。无监督学习中的典型任务就是“聚类”。比如，有一批鸟的特征样本，却不知道每只鸟对应哪个类别，而任务就是通过机器学习来计算得出鸟所属的类别。最终训练得到的模型的作用是，从样本中输入一只鸟的信息，通过机器学习模型预测得出这只鸟和训练数据里哪些鸟属于同一类，这就是所谓的聚类问题。由于在我们现实当中收集的很多数据都没有对目标进行标注，因此聚类算法不仅可以用于预测，还可以用于监督学习的数据预处理，也就是预先给数据打上标签，这是非常重要的一个实际应用。

机器学习的实际应用场景十分广泛，包括图像处理、语音处理、自然语言处理以及需要综合应用大量技术的场景，这里每一个方向都是一个需要深入研究的方向，每个方向之间有关系又有区别。

1.3 机器学习算法

我们在前面的内容中提及过，大部分的机器学习算法主要用来解决两类问题——分类问题和回归问题。在本节当中，我们介绍一些简单但经典实用的传统机器学习算法，让大家对机器学习算法有一个基本的感性认识。

1.3.1 分类算法

1.2 节介绍了什么是分类算法，这是一种监督学习方法。有很多算法帮助我们解决分类问题，比如 K 近邻、决策树、朴素贝叶斯、贝叶斯网络、逻辑回归、SVM 等算法。人工神经网络和深度学习也往往用来解决分类问题。这些都是常见和常用的分类算法，只不过不同的算法都有其优劣，会应用在不同的场景下。

因为本书的侧重点是深度学习领域，因此本书后续不会全面讲解所有算法（当然这也几乎是不可能完成的任务），但我们会涉及并讲解与主干内容相关的算法，如决策树、贝叶斯算法等。逻辑回归和人工神经网络是特例，其中人工神经网络是深度学习的来源，而逻辑回归又是人工神经网络的基础，因此会利用相当篇幅进行阐述。

1.3.2 回归算法

我们在前面章节中介绍了什么是回归算法。回归算法也是一种有监督学习方法。回归算法来自于回归分析，回归分析是研究自变量和因变量之间关系的一种预测模型技术。这些技术应用于预测，时间序列模型和找到变量之间的关系。举个简单例子，我们可以通过计算得出在某些情况下服务器接收请求数量与服务器 CPU、内存占用压力之间的关系。

最简单的回归算法就是线性回归，相信大家都对线性回归有所了解。虽然线性回归比较简单，但是越简单粗暴的算法在面对有些实际问题的时候就越实用。深度学习也可以用于解决回归问题，在本书后文中涉及的时候会详细介绍回归算法。

1.3.3 聚类算法

聚类算法是一类无监督学习算法。聚类的概念也在前文介绍过，是研究（样品或指标）

分类问题的一种统计分析方法，同时也是数据挖掘的一个重要算法。聚类分析以相似性为基础，在一个聚类中的模式比不在同一聚类中的模式具有更多的相似性，这是聚类分析的最基本原理。聚类分析的算法可以分成很多类方法，比如划分法、层次法、基于密度的方法、基于网络的方法和基于模型的方法。

最有名的聚类算法就是 K-Means（K – 均值）算法，是最为经典的、基于划分的聚类方法。该算法的主要思路是以空间中 k 个点为形心进行聚类，将最靠近它们的对象归类。通过迭代的方法，逐次更新各簇的形心的值，直至得到最好的聚类结果。(形心可以是实际的点，也可以是虚拟点)。通过该算法我们可以将特征相似的数据聚合称为一个数据群组，而将特征相差较大的数据分开。这样说可能会比较抽象，我们会在后面章节中使用到的时候再详细讲解。

1.3.4　关联分析算法

关联分析是除了聚类以外的一种常用无监督学习方法。用于发现存在于大量数据集中的关联性或相关性，从而描述了一个事物中某些属性同时出现的规律和模式。

关联分析最典型的应用就是购物车分析。我们可以从用户的订单中寻找经常被一起购买的商品，并挖掘这些商品之间的潜在关系，这样有助于线上、线下商家指定购买与销售策略。

最著名的关联分析算法就是 Apriori 算法和 FP-growth 算法。Apriori 算法就是根据有关频繁项集特性的先验知识而命名的。它使用一种称作逐层搜索的迭代方法。而 FP-growth 是针对 Apriori 算法的改进算法，通过两次扫描事务数据库，把每个事务所包含的频繁项目按其支持度降序压缩存储到 FP-tree 中。在以后发现频繁模式的过程中，不需要再扫描事务数据库，而仅在 FP-tree 中进行查找即可，并通过递归调用 FP-growth 的方法来直接产生频繁模式，因此在整个发现过程中也不需产生候选模式。该算法克服了 Apriori 算法中存在的问题，在执行效率上也明显好于 Apriori 算法，同时能生成有向关系，比 Apriori 更为泛用。

1.3.5　集成算法

前面几节介绍了常见的机器学习算法，但是我们会发现每个单独的机器学习算法往往只能解决特定场景下的特定问题，如果问题会变得更为复杂，就难以使用一个学习器达到目标。这时候我们就需要集成多个学习器，协同完成机器学习任务。所谓集成学习就是使用一系列学习器进行学习，并使用某种规则把各个学习结果进行整合，从而获得比使用单个学习器更好的学习效果的一种机器学习方法。一般情况下，集成学习中的多个学习器都是同质的“弱学习器”。

集成学习的主要思路是先通过一定的规则生成多个学习器，再采用某种集成策略进行组合，然后综合判断输出最终结果。一般而言，通常所说的集成学习中的多个学习器都是同质的“弱学习器”。基于该“弱学习器”，通过样本集扰动、输入特征扰动、输出表示扰动、算法参数扰动等方式生成多个学习器，进行集成后获得一个精度较好的“强学习器”。

最著名的集成算法就是 Boosting 类算法，包括 AdaBoosting 等常用算法。这类算法需要同时训练多个模式，基本思路就是根据训练时的正确率和错误率调整不同学习器的权重，最终预测时使用带权重的投票法产生最终结果。

还有一类集成算法为 Bagging 类算法，主要思路是分别训练几个不同的模型，然后用模型平均的方法做出最终决策。最著名的 Bagging 类算法就是随机森林，该算法还融入了随机子空间方法，是以决策树为基础分类器的一个集成学习模型，它包含多个由 Bagging 集成学习技术训练得到的决策树，当输入待分类的样本时，最终的分类结果由单个决策树的输出结果投票决定。

1.3.6 强化算法

强化学习（reinforcement learning）和我们在前面提到的算法不太一样，其主要用于训练一个可以感知环境的自制感知器，通过学习选择能达到其目标的最优动作。这个很具有普遍性的问题应用于学习控制移动机器人，在工厂中学习最优操作工序以及学习棋类对弈等。

提示 当某个智能体在其环境中做出每个动作时，施教者会提供奖励或惩罚信息，以表示结果状态的正确与否。该智能体的任务就是从这个非直接的，有延迟的回报中学习，以便后续的动作产生最大的累积效应。

——引用自米歇尔（Mitchell T.M.）《机器学习》

最著名的增强学习算法就是 Q-Learning 算法。由于增强学习算法不在本书讨论范畴，并由于其本身的复杂性，我们在这里只做简单的介绍但不做深入讨论。

1.4 如何掌握机器学习

有的人说机器学习入门并不难，有的人会觉得机器学习难以理解。我们需要先越过这道壁垒，才能进一步讨论移动平台深度学习的话题，那么该如何去学习机器学习这种技术与方法呢？在本节当中，我们将介绍掌握机器领域知识的学习曲线、技术栈以及常用框架。

1.4.1 学习曲线

首先，我们必须清楚机器学习是计算机科学中的一个领域，所以要能够掌握机器学习，真正通过计算机把机器学习应用起来是需要以计算机科学为基础的。比如要了解基础的程序设计语言，至少是 Python 或者 MATLAB，要知道基本的数据结构，要知道基本的数据处理技术，要知道基本的数据存储查询技术等。

其次，机器学习算法一般都有比较严密完善的数学原理，如果不能从数学的角度去理解机器学习，我们是无法理解其中一些本质核心的东西的，那就永远只能从使用模型的角度对这个领域浅尝辄止了。

另外机器学习也是一个依靠经验的领域，许多参数和方法都需要依靠日常的经验积累出来，从而形成一种解决问题的思维和感觉，这样在利用机器学习技术解决现有问题时会更快、更有效，往往能找到合适的解决方案。

所以机器学习是有学习曲线的，也许更像一个无限循环的 S 形学习曲线，一开始学习基本的机器学习算法，做简单的实验非常容易入手。根据经验，进一步学习更多的机器学习算法后可能会逐渐迷失在各种机器学习模型之中，学习难度陡然上升。当你将大多数经典模型融会贯通之后，你又会觉得各种类型的机器学习算法变化无非几类，于是学习难度曲线又会变得平滑。但当你开始解决实际问题时，就又会陷入陡峭的学习曲线中，在攀爬式的学习中不断积累经验。说到解决实际问题，这是本书希望特别跟读者一起探讨的话题，希望读者能够随着内容的逐步深入，结合实战内容对深度学习有一个全面的掌握，并在此基础上从移动、嵌入式端着手解决实际生产环境当中的问题。

总而言之，机器学习是一个需要不断进行理论和经验积累的技术，每过一个阶段都会遇到相应的瓶颈。这不是一成不变的，而是一个需要不断学习实践的技术。只有在不断遇到问题并解决问题后才能不断前行。

1.4.2　技术栈

我们把深度学习的技术栈分为 3 个类别。第 1 类是基础数学工具，第 2 类是机器学习基础理论方法，第 3 类是机器学习的实践工具与框架。我们在这里对这几类内容做一个概述，如果读者在阅读本书的过程当中发现有不甚了解的基础概念或知识时，可以翻回这一章节寻找你需要的工具和技术并进行了解，循环往复、温故而知新。

基础数学工具包括高等数学、线性代数、概率论与数理统计、离散数学、矩阵理论、随机过程、最优化方法和复变函数等。没错，基础数学工具在机器学习领域乃至其工程领域必不可少，通过本书的学习，望读者能够对这些知识有一个较为全面的掌握。

机器学习基础理论方法包括决策树、支持向量机、贝叶斯、人工神经网络、遗传算法、概率图模型、规则学习、分析学习、增强学习，等等。

机器学习的实践工具与框架类目就比较繁杂了，包括基础语言与工具、工程框架、数据存储工具和数据处理工具。

① 基础语言与工具有 MATLAB 及其工具包，Python 与相应的库（NumPy、SciPy、Matplotlib 和 Scikit-learn 等）。

② 工程框架包括 TensorFlow、MXNet、Torch 和 PyTorch、Keras 等。

③ 数据存储包括 Oracle、SQL Server、MySQL、PostgreSQL 等传统的关系型数据库，LevelDB、LMDB、Redis 等 K/V 型数据库，MongoDB 等文档型数据库，Neo4j 等图形数据库，HBase、Cassandra 等列数据库，数不胜数。

④ 数据处理工具则包括批处理、实时处理两大类。批处理工具有 Hadoop，以及基于 Hadoop 的 Hive 和 Pig。

⑤ 实时处理工具有 Storm 和 Hurricane 实时处理系统㊀。至于非常有名的 Spark 应该属于改良的批处理工具，也能用于实时处理场景。

1.5 深度学习

如果说用很短的时间把机器学习的所有方法全部讲完，那也是完全不可能的事情。所以本书重点关注的是近几年得到广泛运用的深度学习。可以预见，深度学习不管是现在，还是在之后的一段时间内都会是最流行、最有效的机器学习方法之一。

1.5.1 深度学习的贡献

深度学习是一种思想、一种学习模式，深度神经网络是一类模型，两者在本质上是不一样的。但目前大家普遍将深度神经网络认为就是深度学习。

深度神经网络应用之前，传统的计算机视觉、语音识别方法是把特征提取和分类器设计分开来做，然后在应用时再合在一起。比如，如果输入的是一个摩托车图像的话，首先要有一个特征表达或者特征提取的过程，然后把表达出来的特征放到学习算法中进行分类学习。

因为手工设计特征需要大量的实践经验，需要对该领域和数据具有深入见解，并且在特征设计出来之后还需要大量的调试工作和一点运气。另一个难点在于，你不只需要手工设计特征，还要在此基础上有一个比较合适的分类器算法。如果想使特征设计与分类器设计两者合并且达到最优的效果，几乎是不可能完成的任务。

2012 年后，深度神经网络给计算机视觉、语音识别、自然语言处理等领域带来了突破性的进展，特别是在人脸识别、机器翻译等领域应用的准确率接近甚至超过了人类的水平。深度神经网络如图 1-1 所示。

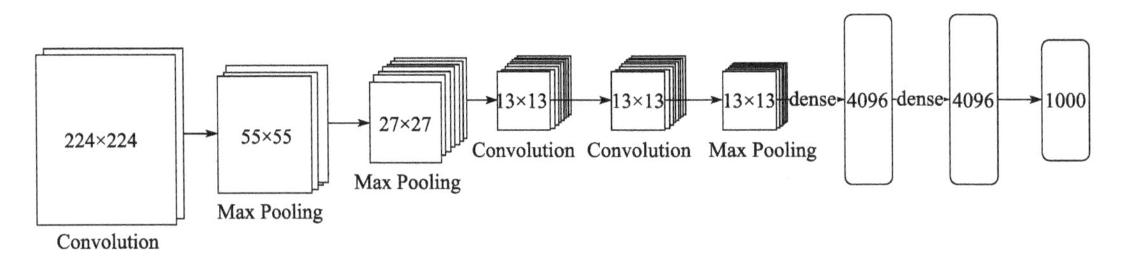

图 1-1 深度神经网络示意图

㊀《分布式实时处理系统：原理、架构与实现》已于 2016 年 7 月由机械工业出版社出版，书中详细阐述了 Hurricane 实时处理系统的架构和流处理实战。

深度神经网络最重要的是表示学习的能力，你把数据从一端扔进去，模型从另外一端就出来了，中间所有的特征完全可以通过学习自己来解决，而不再需要手工去设计特征了。

1.5.2　深度学习框架简介

作为本书的开篇章节，有必要对现今和可预见的未来流行的深度学习框架进行介绍，在后续章节当中我们将直接使用其中一部分框架进行讲解和实战。如果你对这些框架有所了解，甚至实践过，那就再好不过了。如果你不了解这些框架或没有使用过，也不必过于担心，在后续实战章节中我们会从头开始编写代码，build from scratch。

1. TensorFlow

TensorFlow[⊖]（见图 1-2）是一款基于 Apache License 2.0 协议开放源代码的软件库，用于进行高性能数值计算。借助其灵活的架构，用户可以轻松地将计算工作部署到多种平台（CPU、GPU、TPU）和设备（桌面设备、服务器集群、移动设备、边缘设备等）。TensorFlow 最初是由 Google Brain 团队中的研究人员和工程师开发的，可为机器学习和深度学习提供强力支持，并且其灵活的数值计算核心广泛应用于许多其他科学领域。

图 1-2　TensorFlow

TensorFlow 属于第 2 代人工智能系统，也是一个通用的机器学习框架，具有良好的灵活性和可移植性等优点。TensorFlow 有非常好的伸缩性，同时支持模型并行与数据并行，可以在大规模集群上进行分布式训练。

与以 Caffe 为代表的第 1 代深度学习引擎不同，TensorFlow 提供了自动微分功能，当添加新的层的时候我们无须自己计算并手写微分代码，极大地方便了网络的扩展。

此外，TensorFlow 提供了非常多的语言接口，从 C/C++、Python、Java 甚至到现在的 JavaScript，支持的语言非常广泛，因此也非常受欢迎。

接下来我们详细介绍一下 TensorFlow 的计算模型。

TensorFlow 将完整的计算任务都抽象成一张图（graph），每个小的计算步骤是一个操作（operation），因此所有的计算任务就是一张由一个个小操作组成的图。

这样讲可能比较抽象，我们使用一个实际的 TensorFlow Graph 来说明这些概念，如图 1-3 所示。

图 1-3 代表了一系列的计算过程。我们先用 constant 操作定义一个常量，然后分成两条路，一条路先用 add 操作计算 constant 加 1 的结果，然后计算从外部读取一个数据 ds1，和 add 的结果进行乘法，最后用 avg 操作求 add 和 mul 操作的平均值。另一条路则是先使用

⊖ 读者可以通过访问 https://www.tensorflow.org/learn 来对 TensorFlow 进行更详细的了解和认识。本书会在后续内容中逐渐引入使用 TensorFlow 的方法。如果你还不了解 TensorFlow，笔者建议先行阅读有关入门内容。

mul 操作将 constant 乘以 2，然后从外部读取数据 ds2，并和 mul 的结果做加法，然后将结果赋值给一个临时变量 int_result。最后使用 add 操作将 avg 的结果和 int_result 相加，得到最后的结果。

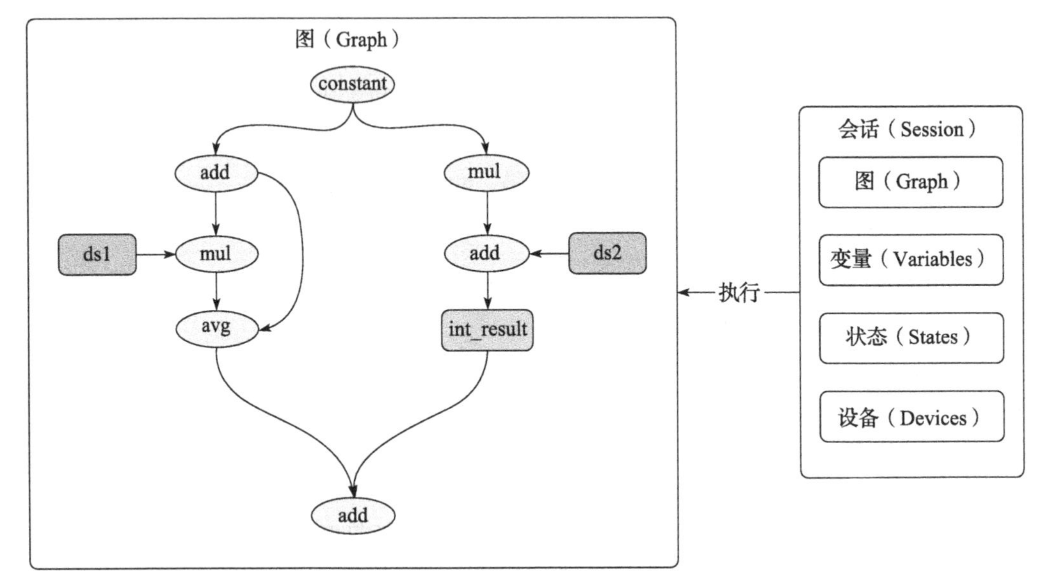

图 1-3　TensorFlow 计算图示例

可以看到这个图 1-3 中有很多元素，比如我们将 constant、add、mul 称之为操作（operation）。操作是该图中的主要节点。除了操作以外还会有一些数据输入，比如 ds1 和 ds2。我们还可以通过定义变量（variable）保存中间状态，比如 int_result。

图中每一个节点负责处理一个张量（tensor）。张量是一个多维数组，表示数学里的多维向量。如果我们要处理一些平面上的散点，那么就可以将需要处理的数据看成一个二维向量（表示点的 x 和 y），我们可以将整个数据处理过程看成 Tensor 在不同操作节点之间的流动（Flow），这也就是为什么该框架的名字叫作 TensorFlow 了。

使用 TensorFlow 的第一步就是将计算任务构造成一张图。但不能只描述计算过程，我们需要编写可执行的任务，因此需要创建一个会话（session）。会话的作用是建立一个执行上下文（context），所有的图都需要在会话中执行，会话会初始化并保存图中需要的变量、图的执行状态、管理执行图的设备（CPU 和 GPU）等。

所以我们可以看到，TensorFlow 的结构很简单，只需要构建一张表示计算的图，并创建会话来执行图即可，TensorFlow 帮我们隐藏了其他所有细节，因此我们可以不去关心计算的那些细枝末节。

2. TensorFlow Lite

TensorFlow 是目前最完善和强大的深度学习框架，在工业界服务端深度学习领域已经是无可争辩的事实标准，但在移动平台和嵌入式领域中，TensorFlow 就显得过于庞大而臃肿，而且计算速度并不能满足移动平台的要求。为了解决这个问题，Google 开发了 TensorFlow Lite（见图 1-4），实现了 TensorFlow 到移动平台生态体系的延续。

图 1-4　TensorFlow Lite

TensorFlow Lite 是一种用于设备端推断的开源深度学习框架，其目前是作为 TensorFlow 的一个模块发布，但我们需要知道 TensorFlow Lite 和 TensorFlow 几乎是两个独立的项目，两者之间基本没有共享代码。因此可以说 TensorFlow Lite 是一个完整而且独立的前向计算引擎框架。

使用 TensorFlow Lite 需要单独训练一些适用于移动平台的轻量级模型，减少参数数量，提升计算速度。与此同时，TensorFlow Lite 还提供了模型转换工具，用于将 TensorFlow 的模型直接转换为 TensorFlow Lite 的模型，而且可以实现模型的压缩存储，还能实现模型参数的量化。这样就可以实现在服务器的 TensorFlow 上训练，在移动平台应用的场景。此外，TesnorFlow Lite 需要我们将其转换后的 tflite 文件打包到 App 或者目标存储设备中。TensorFlow Lite 启动时会将其加载到移动设备或嵌入式设备中。最后，TesnorFlow Lite 对移动平台的前向计算进行了优化，可以加速浮点数运算，进行半精度浮点数运算，以及 8 位整数的量化计算，甚至可以通过代理方式在 GPU 上或者 Android 的 NNAPI 上调用。

由于 TensorFlow Lite 是后续内容当中优化代码讲解的重点之一，因此我们会对其进行详细阐述，围绕其进行讨论、研究以及针对性的优化与面向特定移动领域应用场景的可行性裁剪。

3. MXNet

Apache MXNet（见图 1-5）是一个深度学习框架，主要目标是确保深度学习框架的灵活性与执行效率。它允许你混合符号和命令式编程，以最大限度地提高效率和生产力。MXNet 的核心是一个动态依赖调度程序，可以动态地自动并行化符号和命令操作。最重要的图形优化层使符号执行更快，内存效率更高。MXNet 便携且轻巧，可有效扩展到多个 GPU 和多台机器。

图 1-5　MXNet

MXNet 支持命令式和符号式两种编程模式，简单、易于上手，同时支持在多端运行，包括多 CPU、多 GPU、集群、服务器、工作站，甚至移动智能手机。和其他框架一样，MXNet 也支持多语言接口，包括 C++、Python、R、Scala、Julia、Matlab 和 JavaScript。最后 MXNet 可以非常方便地部署到云端，包括 Amazon S3、HDFS 和 Azure。不过这里值得一提的是，MXNet 很好地支持了 AWS SageMaker，能够借助一系列工具有针对性地（计算平台、体系结构、网络等）进行模型优化，并非常直接地在 Core ML 移动平台引擎上使用。

由于本书并不直接使用 MXNet，此处就不过多阐述了。

4. PyTorch

PyTorch（见图 1-6）是这里最年轻的深度学习框架，也是最近发展最为迅猛的研究用深度学习框架，因为其上手简单、灵活强大，如今 Caffe2 也正式并入 PyTorch。使用 PyTorch 可以非常快速地验证研究思路而为广大研究人员喜爱。

图 1-6 PyTorch

PyTorch 是一个以 C/C++ 为核心实现，以 Python 为胶水语言，编写调用接口的框架。与 TensorFlow 一样，PyTorch 利用 Autograd 模块自动计算导数，避免了复杂的手动求导。因此 PyTorch 非常适合深度学习。

作为深度学习领域的生力军，由于其易于使用以及高性能等特点，接下来的内容将介绍如何安装和使用 PyTorch，并将其作为主要实验平台，我们在后续的产品研发实战环节都是在编写好相关代码并实验的基础之上，再针对特定平台编写高性能代码。

1.5.3 安装使用深度学习框架

本书实验部分将使用 Python 和 PyTorch 为主要实验平台。因此这里就介绍如何安装使用 PyTorch 解决最简单的机器学习问题。

1. 安装

首先，我们需要安装最新版本的 Anaconda（Python3 版本）。Anaconda（见图 1-7）是非常著名的 Python 发行版本，内部集成了相当多的 Python 工具包，免去了我们很多下载安装配置 Python 工具包的过程，有自己的软件源，同时是 PyTorch 官方推荐的开发包，所以推荐安装使用 Anaconda。

图 1-7 Anaconda

安装 Anaconda 非常简单，只要进入 Anaconda 官网下载页面[1]下载安装包，点击安装即可。

安装好 Anaconda 后，启动 Anaconda 控制台。此处需要注意，Anaconda 在不同平台（macOS、Linux 或 Windows）会使用不同的依赖源提供依赖下载。而 Mac 上目前没有 CPU 包，只有 GPU 包。因此安装依赖的时候和 Windows、*NIX 有所区别。

其次，我们进入 Anaconda 的命令提示符环境。在这里你可以使用 Anaconda 预装的 Python 与 Anaconda 提供的所有工具链。

使用 Anaconda 安装 PyTorch 非常简单，只需要使用 conda 命令安装即可，如图 1-8 所示。

---

[1] 目前读者可以访问 https://www.anaconda.com/download 来下载相关软件包。

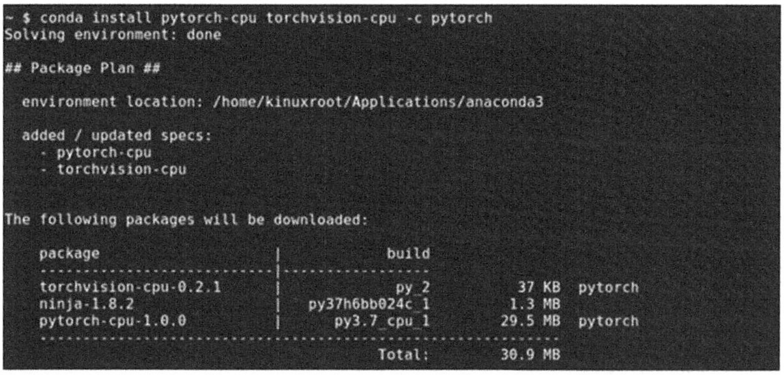

```
~ $ conda install pytorch-cpu torchvision-cpu -c pytorch
Solving environment: done

## Package Plan ##

  environment location: /home/kinuxroot/Applications/anaconda3

  added / updated specs:
    - pytorch-cpu
    - torchvision-cpu


The following packages will be downloaded:

    package                    |            build
    ---------------------------|-----------------
    torchvision-cpu-0.2.1      |             py_2          37 KB  pytorch
    ninja-1.8.2                |  py37h6bb024c_1         1.3 MB
    pytorch-cpu-1.0.0          |      py3.7_cpu_1        29.5 MB  pytorch
    ------------------------------------------------------------
                                           Total:        30.9 MB
```

图 1-8　PyTorch 安装图

最后，安装完成后，测试下 PyTorch 是否安装完成，如图 1-9 所示。

我们知道怎么使用 PyTorch 后就可以着手解决一个比较简单的机器学习问题了。

2. 第一次实战：简单训练

这个问题就是经典的手写字母识别问题，也就是我们要识别出如图 1-10 所示的是哪个数字？

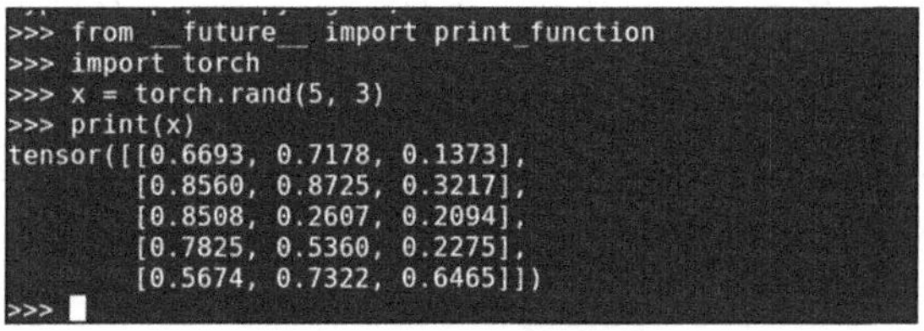

```
>>> from __future__ import print_function
>>> import torch
>>> x = torch.rand(5, 3)
>>> print(x)
tensor([[0.6693, 0.7178, 0.1373],
        [0.8560, 0.8725, 0.3217],
        [0.8508, 0.2607, 0.2094],
        [0.7825, 0.5360, 0.2275],
        [0.5674, 0.7322, 0.6465]])
>>>
```

图 1-9　PyTorch 测试图

图 1-10　手写数字 5

我们一眼就可以看出这是 5，那么怎么让计算机识别 0 ～ 9 这 10 个手写数字呢？PyTorch 可以帮助我们解决问题。

（1）进行训练

我们需要一堆手写数字的图片，这个就是训练集，每个样本是一个数字图像，每个图像都有一个标签，表示这个图像到底是几。然后我们要将这些图像与相应标签输入 PyTorch 中进行训练，让计算机自动学习这些图像和标签之间的关系。首先，需要定义一下网络结构，如代码清单 1-1 所示。

代码清单 1-1　PyTorch 网络定义

```
1 import torch
2 import torch.nn as nn
3 import torch.nn.functional as F
4 import torch.optim as optim
5 from torchvision import datasets, transforms
6
```

```
 7 import argparse
 8
 9
10 class Net(nn.Module):
11
12     def __init__(self):
13         super(Net, self).__init__()
14         self.conv1 = nn.Conv2d(1, 20, 5, 1)
15         self.conv2 = nn.Conv2d(20, 50, 5, 1)
16         self.fc1 = nn.Linear(4*4*50, 500)
17         self.fc2 = nn.Linear(500, 10)
18
19     def forward(self, x):
20         x = F.relu(self.conv1(x))
21         x = F.max_pool2d(x, 2, 2)
22         x = F.relu(self.conv2(x))
23         x = F.max_pool2d(x, 2, 2)
24         x = x.view(-1, 4*4*50)
25         x = F.relu(self.fc1(x))
26         x = self.fc2(x)
27
28         return F.log_softmax(x, dim=1)
```

第 1 ～ 7 行，导入了我们需要用到的库，包括 PyTorch 的基本组件、torchvision 的数据集与数据变换模块以及命令行参数解析包。

第 10 行，定义 Net 类，该类继承自 nn.Module 类，nn.Module 类是 PyTorch 中所有模块的基类。在 PyTorch 中，所有的运算符、网络结构都是一个 Module，每一个 Module 都可以包含一系列小的 Module。

第 12 ～ 17 行，定义了 Net 类的初始化方法，初始化方法中首先调用了基类的初始化方法，然后定义了 4 个层，分别是 conv1、conv2、fc1 和 fc2，前两个是卷积层，后两个是全连接层。

第 19 行开始，定义了网络的正向传播实现，其中参数 x 是数据输入。

第 20 行，调用 self.conv1 将输入接入第 1 个卷积层，然后调用 relu 激活输出。

第 21 行，调用 max_pool2d 函数将 relu 层的输出接入第 1 个池化层。

第 22 行，调用 self.conv2 将输入接入第 2 个卷积层，然后调用 relu 激活输出。

第 23 行，调用 max_pool2d 函数将 relu 层的输出接入第 2 个池化层。

第 24 行，调用 tensor 的 view 函数对数据进行变换。

第 25 行，调用 self.fc1 将输入接入第 1 个全连接层，然后调用 relu 激活输出。

第 26 行，调用 self.fc2 将 relu 层输出接入第 2 个全连接层，最后直接输出。

第 28 行，最后调用 softmax 对 fc2 的输出进行多分类。

（2）编写训练代码

编写训练代码，如代码清单 1-2 所示。

代码清单 1-2　训练实现

```
31 def train(args, model, device, train_loader, optimizer, epoch):
32     model.train()
33     for batch_idx, (data, target) in enumerate(train_loader):
34         data, target = data.to(device), target.to(device)
35         optimizer.zero_grad()
36         output = model(data)
37         loss = F.nll_loss(output, target)
38         loss.backward()
39         optimizer.step()
40         if batch_idx % args.log_interval == 0:
41             print('Train Epoch: {} [{}/{} ({:.0f}%)]\tLoss: {:.6f}'.format(
42                 epoch, batch_idx * len(data), len(train_loader.dataset), 100. *
   batch_idx / len(train_loader), loss.item()))
```

第 31 行，定义了 train 函数，该函数有几个参数，分别为 args、model、device、train_loader、optimizer 和 epoch。args 是训练的命令行参数，model 是网络模型，device 是训练用的设备对象、train_loader 是训练数据的装载类，optimizer 是参数优化对象，epoch 是迭代的 epoch 次数。

第 32 行，表示开始训练。

第 33 行，通过 for in 遍历训练数据中的每一批数据，循环变量 batch_idx 表示批次编号，data 是输入数据，也就是样本特征，target 是输出目标，也就是样本标签。

第 34 行，将数据传输到训练设备中，如果使用 GPU 训练，这里会将数据传输到 GPU 中。

第 35 行，将参数优化器设置为零梯度。

第 36 行，根据模型当前参数获取输入数据 data 的输出 output。

第 37 行，根据模型的当前预测输出 output 和输出目标 target 计算预测结果和实际结果之间的 loss。

第 38 行，调用 backward 并根据当前的 loss 通过反向传播技术实现残差传播。

第 39 行，调用优化器的 step 进行当前这轮训练的参数优化。

第 40 ～ 42 行，用于输出这一轮训练的误差。便于我们观察训练和参数优化过程。

（3）启动训练

调用训练函数只需要使用以下代码，如代码清单 1-3 所示。

代码清单 1-3　启动训练

```
63 def main():
64     # Training settings
65     parser = argparse.ArgumentParser(description='PyTorch MNIST Example')
66     parser.add_argument('--batch-size', type=int, default=64, metavar='N',
67                         help='input batch size for training (default: 64)')
68     parser.add_argument('--test-batch-size', type=int, default=1000, metavar='N',
69                         help='input batch size for testing (default: 1000)')
70     parser.add_argument('--epochs', type=int, default=10, metavar='N',
```

```
71                          help='number of epochs to train (default: 10)')
72      parser.add_argument('--lr', type=float, default=0.01, metavar='LR',
73                          help='learning rate (default: 0.01)')
74      parser.add_argument('--momentum', type=float, default=0.5, metavar='M',
75                          help='SGD momentum (default: 0.5)')
76      parser.add_argument('--no-cuda', action='store_true', default=False,
77                          help='disables CUDA training')
78      parser.add_argument('--seed', type=int, default=1, metavar='S',
79                          help='random seed (default: 1)')
80      parser.add_argument('--log-interval', type=int, default=10, metavar='N',
81                          help='how many batches to wait before logging training
                            status')
82
83      parser.add_argument('--save-model', action='store_true', default=False,
84                          help='For Saving the current Model')
85      args = parser.parse_args()
86      use_cuda = not args.no_cuda and torch.cuda.is_available()
87
88      torch.manual_seed(args.seed)
89
90      device = torch.device("cuda" if use_cuda else "cpu")
91
92      kwargs = {'num_workers': 1, 'pin_memory': True} if use_cuda else {}
93      train_loader = torch.utils.data.DataLoader(
94          datasets.MNIST('../data', train=True, download=True,
95                         transform=transforms.Compose([
96                             transforms.ToTensor(),
97                             transforms.Normalize((0.1307,), (0.3081,))
98                         ])),
99      batch_size=args.batch_size, shuffle=True, **kwargs)
100     model = Net().to(device)
101     optimizer = optim.SGD(model.parameters(), lr=args.lr, momentum=args.momentum)
102
103     for epoch in range(1, args.epochs + 1):
104         train(args, model, device, train_loader, optimizer, epoch)
```

这样我们就可以训练模型了。

第 65 ～ 84 行，定义了这个脚本的参数格式，这里就不对参数逐个说明了。

第 85 行，调用 parser.parse_args 根据前面定义的参数格式解析输入的命令行参数。

第 86 行，根据用户是否指定使用 CUDA（通过 no_cuda 参数）和机器是否支持 CUDA 决定是否使用 CUDA，如果用户设置了 no_cuda 或者机器不支持 CUDA，那么将会使用 CPU 模式。

第 88 行，用于设置 PyTorch 的初始种子。

第 90 ～ 92 行，根据是否使用 CUDA，初始化不同的环境变量。

第 93 ～ 99 行，调用 PyTorch 的 DataLoader 从 TorchVision 的 datasets 模块中初始化 MNIST 数据集，我们指定数据在 ../data 目录下，如果数据不存在，PyTorch 会帮助我们下

载数据集。当下载完成后，我们使用 transforms 模块中的 ToTensor 将数据集转换为 Tensor，然后调用 Normalize 对数据进行标准化。

第 100 行，调用 Net 类的 to 方法在指定设备上创建模型对象。Net 类就是我们定义的网络模块。我们可以调用任意 Module 的 to 方法生成一个模型。

第 101 行，调用 optim 的 SGD（Stochastic Gradient Descent，随机梯度下降法）类创建一个采用 SGD 算法的参数优化器。SGD 是参数优化器的一种算法实现。

第 103 ～ 104 行，根据用户指定的 epoch 反复调用 train 函数进行训练，如果用户设置的 epoch 是 1000，那么这里将会进行 1000 次训练。

3. 预测

预测代码也就是测试代码，如代码清单 1-4 所示。

代码清单 1-4　预测实现

```
45 def test(args, model, device, test_loader):
46     model.eval()
47     test_loss = 0
48     correct = 0
49     with torch.no_grad():
50         for data, target in test_loader:
51             data, target = data.to(device), target.to(device)
52             output = model(data)
53             test_loss += F.nll_loss(output, target, reduction='sum').item()
   # sum up batch loss
54             pred = output.max(1, keepdim=True)[1] # get the index of the max
   log-probability
55             correct += pred.eq(target.view_as(pred)).sum().item()
56
57     test_loss /= len(test_loader.dataset)
58
59     print('\nTest set: Average loss: {:.4f}, Accuracy: {}/{} ({:.0f}%)\n'.format(
60         test_loss, correct, len(test_loader.dataset), 100. * correct / len
           (test_loader.dataset)))
```

第 45 行，定义了 test 函数，该函数有 4 个参数，args 是命令行输入参数，model 是网络模型，device 是设备对象，test_loader 是测试数据的数据加载器。

第 46 行，调用 model 的 eval 方法开始测试。

第 47 ～ 48 行，将测试的误差和准确率都初始化为 0。

第 50 行，开始遍历测试数据集，训练变量 data 表示测试输入数据，也就是样本特征，target 是测试的输出数据，也就是样本标签。

第 51 行，将数据传输到指定设备上，如果这里指定了 CUDA 设备，那么这里会将数据传输到 GPU 中。

第 52 行，调用模型对象对输入数据（样本特征）进行预测，输出返回到 output 中。

第 53 行，调用 nll_loss 方法计算预测的输出和样本标签之前的误差，并将 loss 累加到 test_loss 中。

第 54 ～ 55 行，计算所有样本预测的正确率。

第 57 行，将预测误差的总和除以样本数量，计算出预测的平均误差。

第 59 ～ 60 行，将预测的误差与准确率输出出来，便于我们观察，对模型进一步调整。

修改上一节的训练代码，我们就可以使用训练的模型来做预测了，如代码清单 1-5 所示。

代码清单 1-5 启动预测

```
106     test_loader = torch.utils.data.DataLoader(
107             datasets.MNIST('../data', train=False, transform=transforms.Compose([
108                             transforms.ToTensor(),
109                             transforms.Normalize((0.1307,), (0.3081,))
110                         ])),
111             batch_size=args.test_batch_size, shuffle=True, **kwargs)
112
113     model = Net().to(device)
114     optimizer = optim.SGD(model.parameters(), lr=args.lr, momentum=args.momentum)
115
116     for epoch in range(1, args.epochs + 1):
117         train(args, model, device, train_loader, optimizer, epoch)
118         test(args, model, device, test_loader)
119
120     if (args.save_model):
121         torch.save(model.state_dict(),"mnist_cnn.pt")
```

第 106 行，调用 PyTorch 的 DataLoader 从 TorchVision 的 datasets 模块中初始化 MNIST 数据集，我们指定数据在 ../data 目录下，如果数据不存在，PyTorch 会帮助我们下载数据集。当下载完成后使用 transforms 模块中的 ToTensor 将数据集转换为 Tensor，然后调用 Normalize 对数据进行标准化。

第 113 行，调用 Net 类的 to 方法在指定设备上创建模型对象。

第 114 行，调用 optim 的 SGD 类创建一个采用 SGD 算法的参数优化器。

第 116 ～ 118 行，根据用户指定的 epoch 反复调用 train 函数进行训练和测试，如果用户设置的 epoch 是 1000，那么这里将会进行 1000 次训练测试，每次训练完之后都会调用 test 进行一次测试，观察每一轮训练的训练效果。

第 120 ～ 121 行，如果用户指定了希望保存模型，就调用 save 将模型保存到 mnist_cnn.pt 中。

至此，我们的所有工作就完成了。

1.5.4 深度学习进展

即便深度学习的理论早在 20 世纪 80 年代就已经奠定了基础，但这并不意味着这个领域已盖棺定论。对抗生成网络和 BERT 的出现又为这一领域增添了发展活力，作为补充，我们有必要在本书的开头向大家进行基本介绍，但艰深的基础理论和算法不是本书的研究主旨，因此我们在本书中将以实战为主，理论为辅向大家展现整个深度学习以及移动平台优化实战的方方面面。

1. 对抗生成网络

对抗生成网络（generative adversarial network）是现阶段非常流行的一个研究方向，一般简称 GAN。这是解决很多问题的关键思路，本节将介绍 GAN 的相关内容。

首先，我们需要明确生成的定义（generation）。生成就是模型通过学习一些数据，然后生成类似的数据。比如让机器看一些动物图片，然后自己来产生动物的图片。

在 GAN 之前，其实已经有一些数据生成技术，比如 Auto-Encoder。我们训练一个编码器（encoder），对输入进行编码。然后训练一个解码器（decoder），将编码转换成输出。训练完后，去除整个网络的解码部分，就能通过输入随机编码生成图片。但是 Auto-Encoder 生成的图片质量并不好，很容易分别出真假，所以训练中很难有实际意义。后面也有人提出了 VAE 模型，用来解决这些问题。

但是无论是 Auto-Encoder 还是改进的 VAE，都有一个问题——它生成的输出是希望和输入越相似越好。但是模型衡量相似的方法是计算 loss，采用的大多是 MSE，即每一个像素上的均方差。loss 小就表示相似。但是我们并不是想生成相似的图片，而是想生成更丰富的图片，因此用来衡量生成图片好坏的标准并不能很好地完成想要实现的目的。于是就有了下面要讲的 GAN。

其次，GAN 是如何生成图片的呢？首先 GAN 由两个网络组成，一个是生成网络 Generator，一个是判别网络 Discriminator，从 2 人零和博弈中受启发，通过两个网络互相对抗来达到最好的生成效果，流程示意图如图 1-11 所示。

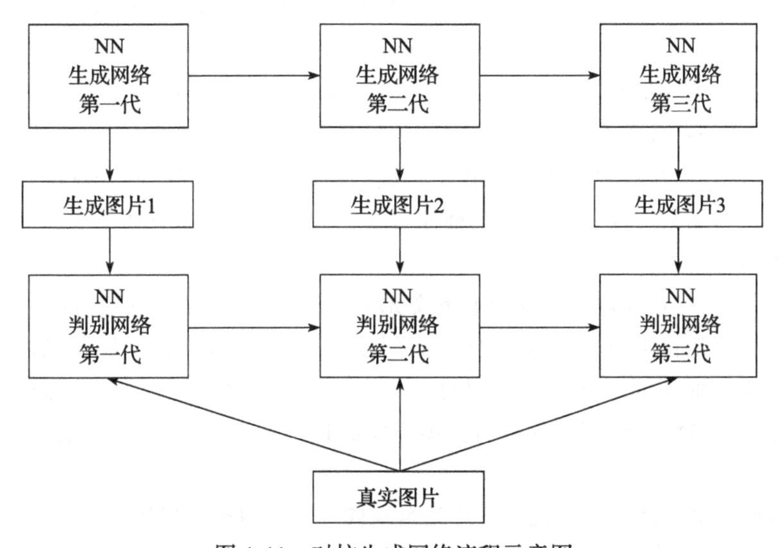

图 1-11　对抗生成网络流程示意图

主要流程类似上面这个图。首先，有一个一代生成网络，它能生成一些很差的图片，然后有一个一代判别网络，它能准确地把生成的图片和真实的图片分类。简而言之，这个判别网络就是一个二分类器，对生成的图片输出 0，对真实的图片输出 1。

其次，开始训练出二代生成网络，它能生成稍好一点的图片，能够让一代的判别网络认为这些生成的图片是真实的图片。然后会训练出一个二代的判别网络，它能准确地识别出真实的图片和二代生成网络生成的图片。以此类推，会有三代、四代、*n* 代生成网络和判别网络，最后当判别网络无法分辨生成的图片和真实图片时，就意味着这个网络拟合了。

GAN 的运行过程就是这么简单。至于如何训练 GAN 就需要了解其深层次的原理，明白其证明与推导，否则没有办法进行有效训练。由于其原理较为艰涩，本书不再讨论过于深入的内容，如果读者有兴趣可以自行参阅相关资料。

2. BERT

BERT（Bidirectional Encoder Representation from Transformers）是自然语言处理领域目前效果最好的模型，基本取代了传统的 word2vec 和下游任务模型，彻底改变了预训练产生词向量和下游具体 NLP 任务的关系。

我们需要先介绍一下词向量模型。传统意义上来讲，词向量模型是一个工具，可以把真实世界抽象存在的文字转换成可以进行数学公式操作的向量，而对这些向量的操作才是 NLP 真正要做的任务。因而从某种意义上来说，可以将 NLP 任务分成两部分，即预训练产生词向量和对词向量操作（下游具体 NLP 任务）。

在 BERT 之前，最常使用的词向量模型是 word2vec。这种方法有一些特点，首先，这是一种线性的模型，但是神奇的是用来说明高维空间映射的词向量可以很好体现真实世界中 token 之间的关系。比如有一个经典的例子：king − man = queen − woman。其次，由于训练词向量模型的目标不是为了得到一个多么精准的语言模型，而是为了获得它的副产物——词向量。所以不是在数十万个单词中艰难计算 Softmax，从而获得最优的那个词（就是预测的对于给定词的下一词），而只需在几个词中找到对的那个词就行。这几个词包括一个正例（即直接给定的下一词）和随机产生的噪声词（采样抽取的几个负例），也就是说训练一个 Sigmoid 二分类器，只要模型能够从中找出正确的词就认为完成任务。该模型的最大缺点就是上下文无关，因而为了让句子有一个整体含义，大家会在下游具体的 NLP 任务中基于词向量的序列做编码操作。

2018 年 8 月，一个名为 ELMo 的上下文无关模型发布了，其意味着彻底颠覆了原有算法的思路。首先就是将下游具体 NLP 任务放到预训练产生的词向量里面，从而达到获得一个根据上下文不同而不断变化的动态词向量，而不是和原来一样在处理词向量时是上下文无关的，具体实现方法是使用双向语言模型（BiLM）——Bi-LSTM 来实现，而不是传统的 LSTM。

但这里有两个潜在问题，分别是“**不完全双向**”和“**自己看见自己**”。

“不完全双向”的含义是模型的前向和后向 LSTM 两个模型是分别训练的，因此最后的隐藏层是由两个独立训练结果拼接起来的，最后的 Loss 也是两个独立训练的 Loss 相加，并非是完全的双向计算。

“自己看见自己”是指要预测的下一个词在给定的序列中已经出现的情况。传统语言模型的数学原理决定了它的单向性。

ELMo 模型将上下文编码操作从下游具体的 NLP 任务转换到了预训练词向量这里，但在具体应用时要做出一些调整。当 Bi-LSTM 有多层时，由于每层会学到不同的特征，而这些特征在具体应用中由于侧重点不同，所以对每层的关注度也不同。ELMo 给原始词向量层和每个隐藏层都设置了一个可训练参数，通过 Softmax 层归一化后乘到相应的层上并求和，起到了加权作用。

相比于 ELMo，BERT 是更强大的模型，进一步增加词向量模型的泛化能力，充分描述字符级、词级、句子级甚至句子间的关系特征。首先 BERT 是真正的双向编码，采用了 Masked LM 方法确保在训练时可以看到所有位置信息，但特殊符号代替需要预测的词，可以确保双向编码。其次，完全放弃 LSTM，采用 Transformer 做编码器，可以有更深的层数、具有更好的并行性。再次，线性的 Transformer 比 LSTM 更易免受 Mask 标记影响，只需要通过减少自身关注度的 Mask 标记权重即可，而 LSTM 类似黑盒模型，很难确定其内部对于 Mask 标记的处理方式。最后 BERT 将采样模型提升到了句子的层次，而再也不是单词的级别了。相当于同样会采用负采样，只不过从单词级别变成了语句级别，这样就能获取句子间的关联关系。

1.6　走进移动世界的深度学习

深度学习的世界丰富多彩，而当我们的开发领域延伸到了移动平台、嵌入式平台或边缘计算平台上时，又会有一系列崭新的问题亟待我们去解决。移动平台是本书将要探讨的核心议题，我们在书的开头就引出移动平台开发深度学习系统的基本概念、难度及其挑战。通过本节的简单介绍，期望读者能够以目标为导向来继续阅读本书。

1.6.1　移动平台机器学习概述

很多机器学习算法，尤其是深度学习，计算量是非常巨大的，因此可以说这类机器学习类应用一直主要将计算任务放在服务器或者工作站上执行，而且还需要借助机器的性能作为支撑。

但是越来越多的机器学习应用场景开始在移动平台登场，像边缘计算以及海量数据收集成为可能，甚至主流，更多实际问题是需要在移动平台这个场景下进行解决的。比如，现在非常普遍的人脸识别技术，如果每次都把照片或者视频传输到服务器再做识别，那么传输延迟也会有极大压力。因此，在移动平台直接集成机器学习框架并完成机器学习任务势在必行，也成为事实上的大势所趋。

1.6.2 难度和挑战

相较于我们在传统的云端服务器或工作站上进行的机器学习训练和计算，移动平台尤其特殊。这导致移动平台的机器学习框架和传统PC端机器学习框架开发有着巨大差异，也就是其内在开发难度更高。因此，我们需要用不同的思维方式和优化策略来对机器学习框架进行调优，选用适用移动平台的框架进行优化和产品开发，正是本书希望传达给读者的。

除此之外，在移动平台进行机器学习研发工作的最大问题是其计算力非常有限。在功耗问题为大前提的情况下，无论是移动平台集成的CPU还是GPU都和桌面端的计算力相差甚远，而且移动平台目前主要由ARM架构技术构建，而并非x86体系结构。传统深度学习框架都对PC端有深度的优化，但是如果不经调整而直接将PC端的计算框架用在移动平台，极有可能导致计算速度缓慢，甚至因为内存或者体系结构的原因无法在移动平台执行。

移动平台的第2个问题是存储资源有限。一个不经处理的深度学习模型的文件大小很有可能有数十甚至上百MB，这对于一个移动平台应用而言体积实在太大。如此之大的模型如果直接加载到移动平台内存中，再算上计算所需的临时内存空间，就会让移动平台的内存无法承受。

因此，目前所有框架都会考虑如何对移动平台做优化和适配。比如现在的TensorFlow和MXNet都对移动平台做了很多优化，一方面利用ARM的指令集加速，另一方面减少模型体积，使得现在在移动平台执行深度学习预测任务变得简单。

但是人的欲望是永远无法满足的。我们再以人脸识别为例，当你可以做到5帧/s的时候，客户很可能会希望你能做到10帧/s，当你可以做到10帧/s的时候，客户会希望你能做到20帧/s，速度越快越能扩大深度学习应用的适用场景。而普遍使用的深度学习框架的优化只能做到普遍性的优化，对于特定场景的优化无能为力。

因此，越来越多的厂商投入人力和物力进行移动平台深度学习框架的研发。这些框架往往不考虑训练，只考虑预测时的优化，因此可以放开手做很多优化，最后都能得到比TensorFlow等框架好得多的性能。

但是，我们也不能完全依赖于框架，还需要从模型本身出发，想办法减少网络层数，做稀疏量化等各种辅助措施，才能最后得到更好的效果。同时，为了提升速度我们还经常需要牺牲准确率，毕竟鱼与熊掌不可兼得，这就更考验产品和工程的平衡能力了。

因此，移动平台机器学习是一个非常重要但是又颇具难度的领域，但是为了机器学习能够在更多应用场景落地，我们不得不向这些难题发起挑战。我们会在后续章节针对这些优化问题逐一做深入阐述。

1.7 本书框架

既然机器学习能解决这么多问题，那么本书贯穿始终的核心主题以及目标是什么呢？

这里有两个关键词：一个是**深度学习**，另一个是**移动平台实战**。在这里，简单对我们要实现的系统做简单描述。

我们需要做一个客户端和一个服务器端——服务器端主要收集来自客户端的数据，客户端会上传图片和图片的标注到服务器，服务器将图片与标注存储到数据库中，服务器定时自动使用数据训练得到模型，客户端会自动检查更新并下载最新的模型，在本地使用移动平台的预测引擎完成用户图像的检测与识别，所以这是一个可以不断积累数据，提升模型识别率的闭环系统。

本书的框架和指导路径非常明确。首先，我们需要学习经典的传统学习算法，当然由于本书的核心是使用深度学习，因此我们一开始只介绍和深度学习密切相关的 Logistic 回归，这是一个非常经典的分类算法，也是神经网络的基础。

其次，我们会学习神经网络，神经网络是深度学习的基础，如果想要理解深度学习，就必须掌握人工神经网络的基础知识。

最后，我们在了解传统人工神经网络的基础上再阐述深度学习，了解深度学习到底在传统的人工神经网络的基础上做了什么改进。同时我们会讲解经典的深度学习模型，并以物体检测识别为重点应用场景讲解深度学习的应用。

1.8　本章小结

首先，本章主要介绍了机器学习的基础知识，包括机器学习的基础理论，机器学习算法的分类，具体的几类机器学习算法，并介绍了机器学习的学习方法以及可能涉及的相关理论知识与工具技术，让大家基本了解机器学习，知道如何去学习机器学习，到底要学习什么内容。

其次，介绍了深度学习，包括深度学习的理念与贡献，深度学习的基本工具框架，如何安装、使用 PyTorch 作为我们的实验框架。

最后，介绍了深度学习在移动应用中的重要性，初步了解深度学习在移动设备中的应用场景与现存问题，从而知道我们之后需要去逐个攻破的问题。机器学习世界的大门已经打开，你准备好了吗？

第2章

机器学习基础

本章将进一步了解机器学习的主要任务，并在此基础上介绍部分监督学习算法。我们会通过决策树引入分类器的概念，并讲解 ID3 算法这种经典的决策树算法。接着在此基础上介绍另一个重要概念——贝叶斯，主要介绍朴素贝叶斯分类器。然后我们将学习线性回归和 Logistic 回归的概念，并介绍一个非常重要的函数——Sigmoid 函数。学习这些内容是充分理解深度神经网络的必经之路。

2.1 机器学习的主要任务

机器学习算法种类繁多，但是归结起来最终完成的工作其实也就是那么几种，本节就介绍一下机器学习的一些主要任务。

机器学习中最重要的应该是监督学习。我们知道大部分监督学习方法分为训练和预测两个步骤，训练时需要使用一组训练样本，每个训练样本包含一组特征和标注，然后使用特定方法生成一个模型。在预测阶段，模型根据输入特征输出一个对应的值。根据模型输出类型差异可以将监督学习划分为分类和回归，这也是机器学习中最常见的两类任务了。

分类的输出是一个或者多个离散的值，如果每次输出一个离散值，那么就是单标签分类，比如通过人的特征预测性别就是一个单标签分类任务。如果每次需要输出一组离散的值，那么就是多标签分类，最典型的例子就是预测电影类型，我们可以将同一部电影归类到不同类别下，这种分类不是非此即彼的。

回归的输出是一个连续值，这种任务更通俗的说法就是“拟合”。从几何意义上来说就是寻找一个拟合样本点的超平面（如果样本的特征和标注是 n 维，那么样本特征就是 $n-1$ 维），比如数学里学过的最简单的线性回归就是一种回归任务。

除了监督学习外，还有一类学习方法是无监督学习。无监督学习训练样本只需要特征，不需要标注，根据具体学习任务不同，输出五花八门。无监督学习常见的任务有聚类、关联分析、特征降维、特征选择和异常检测等。

聚类没有所谓的训练和预测过程，直接根据输入样本输出分好组的样本集合，每组内的样本是聚类算法认为应该属于同一类的。聚类算法可以发现部分样本大概属于同一类别，但是聚类之后需要我们为这些分类人为标注标签。虽然聚类效果不如分类精准，但是可以作为分类标注的前期准备，因此往往使用在监督学习的数据预处理中。如果聚类算法准确率足够高，那我们就可以在聚类结果的基础上调整分组与标注，为标注工作节省大量的人力成本。

关联分析的训练样本比较特殊，每一个样本中包含的是在该样本中出现的项目，目的是分析样本中项目的关联关系。关联分析一般是输出那些会同时出现的项目。如果只是预测项目是否出现，那么一般就是频繁项集任务；如果还要考虑项目出现的因果关系，那么就需要采用更复杂的关联分析算法。

特征降维的输出是降维后的样本特征。特征降维的本质是将原始特征空间映射到一个低维度的特征空间中，降维后的特征空间必须能够完整表达原始特征空间，也就是说每个原始特征都会在降维后的特征空间中找到对应的特征点。特征降维，一方面可以降低计算复杂度，另一方面可以提高机器学习模型的泛化能力，提高模型预测精度。

特征选择和特征降维很相似，只不过特征选择往往是直接过滤掉不要的特征，保留必要的特征，而特征降维本质上会保留所有原始特征。特征选择的目的是提高模型预测精度。

异常检测的目的是从输入数据中找出可能存在异常的特征，如果存在则需要剔除这些异常数据。

除了传统的监督学习和无监督学习外还有一类任务是强化学习。强化学习和前面提到的都不太一样，一般是指在没有标注的情况下，让学习器对预测的结果进行评估的方法。通过这样的自我评估，学习器为得到正确结果将会不断地进行学习。但是，强化学习的目的最后还是逃不过上面提过的那些任务，比如回归、分类、聚类、特征选择和降维等。

2.2　贝叶斯模型

我们在 2.1 节介绍了机器学习的一些主要任务，本节主要讲解贝叶斯模型。贝叶斯模型是一种经典的简单学习模型。本节先介绍这一经典算法，作为了解深度学习这种非传统模型的引子。我们也可以对比了解其根本区别。由于本书的重点不是贝叶斯等传统模型，因此本节主要进行理论介绍，如果读者有兴趣可以查找本书附带代码，了解如何实现这些模型。

分类问题是一种经典的机器学习问题，而贝叶斯只是一种常见模型。比如最朴素的分类模型和最容易理解的模型其实是决策树模型，这种模型比较接近我们的决策思维。主要思路是根据与我们解决问题相关的多个因素逐一确定下一步的方案，整个决策过程就像一棵自顶向下的树一样，故名决策树。如图 2-1 所示，这是一个人根据天气、温度、风况和气压几个因素决定是否去钓鱼的决策树。

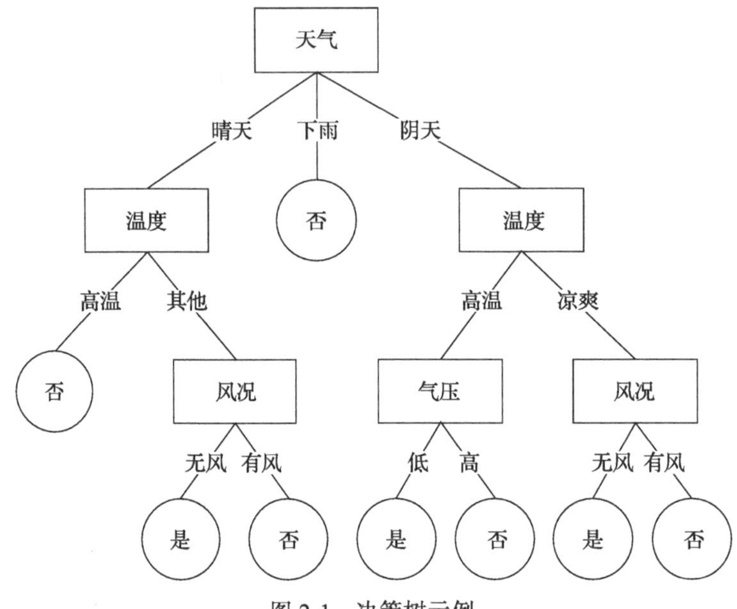

图 2-1　决策树示例

图中矩形的节点是决策节点，节点之间连线上的是属性值，而圆形节点是结果节点。

构建完这个树模型之后我们就可以预测这个人是否会出门钓鱼了。预测时，首先我们把数据输入到根节点。其次，根据数据属性值来选择某个特定的分支，每选择一个子节点再根据该节点分支的属性值选择该节点的特定分支，直到递归遍历到叶子节点为止，就可以得到预测结果了。

这个模型比较符合我们解决问题的逻辑思维，易于理解，因此常常会用在专家系统中。另外，这个模型需要存储的参数相对较少，预测耗时短，这也是它的优点。

但是决策树其实远不止这么简单，常用的决策树算法有 ID3 算法、C4.5 算法、CART 算法和随机森林等，由于本章重点不是决策树，因此这里就不过多阐述了，有兴趣的读者可以自行查阅相关资料。

现在让我们进入正题：贝叶斯模型。贝叶斯思想的最初提出者如图 2-2 所示——18 世纪英国数学家托马斯 · 贝叶斯（Thomas Bayes）。

图 2-2　托马斯 · 贝叶斯（Thomas Bayes）

贝叶斯模型的核心思想是贝叶斯定理，这源于他生前为解决一个“逆概”问题而写的一篇文章，而这篇文章是在他死后才由他的一位朋友发表出来的。在贝叶斯写这篇文章之前，人们已经能够计算“正向概率”，如“假设袋子里面有 N 个白球，M 个黑球，你伸手进去摸一次，摸出黑球的概率是多少”。而逆向概率问题是相反的一类问题，比如“如果事先并不知道袋子里面黑白球的比例，而是闭着眼睛摸出一个（或好几个）球，观察这些取出来的球的颜色之后，我们如何推测此袋子里面的黑白球的比例？”

贝叶斯定理的思想出现在18世纪，但真正大规模使用发生在计算机出现之后。因为这个定理需要大规模的数据计算推理才能体现效果，它在很多计算机应用领域中都大有作为，如自然语言处理、机器学习、推荐系统、图像识别、博弈论，等等。

那么，我们可以使用贝叶斯模型来解决什么现实问题呢？以下是一个经典的彩球抽奖问题。

这是一个猜谜拿奖游戏，已知有 A、B 两个桶，A 中有红球3个，白球1个；B 中有红球2个，白球2个。现在我们随机选择一个桶，每次取出一个球并放回，判断反复4次后该桶是 A 还是 B。

这其实是一个以小见大的问题。就像我们看现实世界，总是只能看到这个现实世界中的一部分表现形式（摸到了几个球或是什么颜色），但是不知道这个表现形式后面的本质（到底是哪一个桶）。当面对这类问题的时候贝叶斯模型就非常有用了。

贝叶斯模型是所有使用贝叶斯定理思想的模型的统称，本节主要讲解最简单的朴素贝叶斯分类器。不过考虑到可能有读者不太熟悉或者忘记了概率论，我们先来回顾一下基本概率论知识，这样才能理解贝叶斯定理。

第1个概念是先验概率。首先我们将 A 事件发生的概率写作 $P(A)$，称之为 A 的先验概率。所谓先验概率，就是根据以往的经验得到的概率。那么 $P(B)$ 就是 B 的先验概率了。如果用文氏图表示，图2-3中 A 圈就表示 A 事件的样本集合，B 圈就是 B 事件的样本集合。

第2个概念是条件概率。所谓条件概率就是在另一个事件发生的条件下，某事件发生的概率，比如 $P(A \mid B)$ 表示在 B 事件发生的条件下，A 发生的概率；而 $P(B \mid A)$ 就是在 A 事件发生条件下，B 事件发生的概率。然后还有一个概念是联合概率，比如 $P(A \cap B)$ 表示 A 和 B 事件同时发生的概率。

我们来看图2-4，其中 A 和 B 交叉的部分就是 A 和 B 的联合概率，那么条件概率呢？就是交叉部分在 A 和 B 圈子里各占的比例，如果在 A 里，就是 A 事件发生情况下 B 事件发生的概率，如果在 B 里则反之。

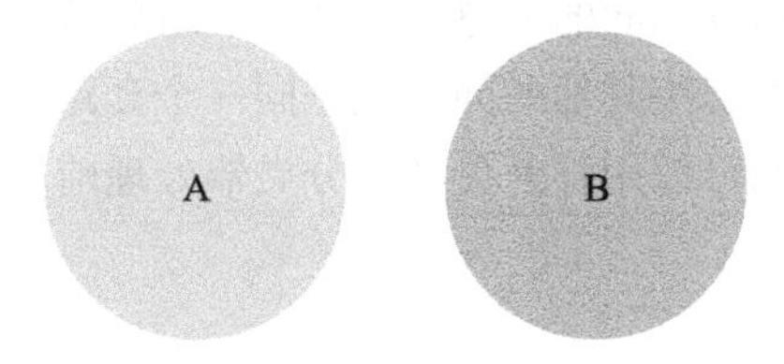

图2-3　样本文氏图（1）

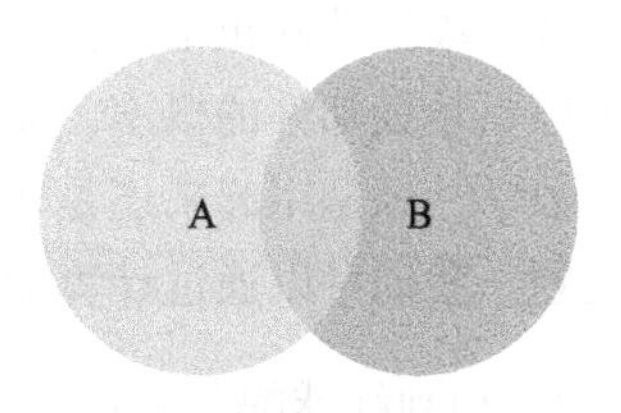

图2-4　样本文氏图（2）

在了解基本的概率论知识后再来学习贝叶斯公式。贝叶斯公式很简单，就是 B 发生条件下，A 事件发生的概率，可以通过 A 事件发生的条件下，B 事件发生的条件概率或 A 的先验概率和 B 的先验概率计算出来：

$$P(A \mid B)=\frac{P(B \mid A)P(A)}{P(B)}$$

那么这个公式到底有什么用呢？

举个例子，假如我们想要检查邮箱中是否存在垃圾邮件，最简单的方法是根据邮件中是否存在某些关键词来做判断。但实际情况是，并不是所有涉及某个关键词的邮件都是垃圾邮件。所以我们就可以做出一个假设：垃圾邮件中关键词的出现频率是有规律的。根据这个假设，我们可以收集一批垃圾邮件和一批正常邮件，统计一下所有邮件中包含关键词的频率，垃圾邮件的出现频率以及关键词在垃圾邮件中的出现频率。其中 $P(A)$ 是垃圾邮件的出现频率，$P(B)$ 是关键词的出现频率，$P(B|A)$ 就是垃圾邮件中的关键词出现频率。那么由贝叶斯公式我们就可以推算出 $P(A|B)$，也就是存在特定关键词时某封邮件是垃圾邮件的概率了。

我们知道，我们平时只能观测到现实中某些现象的表现形式，正如我们只能知道垃圾邮件中关键词的出现频率。但是，我们总是希望能够通过现象去推断出事物的本质，而贝叶斯模型正是这种模型，让我们可以通过某些容易计算的概率去了解某些事物内在性质的概率。而通过收集大量的数据，则可以让贝叶斯这种概率类的模型更加准确。

不过这里还有个问题，在实际情况中会有很多的属性（也就是特征），比如判断一封邮件是不是垃圾邮件，肯定不只有一个关键词，因此我们要考虑所有可能关键词出现的概率。这个问题怎么处理呢？这个时候我们就要对公式进行变换，需要计算在 $B_1 \sim B_n$ 多个事件同时发生的概率下 A 事件发生的概率（也就是根据多个关键词的出现概率估算某封邮件是垃圾邮件的概率）。

这里的难点在于样本量比较小，在这种情况下如果直接估算 B_1 到 B_n 的联合概率会导致存在比较大的误差。所以，贝叶斯公式给出了一个假设：假设各个事件之间是相互独立的，也就是不同的属性会独立地对最后的分类结果产生影响。所以这里我们就可以将联合概率变成多个事件概率的乘积，那个大大的类似于 π 的符号就是累乘符号，就像之前提到的累加符号一样，是一种数学符号的简写：

$$P(A \mid B_1 B_2 \ldots B_n)=\prod_{i=1}^{n}\frac{P(B_i \mid A)}{P(B_i)}P(A)$$

这个推广后的公式就是朴素贝叶斯分类器的核心。思考一下，假如我们有大量的邮件，里面同时包含垃圾邮件和正常邮件，我们只要分别估算不同的敏感词的概率，最后就能计算得到某封邮件是垃圾邮件的概率，而利用朴素贝叶斯解决其他的问题也是同一个套路。虽然看起来都是数学，但是用起来还是非常简单的。我们可以用朴素贝叶斯分类器处理前面所提到的抽奖问题。我们可以通过计算知道：

1）$P(A)$：摸到红球的概率是 $\frac{5}{8}$。

2）$P(B)$：选择 A 桶的概率是 $\frac{1}{2}$。

3）$P(A \mid B)$：在 A 桶中摸到红球的概率 $\frac{3}{4}$。

假设摸到一个红球，选择到 A 桶的概率为：

$$P(B \mid A)=\frac{1}{2}\times\frac{3}{4}\Big/\frac{5}{8}=\frac{3}{5}$$

所以如果我们摸到 2 个红球，2 个绿球，只需要带入到上面那个推广后的公式里就可以得到结果了。我们提前训练得到的知识就是摸到红球的概率、摸到绿球的概率、在 A 中摸到红球或者绿球的概率以及在 B 中摸到红球或者绿球的概率。

2.3　Logistic 回归

本节的主要内容是 Logistic 回归，包括 Logistic 回归的基础知识、由来和现实意义。因为 Logistic 回归可以说是人工神经网络的基础，所以我们暂时抛开其他的传统机器学习算法，先来弄清楚 Logistic 回归的来龙去脉。

我们大体了解了机器学习的基本概念，也了解了几种非常经典简单的传统机器学习模型，并阐述了深度学习带来的突破和重要性，最后让大家知道如何使用现有的框架去实现自己的想法，能够用简单的数据集做一些基本的实验。

接下来将循序渐进地讲解一些进行深度学习所必须要了解的有关机器学习的知识点。Logistic 回归本身公式并不复杂，但是这里面的来龙去脉十分有趣，而且这里的内容是掌握神经网络的重要基础。内容有些多，其中包括非线性模型的思想、训练的思想，这些都直接影响着人工神经网络，因此将用一节的内容来具体讲解 Logistic 回归。

2.3.1　线性回归

在学习一个机器学习模型之前必须要知道这个模型到底是用来解决什么问题的。

假设这样一个场景：一位农民非常关心农作物的长势。而影响农作物生长的是害虫，那么怎么除掉这些害虫呢？现在的一般做法是使用农药。但大家都知道如果农药释放太多会影响农作物的品质与顾客的选择倾向，因此我们都想知道到底用多少农药才能基本清理掉害虫（最少需要使用的农药量）。

现在来给这个问题建模。假设“杀死害虫”是事件 A，唯一的因素 X 是我们释放农药的剂量。那么这个问题其实就是去寻找事件 A 发生的概率与因素 X 之间的关系。我们发现这类问题在生活中其实非常常见，因此如果我们可以找到解决这个问题的办法也就能够举一反三去解决其他类似的问题。

那么，在数学方法里，用来分析变量之间关系最直接的工具是什么呢？其实就是线性回归。别看线性回归简单，但很多时候越是简单的东西越是有效，就如奥卡姆剃刀定律

(Occam's Razor, Ockham's Razor)所说的那样。因此线性回归的重要性其实比你想象的高得多。

我们来回忆一下什么是线性回归。假设有这样一个一元一次函数：

$$y = w_1 x_1 + w_0$$

如图 2-5 所示，在这里 y 是一个应变量，x_1 是一个自变量，所谓回归就是研究 y 和 x_1 之间的关系。我们也称之为线性函数，看起来就是一条直线。那么回归的目的是什么呢？

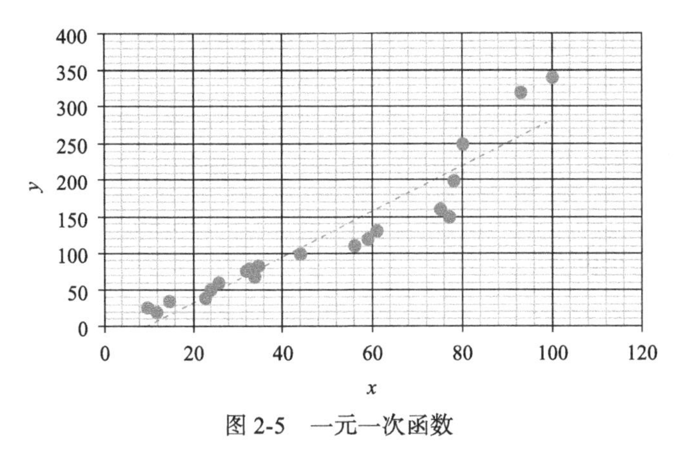

图 2-5 一元一次函数

这个坐标上有一系列的点，这些点可能是从实际生活中采集的数据，比如我想在某个城市买房，想了解一下这个城市房屋面积和价格之间的关系。横坐标是面积，纵坐标是价格(单位是万元)。

现在需要求得一个函数，输入是房屋面积，输出是房屋价格，由于这些散点整体很像在一条直线上，因此我们可以使用一元一次函数去拟合这些散点。这个拟合的过程其实就是一次线性回归，回归的目的是分析房屋面积和价格之间的关系，最后得到一个可以较好拟合这个散点图的函数。所以回归的目的也可以理解为建立一个数学模型，拟合现实测量的数据。只不过线性回归是一种最简单的“拟合”。

下面这个公式和上面的公式是等价的：

$$y = \boldsymbol{w}^{\mathrm{T}} \boldsymbol{x}$$

第 2 个公式将 $\boldsymbol{w}$ 和 $\boldsymbol{x}$ 都写成了矩阵形式。其中 $\boldsymbol{w}$ 就是 $[w_0, w_1]$，而 $\boldsymbol{x}$ 就是 $[0, x_1]$，第 1 个的转置矩阵乘以第 2 个就可以计算出想要的结果。

但是，这里的自变量只有一个 x_1，现实世界中的问题并没有那么简单，比如之前我们利用天气预测行为的时候，需要使用的参数就不止一个，自变量可能会有很多很多个（x_1、x_2 到 x_n）。这种情况下如果要做回归分析，就要使用多元回归，即从一个一元一次函数变成了多元一次函数，如图 2-6 所示。

我们展示的是一个有两个自变量的回归分析。在线性回归里我们用一条直线去拟合平面上的散点，那么在有两个自变量的情况下，现在就要多出来一条轴，所以就从平面变成了三维空间，而我们拟合的结果就是一个平面。如果我们在计算房价的时候还要考虑地段问题的话，那么这里就需要加上地段这条轴。这个过程可以简单描述为设计一个包含两个自变量的函数，然后去拟合数据。

$$y = w_1x_1 + \ldots + w_nx_n + w_0$$

$$y = \sum_{i=1}^{n} w_i x_i + w_0$$

$$f(x) = \boldsymbol{w}^{\mathrm{T}} \boldsymbol{x} + w_0$$

$$y = \boldsymbol{w}^{\mathrm{T}} \boldsymbol{x}$$

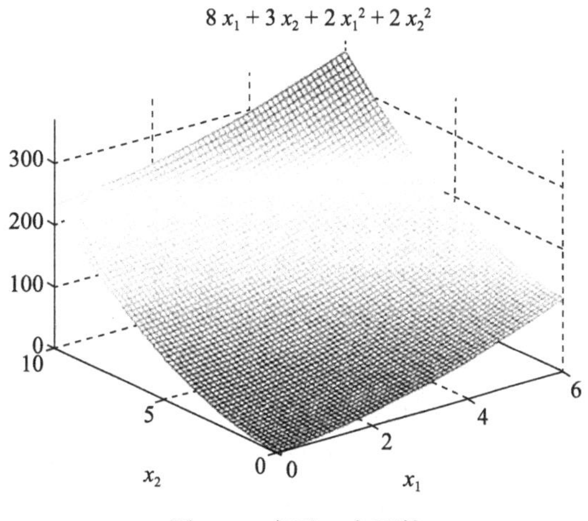

图 2-6　多元一次函数

上面的 4 个数学公式是完全等价的，反映的是有 n 个自变量的情况下我们使用的函数。第 1 个很好理解，就是将原来的 1 个或者两个自变量替换成了 n 个自变量。

第 2 个公式其实就是第 1 个公式的简化版本，用了一个 Σ（sigma）符号表示，即求和符号。也就是 $w_1x_1 + w_2x_2$ 一直累加到 w_nx_n，这是一种比较简化求和描述的数学符号。

第 3 个公式只不过就是把 $\boldsymbol{w}$ 和 $\boldsymbol{x}$ 全部看成了一个向量。

第 4 个公式就是完全矩阵化，这也是我们经常使用的公式。

大家注意一下这里使用的是粗体。粗体表示这里的符号是一个向量。我们可以认为一个向量就表示的是空间中的一个点，比如一个二维向量就表示一个平面上的点 (x, y)，三维向量就表示一个立体空间上的点 (x, y, z)，以此类推。而这里有 n 个自变量，所以向量 $\boldsymbol{x}$ 就是一个 n 维空间向量，表示一个 n 维空间中的点。$\boldsymbol{w}$ 也就是这个公式里的权重，我们也将其变成了一个向量。然后 $\boldsymbol{w}$ 上面的那个 T 表示转置，这里就是做一个线性代数里的矩阵乘法，其实就是用 $\boldsymbol{w}$ 中的每个数依次去乘以 $\boldsymbol{x}$ 中的每一个数，只不过根据矩阵乘法规定，$\boldsymbol{w}$ 要和 $\boldsymbol{x}$ 相乘必须先进行转置。

在理解了什么是回归之后，我们可以看到，回归的目的是去“拟合”现实情况中连续变化的一系列的值。

2.3.2　几率与 Logit

但是线性回归能直接应用在这个问题里吗？

我们可以看到，在用多少剂量的农药可以杀虫这个问题里，虽然我们的因变量 X，也就是农药量是连续的，但是我们预测的结果其实是一个离散的值——要么是 0，无法杀死害虫；要么是 1，可以杀死害虫，这其实是一个离散的选择行为。即在某些地方 X 的变化会导致 P 概率的剧烈变化。在这个例子里，其实就是当 $P = 0$ 和 $P = 1$ 的时候，这个概率是巨变的，但是线性回归拟合出来的肯定是一个等量逐渐变化的结果，如图 2-7 所示。

在数学世界中，我们需要处理的很多实际问题其实都是一些离散的问题。比如，刚刚我们所说的能否杀死害虫（当然如果你能检测到农药对害虫的定量影响的话，就另当别论了)，只有两个值，真或者假，也就是 1 或 0。我们将这种问题称之为“离散选择”问题，而在机器学习领域更通俗的说法就是所谓的分类问题。

但是线性回归的本质是去做线性拟合，除非概率随着因素的变化是线性的，也就是线性概率，否则就无法使用线性回归去做拟合。现实往往没有想象中那么美好。

可以看出，虽然线性回归很基础、很有用，但是面对这种非线性的概率预测就显得捉襟见肘了。而我们所谓的分类问题也就是一个“离散选择”问题。

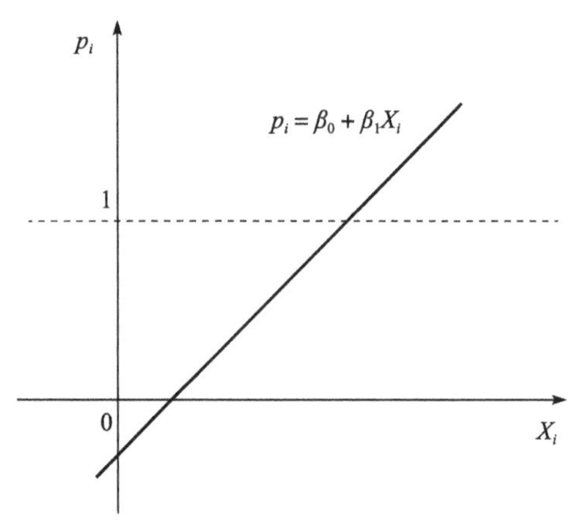

图 2-7 线性回归拟合

虽然线性回归本身无法直接去拟合这个概率，但是我们可以转变思路，使用间接的方法去替代直接求概率。我们是不是可以让线性回归拟合一个和事件概率 P 相关的东西，然后再使用那个东西去换算到事件概率 P 呢？这里就要提到一个新的概念：几率（odds）。

在数学的世界里，几率是一个和我们所说的概率（probability）不同的东西。所谓的概率 $P(A)$，在统计学上一般是用事件 A 发生的次数除以总次数来估算的：

$$P(A) = \frac{\text{事件}A\text{发生的次数}}{\text{所有事件总数}}$$

比如，如果我们投掷骰子，投掷出 6 的概率是 $\frac{1}{6}$。

但是几率指的是一个事件 A 发生和不发生之间的一个比值，如果用概率公式来表示，那就是发生 A 的概率除以不发生 A 的概率：

$$odds(A) = \frac{P(A)}{1-P(A)}$$

$$odds(A) = \frac{\text{事件}A\text{发生的次数}}{\text{所有事件总数}}$$

在实际的统计计算里，就是用发生 A 事件的次数除以不发生 A 事件的次数。如果还是以投掷骰子为例，投掷出 6 和不投掷出 6 的几率就是 $\frac{1}{5}$。如果假设我们投掷出 6 就是胜利，那么胜利相对于失败的比率就是 $\frac{1}{5}$。

接下来讲解事件几率和概率之间的关系，如图 2-8 所示。

这里横轴表示事件 A 发生的概率，纵轴表示事件 A 发生的几率，可以发现，概率的区间是从 [0, 1]，但是几率的区间是 [0，+∞]，所以两者的区间不同，而且随着概率增加，几率的增加越来越快。因此可以确定几率和概率之间并不是简单的线性关系，但是也无法直接使用几率来做线性回归的拟合。

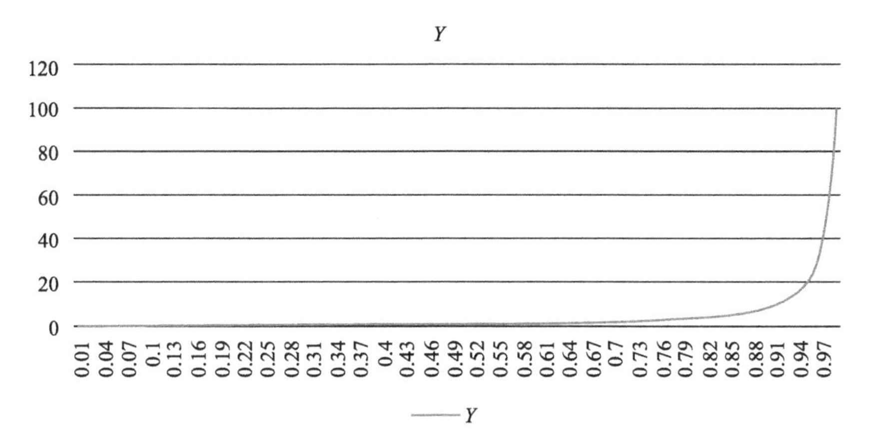

图 2-8　几率和概率之间的关系图

既然几率不能解决问题，那我们为什么还要先介绍它呢？这是因为几率难以拟合，但是我们可以在几率的基础上生成一个新的统计量，而这个统计量就是几率的对数。其实也就是取几率以自然对数为底的对数，而这就是所谓的概率的 Logit 函数的由来：

$$\text{Logit}(P_i)=\log\left(\frac{P_i}{1-P_i}\right)=\boldsymbol{w}^{\mathrm{T}}\boldsymbol{x}$$

我们来看 Logit(p) 的曲线图，如图 2-9 所示。

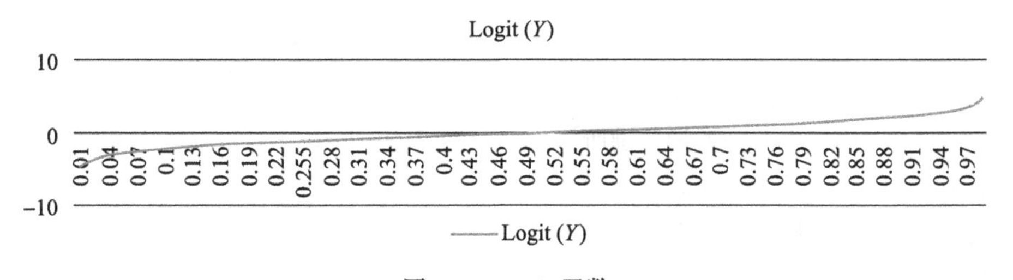

图 2-9　Logit 函数

我们可以看到这个曲线十分漂亮：

1）这个曲线在 0 和 1 之间的大部分地方非常平滑，几乎接近一条直线；

2）在 0 和 1 两个地方产生了突变。

线性拟合需要因变量随着自变量等比例增长，同时又希望在概率等于 0 或者 1 的时候产生一个突变，来判定到底是 0 还是 1。这就是完全符合我们要求的一个曲线，所以当看到它的时候应该就会感觉——就是它了！

那么我们现在就用 $\log\left(\frac{P_i}{1-P_i}\right)$ 曲线作为我们拟合的目标，用一个线性回归函数去拟合。而公式中的这个 Logit 就是这个拟合的等式。

2.3.3 Logistic 回归

在 Logit 的基础上，我们只要做一个简单的变换，就可以变换为更经典的 Logistic 回归公式：

1）$\log\left(\frac{P_i}{1-P_i}\right)=\boldsymbol{w}^{\mathrm{T}}\boldsymbol{x}$

2）$\frac{P_i}{1-P_i}=\mathrm{e}^{\boldsymbol{w}^{\mathrm{T}}\boldsymbol{x}}$

3）$P_i=\frac{1}{1+\mathrm{e}^{-(\boldsymbol{w}^{\mathrm{T}}\boldsymbol{x})}}$

第 1 个公式是我们刚刚提到的 Logit。第 2 个公式是两边同时变成 e 指数后的形式。第 3 个公式是在第 2 个公式的基础上再变换得到的。而这当中的第 3 个公式就是经典的 Logistic 回归函数了。

我们仔细看一下第 3 个公式，就会发现 e 的指数其实是一个线性回归，当这个值等于 0 的时候，P 等于 $\frac{1}{2}$。当这个值大于 0 的时候，这个值会无限趋近于 1。当这个值小于 0 的时候，这个值会无限趋近于 0。所以使得整个函数的区间是从 0 到 1，完美契合了我们平时所说的概率。

如果将线性回归的整个公式看成一个变量 z，那么 $p=\frac{1}{1+\mathrm{e}^{-z}}$ 就是传说中的 Sigmoid 函数了：

$$y=\frac{1}{1+\mathrm{e}^{-z}}$$

该函数的特点是根据输入输出 0 或 1，并在 0 点阶跃，如图 2-10 所示。

现在来具体了解一下 Sigmoid 函数，该函数是我们通过回归实现分类的关键所在。这个函数的形状很特殊（y 跟着 z 增大而增大），我们会发现一开始这个函数无限趋近于 0，然后在某一点上突然飙升到 1，并且一直无限趋近于 1。而在 x 等于 0 这个点，永远靠在 y 等于 0.5 的这个值上，所以我们可以认为，当 $x<0$ 的时候，这个函数的输出就是 0；当 $x>0$ 的时候，这个函数的输出就是 1。

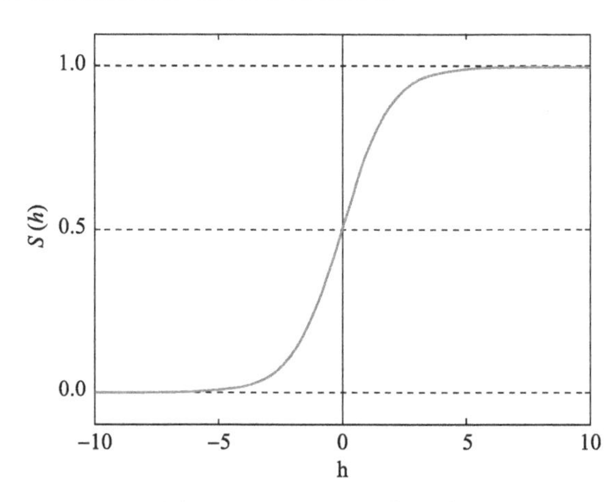

图 2-10 Sigmoid 函数图像

这个现象十分奇妙。它虽然是一个连续函数，但是我们可以把它当作一个会突然跳变的函数使用，而这种从 0 向 1 跳变的函数我们称之为阶跃函数，我们也常常将其称之为 S 型函数。

考虑这样一个问题，如果我们求出来的值在 0 点左侧，那么结果是 0，则杀不死害虫。但如果求出来的值在 0 点右侧，那么结果是 1，则说明可以杀死害虫。

那么这个 Sigmoid 函数和回归分析的关系是怎样的呢？首先，Sigmoid 函数的自变量是 z，我们将这个 z 替换成一个回归函数，这就意味着我们可以使用多个连续的自变量来做分类了。而这就是 Logistic 回归的核心要点。

Logistic 回归的基本思想就是：既然普通的多元回归不适合用来处理离散的分类问题，那就把这个多元回归函数放到一个 Sigmoid 函数里去实现分类。因此，使用此方法后，输入的是一系列自变量（$x_1 \sim x_n$），而输出则是 0 或 1，分别对应假或真。

回顾一下 Logit 的等价函数就可以发现，对于 $\frac{y}{1-y}$，我们可以将 y 看成正样本的可能性（分类结果为真），$1-y$ 看成负样本的可能性（分类结果为假），两者的比值就是一个几率，也就是样本作为正例（分类结果为真）的几率，然后我们再取一个对数，那就是对数几率了。简而言之，先计算 P 的几率的对数，然后用线性回归的方法去回归拟合这个数字。这种回归分析方法就被称为 Logistic 回归，也就是对数几率回归。

2.3.4　背景溯源

我们从 Logit 变换讲到了 Logistic 回归在分类问题中的实际含义。可以看到，之所以将 Logistic 回归叫作回归，是因为它的核心其实还是回归，只不过我们如果从等价的 Logit 的角度来看的话，它其实回归的是一个对数几率，而不是我们最后想要求的事件概率。这也就是为什么这个模型名叫回归，其实做的是分类的事情，这也算是一件非常有趣的事情。

但事实上，Logistic 回归的真正来源并不是我们刚刚讲的那样，Logit 变换和 Logistic 回归是等价的而且转换非常易于理解，但是 Logistic 回归最初的来源却是另一个领域，这个就是它的创造背景——生态学。我们有必要在这里对其进行简单介绍。

1798 年，有一名叫作 Malthus 的英国牧师在观察一个小镇的人口数据时，发现一个规律，就是这个小镇的人口增长率基本和人口的数量成正比，如果使用数学公式来表示的话，就是小镇人口数与时间的微分和人口数是一个线性关系：

$$\frac{dN(t)}{dt} = rN(t)$$

这个公式里，t 表示某个时刻，而 $N(t)$ 表示这个时刻小镇的总人数，r 是一个比例系数，它是一个常数。也就是说无论小镇人口怎么增长，其增长趋势总是满足这个公式。因为微分可以看成是 $N(t)$ 这个函数在 t 时刻的增长速度，我们只要根据实际情况调节 r，就可以得到最后的增长速度，如下面这个公式所示：

$$N(t) = N_0 \mathrm{e}^{rt}$$

那我们如何知道某个时刻这个小镇有多少人呢？从数学上来讲，t 时刻这个小镇的人数就是上面那个微分公式的定积分。定积分下界是 0，上界是 t。其中我们需要考虑当 t 等于 0 的时候小镇的人数为 N_0，而 N_0 肯定不是 0，所以最后计算出来的结果就是最后一个公式。这样 Malthus 发现的规律就可以帮助我们粗略预测一个城镇在不受外界影响的情况下的人口增长趋势和人口数量。

但非常可惜的是，一个城镇的环境肯定是有容量限制的，资源与环境对人的数量有限制，所以一个城镇的人数是不可能无限增长的。那我们能否把环境的容量限制考虑进去，修改上面的公式，然后得到一个更符合实际情况的人口计算公式呢？

1838 年，有一个叫 Pierre-François Verhulstd 的人也想到了和我们一样的事情，并修改了原始的公式，将环境容量作为计算人口增长速度的指标之一。所以公式变形为：

$$\frac{dN(t)}{dt}=rN(t)\left(1-\frac{N(t)}{K}\right)$$

我们会发现这个公式还是人数和时间的微分，只不过在公式右侧加上了一个 $\left(1-\frac{N(t)}{K}\right)$ 而已。这里 $N(t)$ 就是 t 时刻的人数，而 K 就是环境可以承受的总人数。那么 $N(t)/K$ 就是 t 时刻环境承载的人口比例，当人口增加，这个数字会不断增加，而 $\left(1-\frac{N(t)}{K}\right)$ 则会不断减小，最终变成 0 甚至变成负数，人口开始下降，然后逐渐在环境容量附近达到一个平衡。

读者可能会感到奇怪，Logistic 回归的公式看起来和这个式子毫无关联，我们如何理解这当中的隐秘联系呢？

首先我们做这样一个变换：令 $f(t)$ 等于 $\frac{N(t)}{K}$，然后将 $f(t)$ 带入到原始公式中，去掉所有的 $N(t)$，那么公式就会变成这样：

$$\frac{dKf(t)}{dt}=rKf(t)(1-f(t))$$

然后两侧同除以 K，就变成了下面这个公式：

$$\frac{df(t)}{dt}=rf(t)(1-f(t))$$

仔细观察就会发现我们将一个和地域人口增长速度相关的公式，变成了地域人口占环境容量比例上升速度的公式，再不是一个具体数字的增长率，而是一个比例的增长率。这其实是比原来的公式更有用的公式。因为每个城镇的人口总容量肯定是不同的，当前人口数量也是不同的，但是比例就比较通用了。无论总共有多少人、当前有多少人，我们都可以将其带入这个公式，只要求出来之后再结合实际的人数或者环境容纳人数换算一下即可。

现在，要考虑计算出某个时刻的 $f(t)$ 的方法，也就是某个时刻总人数占环境人数的比例。我们只需要对这个公式做一个积分，积分下限为 0，上限不限：

$$f(t)=\frac{f_0\,\mathrm{e}^{rt}}{1+f_0(\mathrm{e}^{rt}-1)}$$

左边得到的就是 $f(t)$，右侧得到的就是 $\frac{f_0\,\mathrm{e}^{rt}}{1+f_0(\mathrm{e}^{rt}-1)}$，其中 f_0 是 0 时刻城镇人口占环境容

量的比例。然后只要上下同时除以 $f_0 e^{rt}$，立刻就可以得到下面的公式：

$$f(t)=\frac{1}{1+\left(\frac{1}{f_0}-1\right)e^{-rt}}$$

这个公式大家就会有点眼熟了，和 Logistic 回归的形式十分相似，只不过 e 左边多了一个系数 $\left(\frac{1}{f_0}-1\right)$，指数变成了 $-rt$，这也是 t 的一个线性函数。所以我们只要稍做转换就可以变换成 Logistic 回归。假设城镇人口总数不能超过环境容量，那么系数 $\left(\frac{1}{f_0}-1\right)$ 肯定大于 0，因此我们可以把 $\left(\frac{1}{f_0}-1\right)$ 替换成 e^{-r_0}，其中 r_0 是我们凑出来的一个数字，这个数字可以让 e 的指数直接和 $\left(\frac{1}{f_0}-1\right)$ 相等，而且根据我们的假定这个数字总是能够凑出来，这十分重要。所以我们可以变换出下面这个公式。令：

$$f(t)=y,\ r_0=\omega_0,\ r=w,\ t=x$$

接下来我们把公式变成了：

$$f(t)=\frac{1}{1+e^{-(r_0+rt)}}$$

于是一切就迎刃而解了。经仔细观察发现，ω_0 相当于一个城镇初始环境剩余可容纳人数与已有人数的比例 $\left(\frac{1}{f_0}-1\right)$，即 $\left(\frac{1-f_0}{f_0}\right)$，这就是 P 事件发生和不发生之间的一个几率。

接着，这里 ω_0 等于 r_0，相当于是事件的一个初始几率。这里 r 就是 ω，相当于一个和 t 相关的权重，相当于人口比例增长的速度到底有多快，完全取决于这个数字。

我们发现，这个公式其实就是某个时刻城镇人口占环境比例与时间的一个 Logistic 回归。只不过因为加入了环境容量因素，导致人口环境增长不再是线性的，而是非线性的，而非线性拟合只能通过 Logistic 回归这种方式来实现。Logistic 也是从 0 开始，最后趋近于 1，增长先慢后快最后慢，这和环境容量人口占环境容量比例的变化恰好可以相互印证。所以我们发现，Logistic 回归也可解决拟合回归问题，只不过要看我们从哪个角度来看待了。如果把 y 看成某个事件发生的概率，其实我们是在做离散选择（也就是所谓的分类），但是如果将 y 看成某个环境内某些事物的比例，那么我们其实就是在做回归拟合。

这个世界是多么奇妙，数学又是多么奇妙，我们从两个毫不相关的事情导出了相同的公式，这就是数学的美妙之处。

最终我们得知 Logistic 及其模型就是一个多元一次函数加一个 Sigmoid。但问题是，这个多元函数里有一系列 w 值是不确定的，我们把这些 w 称为回归系数。在使用该模型之前，我们需要确定这些值。在传统的方法中，有可能会使用像极大似然估计这样的参数估计方法。但是在机器学习领域，我们需要利用数据来确定这些参数，而学习这些参数的过程就是机器学习的过程。方法很简单，就是用极大似然估计这个统计上经常使用的方法。

首先我们要根据前面的公式得到一个极大似然函数，然后去求这个极大似然函数在最大值的情况下的权重。这明显就被转换成了数学上的最优化问题。在数值分析当中会对此问题进行深入讨论，一般来说会使用牛顿法来进行求解。但是，在机器学习领域更常用的方法其实是梯度上升法，通过该方法来不断迫近这个极大值（并不能保证得到最大值），我们会在后续章节详细探讨这个问题。

2.3.5 实现 Logistic 回归

接下来需要学习如何通过编程来实现 Logistic 回归，由于是实验和印证设想，我们使用 Python 进行编程实战，具体方法如代码清单 2-1 所示。

代码清单 2-1 实现 Logistic 回归

```
 1 from numpy import *
 2 import pickle
 3
 4 class LogisticClassfier:
 5     # 训练，暂不实现
 6     def train():
 7         pass
 8
 9     # 预测并返回分类结果
10     def predict(x):
11         # 根据权重和输入求线性回归值
12         y = sum(x * weights)
13         # 使用 Sigmoid 转变为概率
14         prob = LogisticClassfier.sigmoid(y)
15
16         # 概率大于 0.5 分类到 1
17         if prob > 0.5:
18             return 1.0
19
20         return 0.0
21
22     # 保存模型
23     def dump(modelFileName):
24         params = dict()
25         params['weights'] = self.weights
26
27         model = {
28             'params': params,
29         }
30         modelFile = open(modelFileName, 'wb')
31         pickle.dump(model, modelFile, 2)
32
33         modelFile.close()
34
```

```
35      # 加载模型
36      def load(modelFileName):
37          modelFile = open(modelFileName, 'rb')
38          model = pickle.load(modelFile)
39
40          params = model['params']
41          self.weights = params['weights']
42
43          modelFile.close()
44
45      # Sigmoid 函数实现
46      @staticmethod
47      def sigmoid(inX):
48          return 1.0/(1+exp(-inX))
49
50  if __name__ == '__main__':
51      # 构建分类器
52      classfier = LogisticClassfier()
53      # 加载模型
54      classfier.load('horse.model')
55
56      # 读取测试集
57      frTest=open('data/horseColicTest.txt')
58
59      # 初始化测试结果
60      errorCount = 0
61      numTestVector = 0.0
62
63      # 每次读取一行
64      for line in frTest.readlines():
65          numTestVector += 1.0
66          currLine=line.strip().split('\t')
67          lineArr=[]
68
69          # 前 21 个数据为特征，读取特征
70          for i in range(21):
71              lineArr.append(float(currLine[i]))
72
73          # 获取预测结果
74          predictResult = classfier.predict(array(lineArr))
75          # 第 22 个数据为标签
76          isHorseLabel = currLine[21]
77
78          # 判断是否预测正确
79          if int(predictResult)!=int(isHorseLabel):
80              errorCount += 1
81
82      # 计算输出错误率
83      errorRate = errorCount / numTestVector
84      print('错误率：%f' % (float(errorRate)))
```

第 4 行，定义了 LogisticClassfier 类，也就是基于 Logistic 回归的分类器类。

第 10 ～ 20 行，定义了 predict 方法，该方法用于预测样本的分类。首先根据样本的特征向量和模型的权重参数向量点乘，最后求和，计算输入的线性回归值。接着调用 Sigmoid 计算出激活值，如果激活概率大于 0.5，表示激活，返回 1；如果激活概率小于等于 0.5，表示未激活，返回 0。

第 23 ～ 33 行，定义了模型保存方法，该方法和朴素贝叶斯分类器一样，只不过这里保存的模型参数只有各个特征的权重参数。

第 36 ～ 43 行，定义了模型加载方法，该方法和朴素贝叶斯分类器一样，只不过这里加载的模型参数只有各个特征的权重参数。

第 47 ～ 48 行，定义了 Sigmoid 计算方法，该方法就是对 Sigmoid 公式的实现。

第 52 行，创建分类器对象。

第 53 行，加载指定的模型文件。

第 57 行，加载测试集文件。

第 64 ～ 80 行，每次从测试集文件中读取一行，特征使用制表符分隔，调用 split 方法可以取出所有样本特征。其中前 21 个是样本特征，最后一个是样本标签。我们取数组前 21 项作为特征，调用 classifer 的 predict 方法预测分类标签，取出最后一项作为样本的真实标签，如果预测标签和真实标签不一样就将错误样本数量加 1。

第 83 ～ 84 行，计算样本的预测错误率并输出。

由于我们没有介绍梯度下降法求解，所以这里代码没有训练过程，只有预测过程。可以发现，Logistic 回归的预测过程非常简单，就是将输入特征和模型中训练得到的权重做一个简单的加乘即可，运算简单高效。

这里我们先构建分类器，使用 load 加载模型，然后读入测试数据，测试数据每行前 21 项是样本的特征，最后一项是样本标签。然后将特征输入通过 predict 方法得到预测结果，最后与测试数据中的标签进行比较，统计一下错误率并输出。

Logistic 的预测过程非常简单而且易于理解，但是训练过程需要等到讲解完梯度下降法之后再进行介绍。

2.4 本章小结

本章介绍了机器学习的主要任务，并在此基础上开始介绍监督学习。接着介绍经典监督学习算法，以及分类器和决策树等内容。接着还详细介绍了贝叶斯、朴素贝叶斯、实现朴素贝叶斯分类器的方法以及贝叶斯网络的内容，并介绍了线性回归。最后引入数据预处理的概念，为后续章节做好铺垫。

第3章

人工神经网络

第 2 章介绍了机器学习的基础，即几种基本机器学习算法，从而了解了机器学习的基本方法与原理，然后重点介绍了 Logistic 回归，这是本书神经网络的基础知识。本章开始将会介绍人工神经网络，这是深度学习的基础；然后我们会介绍用于无监督学习的稀疏自编码器，这也是一种人工神经网络；最后介绍人工神经网络需要的数据预处理与实现。

3.1 人工神经网络简介

人工神经网络（Artificial Neural Network，ANN），简称神经网络（Neural Network，NN），在机器学习和认知科学领域，是一种模仿生物神经网络（动物的中枢神经系统，特别是大脑）的结构和功能的数学模型或计算模型，用于对函数进行估计或近似。神经网络由大量的人工神经元联结进行计算。大多数情况下人工神经网络能在外界信息的基础上改变内部结构，是一种自适应系统，通俗地讲就是具备学习功能。现代神经网络是一种非线性统计性数据建模工具。

对人类中枢神经系统的观察启发了人工神经网络这个概念。在人工神经网络中，将简单的人工节点称作神经元（neurons），其连接在一起形成一个类似生物神经网络的网状结构。

目前对于人工神经网络还没有一个统一的正式定义。不过，具有下列特点的统计模型都是可以被称作“神经化”的：

1）具有一组可以被调节的权重（被学习算法调节的数值参数）；

2）可以估计输入数据的非线性函数关系。

这些可调节的权重可以被看作神经元之间的连接强度。

人工神经网络与生物神经网络的相似之处在于，它可以集体地、并行地计算函数的各个部分，而不需要描述每一个单元的特定任务。我们能从网上找到关于神经网络这个词的定义，其一般指统计学、认知心理学和人工智能领域使用的模型，而控制中央神经系统的神经网络属于理论神经科学和计算神经科学。

在神经网络的现代软件实现中，被生物学启发的那种方法已经几乎被抛弃了，取而代之的是基于统计学和信号处理的更加实用的方法。在一些软件系统中，神经网络或者神经网络的一部分（例如人工神经元）是大型系统中的一个部分。这些系统结合了适应性的和非适应性的元素。虽然这种系统使用的这种更加普遍的方法更适宜解决现实中的问题，但是这和传统的连接主义人工智能已经没有什么关联了。不过它们还有一些共同点：非线性、分布式、并行化，局部性计算以及适应性。从历史的角度讲，神经网络模型的应用标志着20世纪80年代后期从高度符号化的人工智能（以用条件规则表达知识的专家系统为代表）向低符号化的机器学习（以用动力系统的参数表达知识为代表）的转变。

典型的人工神经网络由以下3个部分所组成。

1）结构（architecture）：指定了网络中的变量和它们的拓扑关系。例如，神经网络中的变量可以是神经元连接的权重（weights）和神经元的激励值（activities of the neurons）。

2）激励函数（activity rule）：大部分神经网络模型具有一个短时间尺度的动力学规则，来定义神经元如何根据其他神经元的活动来改变自己的激励值。一般激励函数依赖于网络中的权重（即该网络的参数）。

3）学习规则（learning rule）：学习规则指定了网络中的权重如何随着时间推进而调整。这一般被看作是一种长时间尺度的动力学规则。一般情况下，学习规则依赖于神经元的激励值。它也可能依赖于监督者提供的目标值和当前权重的值。例如，用于手写识别的一个神经网络，有一组输入神经元。输入神经元会被输入图像的数据所激发。在激励值被加权并通过一个函数（由网络的设计者确定）后，这些神经元的激励值被传递到其他神经元。这个过程不断重复，直到输出神经元被激发。最后，输出神经元的激励值决定了识别出来的是哪个字母。

本节简单介绍了人工神经网络的概念，由于人工神经网络是深度学习的概念基础，为了建立坚实的理论基础，我们需要进一步探讨人工神经网络的细节，这样才能更为充分地掌握人工神经网络的相关知识。接下来先介绍神经网络的基本结构与正向传播算法。

3.2 基本结构与前向传播

在认知神经网络的概念之前，我们需要先来了解一下所谓人工神经网络的基本结构，先通过理解所谓的神经元这个概念，引申出通过神经元构建的神经网络这一概念。并最终向读者介绍本节的重要概念——前向传播。当然有了前（正）向即有反向，我们会在下一小节中介绍反向传播算法。

3.2.1 神经元

人工神经网络很像人类神经网络的一种模拟和简化。我们将人工神经网络的基础组成部分称之为神经元。在程序化的世界里，一个神经元其实就是一个函数，如图3-1所示。

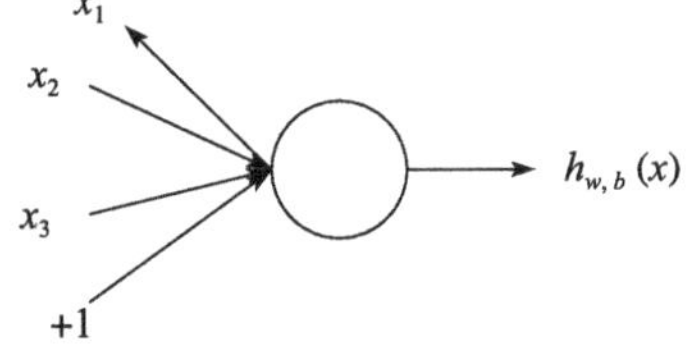

图3-1 函数即神经元示意图

这个函数有 n 个输入变量，x_1 到 x_n，然后还有一个截距 +1 项（截距表示一条直线与纵坐标轴相交点到坐标原点的距离），这一项我们通常称之为偏置项（Bias），也就是公式 $y = w_x + b$ 中的 b。这个神经元的输出就是我们的 $h(x)$。

这个函数由两部分组成。z 是一个多元一次线性函数，也就是说如果有 n 个输入，那么这个函数就是 $w_1x_1 + w_2x_2 + \cdots + w_nx_n + b$，其中 w_i 就是我们输入的每个系数，也可以看成权重，表示这个输入的重要程度。b 就是我们的偏置项，从几何上来看就是这个函数的截距。也就是那个 +1 节点。这个是神经元输出的基础，会计算出一个连续的值。但是我们希望分类的时候问题都是离散的。

那如何把数值转成离散的数据呢？在 SVM 里用了一种阶跃函数，将连续的值转成了 −1 或者 1。这里会使用一种阶跃函数——Sigmoid 函数来处理这个问题，将输出转换成 0 或者 1，如图 3-2 所示。

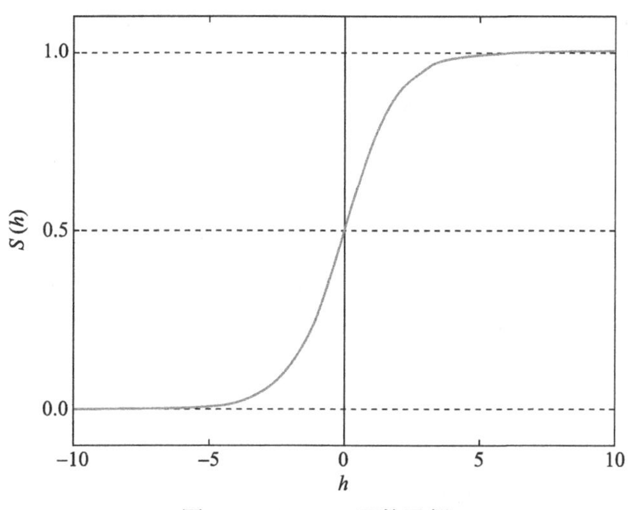

图 3-2　Sigmoid 函数示例

Sigmoid 函数可以将一个连续的值转换成离散的 0 和 1，0 表示这个节点没有被激活，1 表示这个节点被激活。所以每个神经元的输出就是 0 和 1。第 2 章曾经提到过，其实每一个神经元就是一个 Logistic 回归。这种激励机制其实就是对人类神经元的模拟，模拟了神经细胞的电流激活状态。这里计算了 Sigmoid 函数的导数，在后面的反向传播算法中将会起到关键作用。

3.2.2　连接与网络

神经网络就是一系列神经元组成的网络。现在我们来看一个非常简单的神经网络，如图 3-3 所示。

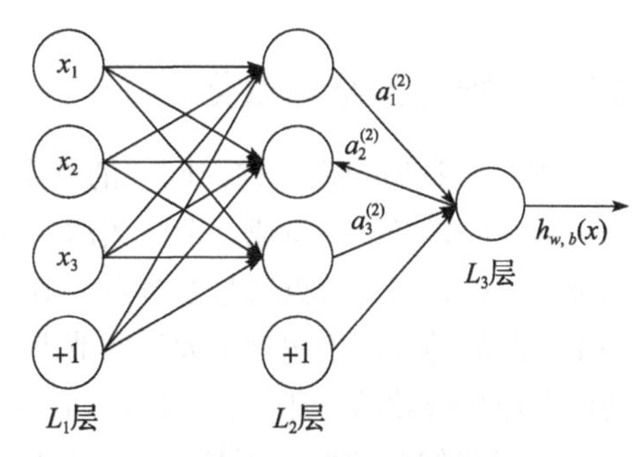

图 3-3　神经网络

这个神经网络包含了7个神经元节点，一共有3层。第1层我们称之为输入层，这层不做任何运算，就是输入数据。最后一层我们称之为输出层，也就是神经网络的结果输出。除去输入层和输出层，中间那一层我们称之为隐藏层。我们可以把神经网络看成一个黑盒子，我们可以看到的是输入和输出，而中间的计算细节被隐藏层隐藏起来了。

所以这个网络包含3个输入节点、3个隐藏节点和1个输出节点。注意这里面的偏执节点（+1）并不是一个实际的节点，只是代表为下一层的每个节点输出一个偏置项而已。

神经元与神经元之间的连接就是数据的流动。每一个连接都有一个连接参数，这个连接参数表示权重。比如第1层的第1个节点和第2层的第3个节点，有一个连接参数 $W_{31}^{(1)}$，这里3表示连接的目标，1表示连接起点，（1）表示连接起始的层。同时每一个节点都有一个偏置项。这个偏置项就是+1节点的输入，代表常数截距，比如第2层第3个节点的偏置就是 $b_3^{(1)}$。所以每个节点都有一个输入和附带的两组参数（W 和 b）。除此之外还有一个输出，我们称之为激活值，不是1就是0，用 $a_i^{(l)}$ 表示，表示的是第 l 层的第 i 个激活项。另外我们用 s_l 表示第 l 层的节点数（不计算偏置节点）。

我们来形象看一下每一个节点的输出项要如何计算，公式如下所示：

$$a_1^{(2)} = f(W_{11}^{(1)}x_1 + W_{12}^{(1)}x_2 + W_{13}^{(1)}x_3 + b_1^{(1)})$$
$$a_2^{(2)} = f(W_{21}^{(1)}x_1 + W_{22}^{(1)}x_2 + W_{23}^{(1)}x_3 + b_2^{(1)})$$
$$a_3^{(2)} = f(W_{31}^{(1)}x_1 + W_{32}^{(1)}x_2 + W_{33}^{(1)}x_3 + b_3^{(1)})$$

这3项就是第2层的输出，每一个输出都是前一层某个节点的激活值与其连接权重相乘，然后计算所有乘积的和。最后再加上一个偏置项。第3层的计算方式也是一样，公式如下所示：

$$a_1^{(3)} = f(W_{11}^{(2)}a_1^{(2)} + W_{12}^{(2)}a_2^{(2)} + W_{13}^{(2)}a_3^{(2)} + b_1^{(2)})$$

第3层唯一节点的激活值就是与其连接的前一层的3个节点的输入值乘以连接参数，求和后再加上一个偏置，最后再取其Sigmoid函数的值。

我们用 $z_i^{(l)}$ 所有第 l 层第 i 个输入节点输入值的加权和，那么每个节点的激活值就是 z 的Sigmoid函数，也就是输入加权值的Sigmoid函数。这个也就是我们每一个神经元激活值的函数。从神经网络的输入到输出就是所谓的正向传播。

3.2.3 神经网络向量化

现在，我们知道了神经网络的基本结构与其神经元节点输入输出的计算方法。我们可以将现在的神经网络看成一个巨大的有向无环图。但是如果我们在计算机中直接使用图来表示神经网络，每个节点就是图节点，节点与节点之间的连接就是边，这是不切实际的。因为一个实际的神经网络包含了大量的节点和参数，如果使用节点的方式存储神经网络是非常耗费内存而且低效的，那么我们应该如何在计算机中处理神经网络呢？

这里我们就需要谈到神经网络的向量化。我们曾提到过，Python机器学习中都会使用

Numpy 来处理数据，所有的数据在 Python 中都会尽量被表示成一个多维数组或者矩阵。我们的目的是什么呢？

多维数组或者矩阵可以在计算机中连续存储，而且我们拥有非常高效的线性代数子程序（Basic Linear Algebra Subprograms，BLAS）库来帮助处理多维数组和矩阵的运算问题。当然 CPU 也会对各种向量运算提供加速支持。所以如果能够尽量使用多维数组或者矩阵来表示数据，一是可以节省存储空间，二是可以提高计算效率。

不过需要注意的是，千万不要使用 Python 的列表来直接存储这些值。因为 NumPy 是用 C++ 实现的，相比起来，使用 Python 列表组织的多维数组或者矩阵性能就要差很多，尤其是高维数组做复杂运算的时候。因此我们发现之前的程序都会尽量使用 NumPy 而不是 Python 列表。在后续的实战章节中我们将会看到如何使用 NumPy 实现人工神经网络。

那么我们应该如何将人工神经网络转化成向量化的存储与计算方式呢？

我们来看一下，这里 $W^{(1)}$ 表示第 1 层与第 2 层的所有连接参数。$W_{11}^{(1)}$ 就是第 1 层第 1 个节点和第 2 层第 1 个节点的权重。$W_{12}^{(1)}$ 就是第 1 层第 2 个节点和第 2 层第 1 个节点的权重，以此类推，公式如下所示：

$$\boldsymbol{W}^{(1)}=\begin{bmatrix} W_{11}^{(1)} & W_{12}^{(1)} & W_{13}^{(1)} \\ W_{21}^{(1)} & W_{22}^{(1)} & W_{23}^{(1)} \\ W_{31}^{(1)} & W_{32}^{(1)} & W_{33}^{(1)} \end{bmatrix}$$

这里其实有 3×3 个参数，因为第 1 层有 3 个节点，第 2 层也有 3 个节点。所以我们可以非常自然地将这 3×3 个参数组织成我们数学中的一个 3×3 的矩阵，其中第 i 行就是第 2 层第 i 个节点的所有输入权重。比如第 1 行就是第 2 层第 1 个神经元的 3 个输入权重，用如下方式表示：

$$\boldsymbol{x}=\begin{bmatrix} x_1 \\ x_2 \\ x_3 \end{bmatrix}$$

然后我们可以将第 1 层的 3 个输出看成一个列向量，每一行 1 个参数，一共 3 行。那么我们想象，$\boldsymbol{z}$ 是某个节点输入值的加权和。比如第 1 个节点的加权和就是 $W_{11}^{(1)}\times1+W_{22}^{(1)}\times2+W_{33}^{(1)}\times3+b$，而我们发现，使用 $\boldsymbol{W}$ 矩阵和 $\boldsymbol{x}$ 矩阵做一个矩阵乘法后，会生成一个 3×1 的矩阵，其中第 1 项就是 $\boldsymbol{z}$ 除去偏置项的那一部分，即权重与输入值乘积的和。

这样一切就迎刃而解了。假设如果第 l 层有 m 个节点，第 $l+1$ 层有 n 个节点，那么 $\boldsymbol{W}(l)$ 就是一个 $\boldsymbol{n}\times\boldsymbol{m}$ 的矩阵，$\boldsymbol{n}$ 是行数，表示第 $l+1$ 层的节点数量，m 是列数，表示第 l 层的节点数量。然后使用一个 $\boldsymbol{m}\times1$ 的矩阵存储第 1 层的激活值。我们只要将 $\boldsymbol{W}$ 矩阵和 $\boldsymbol{x}$ 矩阵算一个乘积就会得到一个 $\boldsymbol{n}\times1$ 的向量，然后再将 $\boldsymbol{b}$ 存储成一个 $\boldsymbol{n}\times1$ 的列向量（矩阵），这样两个矩阵相加就可以得到第 $l+1$ 层所有节点的 $\boldsymbol{z}$ 了，公式如下所示：

$$\boldsymbol{z}^{(2)}=\boldsymbol{W}^{(1)}\boldsymbol{x}+\boldsymbol{b}^{(1)}$$

我们再假定对于一个矩阵执行f相当于生成一个新矩阵，新矩阵中的每个值都是使用f映射将原始矩阵中相同位置的某个值转换成一个新的值。那么我们只要对$\boldsymbol{z}$矩阵执行一个Sigmoid函数，就可以得到最后的输出值，也就是我们的$\boldsymbol{a}$矩阵，这个矩阵又是一个$n \times 1$的列向量，也是第$l+2$层的输入值，公式如下所示：

$$\boldsymbol{a}^{(2)} = f(z^{(2)})$$

以此类推，确定第2层的输出。第2层的权重$W^{(2)}$是一个1×3的矩阵，因为我们只有一个目标节点，有3个输出节点。而第2层的激活值矩阵是一个3×1的矩阵，那我们计算第3层的$\boldsymbol{z}$，只需要通过$\boldsymbol{W}^{(2)}$和$\boldsymbol{a}^{(2)}$计算矩阵乘法，就可以等到一个1×1的矩阵，加上偏置$\boldsymbol{b}^{(2)}$后就是我们的$\boldsymbol{z}^{(3)}$。第3层的激活值就是$\boldsymbol{z}^{(3)}$中每个元素Sigmoid后的结果。当然这里只有一个元素，所以只会输出一个0或者1，公式如下所示：

$$\boldsymbol{z}^{(3)} = \boldsymbol{W}^{(2)}\boldsymbol{a}^{(2)} + \boldsymbol{b}^{(2)}$$

$$\boldsymbol{a}^{(3)} = \boldsymbol{f}(z^{(3)})$$

这里我们就可以得到一个神经元激活的一般函数$h(x)$，并且转换成矩阵计算表示，公式如下所示：

$$h_{W,b}(\boldsymbol{x}) = \boldsymbol{a}^{(3)} = f(\boldsymbol{z}^{(3)})$$

3.2.4 前向传播

到此为止，我们对神经网络已经有了一个基本的认识。接下来将会学习人工神经网络的使用。

在实际应用中，我们会使用训练样本训练出一个模型，这个模型内存储了每一层的权重矩阵$\boldsymbol{W}$和偏置矩阵$\boldsymbol{b}$。我们在应用的时候，只要将$\boldsymbol{x}$输入到第1层（$\boldsymbol{x}$的特征数量就是第1层的节点数量），然后逐层进行矩阵运算，最后得到的结果矩阵就是输出层的输出，输出节点有几个，输出的矩阵元素就有多少个。假设我们是做二分类，就可以使用这个网络的输出值表示某个输入数据是否属于一个分类，0就是不属于，而1就是属于。

有了这个输入数据后就可以进行逐层计算了，即进行神经网络中的前向传播。而我们这个简单的网络被称为一个前馈神经网络，因为我们可以看到这个网络没有闭环或者回路。

所以在实际应用中，我们就可以将这个网络看成一个黑盒子，其中x、y是输入，而$f(x_i)$则是输出，如图3-4所示。

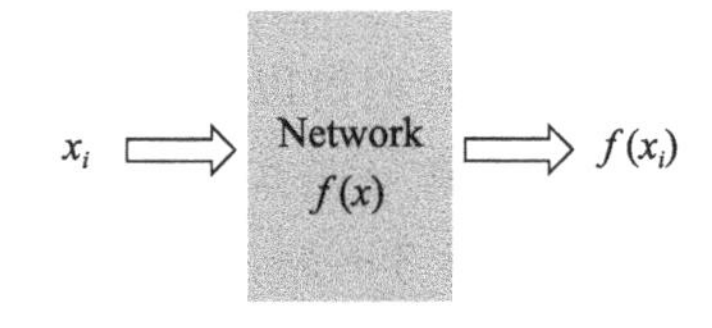

图3-4 使用神经网络

3.3 反向传播算法

虽然我们知道了如何使用这个网络，但是最大的问题是，给定一个网络，我们应该如何得到一个网络的权重矩阵和偏置矩阵呢？

学习过几个监督学习模型之后，其实已经得到了一个通用的思路。训练模型的时候一般会使用迭代的思路，每一次迭代通过比较样本标签（真实的输出）和模型自身的输出的差别来反向调整模型中的参数，虽然具体方法不同，但是思路都是很相似的，这也是样本数据的作用之所在。

我们将这个模型输出和标签之间的差距称之为误差或者损失。那么如何表示神经网络输出的损失呢？这个时候我们就需要定义一个损失函数来将模型的损失形式化，公式如下所示：

$$J(W,b;x_i,y_i)=\frac{1}{2}\|f(x_i)-y_i\|^2$$

$$\frac{1}{2}\|h_{W,b}(x_i)-y_i\|^2$$

损失函数很简单，直接计算样本数据和模型输出的方差。只不过乘以一个 $\frac{1}{2}$。细心的读者会发现这种乘以 $\frac{1}{2}$ 的形式目的其实是为了便于求导。

单个样本 x_i 的输出 $f(x_i)$ 与 y_i 的损失函数被定义成其方差，那么对所有样本 x 呢？

这里我们使用非常基本的统计学方法，用所有样本损失的均方差，也就是方差的均值来表示模型在所有样本数据上的损失，公式如下所示：

$$\begin{aligned}J(W,b)&=\left[\frac{1}{m}\sum_{i=1}^{m}J(W,b;x^{(i)},y^{(i)})\right]+\frac{\lambda}{2}\sum_{i=1}^{n_l-1}\sum_{i=1}^{s_l}\sum_{j=1}^{s_{l+1}}(W_{ji}^{(l)})^2\\&=\left[\frac{1}{m}\sum_{i=1}^{m}\frac{1}{2}h_{W,b}(x^{(i)})-y^{(i)2}\right]+\frac{\lambda}{2}\sum_{i=1}^{n_l-1}\sum_{i=1}^{s_l}\sum_{j=1}^{s_{l+1}}(W_{ji}^{(l)})^2\end{aligned}$$

其实就是所有样本方差的和除以样本数量而已。不过这里加上了第 2 项，第 2 项我们称之为权重衰减项。我们可以看到，其目的是减少权重对最终损失的影响。其中 λ 就是权重衰减参数。λ 越小，权重的影响衰减得越多，这也是神经网络训练中需要人为调节的参数之一。

损失函数描述了模型求值结果和样本真实结果之间的差距。那问题是我们应该如何使用损失函数来帮助我们求解神经网络里的这些参数，也就是连接权重 W 和偏置项 b 呢？

在神经网络里使用的方法就是梯度下降法。所谓梯度下降法就是根据模型的损失，不断将参数往损失降低的方向调整。就像我们下山一样，每次都会沿着一个方向走几步，休息一下，看看情况，然后再继续向前走几步。梯度下降法的思路就是每次都根据损失函数的值将权重往损失降低的方向走一步，而每一步就是一次迭代，然后通过迭代次数的增加，力图将损失函数的结果降低到最低。每一个点就是一次迭代与下降的结果，其目的是不断降低损失函数的值，并使得我们的模型接近现实世界中的真实情况。

在计算机世界中，我们要用数学方法解决相应的问题。数学中的梯度就是一个函数的偏导数，因为导数在几何上表示的就是一个函数的变化方向。假设我们知道损失函数的表示形式，希望将其降低的方式其实就是将这个值往损失函数降低的方向（也就是导数方式）调整，公式如下所示：

$$W_{ij}^{(l)} = W_{ij}^{(l)} - \alpha \frac{\partial}{\partial W_{ij}^{(l)}} J(W,b)$$

$$b_i^{(l)} = b_i^{(l)} - \alpha \frac{\partial}{\partial b_i^{(l)}} J(W,b)$$

只不过这里我们要注意，减去偏导数的时候需要乘以一个 α，这个 α 我们称之为学习率，即每一次梯度下降的速度，这也是我们需要在训练中合理调节的参数。

现在的问题就变成了如何求解损失函数的导数。

损失函数完整表示形式非常复杂，如果想要直接得到其关于权重或者偏置的偏导几乎是不可能的。但是完整样本 X 的损失函数，其偏导就是每一个样本损失 xi 的偏导数的平均值，W 还要再加上一个衰减项的导数，公式如下所示：

$$\frac{\partial}{\partial W_{ij}^{(l)}} J(W,b) = \left[\frac{1}{m} \sum_{i=1}^{m} \frac{\partial}{\partial W_{ij}^{(l)}} J(W,b;x^{(i)},y^{(i)}) \right] + \lambda W_{ij}^{(l)}$$

其实这里需要求解的难点就是 W_{ij} 本身的偏导数。因为 b 的导数不包含衰减项，因此只需要求其偏导数的平均值。那我们的问题就转换成，如何单个样本损失函数的两个导数，分别是权重 W_{ij} 和偏置 b，公式如下所示：

$$\frac{\partial}{\partial W_{ij}^{(l)}} J(W, b; x, y)$$

$$\frac{\partial}{\partial b_i^{(l)}} J(W, b; x, y)$$

由于无法直接计算导数，因此我们需要用残差替代导数。残差可以理解成每一层与实际值差距的偏导数或者近似偏导数。

计算最后一层的残差很简单，因为我们知道最后一层真实的值，就是标签 y，我们可以直接计算最后一层的偏导，也就是下面这个式子。直接求导，计算出来输出层的偏导公式如下所示：

$$\delta_i^{(n_l)} = \frac{\partial}{\partial z_i^{n_l}} \frac{1}{2} y^{(i)} - h_{W,b}(x^{(i)}) \Big\|^2 = -(y^{(i)} - a_i^{n_l}) \cdot f'(z_i^{n_l})$$

但是中间层的残差怎么表示呢？我们并不知道中间层每一个节点的真实输出应该是什么。

反向传播的思想是，中间层 l 的残差，就是其下一层 $l+1$ 层残差的加权平均值。这个其实也比较好理解。因为第 $l+1$ 层的误差可以理解成第 l 层误差造成的，而造成的原因一个是激活值的偏差，另一个是权重参数的影响。所以这里如果知道后面一层的残差，就用后面一层残差的加权平均值来近似前一层的残差，公式如下所示：

$$\delta_i^{(l)} = \left(\sum_{j=1}^{s_{l+1}} W_{ji}^{(l)} \delta_j^{(l+1)} \right) \cdot f'(z_i^{l})$$

现在我们将偏导数使用残差替代，一切问题就迎刃而解了，公式如下所示：

$$\frac{\partial}{\partial W_{ij}^{(l)}} J(W, b; x, y) = a_j^{(l)} \delta_i^{(l+1)}$$

$$\frac{\partial}{\partial b_i^{(l)}} J(W, b; x, y) = \delta_i^{(l+1)}$$

现在我们就能知道反向传播算法的具体过程了。

首先，我们使用前向传播算法计算得到所有层的激活值。

其次，根据网络输出和真实标签的偏差计算输出层的残差，公式如下所示：

$$\delta^{(n_l)} = -(y - a^{(n_l)}) \cdot f'(z^{(n_l)})$$

然后，不断使用第 $l+1$ 层的残差的加权平均值去计算第 l 层的残差。注意这里我们将之前的 δ 公式转化成了向量表示。用矩阵的乘法替代所有的乘加过程，公式如下所示：

$$\delta^{(l)} = -((W^{(l)})^{\mathrm{T}} \delta^{(l+1)}) \cdot f'(z^{(l)})$$

最后，我们根据每一层的激活值和下一层的残差来计算该偏导数的值，公式如下所示：

$$\nabla_{W^{(l)}} J(W, b; x, y) = \delta^{(l+1)} (a^{(l)})^{\mathrm{T}}$$

$$\nabla_{b^{(l)}} J(W, b; x, y) = \delta_i^{(l+1)}$$

我们可以看到，和预测的过程不同，训练的时候我们得到结果之后需要从最后一层到第 1 层反方向进行运算，逐层得到每一层的残差和导数，然后使用导数去调整我们每一层的参数。这是一个和前向传播相反的步骤。所以我们称之为反向传播。

3.4 实现前向神经网络

我们已经在前面的章节当中了解了人工神经的基本构造以及前向传播的原理。现在，是时候动手来实现前向传播算法了。在实现前向传播算法之前，我们还需先定义神经网络的层。读者会注意到，我们优先选择使用 Python 作为实验验证阶段的编程语言，而在后续的实战环节中，我们会逐步使用 C/C++ 来实现产品级的代码。

3.4.1 神经网络与前向传播实现

首先编写 layer.py，实现神经网络的层，如代码清单 3-1 所示。

代码清单 3-1　layer.py

```
1 class Layer(object):
2     def __init__(self, layerType, name, bottomShape, topShape):
3         super(Layer, self).__init__()
4
5         self.type = layerType
6         self.name = name
7         self.bottomShape = bottomShape
8         self.topShape = topShape
```

```
 9
10      def setUp(self):
11          raise NotImplementedError
12
13      def baseForward(self, bottom):
14          if bottom.shape != self.bottomShape:
15              print('Bottom shape of layer {name} should be: {shape}').format
                    (name=self.name, shape=self.bottomShape)
16          assert bottom.shape == self.bottomShape;
17
18          top, z = self.forward(bottom)
19
20          print(top)
21
22      def forward(self, bottom):
23          raise NotImplementedError
24
25      def baseBackward(self, top, z, bottom, weight, diff):
26          return self.backward(top, z, bottom, weight, diff)
27
28      def backward(self, top, z, bottom, weight, diff):
29          raise NotImplementedErrorayer.py
```

第 1 行，定义了 Layer 类，该类继承自 object，是 Python 的新式类。

第 2 ～ 8 行，定义了 __init__ 方法，layerType 参数表示层的类型，name 是层的名字，bottomShape 是输入数据的向量尺寸，topShape 是输出数据的向量尺寸。然后将各个参数赋值给对象对应的属性。

第 10 ～ 11 行，定义了 setUp 方法，这是一个需要派生类覆盖的方法，用于初始化层。

第 13 ～ 20 行，定义了 baseForward 方法，这是基础的前向方法实现，该方法首先比较输入数据的尺寸是否与层要求的输入数据尺寸一致，如果不一致会报错中止。如果符合要求则会调用 forward 方法完成真正的前向操作。

第 22 ～ 23 行，定义了 forward 方法，这是一个需要派生类覆盖的方法，实现层的前向计算。

第 25 ～ 26 行，定义了 baseBackward 方法，这是基础的反向传播方法实现，真正的方向传播操作需要调用派生类的 forward 函数实现。

第 28 ～ 29 行，定义了 backward 方法，这是一个需要派生类覆盖的方法，实现层的反向传播计算。

然后编写 data_layer.py，实现数据层，用于处理网络输入数据，如代码清单 3-2 所示。

代码清单 3-2 data_layer.py

```
1 from algorithm.ann.layer import Layer
2
3
4 class DataLayer(Layer):
5     def __init__(self, name, bottomShape, topShape):
```

```
6          super(DataLayer, self).__init__(
7              'DataLayer', name, bottomShape, topShape
8          )
9
10     def setUp(self):
11         pass
12
13     def forward(self, bottom):
14         top = bottom.reshape(self.topShape)
15
16         return top, None
17
18     def backward(self, top, z, bottom, weight, diff):
19         pass
```

该层实现非常简单。

第 4 行，定义了 DataLayer 类，该类继承自上面定义的 Layer 类。

第 5 ～ 8 行，定义了构造方法，该方法直接通过 super 调用基类的 __init__ 方法，将层的名称定义为 DataLayer，并将 name、bottomShape 和 topShape 参数一起传给基类的初始化方法，就完成了层的构建。

第 10 ～ 11 行，实现了基类的 setUp 方法，但是由于数据层只是接收传递数据，因此不需要初始化操作，这里直接用 pass 略过实现。

第 13 ～ 14 行，实现了基类的 forward 方法，这里主要是调用 reshape 将输入数据调整为输出要求的尺寸，这样才能输入到下一层进行运算。

第 18 ～ 19 行，实现了基类的 backward 方法，但是由于我们本节不关心反向传播实现，这里直接用 pass 略过实现。

接着实现隐藏层和输出层，由于这两类层的操作完全一样，因此使用一个类实现即可，编写 simple_layer.py，如代码清单 3-3 所示。

代码清单 3-3　simple_layer.py

```
 1 from algorithm.ann.layer import Layer
 2 import numpy as np
 3
 4
 5 class SimpleLayer(Layer):
 6     def __init__(self, name, bottomShape, topShape):
 7         super(SimpleLayer, self).__init__(
 8             'SimpleLayer', name, bottomShape, topShape
 9         )
10
11         self.weight = None
12         self.bias = None
13
14     def setUp(self):
15         # s1
```

```
16          s1 = self.bottomShape[0]
17          # s2
18          s2 = self.topShape[0]
19
20          # s2 * s1, random
21          self.weight = np.mat(np.random.uniform(-0.5, 0.5, (s2, s1)))
22          self.bias = np.mat(np.zeros((s2, 1,), dtype=np.float))
23
24      def forward(self, bottom):
25          z = self.weight * bottom + self.bias
26          top = SimpleLayer.sigmoid(z)
27
28          return top, z
29
30      def backward(self, top, z, bottom, weight, diff):
31          diff = np.multiply(weight.T * diff, SimpleLayer.derivative(z))
32
33          return self.weight, diff
34
35      @staticmethod
36      def sigmoid(mat):
37          return 1.0/(1 + np.exp(-mat))
38
39      @staticmethod
40      def derivative(mat):
41          fz = SimpleLayer.sigmoid(mat)
42
43          return np.multiply(fz, (1 -fz))
```

第 5 行，定义了 SimpleLayer 类，该类继承自上面定义的 Layer 类。人工神经网络中除了输入层其他层的处理方式都一样，所有的实现都在 SimpleLayer 中。

第 6 ～ 12 行，定义了构造方法，该方法直接通过 super 调用基类的 __init__ 方法，将层的名称定义为 SimpleLayer，并将 name、bottomShape 和 topShape 参数一起传给基类的初始化方法，就完成了层的构建。接着将层的 weight 和 bias 都设置成 None。

第 14 ～ 22 行，实现了基类的 setUp 方法，由于我们没有模型，因此这里我们直接调用 np.random.uniform，根据输入和输出的尺寸要求生成随机的此参数和偏置矩阵。

第 24 ～ 28 行，实现了基类的 forward 方法，该方法计算层的参数与输入数据的矩阵乘法，然后加上偏置项，最后调用 sigmoid 方法计算出层的输出，如果是 1 则是激活，如果时 0 则是非激活。最后我们将层的输出和激活值都返回给调用方。

第 30 ～ 33 行，实现了基类的 backward 方法，这里我们根据下一层的反馈和本层的输出计算出层的残差 diff，并将残差返回给调用方，用于调整模型参数。

第 36 ～ 37 行，定义了 sigmoid 方法，该方法计算输入矩阵的 sigmoid。

第 40 ～ 43 行，用于计算该层的导数，也就是梯度。

最后编写网络类 net.py，该类会调用 layer 组成完整的神经网络，如代码清单 3-4 所示。

代码清单 3-4 net.py

```
 1 import numpy as np
 2
 3
 4 class Net(object):
 5     def __init__(self, alpha, lamb, maxIteration):
 6         super(Net, self).__init__()
 7
 8         self.alpha = alpha
 9         self.lamb = lamb
10         self.maxIteration = maxIteration
11         self.layers = []
12         self.blobs = []
13
14     def addLayer(self, layer):
15         self.layers.append(layer)
16
17     def addLayers(self, *args):
18         for layer in args:
19             self.addLayer(layer)
20
21     def setUp(self):
22         for layer in self.layers:
23             layer.setUp()
24
25     def forward(self, inputData):
26         self.blobs = []
27         top = inputData
28         z = None
29
30         for layer in self.layers:
31             top, z = layer.forward(top)
32             self.blobs.append((top, z))
33
34         return top, z
35
36     def train(self, trainItems, labelItems):
37         for iteration in range(0, self.maxIteration):
38             for trainItem, labelItem in zip(trainItems, labelItems):
39                 self.trainByOne(trainItem, labelItem)
40             # get sum of weight and bias
41             # adjust weight of layers
42
43     def trainByOne(self, trainItem, labelItem):
44         for layer in self.layers:
45             layer.setUp()
46
47         predictResult = self.forward(trainItem)
48
49         y = labelItem
50         a = predictResult[0]
```

```
51          z = predictResult[1]
52
53          diff = -(y - a)
54          weightWidth = diff.shape[0]
55          weight = np.ones((weightWidth, weightWidth), dtype=np.float)
56          # 8 * 8
57          weight /= weightWidth
58
59          diffs = []
60          for reverseIndex, layer in enumerate(self.layers[-1:0:-1]):
61              layerIndex = -(reverseIndex + 1)
62              prevLayerIndex = layerIndex - 1
63
64              top, z = self.blobs[layerIndex]
65              bottom = self.blobs[prevLayerIndex][0]
66
67              weight, diff = layer.baseBackward(top, z, bottom, weight, diff)
68              diffs.insert(0, diff)
69
70          weightDelta = []
71          biasDelta = []
72
73          for reverseIndex, layer in enumerate(self.layers[-1:0:-1]):
74              layerIndex = -(reverseIndex + 1)
75              top = self.blobs[layerIndex - 1][0]
76              diff = diffs[layerIndex]
77
78              partDerivate = diff * top.T
79              weightDelta.insert(0, partDerivate)
80              biasDelta.insert(0, diff)
81
82          print(weightDelta)
83          print(biasDelta)
```

第 4 行，定义了 Net 类，该类继承自 object 类。

第 5 ～ 12 行，定义了构造方法，方法中 alpha、lamb、maxIteration 都是训练用参数，这里先不考虑。layers 是所有的层，blobs 是所有层的输入输出数据单元。

第 14 ～ 15 行，定义了 addLayer 方法，用于将创建的层添加到网络中。实现是将层加入到 layers 列表中。

第 17 ～ 19 行，定义了 addLayers 方法，用于将多个层加入到网络中。参数中用了不定参数 *args，这是一个可迭代对象，包含用户传递的所有参数，我们遍历并不断调用 addLayer 方法将层逐个加入到网络中。

第 21 ～ 23 行，定义了 setUp 方法，用于初始化网络。实现就是遍历网络中的所有层，逐个调用 layer 的 setUp 方法完成层的初始化。

第 25 ～ 34 行，定义了 forward 方法，用于完成网络的前向传播。首先将 blobs 设置成空列表，然后将 inputData 赋值给 top，并且将激活值 z 初始化为 0。接着逐层遍历我们定义的层，调用每个层的 forward 完成该层的前向计算，得到该层返回的输出数据和激活值。然后将输出和激活值添加到 blobs 中记录下来。最后返回最后一层的输出值。这样也就完成了整个预测工作。

第 36 ～ 83 行，定义了 train 方法，用于完成模型训练。训练部分代码本身并不完整，这里也不打算详细讨论训练的实现，因此这里就不讲解了。

我们现在编写 sample.py，试着使用一下我们完成的人工神经网络，如代码清单 3-5 所示。

代码清单 3-5　sample.py

```
 1 import numpy as np
 2 
 3 from algorithm.ann.layers.datalayer import DataLayer
 4 from algorithm.ann.layers.simplelayer import SimpleLayer
 5 from algorithm.ann.net import Net
 6 from common.io.tsv import TsvDataSetReader
 7 
 8 
 9 def main():
10     dataSetReader = TsvDataSetReader()
11     dataSet = dataSetReader.loadDataSet('annData.txt',
12                                         attrType=float)
13 
14     attributes = [item[:-1] for item in dataSet]
15     labels = [item[-1] for item in dataSet]
16 
17     print(attributes)
18     print(labels)
19 
20     net = Net(alpha=.5, lamb=.6, maxIteration=10)
21 
22     net.addLayers(
23         DataLayer('input', bottomShape=(1, 4), topShape=(4, 1)),
24         SimpleLayer('hidden1', bottomShape=(4, 1), topShape=(3, 1)),
25         SimpleLayer('output', bottomShape=(3, 1), topShape=(1, 1))
26     )
27 
28     net.setUp()
29     net.trainByOne(np.mat(attributes[0]), np.mat(labels[0]))
30 
31     print(top)
32     print(z)
33 
34     pass
35 
36 if __name__ == '__main__':
37     main()
```

第 9 行，定义了 main 函数，该函数就是脚本的入口函数。

第 10 行，创建了一个 dataSetReader，用于读取 tsv 数据。tsv 是一种类似于 csv 的文件格式，每行数据在一行上，只不过数据列之间使用的分隔符是制表符而不是逗号。

第 11 ～ 12 行，调用 loadDataSet 完成数据集的读取，文件名是 annData.txt，数据类型是浮点类型，数据读入后所有的数据都会被转换成浮点型。

第 14 行，定义了 attributes，从数据集中提取出所有的样本特征。

第 15 行，定义了 labels，从数据集中提取出所有的样本标签。

第 20 行，定义了网络对象 net，并且将 alpha 设置成 0.5，lamb 设置成 0.6，maxIteration 设置成 10。

第 22 ～ 26 行，我们定义了三个层，并使用 addLayers 将层添加到网络中，第一个层是 DataLayer，层的名字是 input，输入矩阵尺寸是 (1, 4)，输出矩阵尺寸是 (4, 1)，第二个层是 SimpleLayer，层的名字是 hidden1，输入矩阵尺寸是 (4, 1)，输出矩阵尺寸是 (3, 1)，第三个层也是 SimpleLayer，层的输入矩阵尺寸是 (3, 1)，输出矩阵尺寸是 (1, 1)。

第 28 行，调用 setUp 方法初始化网络。

第 29 行，调用 trainByOne 进行训练。

第 36 ～ 37 行，检查用户是否是通过命令行调用该脚本，如果是的话就调用 main 函数。

3.4.2 Softmax 回归

我们发现，Sigmoid 最多只能输出 0 和 1，也就是只能完成二分类。但是很多场景下需要区分出多个类型，这个时候 Sigmoid 就无能为力了。但我们可以利用 Softmax 来完成多分类任务。

Softmax 其实是 Logistic 的推广。Logistic 解决的是二分类的问题，如果直接使用 Logistic 解决多分类问题，需要将一个多分类问题分解为多个二分类问题，学习出多个二分类分类器。为了解决这个问题，Softmax 在 Logistic 思路的基础上进行推广，推导出了可以直接用于多分类的公式。Softmax 分类器的思想很简单，针对一个新的样本，Softmax 回归模型会计算出该样本从属于每个类别的分数，然后通过 Softmax 函数得到每个分类对应的概率值，根据最终的概率值来确定该样本属于哪一类。

每一个类别都有一个权重参数 θ，根据权重我们可以计算出每个类别的得分：

$$s_k(x) = \theta_k^{\mathrm{T}} \cdot x$$

通过下公式来计算并归一化之后就是输出的概率值：

$$\widehat{p_k} = \sigma(s(x))_k = \frac{\exp(s_k(x))}{\sum_{j=1}^{K} \exp(s_j(x))}$$

其中上公式中 k 为类别的个数，$s(x)$ 为样本在每一类上的分数，σ 函数为 Softmax 函数。类似于 Logistic 回归，Softmax 也是从得到的各个概率值中选择最大的一个概率类别：

$$\hat{y} = \arg\max_k \sigma(s(x))_k = \arg\max_k s_k(x) = \arg\max_k(\theta_k^T)$$

这样我们就能预测出概率最大的类别了。

3.5 稀疏自编码器

神经网络最大的特点就是有一个到多个隐含层，隐含层就是神经网络能够以非线性方法处理问题的核心原因。每个隐含层可以认为是从原始特征中抽取的，有利于我们完成分类的“高层特征”，这些特征可能是人类可以认识并理解的，也可能是人类无法理解的。而人工神经网络的本质就是去学习这种特征。而通过自编码器可以更好地学习这种特征。

3.5.1 引子

假如给了一堆图片，然后要提取出特征，应该怎么实现?

一般问题的解决思路是这样的：给一组输入，再给一组输出，比如天气预报，输入的就是时间，输出的就是天气，然后给神经网络任意赋上一堆值，再通过数学运算，看目标结果与需要的输出数据相差有多大，然后转化成微积分的方向，计算出运算路径中应该怎么反向调整数据才能拼凑出目标结果来，然后不断重复这个计算并再拼凑的过程，最后接近目标结果，得到满意答案而确定出来的神经网络中的参数，就可以理解为特性。

但是如果是一堆图片，这个应该怎么处理?如何提取图片中的特征，这里不得不说一个很有意思的解决方案。它是这样进行的:

1）把图片切成各种小块，并把这些小块换成数据表达;

2）用神经网络去运算这些数据。

但问题来了，运算的数据的输出结果是什么?

神奇的地方就在于此，输出的结果再进行一次神经网络运算，让它能重新输出为输入值。

输入→运算（编码）→运算（解码）→输出

然后比较输入与输出，根据差值，去调整中间的编码运算与解码运算，而至于编码与解码到底在干什么是不用关心的。因为最后当输入与输出结果精度达到满意要求时，所保留的就是特征了。

怎么会这么巧?其实原理很简单，中间的编码层的神经网络处理，相当于去将原图进行任意的干扰，而解码层的神经网络处理，相当于将干扰后的图像进行了恢复。

3.5.2 自编码器简介

自动编码器是一种数据的压缩算法，其中数据的压缩和解压缩函数是数据相关的、有损的、从样本中自动学习的。在大部分提到自动编码器的场合，压缩和解压缩的函数是通过神经网络实现的。自动编码器的结构如图 3-5 所示。

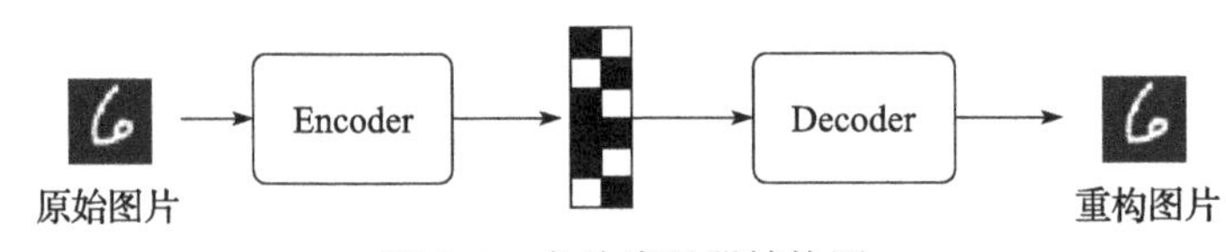

图 3-5 自动编码器结构图

1）自动编码器是数据相关的（一般称之为 data-specific 或 data-dependent），这意味着自动编码器只能压缩那些与训练数据类似的数据。比如，使用人脸训练出来的自动编码器在压缩别的图片（比如对一棵树的图片的识别性能就很差），这是因为它学习到的特征是与人脸相关的。

2）自动编码器是有损的，意思是解压缩的输出与原来的输入相比是退化的，我们熟悉的 MP3、JPEG 等压缩算法也是如此。因此，这与无损压缩算法不同。

3）自动编码器是从数据样本中自动学习的，这意味着很容易对指定类的输入训练出一种特定的编码器，而不需要完成任何新工作。

搭建一个自动编码器需要完成 3 样工作：搭建编码器、搭建解码器和设定一个损失函数（用以衡量由于压缩而损失掉的信息）。编码器和解码器一般都是参数化的方程，并关于损失函数可导，典型情况是使用神经网络。编码器和解码器的参数可以通过最小化损失函数而优化，例如 SGD。

提示 SGD 是 Stochastic Gradient Descent 的缩写，也就是随机梯度下降。这是一种梯度下降法的具体优化器算法。原始的批量梯度下降法采用整个训练集的数据来计算代价函数对参数的梯度，如果数据集很大，可能会有相似的样本，批量梯度下降在计算梯度时会出现冗余，而 SGD 次更新时对每个样本进行梯度更新，一次只进行一次更新，没有冗余，速度较快，而且支持新增样本。SGD 的问题是梯度更新频繁，可能造成代价函数的震荡波动。

自编码器是一个自监督的算法，并不是一个无监督算法。自监督学习是监督学习的一个实例，其标签产生自输入数据。要获得一个自监督的模型，你需要一个靠谱的目标跟一个损失函数，仅仅把目标设定为重构输入可能不是正确的选项。基本上，要求模型在像素级上精确重构输入不是机器学习的兴趣所在，学习到高级的抽象特征才是。事实上，当主要任务是分类、定位之类的任务时，那些对这类任务而言最好的特征基本上都是重构输入时的最差的那种特征。

目前自编码器的应用主要有两个方面，第一是数据去噪，第二是为进行可视化而降维。配合适当的维度和稀疏约束，自编码器可以学习到比 PCA 等技术更有意思的数据投影。

对于 2D 的数据可视化，t-SNE（读作 tee-snee）或许是目前最好的算法，但通常还是需要原数据的维度相对低一些。所以，可视化高维数据的一个好办法是首先使用自编码器将维度降低到较低的水平（如 32 维），然后再使用 t-SNE 将其投影在 2D 平面上。

3.5.3　稀疏自编码算法

在自编码的过程中有一个有意思的地方，因为中间出现了干扰与解干扰的过程，输出等于了输入，多次变换后，保留下来能识别到原输入的就是特征。

同样的，可以在这种思路中，多加入一个混淆器，即随机添加大量的噪音，然后再消除掉，同样可以增强神经网络的抗干扰能力，而进行了干扰处理后的这种手法得到的编码器称为 Denoising AutoEncoders 降噪自动编码器。

这是一个令人惊叹的想法，而且只能在计算机上实现，传统的其他计算工具是无法实现这个的，因为它依赖大密度的运算。但是这样依然不够。因为特征数量实在太多了，会极大影响计算的性能。于是我们就需要思考，是否能够简化这些特征，如果更简单的特征能够完成和复杂特征一样的工作我们又何需复杂特征，这也就是我们经常提到的奥卡姆剃刀原则，这也是机器学习中经常提起的一个原则。基于这个原则，我们就需要对特征进行进一步处理，即稀疏化，思路如图 3-6 所示。

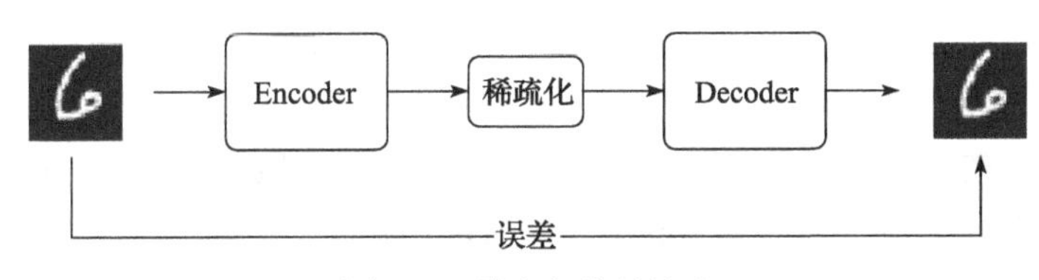

图 3-6　稀疏自编码算法

稀疏化说起来容易，但实现起来却需要一番工夫。我们可以这样思考，简单的规则一定是复杂规则的简化，如果我们在复杂规则的基础上，删除掉一些细枝末节，还能保证简单规则和复杂规则得到的最核心的结果没有太大差别，也就是能够复原大多数关键信息，那么我们就可以认为这个简单规则是合理的简化。

根据这种思路，我们可以这样设计实验，在原始特征的神经元结构基础上，寻找一个抑制神经元的组合，让神经网络中尽可能多的神经元都不起作用，最后还能得到不坏的结果，那么这个抑制组合后的神经网络就是我们想要寻找的稀疏化网络，因为我们可以将这些不起作用的神经元全部删除，然后模型中只留下有用的神经元。

那么落到实际的代码实现中，我们可以对神经元进行限制，每个神经元有一个激活值，然后规定所有的神经元的总激活值，不得超过一个数值，比如 0.05，那么这样就会导致大部分神经元变成 0 值，而极少数神经元需要更加精准的计算出自己的权值。那该如何实现?

先从源头说起，稀疏化，实际上就是寻找一组“超完备”基向量来更高效地表示样本数据。稀疏编码算法的目的就是找到一组基向量，使得我们能将输入向量表示为这些基向量的线性组合。

首先，输入与输出必须要满足 $\min |I - O|$，其中 I 表示输入，O 表示输出，即输入与输

出相差小值。

如果用图片来说，就是能找到少量的、微小的图片来组合成这个大图，然后这堆微小的图片，称它为字典 ϕ，而任意抽一个小图片出来（比最微小的图片要大），那么这个小图片，就全塞进去，因为还可以比如是 ϕ_1 的 20% 与 ϕ_2 的 50% 与 ϕ_3 的 50% 共同构成了这个图（因为比最小图片大，所以加起来会超过 100%）。

因为“要找到最小图片”就等于是加上了一个多的条件限制，因为 O 为输出，那么 O 就是那个抽出来的图需要求的目标图，而输入为 I，所以就可以表达为下面这个公式：

$$I = x_1 + x_2 + x_3 + x_4 + \ldots + x_i$$

$$O = a_1\phi_1 + a_2\phi_2 + a_3\phi_3 + \ldots + a_n\phi_n$$

然后考虑加入一个惩罚系数，这个用于调节网络里的值用。那么实际上解决问题就是要把 a 和 ϕ 拼凑出来，使得计算结果变成一个最小值。公式如下所示：

$$\min_{a,\phi}\sum_{i=1}^{m}\left\|x_i - \sum_{j=1}^{k}a_{i,j}\phi_j\right\|^2 + \lambda\sum_{i=1}^{m}\sum_{j=1}^{k}\left|a_{i,j}\right|$$

右边加号后的就是加入的稀疏代价函数，这个函数也可以用对数代价函数（利用柯西先验概率），即 $\log(1 + a_i^2)$，它是用来对于远大于零的值进行限制用的，以避免出现网络中的值相差太大并集中的情况，从而失去了稀疏化的目的。

因为目标最小值是稳定的，如果 Φ 或 a 中的值太大了的话，右边的代价函数就会变得非常小，也就没什么意义了。所以要对 $\|\phi\|^2$ 的值进行限制，让它小于某个值。

在实现中，每次迭代分两步：

1）固定字典 $\phi[k]$，然后调整 $a[k]$，使得上式目标函数最小（即解 LASSO 问题）；

2）然后固定住 $a[k]$，调整 $\phi[k]$，使得上式目标函数最小（即解凸 QP 问题）。

然后就这样反复计算就可以了。

3.6 神经网络数据预处理

在训练和预测之前我们常常需要对数据进行预处理，才能满足神经网络模型对数据的要求。现在介绍常用的两种方法。

3.6.1 去均值

去均值是最常见的图片数据的预处理方法。简单说来，它做的事情就是，对待训练的每一张图片的特征，都减去全部训练集图片的特征均值，这么做的直观意义就是，我们把输入数据各个维度的数据都中心化到 0 了。使用 Python 的 Numpy 工具包，这一步可以用 X − = np.mean(X, axis = 0) 轻松实现。当然，其实这里也有不同的做法：简单一点，我们可以直接求出所有像素的均值，然后每个像素点都减掉这个相同的值。稍微优化一下，我们可以在 RGB 的 3 个颜色通道分别做这件事。

3.6.2　归一化

归一化的直观理解含义是，我们做一些工作去保证所有的维度上数据都在一个变化幅度上。通常我们有两种方法来实现归一化。一种方式是在数据都去均值之后，每个维度上的数据都除以这个维度上数据的标准差，也就是 $\frac{X}{\delta(X)}$。另外一种方式是我们除以数据绝对值最大值，以保证所有的数据归一化后都在 [-1, 1]。多说一句，其实在任何各维度幅度变化非常大的数据集上，我们都可以考虑归一化处理。不过对于图像而言，其实这一步反倒可做可不做。因为众所周知，像素的值变化区间都在 [0, 255] 之间，所以其实图像输入数据天生幅度就是一致的。不过出于惯例我们还是常常会对要处理的输入数据做归一化，将其归一化到 [-1, 1]，在输入数据量纲不同时这点尤其重要。

3.7　本章小结

本章首先介绍了人工神经网络的基础知识，然后探讨了神经网络的基本结构，了解关于神经元、连接、网络、向量化和正向传播等核心概念，接着以理论基础为重点深入探讨了神经网络的正向传播和反向传播方法，让读者能够理解神经网络的基本原理。

接着本章介绍了如何使用 Python 实现一个完整的前向神经网络，并实现了神经网络中的 Softmax 回归。接下来介绍了自编码器和稀疏自编码器，这是一种抽取数据核心特征的重要方法，同时也了解了如何通过稀疏自编码器使得特征稀疏化，可以实现特征的简化。

最后介绍了神经网络的数据预处理方法，主要讨论了去均值和归一化这种在图像处理中比较常见的算法，让读者对数据预处理有基本的认识。

人工神经网络是深度学习的基础，通过本章的学习读者就能对人工神经网络的相关知识了然于胸，从下一章开始就要真正进入深度学习的世界了。

第4章

深度网络与卷积神经网络

在本章中，我们将继续深入机器学习主题，开始介绍深度学习。这其中包括深度网络、卷积神经网络。针对卷积神经网络这个主题，我们会深入讲解全连接与部分连接网络、卷积与池化，然后引出卷积神经网络即常见的CNN的概念与讲解。并在此基础上，进一步对卷积神经网络实现。我们会在后续章节针对卷积神经网络在移动平台上的实现进行深入探讨并辅以实战。因此本章内容十分重要，是后续移动平台实现算法的基石。

4.1 深度网络

我们需要知道的是，如果一个机器学习算法足够强大，为了训练出性能更加强大的模型，一个解决方案就是给这个机器学习算法更多的数据。通常数据越多，训练得到的准确率就会越高，这是一种非常理想的方式。但是传统的机器学习模型往往对一定量的数据效果比较好，但是当数据规模达到十万、百万甚至千万后就不会有太大提升了。其主要是因为传统算法的特征都是人工筛选的结果。那是否存在着一种算法能够解决这个问题呢？这个就是深度学习出现的背景。

4.1.1 自我学习

我们现在很多的学习算法归根结底都是有监督学习算法。回忆一下前面章节所讲的内容，在这种场景下如果我们想要训练模型，往往需要大量的已标注数据。假如我们的机器学习算法非常强大，如果想要获取更好的性能，一个最稳妥的途径就是为这个算法提供更多的数据。如果效果还是不好，那就再提供更多的数据，直到满意为止。对于机器学习来说，足够多的数据和足够好的算法是同等重要的。

因此，为了训练更好的机器学习模型，往往希望获取更多的已标注数据，但是这种方法往往会有很高的成本，无论是 Amazon 还是其他的数据提供商，都提供了众包平台。所谓的众包，就是先将需要标注的数据放在平台上，然后外包给其他的标注者来手动标注数据。相比于让算法工程师自己分析数据并从数据里挖掘特征这种方式已经是一种进步了，但其实这并没有解决根本问题。

换个思路。如果我们能研究出一种能够自动从数据集当中提取数据特征的算法，情况会变得如何呢？

虽然数据标注是成本极高的方式，但是获取未标注数据对我们来说是非常简单的事情，我们可以低成本获取大量未标注数据，比如可以从网上下载各种无标注的图像与文本。虽然单个样本所含信息量肯定不如已标注样本，但是如果有方法能够充分利用这些未标注数据，那么算法也可以获得更好的性能。

自我学习和无监督学习就是用来解决这些问题的。我们需要提供的是大量的未标注数据，这些算法就会自动从未标注数据中学习出比较好的样本特征。在第 3 章中，我们介绍过的自编码器就是这类算法的代表，它是一种典型的自监督学习算法。

自我学习这种思路可以很好地利用在缺乏标注数据（没有或者很少）、但有大量未标注数据的场景中，并最终得到非常好的效果。哪怕是在传统的机器学习领域，我们也很少关注如何从样本中自动学习特征，这种方法也可以成为一种行之有效的补充。

4.1.2　特征学习

那么我们要如何使用这些未标注数据呢？利用未标注数据的核心思路就是特征学习。

所谓特征学习，其实指的是从未标注数据集 $\{x_u^{(1)},x_u^{(2)},\dots x_u^{(m)}\}$ 当中学习特征。这个过程可能计算了各种数据预处理参数，比如我们在前面章节当中讲到的一般需要对数据做均值和标准化等处理。这里必须介绍一种常用的数据预处理方法，即 PCA（Principal Component Analysis，主成分分析），这是一种比较常用的通用变换方法。这种方法需要将执行过程的参数保留下来，在训练和测试阶段都需要对数据集原始样本做相同的变化处理。也就是特征学习阶段所做的数据预处理操作在真正训练或者测试样本的时候都需要一模一样执行一次。这样才能保证特征学习时的样本数据分布和测试时的数据分布是一致的。

在处理机器学习任务时，我们必须一直谨记数据的分布问题，不同的机器学习方法对数据分布有不同的要求。有两种常用的特征学习方法，一种是限制比较多的方法，我们称之为半监督学习，这种方法要求未标注数据 x_u 和已标注数据 x_l 来自同样的分布。另一种是自我学习（self-taught learning），这是一种较为一般化，性能更强大的学习方式。这种方法不要求未标注数据 x_u 和已标注数据 x_l 来自同样的分布。所以我们可以看到，这两种方法的差别在于未标注数据的特点。

举个例子来说，如果我们现在要做计算机视觉方法的任务，该任务的目标是区分老虎和猫的图像，那么训练数据里肯定只有老虎的图像或者猫的图像。我们获取数据的方式是利用网上的图像搜索引擎通过关键字来下载一些随机的图像数据集（老虎或猫的图片数据），并且在这些数据集上训练一个稀疏自编码器，从中得到较为有效的特征。但是搜索引擎给我们返回的图像不一定真的包含老虎的图像或者猫的图像，这种情况下未标注数据集（网络图像）和已标注数据集（不知道从哪里来的），肯定就来自于不同的分布了。

相反，如果现在我们手上有一批人工精心收集的图像数据，这些图像不是老虎就是猫，只不过不知道哪些是老虎，哪些是猫（缺少标签）。那么这些数据明显是更好的特征学习样本。这样未标注的图像和已标注图像就可以说是服从相同分布，这个时候的学习方法就是所谓的半监督学习。

虽然半监督学习思路很好，但是我们的确没法确保实际获取的数据都是满足数据分布要求的数据，因此自我学习在无标注数据集的特征学习中有更广泛的应用。而相比于传统的人工神经网络，深度神经网络就是充分利用了自我学习的理念，得到了更好的效果。接下来将具体介绍深度神经网络。

4.1.3 深度神经网络

在上一章中我们已经构建了一个传统的三层神经网络，由输入层、隐藏层和输出层构成。对于一些非常简单的任务（比如MNIST手写数字识别）来说，这样的神经网络能够基本解决问题。但是，传统的神经网络层还是太“浅”了，准确来说就是用于描述特征的特征层太少，我们只经过一个隐藏层就输出了特征的激活值 $a^{(2)}$。这种情况对简单的任务是没问题的，但是当遇到复杂的问题时，复杂问题的特征描述肯定就没有那么简单了。

因此，在本章中我们再进一步，讨论深度神经网络主题，来解决更复杂和实际的问题。这部分主题十分重要，对于我们后续的编写移动平台神经网络的实战起理论指导作用。所谓深度神经网络，就是包含了多个隐藏层的神经网络。深度神经网络的作用就是计算更复杂的输入特征，因为每个隐藏层其实就是对上一层的隐藏层的输出做非线性变换，而现实中的数据特征往往就是无法用线性变换描述的，因此理论上来说深度神经网络的特征表达能力肯定强于浅层神经网络，也就是可以学习到更为复杂的函数。

不过这里需要注意的是，在深度神经网络中，每一层的输出都需要采用一个非线性的激活函数，不然多层的线性函数组合在一起本质上也就是产生另一个新的线性函数，无法量变产生质变，因此我们一般不会使用多层线性函数的深度神经网络。

那么现在有一个问题，为什么我们不去直接构造那个更复杂的非线性函数，而需要使用深度神经网络呢？因为深度网络中每一层使用的函数都是足够简单的函数，我们可以用组合多个简单的函数描述比浅层网络更大的函数集合。也就是相比于直接去找一个非常复杂的函数，我们更容易找出 N 个简单函数的组合。

举例来说，在处理图像这种复杂的对象时，我们可以使用深度网络学习图像“整体”与“部分”的分解关系。比如第1层学习如何将像素变成物体的边缘，第2层学习如何将边缘组合起来形成完整物体的轮廓，第3层学习如何检测出一个完整的物体，以此类推。也就是说，我们可以从深层次的网络组合浅层次的特征得到更复杂的特征描述，进而完成更复杂的任务。

这种方式其实非常类似于我们人类大脑皮层神经网络的思考方式，人脑在处理视觉图像的时候就是用这个分阶段的方式进行思考的，所以这其实也是一种更为自然的问题处理方式。

但是为什么深度神经网络出现得非常迟呢？其实人工神经网络传统的训练过程并不适用于太深的网络，而深度神经网络为了解决这个问题提出了另一种训练思路，就是逐层贪婪训练方法。

4.1.4 逐层贪婪训练方法

如果直接向神经网络中追加普通的隐藏层是很难训练出一个好的模型的，这是因为深层次的神经网络存在一些缺陷，我们必须解决这些问题才能充分利用深度神经网络。

深度神经网络的第一个问题是局部极值。使用简单的监督学习方法训练浅层网络可以将参数收敛在合理的范围内。但是如果直接使用这种方法训练深度神经网络就不行了。因为使用监督学习方法训练神经网络的时候通常都要从很多局部极值中寻找出最好的局部极值，但是这种深层次网络中充斥着大量不好的局部极值，如果直接使用梯度下降法、共轭梯度下降法求解这种情况下的最优化问题通常不会有太好的效果。

梯度下降法等方法在使用随机初始化权重的深度网络上效果不好的技术原因是梯度会变得非常小。具体来说，当使用反向传播方法计算导数的时候，随着网络深度的增加，反向传播梯度的幅度值会急剧地减小，从而导致整体的损失函数相对于最初几层的权重的导数非常小。这样，当使用梯度下降法的时候，最初几层的权重变化非常缓慢，以至于它们不能够从样本中进行有效的学习。这种问题通常被称为**梯度弥散**（vanishing gradient problem）。

与梯度弥散问题紧密相关的问题是当神经网络中的最后几层含有足够数量神经元的时候，可能单独这几层就足以对有标签数据进行建模，而不用最初几层的帮助。因此，对所有层都使用随机初始化的方法训练得到的整个网络的性能将会与训练得到的浅层网络（仅由深度网络的最后几层组成的浅层网络）的性能相似。

但是如果使用自学习的方法得到初始参数，而不使用随机数据作为初始参数的时候会怎么样呢？

当使用无标签数据训练完网络后，相比于随机初始化而言，各层初始权重会位于参数空间中较好的位置。然后我们可以从这些位置出发进一步微调权重。从经验上来说，以这些位置为起点开始梯度下降更有可能收敛到比较好的局部极值点，这是因为无标签数据已经提供了大量输入数据中包含的模式的先验信息。

这个时候我们采用的方法就是逐层贪婪训练法。也就是每次都训练网络一层（自我学习），学习相应的特征。学习后再以学习到的特征为参数继续训练下一层。每次训练都是贪婪的（寻找到该层为止的最优解），每次实际训练一层（最后一层），该方法因此得名。

4.2 卷积神经网络

虽然我们知道了应该如何训练一个深层次的神经网络，但是如果每一层都是第 3 章中我们学习的神经网络的隐藏层，那么直接进行训练还是会存在问题的。因此我们还需要学习特殊的深度神经网络，本节介绍的卷积神经网络就是其中最重要的一种网络。

4.2.1 全连接与部分连接网络

我们需要先了解一下全连接网络和部分连接网络的概念。回想一下，我们之前介绍的神经网络（包括稀疏自编码器）有个显著特点，那就是输入层和隐藏层之间是一个全连接设计，也就是说我们的输入层的每个节点和隐藏层的每个节点都是有连接的。如果我们将这种方法应用在小图像上的确没有任何问题（比如 8 × 8 的图像）。但是如果我们使用相对比较大的图像（比如使用 100 × 100 的图像），如果我们使用全连接网络学习图像中的所有特征，那么计算就会异常耗时，也就是说我们需要 10 000 个输入单元，假设我们希望在隐藏层中学习 100 个特征，那么就需要学习 1 000 000 个参数（10 的 6 次方之多）。无论是前向传播还是后向传播的速度都是难以接受的。这种方式我们就叫作全连接网络，而以前我们的网络就全部都是全连接网络。我们将这种神经元全连接的隐藏层叫作全连接层（full connect layer），简称 FC 层。

因此为了提升性能并节省时间，我们必须要考虑对神经元之间的连接进行限制。这就引出了部分连接网络的概念。

在部分连接网络中，每个隐藏层的单元只能连接输入单元的一部分。比如每个隐藏单元只连接输入图像的一小部分区域。相当于我们希望某个神经元只负责抽取图像中一小部分的特征，而不是学习整个图像。

网络部分连通的思想其实也可以类比于我们生物学里的视觉系统结构。因为视觉皮层的神经元其实就是局部接收信息（相当于响应特定区域的刺激）。

那么问题来了，在部分连接网络中，我们应该选取哪些输入层的节点和隐藏层的节点相连接呢？这就需要我们介绍一下“现成”的解决方案了。

4.2.2 卷积

首先我们介绍一种特殊的网络层——卷积（convolution）层。

只要了解深度学习的，基本都听说过 CNN 这个缩写，其实它是 Convolution Neural Network，即卷积神经网络的缩写。只要听说过 CNN 的，就或多或少会对卷积这个概念有一些了解。

那么，我们有必要讲明白到底什么是卷积？以及卷积为什么能得到那么神奇的效果？

我们要了解到的是，自然图像是有一些固有特性的，也就是说这些图像某一部分的统计特征应该和其他部分是一样的。这就意味着，我们在某一小部分学习到的特征是可以用在另外一部分上的。所以对于某个图像上的其他位置，我们也能使用相同的学习特征。

比如，我可以从一个 100 × 100 的图像中随机选取一个小块，在这个小块样本中学习一些特征，这个时候我们可以把这部分学习到的特征作为一个检测器，将其应用到图像中的其他地方。应用的时候对图像做一个卷积操作，这个卷积的作用就是使得这个探测器在图像的对应位置产生不同特征的激活值。那么卷积操作具体该如何执行呢？我们这里给出一个例子，如图 4-1 所示。

我们将如图 4-1 所示的图像作为输入图像，很明显这个图像大小是 5 × 5，然后我们建立一个比较小的 3 × 3 的矩阵，这个矩阵就称之为卷积核（kernel），矩阵如图 4-2 所示。

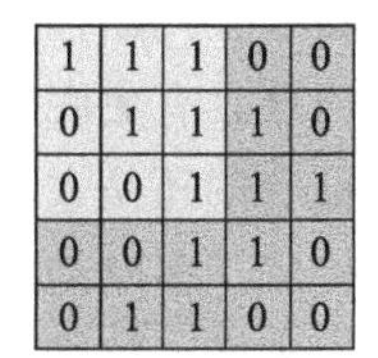

1	1	1	0	0
0	1	1	1	0
0	0	1	1	1
0	0	1	1	0
0	1	1	0	0

图 4-1　输入图像

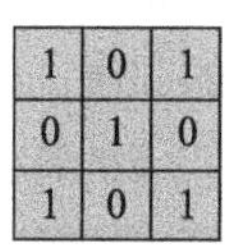

1	0	1
0	1	0
1	0	1

图 4-2　卷积核

现在我们用这个 3 × 3 的卷积核从矩阵的第一个位置开始滑动，比如我们将这个卷积核放在 (1, 1) 点，然后计算卷积核和图像中每一个像素的值的乘积，并求和：

$$z_{i,j} = \sum_{i=1,\,j=1}^{3} x_{i,j} k_{i,j}$$

所以 3 × 3 的卷积核在 5 × 5 的图像上执行卷积后会得到一个 3 × 3 的特征矩阵（长宽分别 −2）。其中结果特征的第（1, 1）个元素，就是图像左上角长宽为 3 的那个小矩阵和卷积核每一个元素的乘积之和。这部分结果是 4。

然后我们将卷积核向右移动得到第 2 个元素，就是第 2 个框划出的那部分小矩阵和卷积核相乘求和，结果是 3。后面依次类推，直到卷积结束为止。最后计算结果如图 4-3 所示。

4	3	4
2	4	3
2	3	4

图 4-3　移动卷积核后的计算结果

所以假设从一个 100 × 100 的图像中，学习一个 5 × 5 样本具有的特征，我们假设隐含层具有 100 个隐含单元。因此我们为了得到卷积特征，需要对 100 × 100 图像中的每一个 5 × 5 的小块图像区域都进行卷积运算，也就是从 (1, 1)、(1, 2)……直到 (96, 96) 为止。抽取出来的卷积特征则有 96 × 96 个。

那么卷积到底有什么意义？现在假设要做一个图像的分类问题，比如辨别一个图像里是否有一个人，我们可以先判断是否有人的轮廓、脸、脚和身体等，如果这些特征都具备，那么就判定这应该是一个人。其实读者会发现这就是 CNN 最后的分类层，比如 Softmax。这一部分是我们传统的神经网络的范畴。

关键在于这些特征是高级的语义特征，这种特征怎么用卷积核提取？原来的卷积核都是人工事先定义好的，是经过算法设计人员精心设计的，他们发现这样或那样设计的卷积核通过卷积运算可以突出一个什么样的特征，于是就高高兴兴地拿去做卷积了。但是现在我们所需要的这种特征太高级了，而且随任务的不同而不同，人工设计这样的卷积核非常困难。

于是，利用机器学习的思想，我们可以让它自己去学习出卷积核来，也就是学习出特征。

如前所述，判断是否是一个人，只有一个特征还不够，比如仅仅有人脸是不足的，因此需要多个高级语义特征的组合，所以应该需要多个卷积核，这就是为什么需要学习多个卷积核的原因。

还有一个问题，那就是为什么 CNN 要设计这么多层。首先，我们应该明白的是，人脸是一个特征，但是对于充斥着像素点的图像来说，用几个卷积核直接判断存在一个人脸还是太困难。解决方法就是把人脸也作为一个识别目标，比如头部应该具有更底层的一些语义特征，比如应该有人的眼睛、耳朵、鼻子，等等。但是，这些特征有的还是太高级了，我们需要继续向下寻找更低级的特征，直到最低级的像素点，这样就构成了多层的神经网络。这深刻地反映了深度神经网络的核心思想，即深度神经网络是通过层来做“整体 – 局部”的分解和学习实现的。

4.2.3 池化

讨论完最核心的卷积后我们来看一下 CNN 中的第 3 个概念：池化（Pooling）。

当我们通过卷积获得了特征后，我们希望使用这些特征去做分析。理论上，我们可以用所有学习得到的特征去直接训练分类器，比如在前面章节提到的 Softmax 分类器。但即便是这样，计算量依然会非常大。

比如我们希望对一个 100×100 的矩阵进行卷积，我们使用一个 5×5 的卷积核去进行卷积，假设我们最终要学习 400 个特征。那么每一个特征和图像的卷积都会生成一个 $(100 + 5 - 1) \times (100 + 5 - 1)$ 的特征，最后得到的特征数量就是 $96 \times 96 \times 400$。这是一个非常大的数字，计算效率不甚理想。

为此，我们需要寻找更优的解法。可以想到在我们平时做统计分析的时候常常需要对某一类事物计算一个统计值，并以这个统计值替代这类事物本身。图像也是一样，我们可以用一小块区域的统计特征来表示这个区域上的图像特征。我们一般使用的方法是求区域内最大值或者平均值。使用统计特征而不是原始特征可以降低特征维度，最后还可以改善训练结果（防止过“拟合”）。我们将这种统计聚合的方法叫作“池化”。

所以池化本身概念是非常简单的，往往就是求部分区域的最大值或者平均值。

比如我们将一个特征矩阵分成独立的 4 个部分，每个部分求出一个平均值或者最大值作为其特征，最后得到一个维度小得多的特征矩阵。

但是我们在实际工作中并不会假定我们的池化区域是独立的。而是会先计算第 1 个区域的池化特征。然后再向右移动一位，计算第 2 个区域的池化特征。以此类推，直到池化到右下角位置为止。这样的好处是我们的池化单元具有平移不变性。所谓平移不变性就是如果图形会有部分平移，我们依然可以产生相同的池化特征。这样我们现实中识别的图像如果是产生了平移的，也可以正常识别或者分类出来，无论偏移到了哪一个位置。

所以池化的本质就是让本来需要全连接的隐藏层神经元“共享”来自于卷积后特征的部分权重，表现形式就是将某部分特征通过统计手段变成一个特征，可以让原本全连接层的 $m \times m$ 个神经元（假设池化的区域长宽为 m）都得到同一个权重，有效降低特征数量，也就是特征矩阵维度，提升效果。

4.2.4　卷积神经网络

我们现在已经有了相当多的工具了。我们先使用卷积提取图像中的各类特征（每一层负责提取一类特征）。然后，池化层将卷积特征映射成维度更低的统计特征。

最后我们使用全连接层将得到的特征输入到结果的 Softmax 分类器中，进行多分类。

而这就是所谓的卷积神经网络（CNN），如图 4-4 所示。在卷积神经网络的示意图当中，从左到右首先是输入层，接着是卷积层、池化层、全连接层，最后用分类器做输出。所以卷积神经网络其实并不复杂，而且思路也是非常清晰的。只不过由于我们可以无限加深网络，比如设计更多的卷积—池化组合，每一组卷积池化负责提取统计不同类型的特征。结合大量的数据，卷积神经网络就可以非常好地学习不同的特征，并训练出相应的分类器。

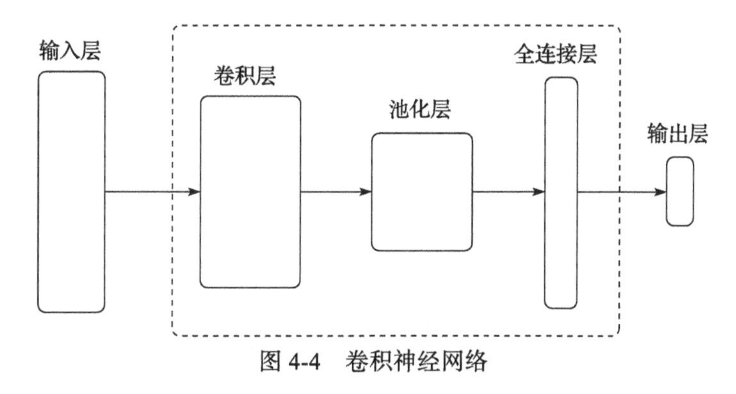

图 4-4　卷积神经网络

4.3　卷积神经网络实现

在了解了深度学习与 CNN 的基本概念之后，我们先用编码实战的方式让读者对相关概念有一个感性的认识。在很多时候，工程实战和理论之间仍有巨大的鸿沟，如果你是工程师出身，想必就会对此深有感触，往往理解透彻的概念在实际运用时仍显得捉襟见肘，而且更多问题会在实践中才慢慢暴露出来。因此，在实战中巩固，并在合适的时候介绍更多的深度学习网络的内容就显得尤为合理。我们会在本节内容中讲解如何一步步实现基本的卷积操作，为了完成整个 CNN 的代码实现，我们会先实现一个 C++ 版本的神经网络（在本书的前面，我们使用 Python 实现），也就是实现 Layer 和 Net 等基础设施。

然后我们再实现 CNN 中会使用到的一些 Layer，比如全连接层（inner production layer）、卷积层（convolution layer）和池化层（pooling layer）。

此外，本节主要关注的是前向神经网络的实现，即如何使用深度神经网络完成预测。对于反向传播（梯度下降法、求导、残差之类等内容）的理论与实现细节的问题，由于本书主要关注的是深度神经网络在移动平台应用中的优化，因此不再详细讨论训练过程繁杂的反向传播的实现方法了。感兴趣的读者可以针对此问题进行深入了解。

4.3.1 Layer 实现

首先，我们来编写层的定义，定义 Layer 基类。该文件的作用是为所有具体类型的层（比如卷积、池化和全连接等）提供通用的基础实现，如代码清单 4-1 所示。

代码清单 4-1 layer.h

```
 1 #ifndef LAYER_H
 2 #define LAYER_H
 3
 4 #include <stdio.h>
 5 #include <string>
 6 #include <vector>
 7 #include <cstdint>
 8 #include "mat.h"
 9 #include "modelbin.h"
10 #include "paramdict.h"
11
12 class Layer
13 {
14 public:
15     Layer();
16     virtual ~Layer();
17
18     virtual int32_t load_param(const ParamDict& pd);
19     virtual int32_t load_model(const ModelBin& mb);
20
21 public:
22     bool one_blob_only;
23     bool support_inplace;
24
25 public:
26     virtual int32_t forward(const std::vector<Mat>& bottom_blobs, std::vector
   <Mat>& top_blobs) const;
27     virtual int32_t forward(const Mat& bottom_blob, Mat& top_blob) const;
28     virtual int32_t forward_inplace(std::vector<Mat>& bottom_top_blobs) const;
29     virtual int32_t forward_inplace(Mat& bottom_top_blob) const;
30
31 public:
32     std::string type;
33     std::string name;
```

```
34     std::vector<int32_t> bottoms;
35     std::vector<int32_t> tops;
36 };
37
38 typedef Layer* (*layer_creator_func)();
39
40 struct layer_registry_entry
41 {
42     const char* name;
43     layer_creator_func creator;
44 };
45
46 int32_t layer_to_index(const char* type);
47 Layer* create_layer(const char* type);
48 Layer* create_layer(int32_t index);
49
50 #define DEFINE_LAYER_CREATOR(name) \
51     Layer* name##_layer_creator() { return new name; }
52
53 #endif //LAYER_H
```

第 7 ～ 9 行，引入了几个头文件，mat.h 是一个矩阵类的封装，modelbin.h 是二进制模型参数类型的封装，paramdict 是网络结构参数的封装。

第 12 行，定义了 Layer 类，该类就是所有层的基类。

第 15 ～ 16 行，声明了 Layer 构造函数和析构函数。

第 18 行，声明了 load_param 成员函数，用于加载网络层超参数。

第 19 行，声明了 load_model 成员函数，用于加载网络模型参数。

第 22 ～ 23 行，声明了成员变量，one_blob_only 表示该层是否只接收一个输入，support_inplace 表示是否支持内部替换，而不需要重新创建数据对象。

第 26 ～ 29 行，声明了各个版本的 forward 对象，其中 forward 版本完全使用新的数据块替换旧的数据块，forward_inplace 则是使用原有的数据块而不创建新的数据块。每个版本都有一个输入输出多个 Blob 的版本和只输入输出一个 Blob 的版本，这些都是用于前向计算的成员函数。

第 31 ～ 36 行，定义了几个成员变量，其中 type 是层的类型名，name 是层的名称，bottoms 是层的输入矩阵，tops 是层的输出矩阵。

第 38 行，定义了 Layer 类型，该类型定义了层的工厂函数的函数指针类型，每个类型的层都有一个工厂函数，类型都是 layer_creator_func。

第 40 ～ 44 行，定义了 layer_regsitry_entry 类型，该类型代表一个用于注册层类型的结构体，每个层类型都会有一个该类型的变量，其中 name 是层的名称，creator 是层的工厂函数。

第 46 行，声明了 layer_to_index 函数，该函数用于根据指定层的名称查找层在注册表中的索引。

第 47 行，声明了 create_layer 函数，该函数用于根据指定的层名创建新的层对象。

第 48 行，声明了 create_layer 函数，该函数用于根据层在注册表中的索引创建新的层对象。

第 50 ～ 51 行，定义了 DEFINE_LAYER_CREATOR 宏，该宏用于根据层名构造一个对应的工厂函数。

接着创建 layer.cpp，该文件的作用是实现我们刚才定义的 Layer 类，如代码清单 4-2 所示。

代码清单 4-2 layer.cpp

```
 1 #include "layer.h"
 2 
 3 #include <stdio.h>
 4 #include <string.h>
 5 #include "cpu.h"
 6 
 7 Layer::Layer()
 8 {
 9     one_blob_only = false;
10     support_inplace = false;
11 }
12 
13 Layer::~Layer()
14 {
15 }
16 
17 int32_t Layer::load_param(const ParamDict& /*pd*/)
18 {
19     return 0;
20 }
21 
22 int32_t Layer::load_model(const ModelBin& /*mb*/)
23 {
24     return 0;
25 }
26 
27 int32_t Layer::forward(const std::vector<Mat>& bottom_blobs, std::vector<Mat>&
   top_blobs) const
28 {
29     if (!support_inplace)
30         return -1;
31 
32     top_blobs = bottom_blobs;
33     for (int32_t i = 0; i < (int32_t)top_blobs.size(); i++)
34     {
35         top_blobs[i] = bottom_blobs[i].clone(opt.blob_allocator);
36         if (top_blobs[i].empty())
37             return -100;
38     }
39 
```

```
40      return forward_inplace(top_blobs);
41  }
42
43  int32_t Layer::forward(const Mat& bottom_blob, Mat& top_blob) const
44  {
45      if (!support_inplace)
46          return -1;
47
48      top_blob = bottom_blob.clone(opt.blob_allocator);
49      if (top_blob.empty())
50          return -100;
51
52      return forward_inplace(top_blob);
53  }
54
55  int32_t Layer::forward_inplace(std::vector<Mat>& /*bottom_top_blobs*/) const
56  {
57      return -1;
58  }
59
60  int32_t Layer::forward_inplace(Mat& /*bottom_top_blob*/) const
61  {
62      return -1;
63  }
64
65  static const layer_registry_entry layer_registry[] =
66  {
67  #include "layer_registry.h"
68  };
69
70  static const int32_t layer_registry_entry_count = sizeof(layer_registry) / sizeof
    (layer_registry_entry);
71
72  int32_t layer_to_index(const char* type)
73  {
74      for (int32_t i=0; i<layer_registry_entry_count; i++)
75      {
76          if (strcmp(type, layer_registry[i].name) == 0)
77              return i;
78      }
79
80      return -1;
81  }
82
83  Layer* create_layer(const char* type)
84  {
85      int32_t index = layer_to_index(type);
86      if (index == -1)
87          return 0;
88
89      return create_layer(index);
```

```
 90 }
 91
 92 Layer* create_layer(int32_t index)
 93 {
 94     if (index < 0 || index >= layer_registry_entry_count)
 95         return 0;
 96
 97     layer_creator_func layer_creator = layer_registry[index].creator;
 98     if (!layer_creator)
 99         return 0;
100
101     return layer_creator();
102 }
```

第 7 ～ 11 行，定义了 Layer 类的构造函数，函数中将 one_blob_only 和 support_inplace 都设置成默认值 false。

第 17 ～ 20 行，定义了 load_param 成员函数，用于读取层的超参数。由于这里是基类，不包含任何参数因此直接返回 0。这里没有使用纯虚函数是因为派生类也可以没有任何读取的参数，如果这里使用纯虚函数，派生类还需要覆盖一个空函数，因此这里直接定义了一个返回 0 的空函数。

第 22 ～ 25 行，定义了 load_model 成员函数，用于读取模型中的层参数。由于这里是基类，不包含任何参数因此直接返回 0。这里没有使用纯虚函数是因为派生类也可以没有任何读取的参数，如果这里使用纯虚函数，派生类还需要覆盖一个空函数，因此这里直接定义了一个返回 0 的空函数。

第 27 ～ 41 行，定义了 forward 函数，该函数需输入一组数据 bottom_blobs，并输出一组数据 top_blobs。代码首先判断 support_inplace 是否为 false，如果是 false 说明该层不支持该函数，因为该函数需要基于已有的数据块，而不会重新创建。接着遍历所有的输出数据块，并将所有的输入数据块复制一份给输出数据块。最后调用 fowrard_inplace 完成所有的前向计算。

第 43 ～ 53 行，定义了 forward 函数，该函数的输入数据是数据块 bottom_blob，并输出数据块 top_blob。代码首先判断 support_inplace 是否为 false，如果是 false 说明该层不支持该函数，因为该函数需要基于已有的数据块，而不会重新创建。接着将输入数据块复制一份给输出数据块。最后调用 fowrard_inplace 完成所有的前向计算。

第 55 ～ 58 行，定义了 forward_inplace 函数，该函数负责处理一组输入数据块，并将数据结果直接覆盖在输入数据块中。这里直接返回 -1，该函数需要由派生类覆盖实现。

第 60 ～ 63 行，定义了 forward_inplace 函数，该函数负责处理一个输入数据块，并将数据结果直接覆盖在输入数据块中。这里直接返回 -1，该函数需要由派生类覆盖实现。

第 65 ～ 68 行，定义了 layer_registry 数组，这里我们包含了一个 layer_registry.h，这个头文件定义了所有需要注册的层的名字和工厂函数，这个文件等最后实现完几个实际工作的层之后再来编写。

第 70 行，定义了 layer_registry_entry_count 变量，用来存储注册层的数量。

第 72 ～ 81 行，定义了 layer_to_index 函数，用来根据层的类型名称返回该层在数组中的索引。具体实现是逐个遍历所有注册的层，调用 strcmp 比较待查找的类型名和遍历到的层类型名称，如果相同就返回当前索引，如果都不满足条件就返回 -1。

第 83 ～ 90 行，定义了 create_layer 函数，该函数根据层的类型名称创建层的实例。首先调用 layer_to_index 找到待查找层在层列表中的索引，如果索引为 -1，表示该层不存在，直接返回 0。否则调用 create_layer 创建层对象。

第 92 ～ 102 行，定义了 create_layer 函数，该函数根据层在注册数组中的索引创建层的实例。首先比较参数中的索引和数组长度，如果索引大于等于数组长度就直接返回 0，表示创建失败。第 97 行根据索引从数组对应的元素中获取工厂函数 creator，如果工厂函数不存在则返回 0，表示创建失败。最后调用工厂函数创建层对象。

4.3.2　Net 实现

首先编写 net.h，定义 Net 类，如代码清单 4-3 所示。

代码清单 4-3　net.h

```
 1 #ifndef NET_H
 2 #define NET_H
 3
 4 #include <stdio.h>
 5 #include <vector>
 6 #include "blob.h"
 7 #include "layer.h"
 8 #include "mat.h"
 9
10 class Extractor;
11 class Net
12 {
13 public:
14     Net();
15     ~Net();
16
17     int32_t register_custom_layer(const char* type, layer_creator_func creator);
18     int32_t register_custom_layer(int32_t index, layer_creator_func creator);
19
20     int32_t load_param(const unsigned char* mem);
21     int32_t load_model(const unsigned char* mem);
22
23     void clear();
24     Extractor create_extractor() const;
25
26 protected:
27     friend class Extractor;
```

```
28
29     int32_t find_blob_index_by_name(const char* name) const;
30     int32_t find_layer_index_by_name(const char* name) const;
31     int32_t custom_layer_to_index(const char* type);
32     Layer* create_custom_layer(const char* type);
33
34     Layer* create_custom_layer(int32_t index);
35     int32_t forward_layer(int32_t layer_index, std::vector<Mat>& blob_mats,
                              Option& opt) const;
36
37 protected:
38     std::vector<Blob> blobs;
39     std::vector<Layer*> layers;
40
41     std::vector<layer_registry_entry> custom_layer_registry;
42 };
43
44 class Extractor
45 {
46 public:
47     int32_t input(const char* blob_name, const Mat& in);
48     int32_t extract(const char* blob_name, Mat& feat);
49
50     int32_t input(int32_t blob_index, const Mat& in);
51     int32_t extract(int32_t blob_index, Mat& feat);
52
53 protected:
54     friend Extractor Net::create_extractor() const;
55     Extractor(const Net* net, int32_t blob_count);
56
57 private:
58     const Net* net;
59     std::vector<Mat> blob_mats;
60     Option opt;
61 };
62
63 #endif //NET_H
```

第 11 行，定义了 Net 类，Net 用于组织网络的层结构，加载参数。

第 14 ～ 15 行，声明了构造函数和析构函数。

第 17 ～ 18 行，声明了 register_custom_layer 成员函数，该函数用于注册自定义的层。

第 20 ～ 21 行，声明了 load_param 和 load_model 成员函数，用于加载网络的超参数和模型参数。

第 24 行，声明了 create_extractor 成员函数，会返回一个使用该网络的 Extractor 对象，Extractor 类会调用 Net 对象，根据数据输入，从特定的出口层获取最终的输出结果。

第 27 行，这里我们将 Extractor 设置为友元类，让 Extractor 可以访问 Net 的各种数据。

第 29 ～ 35 行，声明了一些辅助函数，其中 find_blob_index_by_name 用于根据数据块的名字查找数据块的索引，find_layer_index_by_name 用于根据层名查找层的索引，custom_layer_to_index 用于将自定义的层类型转换成自定义层数组中的索引，create_custom_layer 用于创建指定的自定义层对象，forward_layer 用于指定执行前向计算到 layer_index 指定的层为止。

第 38 ～ 41 行，定义了成员变量，blobs 是网络的所有数据块，layers 是所有的层，custom_layer_registery 是所有自定义层的注册项列表。

第 44 行，定义了 Extractor 类。该类主要包含 input 和 extract 两个成员函数。input 函数用于为 Extractor 指定输入数据，extract 用于执行前向计算到指定的数据块，并获取数据块的数据，每次执行的前向计算都能够被缓存下来，这样对于多分支网络可以节省不少重复计算的时间。

现在我们编写 net.cpp，实现 Net 和 Extractor 类，如代码清单 4-4 所示。

代码清单 4-4　net.cpp

```
 1 #include "net.h"
 2 #include "layer_type.h"
 3 #include "modelbin.h"
 4 #include "paramdict.h"
 5
 6 #include <stdio.h>
 7 #include <string.h>
 8
 9 Net::Net()
10 {
11 }
12
13 Net::~Net()
14 {
15     clear();
16 }
17
18 int32_t Net::register_custom_layer(const char* type, layer_creator_func creator)
19 {
20     int32_t typeindex = layer_to_index(type);
21     if (typeindex != -1)
22     {
23         fprintf(stderr, "can not register build-in layer type %s\n", type);
24         return -1;
25     }
26
27     int32_t custom_index = custom_layer_to_index(type);
28     if (custom_index == -1)
29     {
30         struct layer_registry_entry entry = { type, creator };
31         custom_layer_registry.push_back(entry);
32     }
33     else
```

```
34     {
35         fprintf(stderr, "overwrite existing custom layer type %s\n", type);
36         custom_layer_registry[custom_index].name = type;
37         custom_layer_registry[custom_index].creator = creator;
38     }
39
40     return 0;
41 }
42
43 int32_t Net::register_custom_layer(int32_t index, layer_creator_func creator)
44 {
45     int32_t custom_index = index & ~LayerType::CustomBit;
46     if (index == custom_index)
47     {
48         fprintf(stderr, "can not register build-in layer index %d\n", custom_
               index);
49         return -1;
50     }
51
52     if ((int32_t)custom_layer_registry.size() <= custom_index)
53     {
54         struct layer_registry_entry dummy = { "", 0 };
55         custom_layer_registry.resize(custom_index + 1, dummy);
56     }
57
58     if (custom_layer_registry[custom_index].creator)
59     {
60         fprintf(stderr, "overwrite existing custom layer index %d\n", custom_
   index);
61     }
62
63     custom_layer_registry[custom_index].creator = creator;
64     return 0;
65 }
66
67 int32_t Net::load_param(const unsigned char* _mem)
68 {
69     if ((unsigned long)_mem & 0x3)
70     {
71         // 内存没有对齐，直接返回
72         fprintf(stderr, "memory not 32-bit aligned at %p\n", _mem);
73         return 0;
74     }
75
76     const unsigned char* mem = _mem;
77
78     int32_t magic = *(int32_t*)(mem);
79     mem += 4;
80
81     if (magic != 7767517)
82     {
```

```
83         fprintf(stderr, "param is too old, please regenerate\n");
84         return 0;
85     }
86 
87     int32_t layer_count = *(int32_t*)(mem);
88     mem += 4;
89 
90     int32_t blob_count = *(int32_t*)(mem);
91     mem += 4;
92 
93     layers.resize(layer_count);
94     blobs.resize(blob_count);
95 
96     ParamDict pd;
97     for (int32_t i=0; i<layer_count; i++)
98     {
99         int32_t typeindex = *(int32_t*)mem;
100        mem += 4;
101
102        int32_t bottom_count = *(int32_t*)mem;
103        mem += 4;
104
105        int32_t top_count = *(int32_t*)mem;
106        mem += 4;
107
108        Layer* layer = create_layer(typeindex);
109        if (!layer)
110        {
111            int32_t custom_index = typeindex & ~LayerType::CustomBit;
112            layer = create_custom_layer(custom_index);
113        }
114        if (!layer)
115        {
116            fprintf(stderr, "layer %d not exists or registered\n", typeindex);
117            clear();
118            return 0;
119        }
120
121        layer->bottoms.resize(bottom_count);
122        for (int32_t j=0; j<bottom_count; j++)
123        {
124            int32_t bottom_blob_index = *(int32_t*)mem;
125            mem += 4;
126
127            Blob& blob = blobs[bottom_blob_index];
128
129            blob.consumers.push_back(i);
130
131            layer->bottoms[j] = bottom_blob_index;
132        }
133
```

```
134         layer->tops.resize(top_count);
135         for (int32_t j=0; j<top_count; j++)
136         {
137             int32_t top_blob_index = *(int32_t*)mem;
138             mem += 4;
139 
140             Blob& blob = blobs[top_blob_index];
141 
142             blob.producer = i;
143             layer->tops[j] = top_blob_index;
144         }
145 
146         //层的特定参数
147         int32_t pdlr = pd.load_param(mem);
148         if (pdlr != 0)
149         {
150             fprintf(stderr, "ParamDict load_param failed\n");
151             continue;
152         }
153 
154         int32_t lr = layer->load_param(pd);
155         if (lr != 0)
156         {
157             fprintf(stderr, "layer load_param failed\n");
158             continue;
159         }
160 
161         layers[i] = layer;
162     }
163 
164     return mem - _mem;
165 }
166 
167 int32_t Net::load_model(const unsigned char* _mem)
168 {
169     if (layers.empty())
170     {
171         fprintf(stderr, "network graph not ready\n");
172         return 0;
173     }
174 
175     if ((unsigned long)_mem & 0x3)
176     {
177         //内存没有对齐，直接返回
178         fprintf(stderr, "memory not 32-bit aligned at %p\n", _mem);
179         return 0;
180     }
181 
182     const unsigned char* mem = _mem;
183     ModelBinFromMemory mb(mem);
184     for (size_t i=0; i<layers.size(); i++)
```

```
185     {
186         Layer* layer = layers[i];
187
188         int32_t lret = layer->load_model(mb);
189         if (lret != 0)
190         {
191             fprintf(stderr, "layer load_model failed\n");
192             return -1;
193         }
194     }
195
196     return mem - _mem;
197 }
198
199 void Net::clear()
200 {
201     blobs.clear();
202     for (size_t i=0; i<layers.size(); i++)
203     {
204         delete layers[i];
205     }
206     layers.clear();
207 }
208
209 Extractor Net::create_extractor() const
210 {
211     return Extractor(this, blobs.size());
212 }
213
214 int32_t Net::find_blob_index_by_name(const char* name) const
215 {
216     for (size_t i=0; i<blobs.size(); i++)
217     {
218         const Blob& blob = blobs[i];
219         if (blob.name == name)
220         {
221             return i;
222         }
223     }
224
225     fprintf(stderr, "find_blob_index_by_name %s failed\n", name);
226     return -1;
227 }
228
229 int32_t Net::find_layer_index_by_name(const char* name) const
230 {
231     for (size_t i=0; i<layers.size(); i++)
232     {
233         const Layer* layer = layers[i];
234         if (layer->name == name)
235         {
```

```
236                 return i;
237             }
238         }
239 
240     fprintf(stderr, "find_layer_index_by_name %s failed\n", name);
241     return -1;
242 }
243 
244 int32_t Net::custom_layer_to_index(const char* type)
245 {
246     const int32_t custom_layer_registry_entry_count = custom_layer_registry.
    size();
247     for (int32_t i=0; i<custom_layer_registry_entry_count; i++)
248     {
249         if (strcmp(type, custom_layer_registry[i].name) == 0)
250             return i;
251     }
252 
253     return -1;
254 }
255 
256 Layer* Net::create_custom_layer(const char* type)
257 {
258     int32_t index = custom_layer_to_index(type);
259     if (index == -1)
260         return 0;
261 
262     return create_custom_layer(index);
263 }
264 
265 Layer* Net::create_custom_layer(int32_t index)
266 {
267     const int32_t custom_layer_registry_entry_count = custom_layer_registry.
    size();
268     if (index < 0 || index >= custom_layer_registry_entry_count)
269         return 0;
270 
271     layer_creator_func layer_creator = custom_layer_registry[index].creator;
272     if (!layer_creator)
273         return 0;
274 
275     return layer_creator();
276 }
277 
278 int32_t Net::forward_layer(int32_t layer_index, std::vector<Mat>& blob_mats)
    const
279 {
280     const Layer* layer = layers[layer_index];
281 
282     if (layer->one_blob_only)
283     {
```

```
284         //load bottom blob
285         int32_t bottom_blob_index = layer->bottoms[0];
286         int32_t top_blob_index = layer->tops[0];
287 
288         if (blob_mats[bottom_blob_index].dims == 0)
289         {
290             int32_t ret = forward_layer(blobs[bottom_blob_index].producer, blob_
            mats);
291             if (ret != 0)
292                 return ret;
293         }
294 
295         Mat bottom_blob = blob_mats[bottom_blob_index];
296 
297         Mat top_blob;
298         int32_t ret = layer->forward(bottom_blob, top_blob);
299         if (ret != 0)
300             return ret;
301 
302         //保存输出数据块
303         blob_mats[top_blob_index] = top_blob;
304     }
305     else
306     {
307         //加载输入数据块
308         std::vector<Mat> bottom_blobs;
309         bottom_blobs.resize(layer->bottoms.size());
310         for (size_t i=0; i<layer->bottoms.size(); i++)
311         {
312             int32_t bottom_blob_index = layer->bottoms[i];
313 
314             if (blob_mats[bottom_blob_index].dims == 0)
315             {
316                 int32_t ret = forward_layer(blobs[bottom_blob_index].producer,
                blob_mats);
317                 if (ret != 0)
318                     return ret;
319             }
320 
321             bottom_blobs[i] = blob_mats[bottom_blob_index];
322         }
323 
324         std::vector<Mat> top_blobs;
325         top_blobs.resize(layer->tops.size());
326         int32_t ret = layer->forward(bottom_blobs, top_blobs);
327         if (ret != 0)
328             return ret;
329 
330         //保存输出数据块
331         for (size_t i=0; i<layer->tops.size(); i++)
332         {
```

```
333                 int32_t top_blob_index = layer->tops[i];
334 
335                 blob_mats[top_blob_index] = top_blobs[i];
336             }
337         }
338 
339     return 0;
340 }
341 
342 Extractor::Extractor(const Net* _net, int32_t blob_count) : net(_net)
343 {
344     blob_mats.resize(blob_count);
345     opt = get_default_option();
346 }
347 
348 int32_t Extractor::input(int32_t blob_index, const Mat& in)
349 {
350     if (blob_index < 0 || blob_index >= (int32_t)blob_mats.size())
351         return -1;
352 
353     blob_mats[blob_index] = in;
354 
355     return 0;
356 }
357 
358 int32_t Extractor::extract(int32_t blob_index, Mat& feat)
359 {
360     if (blob_index < 0 || blob_index >= (int32_t)blob_mats.size())
361         return -1;
362 
363     int32_t ret = 0;
364 
365     if (blob_mats[blob_index].dims == 0)
366     {
367         int32_t layer_index = net->blobs[blob_index].producer;
368         ret = net->forward_layer(layer_index, blob_mats, opt);
369     }
370 
371     feat = blob_mats[blob_index];
372 
373     return ret;
374 }
375 
376 int32_t Extractor::input(const char* blob_name, const Mat& in)
377 {
378     int32_t blob_index = net->find_blob_index_by_name(blob_name);
379     if (blob_index == -1)
380         return -1;
381 
382     blob_mats[blob_index] = in;
383 
```

```
384     return 0;
385 }
386
387 int32_t Extractor::extract(const char* blob_name, Mat& feat)
388 {
389     int32_t blob_index = net->find_blob_index_by_name(blob_name);
390     if (blob_index == -1)
391         return -1;
392
393     int32_t ret = 0;
394
395     if (blob_mats[blob_index].dims == 0)
396     {
397         int32_t layer_index = net->blobs[blob_index].producer;
398         ret = net->forward_layer(layer_index, blob_mats, opt);
399     }
400
401     feat = blob_mats[blob_index];
402
403     return ret;
404 }
```

Net类是非常关键的类，因此实现较长，这里我们具体讨论一下实现代码。

第8～16行，定义了类的构造函数和析构函数，析构函数主要调用了clear成员函数来清理资源。

第18～41行，定义了register_custom_layer成员函数，该函数主要用于为网络注册一些自定义的层。在我们的框架里可能只实现了较少的层，如果调用者想添加其他类型的层，但是又不想直接修改框架，那么可以在创建网络的时候把自定义的层临时注册到网络中，这样就可以解决问题。具体实现也非常简单，首先调用layer_to_index判定用户指定的层名是否和系统内部层类型名重名，如果重名直接返回-1并报错。接着调用custom_layer_to_index在自定义层数组中找到层名对应的索引。如果索引存在（非-1），表示该层之前已经注册过，那么直接替换掉数组中对应的项目即可，否则说明该层没有注册过，那么通过push_back添加自定义层的末尾。

第43～56行，定义了register_custom_layer成员函数，和前面一个函数不一样，这个函数直接把层注册到自定义层数组中指定索引的位置中。首先通过index和LayerType::CustomBit进行位运算得到层类型编号，因为在系统中无论是内置的层还是自定义层，必须要有唯一编号，因此所有自定义层都有特定的编号前缀，防止和内置层编号冲突。这里就是检查给的索引是否会造成和内置编号冲突，如果冲突则返回-1。然后判断用于指定的层索引是否越界，如果越界则先用resize调整数组长度，然后将注册信息写入数组。如果不越界那么直接写入注册信息。如果注册信息存在，会通过警告提示用户该层已经注册，然后覆盖原来的注册信息。

第67～165行，定义了load_params函数，用来加载网络层的超参数。接下来我们来解释这段代码。

第 69 ～ 74 行，将指针地址和 0x3 进行位与，判断指针地址是不是 4 字节（32 位）对齐，因为不对齐会影响加载后的计算效率。如果不对齐则输出错误并返回。

第 78 ～ 85 行，读取数据的前 4 字节。如果是一个合法的模型，那么这 4 字节一定是我们预定义的 magic Number，这里我们用的魔数是 7767517。如果魔数不一致，说明文件类型有问题，直接输出错误并返回。

第 87 ～ 94 行，从数据中读取层的数量和数据块的数量，并初始化网络的层与数据块数组。

第 96 ～ 159 行，定义了 ParamDict 对象，用来接收每个层的超参数。然后循环遍历每个层。每个层在参数文件中的前 4 字节是层的类型编码，接着 4 个字节表示输入数据块数量，接着 4 个字节表示输出数据块数量。

第 108 ～ 119 行，调用 create_lyaer 创建层对象，如果返回的是空，说明可能是自定义层，那么尝试使用 create_custom_layer 创建自定义层对象，如果返回的还是空，说明这个层编号在系统中不存在，直接报错返回。

第 121 ～ 132 行，初始化层的输入数据块数组，然后遍历所有的数据块，每个数据块都有 1 个 4 字节的定义，表示该数据块对应的网络数据块的索引。读取后将输入数据块设置为网络数据块对应的索引。

第 134 ～ 144 行，初始化层的输出数据块数组，然后遍历所有的数据块，每个数据块都有 1 个 4 字节的定义，表示该数据块对应的网络数据块的索引。读取后将输出数据块设置为网络数据块对应的索引。

第 145 ～ 159 行，调用 ParamDict 的 load_param 方法从二进制数据中加载剩余的超参数，然后调用层的 load_param 读取超参数，完成层的初始化。

第 167 ～ 197 行，定义了 load_model 成员函数，用于加载模型参数。首先判断网络是否已经加载层定义，如果层数组长度为 0，说明网络结构还没初始化，这里直接报错返回。接着检查数据内存指针地址是否 4 字节对齐，如果没有对齐直接报错返回。接着调用 ModelBinFromMemory 成员函数根据数据创建一个二进制模型参数对象。然后遍历所有的层，调用每个层的 load_model 成员函数从 ModelBinFromMemory 对象中读取模型参数。最后返回模型读取的实际字节数（mem - _mem）。

第 199 ～ 207 行，定义了 clear 成员函数，用于清理网络。首先清理所有的数据块，然后遍历所有层，使用 delete 销毁所有的层对象，最后清空层数组。

第 209 ～ 212 行，定义了 create_extractor 成员函数，用于创建求解用的 Extractor。

第 214 ～ 276 行，定义了一些关于层和数据块的辅助函数，由于实现都比较简单，这里就不详细阐述了。

第 278 ～ 340 行，定义了 forward_layer 成员函数，该函数用来完成实际的前向计算，是 Net 类的核心函数。layer_index 表示层的索引编号，blob_mats 表示输入数据，接下来具体解释一下这部分代码。

第 280 行，根据 layer_index 找到对应的层定义。

第 282 行，判断该层是否是只有单输入输出，如果是的话执行 283 ～ 304 行，否则执行 306 ～ 337 行。

第 285 ～ 286 行，从层对象中取出输入数据块和输出数据块，因此输入输出只有一个数据块，因此这里直接获取第 1 个数据块即可。

第 288 ～ 293 行，如果输入数据的维度为 0，说明该数据块还没被初始化，也就是说明生成这个数据块的层还没被执行过，因此我们通过数据块的 producer 获取该数据块的生成层，并调用 forward_layer 递归执行，执行那一层的前向计算。

第 295 ～ 303 行，如果输入数据维度不为 0，说明该数据块已经被创建了，也就是前面的计算步骤都已经执行完毕，因此我们直接调用该层的 forward 成员函数执行前向计算即可。执行完后将输出数据存储到对应的数据块中。

第 308 ～ 322 行，首先根据层的输入数据维度调整输入数据块数组大小。然后遍历输入数据块数组。从层定义中获取每个输入数据块在网络数据块中的索引，并获取对应的数据块。如果数据块的维度为 0，说明该数据块还没被初始化，也就是说明生成这个数据块的层还没被执行过，因此我们通过数据块的 producer 获取该数据块的生成层，并调用 forward_layer 递归执行，执行那一层的前向计算。然后将全局的数据块复制到数组中，循环结束后会生成完整的输入数据块数组。

第 324 ～ 336 行，我们直接调用该层的 forward 成员函数执行前向计算即可。执行完会获得一组输出数据块，最后将输出数据存储到对应的数据块中即可。

通过这种机制，我们只需要指定整个网络的最后一个层，然后该函数会根据情况自动递归执行其依赖的层的前向计算，同时如果前向计算完成了，也不会重复执行计算，这样即可以完成特定层的计算任务，也可以完成整个网络的计算任务，具有较高的灵活性。

Extractor 类主要就是调用 Net，用来完成输入的初始化，同时提供 extract 接口，转而调用 Net 的 forward_layer 函数完成计算。

第 342 行，定义了 Extractor 类的构造函数，net 参数是用于执行计算的网络对象指针，blob_count 是用于存储计算结果的数据块尺寸。代码中，我们调用 blob_mats 的 resize 函数修改内部数据矩阵的大小。

第 348 ～ 356 行，定义了 input 成员函数，用于指定 Extractor 的输入参数。其中 blob_index 参数用于指定矩阵的索引，in 就是输入参数矩阵。具体实现就是将输入的矩阵赋值给索引为 blob_index 的内部矩阵。

第 358 ～ 374 行，定义了 extract 函数，该函数用于从特定的输入矩阵开始执行网络，并返回执行结果。该函数首先检查输入的索引是否在内部矩阵的数量范围内，如果越界则直接返回 –1。如果索引没有问题就通过数据块的 producer 成员变量获取生成该数据块的层索引，然后调用 forward_layer 开始执行网络到我们想要的那个目标层（递归执行），并将结果输出到 blob_mats 中。最后将输出结果存储在 feat 中返回。

第 376 行，定义了 input 成员函数，该函数用于指定 Extractor 的输入参数。其中 blob_name 参数用于指定矩阵的名称，in 就是输入参数矩阵。具体实现就是调用 find_blob_index_by_name 获取数据块名对应的索引，然后将输入的矩阵赋值给索引为 blob_index 的内部矩阵。

第 358 ～ 404 行，定义了 extract 函数，该函数用于从特定的输入矩阵开始执行网络，并返回执行结果。和前面的函数不同的是，该函数的参数是数据块的名称而非索引。因此该函数首先调用 find_blob_index_by_name，根据数据块名称获取其索引，如果该数据块不存在则直接返回 -1。如果索引没有问题就通过数据块的 producer 成员变量获取生成该数据块的层索引，然后调用 forward_layer 开始执行网络到我们想要的那个目标层（递归执行），并将结果输出到 blob_mats 中。最后将输出结果存储在 feat 中返回。

Extractor 类主要就是调用 Net，用来完成输入的初始化，同时提供 extract 接口，转而调用 Net 的 forward_layer 函数完成计算，实现也比较简单，这里就不赘述了。

4.3.3 InnerProduct 实现

我们在前面曾经提到过，CNN 中主要包含 3 个层，分别为全连接层、卷积层和池化层。这里每一个层都是 Layer 类的一个实现。本节先来看看如何实现全连接层。

因为全连接层的本质是内积，所以我们这里将全连接层命名为 InnerProductLayer。

首先编写 innerproduct.h，定义 InnerProduct 类，如代码清单 4-5 所示。

代码清单 4-5 innerproduct.h

```
 1 #ifndef LAYER_INNERPRODUCT_H
 2 #define LAYER_INNERPRODUCT_H
 3
 4 #include "layer.h"
 5
 6 class InnerProduct : public Layer
 7 {
 8 public:
 9     InnerProduct();
10     ~InnerProduct();
11
12     virtual int32_t load_param(const ParamDict& pd);
13     virtual int32_t load_model(const ModelBin& mb);
14     virtual int32_t forward(const Mat& bottom_blob, Mat& top_blob) const;
15
16 public:
17     // 参数
18     int32_t num_output;
19     int32_t bias_term;
20
21     int32_t weight_data_size;
```

```
22
23     //模型
24     Mat weight_data;
25     Mat bias_data;
26 };
27
28 #endif //LAYER_INNERPRODUCT_H
```

第 6 行，定义了 InnerProduct 类，该类继承自 Layer 类，同时声明了构造函数、析构函数、load_param、load_model、forward 等每个层必要的成员函数。

第 18 ～ 25 行，定义了几个成员变量，其中 num_output 是输出数据块的数量，bias_term 表示是否有偏置参数，weight_data_size 是网络权重参数数据数量，weight_data 是权重参数矩阵，bias_data 是偏置参数矩阵。

接着编写 innerproduct.cpp，实现 InnerProduct 类，如代码清单 4-6 所示。

代码清单 4-6　innerproduct.cpp

```
 1 #include "innerproduct.h"
 2 #include "layer_type.h"
 3
 4 DEFINE_LAYER_CREATOR(InnerProduct)
 5
 6 InnerProduct::InnerProduct()
 7 {
 8     one_blob_only = true;
 9 }
10
11 InnerProduct::~InnerProduct()
12 {
13 }
14
15 int32_t InnerProduct::load_param(const ParamDict& pd)
16 {
17     num_output = pd.get(0, 0);
18     bias_term = pd.get(1, 0);
19     weight_data_size = pd.get(2, 0);
20
21     return 0;
22 }
23
24 int32_t InnerProduct::load_model(const ModelBin& mb)
25 {
26     weight_data = mb.load(weight_data_size, 0);
27     if (weight_data.empty())
28         return -100;
29
30     if (bias_term)
31     {
32         bias_data = mb.load(num_output, 1);
```

```
33         if (bias_data.empty())
34             return -100;
35     }
36
37     return 0;
38 }
39
40 int32_t InnerProduct::forward(const Mat& bottom_blob, Mat& top_blob, const Option&
   opt) const
41 {
42     int32_t w = bottom_blob.w;
43     int32_t h = bottom_blob.h;
44     int32_t channels = bottom_blob.c;
45     size_t elemsize = bottom_blob.elemsize;
46     int32_t size = w * h;
47
48     top_blob.create(num_output, elemsize, opt.blob_allocator);
49     if (top_blob.empty())
50         return -100;
51
52     for (int32_t p=0; p<num_output; p++)
53     {
54         float sum = 0.f;
55
56         if (bias_term)
57             sum = bias_data[p];
58
59         for (int32_t q=0; q<channels; q++)
60         {
61             const float* w = (const float*)weight_data + size * channels * p +
               size * q;
62             const float* m = bottom_blob.channel(q);
63
64             for (int32_t i = 0; i < size; i++)
65             {
66                 sum += m[i] * w[i];
67             }
68         }
69
70         top_blob[p] = sum;
71     }
72
73     return 0;
74 }
```

第 4 行，使用 DEFINE_LAYER_CREATOR(层名）来注册定义的层。比如这里 DEFINE_LAYER_CREATOR(InnerProduct) 的意思是注册 InnerProduct 层。

第 15 ～ 22 行，定义了 load_param 成员函数，分别从 ParamDict 对象中获取了 num_output、bais_term 和 weight_data_size。

第 24 ～ 35 行，定义了 load_model 成员函数，首先根据权重参数数据量初始化 weight_data，然后根据 bias_term 判断是否有偏置，如果有就从 ModelBin 对象中获取偏置参数，初始化 bias_data。

第 40 ～ 74 行，定义了 forward 成员函数，首先从输入数据块中获取输入的宽度 w、高度 h、通道数 channels 和元素尺寸 elemsize。这里数据块占用空间理论上是宽度与高度以及元素尺寸的乘积，但是为了效率起见，我们对每行数据都做了数据对齐，因此实际的每通道字节数可能会大于理论的数据量。

然后根据输出数量和参数数量创建输出数据块。接着使用一个三重循环，遍历每个数据块、每个通道和每一行，计算出每个输入数据块对应的线性乘法结果（$bottom \times weight + bias$），最后将其存储到对应的输出数据块中。这样就完成了全连接层的计算。

4.3.4　Convolution 实现

现在开始编写卷积层实现。卷积层类名就是 ConvolutionLayer。

首先编写 convolution.h，定义 ConvolutionLayer 类，如代码清单 4-7 所示。

代码清单 4-7　convolution.h

```
 1 #ifndef LAYER_CONVOLUTION_H
 2 #define LAYER_CONVOLUTION_H
 3
 4 #include "layer.h"
 5
 6 class Convolution : public Layer
 7 {
 8 public:
 9     Convolution();
10     ~Convolution();
11
12     virtual int32_t load_param(const ParamDict& pd);
13     virtual int32_t load_model(const ModelBin& mb);
14     virtual int32_t forward(const Mat& bottom_blob, Mat& top_blob, const Option&
   opt) const;
15
16 public:
17     // 参数
18     int32_t num_output;
19     int32_t kernel_w;
20     int32_t kernel_h;
21     int32_t dilation_w;
22     int32_t dilation_h;
23     int32_t stride_w;
24     int32_t stride_h;
25     int32_t pad_w;
26     int32_t pad_h;
27     int32_t bias_term;
```

```
28
29     int32_t weight_data_size;
30
31     //模型
32     Mat weight_data;
33     Mat bias_data;
34 };
35
36 #endif //LAYER_CONVOLUTION_H
```

第6行，定义了Convolution类，该类继承自Layer类，同时声明了构造函数、析构函数、load_param、load_model、forward等每个层必要的成员函数。

第18～33行，定义了几个成员变量，其中num_output是输出数据块的数量，kernel_w表示卷积核宽度，kernel_h表示卷积核高度，stride_w表示卷积计算的间隔宽度，stride_h表示卷积计算的间隔高度，pad_w表示卷积计算的矩阵延展填充宽度，pad_h表示卷积计算的矩阵延展填充高度。bias_term表示是否有偏置参数，weight_data_size是网络权重参数数据数量，weight_data是权重参数矩阵，bias_data是偏置参数矩阵。

接着编写convolution.cpp，实现ConvolutionLayer类，如代码清单4-8所示。

代码清单4-8 convolution.cpp

```
 1 #include "convolution.h"
 2
 3 #include "layer_type.h"
 4
 5 DEFINE_LAYER_CREATOR(Convolution)
 6
 7 Convolution::Convolution()
 8 {
 9     one_blob_only = true;
10 }
11
12 Convolution::~Convolution()
13 {
14 }
15
16 int32_t Convolution::load_param(const ParamDict& pd)
17 {
18     num_output = pd.get(0, 0);
19     kernel_w = pd.get(1, 0);
20     kernel_h = pd.get(11, kernel_w);
21     dilation_w = pd.get(2, 1);
22     dilation_h = pd.get(12, dilation_w);
23     stride_w = pd.get(3, 1);
24     stride_h = pd.get(13, stride_w);
25     pad_w = pd.get(4, 0);
26     pad_h = pd.get(14, pad_w);
27     bias_term = pd.get(5, 0);
```

```
28     weight_data_size = pd.get(6, 0);
29
30     return 0;
31 }
32
33 int32_t Convolution::load_model(const ModelBin& mb)
34 {
35     weight_data = mb.load(weight_data_size, 0);
36     if (weight_data.empty())
37         return -100;
38
39     if (bias_term)
40     {
41         bias_data = mb.load(num_output, 1);
42         if (bias_data.empty())
43             return -100;
44     }
45
46     return 0;
47 }
48
49 int32_t Convolution::forward(const Mat& bottom_blob, Mat& top_blob) const
50 {
51     if (bottom_blob.dims == 1 && kernel_w == 1 && kernel_h == 1)
52     {
53         int32_t num_input = weight_data_size / num_output;
54         if (bottom_blob.w == num_input)
55         {
56             //创建全连接层(内积层)对象
57             Layer* op = create_layer(LayerType::InnerProduct);
58
59             //设置参数
60             ParamDict pd;
61             pd.set(0, num_output);
62             pd.set(1, bias_term);
63             pd.set(2, weight_data_size);
64
65             op->load_param(pd);
66
67             //设置权重
68             Mat weights[4];
69             weights[0] = weight_data;
70             weights[1] = bias_data;
71
72             op->load_model(ModelBinFromMatArray(weights));
73             op->forward(bottom_blob, top_blob, opt);
74
75             delete op;
76
77             return 0;
78         }
```

```
79      }
80
81      int32_t w = bottom_blob.w;
82      int32_t h = bottom_blob.h;
83      int32_t channels = bottom_blob.c;
84      size_t elemsize = bottom_blob.elemsize;
85
86      const int32_t kernel_extent_w = dilation_w * (kernel_w - 1) + 1;
87      const int32_t kernel_extent_h = dilation_h * (kernel_h - 1) + 1;
88
89      Mat bottom_blob_bordered = bottom_blob;
90      if (pad_w > 0 || pad_h > 0)
91      {
92          copy_make_border(bottom_blob, bottom_blob_bordered, pad_h, pad_h, pad_w,
            pad_w, BORDER_CONSTANT, 0.f);
93          if (bottom_blob_bordered.empty())
94              return -100;
95
96          w = bottom_blob_bordered.w;
97          h = bottom_blob_bordered.h;
98      }
99      else if (pad_w == -233 && pad_h == -233)
100     {
101         int32_t wpad = kernel_extent_w + (w - 1) / stride_w * stride_w - w;
102         int32_t hpad = kernel_extent_h + (h - 1) / stride_h * stride_h - h;
103         if (wpad > 0 || hpad > 0)
104         {
105             copy_make_border(bottom_blob, bottom_blob_bordered, hpad / 2, hpad -
                hpad / 2, wpad / 2, wpad - wpad / 2, BORDER_CONSTANT, 0.f);
106             if (bottom_blob_bordered.empty())
107                 return -100;
108         }
109
110         w = bottom_blob_bordered.w;
111         h = bottom_blob_bordered.h;
112     }
113
114     int32_t outw = (w - kernel_extent_w) / stride_w + 1;
115     int32_t outh = (h - kernel_extent_h) / stride_h + 1;
116
117     top_blob.create(outw, outh, num_output, elemsize);
118     if (top_blob.empty())
119         return -100;
120
121     const int32_t maxk = kernel_w * kernel_h;
122
123     //计算卷积核每个位置在待卷积矩阵中相对于起始点的偏移
124     std::vector<int32_t> _space_ofs(maxk);
125     int32_t* space_ofs = &_space_ofs[0];
126     {
127         int32_t p1 = 0;
```

```
128            int32_t p2 = 0;
129            int32_t gap = w * dilation_h - kernel_w * dilation_w;
130            for (int32_t i = 0; i < kernel_h; i++)
131            {
132                for (int32_t j = 0; j < kernel_w; j++)
133                {
134                    space_ofs[p1] = p2;
135                    p1++;
136                    p2 += dilation_w;
137                }
138                p2 += gap;
139            }
140        }
141
142        for (int32_t p=0; p<num_output; p++)
143        {
144            float* outptr = top_blob.channel(p);
145
146            for (int32_t i = 0; i < outh; i++)
147            {
148                for (int32_t j = 0; j < outw; j++)
149                {
150                    float sum = 0.f;
151
152                    if (bias_term)
153                        sum = bias_data[p];
154
155                    const float* kptr = (const float*)weight_data + maxk * channels * p;
156
157                    //遍历通道
158                    for (int32_t q=0; q<channels; q++)
159                    {
160                        const Mat m = bottom_blob_bordered.channel(q);
161                        const float* sptr = m.row(i*stride_h) + j*stride_w;
162
163                        for (int32_t k = 0; k < maxk; k++)     //29.23
164                        {
165                            float val = sptr[ space_ofs[k] ]; //20.72
166                            float w = kptr[k];
167                            sum += val * w;                   //41.45
168                        }
169
170                        kptr += maxk;
171                    }
172
173                    outptr[j] = sum;
174                }
175
176                outptr += outw;
177            }
178        }
```

```
179
180     return 0;
181 }
```

第5行，我们使用DEFINE_LAYER_CREATOR（层名）来注册我们定义的层。

第16～31行，定义了load_param成员函数，分别从ParamDict对象中获取了num_output、kernel_w、kernel_h、dilation_w、dilation_h、stride_w、stride_h、pad_w、pad_h、bais_term和weight_data_size。

第33～47行，定义了load_model成员函数，首先根据权重参数数据量初始化weight_data，然后根据bias_term判断是否有偏置，如果有就从ModelBin对象中获取偏置参数，初始化bias_data。

第49～181行，定义了forward函数，这是卷积层的实现核心，因此代码较长，我们需要详细阐述。

第51行，首先判定输入数据的维度、卷积核长宽是否为1，这种情况下可以进行卷积的优化处理。其实这种情况下卷积操作就是输入矩阵和卷积核的全连接操作（因为卷积核长宽均为1），因此我们可以创建一个InnerProduct层，该层就是全连接层。然后使用卷积层的num_ouput、bias_term、weight_data_size几个参数设置InnerProduct的对应参数，并调用全连接层对象的load_param加载参数。接着我们将卷积层的模型参数也传递给InnerProduct对象，调用其load_model方法加载模型，然后执行forward完成前向计算，最后调用delete释放对象。

第81行，开始处理正常的卷积计算流程。

第81～84行，根据输入数据块从输入数据块中获取输入的宽度w、高度h、通道数channels和元素尺寸elemsize。这里数据块占用空间理论上是宽度与高度以及元素尺寸的乘积，但是为了效率起见，我们对每行数据都做了数据对齐，因此实际的每通道字节数可能会大于理论的数据量。

第86～87行，根据dilation参数计算出卷积和的实际延拓宽度kernel_extent_w和延拓高度kernel_extent_h。

第90～97行，如果层参数中的pad_w或者pad_h大于零，说明需要对待计算的矩阵进行延拓填充，这个时候调用copy_make_border将矩阵左右各扩大pad_w，上下扩大pad_h，并将扩展的部分全部填充为0。最后用于卷积运算的实际矩阵高度和宽度就是扩展后的矩阵高度和宽度。

第99～108行，如果pad_w和pad_h是–233，说明卷积计算的时候需要跳跃，这个时候需要根据卷积核的跳跃距离计算矩阵的扩展宽度和高度。跳跃宽度是stride_w，跳跃高度是stride_h。

第114～115行，根据扩展后的卷积核宽度和高度及输入数据宽度和高度计算实际的输出宽度和高度，其中outw是输出矩阵宽度，outh是输出矩阵高度。

第 117 ～ 119 行，根据计算的 outw 和 outh 创建输出矩阵。

第 121 行，根据卷积核的宽度和高度计算出卷积核中数据的最大索引 k。

第 123 ～ 140 行，为了加快后续的卷积计算，我们这里根据 dilation、卷积核宽度和待卷积矩阵宽度计算卷积核中每个元素对应的矩阵元素的索引，建立卷积核元素与矩阵元素的索引映射表，这样可以在实际计算的时候直接使用映射表找到卷积元素对应的矩阵元素，减少计算中的多余判定，减少 CPU 的流水线惩罚，加快计算速度。

第 142 ～ 178 行，完成实际的卷积计算，这是一个 5 重循环，最外层是根据通道、高度、宽度遍历输入数据中的每个元素。

第 158 ～ 171 行，遍历处理后的卷积核，因为卷积核是三维的，因为对卷积核进行了预处理，将卷积核每个通道的数据变成了平坦的一维数组，因此只需要先遍历通道，再遍历卷积核的每个元素，与待计算矩阵中的对应位置进行乘法运算，然后求和，即可得到卷积核与待计算矩阵上对应位置的乘加结果，最后将乘加结果存储到输出矩阵的对应位置中即可。

这样就完成了相对高效的卷积计算。

4.3.5　Pooling 实现

最后我们来实现 PoolingLayer，也就是池化层。

首先编写 pooling.h，定义 PoolingLayer 类，如代码清单 4-9 所示。

代码清单 4-9　pooling.h

```
1 #ifndef LAYER_POOLING_H
2 #define LAYER_POOLING_H
3
4 #include "layer.h"
5
6 class Pooling : public Layer
7 {
8 public:
9     Pooling();
10
11     virtual int32_t load_param(const ParamDict& pd);
12     virtual int32_t forward(const Mat& bottom_blob, Mat& top_blob, const Option&
                        opt) const;
13     enum { PoolMethod_MAX = 0, PoolMethod_AVE = 1 };
14
15 public:
16     //参数
17     int32_t pooling_type;
18     int32_t kernel_w;
19     int32_t kernel_h;
20     int32_t stride_w;
21     int32_t stride_h;
22     int32_t pad_left;
23     int32_t pad_right;
```

```
24     int32_t pad_top;
25     int32_t pad_bottom;
26     int32_t global_pooling;
27 };
28
29 #endif //LAYER_POOLING_H
```

第6行，定义了Pooling类，该类继承自Layer类，同时声明了构造函数、析构函数、load_param、forward等每个层必要的成员函数。因为池化层没有模型参数，因此不需要定义load_model成员函数。

第17～26行，定义了几个成员变量，其中pooling_type表示Pooling计算的类型，比如常用的池化方式有最大池化和平均池化，如果采用最大池化，这里的值就是PoolMethod_MAX，否则是PoolMethod_AVG。kernel_w表示池化核宽度，kernel_h表示池化核高度，stride_w表示池化计算的间隔宽度，stride_h表示池化计算的间隔高度，pad_left表示卷积计算的矩阵左侧延拓宽度，pad_right表示卷积计算的矩阵右侧延拓宽度，pad_top表示矩阵上方延拓高度，pad_bottom表示矩阵下方延拓高度。

接着编写pooling.cpp，实现PoolingLayer类，如代码清单4-10所示。

代码清单4-10 pooling.cpp

```
 1 #include "pooling.h"
 2 #include <float.h>
 3 #include <algorithm>
 4
 5 DEFINE_LAYER_CREATOR(Pooling)
 6
 7 Pooling::Pooling()
 8 {
 9     one_blob_only = true;
10 }
11
12 int32_t Pooling::load_param(const ParamDict& pd)
13 {
14     pooling_type = pd.get(0, 0);
15     kernel_w = pd.get(1, 0);
16     kernel_h = pd.get(11, kernel_w);
17     stride_w = pd.get(2, 1);
18     stride_h = pd.get(12, stride_w);
19     pad_left = pd.get(3, 0);
20     pad_right = pd.get(14, pad_left);
21     pad_top = pd.get(13, pad_left);
22     pad_bottom = pd.get(15, pad_top);
23     global_pooling = pd.get(4, 0);
24
25     return 0;
26 }
27
```

```
28 int32_t Pooling::forward(const Mat& bottom_blob, Mat& top_blob, const Option&
   opt) const
29 {
30     int32_t w = bottom_blob.w;
31     int32_t h = bottom_blob.h;
32     int32_t channels = bottom_blob.c;
33     size_t elemsize = bottom_blob.elemsize;
34
35     if (global_pooling)
36     {
37         top_blob.create(channels, elemsize);
38         if (top_blob.empty())
39             return -100;
40
41         int32_t size = w * h;
42
43         if (pooling_type == PoolMethod_MAX)
44         {
45             for (int32_t q=0; q<channels; q++)
46             {
47                 const float* ptr = bottom_blob.channel(q);
48
49                 float max = ptr[0];
50                 for (int32_t i=0; i<size; i++)
51                 {
52                     max = std::max(max, ptr[i]);
53                 }
54
55                 top_blob[q] = max;
56             }
57         }
58         else if (pooling_type == PoolMethod_AVE)
59         {
60             for (int32_t q=0; q<channels; q++)
61             {
62                 const float* ptr = bottom_blob.channel(q);
63
64                 float sum = 0.f;
65                 for (int32_t i=0; i<size; i++)
66                 {
67                     sum += ptr[i];
68                 }
69
70                 top_blob[q] = sum / size;
71             }
72         }
73
74         return 0;
75     }
76
77     Mat bottom_blob_bordered = bottom_blob;
```

```
78
79      float pad_value = 0.f;
80      if (pooling_type == PoolMethod_MAX)
81      {
82          pad_value = -FLT_MAX;
83      }
84      else if (pooling_type == PoolMethod_AVE)
85      {
86          pad_value = 0.f;
87      }
88
89      int32_t wtailpad = 0;
90      int32_t htailpad = 0;
91
92      int32_t wtail = (w + pad_left + pad_right - kernel_w) % stride_w;
93      int32_t htail = (h + pad_top + pad_bottom - kernel_h) % stride_h;
94
95      if (wtail != 0)
96          wtailpad = stride_w - wtail;
97      if (htail != 0)
98          htailpad = stride_h - htail;
99
100     copy_make_border(bottom_blob, bottom_blob_bordered, pad_top, pad_bottom +
        htailpad, pad_left, pad_right + wtailpad, BORDER_CONSTANT, pad_value);
101     if (bottom_blob_bordered.empty())
102         return -100;
103
104     w = bottom_blob_bordered.w;
105     h = bottom_blob_bordered.h;
106
107     int32_t outw = (w - kernel_w) / stride_w + 1;
108     int32_t outh = (h - kernel_h) / stride_h + 1;
109
110     top_blob.create(outw, outh, channels, elemsize);
111     if (top_blob.empty())
112         return -100;
113
114     const int32_t maxk = kernel_w * kernel_h;
115
116     //计算池化核每个位置在待池化矩阵中相对于起始点的偏移
117     std::vector<int32_t> _space_ofs(maxk);
118     int32_t* space_ofs = &_space_ofs[0];
119     {
120         int32_t p1 = 0;
121         int32_t p2 = 0;
122         int32_t gap = w - kernel_w;
123         for (int32_t i = 0; i < kernel_h; i++)
124         {
125             for (int32_t j = 0; j < kernel_w; j++)
126             {
127                 space_ofs[p1] = p2;
```

```
128                 p1++;
129                 p2++;
130             }
131             p2 += gap;
132         }
133     }
134 
135     if (pooling_type == PoolMethod_MAX)
136     {
137         for (int32_t q=0; q<channels; q++)
138         {
139             const Mat m = bottom_blob_bordered.channel(q);
140             float* outptr = top_blob.channel(q);
141 
142             for (int32_t i = 0; i < outh; i++)
143             {
144                 for (int32_t j = 0; j < outw; j++)
145                 {
146                     const float* sptr = m.row(i*stride_h) + j*stride_w;
147 
148                     float max = sptr[0];
149 
150                     for (int32_t k = 0; k < maxk; k++)
151                     {
152                         float val = sptr[ space_ofs[k] ];
153                         max = std::max(max, val);
154                     }
155 
156                     outptr[j] = max;
157                 }
158 
159                 outptr += outw;
160             }
161         }
162     }
163     else if (pooling_type == PoolMethod_AVE)
164     {
165         for (int32_t q=0; q<channels; q++)
166         {
167             const Mat m = bottom_blob_bordered.channel(q);
168             float* outptr = top_blob.channel(q);
169 
170             for (int32_t i = 0; i < outh; i++)
171             {
172                 for (int32_t j = 0; j < outw; j++)
173                 {
174                     const float* sptr = m.row(i*stride_h) + j*stride_w;
175 
176                     float sum = 0;
177 
178                     for (int32_t k = 0; k < maxk; k++)
```

```
179                     {
180                         float val = sptr[ space_ofs[k] ];
181                         sum += val;
182                     }
183 
184                     outptr[j] = sum / maxk;
185                 }
186 
187                 outptr += outw;
188             }
189 
190             //修正填充边距
191             if (pad_top != 0)
192             {
193                 const float scale = (float)kernel_h / (kernel_h - pad_top);
194 
195                 outptr = top_blob.channel(q).row(0);
196                 for (int32_t i = 0; i < outw; i++)
197                 {
198                     outptr[i] *= scale;
199                 }
200             }
201             if (pad_bottom + htailpad != 0)
202             {
203                 const float scale = (float)kernel_h / (kernel_h - pad_bottom -
                    htailpad);
204 
205                 outptr = top_blob.channel(q).row(outh - 1);
206                 for (int32_t i = 0; i < outw; i++)
207                 {
208                     outptr[i] *= scale;
209                 }
210             }
211             if (pad_left != 0)
212             {
213                 const float scale = (float)kernel_w / (kernel_w - pad_left);
214 
215                 outptr = top_blob.channel(q);
216                 for (int32_t i = 0; i < outh; i++)
217                 {
218                     *outptr *= scale;
219                     outptr += outw;
220                 }
221             }
222             if (pad_right + wtailpad != 0)
223             {
224                 const float scale = (float)kernel_w / (kernel_w - pad_right -
                                        wtailpad);
225 
226                 outptr = top_blob.channel(q);
227                 outptr += outw - 1;
```

```
228                 for (int32_t i = 0; i < outh; i++)
229                 {
230                     *outptr *= scale;
231                     outptr += outw;
232                 }
233             }
234         }
235     }
236 
237     return 0;
238 }
```

第 5 行，我们使用 DEFINE_LAYER_CREATOR（层名）来注册我们定义的层。

第 12 ～ 26 行，定义了 load_param 成员函数，分别从 ParamDict 对象中获取了 pooling_type、kernel_w、kernel_h、stride_w、stride_h、pad_left、pad_right、pad_top、pad_bottom 和 global_pooling。

第 28 ～ 238 行，定义了 forward 函数，这是池化层的实现核心，因此代码较长，我们需要详细阐述。

第 30 ～ 33 行，从输入数据块中获取输入的宽度 w、高度 h、通道数 channels 和元素尺寸 elemsize。这里数据块占用在空间理论上是宽度与高度以及元素尺寸的乘积，但是为了效率起见，我们对每行数据都做了数据对齐，因此实际的每通道字节数可能会大于理论的数据量。

第 35 行，如果模型设置了 global_pooling，说明需要对待池化矩阵中的所有数据都进行池化操作，那么就会执行第 36 ～ 75 行的全局池化操作，否则会执行 77 行之后的局部池化。

第 37 ～ 39 行，根据输入数据的尺寸计算输出数据尺寸，并创建输出数据块。

第 43 行，根据 pooling_type 判断是执行最大池化还是平均池化。

第 45 ～ 56 行，执行最大池化操作，其实就是使用双重循环，遍历数据中的每个数据，然后取池化核窗口范围内的最大值，并记录到输出矩阵中。

第 60 ～ 71 行，执行平均池化操作，其实就是使用双重循环，遍历数据中的每个数据，然后取池化核窗口范围内数据之和，最后计算平均值并记录到输出矩阵中。

第 74 行，执行完全局池化操作后直接返回。

第 77 ～ 105 行，处理输入矩阵的延拓问题。先根据 pooling_type 确定延拓填充的值，存储在 pad_value 中。如果是最大池化，那么延拓填充的值是 –FLT_MAX，这样不影响求最大值；如果是平均池化，那么延拓填充的值就是 0。

第 89 ～ 98 行，考虑如果用户指定了 stride_w 和 stride_h，那么每次池化后需要向后跨域一定距离，这也会影响到填充的结果，可能会使得右侧和左侧延拓的距离需要加大，否则会使池化窗口超出矩阵的范围。因此这里使用 w、pad_left、pad_right、kernel_w 和 stride_w 计算了 wtail 与 wtailpad，使用 w、pad_top、pad_bottom、kernel_h 和 stride_h 计算了 htail

与 htailpad，wtailpad 就是右侧需要额外延拓的距离，htailpad 就是下方需要延拓的距离。

第 100 ～ 105 行，调用 copy_make_border 对输入矩阵进行延拓填充，延拓填充的值就是之前指定的 pad_value。最后使用延拓后的宽度作为池化处理的 w，延拓后的高度作为池化处理的 h。

第 107 ～ 112 行，根据延拓后的矩阵长宽、池化核长宽以及跨域距离计算出输出矩阵宽度 outw、核输出矩阵高度 outh，然后根据 outw、outh、channles 和元素尺寸创建输出数据对象。

第 114 行，根据池化核宽度和高度计算需要池化的最大字节数 maxk。

第 117 行，根据 maxk 创建用于缓存池化结果的卷积核。

第 118 ～ 133 行，为了加快后续池化计算，我们根据池化核宽度和待池化矩阵宽度计算池化核中每个元素对应的矩阵元素的索引，建立池化核元素与矩阵元素的索引映射表 space_ofs，这样可以在实际计算时直接使用映射表找到池化元素对应的矩阵元素，减少计算中的多余判定，减少 CPU 的流水线惩罚，加快计算速度。

第 135 行，根据 pooling_type 判断是执行最大池化还是平均池化。

第 137 ～ 161 行，进行最大池化计算。由于这里可能存在各种跳跃操作，因此无法使用简单的双重循环，需要使用 4 重循环完成计算。首先使用 3 层循环定位到待池化矩阵中的每个元素，将其作为池化窗口的第一个元素，然后使用 space_ofs 找到池化窗口中每个元素对应的矩阵元素，并求这个窗口中元素的最大值，将最大值保存在输出矩阵中，就完成了池化计算。

第 163 ～ 235 行，进行平均池化计算，平均池化计算较为复杂。

第 165 行，遍历数据中的每个通道，对每个通道进行单独的池化操作。

第 167 ～ 168 行，根据通道获得通道的待池化矩阵 m 和用于存储池化输出的 outptr 指针。

第 170 ～ 188 行，和最大池化一样，首先使用 2 层循环定位（因为已经在某个通道里了，只需要遍历行与列）到待池化矩阵中的每个元素，将其作为池化窗口的第一个元素，然后使用 space_ofs 找到池化窗口中每个元素对应的矩阵元素，并求这个窗口中元素的总和，最后除以窗口元素数量求得平均值，保存在输出矩阵中，

但是如果遇到矩阵延拓的情况，这样还只是初步计算结果。因为延拓的时候在延拓区域我们填充的是 0，所以计算窗口内和的时候将这些延拓的区域也计算进去了，但其实这些延拓区域并不是待池化矩阵的元素，就会导致遇到延拓区域边界时计算的平均值小于实际的平均值的。举个例子，如果待池化矩阵实际有效数据是长宽为 2 的实际数据，高度向上延拓 1 后，池化核窗口尺寸为 6，因此计算平均值的时候除以了 6，但由于实际元素只有 4 个，因此真实的平均值应该如果下公式所示：

$$\frac{\text{Average}}{\text{DataSize}} \times \text{KernalSize}$$

其中 kernalSize 是池化核的窗口尺寸，DataSize 是窗口中实际包含的数据数量。

第 191 ～ 200 行，如果 pad_top 不为 0，说明矩阵上方发生了延拓填充，这时需要处理所有矩阵上方被延拓元素的池化结果，即使用上面那个公式将受影响的池化输出调整为真实的平均值。

第 201 ～ 210 行，如果 pad_bottom+htailpad 不为 0，说明矩阵下方发生了延拓填充，这时需要处理所有矩阵下方被延拓元素的池化结果，即使用上面那个公式将受影响的池化输出调整为真实的平均值。

第 211 ～ 220 行，如果 pad_left 不为 0，说明矩阵左侧发生了延拓填充，这时需要处理所有矩阵左侧被延拓元素的池化结果，即使用上面那个公式将受影响的池化输出调整为真实的平均值。

第 221 ～ 230 行，如果 pad_right+wtailpad 不为 0，说明矩阵右侧发生了延拓填充，这时需要处理所有矩阵右侧被延拓元素的池化结果，即使用上面那个公式将受影响的池化输出调整为真实的平均值。

这样我们就完成了池化操作。可以看出我们同时支持两种模式的池化，一种是取范围内的最大值，一种是取范围内的平均值，这个可以在网络参数里指定，运行时读取参数根据训练的定义自动选择。

4.3.6 定义注册头文件

最后我们编写一下注册头文件，如代码清单 4-11 所示。

代码清单 4-11　layer_registry.h

```
 1 {
 2     "Convolution",
 3     Convolution_layer_creator
 4 },
 5 {
 6     "Pooling",
 7     Pooling_layer_creator
 8 },
 9 {
10     "InnerProduct",
11     InnerProduct_layer_creator
12 }
```

第 1 ～ 4 行，定义了卷积层，层的名称是 Convolution，对应的工厂函数是 Convolution_layer_creator。

第 5 ～ 8 行，定义了池化层，层的名称是 Pooling，对应的工厂函数是 Pooling_layer_creator。

第 9 ～ 12 行，定义了全连接层，层的名称是 InnerProduct，对应的工厂函数是 Inner-

Product_layer_creator。

现在整个支持扩展和自由注册层的 CNN 框架就完成了。

4.4 本章小结

在本章中，我们了解了自我学习和深度学习的来龙去脉，深度神经网络经常采用的栈式自编码算法和微调的方法。然后讲解了线性解码器这种实用的技巧。最后，我们介绍了卷积池化的概念，并引出了卷积神经网络 CNN 的概念，帮助读者更好地理解卷积神经网络。我们发现神经网络和深度学习的核心概念其实并不复杂，其中唯一和数学非常紧密的部分就是参数求解中的求导。如果说将其作为一个工具，在有基本理解的情况下，比起其他很多机器学习模型（比如 SVM），至少这是一种核心思想非常清晰的模型。而无论深度学习的模型层数怎么加深，学习策略怎么变化，但万变不离其宗。

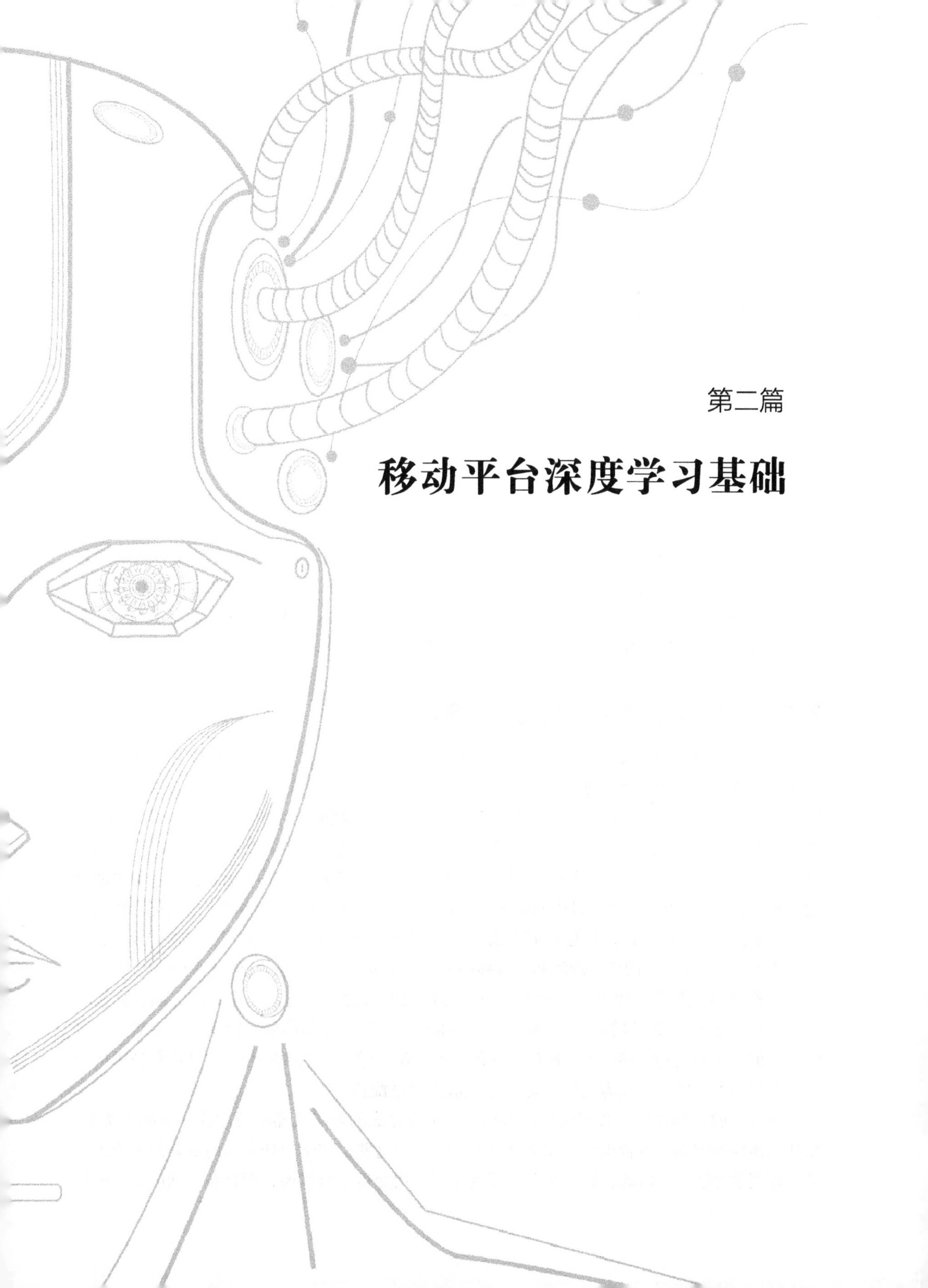

第二篇

移动平台深度学习基础

第5章

移动平台深度学习框架设计与实现

我们已经通过前面章节的学习掌握了机器学习的基本概念、人工神经网络以及深度神经网络，并使用 C++ 作为高性能编程语言实现了通用的 CNN 框架。本章我们进入移动平台深度学习领域，主要介绍移动平台深度学习开发的基础知识，这其中包括 ARM Linux 基础开发指南和 ARM 指令集加速方面的主题，为后续代码实战建立知识储备。

5.1 移动平台深度学习系统开发简介

随着通信技术的发展，移动互联网技术变得越发普及。在移动互联网的初级阶段，受限于移动设备的性能和软件的技术能力，我们可能关注的只是如何使用 App 替代日常使用的桌面级软件的基本功能。但是移动计算领域日新月异，移动互联网、移动平台计算、边缘计算等概念层出不穷，曾经由于算力或功耗的原因无法在移动平台上实现的功能正一个一个成为现实，比如高性能通信、离线计算和人工智能技术的引入。越来越多的用户希望能够在更多的应用领域享受由移动互联网产品带来的便捷。同时，我们也关注到越来越多的人工智能和机器学习技术正在被各种各样的应用程序所使用，无论是搜索、语音还是图像方面都有所涉及，其发展趋势也正不断扩大。因此，理解和掌握移动平台研发机器学习技术就显得尤为重要。

我们具体说几个简单例子。这里以目前最成熟的人脸识别为例。在几年之前，如果说使用当时的移动设备（以智能设备为主）以非常低的延迟完成精准的人脸识别，绝对是不可能的。但是随着近些年移动平台硬件性能的提升，深度学习理论的完善，软件优化技术的成熟，人脸识别已经逐渐成为很多移动平台 App 的标准配置。

除了人脸识别以外，我们希望由移动平台本身完成的基于机器学习的任务也越来越多，比如物体检测识别、语音识别、文本语义分析等，而这些机器学习任务目前最好的解决方案都是深度学习技术。因此，移动平台的深度学习应用变得十分重要，而且在可期的未来多年发展中都会占据举足轻重的地位。

对于一些常见的任务来说，我们可能可以直接在市面上找到一些现成的 SDK 来完成开发。但一方面，这些 SDK 本身肯定是收费的；另一方面，技术方案提供商不愿意将核心技术放在移动平台，因此自主研发移动平台深度学习系统的需求与日俱增。

研发移动平台深度学习系统的主要问题是性能优化，这是因为无论移动平台的性能如何提升，移动平台可使用的计算存储资源和能耗肯定不如 PC 或者服务器，因此性能优化问题是移动平台开发的核心问题。我们一般会从两个方面来针对移动平台机器学习系统进行性能优化，一个方面是优化深度学习模型和计算机制，比如调整网络结构、稀疏化、量化等；另一个方面是优化代码性能，比如多线程并行、指令集优化、利用 GPU 进行异构计算等。

深度学习和计算机制优化需要更深入的深度学习理论知识，在本节中，我们主要讨论如何从程序层面提高深度学习系统的性能。

系统底层性能优化需要充分考虑系统底层的体系结构。目前移动平台主要使用的 CPU 架构基本上都基于 ARM[一]进行设计，因此，我们需要从 ARM 体系结构，而不是平时常用的 x86 体系结构出发去进行性能优化。本章将会对 ARM Linux 的基础开发环境和优化基础知识进行详解。

5.2　ARM Linux 基础开发环境

ARM Linux 基础开发环境主要是开发工具和测试环境。ARM Linux 的开发工具主要是 ARM 的 C/C++ 工具链。我们的开发平台往往是 x86，而目标运行平台则是 ARM，因此我们需要在 x86 的环境中调用特殊的编译套件编译出可以在 ARM 平台上运行的程序，这就需要相应的工具链来帮助我们完成，这种编译方式一般称为交叉编译。

由于 ARM 硬件产品种类众多，不同的硬件平台系统内核、系统 ABI（Application Binary Interface，应用程序二进制接口）、运行环境都有很大差异，因此很多平台都需要编译自己的工具链。最好的情况是购买的硬件厂商提供工具链，否则就需要自己安装或者编译相应的工具链。

这里根据实际场景可分为以下 4 种情况。

第 1 种是为 iOS（包括 iPadOS）和 Android 等移动平台开发移动应用程序，在这种情况下，我们只需要安装用于开发 iOS 应用程序的 Xcode[二]集成开发环境或用于开发 Android 应用程序的 NDK[三]，其中 NDK 就会附带相应的工具链。对于 Android 移动平台来说，旧版本的 Android NDK 使用的编译器是 GCC[四]，而新版本的 NDK 和 Xcode 所使用的编译器均为

[一] ARM（Advanced RISC Machine）处理器是英国 Acorn 有限公司设计的低功耗成本的第一款 RISC 微处理器。

[二] Xcode 是由苹果公司开发的、运行在 Mac OS X/macOS 上的集成开发工具（IDE）。

[三] Android NDK 是一套使开发者可以在 Android 中使用 C 和 C++ 等语言，以原生代码实现部分应用的工具集。

[四] GNU 编译器套件（GNU Compiler Collection）包括 C、C++ 等语言前端，也包括了这些语言的库。

Clang[1]。从使用角度上讲，Clang 和 GCC 编译器会保持命令行大体兼容。

第 2 种是采购现成的较为廉价的 ARM 开发板套件，常见的有树莓派和基于全志等核心板的开发板，等等。这类开发板一般会自带 Linux 或者 Android 系统。如果是 Android，那么直接使用 NDK 即可；如果是 Linux，一般销售商会提供相应的工具链，即使没有提供也可以直接找到对应的工具链。

第 3 种是 Nvidia TX 系列这种 ARM + GPU 的高端开发板。这类开发板成本高，但是提供的开发套件非常全，一般开发板自身会预装 Linux，同时也会提供 GCC 或 NVCC 之类的开发包。

第 4 种是自己使用 ARM 芯片搭建开发板，这种不在本书考虑范围之内。有兴趣的读者可以在阅读本书之后针对这个领域进行研究和探索。

至于测试环境，由于深度学习系统与性能密切相关，因此一般不会使用模拟器，需要直接使用目标运行环境测试系统的真实性能。

5.2.1　通用 ARM 工具链安装

一般通用的 ARM 工具链，我们会使用 Ubuntu 自带的工具链，作为 Ubuntu 衍生系统的 Linux Mint 自然也是支持的。这种情况安装非常简单，只需要打开终端，输入以下命令就可以安装 ARM 工具链。

```
sudo apt-get install gcc-arm-linux-gnueabi
```

安装之后系统的 /usr 下会出现以 arm-linux-gnueabi- 开头的众多可执行文件，如图 5-1 所示。

```
/usr/bin/arm-linux-gnueabi-addr2line  /usr/bin/arm-linux-gnueabi-gcc-ar-5       /usr/bin/arm-linux-gnueabi-ld.bfd
/usr/bin/arm-linux-gnueabi-ar         /usr/bin/arm-linux-gnueabi-gcc-nm         /usr/bin/arm-linux-gnueabi-ld.gold
/usr/bin/arm-linux-gnueabi-as         /usr/bin/arm-linux-gnueabi-gcc-nm-5       /usr/bin/arm-linux-gnueabi-nm
/usr/bin/arm-linux-gnueabi-c++filt    /usr/bin/arm-linux-gnueabi-gcc-ranlib     /usr/bin/arm-linux-gnueabi-objcopy
/usr/bin/arm-linux-gnueabi-cpp        /usr/bin/arm-linux-gnueabi-gcc-ranlib-5   /usr/bin/arm-linux-gnueabi-objdump
/usr/bin/arm-linux-gnueabi-cpp-5      /usr/bin/arm-linux-gnueabi-gcov           /usr/bin/arm-linux-gnueabi-ranlib
/usr/bin/arm-linux-gnueabi-dwp        /usr/bin/arm-linux-gnueabi-gcov-5         /usr/bin/arm-linux-gnueabi-readelf
/usr/bin/arm-linux-gnueabi-elfedit    /usr/bin/arm-linux-gnueabi-gcov-tool      /usr/bin/arm-linux-gnueabi-size
/usr/bin/arm-linux-gnueabi-gcc        /usr/bin/arm-linux-gnueabi-gcov-tool-5    /usr/bin/arm-linux-gnueabi-strings
/usr/bin/arm-linux-gnueabi-gcc-5      /usr/bin/arm-linux-gnueabi-gprof          /usr/bin/arm-linux-gnueabi-strip
/usr/bin/arm-linux-gnueabi-gcc-ar     /usr/bin/arm-linux-gnueabi-ld
```

图 5-1　交叉编译工具链文件

假如我们想要调用 GCC，现在只需要调用 `arm-linux-gnueabi-gcc` 即可。如果是其他系统，那么可以从 ARM Developer 官网[2]下载官方编译器套件。

5.2.2　Android NDK 安装

Android NDK 安装也非常简单，只需要到 Android NDK 官网[3]下载最新的稳定版本即可。

下载后是一个压缩包，如果想要直接使用 Android 的 Android.mk 完成编译，那么直接

[1] Clang 是一个 C/C++ 语言、Objective-C 语言的轻量级编译器，是目前非常流行的开源编译器。

[2] 可以访问 https://developer.arm.com/open-source/gnu-toolchain/gnu-rm/downloads 下载 ARM 官方编译固件。

[3] 可以访问 https://developer.android.google.cn/ndk/downloads/ 来下载 Android NDK。

将 NDK 的根目录加入到 PATH 路径中，在相应目录调用 ndk-build 即可。如果想要使用自带工具链的编译器和链接器，可以在 toolchains 的对应平台（比如 ARM 或者 AArch64）的 prebuilt 目录下找到编译器和链接器，使用方法和普通的 GCC 没有任何差别。

5.2.3　树莓派工具链安装

树莓派有自己的完整工具链，只需要从树莓派 GitHub 官网[⊖]复制即可。

在 arm-bcm2708 目录中有对应各个平台的编译工具链，使用方法和通用的交叉编译工具链没有什么区别，这里就不再赘述了。读者可以选择符合自己情况的开发工具进行开发，本书将以 gcc 为例进行讲解，主要层面的内容大同小异。

5.3　TensorFlow Lite 介绍

TensorFlow Lite 是为了解决 TensorFlow 在移动平台和嵌入式端过于臃肿而定制开发的轻量级解决方案，是与 TensorFlow 完全独立的两个项目，与 TensorFlow 基本没有代码共享。

前文说过 TensorFlow 本身是为桌面和服务器端设计开发的，没有为 ARM 移动平台定制优化，因此如果直接用在移动平台或者嵌入式端会“水土不服”。TensorFlow Lite 则实现了低能耗、低延迟的移动平台机器学习框架，并且使得编译之后的二进制发布版本更小。

TensorFlow Lite 不仅支持传统的 ARM 加速，还为 Android Neural Networks API 提供了支持，在支持 ANN 的设备上能提供更好的性能表现。

TensorFlow Lite 不仅使用了 ARM Neon 指令集加速，还预置了激活函数，提供了量化功能，加快了执行速度，减小了模型大小。我们会在第 11 章介绍有关内容。

5.3.1　TensorFlow Lite 特性

TensorFlow Lite 有许多特性，这些特性使它在移动平台有非常良好的表现，先简单归纳一下 TensorFlow Lite 的特性如下：

1）支持一整套核心算子，所有算子都支持浮点输入和量化数据，这些核心算子是为移动平台单独优化定制的。这些算子还包括预置的激活函数，可以提高移动平台的计算性能，同时确保量化后计算的精确度。可以使用这些算子创建并执行我们自定义的模型，如果模型中需要一些特殊的算子，也可以编写我们自己定制的算子实现。

2）为移动平台定义了一种新的模型文件格式，这种格式是基于 FlatBuffers 的。FlatBuffers 是一种高性能的开源跨平台序列化库，非常类似于 Protobuf，但这两者之间的最大区别就是 FlatBuffers 不需要在访问数据前对数据进行任何解析或者接报（对应于 Protobuf 的压缩机制），因为 FlatBuffers 的数据格式一般是与内存对齐的。另外，FlatBuffers 的代码也比

⊖　可以访问 https://github.com/raspberrypi/tools 来下载树莓派工具链。

Protobuf 更小，更有利于移动平台集成使用。因此 TensorFlow Lite 和 TensorFlow 的模型文件格式是不同的。

3）提供了一种为移动平台优化的网络解释器，这使整个代码变得更加精简快速。这种解释器的优化思路是使用静态的图路径，加快运行时的决策速度，同时自定义内存分配器，减少动态内存分配，确保减少模型加载和初始化的时间及资源消耗，同时提高执行速度。

4）提供了硬件加速接口，一种是传统的 ARM 指令集加速，一种是 Android Neural Networks API。如果目标设备是运行 Android 8.1（API 27）及更高版本的系统，就可以使用 Android 自带加速 API 加快整体执行速度。

5）提供了模型转换工具，可以将 TensorFlow 生成的训练模型转换成 TensorFlow Lite 的模型。这样就解决了 TensorFlow 和 TensorFlow Lite 模型格式不同的问题。

6）编译后的二进制体积非常小，使用 ARM Clang 在优化设置为 O3 的条件下，整个库编译之后小于 300KB，基本能满足目前大部分深度学习网络所需要的算子。

7）同时提供 Java 和 C++ API，便于我们在 Android App 和嵌入式应用中集成 TensorFlow Lite。

5.3.2　TensorFlow Lite 架构

如果想要理解 TensorFlow Lite 是如何实现上述特性的，我们必须要先了解一下 TensorFlow Lite 的架构设计。TensorFlow Lite 的架构设计图，如图 5-2 所示。

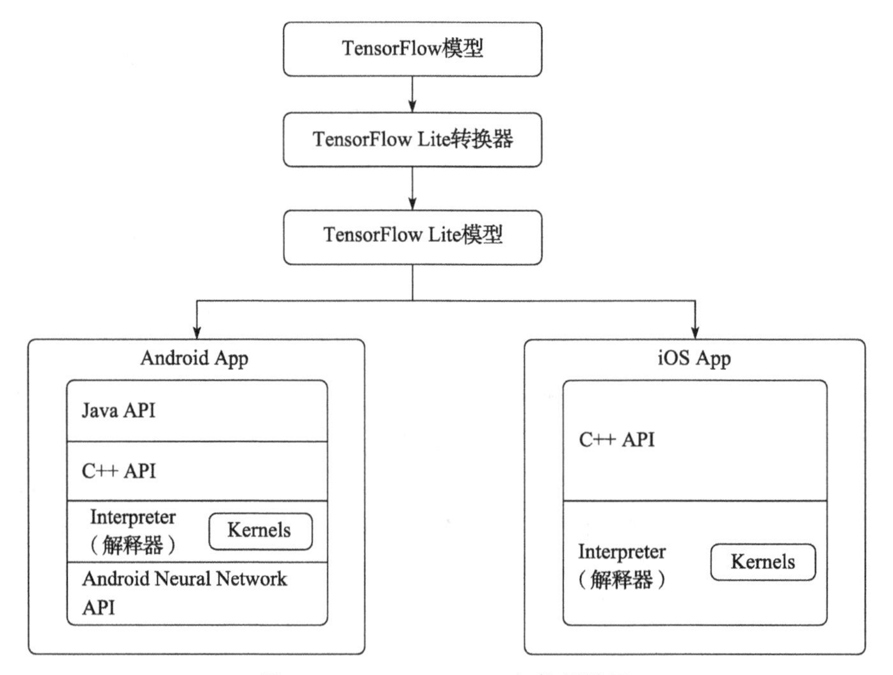

图 5-2　TensorFlow Lite 架构设计图

我们可以用这样的方式理解 TensorFlow Lite 与 TensorFlow 的差异，首先需要训练一个 TensorFlow 的模型文件，然后使用 TensorFlow Lite 的模型转换器将 TensorFlow 模式转换为 TensorFlow Lite 的模型文件（.tflite 格式）。接着可以在移动应用里使用转换好的文件。

我们可以在 Android 和 iOS 上使用 TensorFlow Lite，通过 TensorFlow Lite 加载转换好的 .tflite 模型文件。TensorFlow Lite 提供了下列调用方式。

1）Java API：Android 上基于 C++ API 封装的 Java API，便于 Android App 的应用层直接调用。

2）C++ API：可以用于装载 TensorFlow Lite 模型文件，构造调用解释器。Android 和 iOS 平台都可以使用该 API。

3）解释器（interpreter）：负责执行模型并根据网络结构调用算子的核算法（kernel）。核算法的加载是可选择的。如果我们不使用加速的核算法，只需要 100KB 的空间；如果链接了所有的加速核算法，也只有 300KB，整体体积是非常小的。在部分 Android 设备上，解释器会直接调用 Android Neural Networks API 实现硬件加速。

最后，我们可以通过 C++ API 实现自己的核算法，然后通过解释器加载，用在深度网络的执行中。

5.3.3　TensorFlow Lite 代码结构

TensorFlow Lite 和 TensorFlow 是两套基本独立的代码，完整的代码可以在 TensorFlow 的 GitHub 仓库[⊖]中找到。在本节中，我们着重了解一下 TensorFlow Lite 的代码结构，这对我们后续的实战内容会有极大帮助。

在 TensorFlow 代码根目录下有一个 lite 目录，这就是完整的 TensorFlow Lite 代码。

为了便于读者阅读 TensorFlow 的完整代码，这里我们介绍一下 TensorFlow Lite 的代码结构和一些重要的文件，如表 5-1 所示。

表 5-1　TensorFlow Lite 代码结构表

目录 / 文件	解释
c	TensorFlow Lite 的 C API 接口层实现，这部分接口也可以在 C++ 中使用
core	TensorFlow Lite 核心接口与实现，主要包括 SubGraph 结构、FlatBuffer 转换和模型算子解析等功能
delegates	TensorFlow Lite 的代理实现，这部分代码目前为实验性接口，主要用于支持 TensorFlow Lite 调用 GPU 或者 NNAPI 接口完成实际的计算任务。这样可以确保无论计算引擎是什么都能向调用者提供一致的调用接口
java	TensorFlow Lite Java 接口实现，包括 C++ 的 JNI 实现与 Java 的类定义，这部分会在移动平台实现中具体阐述
kernels	TensorFlow 的核心函数实现，包括所有的激活函数以及算子实现，可以满足大部分深度学习任务

⊖ TensorFlow 的 GitHub 仓库参见：https://github.com/tensorflow/tensorflow。

（续）

目录 / 文件	解释
kernels/internal	TensorFlow 的核心内部实现，为算子实现提供必需的基础设施，包括基础类型定义、张量实现、量化实现甚至是 MFCC 算法。其中 kernels/internal/optimized 目录是针对不同移动平台的优化实现，包括基于 Eigen 或者 Neon 的加速实现。Neon 实现中包含大量的汇编与 C API 优化实现。后面我们会介绍 ARM 与 Neon 的基础知识，并以 TensorFlow 的 optimized 为例讲解如何使用 NEON 进行优化
nnapi	Android NNAPI 实现，该部分仅支持在 Android 下使用，这部分不会在本书具体阐述
profiling	TensorFlow Lite 的内部性能测量统计实现，不是本书论述的重点，不会在书中具体阐述
python	TensorFlow Lite 的 Python 接口实现，包括 Python 的 C 层实现与 Python 层的类与函数定义，这部分会在移动平台实现中具体阐述
schema	TensorFlow Lite 数据结构的 FlatBuffer 模式定义，主要包括头文件的生成器与模型定义文件。模式定义文件包括 fbs 文件（原始定义）和 FlatBuffer 编译器生成的 C 代码中使用的头文件
toco	模型转换工具实现，实际包含了模型转换、模型量化和其他的模型优化实现。支持从命令行直接调用，也支持 Python 接口调用，便于我们集成在自己的构建工具链中
tools	内部工具库实现，包括模型准确度测量库，解释器性能统计库，模型优化库，模型验证库等
allocation.h/cc	内存分配器实现，主要目的是优化移动平台内存分配实现，这部分会在本书中具体阐述
builtin_ops.h	内部算子定义，主要定义内部算子的枚举值
context.h	TensorFlow Lite 执行上下文实现，由于 TensorFlow Lite Context 已经在 C 实现中定义，因此该文件直接引用了 C 层 API 的内部实现
graph_info.h/cc	TensorFlow Lite 图信息实现，主要定义了图的数据结构，包括图的所有节点、输入、输出与存储变量
interpreter.h/cc	TensorFlow Lite 的解释器实现。定义了 Interpreter 类，是 C++ 层调用 TensorFlow Lite 的外层接口。该类主要支持： ❑ 建立图和模型的内部结构 ❑ 添加图的内部节点，设置节点参数 ❑ 获取 / 设置图的输入 ❑ 获取 / 设置图的输出 ❑ 获取 / 设置图的变量 ❑ 获取 / 修改图内部张量数据 ❑ 其他参数设置 ❑ 执行模型
model.h/cc	TensorFlow Lite 模型实现，主要包括 FlatBufferModel 类与 InterpretBuilder 类。FlatBufferModel 类负责从模型文件中读取数据并将其转换为 TensorFlow Lite 的内部模型数据结构。InterpretBuilder 类负责根据用户指定的 FlatBufferModel、OpResolver 构建 Interpreter 对象，避免用户运行时手动构建图
nnapi_delegate.h/cc	NNAPI 的代理实现，主要用于隔离接口与具体实现
string_util.h/cc	StringRef 类型实现，定义封装了内部的字符串存储与相关工具函数实现
util.h/cc	其他工具函数实现

5.4　移动平台性能优化基础

介绍完 TensorFlow Lite 后我们来介绍一下 TensorFlow Lite 是如何在移动平台进行平台

相关的优化的。本节主要讨论移动平台性能优化的一些基础知识，包括模型优化与代码性能优化，本节将讨论如何进行移动平台的代码性能优化。

前文提过，移动平台代码性能优化的着眼点是**利用并发特性和一些硬件底层特性对程序进行优化**。并发的问题是老生常谈，PC 和移动平台很多时候是一致的，因此本节主要讨论如何利用硬件底层特性进行优化，主要内容就是“指令层面”的优化与“内存使用层面”的优化。

5.4.1　ARM v8 体系结构

由于移动平台使用的主要是 ARM CPU，因此在介绍性能优化原理和具体技术之前我们必须介绍一下 ARM v8 的体系结构，为介绍具体的性能优化技术建立基础。

提示 ARM CPU 是由 Acorn 计算机公司在 1985 年设计推出的 32 位 CPU，是 Acorn RISC Machine 的简称，也就是所谓的 ARM v1，随后推出了改良版本的 ARM v2，从架构上来说，ARM 迄今已经推出了 ARM v1、ARM v2、ARM v3、ARM v4、ARM v5、ARM v6、ARMv7、ARM v8 等几个版本，越靠后的内核，初始频率越高、架构越先进，功能也越强。本书主要关注的是 ARM v8 架构。

ARM 体系结构是一种精简指令集计算（Reduced Instruction Set Computing，RISC）体系结构，具有以下 RISC 特性。

1）内置大量通用寄存器。

2）体系结构设计采用了加载 / 存储模式，也就是所有的数据处理都是在寄存器中完成的，无法直接处理内存。

3）寻址模式简单，所有的加载 / 存储地址都来自寄存器内容和指令字段。

这些特性和 x86 这种复杂指令集计算（Complex Instruction Set Computing，CISC）体系结构差异很大，因此在 ARM 上开发的时候必须牢记这些特点。

ARM 体系结构充分考虑了实现规模、架构性能和低功耗，这些特点使得其非常适用于具有不同性能要求的场景。

ARM v8 体系结构的关键特性是具有良好的向下兼容性。ARM v8 体系结构支持的执行模式如下。

1）AArch64，也就是 64 位执行模式，一般体系结构称为 aarch64。这种执行模式是 ARM v8 的新执行模式。

2）AArch32，也就是 32 位执行模式，一般体系结构称为 arm。这种执行模式向下兼容 ARM v7a 架构，同时也支持 AArch64 模式带来的一些增强特性。

性能优化的一个方法就是利用 CPU 的 SIMD（Single Instruction Multiple Data，即单指令多数据）和浮点指令集，但是两种模式有差异。AArch32 模式中基础指令集包含一部分 SIMD 指令，这些指令操作的是 32 位的通用寄存器，高级 SIMD 指令和浮点指令集则操作 SIMD 和浮点寄存器。AArch64 模式取消了基础指令集中的基础 SIMD 指令，支持的是高级

SIMD 指令和浮点指令集。

5.4.2 ARM v8 数据类型与寄存器

1. 基础数据类型

ARM v8 体系结构支持的数据类型非常多，其中整型数据结构包括字节（byte，8 位）、半字（halfword，16 位）、字（word，32 位）、双字（doubleword，64 位）和 4 字（quadword，128 位）。浮点数据类型包括半精度（16 位）、单精度（32 位）和双精度（64 位），同时支持 32 位和 64 位的定点数表示，支持在寄存器中存储一种数据类型的向量。

体系结构最重要的一部分就是 CPU 寄存器，在 ARM v8 中寄存器分为通用寄存器和 SIMD/ 浮点寄存器。

在 AArch64 模式中所有的通用寄存器都是 64 位寄存器，但是许多指令都可以将这些寄存器当作 64 位或者 32 位寄存器操作。如果是操作 32 位寄存器的指令，会一直使用 64 位寄存器的低 32 位，如图 5-3 所示。

AArch64 模式中所有的 SIMD/ 浮点寄存器都是 128 位寄存器。64 位模式中的四字和浮点数据类型只能与这些 128 位寄存器配合使用。由于 AArch64 向量寄存器支持 128 向量，因此 ARM 主要根据 A64 指令编码确定指令使用的是 64 位还是 128 位寄存器。

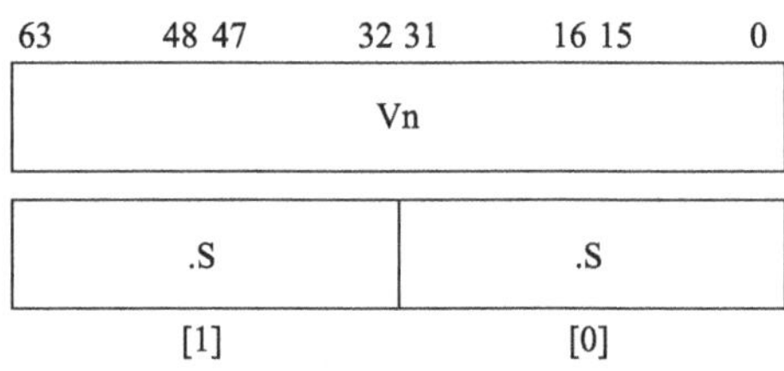

图 5-3 寄存器示意图

在 AArch32 模式中就简单很多，所有的通用寄存器都使用 32 位寄存器，两个通用寄存器可以构成双字这种数据类型。同样 SIMD 和 FP 寄存器也都是 32 位，不同的是 AArch32 模式不支持 4 字整型和浮点数据类型。

2. 向量数据类型

ARM 中能够实现加速的核心支撑就是前文提及的 SIMD 指令，能够使用一条指令同时处理多个数据。由于每条指令肯定只能操作单个寄存器，所以 ARM 支持一种向量（vector）数据类型，这种数据类型使得一个寄存器可以存放多个元素的集合，只不过这些元素必须有相同的数据类型和数据长度。在 ARM 中我们一般使用寄存器和数据类型组合表示一个元素向量。在实际的指令处理中，我们可以将一个向量视为某个数据类型的数组使用，只不过数组元素的数量是由寄存器长度和数据元素长度换算得到的，我们无法自己定义任意长度的数组（也就是寄存器长度 / 数据元素长度）。和 C/C++ 中一样，数组索引从 0 开始，到数组长度 –1 为止，也就是 0 这个索引表示整个向量的最低位元素。

3. AArch64 向量格式

在 AArch64 状态下，我们使用表示 SIMD 和浮点寄存器，其中 *n* 的取值范围是 0 ～ 31，也就是一共有 32 个寄存器。SIMD 和浮点寄存器提供了 3 种具体的数据格式，分别如下。

1）单元素标量，也就是整个寄存器的最低部分。

2）64 位向量，向量元素类型支持字节（8 位）、半字（16 位）和字（32 位）。

3）128 位向量，向量元素类型支持字节（8 位）、半字（16 位）、字（32 位）和双字（64 位）。

无论什么类型的元素使用的都是相同的寄存器，因此我们引用寄存器的时候不仅需要寄存器名称，还需要一个表示元素类型的助记符（mnemonic）。假设我们想以字节向量模式引用第 0 个 128 位寄存器，那么就要写成 $V_n \cdot 16B$。

向量元素的具体类型助记符及其长度的定义，如表 5-2 所示。

表 5-2　数据类型助记符表

助记符（mnemonic）	数据类型	长度
B	字节（byte）	8 位
H	半字（halfword）	16 位
S	字（word）	32 位
D	双字（doubleword）	64 位

针对 128 位的寄存器，我们可以使用的引用方式有 $V_n\{.2D, .4S, .8H, .16B\}$。如果是引用 64 位寄存器，可以使用 $V_n\ \{.2S, .4H, .8B\}$。

这些 64 位模式向量类型的格式的形象化表示如图 5-4 所示。

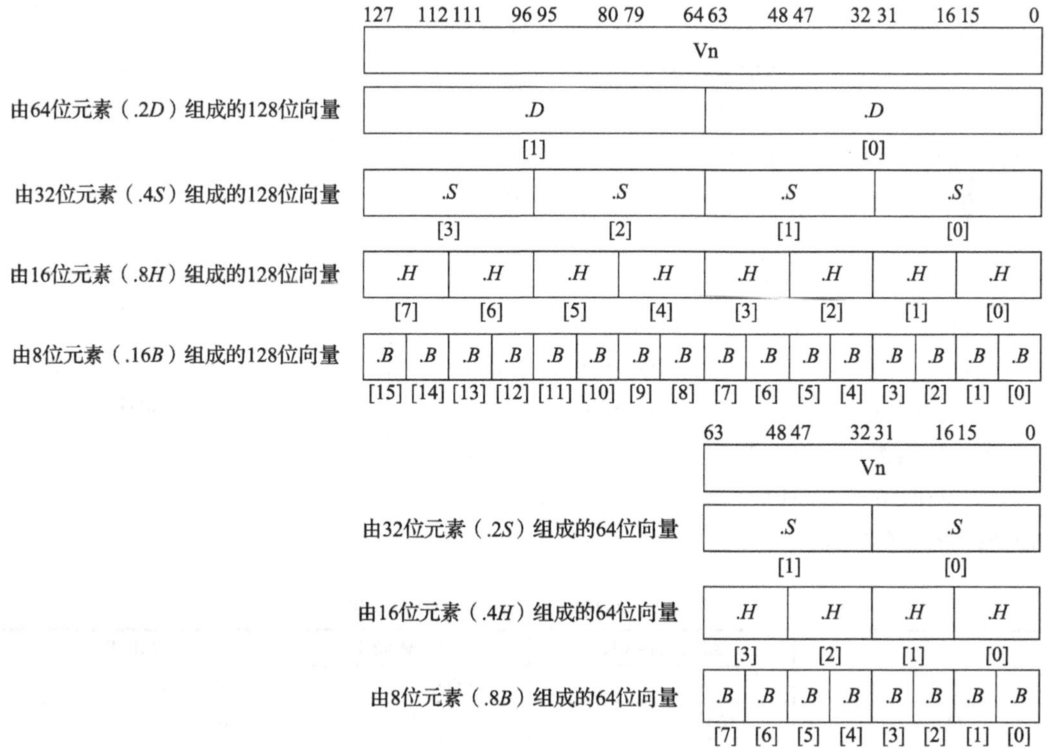

127　112 111　96 95　80 79　64 63　48 47　32 31　16 15　0
Vn
由64位元素（.2D）组成的128位向量　.D [1]　.D [0]
由32位元素（.4S）组成的128位向量　.S [3]　.S [2]　.S [1]　.S [0]
由16位元素（.8H）组成的128位向量　.H [7]　.H [6]　.H [5]　.H [4]　.H [3]　.H [2]　.H [1]　.H [0]
由8位元素（.16B）组成的128位向量　.B [15]　.B [14]　.B [13]　.B [12]　.B [11]　.B [10]　.B [9]　.B [8]　.B [7]　.B [6]　.B [5]　.B [4]　.B [3]　.B [2]　.B [1]　.B [0]

63　48 47　32 31　16 15　0
Vn
由32位元素（.2S）组成的64位向量　.S [1]　.S [0]
由16位元素（.4H）组成的64位向量　.H [3]　.H [2]　.H [1]　.H [0]
由8位元素（.8B）组成的64位向量　.B [7]　.B [6]　.B [5]　.B [4]　.B [3]　.B [2]　.B [1]　.B [0]

图 5-4　向量类型格式

4. AArch32 向量格式

32 位模式的 ARM 使用的向量寄存器类型描述方法与 64 位的不同，64 位在寄存器引用中说明了向量数据类型，而 32 位模式则选择在指令中说明具体向量数据类型。比如向量乘法指令是 VMUL，数据类型说明符是 .F32，那么针对这种数据类型的向量赋值指令就是 VMUL.F32。

32 位模式支持的所有数据类型说明符如表 5-3 所示。

表 5-3 ARM 32 位数据类型说明符表

数据类型说明符	说明
.<size>	任何长度为 <size> 位的元素
F.<size>	长度为 <size> 位的浮点类型（float）元素
I.<size>	长度为 <size> 位的有符号 / 无符号整型（float）元素
P.<size>	长度小于 <size> 位的 {0, 1} 多项式
S.<size>	长度为 <size> 位的有符号整型（float）元素
U.<size>	长度为 <size> 位的无符号整型（float）元素

整型计算指令比较特殊，那些会产生双倍长度结果的指令必须指定输入的数据是有符号还是无符号的，但是一些使用模算法的指令不需要区分输入的有无符号。

下面用图 5-5 形象化地表示这些 32 位模式向量类型的格式。这是 32 位的 SIMD 数据结构的层次图，其中 † 表示这种数据类型仅用于指令输出，‡ 表示只有在 Cyptographic 扩展启用的时候采用该数据类型。

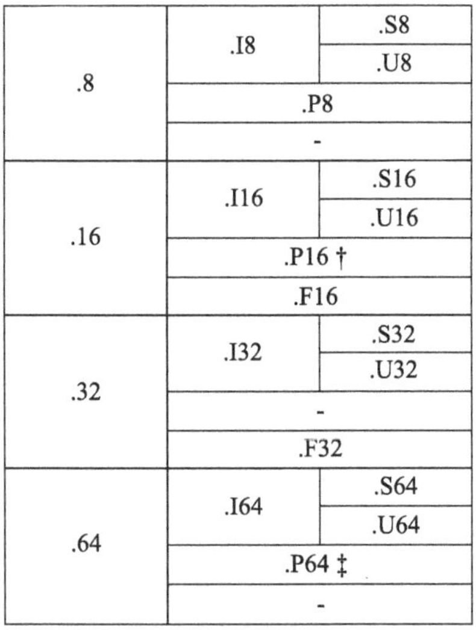

<table>
<tr><td rowspan="4">.8</td><td rowspan="2">.I8</td><td>.S8</td></tr>
<tr><td>.U8</td></tr>
<tr><td colspan="2">.P8</td></tr>
<tr><td colspan="2">-</td></tr>
<tr><td rowspan="4">.16</td><td rowspan="2">.I16</td><td>.S16</td></tr>
<tr><td>.U16</td></tr>
<tr><td colspan="2">.P16 †</td></tr>
<tr><td colspan="2">.F16</td></tr>
<tr><td rowspan="4">.32</td><td rowspan="2">.I32</td><td>.S32</td></tr>
<tr><td>.U32</td></tr>
<tr><td colspan="2">-</td></tr>
<tr><td colspan="2">.F32</td></tr>
<tr><td rowspan="4">.64</td><td rowspan="2">.I64</td><td>.S64</td></tr>
<tr><td>.U64</td></tr>
<tr><td colspan="2">.P64 ‡</td></tr>
<tr><td colspan="2">-</td></tr>
</table>

图 5-5 向量类型格式

5.4.3 Neon 指令集介绍

Neon 是由 ARM 提出的一种压缩 SIMD 技术，也就是前文一直在说的 ARM 的 SIMD 技术的通称。Neon 指令将寄存器看成相同数据类型的向量，并且支持多种数据类型，这些数据类型在 5.4.2 节中已经介绍过。不同系列 ARM CPU 体系结构支持的不同数据类型如表 5-4 所示。

表 5-4 ARM CPU 数据类型支持表

	ARM v7-A/R	ARM v8-R	ARM v8-A
模式		AArch32	AArch64
浮点类型	32 位	16 位 /32 位	16 位 /32 位 /64 位
整型	8 位 /16 位 /32 位	8 位 /16 位 /32 位 /64 位	8 位 /16 位 /32 位 /64 位

Neon 指令可以对所有支持的寄存器执行相同的操作，不同的数据类型支持不同数量的操作指令。在新的 ARM v8.2-A 和 ARM v8-A/R 体系结构中，Neon 甚至还能支持多指令并行，使整体运算效率更上一层楼。

那么 Neon 为什么可以提升程序的性能呢？这里需要先介绍几种数据处理方式。

1. 单指令单数据

在这种处理模式下，需要为每个指令指定单个数据源，因此在处理多个数据的时候就需要多条指令。下面的代码包含了 4 条指令，实现了 8 个寄存器的累加。如代码清单 5-1 所示。

代码清单 5-1　单数据累加

```
1 add r0, r5
2 add r1, r6
3 add r2, r7
4 add r3, r8
```

这种方法速度非常慢，因为我们无法看出这段代码中使用的这些寄存器到底有哪些关系。为了有效提升性能，在多媒体处理中我们经常使用分离的独立处理器（比如图像处理单元，Graphics Processing Unit，GPU）或者媒体处理单元，这些部件都能够使用一条指令同时处理多条数据。

在 ARM 32 位处理器中，执行大量独立的 8 位或者 16 位操作是无法充分利用机器资源的，因为处理器、寄存器和数据线路都是为 32 位设计的。这个时候我们就需要能够使用一条指令处理多条数据。

2. 单指令多数据（向量模式）

所谓单指令多数据指的是使用同一条指令处理多个数据源。如果控制寄存器的长度为 4，那么一条向量可以执行 4 个加法操作，如代码清单 5-2 所示。

代码清单 5-2　向量加法

```
VADD.F32 S24, S8, S16
```

这条指令相当于下面 4 个运算。

S24 = S8 + S16

S25 = S9 + S17

S26 = S10 + S18

S27 = S11 + S20

此处尽管我们只使用了一条指令，但是可以依次完成 4 对寄存器的 4 次加法操作。在 ARM 中我们将这种技术称之为向量浮点（vector float point）。注意这里的 4 次加法操作是依次执行而不是同时执行的。

向量浮点是在 ARM v5 体系结构中引入的，用于执行较短的向量指令以加快浮点操作速度。这些指令的源寄存器和目的寄存器可以是用于标量计算的单个寄存器，也可以是用于向量计算的 2 ～ 8 个寄存器。

因为 SIMD 操作的执行效率高于 VFP 操作，因此向量执行模式在引入 ARM v7 架构后就被废弃了，而 Neon 技术就是在此时被引入的，这种技术支持更多的操作指令和位数更宽的寄存器。

不过有趣的是浮点运算和 Neon 中的各种操作使用了相同的寄存器组。

3. 单指令多数据（组合数据模式）

组合数据模式与向量模式不同，我们为每个操作指定的只有一组数据向量且都存储在一个更大的寄存器中。如下面这条指令：

```
VADD.I16 Q10, Q8, Q9
```

这个操作将两个 64 位寄存器相加，但是具体方法是将一个寄存器分为 4 个 16 位的独立运算部分，各个部分都是独立相加的，这 4 部分执行加法后相互之间不会产生进位。其原理如图 5-6 所示。

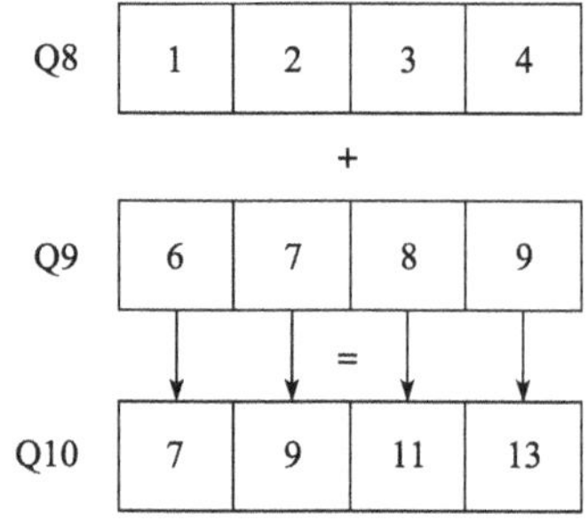

图 5-6 加法原理图

也就是说这一条指令通过一个寄存器加法同时完成了 4 次加法操作。在 ARM 中我们称之为高级 SIMD 技术或者说我们熟知的 Neon 技术。

这里需要注意以下几点。

1）图中几个部分的加法操作其实是独立完成的。

2）第 0 部分的第 7 位产生的任何进位和溢出都不会影响第 1 部分的第 8 位，这就是独立运算。

3）图中展示的 64 位寄存器保存了 4 个 16 位的值，但是可能还有两种使用 Neon 寄存器的组合方式，比如一个 64 位寄存器可以包含 2 个 32 位、4 个 16 位或 8 个 8 位整型元素，一个 128 位寄存器可以包含 4 个 32 位、8 个 16 位或 16 个 8 位整型元素，处理一个寄存器的时候会同时完成所有整型元素的运算。

在移动设备中使用的媒体处理器经常将完整的数据寄存器划分成多个子寄存器，并且能够并行完成多个子寄存器上的计算。如果数据集处理是多次简单可重复的计算，可以考虑使用 SIMD 带来非常大的性能提升，因此常常用于信号处理和多媒体算法，比如音频、视频和图像处理、2D 和 3D 图像处理、颜色空间转换和物理计算，而深度学习中一些类似于卷积之类的计算量巨大的运算就属于这种类型的运算。

现在我们已经了解了 Neon 的基础知识，理解了 Neon 提升性能的原理，接下来将会在本章的后续小节中学习部分具体的 Neon 指令，并了解如何使用这些指令在实际的代码中实现性能优化。

5.4.4 ARM v8 内存模型

除了指令的运用与程序性能息息相关之外，内存也是提升性能绕不开的话题。本节会介绍 ARM 内存模型中与程序性能相关的一些知识。

ARM 的内存架构是一种 Weakly-Ordered 内存模型，是一种对内存访问顺序非常宽松的内存模型，这种内存模型基本是现代内存架构中的标准模型。在这种模型中，CPU 对内存的实际访问顺序和开发人员代码的内存访问顺序会大相径庭。不过关于内存访问 barrier 之类的话题相对来说就太过深入了，因此本节不做过多讨论。本节主要是对程序性能产生较大影响，且能通过合理方式使用内存提升性能的相关知识，包括存储器层次、缓存、内存对齐与缓存预加载。

1. 存储器层次

首先我们必须要了解 ARM 的存储器层次。只要学过计算机基础理论的人都知道，现代 CPU 的存储体系是多层次式的存储器，也就是从 CPU 到真正的内存（主存）还有多级存储器。距离处理核心越近的存储器延迟越低，速度越快，但是价格也越昂贵，因此存储空间越小。距离处理核心越远的存储器延迟越高，速度越慢，但是价格相对比较低廉，因此存储空间越大。

为了优化整体性能，ARM v8 也定义了多层次的存储系统，在主存和 CPU 之间设计了多层次的缓存（cache），以平衡存储器大小和内存访问延迟。注意 ARM 只是一个标准，各个厂家的具体实现是可以不同的，典型的 3 层次缓存 ARM v8 实现的存储器层次图如图 5-7 所示。

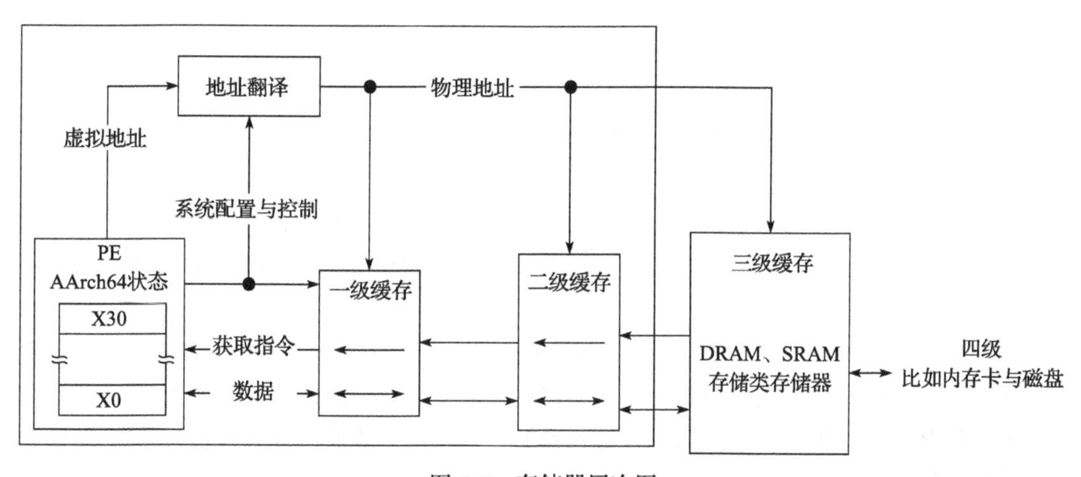

图 5-7　存储器层次图

2. 缓存

缓存是包含了很多存储项的高速存储器块，会记录我们对主存的访问信息以及关联数据，缓存访问速度远高于主存访问速度。

缓存是我们提升平均内存访问速度的重要手段，和程序的性能密切相关。我们必须要记住缓存本身设计的时候采用了以下两个局部性原则。

1）空间局部性：程序在访问了某个地址后很有可能会访问相邻的地址，无论是指令执行还是访问数据结构，在大部分情况下都应该是符合这个原则的。

2）时间局部性：程序会倾向于在很短的时间周期内重复访问同一块内存区域，我们熟知的循环结构一般就具有这种特性。

缓存本身一般不大，如果在本来就弥足珍贵的空间中存储大量控制信息是不值得的，因此缓存设计的时候就根据这种局部性原则将一组连续的局部内存空间作为一个逻辑块，将缓存设计成了一组逻辑块的集合，每个逻辑块都使用一个 tag 标识，这个逻辑块就是我们常说的缓存行（cache line）。如果我们将一块数据加载到某个缓存行中，那么后续对这块内存的加载和存储速度都会大幅提升。如果某条指令访问的内容在缓存中，我们称之为缓存命中（cache hit），否则称之为缓存未命中（cache miss）。

理论上缓存是一种自我管理机制，应用开发人员是不需要考虑的，缓存会自动与内存同步，根据指令更新内容。但是我们需要注意如果缓存命中，那么 CPU 只会从缓存中获取数据，速度极快，但是一旦缓存未命中，CPU 就会被迫从主存中访问相关数据，也就是读取内存中访问地址周边的一整块连续区域（和缓存行大小相同），从缓存中分配相应的缓存行来存储这些数据，这个时候就会导致速度变慢。所以在深度学习框架这种计算密集型的底层应用中，我们就必须要考虑缓存未命中带来的性能问题了，而且 ARM 的内存访问速度一般比较慢，这就使得缓存的使用更加重要。我们感受不到 1 次命中和 1 次未命中的时间差距，但是如果上千次甚至上万次指令全部未命中，我们就能够明显感受到性能的差距。

这里需要注意，缓存实现本身会引入一系列问题，比如 Weakly-Ordered 内存模型和开发者预期的内存访问顺序的差别，还有多个程序同时读写一个内存时的同步问题，不过这些不在本节讨论范围之内，就不过多赘述了。

3. 内存对齐

AArch64 的内存对齐包括指令对齐与数据对齐。其中指令必须是字对齐的，也就是 32 位，4 字节对齐。如果指令地址没有对齐就会产生对齐异常。因此我们在程序中执行指令时一定要确保内存对齐。

数据对齐则没有那么严格的要求，可以使用一些非对齐指令访问非对齐内存，但是我们必须了解，访问非对齐内存的指令一般会消耗比较多的指令周期。这是因为 CPU 访问存储器只能以某个最小单位读取数据或者写入数据，如果内存地址没有对齐就会导致 CPU 做出过多的额外操作。

因此在涉及大量的数据计算时我们必须确保数据存储、数据访问尽量保持内存对齐，否则随意使用内存会对程序性能产生较大的影响。

4. 缓存预加载

缓存的重要性不言而喻。我们知道缓存本身是由 CPU 自行管理的，一般不希望开发人员手动干预。但是既然缓存如此重要，ARM 是否为我们留下了什么干预缓存的方法呢？

其实是有的。

ARM 体系结构提供了一些内存系统提示（memory system hint）指令，比如 PRFM、LDNP 和 STNP，这些指令使得软件开发人员可以将自己后续一段时间希望使用的内存地址告知硬件的存储管理器，存储管理器会根据开发人员的指令做出响应，以提高对这些内存区域的访问速度。

不过需要注意的是，如何实现这些指令是由 ARM 的处理器实现决定的，也就是处理器可以简单地将用户指定的内存区域直接装载到缓存中，也可能采取其他方法，所以在不同平台上的最终效果可能存在不确定性。

以 PRFM 指令为例。PRFM 指令主要包含 3 个部分，分别为 <type> 和 <target> 和 <policy>。

1）<type> 表示操作类型，有 PLD/PST/PLI 3 种，其中 PLD 用于预加载，PST 用于预存储，PLI 用于指令预执行。

2）<target> 表示操作的目标，包括 L1/L2/L3，分别表示操作 1 级缓存、2 级缓存和 3 级缓存。

3）<policy> 表示操作策略，包括 KEEP/STRM，KEEP 表示希望保留这块缓存一段时间，是缓存的默认行为，而 STRM 表示这块内存是临时预取，并使用后让 CPU 立即丢弃缓存，适用于只使用一次数据的场景。

假如我们需要读取某个内存区域的数据，希望将这些数据加载到 1 级缓存中，并较长时间使用这块缓存，那么就需要使用 PLDL1KEEP 指令，其他的场景以此类推。

5.4.5　Neon 指令集加速实例

使用 Neon 指令的方式非常多，包括使用支持 Neon 优化的库、使用编译器的向量化优化特性、Neon Intrinsics，甚至是直接编写包含 Neon 指令的汇编代码。

想要充分发挥 Neon 指令的优势，第 1 种最简单的方法是，使用那些支持 Neon 的开源库，比较常用的有以下两个库。

1）OpenBLAS：跨平台的开源线性代数函数库，在 ARM 平台上使用 Neon 优化性能，可以通过 OpenBLAS GitHub 仓库[一]克隆来获取相关工具。

2）Ne10：由 Arm 官方开源的 C 函数库，目前托管在 GitHub 上，为一些最常见的计算任务提供了高度优化的实现封装，本身采用模块化的设计思路，包含了很多更小的模块库。可访问 Ne10 的 GitHub 仓库[二]克隆相关工具。

第 2 种方法是利用编译器的自动向量化特性，一般只需要在编译器里开启相关选项，编译器就会将一些操作自动转换为 Neon 指令，这种方式对零散的浮点运算提升效果较好，但是对于密集计算场景的速度提升效果很难满足我们的要求。

第 3 种方式是 Compiler Intrinsics，这是 ARM 提供的编译器内联函数，每个内联函数

㊀ 可以访问 https://github.com/xianyi/OpenBLAS 来获取相关函数库。

㊁ 可以访问 https://github.com/projectNe10/Ne10 来获取 Ne10 相关函数库。

都对应一条或者多条汇编指令，编译器会将这些内联函数直接编译成相应的汇编指令。使用Compiler Intrinsics基本上就相当于在编写汇编代码，只不过我们不需要像直接使用汇编那样关心要如何分配寄存器，而是将寄存器的分配工作完全交给了编译器。编译器甚至还会针对寄存器和指令顺序做出自己的优化。这种技术能够编写比汇编代码更容易维护的代码，唯一缺点是可能在无意识中使用了过多寄存器，导致内存读写，反而影响了程序速度。基本上ARM官方编译器、GCC和Clang都支持这种技术。

第4种就是直接编写汇编指令。编写汇编有两种方式，一种是编写独立的汇编代码文件，使用汇编器生成目标文件再和其他的文件链接；另一种是将汇编嵌入到C/C++源代码中，编写内联汇编。不过需要注意的是如果使用AArch64体系结构，编译器是不支持内联汇编的，要不将汇编独立出来，要不使用Compiler Intrinsics，从代码可维护性和编译器优化的角度考虑，我们一般会在AArch64中选择Compiler Intrinsics替代内联汇编。

接下来我们以TensorFlow Lite的优化代码为例，讲解一下使用Compiler Intrinsics和内联汇编优化计算速度的实例。

根据前文所述，我们可以得知TensorFlow Lite的所有核心计算代码都在kernels目录中，然后内部的线性代数计算和其他的工具函数都在kernels/internal中，internal中分为通用的和平台特定的实现，通用实现在kernels/internal/reference，优化实现在kernel/internal/optimized中。此处我们以全连接层的实现为例讲解一下具体的代码结构与矩阵乘法的Neon实现。

首先整个计算的入口是kernels/fully_connected.cpp中的EvalHybrid函数，如代码清单5-3所示。

代码清单5-3 kernels/fully_connected.cpp

```
168 TfLiteStatus EvalHybrid(TfLiteContext* context, TfLiteNode* node,
169                         TfLiteFullyConnectedParams* params, OpData* data,
170                         const TfLiteTensor* input, const TfLiteTensor* filter,
171                         const TfLiteTensor* bias, TfLiteTensor* input_quantized,
172                         TfLiteTensor* scaling_factors, TfLiteTensor* output) {
173   TF_LITE_ENSURE_EQ(context, input->type, kTfLiteFloat32);
174   TF_LITE_ENSURE(context,
175                  filter->type == kTfLiteUInt8 || filter->type == kTfLiteInt8);
176   TF_LITE_ENSURE_EQ(context, bias->type, kTfLiteFloat32);
177   TF_LITE_ENSURE_EQ(context, output->type, kTfLiteFloat32);
178
179   int total_input_size = 1;
180   for (int i = 0; i < input->dims->size; i++) {
181     total_input_size *= input->dims->data[i];
182   }
183
184   const int input_size = filter->dims->data[1];
185   const int batch_size = total_input_size / filter->dims->data[1];
186   const int num_units = filter->dims->data[0];
187
```

```
188   if (bias) {
189     tensor_utils::VectorBatchVectorAssign(bias->data.f, num_units, batch_size,
190                                           output->data.f);
191   } else {
192     tensor_utils::ZeroVector(output->data.f, batch_size * num_units);
193   }
194
195   if (tensor_utils::IsZeroVector(input->data.f, total_input_size)) {
196     tensor_utils::ApplyActivationToVector(output->data.f,
197                                           batch_size * num_units,
198                                           params->activation, output->data.f);
199     return kTfLiteOk;
200   }
201
202   float unused_min, unused_max;
203   float* scaling_factors_ptr = scaling_factors->data.f;
204   int8_t* quant_data;
205   int8_t* filter_data;
206   if (filter->type == kTfLiteUInt8) {
207     quant_data = reinterpret_cast<int8_t*>(input_quantized->data.uint8);
208     filter_data = reinterpret_cast<int8_t*>(filter->data.uint8);
209   } else {
210     quant_data = input_quantized->data.int8;
211     filter_data = filter->data.int8;
212   }
213
214   for (int b = 0; b < batch_size; ++b) {
215     const int offset = b * input_size;
216     tensor_utils::SymmetricQuantizeFloats(input->data.f + offset, input_size,
217                                           quant_data + offset, &unused_min,
218                                           &unused_max, &scaling_factors_ptr[b]);
219     scaling_factors_ptr[b] *= filter->params.scale;
220   }
221
222   tensor_utils::MatrixBatchVectorMultiplyAccumulate(
223       filter_data, num_units, input_size, quant_data, scaling_factors_ptr,
224       batch_size, output->data.f,);
225
226   tensor_utils::ApplyActivationToVector(output->data.f, batch_size * num_units,
227                                         params->activation, output->data.f);
228   return kTfLiteOk;
229 }
```

第 168 行，定义了执行全连接计算的函数 EvalHybrid。

第 173 ～ 177 行，调用 TF_LITE_ENSURE 宏检查输入的参数类型是否符合 EvalHybrid 要求。

第 179 ～ 186 行，初始化各类向量的尺寸。

第 188 ～ 193 行，如果该层有偏置参数，那么就调用 VectorBatchVectorAssign 将偏置参数赋值给输出，否则就调用 ZeroVector 将输出全部清零，因为这个时候没有偏置，结果全来自于权重参数。

第 195 ～ 199 行，如果输入数据全部为 0，那么直接调用 ApplyActivationToVector，根据目前的输出数据计算激活输出，并返回，因为这个时候权重参数其实无足轻重。

第 202 ～ 212 行，将输入的浮点数全部量化为 8 位整数和量化参数（缩放比例）。至于什么是量化，为什么能将浮点数量化成特定的整数，将会在本书后面重点阐述。

第 214 ～ 220 行，量化每个独立的输入参数并计算缩放比例。

第 222 ～ 224 行，调用 MatrixBatchVectorMultiplyAccumulate 计算多批次的向量乘法，这里会计算每个批次的向量与权重参数的点乘并求和然后累加到输出向量中。

第 226 行，调用 ApplyActivationToVector 计算输出向量的激活值，最后返回。

可以发现代码中核心的部分就是调用了 tensor_utils 中的工具函数，我们关心的是 MatrixBatchVectorMultiplyAccumulate 和 ApplyActivationToVector。其索引文件 tensor_utils.h 基本包含了 TensoFlow Lite 中最重要的向量与矩阵等线性代数计算工具函数，如代码清单 5-4 所示。

代码清单 5-4 tensor_utils.h

```
 1 #ifndef TENSORFLOW_LITE_KERNELS_INTERNAL_TENSOR_UTILS_H_
 2 #define TENSORFLOW_LITE_KERNELS_INTERNAL_TENSOR_UTILS_H_
 3
 4 #include "tensorflow/lite/c/builtin_op_data.h"
 5
 6 #if defined(_MSC_VER)
 7 #define __restrict__ __restrict
 8 #endif
 9
10 namespace tflite {
11 namespace tensor_utils {
12
13 float Clip(float f, float abs_limit);
14
15 bool IsZeroVector(const float* vector, int v_size);
16
17 void SymmetricQuantizeFloats(const float* values, const int size,
18                              int8_t* quantized_values, float* min_value,
19                              float* max_value, float* scaling_factor);
20
21 void MatrixBatchVectorMultiplyAccumulate(const float* matrix, int m_rows,
22                                          int m_cols, const float* vector,
23                                          int n_batch, float* result,
24                                          int result_stride);
25
26 void SparseMatrixBatchVectorMultiplyAccumulate(
27     const float* matrix, const uint8_t* ledger, int m_rows, int m_cols,
28     const float* vector, int n_batch, float* result, int result_stride);
```

```
29
30 void MatrixBatchVectorMultiplyAccumulate(
31     const int8_t* __restrict__ matrix, const int m_rows, const int m_cols,
32     const int8_t* __restrict__ vectors, const float* scaling_factors,
33     int n_batch, float* __restrict__ result, int result_stride);
34
35 void SparseMatrixBatchVectorMultiplyAccumulate(
36     const int8_t* __restrict__ matrix, const uint8_t* ledger, const int m_rows,
37     const int m_cols, const int8_t* __restrict__ vectors,
38     const float* scaling_factors, int n_batch, float* __restrict__ result,
39     int result_stride);
40
41 void VectorVectorCwiseProduct(const float* vector1, const float* vector2,
42                               int v_size, float* result);
43
44 void VectorVectorCwiseProductAccumulate(const float* vector1,
45                                         const float* vector2, int v_size,
46                                         float* result);
47
48 float VectorVectorDotProduct(const float* vector1, const float* vector2,
49                              int v_size);
50
51 void BatchVectorBatchVectorDotProduct(const float* vector1,
52                                       const float* vector2, int v_size,
53                                       int n_batch, float* result,
54                                       int result_stride);
55
56 void VectorBatchVectorCwiseProduct(const float* vector, int v_size,
57                                    const float* batch_vector, int n_batch,
58                                    float* result);
59
60 void VectorBatchVectorCwiseProductAccumulate(const float* vector, int v_size,
61                                              const float* batch_vector,
62                                              int n_batch, float* result);
63
64 void VectorBatchVectorAdd(const float* vector, int v_size, int n_batch,
65                           float* batch_vector);
66
67 void VectorBatchVectorAssign(const float* vector, int v_size, int n_batch,
68                              float* batch_vector);
69
70 void ApplySigmoidToVector(const float* vector, int v_size, float* result);
71
72 void ApplyActivationToVector(const float* vector, int v_size,
73                              TfLiteFusedActivation activation, float* result);
74
75 void CopyVector(const float* vector, int v_size, float* result);
76
77 void Sub1Vector(const float* vector, int v_size, float* result);
78
79 void ZeroVector(float* vector, int v_size);
```

```
80
81 void VectorScalarMultiply(const int8_t* vector, int v_size, float scale,
82                           float* result);
83
84 void ClipVector(const float* vector, int v_size, float abs_limit,
85                 float* result);
86
87 void VectorShiftLeft(float* vector, int v_size, float shift_value);
88
89 void ReductionSumVector(const float* input_vector, float* output_vector,
90                         int output_size, int reduction_size);
91
92 void MeanStddevNormalization(const float* input_vector, float* output_vector,
93                              int v_size, int n_batch,
94                              float normalization_epsilon);
95 }  //namespace tensor_utils
96 }  //namespace tflite
97
98 #endif  //TENSORFLOW_LITE_KERNELS_INTERNAL_TENSOR_UTILS_H_
```

第 13 行，声明了 Clip 函数，该函数的作用是进行输入转换，确保输入参数在 -abs_limit 和 +abs_limit 之间。

第 15 行，声明了 IsZeroVector 函数，该函数的作用是检查向量中的数字是否全部为 0。

第 17 行，声明了 SymmetricQuantizeFloats 函数，该函数的作用是使用对称量化方法（没有偏置的线性量化）量化浮点数缓冲区，将其转换为 8 位整数数组，同时输出浮点数缓冲区的最小值和最大值，以及量化缩放系数。

第 21 行，声明了 MatrixBatchVectorMultiplyAccumulate 函数，该函数的作用是将组成一个多维向量的一批矩阵和另一个矩阵相乘，并将每个矩阵的乘法计算结果累加到用户传递的结果缓冲区中。

第 26 行，声明了 SparseMatrixBatchVectorMultiplyAccumulate 函数，该函数的作用和 MatrixBatchVectorMultiplyAccumulate 类似，唯一区别是该函数的输入矩阵是采用压缩系数矩阵方式存储中的稀疏矩阵，因此计算方法也就和普通矩阵有所区别。

第 30 行，声明了 MatrixBatchVectorMultiplyAccumulate 函数，该函数的作用与 MatrixBatchVectorMultiplyAccumulate 一样，唯一区别在于该函数的输入是采用量化算法处理后的整型输入，因此调用者除了传入缓冲区还需要传递一个缩放因子，最后的输出是浮点类型的缓冲区。

第 35 行，声明了 SparseMatrixBatchVectorMultiplyAccumulate 函数，该函数的作用与 SparseMatrixBatchVectorMultiplyAccumulate 相同，唯一区别在于该函数的输入是采用量化算法处理后的整型输入，因此调用者不仅需要传入缓冲区还需要传递一个缩放因子，最后的输出是浮点类型的缓冲区。

第 41 行，声明了 VectorVectorCwiseProduct 函数，该函数的作用是计算两个向量的系数乘积。

第 44 行，声明了 VectorVectorCwiseProductAccumulate 函数，该函数的作用是计算两个向量的系数乘积，并累加到结果向量中，要求输出缓冲区的数据必须是合法数据。

第 48 行，声明了 VectorVectorDotProduct 函数，该函数的作用是计算两个向量的点乘结果。

第 51 行，声明了 BatchVectorBatchVectorDotProduct 函数，该函数的作用是计算两个批次向量的点乘结果，并将点乘结果存储到目标缓冲区中。

第 56 行，声明了 VectorBatchVectorCwiseProduct 函数，该函数的作用是计算两个批次向量的系数乘积，并将结果存储到目标缓冲区中。

第 60 行，声明了 VectorBatchVectorCwiseProductAccumulate 函数，该函数的作用是计算两个批次向量的系数乘积，并累加到结果向量中，要求输出缓冲区的数据必须是合法数据。

第 64 行，声明了 VectorBatchVectorAdd 函数，该函数的作用是逐一计算一批向量中每个向量与另一个向量的加法。

第 67 行，声明了 VectorBatchVectorAssign 函数，该函数的作用是使用某一个向量初始化一个批次的向量（所有向量都等于我们给定的向量）。

第 70 行，声明了 ApplySigmoidToVector 函数，该函数的作用是计算向量中每个元素的 Sigmoid 的结果。

第 72 行，声明了 ApplyActivationToVector 函数，该函数的作用是计算向量中的每个元素调用特定的激活函数处理后的结果。

第 75 行，声明了 CopyVector 函数，该函数的作用是将一个向量复制到另一个向量中。

第 77 行，声明了 Sub1Vector 函数，该函数的作用是计算向量中每个元素和 1.0 之差，输出是 1.0 – 向量元素。

第 79 行，声明了 ZeroVector 函数，该函数的作用是将向量中的所有元素清零。

第 81 行，声明了 VectorScalarMultiply 函数，该函数的作用是将向量中的所有元素都乘上一个固定的系数。

第 84 行，声明了 ClipVector 函数，该函数的作用是将向量中的每个元素都转换限制在 -abs_limit 和 abs_limit 之间。

第 87 行，声明了 VectorShiftLeft 函数，该函数的作用是将向量中的元素左移固定的位数。

第 89 行，声明了 ReductionSumVector 函数，该函数的作用是将某个向量的特定数量元素累加到另一个缓冲区中，假如 reduction_size 是 5，那么我们就会从输入向量中以每 5 个作为一组，并计算每组之和，存储到目标缓冲区中。

这里每个函数都需要一个对应版本的实现，那么这些实现在哪里呢？ tensor_utils.cc 是一个非常关键的代码，如代码清单 5-5 所示。

代码清单 5-5 tensor_utils.cc

```
 1 #include "tensorflow/lite/kernels/internal/tensor_utils.h"
 2 #include "tensorflow/lite/kernels/internal/common.h"
 3
 4 #ifndef USE_NEON
 5 #if defined(__ARM_NEON__) || defined(__ARM_NEON)
 6 #define USE_NEON
 7 #endif  // defined(__ARM_NEON__) || defined(__ARM_NEON)
 8 #endif  // USE_NEON
 9
10 #ifdef USE_NEON
11 #include "tensorflow/lite/kernels/internal/optimized/neon_tensor_utils.h"
12 #else
13 #include "tensorflow/lite/kernels/internal/reference/portable_tensor_utils.h"
14 #endif  // USE_NEON
```

我们发现这里其实是根据 USE_NEON 直接使用了两个不同的版本。每个版本都有一份独立的声明和定义，比如在 Neon 中，我们就定义了 kernels/internal/optimized/neon_tensor_utils.h，部分代码如代码清单 5-6 所示。

代码清单 5-6 neon_tensor_utils.h

```
 1 #ifndef TENSORFLOW_LITE_KERNELS_INTERNAL_OPTIMIZED_NEON_TENSOR_UTILS_H_
 2 #define TENSORFLOW_LITE_KERNELS_INTERNAL_OPTIMIZED_NEON_TENSOR_UTILS_H_
 3
 4 #include "tensorflow/lite/c/builtin_op_data.h"
 5 #include "tensorflow/lite/kernels/internal/optimized/cpu_check.h"
 6 #include "tensorflow/lite/kernels/internal/optimized/tensor_utils_impl.h"
 7
 8 namespace tflite {
 9 namespace tensor_utils {
10
11 void MatrixBatchVectorMultiplyAccumulate(const float* matrix, int m_rows,
12                                          int m_cols, const float* vector,
13                                          int n_batch, float* result,
14                                          int result_stride) {
15   NEON_OR_PORTABLE(MatrixBatchVectorMultiplyAccumulate, matrix, m_rows, m_cols,
16                    vector, n_batch, result, result_stride);
17 }
18
19 void MatrixBatchVectorMultiplyAccumulate(
20     const int8_t* __restrict__ matrix, const int m_rows, const int m_cols,
21     const int8_t* __restrict__ vectors, const float* scaling_factors,
22     int n_batch, float* __restrict__ result, int result_stride) {
23   NEON_OR_PORTABLE(MatrixBatchVectorMultiplyAccumulate, matrix, m_rows, m_cols,
24                    vectors, scaling_factors, n_batch, result, result_stride);
25 }
26
27 void SparseMatrixBatchVectorMultiplyAccumulate(
28     const float* matrix, const uint8_t* ledger, const int m_rows,
```

```
29      const int m_cols, const float* vector, int n_batch, float* result,
30      int result_stride) {
31    NeonSparseMatrixBatchVectorMultiplyAccumulate(
32        matrix, ledger, m_rows, m_cols, vector, n_batch, result, result_stride);
33 }
34
35 void SparseMatrixBatchVectorMultiplyAccumulate(
36      const int8_t* __restrict__ matrix, const uint8_t* ledger, const int m_rows,
37      const int m_cols, const int8_t* __restrict__ vectors,
38      const float* scaling_factors, int n_batch, float* __restrict__ result,
39      int result_stride) {
40    NeonSparseMatrixBatchVectorMultiplyAccumulate(matrix, ledger, m_rows, m_cols,
41                                                  vectors, scaling_factors,
42                                                  n_batch, result, result_stride);
43 }
44
45 void VectorVectorCwiseProduct(const float* vector1, const float* vector2,
46                               int v_size, float* result) {
47    NEON_OR_PORTABLE(VectorVectorCwiseProduct, vector1, vector2, v_size, result);
48 }
49
50 void VectorVectorCwiseProductAccumulate(const float* vector1,
51                                         const float* vector2, int v_size,
52                                         float* result) {
53    NEON_OR_PORTABLE(VectorVectorCwiseProductAccumulate, vector1, vector2, v_size,
54                     result);
55 }
56
57 void VectorBatchVectorCwiseProduct(const float* vector, int v_size,
58                                    const float* batch_vector, int n_batch,
59                                    float* result) {
60    NEON_OR_PORTABLE(VectorBatchVectorCwiseProduct, vector, v_size, batch_vector,
61                     n_batch, result);
62 }
63
64 void VectorBatchVectorCwiseProductAccumulate(const float* vector, int v_size,
65                                              const float* batch_vector,
66                                              int n_batch, float* result) {
67    NEON_OR_PORTABLE(VectorBatchVectorCwiseProductAccumulate, vector, v_size,
68                     batch_vector, n_batch, result);
69 }
70
71 float VectorVectorDotProduct(const float* vector1, const float* vector2,
72                              int v_size) {
73    return NEON_OR_PORTABLE(VectorVectorDotProduct, vector1, vector2, v_size);
74 }
75
76 void BatchVectorBatchVectorDotProduct(const float* vector1,
77                                       const float* vector2, int v_size,
78                                       int n_batch, float* result,
79                                       int result_stride) {
```

```
80   NEON_OR_PORTABLE(BatchVectorBatchVectorDotProduct, vector1, vector2, v_size,
81                    n_batch, result, result_stride);
82 }
83
84 void VectorBatchVectorAdd(const float* vector, int v_size, int n_batch,
85                           float* batch_vector) {
86   PortableVectorBatchVectorAdd(vector, v_size, n_batch, batch_vector);
87 }
88
89 void VectorBatchVectorAssign(const float* vector, int v_size, int n_batch,
90                              float* batch_vector) {
91   PortableVectorBatchVectorAssign(vector, v_size, n_batch, batch_vector);
92 }
93
94 void ApplySigmoidToVector(const float* vector, int v_size, float* result) {
95   PortableApplySigmoidToVector(vector, v_size, result);
96 }
97
98 void ApplyActivationToVector(const float* vector, int v_size,
99                              TfLiteFusedActivation activation, float* result) {
100   PortableApplyActivationToVector(vector, v_size, activation, result);
101 }
102
103 void CopyVector(const float* vector, int v_size, float* result) {
104   PortableCopyVector(vector, v_size, result);
105 }
106
107 void Sub1Vector(const float* vector, int v_size, float* result) {
108   NEON_OR_PORTABLE(Sub1Vector, vector, v_size, result);
109 }
110
111 void ZeroVector(float* vector, int v_size) {
112   PortableZeroVector(vector, v_size);
113 }
114
115 float Clip(float f, float abs_limit) { return PortableClip(f, abs_limit); }
116
117 bool IsZeroVector(const float* vector, int v_size) {
118   return NEON_OR_PORTABLE(IsZeroVector, vector, v_size);
119 }
120
121 void VectorScalarMultiply(const int8_t* vector, int v_size, float scale,
122                           float* result) {
123   NEON_OR_PORTABLE(VectorScalarMultiply, vector, v_size, scale, result);
124 }
125 void ClipVector(const float* vector, int v_size, float abs_limit,
126                 float* result) {
127   NEON_OR_PORTABLE(ClipVector, vector, v_size, abs_limit, result);
128 }
129
130 void SymmetricQuantizeFloats(const float* values, const int size,
```

```
131                               int8_t* quantized_values, float* min_value,
132                               float* max_value, float* scaling_factor) {
133   NEON_OR_PORTABLE(SymmetricQuantizeFloats, values, size, quantized_values,
134                    min_value, max_value, scaling_factor);
135 }
136
137 void VectorShiftLeft(float* vector, int v_size, float shift_value) {
138   NEON_OR_PORTABLE(VectorShiftLeft, vector, v_size, shift_value);
139 }
140
141 void ReductionSumVector(const float* input_vector, float* output_vector,
142                         int output_size, int reduction_size) {
143   NEON_OR_PORTABLE(ReductionSumVector, input_vector, output_vector, output_size,
144                    reduction_size);
145 }
146
147 void MeanStddevNormalization(const float* input_vector, float* output_vector,
148                              int v_size, int n_batch,
149                              float normalization_epsilon) {
150   PortableMeanStddevNormalization(input_vector, output_vector, v_size, n_batch,
151                                   normalization_epsilon);
152 }
153
154 }  // namespace tensor_utils
155 }  // namespace tflite
156
157 #endif  // TENSORFLOW_LITE_KERNELS_INTERNAL_OPTIMIZED_NEON_TENSOR_UTILS_H_
```

我们发现几乎每个函数定义都会调用一个 NEON_OR_PORTABLE 函数去实现的应用场景。以根据系统定义宏自动切换不同版本的实现。但是如果这个函数只有通用版，那么就会直接在函数前加上 Portbale；如果只有 Neon 版本，就会直接在函数前加上 Neon。

此处我们关注的是乘法运算，因此我们只关注其中的计算，最后 Neon 的实现如代码清单 5-7 所示。

代码清单 5-7　矩阵乘法

```
60 void NeonMatrixBatchVectorMultiplyAccumulate(
61     const int8_t* __restrict__ matrix, const int m_rows, const int m_cols,
62     const int8_t* __restrict__ vectors, const float* scaling_factors,
63     int n_batch, float* __restrict__ result, int result_stride) {
64   const int kWeightsPerUint32 = 4;
65   const int kWeightsPerNeonLane = 16;
66   bool unaligned = false;
67   int8_t* aligned_row = nullptr;
68   void* aligned_row_free = nullptr;
69   if ((m_cols & (kWeightsPerUint32 - 1)) != 0) {
70     unaligned = true;
71     aligned_row = (int8_t*)aligned_alloc(kWeightsPerUint32, m_cols,  // NOLINT
72                                          &aligned_row_free);
```

```
 73    }
 74    void* aligned_vec_free = nullptr;
 75    int8_t* aligned_vec =
 76        (int8_t*)aligned_alloc(kWeightsPerUint32, m_cols,  //NOLINT
 77                               &aligned_vec_free);
 78
 79    const int postamble_start = m_cols - (m_cols & (kWeightsPerNeonLane - 1));
 80
 81    int batch, row, col;
 82    for (batch = 0; batch < n_batch; ++batch) {
 83      const float batch_scaling_factor = scaling_factors[batch];
 84      memcpy(aligned_vec, vectors + batch * m_cols, sizeof(int8_t) * m_cols)
 85      for (row = 0; row < m_rows; ++row, result += result_stride) {
 86        int8_t* row_ptr = (int8_t*)matrix + row * m_cols;  //NOLINT
 87        if (unaligned) {
 88          memcpy(aligned_row, row_ptr, sizeof(int8_t) * m_cols);
 89          row_ptr = aligned_row;
 90        }
 91
 92        int32x4_t dotprod = vmovq_n_s32(0);
 93
 94        __builtin_prefetch(row_ptr, 0, 3);
 95
 96        col = 0;
 97        for (; col < postamble_start; col += kWeightsPerNeonLane) {
 98          TFLITE_DCHECK_EQ(
 99              (uintptr_t)(&row_ptr[col]) & (kWeightsPerUint32 - 1), 0);
100          const int8x16_t s1_8x16 = vld1q_s8((const int8_t*)(aligned_vec + col));
101          const int8x16_t s2_8x16 = vld1q_s8((const int8_t*)(row_ptr + col));
102          int16x8_t prod_16x8 =
103              vmull_s8(vget_low_s8(s1_8x16), vget_low_s8(s2_8x16));
104          prod_16x8 =
105              vmlal_s8(prod_16x8, vget_high_s8(s1_8x16), vget_high_s8(s2_8x16));
106
107          dotprod = vpadalq_s16(dotprod, prod_16x8);
108        }
109
110        int32 postable_sum = 0;
111        if (postamble_start < m_cols) {
112          col = postamble_start;
113          if ((m_cols - postamble_start) >= (kWeightsPerNeonLane >> 1)) {
114            TFLITE_DCHECK_EQ(
115                (uintptr_t)(&row_ptr[col]) & (kWeightsPerUint32 - 1), 0);
116            const int8x8_t s1_8x8 = vld1_s8((const int8_t*)(aligned_vec + col));
117            const int8x8_t s2_8x8 = vld1_s8((const int8_t*)(row_ptr + col));
118            const int16x8_t prod_16x8 = vmull_s8(s1_8x8, s2_8x8);
119            dotprod = vpadalq_s16(dotprod, prod_16x8);
120            col += (kWeightsPerNeonLane >> 1);
121          }
122          for (; col < m_cols; ++col) {
123            postable_sum += row_ptr[col] * aligned_vec[col];
```

```
124           }
125         }
126         int64x2_t pairwiseAdded = vpaddlq_s32(dotprod);
127         int32 neon_sum =
128             vgetq_lane_s64(pairwiseAdded, 0) + vgetq_lane_s64(pairwiseAdded, 1);
129
130         *result += ((neon_sum + postable_sum) * batch_scaling_factor);
131       }
132     }
133
134     if (unaligned) {
135       free(aligned_row_free);
136     }
137     free(aligned_vec_free);
138   }
```

第 64 ～ 65 行，定义了两个常量，分别是每个元素的尺寸和每个 lane 的尺寸。一个 lane 也就是我们使用 Neon 可以一次性处理的元素向量。

第 66 ～ 77 行，根据内存对齐要求来分配结果缓冲区的存储空间，如果缓冲区不符合要求就重新分配内存，否则返回原来的缓冲区。俗话说“工欲善其事，必先利其器”，在 Neon 里，我们只有按照 Neon 的要求处理好缓冲区的对齐问题，才能调用 Neon 指令完成一系列的运算，加快后续的计算过程，为了加快计算，在内存分配上多花一点时间是非常值得的。这里要求每个矩阵都按照 kWeightsPerUint32 对齐，也就是 4 字节对齐，同时矩阵中的每一行也需要按照 kWeightsPerUint32 对齐，也就是每行的字节数必须是 kWeightsPerUint32 的整数倍。

第 79 行，由于 TensorFlow Lite 在计算主循环中会按照 16 字节进行批量计算，但是输入的缓冲区长度不可能永远是 16 字节的整数倍，因此有部分元素需要安排在循环之外计算，这部分元素的起点就是 postamble_start。

第 81 行，开始计算这批矩阵中每一个矩阵的乘积。

第 84 行，调用 memcpy 将向量数据复制到对齐后的向量中。

第 85 行，开始计算矩阵中每一列的点乘结果。

第 86 ～ 90 行，获取每一行中第一个元素的地址，这里需要考虑内存对齐问题。

第 92 行，将每一行的点积结果初始化为 0，准备计算。

第 94 行，调用 _builtin_prefetch 将需要计算的这一行的数据预取到临时局部缓冲区中，以加快计算速度。

第 97 行，开始计算每 16 个 8 位元素的点乘。

第 100 行，调用 vld1q_s8 指令从每一行和待乘向量中加载 16 个 8 位整数，这里假定所有缓冲区都是 4 字节对齐，我们后面调用的都是对齐版本指令，以加快计算速度。

第 103 行，调用 vget_low_s8 从两个待乘向量中获取低字节的数据，并调用 vmull_s8 实现两个向量的乘法操作，将得到的结果存储到向量 prod_16x8 中。

第 104 ～ 105 行，调用 vget_high_s8 从两个待乘向量中获取高字节的数据，并调用 vmlal_s8 实现两个向量的乘法操作，并累加到向量 prod_16x8 中。

第 107 行，调用 vpadalq_s16，将向量中相邻的元素对相加，并将结果的绝对值累加到目标向量的元素中。

第 111 行，开始处理 16 字节的整数倍以外的那些多余元素。

第 114 行，调用 vld1q_s8 指令从每一行和待乘向量中加载 8 个 8 位整数，这里假定所有缓冲区都是 4 字节对齐，我们后面调用的都是对齐版本指令，以加快计算速度。

第 118 ～ 119 行，调用 vmull_s8，直接计算 s1_8x8 和 s2_8x8 两个向量的乘积，存储到 prod_16x8 中，最后调用 vpadalq_s16，将向量中相邻的元素对相加，并将结果的绝对值累加到目标向量的元素中。

第 126 行，将计算后的结果合并到输出缓冲区中。

第 134 ～ 137 行，如果分配了对齐缓冲区，调用 free 释放掉这些缓冲区，避免内存泄漏。

ApplyActivationToVector 采用通用版实现，因此我们就不阐述如何处理了。

5.5 本章小结

本章我们主要介绍了移动平台深度学习开发的基础知识。首先介绍了移动平台的深度学习系统，然后介绍了 ARM Linux 基础开发知识，接着介绍了 ARM 的体系结构、Neon 指令集、内存模型与加速策略。最后以 TensorFlow Lite 为例讲解了如何运用这些基础知识裁剪实现一个适用于移动平台的深度学习框架。

第6章

移动平台轻量级网络实战

在第 5 章中，我们主要介绍了移动平台深度学习开发的基础知识，其核心内容是与 ARM 相关的基础开发知识，这包括工具链、体系结构、Ncon 指令集还有内存模型和加速策略等技术细节。最后介绍了 TensorFlow，并介绍了适用于 ARM 架构的 TensorFlow Lite。

我们曾提到过，为了让机器学习框架适用于移动平台，一方面，我们不仅需要在深度学习的实现技术上充分利用硬件资源来实现硬件加速，另一方面，还需要在深度学习的模型本身做出改进，现在已经有很多经过改造后适用于移动平台的成熟模型了。在本章中，我们将会学习这些适用于移动平台的轻量级网络，而这些网络就是针对高实时性场景提出的模型。除了学习相关的理论知识，我们还需要了解实现这些模型的方法，深刻体会这些模型相对于普通模型的不同之处。

6.1 适用于移动平台的轻量级网络

首先我们来探讨一下什么才是适用于移动平台的轻量级网络。众所周知，在有超巨大数据集的情况下，深度学习网络提升自身准确度的最好方法就是加深网络，因为网络层次越深，理论上我们可以提取的高层特征就越多。除了加深网络外，我们还可以选择增加网络的参数数量，特征越多，我们用来进行分类或者计算的参考就越多。这在一个巨大的分布式系统里是非常合适的，如果数据量太小可能会发生过拟合的情况除外，没有其他太大的弊端。

当然深层网络和大量特征也为深度学习带来了一个副作用，即速度慢。网络层次越深，参数数量越多，那么训练或者预测时所需要的时间也就越多。在一个巨大的分布式集群里，我们可能有非常多的计算资源来帮助我们完成这种计算量巨大的任务，但是到了移动平台这些事情就不一样了。

我们知道，移动平台的计算处理能力是非受限的，而我们需要解决的问题又会对计算的速度有一定要求，如果将一个层次与参数数量不受限制的网络直接移植到移动平台，势必会导致计算速度非常慢，而无法满足我们的速度要求，甚至无法接受移动平台的内存限制。

因此深度学习面临的主要问题是如何尽量使用层次浅、参数少的网络来替代原来的深层次、多参数的网络。这种网络我们就称之为轻量级网络。通过轻量级网络我们可以加快训练和预测的速度并节省系统资源。

接下来我们以几个典型的轻量级网络为例，介绍一下轻量级网络发展的来龙去脉。

6.2 SqueezeNet

SqueezeNet 可以说是最早公开的轻量级网络，是在非常著名的论文《SqueezeNet: AlexNet-level accuracy with 50x fewer parameters and<0.5MB model size》⊖中公开的。这个论文的名字也非常简单直接，说明“SqueezeNet”和“AlexNet”具有相同的精确度，但是参数数量却仅为 AlexNet 的 1/50，同时还可以将模型压缩到 0.5 MB 以下。这可以说是一件非常激动人心的事情了，那么 SqueezeNet 是怎么做到的？下面让我们逐一解释其中的关键技术。

首先是模型压缩。模型压缩的思路非常多，包括奇异值分解、权值剪枝、系数矩阵、霍夫曼编码等各类方法，这些方法都是常用的有损压缩方法，这将会在进阶章节中进行介绍。这些方法的思路就是通过有损的方法，在保持精度的条件下大比例的压缩网络。

除了模型压缩，我们还希望能够通过调整网络的内部结构提升网络的准确率。结构调整主要包括宏观结构调整和微观结构调整两种。

6.2.1 微观结构

所谓微观结构调整一般是指调节网络中的某些组成模块。比如最初的 LeNet 做手写数字识别使用的是 5 × 5 的卷积核，后来的 VGGNet 使用了 3 × 3 的卷积核，甚至在 Google 的 Inception 中使用了 1 × 1 的卷积核。理论上相同层数的网络，卷积核越小，参数就越少。发展到后来，Google 甚至提出了 Inception 模块，模块中包含了不同维度的滤波器（比如 1 × 1、5 × 5、1 × 3、3 × 1 等），然后选用不同的模块组成不同的网络，经过不断的实验，希望通过多个小卷积核替代单一的大卷积核，以带来更好的效果。

6.2.2 宏观结构

宏观结构调整其实就是调整网络的层次数和模块的组织方式，这在本章开头已经提到过。关于宏观结构调整有一种与众不同的结构调整方式就是将跨越多个层次的不同层的输出

⊖ 《SqueezeNet: AlexNet-level accuracy with 50x fewer parameters and<0.5MB model size》。原文链接：https://arxiv.org/abs/1602.07360。

连接到同一个层，比如将来自第 6 层和第 9 层的激活值输入到一个新层中，这种思路我们称之为旁路连接，形象一点说这种方法可以发现更多潜在的特征组合形式。

6.2.3　核心思路

结合这些设计思路我们来看看 SqueezeNet 是如何做到模型压缩的。首先 SqueezeNet 采用了 3 个主要策略以确保网络中的参数数量更少。

1）使用 1 × 1 的卷积核来替代 3 × 3 的卷积核，以减少卷积层的参数数量，这样可以使卷积层参数数量减少 9 倍。

2）如果 3 × 3 的卷积核无法替代，那么就减少 3 × 3 卷积核的通道数量，比如将 128 × 3 × 3 的卷积核减少到 32 × 3 × 3，那么卷积层参数数量就可以减少 4 倍。

3）在卷积层后接入降采样，以得到更大的激活图，也就是说将卷积层的步长设置成大于 1，步长越大，卷积运算跳过的数据就越多。在早期进行网络设计时，一般前面的层步长比较大，后面的层步长比较小，导致网络输出的激活图也比较小，影响了分类精度。

图 6-1 是 SqueezeNet 的核心微观结构 Fire Module，Fire Module 的输入是一组 1 × 1 的卷积核，传送到混合了 1 × 1 的卷积核和 3 × 3 的卷积核的混合扩展层。这里可以调节 SqueezeNet 的 3 个超参数，分别是 Fire Module 的层数、Fire Module 中 1 × 1 卷积核的数量和 3 × 3 卷积核的数量。如图 6-1 所示

SqueezeNet 的网络结构如图 6-2 所示。

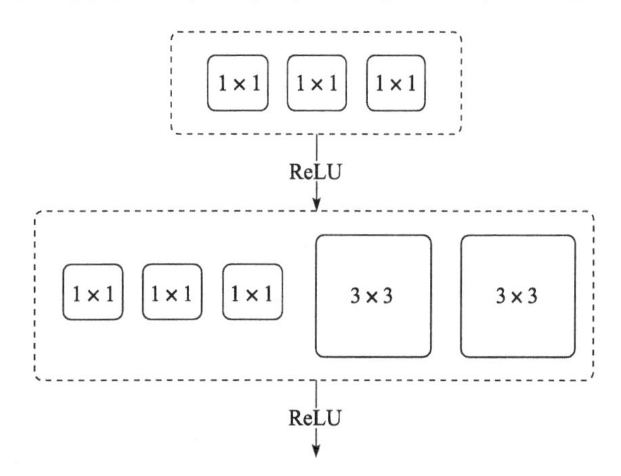

图 6-1　Fire Module 示意图

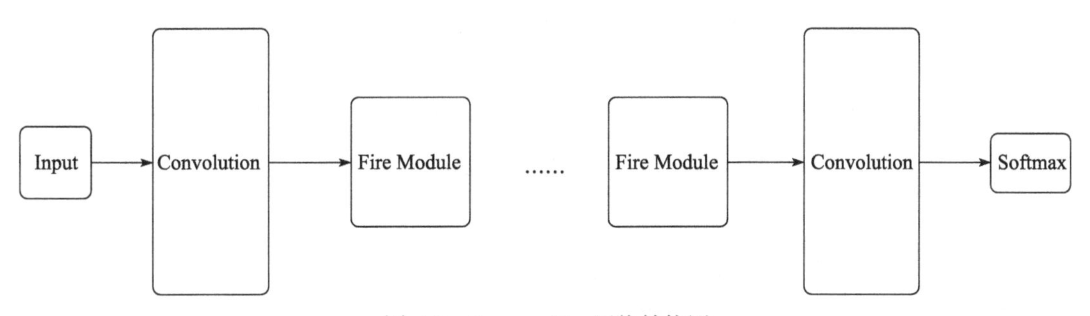

图 6-2　SqueezeNet 网络结构图

由图 6-2 我们可以看到除了输出、输出前后接入了卷积层，中间就是指定数量的 Fire Module 层。除了这些主要方法，SqueezeNet 还使用了一些其他小技巧。

1）由于 1 × 1 和 3 × 3 的输出激活值的高度和宽度不等，因此输入 3 × 3 滤波器的数据

会添加上 1 像素的 0 边界。

2）激活层使用 ReLU 替代 Sigmoid。ReLU 全称是 Rectified Linear Unit，最常见的形式是 $f(x) = \max(0, x)$。ReLU 训练的收敛速度会比传统的 Sigmoid/tanh 快很多。

3）网络中不使用全连接层。全连接层是参数最多的层，需要两层神经元完全连接，如果 n 个神经元的层和 m 个神经元的层全连接，将会有 $m \times n$ 个参数。去掉全连接层会减少大量的参数。

4）训练开始的学习率是 0.04，随着训练线性减少学习率。

这些小技巧都是经过反复实验与经验的总结，值得我们多多借鉴。

6.2.4 实战：用 PyTorch 实现 SqueezeNet

现在我们来看一下如何使用 PyTorch 实现 SqueezeNet。

首先我们来看网络定义。在网络定义 model.py 中，如代码清单 6-1 所示。

代码清单 6-1 model.py

```
 1 import torch
 2 import torch.nn as nn
 3 from torch.autograd import Variable
 4 import torch.functional as F
 5 import numpy as np
 6 import torch.optim as optim
 7 import math
 8
 9 class fire(nn.Module):
10     def __init__(self, inplanes, squeeze_planes, expand_planes):
11         super(fire, self).__init__()
12         self.conv1 = nn.Conv2d(inplanes, squeeze_planes, kernel_size=1, stride=1)
13         self.bn1 = nn.BatchNorm2d(squeeze_planes)
14         self.relu1 = nn.ReLU(inplace=True)
15         self.conv2 = nn.Conv2d(squeeze_planes, expand_planes, kernel_size=1,
                                stride=1)
16         self.bn2 = nn.BatchNorm2d(expand_planes)
17         self.conv3 = nn.Conv2d(squeeze_planes, expand_planes, kernel_size=3,
                                stride=1, padding=1)
18         self.bn3 = nn.BatchNorm2d(expand_planes)
19         self.relu2 = nn.ReLU(inplace=True)
20
21         # using MSR initilization
22         for m in self.modules():
23             if isinstance(m, nn.Conv2d):
24                 n = m.kernel_size[0] * m.kernel_size[1] * m.in_channels
25                 m.weight.data.normal_(0, math.sqrt(2./n))
26
27     def forward(self, x):
28         x = self.conv1(x)
29         x = self.bn1(x)
```

```
30          x = self.relu1(x)
31          out1 = self.conv2(x)
32          out1 = self.bn2(out1)
33          out2 = self.conv3(x)
34          out2 = self.bn3(out2)
35          out = torch.cat([out1, out2], 1)
36          out = self.relu2(out)
37          return out
38
39
40  class SqueezeNet(nn.Module):
41      def __init__(self):
42          super(SqueezeNet, self).__init__()
43          self.conv1 = nn.Conv2d(3, 96, kernel_size=3, stride=1, padding=1) # 32
44          self.bn1 = nn.BatchNorm2d(96)
45          self.relu = nn.ReLU(inplace=True)
46          self.maxpool1 = nn.MaxPool2d(kernel_size=2, stride=2) # 16
47          self.fire2 = fire(96, 16, 64)
48          self.fire3 = fire(128, 16, 64)
49          self.fire4 = fire(128, 32, 128)
50          self.maxpool2 = nn.MaxPool2d(kernel_size=2, stride=2) # 8
51          self.fire5 = fire(256, 32, 128)
52          self.fire6 = fire(256, 48, 192)
53          self.fire7 = fire(384, 48, 192)
54          self.fire8 = fire(384, 64, 256)
55          self.maxpool3 = nn.MaxPool2d(kernel_size=2, stride=2) # 4
56          self.fire9 = fire(512, 64, 256)
57          self.conv2 = nn.Conv2d(512, 10, kernel_size=1, stride=1)
58          self.avg_pool = nn.AvgPool2d(kernel_size=4, stride=4)
59          self.softmax = nn.LogSoftmax(dim=1)
60          for m in self.modules():
61              if isinstance(m, nn.Conv2d):
62                  n = m.kernel_size[0] * m.kernel_size[1] * m.in_channels
63                  m.weight.data.normal_(0, math.sqrt(2. / n))
64              elif isinstance(m, nn.BatchNorm2d):
65                  m.weight.data.fill_(1)
66                  m.bias.data.zero_()
67
68
69      def forward(self, x):
70          x = self.conv1(x)
71          x = self.bn1(x)
72          x = self.relu(x)
73          x = self.maxpool1(x)
74          x = self.fire2(x)
75          x = self.fire3(x)
76          x = self.fire4(x)
77          x = self.maxpool2(x)
78          x = self.fire5(x)
79          x = self.fire6(x)
80          x = self.fire7(x)
```

```
81          x = self.fire8(x)
82          x = self.maxpool3(x)
83          x = self.fire9(x)
84          x = self.conv2(x)
85          x = self.avg_pool(x)
86          x = self.softmax(x)
87          return x
88
89 def fire_layer(inp, s, e):
90     f = fire(inp, s, e)
91     return f
92
93 def squeezenet(pretrained=False):
94     net = SqueezeNet()
95
96     return net
```

第1～7行，是导入模块。这里主要导入了PyTorch，以及PyTorch的神经网络模块nn、自动梯度计算模块autograd、numpy和参数训练优化模块optim。

第9行，开始是fire模块定义。这里fire是一个类，继承自PyTorch的nn.Module。nn.Module是PyTorch中所有层的基类（类似于我们自己编写的layer），可以自动注册到PyTorch的网络中。

第10行，定义了该类的初始化方法__init__，这里初始化了一个Fire Module的网络结构。

第12～14行，定义了第1组1×1的卷积模块，以及该组模块后面的BatchNorm和ReLu。

第15～16行，定义了第2组中1×1的卷积模块，以及该组模块后的BatchNorm。

第17～18行，定义了第2组中3×3的卷积模块，以及该组模块后的BatchNorm，最后再定义了一个公共的ReLU模块。

第21～25行，进行MSR初始化，主要就是根据刚刚定义的3组卷积模块对所有输入参数进行归一化。整体结构如图6-1所示（详见6.2.3节图6-1）。

第27行，定义了forward方法，该方法就是模块的前向计算，也就是模块的核心内容。模块内容很简单，就是将输入同时输入到第1组1×1的卷积模块中，然后通过第1个BatchNorm，再通过第1个ReLU，这相当于是第1组模块的输出。

第31～32行，是将第1组的输出输入第2组3×3的卷积模块，然后通过第2个BatchNorm。然后将第1组的输出同时通过第2组1×1的卷积模块，再通过第2个BatchNorm，接着将两部分的输出通过cat连接到一起，最后再接入第2个ReLU输出。这就是整个Fire Module的前向过程。

定义好了SqueezeNet的核心组件Fire Module后我们就来组织整个SqueezeNet。

第40行，定义了SqueezeNet类，该类也继承了nn.Module。我们可以看到PyTorch里Module是一个非常灵活的类，无论是层还是网络，只要你想使用PyTorch的操作符，就可以继承PyTorch的Module，然后将其他Module子类的实例保存在你的对象的self中，这样

PyTorch 就会自动注册所有你用到的其他 Module，所以在 PyTorch 中，网络、层与操作符都是一样的，这具有非常强的一致性。

第 41 行，定义了网络的初始化函数。这里我们依次定义了一个 3×3 的卷积层，一个 BatchNorm 层，一个 ReLU 层，一个 2×2 的 MaxPooling 层，后面连接了 3 个 Fire Module，接着又是一个 2×2 的 MaxPooling，再连接 4 个 Fire Module，再接着 1 个 2×2 的 MaxPooling，再接一个 Fire Module 和 1×1 的卷积层，最后再接入一个 AvgPooling 层。网络输出是一个 Softmax 层，以完成多分类。

第 60 行，开始将所有卷积层的参数归一化，并将所有 BatchNorm 层中的权重参数设置为 1，偏置参数设置为 0。

第 69 ～ 87 行，是网络的前向处理，这里我们将初始化函数中定义好的所有层依次连接就结束了。

第 89 ～ 91 行，定义了一个 fire_layer 函数，用于生成一个 Fire Module 层对象。

第 93 ～ 96 行，定义了一个 squeezenet 函数，用于生成一个 SqueezeNet 对象。

定义好模型后，我们开始编写 main.py，以完成训练、评估和测试工作，如代码清单 6-2 所示。

代码清单 6-2　main.py

```
1 import torch
2 import torch.nn as nn
3 import torch.optim as optim
4 from torch.autograd import Variable
5 import argparse
6 import numpy as np
7 import torchvision.datasets as datasets
8 import torchvision.transforms as transforms
9 import os
10 import model
11 import torch.nn.functional as F
12 import matplotlib.pyplot as plt
13 from IPython import embed
14
15 parser = argparse.ArgumentParser('Options for training SqueezeNet in pytorch')
16 parser.add_argument('--batch-size', type=int, default=64, metavar='N', help=
   'batch size of train')
17 parser.add_argument('--epoch', type=int, default=55, metavar='N', help=
   'number of epochs to train for')
18 parser.add_argument('--learning-rate', type=float, default=0.001, metavar=
   'LR', help='learning rate')
19 parser.add_argument('--momentum', type=float, default=0.9, metavar='M', help=
   'percentage of past parameters to store')
20 parser.add_argument('--no-cuda', action='store_true', default=False, help=
   'use cuda for training')
21 parser.add_argument('--log-schedule', type=int, default=10, metavar='N', help=
   'number of epochs to save snapshot after')
```

```
22 parser.add_argument('--seed', type=int, default=1, help='set seed to some constant
   value to reproduce experiments')
23 parser.add_argument('--model_name', type=str, default=None, help='Use a pretrained
   model')
24 parser.add_argument('--want_to_test', type=bool, default=False, help='make true
   if you just want to test')
25 parser.add_argument('--epoch_55', action='store_true', help='would you like
   to use 55 epoch learning rule')
26 parser.add_argument('--num_classes', type=int, default=10, help="how many classes
   training for")
27
28 args = parser.parse_args()
29 args.cuda = not args.no_cuda and torch.cuda.is_available()
30
31 torch.manual_seed(args.seed)
32 if args.cuda:
33     torch.cuda.manual_seed(args.seed)
34
35 kwargs = {'num_workers': 1, 'pin_memory': True} if args.cuda else {}
36 train_loader = torch.utils.data.DataLoader(
37     datasets.CIFAR10('../', train=True, download=True,
38                          transform=transforms.Compose([
39                          transforms.RandomHorizontalFlip(),
40                          transforms.ToTensor(),
41                          transforms.Normalize((0.491399689874, 0.482158419622,
          0.446530924224), (0.247032237587, 0.243485133253, 0.261587846975))
42                      ])),
43     batch_size=args.batch_size, shuffle=True, **kwargs)
44 test_loader = torch.utils.data.DataLoader(
45     datasets.CIFAR10('../', train=False, transform=transforms.Compose([
46                          transforms.RandomHorizontalFlip(),
47                          transforms.ToTensor(),
48                          transforms.Normalize((0.491399689874, 0.482158419622,
          0.446530924224), (0.247032237587, 0.243485133253, 0.261587846975))
49                      ])),
50     batch_size=args.batch_size, shuffle=True, **kwargs)
51
52 net  = model.SqueezeNet()
53 if args.model_name is not None:
54     print("loading pre trained weights")
55     pretrained_weights = torch.load(args.model_name)
56     net.load_state_dict(pretrained_weights)
57
58 if args.cuda:
59     net.cuda()
60
61 def paramsforepoch(epoch):
62     p = dict()
63     regimes = [[1, 18, 5e-3, 5e-4],
64                [19, 29, 1e-3, 5e-4],
65                [30, 43, 5e-4, 5e-4],
```

```
66                 [44, 52, 1e-4, 0],
67                 [53, 1e8, 1e-5, 0]]
68     for i, row in enumerate(regimes):
69         if epoch >= row[0] and epoch <= row[1]:
70             p['learning_rate'] = row[2]
71             p['weight_decay'] = row[3]
72     return p
73
74 avg_loss = list()
75 best_accuracy = 0.0
76 fig1, ax1 = plt.subplots()
77
78 optimizer = optim.SGD(net.parameters(), lr=args.learning_rate, momentum=0.9,
   weight_decay=5e-4)
79
80 def adjustlrwd(params):
81     for param_group in optimizer.state_dict()['param_groups']:
82         param_group['lr'] = params['learning_rate']
83         param_group['weight_decay'] = params['weight_decay']
84
85 def train(epoch):
86     if args.epoch_55:
87         params = paramsforepoch(epoch)
88         print("Configuring optimizer with lr={:.5f} and weight_decay={:.4f}".
   format(params['learning_rate'], params['weight_decay']))
89         adjustlrwd(params)
90
91     global avg_loss
92     correct = 0
93     net.train()
94     for b_idx, (data, targets) in enumerate(train_loader):
95         if args.cuda:
96             data, targets = data.cuda(), targets.cuda()
97         data, targets = Variable(data), Variable(targets)
98
99         optimizer.zero_grad()
100        scores = net.forward(data)
101        scores = scores.view(args.batch_size, args.num_classes)
102        loss = F.nll_loss(scores, targets)
103
104        pred = scores.data.max(1)[1] # get the index of the max log-probability
105        correct += pred.eq(targets.data).cpu().sum()
106
107        avg_loss.append(loss.data[0])
108        loss.backward()
109        optimizer.step()
110
111        if b_idx % args.log_schedule == 0:
112            print('Train Epoch: {} [{}/{} ({:.0f}%)]\tLoss: {:.6f}'.format(
113                epoch, (b_idx+1) * len(data), len(train_loader.dataset),
114                100. * (b_idx+1)*len(data) / len(train_loader.dataset), loss.
```

```
   data[0]))
115
116             ax1.plot(avg_loss)
117             fig1.savefig("Squeezenet_loss.jpg")
118
119     train_accuracy = correct / float(len(train_loader.dataset))
120     print("training accuracy ({:.2f}%)".format(100*train_accuracy))
121     return (train_accuracy*100.0)
122
123
124 def val():
125     global best_accuracy
126     correct = 0
127     net.eval()
128     for idx, (data, target) in enumerate(test_loader):
129         if idx == 73:
130             break
131
132         if args.cuda:
133             data, target = data.cuda(), target.cuda()
134         data, target = Variable(data), Variable(target)
135
136         score = net.forward(data)
137         pred = score.data.max(1)[1]
138         correct += pred.eq(target.data).cpu().sum()
139
140     print("predicted {} out of {}".format(correct, 73*64))
141     val_accuracy = correct / (73.0*64.0) * 100
142     print("accuracy = {:.2f}".format(val_accuracy))
143
144     if val_accuracy > best_accuracy:
145         best_accuracy = val_accuracy
146         torch.save(net.state_dict(),'bsqueezenet_onfulldata.pth')
147     return val_accuracy
148
149 def test():
150     weights = torch.load('bsqueezenet_onfulldata.pth')
151     net.load_state_dict(weights)
152     net.eval()
153
154     test_correct = 0
155     total_examples = 0
156     accuracy = 0.0
157     for idx, (data, target) in enumerate(test_loader):
158         if idx < 73:
159             continue
160         total_examples += len(target)
161         data, target = Variable(data), Variable(target)
162         if args.cuda:
163             data, target = data.cuda(), target.cuda()
164
```

```
165             scores = net(data)
166             pred = scores.data.max(1)[1]
167             test_correct += pred.eq(target.data).cpu().sum()
168         print("Predicted {} out of {} correctly".format(test_correct, total_examples))
169         return 100.0 * test_correct / (float(total_examples))
170 
171 if __name__ == '__main__':
172     if not args.want_to_test:
173         fig2, ax2 = plt.subplots()
174         train_acc, val_acc = list(), list()
175         for i in xrange(1,args.epoch+1):
176             train_acc.append(train(i))
177             val_acc.append(val())
178             ax2.plot(train_acc, 'g')
179             ax2.plot(val_acc, 'b')
180             fig2.savefig('train_val_accuracy.jpg')
181     else:
182         test_acc = test()
183         print("Testing accuracy on CIFAR-10 data is {:.2f}%".format(test_acc))
```

第 1 ～ 13 行，是导入我们需要的模块。这里第 5 行导入的 argparse 主要是用于命令行参数解析的。

第 7 ～ 8 行，是导入 torchvision 里的数据集处理和转换模块。

第 10 行，导入的 model 就是我们自己编写的 model.py。

第 12 行，导入的 pyplot 用于绘图。

第 15 行，使用 ArgumentParser 创建一个 parser 对象。

从 16 ～ 26 行，添加一些参数，用户可以通过命令行参数指定这些参数，配置训练或者预测的行为。这里的参数依次表示如下含义。

1）--batch-size——训练数据每个 batch 的数量。

2）--epoch——训练迭代次数。

3）--learning-rate——学习率。

4）--momentum——每次训练中保留的上一次参数的百分比。

5）--no-cuda——是否使用 CUDA。

6）--log-schedule——多少次迭代后保存一次模型快照。

7）--seed——设定常量的种子。

8）--model_name——指定装载预训练的模型。

9）--want_to_test——是否进行测试。

10）--epoch_55——是否使用 epoch_55 训练模式（影响超参数调整）。

11）--num_classes——训练输出的分类数量。

第 28 行中，我们解析一下输入的命令行阐述，然后根据参数中用户设置的 no_cuda 确定是否开启 CUDA 支持。如果用户选择开启了 CUDA 但是系统不支持 CUDA，那么 CUDA

也不会开启。

第 31 行，我们根据用户的 seed 参数设定种子。如果开启了 CUDA 支持，那么就设置 torch.cuda 的种子。

第 35 行，我们根据是否启用 CUDA 来确定工作线程数量，这里我们假设 CUDA 只使用单张显卡，那么工作线程数量设置为 1。

第 36 行，使用 DataLoader 从网络上获取 CIFAR-10 的训练数据集作为训练集，并且根据用户指定的 batch size 设置 batch_size。

第 38 行，使用 DataLoader 从网络上获取 CIFAR-10 的训练数据集作为测试集，并且根据用户指定的 batch size 设置 batch_size。

第 52 行，调用 model 里的 SqueezeNet 类构造一个 net 对象。

第 53 行，如果用户指定了预训练模型，则使用 torch.load 装载预训练模型。

第 58 行，如果启用了 CUDA，就开启网络的 cuda 模式。

第 61 行，定义了 paramsforepoch 函数，主要是根据训练的迭代次数调整训练的超参数。

第 78 行，定义了 optimizer 对象，这是 PyTorch 的 SGD 梯度下降法训练优化器，我们需要指定网络的参数和一些初始的超参数。

第 80 行，定义 adjustlrwd 函数，该函数在每次迭代中都会被调用，根据 paramsforepoch 返回的参数调整优化器中的超参数。

第 85 行，定义 train 函数，即训练函数，每次迭代都需要调用该函数进行一轮训练。如果先开启了 epoch_55 训练模式，那么每次迭代之后都需要调整一次超参数。

第 93 行，调用 net.train() 进行训练。

第 94 行开始，遍历训练集中的每个样本，然后每次调用 zero_grad 将梯度设置为 0，接着调用 net.forward 得到分类结果，并将分类结果与样本标签 targets 进行比较，计算 loss。然后将 loss 的结果累加到 avg_loss 中，最后再根据 loss 进行反向传播，并调用 optimizer.step 方法根据反向传播的残差调整网络参数。

第 111 ～ 114 行，输出每次的训练结果。

第 119 ～ 121 行，根据每次的正确率除以训练集的样本量得到平均正确率并打印出来。

第 124 行，定义了 val 函数，该函数用于在训练时使用测试集评估训练结果。首先调用了 net 的 eval 方法对测试集进行评测。然后遍历测试样本，针对每个测试样本执行前向传播，然后从前向传播的结果中获取预测的标签，并将预测正确的数量累加到 correct 变量中。

第 140 ～ 142 行，打印该次评估的准确率。

第 144 ～ 147 行，将准确率与最好的准确率比较，如果准确率比之前的测试更高，则将该模式保存下来。

第 149 行，定义了 test 函数，该函数用于测试，也就是预测。首先加载训练好的指定模型，然后调用 net 的 load_state_dict 方法从模型中读取参数，最后调用 eval 方法进入评估模式。

第 157 行，开始遍历测试集中的每个样本，如果启用了 CUDA，则调用数据集的 cuda 方法获取显存中的数据。接着调用 net 方法对样本数据进行预测，然后从前向传播的结果中获取预测的标签，并将预测正确的数量累加到 test_correct 变量中。

第 167 ～ 168 行，打印该次评估的准确率。最后函数返回平均准确率。

第 171 行，判断是不是通过命令行直接调用该脚本，如果是，就执行 172 ～ 183 行的代码。

如果用户命令行参数没有指定 want_to_test，就启动训练流程。训练会根据用户指定的 epoch 迭代周期循环训练多次，每次都会调用 train 函数执行训练，调用 val 函数执行评估，最后将每次预测的结果绘图保存到 train_val_accuracy.jpg 中。

如果用户指定了 want_to_test，就启动测试流程。也就是调用 test 函数进行测试。

这样就实现了完整的 SqueezeNet。

6.3 MobileNet

MobileNet 是在 SqueezeNet 发表后 2 个月发表的，其实两者相当于同时实验出来的，只不过是论文发表顺序的不同而已。MobileNet 顾名思义，就是为了解决移动平台的性能问题而提出的。

MobileNet 的基本单元是深度级可分离卷积，其实这种结构之前已经被使用在 Google 的 Inception 模型中。深度级可分离卷积其实是一种可分解卷积操作，其可以分解为两个更小的操作：Depthwise Convolution 和 Pointwise Convolution，如图 6-3、图 6-4 和图 6-5 所示。

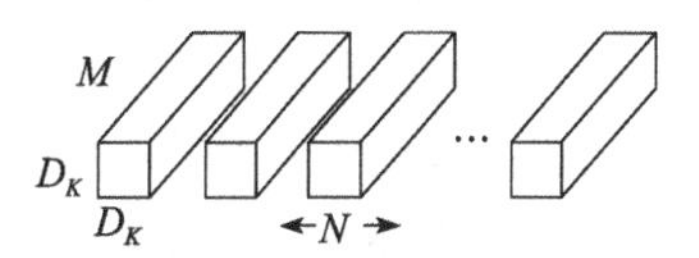

图 6-3　标准卷积

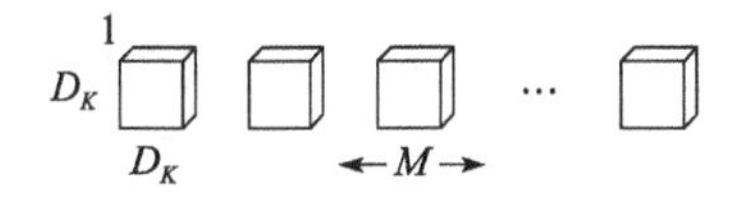

图 6-4　Depthwise Convolution

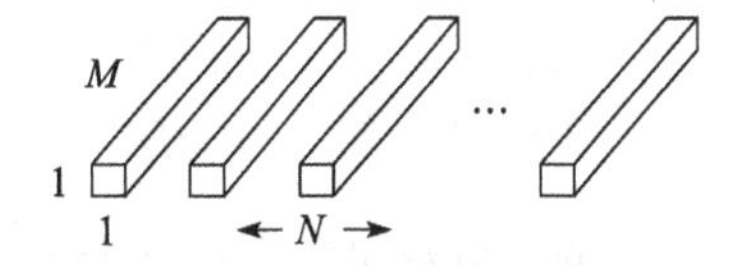

图 6-5　Pointwise Convolution

Depthwise Convolution 和标准卷积不同，对于标准卷积其卷积核是用在所有的输入通道上（linput channels），而 Depthwise Convolution 是针对每个输入通道采用不同的卷积核，就是说一个卷积核对应一个输入通道，所以说 Depthwise Convolution 是深度级别的操作。而 Pointwise Convolution 其实就是普通的卷积，只不过其采用 1×1 的卷积核。对于 Depthwise Separable Convolution，其首先是采用 Depthwise Convolution 对不同输入通道分别进行卷积，然后采用 Pointwise Convolution 将上面的输出再进行结合，这样其实整体效果和一个标准卷积是差不多的，但是会大大减少计算量和模型参数量。

和 SqueezeNet 一样，基本单元的调整是微观层次的调整，那么 MobileNet 在宏观层面上调整了什么呢？

MobileNet 的网络结构图如图 6-6 所示。

MobileNet 的网络结构里加入了 BatchNorm 层，并且也使用 ReLU 替代 Sigmoid 作为激活函数。这里和 SqueezeNet 有异曲同工之妙。MobileNet 的网络结构中首先使用了一个 3×3 的标准卷积，然后堆积了很多层的深度级可分离卷积，其中部分 Depthwise Convolution 会通过 2 的步长进行降采样。然后采用平均池化将特征变成 1×1，根据预测类别大小加上全连接层，最后是一个 Softmax 层，相当于输出一个多分类结果。

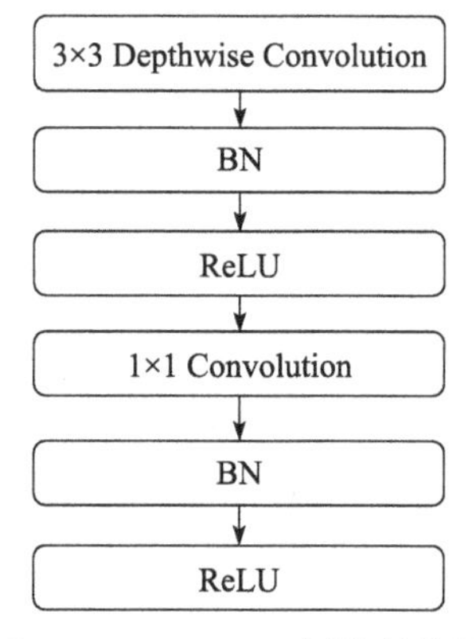

图 6-6 MobileNet 网络结构图

MobileNet 整个网络有 28 层，看起来层数并不少，因此为了看出 MobileNet 的网络压缩效果，我们需要分析整个网络的参数和计算量分布，而 Mobile Net 整个计算量基本集中在 1×1 卷积上，因此如果我们在框架中对卷积计算做了深度优化，将会使其性能得到极大提升。

6.4 ShuffleNet

ShuffleNet 是 Face++ 发表的一篇论文[㊀]。这篇论文也是集中讨论了一个可以在手机上高效率运行的深度网络。

和 SqueezeNet、MobileNet 一样，ShuffleNet 也从宏观和微观两个层面分别对网络进行了优化。无独有偶，其瞄准的主要优化对象其实也是卷积核，ShuffleNet 不仅采用了更小的卷积核，而且还采用了一种分组卷积的概念组合小型的卷积核，以求减少计算的复杂度。

采用小卷积核带来的效益我们在 SqueezeNet 和 MobileNet 中都看到了，效果是非常显著的，那么这里我们就来解释一下什么叫分组卷积，这也是 ShuffleNet 带来的贡献。

那么什么叫分组呢？所谓分组就是将输入与输出的通道分成几组，比如输出与输入的通道数都是 4 个且分成 2 组，那第 1、2 通道的输出只使用第 1、2 通道的输入，同样第 3、4 通道的输出只使用第 3、4 通道的输入。也就是说不同组之间的输入和输出之间完全没有了关系，减少联系势必减少计算量（有联系就说明要进行运算）。当然这种方式的副作用就是会损失信息，可能导致准确率下降。

我们可以计算一下分组之后计算量可以减少多少。

在分组之前，每一层的参数数量是 $N \times C \times H \times W$，如果将输入输出分成 g 组，那么每一组的参数数量就会变成 $\frac{N \times C \times H \times W}{g}$ 个，虽然每层特征输出总数量依然不变，但是每一组自己运算的计算次数也会变成原来的 $\frac{1}{g}$，也就是说分组之后计算量可以降低到原来的 $\frac{1}{g^2}$，

㊀ 参见《ShuffleNet: An Extremely Efficient Convolutional Neural Network for Mobile Devices》，链接为：https://arxiv.org/abs/1707.01083。

而参数数量可以降低到原来的 $\frac{1}{g}$。

以上是单样本输入的情况，那么如果同时输入多个样本呢？如果是在内存资源充足的服务器端，我们可以利用数据并行的思路，让 k 个样本多线程同时执行，速度自然可以提高 k 倍。但是在移动平台我们往往没有那么充足的内存资源，CPU 也不支持太多线程同时执行，因此很有可能每个样本依然是独立执行的，速度变化和单样本没有什么差距。

不过这些都是理论分析，实际上移动平台的计算效率并不能提高如此之多，一方面卷积运算一般为了减少预算复杂度，都是先通过 im2col 转成向量，然后执行矩阵乘法，而 im2col 和矩阵运算时间其实相差无几，同时现代化的线性代数库都极大优化了矩阵运算性能，因此实际的性能提升肯定会受到影响。

6.5 MobileNet V2

在 ShuffleNet 发表之后，Google 又发表了 MobileNet V2，这是 MobileNet 的改进版本，也是近年来综合能力最强的移动平台模型。

6.5.1 MobileNet 的缺陷

我们知道 MobileNet 在微观结构上提出了深度级可分离卷积，以及所谓的 Depthwise Convolution，同时在网络结构上加入了 BatchNorm 层，并且还使用 ReLU 替代 Sigmoid 作为激活函数，但是相比后来出现的模型仍稍显乏力，这些改进到现在已经逐渐成为它的遗留问题。

MobileNet 存在的问题主要有两个，下面分别从宏观和微观两个角度来阐述。

从宏观角度上来说，MobileNet 的结构太过简单，和 VGG 一样，它依然是一个传统的直筒型结构。根据经验证明，这种结构在现在的工程实践中性价比不高。与 VGG 后来的 ResNet、DenseNet 等网络类似，这种网络是通过复用图像特征来提升网络的性价比的。MobileNet 可以认为是轻量级网络中一种比较原始的结构。

从微观角度上来说，Depthwise Convolution 本身也存在问题。虽然 Depthwise Convolution 确实是大大降低了计算，而且 $N \times N$ 的 Depthwise Convolution 和 1×1 的 Pointwise Convolution 组合在性能上也非常接近 $N \times N$ 的原始 Convolution。但是在实际使用的过程中，根据经验会发现 Depthwise Convolution 训练出来的卷积核很容易变成全空的卷积核。这还不是致命的，致命的是 ReLU 对于 0 的输出的梯度为 0，所以一旦陷入 0 输出，就无法恢复了。这个问题在定点化低精度训练的时候将会进一步放大。

6.5.2 MobileNet V2 的改进

针对这些问题，MobileNet V2 做出了相应的改进。第 1 个改进是使用了 Inverted Residual Block。

MobileNet v1 的一个问题是没有很好地利用残差连接，而通常情况下残差连接属于比较好的神经元连接，所以 MobileNet v2 就加入了残差连接的思想。

原始的 Residual Block 如图 6-7 所示。

我们先来看看原始的残差块，原始的残差块的思想是先通过一个 1 × 1 的卷积核降通道，然后通过 3 × 3 的空间卷积提取特征，最后再通过 1 × 1 的卷积恢复通道，并和输入相加。这种形式是明显的两边宽（通道多），中间窄（通道少），这样做是因为 3 × 3 的空间卷积计算量太大，因此先使用 1 × 1 的卷积核降通道。

改进后的 Inverted Residual Block 如图 6-8 所示。

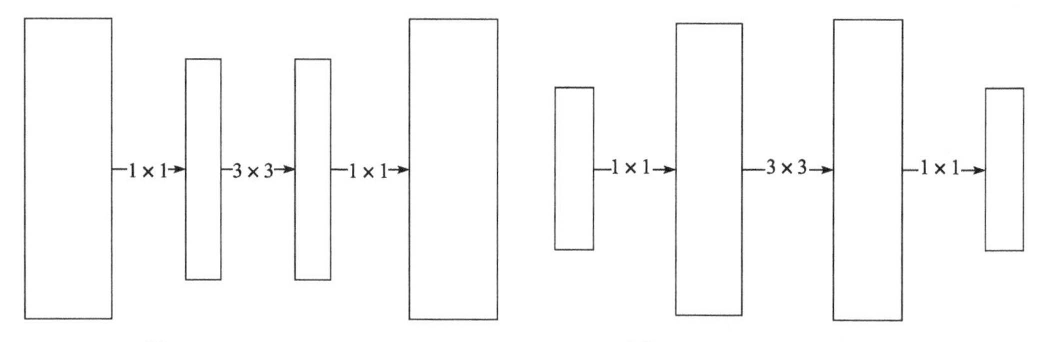

图 6-7 Residual Block　　图 6-8 Inverted Residual Block

由图 6-8 可以看出，我们先使用一个 1 × 1 的卷积核提升了输入的通道数，然后经过中间的多层 Depthwise Convolution 层，最后通过 1 × 1 的卷积核降低通道恢复原来的通道数。这样做是因为 Depthwise Convolution 层可以有效减少计算量，多个 Depthwise Convolution 组合在一起还可以得到更好的效果，虽然中间通道数多了，但是得益于 Depthwise 的计算量，整体计算量并不大。因此这种结构和原始的结构相反，是一种两边宽，中间窄的结构，通过较小的计算量得到了较好的性能。

MobileNet V2 的第 2 个显著改进是去掉了 ReLU6。首先说明一下 ReLU6 是 MobileNet 引入的，卷积之后通常会接一个 ReLU 实现非线性激活（替代 Sigmoid），ReLU6 就是普通的 ReLU 但是限制最大输出值为 6，这是为了在移动平台设备 float16/int8 的低精度的时候，也能有很好的数值分辨率，如果对 ReLU 的激活范围不加限制，输出范围为 0 到正无穷，若激活值非常大，分布在一个很大的范围内，则低精度的 float16/int8 无法很好地精确描述如此大范围的数值，那么将会带来精度损失。

而 MobileNet V2 去掉了最后输出的 ReLU6，直接线性输出，这是因为 ReLU 变换后保留非 0 区域对应于一个线性变换，仅当输入低维时 ReLU 能保留所有完整信息。

6.5.3 网络结构

这样，我们就得到 MobileNet V2 的基本结构了，左边是 MobileNet V1，没有 Residual

Connection 并且带最后的 ReLU。右边是 Mobile V2，带 Residual Connection，并且去掉了最后的 ReLU，如图 6-9 所示。

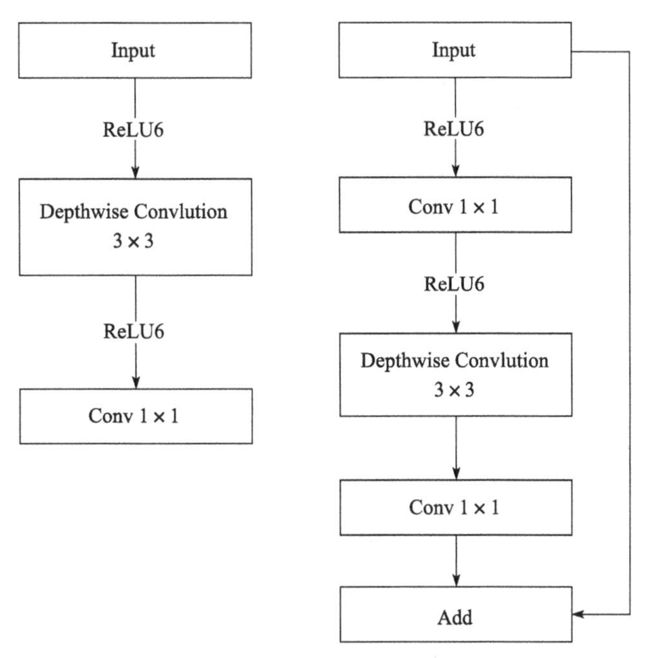

图 6-9　MobileNet 结构对比

6.5.4　实战：用 PyTorch 实现 MobileNet V2

我们在 SqueezeNet 中已经实现过训练、评估和测试函数，这里就直接来编写 MobileNet V2 的 Model 文件了。实现 MobileNet V2 后我们可以在移动平台的实际应用场景中使用该模型，我们也能明白轻量级模型实现的来龙去脉。该文件依然名为 model.py，如代码清单 6-3 所示。

代码清单 6-3　model.py

```
 1 import torch.nn as nn
 2 import math
 3
 4
 5 def conv_bn(inp, oup, stride):
 6     return nn.Sequential(
 7         nn.Conv2d(inp, oup, 3, stride, 1, bias=False),
 8         nn.BatchNorm2d(oup),
 9         nn.ReLU6(inplace=True)
10     )
11
12
13 def conv_1x1_bn(inp, oup):
```

```
14     return nn.Sequential(
15         nn.Conv2d(inp, oup, 1, 1, 0, bias=False),
16         nn.BatchNorm2d(oup),
17         nn.ReLU6(inplace=True)
18     )
19
20
21 class InvertedResidual(nn.Module):
22     def __init__(self, inp, oup, stride, expand_ratio):
23         super(InvertedResidual, self).__init__()
24         self.stride = stride
25         assert stride in [1, 2]
26
27         hidden_dim = round(inp * expand_ratio)
28         self.use_res_connect = self.stride == 1 and inp == oup
29
30         if expand_ratio == 1:
31             self.conv = nn.Sequential(
32                 # dw
33                 nn.Conv2d(hidden_dim, hidden_dim, 3, stride, 1, groups=hidden_dim,
                   bias=False),
34                 nn.BatchNorm2d(hidden_dim),
35                 nn.ReLU6(inplace=True),
36                 # pw-linear
37                 nn.Conv2d(hidden_dim, oup, 1, 1, 0, bias=False),
38                 nn.BatchNorm2d(oup),
39             )
40         else:
41             self.conv = nn.Sequential(
42                 # pw
43                 nn.Conv2d(inp, hidden_dim, 1, 1, 0, bias=False),
44                 nn.BatchNorm2d(hidden_dim),
45                 nn.ReLU6(inplace=True),
46                 # dw
47                 nn.Conv2d(hidden_dim, hidden_dim, 3, stride, 1, groups=
                   hidden_dim, bias=False),
48                 nn.BatchNorm2d(hidden_dim),
49                 nn.ReLU6(inplace=True),
50                 # pw-linear
51                 nn.Conv2d(hidden_dim, oup, 1, 1, 0, bias=False),
52                 nn.BatchNorm2d(oup),
53             )
54
55     def forward(self, x):
56         if self.use_res_connect:
57             return x + self.conv(x)
58         else:
59             return self.conv(x)
60
61
62 class MobileNetV2(nn.Module):
```

```
63      def __init__(self, n_class=1000, input_size=224, width_mult=1.):
64          super(MobileNetV2, self).__init__()
65          block = InvertedResidual
66          input_channel = 32
67          last_channel = 1280
68          interverted_residual_setting = [
69              # t, c, n, s
70              [1, 16, 1, 1],
71              [6, 24, 2, 2],
72              [6, 32, 3, 2],
73              [6, 64, 4, 2],
74              [6, 96, 3, 1],
75              [6, 160, 3, 2],
76              [6, 320, 1, 1],
77          ]
78
79          # building first layer
80          assert input_size % 32 == 0
81          input_channel = int(input_channel * width_mult)
82          self.last_channel = int(last_channel * width_mult) if width_mult >
                                  1.0 else last_channel
83          self.features = [conv_bn(3, input_channel, 2)]
84          # building inverted residual blocks
85          for t, c, n, s in interverted_residual_setting:
86              output_channel = int(c * width_mult)
87              for i in range(n):
88                  if i == 0:
89                      self.features.append(block(input_channel, output_channel, s,
                        expand_ratio=t))
90                  else:
91                      self.features.append(block(input_channel, output_channel,
                                          1, expand_ratio=t))
92                  input_channel = output_channel
93          # building last several layers
94          self.features.append(conv_1x1_bn(input_channel, self.last_channel))
95          # make it nn.Sequential
96          self.features = nn.Sequential(*self.features)
97
98          # building classifier
99          self.classifier = nn.Sequential(
100             nn.Dropout(0.2),
101             nn.Linear(self.last_channel, n_class),
102         )
103
104         self._initialize_weights()
105
106     def forward(self, x):
107         x = self.features(x)
108         x = x.mean(3).mean(2)
109         x = self.classifier(x)
110         return x
```

```
111
112     def _initialize_weights(self):
113         for m in self.modules():
114             if isinstance(m, nn.Conv2d):
115                 n = m.kernel_size[0] * m.kernel_size[1] * m.out_channels
116                 m.weight.data.normal_(0, math.sqrt(2. / n))
117                 if m.bias is not None:
118                     m.bias.data.zero_()
119             elif isinstance(m, nn.BatchNorm2d):
120                 m.weight.data.fill_(1)
121                 m.bias.data.zero_()
122             elif isinstance(m, nn.Linear):
123                 n = m.weight.size(1)
124                 m.weight.data.normal_(0, 0.01)
125                 m.bias.data.zero_()
```

第 1 行，我们引入 PyTorch 的 nn 模块。

第 5 行，定义了 conv_bn 函数，该函数使用 nn.Sequential 函数创建一个 PyTorch 模块序列。在 SqueezeNet 实现中我们为此自己定义了一个 Module 类，但是如果对于一个非常简单的线性网络或者模块，那样写太麻烦了，所以 Sequential 帮助我们快速定义一个模块对象，可以直接将多个 PyTorch 的 Module 对象连接起来生成一个新的 Module 对象。这个函数其实就是常见的一种组合模式，也就是卷积层接 BachNorm 层，最后接 ReLU 层。

第 13 行，定义了 conv_1x1_bn 函数，该函数将一个 1×1 的卷积层、BatchNorm 层和 ReLU6 层连接在一起。

第 21 行，定义了 InvertedResidual 类，该类继承自 nn.Module 类，这也就是 MobileNet V2 的核心改进之一。由于这个模块比较复杂，因此我们就不使用单纯的 Sequential 构建模块了。

第 22 行，定义了初始化方法，这里的关键在于 30 ～ 53 行。如果 expand_ratio 为 1，说明不需要扩展通道，那么直接创建一个 3×3 的卷积层接 BatchNorm 和 ReLU，然后接一个 1×1 的卷积层，最后再接 BatchNorm 和 ReLU。如果 expand_ratio 不为 1，说明我们希望扩充输入的通道数，因此先用一个 1×1 的卷积层，最后接 BatchNorm 和 ReLU 使得输入通道增大，然后接入一个 3×3 的卷积层接 BatchNorm 和 ReLU，最后再接入 1×1 的卷积层、BatchNorm 和 ReLU。这个结构可以参见图 6-8。

第 55 行，定义了前向传播方法，如果用户提供了输入参数 x，并且指定连接 ResNet 参数，那么就返回输入的 ResNet 和当前模块的前向结果，否则直接返回当前模块的前向结果。

第 62 行，定义了 MobileNetV2 类，该类也继承自 nn.Module 类。

第 63 行，定义了初始化方法，这里我们定义了 interverted_residual_setting，设定了每个 InvertedResidual 的不同选项。

第 80 行，开始我们开始构建整个网络，首先创建一个 conv_bn 模块，然后遍历 interverted_residual_setting，根据配置，调用 block 函数（也就是 InvertedResidual）逐个创建 InvertedResidual 模块对象。然后添加一个 1 × 1 的 DepthwiseConvolution 层。

第 99 ～ 101 行，我们用一个 Dropout 来丢弃部分参数，并使用 Linear 线性回归的、到最后的分类结果。最后调用 self._initialize_weights 函数初始化一些层的从权重，包括归一化、清零、填充，等等。

第 106 行，定义了前传函数，基本就是执行前向网络，最后调用 classifier 函数完成分类。

第 112 行，定义了 _initialize_weights 方法，该方法基本和 Squeeze 大同小异。如果是卷积层的子类，则对卷积层权重进行初始化。如果是 BatchNorm2d，则将权重参数填充为 1，偏置参数填充为 0。如果是线性回归，则对权重参数进行归一化，并将偏置参数设置成 0。

这样，一个 MobileNetV2 就完成了。我们在 SqueezeNet 中编写过调用脚本的示例。如果感兴趣的读者可以依照上面的方法自己编写一个可以调用 MobileNet V2 网络的主程序。

6.6 本章小结

在本章中，我们主要介绍了几种适用于移动平台的深度学习模型，并介绍了这些模型之间演变的来龙去脉，并以最早的 SqueezeNet 和最新的 MobileNet V2 为例介绍了如何实现这些轻量级的深度学习模型。这样我们基本就涵盖了移动平台深度学习的所有基础知识，然后就可以准备进入深度学习的进阶阶段了。

第三篇

深入理解深度学习

第7章

高性能数据预处理实战

从本章开始，我们进入深度学习进阶的相关内容。此前我们已经花费了大量的篇幅介绍深度学习的基础知识，以及移动平台深度学习的相关知识，包括 ARM 体系结构的方方面面、移动平台优化的基本思路、TensorFlow Lite 的实现等，最后介绍了以 SqueezeNet 和 MobileNet V1/V2 为代表的适用于移动平台的轻量级深度学习模型。在此之前，我们关注的点主要在基础知识、实现技术与算法本身。而从本章开始，我们将关注如何把已经介绍的技术应用到实际当中，以解决现实问题，并通过真正的项目实践方法论帮助大家更深入地认识深度学习里的细节。

本章的内容是数据预处理。在讨论算法的时候我们一般会假定数据是非常干净、标准的。但是在现实生活中，我们会遇到各种各样的数据，而且大多数数据都存在问题，不利于后期分析与机器学习，只有足够干净的数据才能得到良好的数据分析结果，由于移动平台的性能有限，所以移动平台的模型和样本都会进行特殊处理，并且会对机器学习模型的分析结果产生影响，因此数据预处理在移动平台深度学习中变得尤其重要，所以对研发移动平台深度学习解决方案来说，在正式分析和处理数据之前必须对数据进行高效预处理。

7.1 数据预处理任务

数据预处理的目的是提高数据质量，我们希望所有数据都是准确的、完整的，而且每条数据记录都是唯一的。但是实际上显示的数据很可能有错误的特征记录，也很有可能会有缺失的特征，还有可能出现重复的数据记录（两条数据重复）。

为了实现这一目标，我们将数据预处理的任务分为数据清理、数据集成、数据归约和数据变换 4 步。

7.1.1　数据清理

数据清理主要是处理数据中的缺失值，光滑噪声数据，识别或删除离群点，并解决不一致性“清理”数据。

为了处理数据的缺失值，我们有以下几种方法。

1）直接忽略缺失特征的数据元组，也就是一旦缺少了特征就直接把这个数据丢弃，这种方法可能会导致样本量减少很多。

2）人工填补缺失值。也就是手工填写数据的缺失值。如果数据样本少可以采用这种方法，但如果数据样本量大，那么这种方法是不可行的。

3）使用规定规则填补缺失值，也就是人工定义某种计算规则（比如可以定义一个全局默认值，或者使用特征的简单统计量），这种方法的特点是简单快速，缺点是如果规则有问题，很有可能会导致后续的数据分析或者机器学习出现偏差。

4）使用机器学习方法填补缺失值，也就是使用一些机器学习方法，根据样本的其他特征或者来确定缺失值。这种方法比较复杂，但理论上可以提供更好的补缺效果，也是某些领域比较热门的一个研究方向。

数据噪声是数据清理的第 2 个任务，我们可以认为所谓数据噪声其实就是被测量的变量的随机误差或方差，而这种随机的误差或者方差的影响可以通过一些数学变换来消除，这种技术就是数据光滑技术，主要包括分箱、回归和离群点分析等。

分箱是最常用、最直接的手段，其基本思路是通过考察数据的“近邻”（即周围的值），来光滑有序数据值，比如我们可以将可用箱中每一个值都替换为箱中的均值，或者将箱中每一个值都替换为箱中的中位数；也可以将定箱中的最大值和最小值作为箱边界，将箱中每一个值都替换为最近的边界值等。

7.1.2　数据集成

数据集成是指将多个数据库、数据立方体或文件集成在一起，主要问题是代表同一概念的属性在不同数据库中可能具有不同的名字，导致不一致性和冗余。

数据集成的第 1 个问题是实体识别问题，即如何确定来自场景 1 样本 A 中的某个属性和来自场景 2 样本 B 中的某个属性是相同的属性，有许多方法是用来解决这个问题的。不过本书很少涉及多数据源数据集成，因此就不过多阐述了。

还有一种方法是对数据进行冗余分析和相关性分析，它主要是用于度量样本的两个属性之间的相关性，如果两者密切相关，那么肯定就存在冗余信息。而我们就要考虑如何去除这些冗余的属性或者将这些属性变换成不相关的属性等。

7.1.3　数据归约

数据归约技术可以用来得到数据集的归约表示，它虽然小得多，但能产生同样的（或几乎同样的）分析结果。数据归约策略包括**维归约**和**数值归约**。

维归约是使用数据编码方案，以便得到数据的简化或“压缩”表示方式，包括数据压缩技术（例如，小波变换和主成分分析），属性子集选择（例如，去掉不相关的属性）和属性构造（例如，从原属性导出更有用的小属性集）。

数值归约是使用参数模型（例如，回归或对数线性模型等）或非参数模型（例如，直方图、聚类和抽样等），用较小的表示取代数据。

本章会重点阐述维归约中的主成分分析（PCA），这是一种非常常用的降维和特征选择方法。

7.1.4 数据变换

数据变换的目的是将数据中的特征变换成另一种更易于分析处理的形式，因此方法非常多，包括以下几种。

1）光滑：去掉数据中的噪声，包括分箱、回归和聚类。

2）属性构造（或特征构造）：可以由给定的属性构造新的属性并添加到相应的属性集中，以提升挖掘效率。

3）聚集：对数据进行汇总和聚集。

4）规范化：把属性数据按比例缩放，使之落入特定小区间。

5）离散化：数值属性的原始值用区间标签或概念标签替换。

7.2 数据标准化

数据标准化是指将样本的属性缩放到某个指定的范围。某些算法要求样本具有零均值和单位方差，这时我们需要消除样本中不同属性具有不同量级的影响，一般原因是：

1）数量级的差异将导致量级较大的属性占据主导地位；

2）数量级的差异将导致迭代收敛速度减慢；

3）依赖于样本距离的算法对于数据的数量级非常敏感。

数据标准化的方法主要是归一化和规范化。

归一化又称为 min-max 标准化，对于每个属性，设 min$A$ 和 max$A$ 分别为属性 A 的最小值和最大值，将 A 的一个原始值 x 通过 min-max 标准化映射成在区间 [0，1] 中的值 x'，其公式为：

$$x' = \frac{x - \min A}{\max A - \min A}$$

相当于将特征的最小值看成 0，最大值看成 1，然后将特征直接等比变换到 [0，1] 区间内：

$$\mu^{(i)} = \frac{1}{N}\sum_{i=1}^{N} x_j^{(i)}$$

规范化又称为 z-score 标准化，基本思路是基于原始数据的均值和标准差进行数据的标准化。这种方法适用的情况是我们不知道特征的最大值或者最小值的情况。具体来说就是将原特征减去均值再除以标准差，就得到了新特征，即如下公式：

$$\sigma^{(j)} = \sqrt{\frac{1}{N}\sum_{i=1}^{N}(x_j^{(i)} - \mu^{(j)})}$$

均值和标准差都是在样本集上定义的，而非单个样本。数据标准化是针对某个属性的，需要用到所有样本在该属性上的值。

7.3 PCA

本章的重点是 PCA。PCA 是一种使用最广泛的数据降维算法，主要思想是将 n 维特征映射到 k 维上，映射后的 k 维特征是在原有 n 维特征基础上完全重新构造的正交特征，也就是我们所说的主成分，接下来我们将对 PCA 进行详细讲解。

7.3.1 PCA 的现实问题

我们在处理机器学习任务的时候经常会遇到以下几类问题。

1）在研究汽车数据时，我们获取到了汽车数据的样本，样本中有两个最大速度特征，其中一个单位是 km/h，另一个单位是 m/min，显然有一个特征是多余的。

2）在分析学生成绩时，发现某个计算机系学生成绩单中有 3 列，一列是专业的兴趣程度，一列是复习时间，还有一列是考试成绩。从一般逻辑思考，如果学生喜欢计算机，或者花费了大量复习时间，一般都能取得比较好的成绩，因此第 2 项与第 1 项强相关，第 3 项和第 2 项也是强相关。那是不是可以合并第 1 项和第 2 项呢？

3）现在我们需要分析某地区的房价数据，我们发现样本数据特征非常多（假设有 30 个特征），而样例特别少（只有 10 个样本），如果用回归去直接拟合非常困难，容易过度拟合。

此时，我们就需要对特征进行处理，比如使用互信息剔除和类标签无关的特征（如“学生的名字”就和他的“成绩”无关）的方法，也可以使用特征降维的方法来减少特征数，减少噪声和冗余，减少过度拟合的可能性等。我们这里重点讨论特征降维。

7.3.2 PCA 的计算方法

假设有 10 个样本，每个样例两个特征，使用行代表样本，使用列代表特征，最后得到的 2 维数据如图 7-1 所示。

x	2.5	0.5	0.7	2.2	1.9	3.1	2.3	2	1	1.5
y	2.4	0.7	2.9	2.2	3	2.7	1.6	1.1	1.6	0.9

图 7-1　二维数据表

第 1 步，分别求 x 和 y 的平均值，然后对于所有样本，都减去对应的均值。我们可以求得这里 x 的均值是 1.81，y 的均值是 1.91，减去后得到如图 7-2 所示的数据表。

x	0.69	−1.31	0.39	0.09	1.29	0.49	0.19	−0.81	−0.31	−0.71
y	0.49	−1.21	0.99	0.29	1.09	0.79	−0.31	−0.81	−0.31	−1.01

图 7-2 调整后的数据表

若样本特征之间的方差存在明显差异，则需要对特征做方差归一化（可省略）。求每个特征的标准差 σ，然后对每个样例在该特征下的数据除以 σ。

第 2 步，求特征协方差矩阵。如果数据是 3 维，那么协方差矩阵公式如下所示：

$$C=\begin{pmatrix}\operatorname{cov}(x,x) & \operatorname{cov}(x,y) & \operatorname{cov}(x,z)\\ \operatorname{cov}(y,x) & \operatorname{cov}(y,y) & \operatorname{cov}(y,z)\\ \operatorname{cov}(z,x) & \operatorname{cov}(z,y) & \operatorname{cov}(z,z)\end{pmatrix}$$

这里只有 x 和 y，求解公式如下所示：

$$\operatorname{cov}=\begin{pmatrix}0.616\,555\,556 & 0.615\,444\,444\\ 0.615\,444\,444 & 0.716\,555\,556\end{pmatrix}$$

这里我们需要注意，对角线上分别是 x 和 y 的方差，非对角线上是协方差。假设协方差 > 0 时，表示 x 和 y 若有一个增，另一个也增；假设协方差 < 0 时，表示一个增，一个减；假设协方差 = 0 时，两者独立。由此可知，协方差绝对值越大，两者对彼此的影响越大，反之则越小。

第 3 步，求协方差的特征值和特征向量，得到 EigenValues 和 EigenVectors，其中 1.284 027 71 就是最大特征值，EigenVectors 最后一列就是特征值对应的特征向量，公式如下所示：

$$\text{EigenValues}=\begin{pmatrix}0.049\,083\,398\,9\\ 1.284\,027\,71\end{pmatrix}$$

$$\text{EigenVectors}=\begin{pmatrix}-7.351\,786\,56 & -6.778\,733\,99\\ 0.677\,873\,99 & -7.351\,786\,56\end{pmatrix}$$

然后将这里的特征向量都归一化为单位向量。

第 4 步，将特征值按照从大到小的顺序排序，选择其中最大的 k 个，然后将其对应的 k 个特征向量分别作为列向量，组成特征向量矩阵。

第 5 步，将样本点投影到选取的特征向量上。

假设样例数为 m，特征数为 n，减去均值后的样本矩阵为 DataAdjust $(m\times n)$，协方差矩阵是 $n\times n$，选取的 k 个特征向量组成的矩阵为 EigenVectors$(n\times k)$。

那么投影后的数据公式如下所示：

$$\text{FinalData}(m\times k)=\text{DataAdiust}(m\times n)\times\text{EigenVectors}(n\times k)$$

这样，就将原始样例的 n 维特征变成了 k 维，而这里的 k 维就是原始特征在 k 维上的投影。假设令 $k=1$，得到的结果如图 7-3 所示。

x
−0.827970186
1.77758033
−0.992197494
−0.274210416
−1.67580142
−0.912949103
0.0991094375
1.14457216
0.438046137
1.22382056

图 7-3 结果表

7.3.3 PCA 的数学理论基础

虽然我们知道了如何计算 PCA，但是并不了解其背后的数学原理，因此本节主要讨论 PCA 的数学理论基础。

1. 最大方差理论

在信号处理中，我们认为信号具有较大的方差，噪声有较小的方差，信噪比就是信号与噪声的方差比，其数值越大越好。

样本在横轴上的投影方差较大，在纵轴上的投影方差较小，那么我们就认为纵轴上的投影是由噪声引起的。因此，最好的 k 维特征，是将 n 维样本点转换为 k 维后，每一维上的样本方差都很大。

对于如图 7-4、图 7-5 所示的 5 个样本点，假设我们选择两条不同的直线做投影。根据方差最大化理论可知左边的好，因为左边投影后的样本点之间的方差最大。

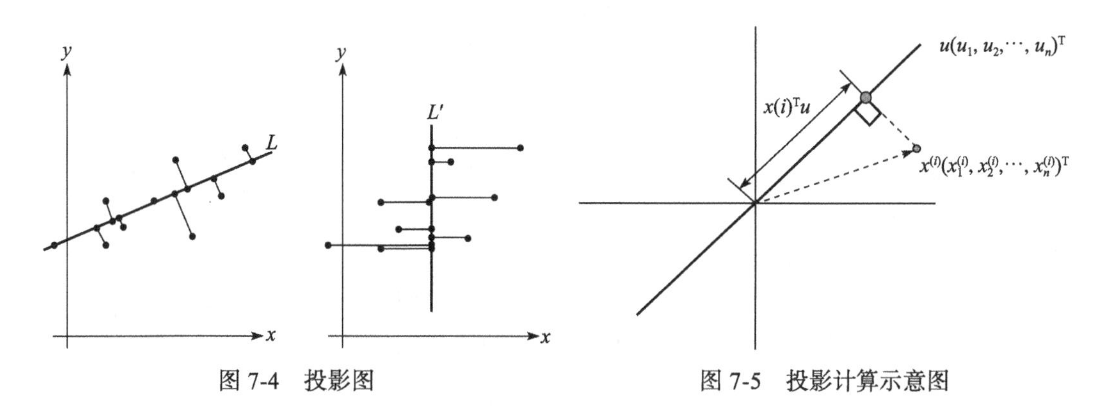

图 7-4　投影图　　　　图 7-5　投影计算示意图

那么具体如何计算投影呢？如图 7-5 所示。

在图 7-5 中，位于 $\boldsymbol{u}$ 右侧的点是样例，$\boldsymbol{u}$ 上的点是投影点，$\boldsymbol{u}$ 是直线的斜率，也是直线的方向向量，而且是单位向量。样本点（样例）的每一维特征的均值，和投影到 $\boldsymbol{u}$ 上的样本点的均值都相等。我们希望寻找一个最佳的投影向量 $\boldsymbol{u}$，可以使投影后的样本点方差最大。

在本案例中，已知均值为 0，因此方差公式如下所示：

$$\frac{1}{m}\sum_{i=1}^{m}\left(x^{(i)^{\mathrm{T}}}\boldsymbol{u}\right)^2=\frac{1}{m}\sum_{i=1}^{m}\boldsymbol{U}^{\mathrm{T}}x^{(i)}x^{(i)^{\mathrm{T}}}\boldsymbol{u}=\boldsymbol{u}^{\mathrm{T}}\left(\frac{1}{m}\sum_{i=1}^{m}x^{(i)}x^{(i)^{\mathrm{T}}}\right)\boldsymbol{u}$$

假设我们用 λ 表示 $\frac{1}{m}\sum_{i=1}^{m}\left(x^{(i)\mathrm{T}}\boldsymbol{u}\right)^2$，使用 Σ 表示 $\frac{1}{m}\sum_{i=1}^{m}x^{(i)}x^{(i)^{\mathrm{T}}}$，那么可以将上式记为：

$$\lambda=\boldsymbol{u}^{\mathrm{T}}\Sigma u$$

由于 $\boldsymbol{u}$ 是单位向量，也就是说 $\boldsymbol{u}^{\mathrm{T}}\boldsymbol{u}=1$，如果将上式两侧同时左乘 $\boldsymbol{u}$，那么公式如下所示：

$$\boldsymbol{u}\lambda=\lambda\boldsymbol{u}=\boldsymbol{u}\boldsymbol{u}^{\mathrm{T}}\Sigma\boldsymbol{u}=\Sigma\boldsymbol{u}$$

最后可得 $\Sigma\boldsymbol{u}=\lambda\boldsymbol{u}$。因此，$\lambda$ 就是 Σ 的特征值，$\boldsymbol{u}$ 是特征向量。最佳的投影直线，是特

征值 λ 最大时对应的特征向量。我们只需要对协方差矩阵进行特征值分解，得到的前 k 大特征值对应的特征向量就是最佳的 k 维新特征，而且这里的 k 维新特征是正交的。获得的新样本公式如下所示：

$$y^{(i)}=\begin{bmatrix}u_1^{\mathrm{T}}x^{(i)}\\u_2^{\mathrm{T}}x^{(i)}\\\cdots\\u_k^{\mathrm{T}}x^{(i)}\end{bmatrix}\in\mathrm{R}^k$$

其中第 j 维就是 $x^{(i)}$ 在 $\boldsymbol{u}_i$ 上的投影。通过选取最大的 k 个 $\boldsymbol{u}$，使得方差较小的特征（如噪声）被丢弃。

2. 最小平方误差理论

假设有如图 7-6 所示的二维样本点，我们通过线性回归求一个线性函数，使得直线能够最佳拟合样本点。

回归时，最小二乘法度量的是样本点到直线的坐标轴距离。比如在这个问题中，特征是 x，类标签是 y。回归时最小二乘法度量的是距离 d。如果使用回归方法来度量最佳直线，那么就是直接在原始样本上做回归了，跟特征选择就没什么关系了。因此，我们打算选用另外一种评价直线好坏的方法，使用点到直线的距离 d' 来度量。

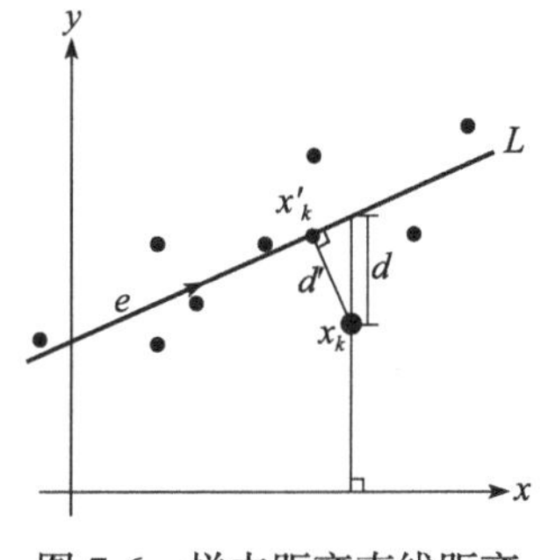

图 7-6 样本距离直线距离

现在有 n 个样本点 $(x_1, x_2, \cdots, x_n)$，每个样本点为 m 维。将样本点在直线上的投影记为，那么我们求下面这个公式的最小值：

$$\sum_{k=1}^{n}\|(x_k'-x_k)\|^2$$

这个公式称作最小平方误差（least squared error）公式。若要确定一条直线，一般只需要确定一个点，并且确定其方向即可。

7.4 在 Hurricane 之上实现 PCA

根据理论一步一步地实现设计好的算法固然容易，但到实际应用场景时该怎么办呢？本节将着重介绍如何高效快速地使用 C++ 实现 PCA 算法，当然只实现算法本身实用性并不强。因此，我们会在此基础上引入工程实践的思想，即考虑如何让 PCA 算法在实时流式计算系统上工作，以形成可以交付的解决方案。

事实上类似领域系统采用相同编程语言来进行开发是有一些内在联系和原因的。在开发高性能计算系统时，C++ 在使用内存的自由度，调度 CPU 的自由度以及无限接近于机器码执行的效率等方面，都拥有着无可比拟的优势。我们选择 C++ 作为编程实战的首选也是出于此原因。在本节中，我们先介绍使用 C++ 开发的 Hurricane 实时处理系统，作为承载数据预处理 PCA 算法的实时数据框架，然后在后续内容中再介绍如何进行编程以实现整个解决方案。

7.4.1　Hurricane 实时处理系统

Hurricane 实时处理系统[1],[2]是一款完全使用 C++ 开发的高性能、高吞吐的分布式实时处理系统，其系统架构和设计思路参考了 Apache Storm Real-Time Processing。从命名上可以看出，单词 Hurricane 与 Storm 含义类似，但略有不同，维基百科对 Hurricane 的解释是“ A storm that has very strong fast winds and that moves over water”，即“在水面高速移动的飓风”(storm)。如图 7-7 所示。

图 7-7　Hurricane 实时处理系统

Hurricane 实时处理系统由 2 个子系统构成。

1）Hurricane：基于 C/C++ 编写的实时处理系统的核心。

2）libmeshy：基于 C/C++ 编写的高性能网络库，主要实现可靠的 TCP/IP 传输和消息队列，为 Hurricane 实时处理系统核心提供底层网络传输基础。

关于 Hurricane 和 Storm，下面我们将简单列出两套系统的基本区别供读者参考。

1）Storm 主要使用 Clojure 和 Java 开发，Hurricane 实时处理系统则使用 C++ 开发。Storm 采用 Clojure 开发主要是因为 Clojure 的开发效率较高，且可以与 Java 方便地进行互操作，Java 目前是在分布式计算领域中运用最为广泛的语言之一。Hurricane 实时处理系统主要着眼于性能和底层的技术实现问题，希望通过抽象层次保证一定的开发效率的前提下最大化地提升系统的执行效率，因此采用 C++ 开发。

2）目前，Storm 节点通信使用 Thrift；而 Hurricane 实时处理系统则是自己实现的私有协议。使用 Thrift 可以非常方便地进行消息通信，但由于 Thrift 自身过于庞大，而且无法和我们的网络层集成，因此我们选择自己实现私有协议。

3）Storm 并不注重节点之间 I/O 性能；而 Hurricane 实时处理系统则基于 libmeshy 实现了高性能 I/O。libmeshy 是由笔者开发的异步 I/O 框架，确保了传输层的性能。

4）Storm 使用 ZooKeeper 存储集群元数据；而 Hurricane 实时处理系统目前暂时将元数据存储在每个节点内部，并通过同步指令同步元数据。

5）Storm 使用标准输入 / 输出流作为多语言接口的基础；而 Hurricane 实时处理系统则封装了基础的 C 语言接口，直接与各种语言进行互操作，在多语言接口上，Storm 的多语言接口开发难度较低，但是 Hurricane 实时处理系统的多语言接口性能会强于 Storm。

[1] Hurricane 实时处理系统在 Apache License 2.0 下开源发布，读者可以访问 https://github.com/samblg/hurricane 来获取源代码，编译和使用。

[2] 由机械工业出版社出版发行的《分布式实时处理系统：原理、架构与实现》完整阐述了 Hurricane 实时处理系统架构解析、源代码分析和实战，感兴趣的读者可以延伸阅读该书。

在展开讨论之前，我们先来看看即将使用的 Hurricane 实时处理系统的架构图，如图 7-8 所示。

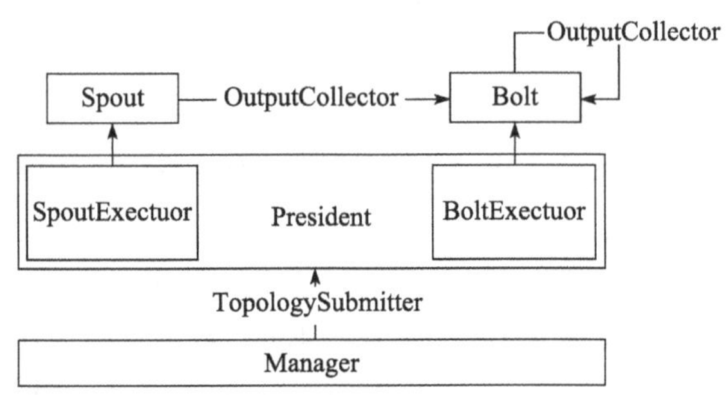

图 7-8　Hurricane 实时处理系统架构图

其中，Spout 是消息源，拓扑结构中所有的数据都来自于消息源，而消息源也是拓扑结构中消息流的源头。

Bolt 是消息处理单元，主要负责接收来自消息源或数据处理单元的数据流，并对数据进行逻辑处理，然后转发到下一个消息处理单元，基本封装了所有的数据处理逻辑。

SpoutExecutor 是一个线程，是所有消息源的执行者，每一个 SpoutExecutor 负责执行一个消息源。

而 BoltExecutor 也是一个线程，是所有消息处理单元的执行者，每个 BoltExecutor 负责执行一个消息处理单元。

SpoutExecutor 会永不停息地运行，而 BoltExecutor 则会等到数据到来才启动。

Manager 是单个节点任务的管理者，负责创建执行器对象、与中心节点通信、接收来自其他节点的数据，将这些数据分发到对应的 Bolt 中，让 Bolt 进行处理。

President 是整个集群的中心节点，负责收集用户的请求，并将用户定义的拓扑结果发送给正在运行的其他各 Manager，同时会通过向各 Manager 收集信息，了解各节点的执行情况，以为每个 Executor 分配对应的任务。

同时，我们还可以借助类型之间的关系，从另一个侧面来描述 Hurricane 实时处理系统，如图 7-9 所示。

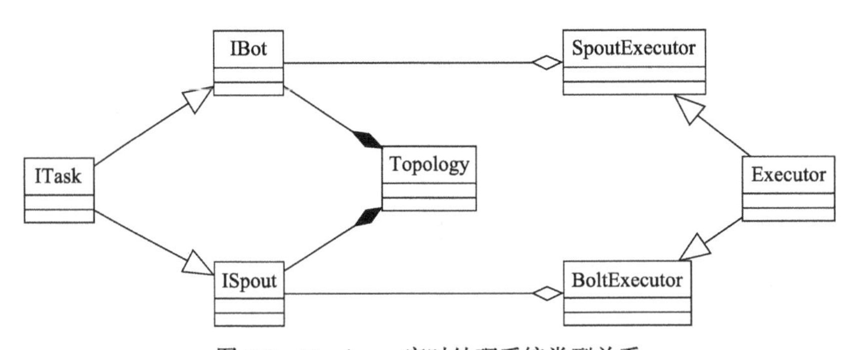

图 7-9　Hurricane 实时处理系统类型关系

7.4.2　实现 Hurricane Topology

要实现 Hurricane Topology，需要编号 6 个代码清单，下面将逐一阐述。

首先编写 DataReaderSpout.h，用于定义 DataReaderSpout 类，如代码清单 7-1 所示。

代码清单 7-1　DataReaderSpout.h

```
 1 #pragma once
 2
 3 #include "hurricane/spout/ISpout.h"
 4 #include <vector>
 5 #include <memory>
 6
 7 namespace redox {
 8     class Subscriber;
 9 }
10
11 class DataReaderSpout : public hurricane::spout::ISpout {
12 public:
13     virtual hurricane::spout::ISpout* Clone() override {
14         return new SpiderTaskSpout(*this);
15     }
16     virtual void Prepare(std::shared_ptr<hurricane::collector::OutputCollec
   tor> outputCollector) override;
17     virtual void Cleanup() override;
18     virtual std::vector<std::string> DeclareFields() override;
19     virtual void NextTuple() override;
20
21 private:
22     std::shared_ptr<hurricane::collector::OutputCollector> _outputCollector;
23     std::shared_ptr<redox::Subscriber> _subscriber;
24 };
```

第 3 行，包含了 ISpout.h，该头文件中定义了 Hurricane 的 ISpout 接口类，该接口类定义了 Spout 所需实现的接口。

第 8 行，声明了 redox::Subscriber 类，避免在 C++ 中直接包含 redox 的头文件。

第 11 行，定义了 DataReaderSpout 类，该类继承自 ISpout 类，即实现了 Spout 类的必要接口。

第 13 ～ 15 行，定义了 Clone 成员函数，该成员函数主要用于复制生成新的 Spout 对象。这里直接调用 SpiderTaskSpout 的复制构造函数，创建新的对象。

第 16 行，声明了 Prepare 成员函数，该成员函数用于完成 Spout 对象的初始化工作。

第 17 行，声明了 Cleanup 成员函数，该成员函数用于完成 Spout 对象的清理工作。

第 18 行，声明了 DeclareFields 成员函数，该成员函数用于声明 Spout 的输出字段。

第 19 行，声明了 NextTuple 成员函数，该成员函数用于生成数据元组。元组会输入到 Topology 中。

第 22 行，定义了 OutputCollector 指针，用于记录 Hurricane 的输出数据收集器指针，会在初始化的时候设置该指针。

第 23 行，定义了 redox::Subscriber 对象指针，用于记录 Redis 的事件监听器，负责订阅消息队列。

接着编写 DataReaderSpout.cpp，用于实现 DataReaderSpout 类，如代码清单 7-2 所示。

代码清单 7-2 DataReaderSpout.cpp

```
1 #include "SpiderTaskSpout.h"
2 #include "hurricane/util/StringUtil.h"
3 #include <thread>
4 #include <chrono>
5 #include <redox.hpp>
6 #include <fstream>
7
8 const std::string REDIS_HOST="localhost";
9 const int32_t REDIS_PORT = 6379;
10
11 void DataReaderSpout::Prepare(std::shared_ptr<hurricane::collector::OutputC
   ollector> outputCollector) {
12     _outputCollector = outputCollector;
13     _subscriber = std::make_shared<redox::Subscriber>(REDIS_HOST, REDIS_PORT);
14 }
15
16 void DataReaderSpout::Cleanup() {
17     if (!_subscriber.get()) {
18         return;
19     }
20
21     _subscriber->disconnect();
22     delete _redox;
23 }
24
25 std::vector<std::string> DataReaderSpout::DeclareFields() {
26     return { "record" };
27 }
28
29 void DataReaderSpout::NextTuple() {
30     sub.subscribe("data", [](const string& topic, const string& fileName) {
31         std::ifstream inputFile(fileName.c_str());
32         std::vector<double> record;
33
34         while (inputFile) {
35             double element;
36
37             inputFile >> element;
38             record.push_back(element);
39         }
40
41         _outputCollector->Emit({ record });
42     });
43 }
```

第 8 ～ 9 行，定义了两个和 Redis 连接相关的常量，REDIS_HOST 是 Redis 的服务主机名，REDIS_PORT 是 Redis 的服务端口号。

第 11 ～ 14 行，定义了 Prepare 成员函数，该函数的参数是 OutputCollector 对象指针，这个对象是 Hurricane 创建的用于收集输出数据的对象，我们只负责引用。函数中我们先存储 OutputCollector 指针，然后创建 Redis 的 Subscriber 对象。

第 16 ～ 23 行，定义了 Cleanup 成员函数，首先判定是否初始化了 Subscriber 对象，如果没有初始化则直接返回，或者调用 subscriber 的 disconnect 成员函数断开与 Redis 服务器的连接，然后使用 delete 释放 Redis 对象。

第 25 ～ 27 行，定义了 DeclareFields 成员函数。该 Spout 只输出一个 record 字段，因此返回一个包含 record 字符串的数组。

第 29 ～ 43 行，定义了 NextTuple 成员函数，该函数调用了 Subscriber 对象的 subscribe 成员函数，监听 data 队列，当数据到来的时候会触发回调函数。回调函数包含两个参数：topic 是数据主题，fileName 是数据参数，即需要读取的文件名。首先创建 ifstream 对象，打开 fileName 对应的文件。然后创建 double 类型的 vector 对象，用来存储文件中的数据。接着不断读取文件，直到读取到文件末尾，每次读入一个浮点数，并添加到 record 数组中。最后将 record 数组通过 OutputCollector 发送出去。这样就完成了用来读取数据源，发送数据的 DataReaderSpout。

接下来编写 PCABolt.h，用于定义 PCABolt 类，如代码清单 7-3 所示。

代码清单 7-3　PCABolt.h

```
 1 #pragma once
 2
 3 #include "pca.h"
 4 #include "hurricane/bolt/IBolt.h"
 5
 6 #include <string>
 7 #include <cstdint>
 8
 9 class PCABolt : public hurricane::bolt::IBolt {
10 public:
11     virtual hurricane::bolt::IBolt* Clone() override {
12         return new UrlParseBolt(*this);
13     }
14     virtual void Prepare(std::shared_ptr<hurricane::collector::OutputCollec_
       tor> outputCollector) override;
15     virtual void Cleanup() override;
16     virtual std::vector<std::string> DeclareFields() override;
17     virtual void Execute(const hurricane::base::Tuple& tuple) override;
18
19 private:
20     std::shared_ptr<hurricane::collector::OutputCollector> _outputCollector;
21     int _size;
22     pca _pca;
23 };
```

第 3 行，包含了头文件 pca.h，其中定义了 PCA 的算法实现，我们将在后面介绍如何实现 PCA 算法。

第 4 行，包含了头文件 IBolt.h，其中定义了 Hurricane 的 IBolt 接口类，该接口类定义了 Bolt 所需实现的接口。

第 9 行，定义了 PCABolt 类，该类继承自 IBolt 类，也就是实现了 Bolt 类的必要接口。

第 11 ～ 13 行，定义了 Clone 成员函数，该成员函数主要用于复制生成新的 Bolt 对象。这里我们直接调用 PCABolt 的复制构造函数，创建新的对象。

第 14 行，声明了 Prepare 成员函数，该成员函数用于完成 Bolt 对象的初始化工作。

第 15 行，声明了 Cleanup 成员函数，该成员函数用于完成 Bolt 对象的清理工作。

第 16 行，声明了 DeclareFields 成员函数，该成员函数用于声明 Spout 的输出字段。

第 17 行，声明了 Execute 成员函数，该成员函数用于接收前一个节点的元组，并在处理后生成新的元组。元组会输入到 Topology 中。

第 20 行，定义了 OutputCollector 指针，用于记录 Hurricane 的输出数据收集器指针，并会在初始化的时候设置该指针。

第 21 行，定义了 _size 属性，表示每个 PCA 样本的数据长度。

第 22 行，定义了 _pca 属性，用于进行 PCA 处理的算法对象。

接下来编写 PCABolt.cpp，用于实现 PCABolt 类，如代码清单 7-4 所示。

代码清单 7-4 PCABolt.cpp

```
 1 #include "PCABolt.h"
 2 #include "hurricane/util/StringUtil.h"
 3 
 4 #include <iostream>
 5 #include <sstream>
 6 #include <cstring>
 7 
 8 const int MAX_SIZE = 1024;
 9 const std::string PCA_MODEL_FILE = "sample"
10 
11 void PCABolt::Prepare(std::shared_ptr<hurricane::collector::OutputCollect_
   or> outputCollector) {
12     _outputCollector = outputCollector;
13     _size = 0;
14 }
15 
16 void PCABolt::Cleanup() {
17 }
18 
19 std::vector<std::string> PCABolt::DeclareFields() {
20     return { "modelFile" };
21 }
22 
23 void PCABolt::Execute(const hurricane::base::Tuple& tuple) {
```

```
24     std::vector<double> record = tuple[0].GetValue<std::vector<double>>();
25     _pca.add_record(record);
26     _size ++;
27
28     if (_size >= MAX_SIZE) {
29         _outputCollector->Emit({ _size });
30         _size = 0;
31         _pca.save(PCA_MODEL_FILE);
32         _pca = pca();
33     }
34 }
```

第 8 ～ 9 行，定义了两个常量，MAX_SIZE 表示每一组样本的最大长度，PCA_MODEL_FILE 是 PCA 模型文件的文件名。

第 11 ～ 14 行，定义了 Prepare 成员函数，该函数的参数是 OutputCollector 对象指针，这个对象是 Hurricane 创建的用于收集输出数据的对象，我们只负责引用。函数先存储 OutputCollector 指针，然后将 _size 设置为 0。

第 16 ～ 17 行，定义了 Cleanup 成员函数，这里 PCABolt 不需要做清理工作，因此这里定义一个空函数即可。

第 19 ～ 21 行，定义了 DeclareFields 成员函数。该 Bolt 只输出一个 modelFile 字段，因此返回一个包含 modelFile 字符串的数组。

第 23 ～ 34 行，定义了 Execute 成员函数，该函数首先从输入的元组中获取第一个元素，并将该元素转换成 double 数组。然后将数组中的元素添加到 PCA 算法对象中，准备进行数据处理，并且将 _size 加上记录数量。

第 28 ～ 33 行，如果 _size 超过 PCA 要求的最低数据量，可以调用 pca 的 save 函数来完成一批数据的 PCA 计算，并将 PCA 计算结果保存到模型文件中，最后创建新的 pca 对象，准备下一轮 PCA 计算。

接着编写 PCATopology.h 头文件，如代码清单 7-5 所示。

代码清单 7-5　PCATopology.h

```
 1 #pragma once
 2
 3 namespace hurricane {
 4     namespace topology {
 5         class Topology;
 6     }
 7 }
 8
 9 #include "hurricane/base/externc.h"
10
11 BEGIN_EXTERN_C
12 hurricane::topology::Topology* GetTopology();
13 END_EXTERN_C
```

第 5 行，声明了 Topology 类型，这里主要是前向声明。

第 12 行，声明了 GetTopology 函数，这里使用 BEGIN_EXTERN_C 和 END_EXTERN_C 将其包围起来，确保符号导出时以 C 符号形式导出。

最后编写 PCATopology.cpp，构建拓扑网络，具体实现见代码清单 7-6。

代码清单 7-6 PCATopology.cpp

```
 1 #include "PCATopology.h"
 2 #include "DataReaderSpout.h"
 3 #include "PCABolt.h"
 4 
 5 #include "hurricane/topology/Topology.h"
 6 
 7 hurricane::topology::Topology* GetTopology() {
 8     hurricane::topology::Topology* topology = new hurricane::topology::Topo_
       logy("pca-topology");
 9 
10     topology->SetSpout("data-reader-spout", new DataReaderSpout)
11         .ParallismHint(1);
12 
13     topology->SetBolt("pca-bolt", new PCABolt)
14         .Random("data-reader-spout")
15         .ParallismHint(3);
16 
17     return topology;
18 }
```

第 5 行，包含了头文件 Topology.h，其定义了 Topology 类。

第 7 行，定义了 GetTopology 函数，该函数会构建并返回 Topology 对象，定义了整个计算网络。

第 8 行，调用 Topology 的构造函数创建一个 Topology 对象，Topology 的名称是 pca-topology。

第 10 ～ 11 行，创建 DataReaderSpout 对象，调用 topology 的 SetSpout 构造函数，并将该 Spout 加入到网络中，将其命名为 data-reader-spout，然后调用 ParallismHint 将其并行度设置为 1。

第 13 ～ 15 行，创建 PCABolt 对象，调用 topology 的 SetBolt 成员函数将 Bolt 加入到网络中，将其命名为 pca-bolt，使用 Random 将其接到 data-reader-spout 后，然后调用 ParallismHint 将其并行度设置为 3。

第 17 行，返回创建好的 Topology 对象指针，这样就完成了 Topology 的编写。整个 Topology 的结构图如图 7-10 所示。

7.4.3 实现 PCA

Hurricane 是作为 PCA 的调度框架，接下来要实现实际的 PCA 算法。

首先编写 pca.h，这是 PCA 类的头文件，如代码清单 7-7 所示。

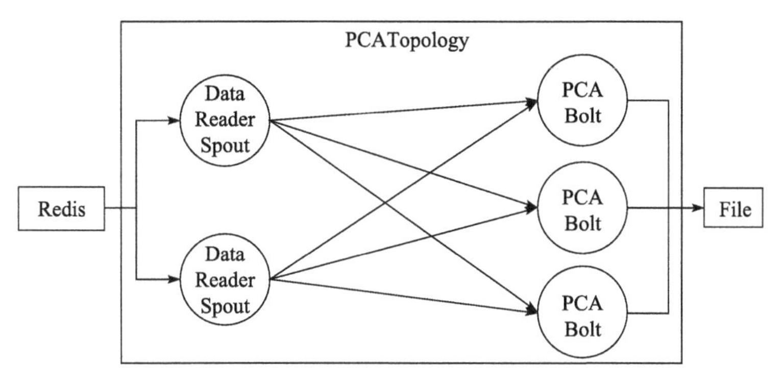

图 7-10 PCATolology 结构示意图

代码清单 7-7 pca.h

```
1 #pragma once
2
3 #include <vector>
4 #include <string>
5 #include <sstream>
6 #include <armadillo>
7
8 class pca {
9 public:
10     pca();
11     explicit pca(long num_vars);
12     virtual ~pca();
13     bool operator==(const pca& other);
14     void set_num_variables(long num_vars);
15     long get_num_variables() const;
16     void add_record(const std::vector<double>& record);
17     std::vector<double> get_record(long record_index) const;
18     long get_num_records() const;
19     void set_do_normalize(bool do_normalize);
20     bool get_do_normalize() const;
21     void set_do_bootstrap(bool do_bootstrap, long number=30, long seed=1);
22     bool get_do_bootstrap() const;
23     long get_num_bootstraps() const;
24     long get_bootstrap_seed() const;
25     void set_solver(const std::string& solver);
26     std::string get_solver() const;
27     void solve();
28     double check_eigenvectors_orthogonal() const;
29     double check_projection_accurate() const;
30     void save(const std::string& basename) const;
31     void load(const std::string& basename);
32     void set_num_retained(long num_retained);
33     long get_num_retained() const;
34     std::vector<double> to_principal_space(const std::vector<double>& record) const;
35     std::vector<double> to_variable_space(const std::vector<double>& data) const;
```

```
36      double get_energy() const;
37      std::vector<double> get_energy_boot() const;
38      double get_eigenvalue(long eigen_index) const;
39      std::vector<double> get_eigenvalues() const;
40      std::vector<double> get_eigenvalue_boot(long eigen_index) const;
41      std::vector<double> get_eigenvector(long eigen_index) const;
42      std::vector<double> get_principal(long eigen_index) const;
43      std::vector<double> get_mean_values() const;
44      std::vector<double> get_sigma_values() const;
45
46  protected:
47
48      long num_vars_;
49      long num_records_;
50      long record_buffer_;
51      std::string solver_;
52      bool do_normalize_;
53      bool do_bootstrap_;
54      long num_bootstraps_;
55      long bootstrap_seed_;
56      long num_retained_;
57      Mat<double> data_;
58      Col<double> energy_;
59      Col<double> energy_boot_;
60      Col<double> eigval_;
61      Mat<double> eigval_boot_;
62      Mat<double> eigvec_;
63      Mat<double> proj_eigvec_;
64      Mat<double> princomp_;
65      Col<double> mean_;
66      Col<double> sigma_;
67      void initialize_();
68      void assert_num_vars_();
69      void resize_data_if_needed_();
70      void bootstrap_eigenvalues_();
71  };
72
73  namespace utils {
74  Mat<double> make_covariance_matrix(const Mat<double>& data);
75  Mat<double> make_shuffled_matrix(const Mat<double>& data);
76  Col<double> compute_column_means(const Mat<double>& data);
77  void remove_column_means(Mat<double>& data, const Col<double>& means);
78  Col<double> compute_column_rms(const Mat<double>& data);
79  void normalize_by_column(Mat<double>& data, const Col<double>& rms);
80  void enforce_positive_sign_by_column(Mat<double>& data);
81  std::vector<double> extract_column_vector(const Mat<double>& data, long index);
82  std::vector<double> extract_row_vector(const Mat<double>& data, long index);
83  void assert_file_good(const bool& is_file_good, const std::string& filename);
84
85  template<typename T>
86  void write_matrix_object(const std::string& filename, const T& matrix) {
```

```
87     assert_file_good(matrix.quiet_save(filename, arma_ascii), filename);
88 }
89
90 template<typename T>
91 void read_matrix_object(const std::string& filename, T& matrix) {
92     assert_file_good(matrix.quiet_load(filename), filename);
93 }
94 template<typename T, typename U, typename V>
95 bool is_approx_equal(const T& value1, const U& value2, const V& eps) {
96     return std::abs(value1-value2)<eps ? true : false;
97 }
98 template<typename T, typename U, typename V>
99 bool is_approx_equal_container(const T& container1, const U& container2, const V
   & eps) {
100 i    if (container1.size()==container2.size()) {
101         bool equal = true;
102         for (size_t i=0; i<container1.size(); ++i) {
103             equal = is_approx_equal(container1[i], container2[i], eps);
104             if (!equal) break;
105         }
106         return equal;
107     } else {
108         return false;
109     }
110 }
111 double get_mean(const std::vector<double>& iter);
112 double get_sigma(const std::vector<double>& iter);
113 struct join_helper {
114     static void add_to_stream(std::ostream&) {}
115
116     template<typename T, typename... Args>
117     static void add_to_stream(std::ostream& stream, const T& arg, const Args&...
   args) {
118         stream << arg;
119         add_to_stream(stream, args...);
120     }
121 };
122 template<typename T, typename... Args>
123 std::string join(const T& arg, const Args&... args) {
124     std::ostringstream stream;
125     stream << arg;
126     join_helper::add_to_stream(stream, args...);
127     return stream.str();
128 }
129 template<typename T>
130 void write_property(std::ostream& file, const std::string& key, const T& value) {
131     file << key << "\t" << value << std::endl;
132 }
133 template<typename T>
134 void read_property(std::istream& file, const std::string& key, T& value) {
135     std::string tmp;
```

```
136     bool found = false;
137     while (file.good()) {
138         file >> tmp;
139         if (tmp==key) {
140             file >> value;
141             found = true;
142             break;
143         }
144     }
145     if (!found)
146         throw std::domain_error(join("No such key available: ", key));
147     file.seekg(0);
148 }
149
150 } //utils
```

整段代码比较长，但是其实包含了大量的辅助函数，下面我们逐一来讲解代码。

第 8 行，定义了 PCA 类。

第 10 ～ 11 行，定义了两个 PCA 的构造函数，一个是默认构造函数，另一个是支持设定初始数据量的构造函数。

第 12 行，定义了析构函数，由于考虑该类可能被继承，因此析构函数被设置成 virtual。

第 13 行，重载了比较操作符，用于比较两个 PCA 对象是否相同。

第 14 ～ 26 行，声明了各个成员变量的获取函数和设置函数，这里就不一一进行解释了。

第 27 行，声明了 solve 函数，该函数用于完成 PCA 求解。

第 28 行，声明了 check_eigenvectors_orthogonal 成员函数，用于检查 Eigen 向量是否是正交的。

第 29 行，声明了 check_projection_accurate 成员函数，用于检查投影向量是否精确。

第 30 ～ 31 行，声明了 save 和 load 成员函数，用于保存、加载模型。

第 32 ～ 44 行，声明了更多成员变量的获取函数和设置函数，这里就不详细解释了。

接着编写 pca.cpp，该文件是 PCA 的实现，如代码清单 7-8 所示。

代码清单 7-8　pca.cpp

```
 1 #include "pca.h"
 2 #include <stdexcept>
 3 #include <random>
 4
 5 pca::pca()
 6     : num_vars_(0),
 7       num_records_(0),
 8       record_buffer_(1000),
 9       solver_("dc"),
10       do_normalize_(false),
11       do_bootstrap_(false),
12       num_bootstraps_(10),
```

```
13          bootstrap_seed_(1),
14          num_retained_(1),
15          data_(),
16          energy_(1),
17          energy_boot_(),
18          eigval_(),
19          eigval_boot_(),
20          eigvec_(),
21          proj_eigvec_(),
22          princomp_(),
23          mean_(),
24          sigma_()
25  {}
26
27  pca::pca(long num_vars)
28        : num_vars_(num_vars),
29          num_records_(0),
30          record_buffer_(1000),
31          solver_("dc"),
32          do_normalize_(false),
33          do_bootstrap_(false),
34          num_bootstraps_(10),
35          bootstrap_seed_(1),
36          num_retained_(num_vars_),
37          data_(record_buffer_, num_vars_),
38          energy_(1),
39          energy_boot_(num_bootstraps_),
40          eigval_(num_vars_),
41          eigval_boot_(num_bootstraps_, num_vars_),
42          eigvec_(num_vars_, num_vars_),
43          proj_eigvec_(num_vars_, num_vars_),
44          princomp_(record_buffer_, num_vars_),
45          mean_(num_vars_),
46          sigma_(num_vars_)
47  {
48      assert_num_vars_();
49      initialize_();
50  }
51
52  pca::~pca()
53  {}
54
55  bool pca::operator==(const pca& other) {
56      const double eps = 1e-5;
57      if (num_vars_ == other.num_vars_ &&
58          num_records_ == other.num_records_ &&
59          record_buffer_ == other.record_buffer_ &&
60          solver_ == other.solver_ &&
61          do_normalize_ == other.do_normalize_ &&
62          do_bootstrap_ == other.do_bootstrap_ &&
63          num_bootstraps_ == other.num_bootstraps_ &&
```

```
 64            bootstrap_seed_ == other.bootstrap_seed_ &&
 65            num_retained_ == other.num_retained_ &&
 66            utils::is_approx_equal_container(eigval_, other.eigval_, eps) &&
 67            utils::is_approx_equal_container(eigvec_, other.eigvec_, eps) &&
 68            utils::is_approx_equal_container(princomp_, other.princomp_, eps) &&
 69            utils::is_approx_equal_container(energy_, other.energy_, eps) &&
 70            utils::is_approx_equal_container(mean_, other.mean_, eps) &&
 71            utils::is_approx_equal_container(sigma_, other.sigma_, eps) &&
 72            utils::is_approx_equal_container(eigval_boot_, other.eigval_boot_, eps) &&
 73            utils::is_approx_equal_container(energy_boot_, other.energy_boot_, eps) &&
 74            utils::is_approx_equal_container(proj_eigvec_, other.proj_eigvec_, eps))
 75            return true;
 76        else
 77            return false;
 78 }
 79
 80 void pca::resize_data_if_needed_() {
 81        if (num_records_ == record_buffer_) {
 82            record_buffer_ += record_buffer_;
 83            data_.resize(record_buffer_, num_vars_);
 84        }
 85 }
 86
 87 void pca::assert_num_vars_() {
 88        if (num_vars_ < 2)
 89            throw std::invalid_argument("Number of variables smaller than two.");
 90 }
 91
 92 void pca::initialize_() {
 93        data_.zeros();
 94        eigval_.zeros();
 95        eigvec_.zeros();
 96        princomp_.zeros();
 97        mean_.zeros();
 98        sigma_.zeros();
 99        eigval_boot_.zeros();
100        energy_boot_.zeros();
101        energy_.zeros();
102 }
103
104 void pca::set_num_variables(long num_vars) {
105        num_vars_ = num_vars;
106        assert_num_vars_();
107        num_retained_ = num_vars_;
108        data_.resize(record_buffer_, num_vars_);
109        eigval_.resize(num_vars_);
110        eigvec_.resize(num_vars_, num_vars_);
111        mean_.resize(num_vars_);
112        sigma_.resize(num_vars_);
113        eigval_boot_.resize(num_bootstraps_, num_vars_);
114        energy_boot_.resize(num_bootstraps_);
```

```
115     initialize_();
116 }
117
118 void pca::add_record(const std::vector<double>& record) {
119     assert_num_vars_();
120
121     if (num_vars_ != long(record.size()))
122         throw std::domain_error(utils::join("Record has the wrong size: ",
                                  record.size()));
123
124     resize_data_if_needed_();
125     arma::Row<double> row(&record.front(), record.size());
126     data_.row(num_records_) = std::move(row);
127     ++num_records_;
128 }
129
130 std::vector<double> pca::get_record(long record_index) const {
131     return std::move(utils::extract_row_vector(data_, record_index));
132 }
133
134 void pca::set_do_normalize(bool do_normalize) {
135     do_normalize_ = do_normalize;
136 }
137
138 void pca::set_do_bootstrap(bool do_bootstrap, long number, long seed) {
139     if (number < 10)
140         throw std::invalid_argument("Number of bootstraps smaller than ten.");
141
142     do_bootstrap_ = do_bootstrap;
143     num_bootstraps_ = number;
144     bootstrap_seed_ = seed;
145
146     eigval_boot_.resize(num_bootstraps_, num_vars_);
147     energy_boot_.resize(num_bootstraps_);
148 }
149
150 void pca::set_solver(const std::string& solver) {
151     if (solver!="standard" && solver!="dc")
152         throw std::invalid_argument(utils::join("No such solver available: ",
            solver));
153     solver_ = solver;
154 }
155
156 void pca::solve() {
157     assert_num_vars_();
158
159     if (num_records_ < 2)
160         throw std::logic_error("Number of records smaller than two.");
161
162     data_.resize(num_records_, num_vars_);
163
```

```
164     mean_ = utils::compute_column_means(data_);
165     utils::remove_column_means(data_, mean_);
166
167     sigma_ = utils::compute_column_rms(data_);
168     if (do_normalize_) utils::normalize_by_column(data_, sigma_);
169
170     arma::Col<double> eigval(num_vars_);
171     arma::Mat<double> eigvec(num_vars_, num_vars_);
172
173     arma::Mat<double> cov_mat = utils::make_covariance_matrix(data_);
174     arma::eig_sym(eigval, eigvec, cov_mat, solver_.c_str());
175     arma::uvec indices = arma::sort_index(eigval, 1);
176
177     for (long i=0; i<num_vars_; ++i) {
178         eigval_(i) = eigval(indices(i));
179         eigvec_.col(i) = eigvec.col(indices(i));
180     }
181
182     utils::enforce_positive_sign_by_column(eigvec_);
183     proj_eigvec_ = eigvec_;
184
185     princomp_ = data_ * eigvec_;
186
187     energy_(0) = arma::sum(eigval_);
188     eigval_ *= 1./energy_(0);
189
190     if (do_bootstrap_) bootstrap_eigenvalues_();
191 }
192
193 void pca::bootstrap_eigenvalues_() {
194     std::srand(bootstrap_seed_);
195
196     arma::Col<double> eigval(num_vars_);
197     arma::Mat<double> dummy(num_vars_, num_vars_);
198
199     for (long b=0; b<num_bootstraps_; ++b) {
200         const arma::Mat<double> shuffle = utils::make_shuffled_matrix(data_);
201
202         const arma::Mat<double> cov_mat = utils::make_covariance_matrix(shuffle);
203         arma::eig_sym(eigval, dummy, cov_mat, solver_.c_str());
204         eigval = arma::sort(eigval, 1);
205
206         energy_boot_(b) = arma::sum(eigval);
207         eigval *= 1./energy_boot_(b);
208         eigval_boot_.row(b) = eigval.t();
209     }
210 }
211
212 void pca::set_num_retained(long num_retained) {
213     if (num_retained<=0 || num_retained>num_vars_)
214         throw std::range_error(utils::join("Value out of range: ", num_retained));
```

```
215
216     num_retained_ = num_retained;
217     proj_eigvec_ = eigvec_.submat(0, 0, eigvec_.n_rows-1, num_retained_-1);
218 }
219
220 std::vector<double> pca::to_principal_space(const std::vector<double>& data) const {
221     arma::Col<double> column(&data.front(), data.size());
222     column -= mean_;
223     if (do_normalize_) column /= sigma_;
224     const arma::Row<double> row(column.t() * proj_eigvec_);
225     return std::move(utils::extract_row_vector(row, 0));
226 }
227
228 std::vector<double> pca::to_variable_space(const std::vector<double>& data) const {
229     const arma::Row<double> row(&data.front(), data.size());
230     arma::Col<double> column(arma::trans(row * proj_eigvec_.t()));
231     if (do_normalize_) column %= sigma_;
232     column += mean_;
233     return std::move(utils::extract_column_vector(column, 0));
234 }
235
236 double pca::get_energy() const {
237     return energy_(0);
238 }
239
240 std::vector<double> pca::get_energy_boot() const {
241     return std::move(utils::extract_column_vector(energy_boot_, 0));
242 }
243
244 double pca::get_eigenvalue(long eigen_index) const {
245     if (eigen_index >= num_vars_)
246         throw std::range_error(utils::join("Index out of range: ", eigen_index));
247     return eigval_(eigen_index);
248 }
249
250 std::vector<double> pca::get_eigenvalues() const {
251     return std::move(utils::extract_column_vector(eigval_, 0));
252 }
253
254 std::vector<double> pca::get_eigenvalue_boot(long eigen_index) const {
255     return std::move(utils::extract_column_vector(eigval_boot_, eigen_index));
256 }
257
258 std::vector<double> pca::get_eigenvector(long eigen_index) const {
259     return std::move(utils::extract_column_vector(eigvec_, eigen_index));
260 }
261
262 std::vector<double> pca::get_principal(long eigen_index) const {
263     return std::move(utils::extract_column_vector(princomp_, eigen_index));
264 }
265
```

```
266 double pca::check_eigenvectors_orthogonal() const {
267     return std::abs(arma::det(eigvec_));
268 }
269
270 double pca::check_projection_accurate() const {
271     if (data_.n_cols!=eigvec_.n_cols || data_.n_rows!=princomp_.n_rows)
272          throw std::runtime_error("No proper data matrix present that the
    projection could be compared with.");
273     const arma::Mat<double> diff = (princomp_ * arma::trans(eigvec_)) - data_;
274     return 1 - arma::sum(arma::sum( arma::abs(diff) )) / diff.n_elem;
275 }
276
277 bool pca::get_do_normalize() const {
278     return do_normalize_;
279 }
280
281 bool pca::get_do_bootstrap() const {
282     return do_bootstrap_;
283 }
284
285 long pca::get_num_bootstraps() const {
286     return num_bootstraps_;
287 }
288
289 long pca::get_bootstrap_seed() const {
290     return bootstrap_seed_;
291 }
292
293 std::string pca::get_solver() const {
294     return solver_;
295 }
296
297 std::vector<double> pca::get_mean_values() const {
298     return std::move(utils::extract_column_vector(mean_, 0));
299 }
300
301 std::vector<double> pca::get_sigma_values() const {
302     return std::move(utils::extract_column_vector(sigma_, 0));
303 }
304
305 long pca::get_num_variables() const {
306     return num_vars_;
307 }
308
309 long pca::get_num_records() const {
310     return num_records_;
311 }
312
313 long pca::get_num_retained() const {
314     return num_retained_;
315 }
```

```
316
317 void pca::save(const std::string& basename) const {
318     const std::string filename = basename + ".pca";
319     std::ofstream file(filename.c_str());
320     utils::assert_file_good(file.good(), filename);
321     utils::write_property(file, "num_variables", num_vars_);
322     utils::write_property(file, "num_records", num_records_);
323     utils::write_property(file, "solver", solver_);
324     utils::write_property(file, "num_retained", num_retained_);
325     utils::write_property(file, "do_normalize", do_normalize_);
326     utils::write_property(file, "do_bootstrap", do_bootstrap_);
327     utils::write_property(file, "num_bootstraps", num_bootstraps_);
328     utils::write_property(file, "bootstrap_seed", bootstrap_seed_);
329     file.close();
330
331     utils::write_matrix_object(basename + ".eigval", eigval_);
332     utils::write_matrix_object(basename + ".eigvec", eigvec_);
333     utils::write_matrix_object(basename + ".princomp", princomp_);
334     utils::write_matrix_object(basename + ".energy", energy_);
335     utils::write_matrix_object(basename + ".mean", mean_);
336     utils::write_matrix_object(basename + ".sigma", sigma_);
337     if (do_bootstrap_) {
338         utils::write_matrix_object(basename + ".eigvalboot", eigval_boot_);
339         utils::write_matrix_object(basename + ".energyboot", energy_boot_);
340     }
341 }
342
343 void pca::load(const std::string& basename) {
344     const std::string filename = basename + ".pca";
345     std::ifstream file(filename.c_str());
346     utils::assert_file_good(file.good(), filename);
347     utils::read_property(file, "num_variables", num_vars_);
348     utils::read_property(file, "num_records", num_records_);
349     utils::read_property(file, "solver", solver_);
350     utils::read_property(file, "num_retained", num_retained_);
351     utils::read_property(file, "do_normalize", do_normalize_);
352     utils::read_property(file, "do_bootstrap", do_bootstrap_);
353     utils::read_property(file, "num_bootstraps", num_bootstraps_);
354     utils::read_property(file, "bootstrap_seed", bootstrap_seed_);
355     file.close();
356
357     utils::read_matrix_object(basename + ".eigval", eigval_);
358     utils::read_matrix_object(basename + ".eigvec", eigvec_);
359     utils::read_matrix_object(basename + ".princomp", princomp_);
360     utils::read_matrix_object(basename + ".energy", energy_);
361     utils::read_matrix_object(basename + ".mean", mean_);
362     utils::read_matrix_object(basename + ".sigma", sigma_);
363     if (do_bootstrap_) {
364         utils::read_matrix_object(basename + ".eigvalboot", eigval_boot_);
365         utils::read_matrix_object(basename + ".energyboot", energy_boot_);
```

```
366     }
367
368     set_num_retained(num_retained_);
369 }
```

第 5 ～ 25 行，定义了默认构造函数，默认构造函数主要是将所有成员变量进行初始化，其中 num_bootstraps_ 被设置成 10，bootstrap_seed_ 和 num_retained_ 被设置成 1，energy_ 被设置成 1，其他的向量都初始化为空。

第 27 ～ 50 行，定义了设置初始数据量的构造函数，num_vars 表示用于计算 PCA 的初始数据量。其中 num_bootstraps_ 被设置成 10，bootstrap_seed_ 和 num_retained_ 被设置成 1，energy_ 被设置成 1，其他的向量则按照数据量大小进行初始化。

第 55 ～ 78 行，定义了 == 操作符，用于比较两个 PCA 对象是否先相同。首先比较 num_vars_、num_records_、record_buffer_、solver_、do_normalize_、do_bootstrap_、num_bootstraps、bootstrap_seed_、num_retained_ 是否相同，然后调用 utils::is_approx_equal_container 比较 eigval_、eigvec_、princomp_、energy_、mean_、sigma_、eigval_boot_、energy_boot_、proj_eigvec_ 是否相同。由于向量中的数据都是浮点数，因此需要设定一个 eps，只要两个数字差距不大于 eps，那么就认为两个浮点数相同。如果这些都相同那么就返回 true，否则就要返回 false。

第 80 ～ 85 行，定义了 resize_data_if_needed 成员函数，该函数用于判定当前数据量是否需要调整预留缓冲区，如果当前的数据量已经和缓冲区数据量相同，那么就将缓冲区的大小扩大一倍，这样对于插入新数据会有更好的性能。

第 87 ～ 90 行，定义了 assert_num_vars 成员函数，该函数用于判定用户设定的数据量是否满足最低要求。

第 92 ～ 102 行，定义了 initialize_ 成员函数，该函数用于对所有的向量进行初始化，会调用 data_、eigval_、eigvec_、princomp_、mean_、sigma_、eigval_boot_、energy_boot_、energy_ 向量的 zeros 成员函数将所有向量的初始值设定为 0。

第 104 ～ 116 行，定义了 set_num_variables 函数，该函数用于重新设定 PCA 对象中的数据量。首先更新 num_vars_，然后更新 num_retained（与 num_vars_ 相同），接着根据数据量调整 data_、eigval_、eigvec_、mean_、sigma_、eigval_boot_、energy_boot_ 的缓冲区大小。最后调用 initialize_ 完成数据初始化。

第 118 ～ 128 行，定义了 add_record 函数，该函数用于将新的数据添加到 PCA 对象的内置缓冲区中，首先检查数据记录的数量是否和预先定义的维度相同，不同的话就需要抛出错误。然后调用 resize_data_if_needed 检查现在缓冲区是否能够存下更多的数据，否则要调整缓冲区大小。接着创建 Row 对象，并将 Row 设置到 data_ 中对应的行中。

第 130 ～ 154 行，都是几个获取函数和设置函数的实现，这里就不赘述了。

第 156 ～ 180 行，是 PCA 类的主要函数，用于完成 PCA 计算求解。

第 162 ～ 165 行，处理数值均值的问题。首先根据现在的记录数量和样本特征维度调整数据缓冲区大小，确保计算不会出问题。接着调用 compute_column_means 计算数据中每个特征的平均值，存到 mean_ 向量中。接着调用 remove_column_means 将原始数据中的数据减去对应特征的均值。

第 167 ～ 168 行，是处理数据标准化问题。首先调用 compute_column_rms 计算数据中每个特征的均方根 RMS（root mean square），如果 PCA 需要进行标准化，就调用 normalize_by_column 利用数据的均方根对样本进行标准化。

第 170 ～ 171 行，创建 eigval 和 eigvec 矩阵。

第 173 ～ 175 行，先调用 make_covariance_matrix 计算数据的协方差矩阵，然后调用 eig_sym 根据协方差计算 eigval 和 eigvec，最后调用 sort_index 提取 eigval 中的所有有序索引。

第 177 ～ 180 行，遍历所有的特征，将每个特征的 eigval 和 eigvec 复制到成员变量 eigval_ 和 eigvec_ 中。

第 182 行，调用 enforce_positive_sign_by_column 将 eigvec_ 中所有元素都转换为正数。

第 185 ～ 189 行，将经过预处理的数据和 eigvec_ 进行乘法。接着计算 energy_（eigval_ 之和），最后用 eigval 除以 energy_ 得到 PCA 后的特征。

第 190 行，如果需要执行 bootstrap 计算，那么就调用 bootstrap_eigenvalues_ 对 PCA 后的数据进行 bootstrap 处理。

第 193 ～ 210 行，定义了 bootstrap_eigenvalues，对计算得到的 PCA 特征进行 bootstrap 计算。首先使用 bootstrap_seed_ 初始化随机种子，然后创建 eigval 和 dummy 向量。

第 199 ～ 210 行，根据 num_bootstraps_ 执行 bootstrap 计算，每一轮计算都可以认为是一次完整的 PCA 计算，经过几轮 bootstrap 计算后，得到的 PCA 特征可能会更为优异。至于是否启用 bootstrap 模式就需要由调用者自己确定了。

第 212 ～ 226 行，定义了 set_num_retained 成员函数，该函数首先改变 num_retained_ 成员变量，然后调用 eigvec_ 的 submat 方法更改 eigvec_ 的特征维度，删除掉多余的特征。

第 220 ～ 226 行，定义了 to_principal_space 成员函数，该函数用于将原始数据转换到 PCA 对应的空间中，也就是在实际数据与处理中使用。

第 228 ～ 233 行，定义了 to_variable_space 成员函数，该函数用于将 PCA 特征转换回原始数据对应的空间中。

第 236 ～ 264 行，定义了一系列的获取函数和设置函数，这里我们就不再赘述了。

第 266 ～ 268 行，定义了 check_eigenvectors_orthogonal 成员函数，该函数调用 det 将矩阵转换成行列式，然后调用 abs 得到元素的绝对值。

第 270 ～ 275 行，定义了 check_projection_accurate 成员函数，该函数先计算 PCA 矩阵于 eigvec_ 的转置矩阵乘积，得到主成分特征在原始数据空间上的投影，然后减去原始数据，得到投影与原始数据的差距，最后计算出投影数据与原始数据的差异率。然后就可以判定 PCA 特征还原原始特征的能力了。

第 277 ～ 313 行，定义了一系列的获取函数和设置函数，这里我们就不再赘述了。

第 317 ～ 341 行，定义了 save 成员函数，用于将 PCA 模型存储到模型文件中。首先使用 std::ofstream 打开文件，然后不断调用 write_property 将成员变量存储到模型文件中，最后调用 close 关闭模型文件。接着调用 write_matrix_object 将所有的向量对象都写入到对应的模型文件中。

第 343 ～ 369 行，定义了 load 成员函数，用于从模型文件中读取 PCA 模型。首先使用 std::ifstream 打开文件，然后不断调用 read_property 从模型文件中读取各个成员变量，最后调用 close 关闭模型文件。接着调用 read_matrix_object 从对应的模型文件中读取所有的向量和矩阵对象。最后调用 set_num_retained 得到裁剪后的 PCA 特征变换向量。

7.5 本章小结

本章主要介绍了数据预处理的基本概念，并详细阐述了经常使用的 PCA 算法，最后使用 C++ 的代码实例实现了 PCA。掌握数据预处理是数据分析的必要基础，但是由于数据预处理没有定法，且需要根据实际数据情况自行决定，因此希望读者可以多找一些实际的数据进行处理，积累相关经验。

第8章

基于深度神经网络的物体检测与识别

我们已经基本了解了数据预处理的相关知识，并且讲解了数据预处理方法的实现以及深度学习的基本模型与知识。但是无论在什么平台，开发深度学习系统都是为了解决实际问题。深度学习可以应用的领域有很多，从图像处理、语音处理、自然语言处理到情感分析，等等。因此我们必须从众多的领域中选择其中一个作为靶点。本书所举的案例是图像的检测与识别系统，这是目前深度学习应用最为广泛的一个领域。在图像检测识别系统中，我们需要学会如何对图像进行分类、检测物体所在位置、识别出检测到的物体，具体涉及图像采集、数据预处理、深度网络实现等技术，并在考虑移动平台特殊性的基础上实现这些技术。利用ARM指令集、稀疏化和量化等技术优化系统执行速度，这样就能够覆盖本书关于移动深度学习系统的开发与优化的知识点。这是我们整本书的“基石”，也是概念和理论实践的起始点。

8.1　模式识别与物体识别

模式识别是本书主要关注的算法之一，物体识别是模式识别中的一个重要领域，也是目前深度学习应用的重点领域，本节将会对模式识别和物体识别做一个综述。

8.1.1　模式识别

人类在识别和分辨事物时，往往是在先验知识和以往对此类事物的多个具体实例观察基础上产生的整体性质和特征的认识。

其实，每一种外界事物都可以看作是一种模式，人们对外界事物的识别，大部分是把事物进行分类来完成的。所以我们可以将一种模式和一种类别等同看待。从另一个角度来说，模式其实就是一种规律，是识别主对事物对象进行分门别类，模式识别可以看作对模式的区分和认识，是事物样本到类别的映射。

模式识别即 Pattern Recognition，其中 Pattern 包含两层含义，第 1 层代表了事物的抽象或原形，而第 2 层则用来表示事物特点的特征或性状的组合。

在模式识别学科中，模式可以看作对象的组成成分或影响因素间存在的规律性关系，或者是因素间存在的确定性或随机性规律的对象、过程或事件的集合。因此，也有人把模式称为模式类，模式识别也被称作模式分类（pattern classification）。而在实现模式识别的时候我们也就可以将模式识别转变成分类问题，进而使用分类模型解决模式识别的部分问题。

首先我们需要事先了解一下模式识别中的术语，这些术语在之前的机器学习中也有所提及，但为了确保读者对后续内容阅读顺畅，在这里我们再说明一下。

1）样本（sample）：一个个体对象，注意：与统计学中的样本不同，它类似于统计学中的实例。

2）样本集（sample set）：若干样本的集合，统计学中的样本就是指样本集。

3）类别（classification）：具有相同模式的样本集，该样本集是全体样本的子集。

4）特征（feature）：也称为属性，通常指样本的某些可以用数值去量化的特征，如果有多个特征，则可以组合成特征向量。样本的特征构成了样本特征空间，空间的维数就是特征的个数，每一个样本就是特征空间中的一个点。

5）已知样本（known sample）：已经事先知道类别的样本。

6）未知样本（unknown sample）：类别标签未知但特征已知的样本。

8.1.2　模式识别系统

一个完整的模式识别系统通常包括下面几个步骤，它们分别是：预处理、特征选择提取、分类或聚类以及后处理等。这些也是一个数据处理系统和机器学习系统的必要组成部分。

比如，我们以识别花朵为例子，一个完整的模式识别系统通常需要以下几个步骤。

1）采集样本：采集花朵数据，获取样本。

2）感知：格式化能被机器感知的对象，其中可能遇到的问题有：光线条件、花朵位置、相机噪声等。

3）预处理：改善数据，比如图像去噪、图像变换、图像压缩、图像增强、图像模糊和图像插值等。

4）特征提取：确定使用什么样的特征能够完成模式分类任务。

5）分类：采用一些分类器，包括传统的分类算法或者深度神经网络都可以，对特征进行分类。

6）输出：输出最后的分类结果。

8.1.3　传统模式识别方法

根据前面内容的描述，我们可以了解到模式识别任务往往就是聚类或分类任务。从机器学习兴起开始，就有很多的算法模型可以解决这些问题，在这里我们介绍以下几个传统的模式识别方法。

第 1 个方法就是 K-NN，也就是 K 近邻算法。K-NN 可以说是一种最直接的用来分类未知数据的方法。

简单来说，我们可以将 K-NN 理解成：有一批你已经知道分类的数据，当一个新数据进入的时候，就开始跟训练数据里的每个点求距离，然后挑离这个训练数据最近的 K 个点看看这几个点属于什么类型，然后用少数服从多数的原则，给新数据归类，如图 8-1 所示[㊀]。

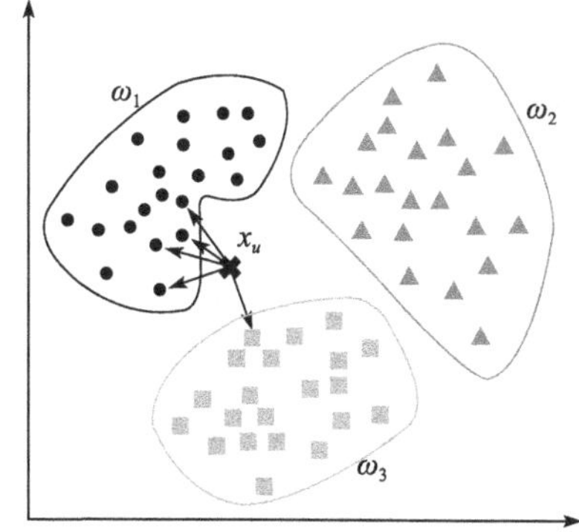

图 8-1　K-NN 示意图

实际上 K-NN 本身的运算量是相当大的，因为数据的维数往往不止 2 维，而且训练数据库越大，所求的样本间距离就越多。就拿我们所熟悉的人脸检测来说，输入向量的维数是 1024 维（32×32 的图，当然我觉得这种方法比较笨拙），同时训练数据有上千个。所以对于每次计算距离[㊁]来说，每个点的归类都要进行上百万次的计算。怎么办？现如今比较常用的一种方法就是 kd-tree。也就是把整个输入空间划分成很多小的子区域，然后根据临近的原则把它们组织为树形结构。然后搜索最近 K 个点的时候就不用全盘比较，而只要比较临近几个子区域的训练数据就可以了。有兴趣的读者可以看一下 kd-tree 的相关资料。

当然，kd-tree 有一个问题，就是当输入维数跟训练数据数量很接近时很难优化。所以大多数情况下，用第 7 章中介绍的 PCA 来对数据进行降维是很有必要的。

另一个常用的方法就是贝叶斯方法。我们之前曾介绍过朴素贝叶斯模型，但是在模式识别的实际应用中，我们是不可能使用那么简单的朴素贝叶斯解决问题的，一般都会采用正态分布拟合 likelihood 实现模式识别。

我们都知道贝叶斯公式的右边有 2 个参数，第 1 个是先验概率。求先验概率十分容易，即从一大批数据中求出某一类数据占的百分比就可以了。比如在 300 个数据集当中，A 类数据占 100 个，那么 A 的先验概率就是 $\frac{1}{3}$。第 2 个参数就是 likelihood。一般来说，对于每一类训练数据，我们都会使用一个正态分布来拟合它们，即通过求得某一分类训练数据的平均值和协方差矩阵来拟合出一个正态分布。接着，当接收到一个新的测试数据之后，就分别求取这个数据点在每个类别的正态分布中的大小，用这个值乘以原先的 prior 便是所要求得的后验概率。

除了两种比较易于理解的分类模型，还有一些比较形式化的分类模型，比如高斯混合

㊀　此处图可以参见 KNN 讲稿：http://courses.cs.tamu.edu/rgutier/cs790_w02/l8.pdf。

㊁　这里用的是欧式距离，就是我们最常用的平方和开根号求距法。

模型 GMM（Gaussian Mixture Model）。

GMM 乍一看上去跟我们之前所提的贝叶斯分类器有点类似，但两者的应用方法却有很大不同。在贝叶斯分类器中，我们已经事先知道了训练数据的分类信息，因此只要根据对应的均值和协方差矩阵拟合一个高斯分布即可。而在 GMM 中，我们除了数据的信息，对数据的分类一无所知，因此，在运算时我们不仅需要估算每个数据的分类，还要估算这些估算后数据分类的均值和协方差矩阵。也就是说如果有 1000 个训练数据，10 组分类的话，需要求得的未知数是 1000 + 10 + 10（用未知数表示未必确切，确切地说是 1000 个 1 × 10 标志向量，10 个与训练数据同维的平均向量，10 个与训练数据同维的方阵），这个问题非常麻烦，想要解决该问题需要采用 EM 迭代方法。EM 方法是一个需要相当长的篇幅才能阐述清楚的方法，这里就不过多赘述了。如果对 EM 迭代方法感兴趣，读者可以自行参考相关文章。

前文说过，除了最后的分类，我们往往还需要对数据进行预处理，预处理方法主要包括 PCA、LDA 和 NMF 等方法。PCA 方法前文已经详细论述过，本节来简单一下 LDA 和 NMF。

LDA 和 PCA 非常类似，它们之间的区别就是 PCA 是一种无监督映射方法；而 LDA 是一种监督映射方法，这一点可以从图 8-2 中一个 2D 的例子简单看出。

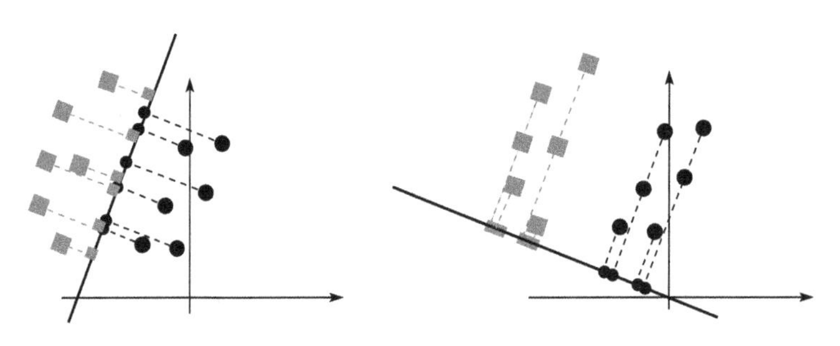

图 8-2　LDA 示意图

如图 8-2 所示，左边是 PCA，它只是将整组数据整体映射到最方便表示这组数据的坐标轴上，映射时没有利用任何数据内部的分类信息。因此，虽然做了 PCA 后，整组数据在表示上更加方便（降低了维数并将信息损失降到最低），但在分类上却会变得更加困难；图的右边是 LDA，我们可以明显看出，在增加了分类信息之后，两组输入映射到了另外一个坐标轴上，有了这样一个映射，两组数据之间的类别就变得更易区分了（在低维上就可以区分，大度缩减了运算量）。

非负矩阵分解（Nonnegative Matrix Factor，NMF），简而言之就是给定一个非负矩阵 $\boldsymbol{V}$，我们寻找另外两个非负矩阵 $\boldsymbol{W}$ 和 $\boldsymbol{H}$ 来分解它，使得 $\boldsymbol{W}$ 和 $\boldsymbol{H}$ 的乘积是 $\boldsymbol{V}$。论文中所提到的最简单的方法，就是根据最小化 $\|\boldsymbol{V}\text{-}\boldsymbol{WH}\|$ 的要求，通过 Gradient Descent 推导出一个更新规则，然后再对其中的每个元素进行迭代，最后得到最小值，具体的更新规则公式如下所示，注意其中 W_{ia} 等带下标的符号表示的是矩阵里的元素，而非代表整个矩阵。

$$W_{ia} \leftarrow W_{ia} \sum_{\mu} \frac{V_{i\mu}}{(WH)_{i\mu}} H_{a\mu}$$

$$W_{ia} \leftarrow \frac{W_{ia}}{\sum_{j} W_{ja}}$$

$$H_{a\mu} \leftarrow H_{a\mu} \sum_{i} W_{ia} \frac{V_{i\mu}}{\sum_{j}(WH)_{i\mu}}$$

8.1.4 深度学习模式识别方法

在传统的模式识别方法中，最头痛的就是特征提取问题，我们很难从一个复杂的模式识别问题中发现非常好的特征，因此本书提到的“深度学习方法”开始成为目前模式识别方法的主流，只要有足够数量的数据，在处理复杂模式识别问题上，传统的模式识别方法相比于深度学习模型已经没有任何优势。接下来我们将会在本章的后面几节中集中地介绍使用深度学习模型解决模式识别问题的方法。

8.2 图像分类

从不同的资料或论文中我们可以发现，最经典的图像分类问题当属猫狗分类和花朵分类的问题了。首先我们会介绍两种用于分类的深度学习模型 LeNet 和 AlexNet，然后以猫狗分类为例讲解一下深度学习处理图像分类问题的几个步骤。

8.2.1 LeNet

LeNet 是深度学习里最基础最经典的模型，是一个较简单的卷积神经网络。图 8-3 详细展示了其还原分解结构。

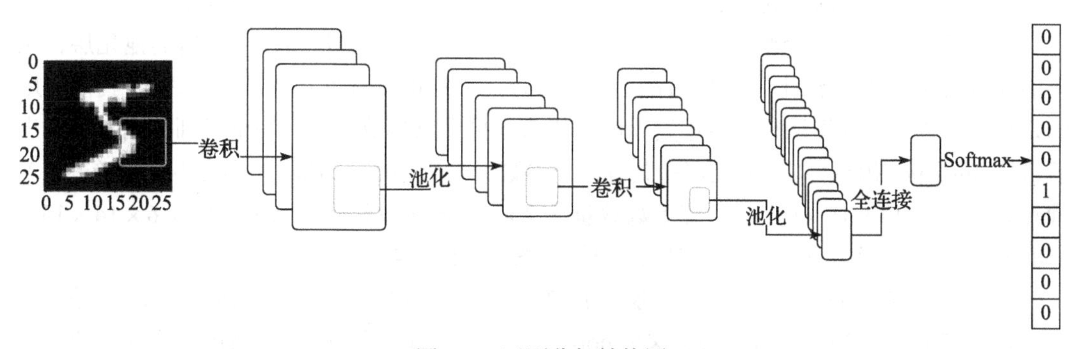

图 8-3　还原分解结构图

LeNet-5 这个网络虽然很小，但是它包含了深度学习的基本模块：卷积层、池化层和全连接层。LeNet-5 网络是其他深度学习模型的基础。这里我们会先对其进行深入分析，然后再通过实例分析来加深它与卷积层和池化层的理解。理解 LeNet 是做好深度学习图像识别工作的基础。

LeNet-5 的结构图如图 8-4 所示。

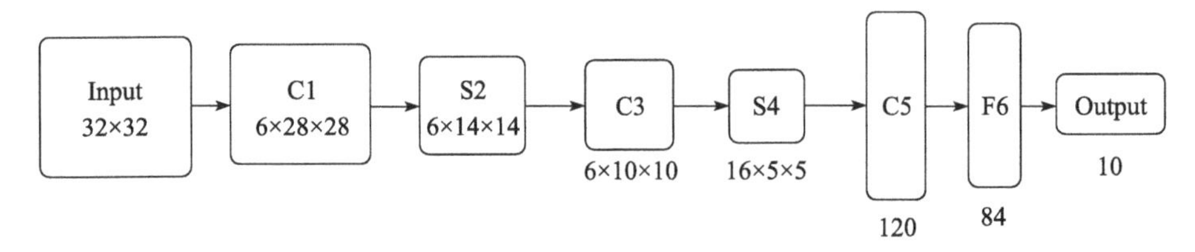

图 8-4　LeNet-5 网络结构图

LeNet-5 网络共有 7 层，不包含输入，每层都包含可训练参数。每层有多个 FeatureMap，每个 FeatureMap 通过一种卷积滤波器提取输入的一种特征，每个 FeatureMap 有多个神经元。

LeNet 网络的第 1 层是数据 Input 层，输入图像的尺寸会被统一归一化为 32×32。本层并不属于 LeNet-5 的网络结构，从传统上讲，我们不会将输入层视为网络的层次结构之一。

LeNet 网络的第 2 层是卷积层，我们称之为 C1 层，输入图片为 32×32，卷积核大小为 5×5，一共有 6 种卷积核，该层的输出即 FeatureMap 的大小为 28×28。因此该层的神经元数量一共为 $28 \times 28 \times 6$，这其中包含的可训练参数一共有 $(5 \times 5 + 1) \times 6$ 个，含有的连接数量是 $(5 \times 5 + 1) \times 6 \times 28 \times 28 = 122\ 304$ 条。

这是 LeNet 对输入图像进行第一次卷积运算（使用 6 个大小为 5×5 的卷积核），得到 6 个 C1 特征图（6 个大小为 28×28 的 FeatureMap，$32 - 5 + 1 = 28$）。我们再来看看需要多少个参数，卷积核的大小为 5×5，总共就有 $6 \times (5 \times 5 + 1) = 156$ 个参数，其中 $+ 1$ 是表示一个核有一个 bias。对于卷积层 C1，C1 内的每个像素都与输入图像中的 5×5 个像素和 1 个 bias 有连接，所以总共为 $15 \times 28 \times 28 = 122\ 304$ 个连接。但是我们只需要学习 156 个参数，主要原因是我们通过卷积层实现了共享权重，有效地降低了参数的计算量。

网络的第 3 层是一个池化层，我们将其称之为 S2 层。该层是卷积层之后的池化层，该层的输入为 28×28。池化层本身的作用是降采样，该层的采样区域大小为 2×2，我们采用的是平均池化，即计算采样区域中输入的平均值，再乘以参数，加上一个可训练偏置。输出后再接 Sigmoid 激活，该层池化层一共有 6 个参数，输出 FeatureMap 大小为 14×14（28/2），神经元数量为 $14 \times 14 \times 6$，可训练参数数量为 2×6，连接数量为 $(2 \times 2 + 1) \times 6 \times 14 \times 14 = 5880$ 个，S2 中每个特征图的大小是 C1 中特征图大小的 1/4。

现在我们来详细解释一下。该层使用 2×2 核进行池化，于是得到了 S2，这是 6 个 14×14 的特征图（$28/2 = 14$）。S2 这个 pooling 层是对 C1 中的 2×2 区域内的像素求和，之后乘以一个权值系数再加上一个偏置，然后将这个结果再做一次映射。于是每个池化核有两个训练参数，所以共有 $2 \times 6 = 12$ 个训练参数，但是有 $5 \times 14 \times 14 \times 6 = 5880$ 个连接。所以池化层有一次降低了整体的计算量。

第 4 层又是一个卷积层，我们称之为 C3 层。该层的输入是 S2 中所有 6 个或者几个特征 map 组合，该层的卷积核大小为 5×5，卷积核通道数为 16，输出 FeatureMap 大小就是 $10 \times 10(14 - 5 + 1)$。C3 中的每个特征 map 是连接到 S2 中的所有 6 个或者几个特征 map 的，表示本层的特征 map 是上一层提取到的特征 map 的不同组合。C3 的前 6 个特征图以 S2 中 3 个相邻的特征图子集为输入。接下来 6 个特征图以 S2 中 4 个相邻特征图子集为输入。然后的 3 个以不相邻的 4 个特征图子集为输入。最后一个将 S2 中所有特征图为输入。这种情况下可训练参数的数量就是 $6 \times (3 \times 5 \times 5 + 1) + 6 \times (4 \times 5 \times 5 + 1) + 3 \times (4 \times 5 \times 5 + 1) + 1 \times (6 \times 5 \times 5 + 1) = 1516$ 个，最后的连接数也就是 $10 \times 10 \times 1516 = 151\ 600$。

我们对此详细计算一下，第 2 次卷积的输出是 C3，这是 16 个 10x10 的特征图，卷积核大小是 5×5。我们知道 S2 有 6 个 14×14 的特征图，这里是通过对 S2 的特征图特殊组合计算得到的 16 个特征图。

C3 的前 6 个 FeatureMap 与 S2 层相连的 3 个 FeatureMap 相连接，后面 6 个 FeatureMap 与 S2 层相连的 4 个 FeatureMap 相连接，后面 3 个 FeatureMap 与 S2 层部分不相连的 4 个 FeatureMap 相连接，最后一个与 S2 层的所有 FeatureMap 相连。卷积核大小依然为 5×5，所以总共有 $6 \times (3 \times 5 \times 5 + 1) + 6 \times (4 \times 5 \times 5 + 1) + 3 \times (4 \times 5 \times 5 + 1) + 1 \times (6 \times 5 \times 5 + 1) = 1516$ 个参数。而图像大小为 10×10，所以共有 151 600 个连接。对应的参数为 $3 \times 5 \times 5 + 1$ 个，一共进行 6 次卷积得到 6 个特征图，所以有 $6 \times (3 \times 5 \times 5 + 1) = 456$ 个参数。之所以采用上述这样的组合，一是可以有效减少参数，二是通过这种不对称的组合连接的方式有利于提取多种组合特征。

第 5 层又是一个池化层，我们将其称之为 S4 层。该层输入大小为 10×10，同样采用平均采样方法，采样区域大小为 2×2，采样方式和 S2 相同，都是 4 个输入平均之后乘以一个可训练参数，再加上一个可训练偏置。后面再接入一个 Sigmoid 激活函数。该层的池化采样种类一共有 16 种，输出 FeatureMap 大小为 $5 \times 5(10/2)$，神经元数量为 $5 \times 5 \times 16$，可训练参数数量为 2×16，连接数数量为 $16 \times (2 \times 2 + 1) \times 5 \times 5$，最后 S4 中每个特征图的大小是 C3 中特征图大小的 1/4。我们可以看到，该层的窗口大小仍然是 2×2，共计 16 个 FeatureMap，C3 层的 16 个 10×10 的图分别进行以 2×2 为单位的池化得到 16 个 5×5 的特征图。这一层有 2×16 共 32 个训练参数，以及 $5 \times 5 \times 5 \times 16 = 2000$ 个连接。其中连接的方式与 S2 层类似。

第 6 层是一个卷积层，我们将其称之为 C5 层。该层输入是 S4 层的全部 16 个单元特征 map（与 S4 全相连），卷积核大小为 5×5，卷积核通道数有 120 种，输出 FeatureMap 大小为 $1 \times 1 \times (5 - 5 + 1)$，可训练参数和连接的数量是 $120 \times (16 \times 5 \times 5 + 1) = 48\ 120$ 个。

我们可以具体计算一下，由于 S4 层的 16 个图的大小为 5×5，与卷积核的大小相同，所以卷积后形成的图的大小为 1×1。这里形成 120 个卷积结果。每个都与上一层的 16 个图相连。所以共有 $(5 \times 5 \times 16 + 1) \times 120 = 48\ 120$ 个参数，同样有 48 120 个连接。

第 7 层是全连接层，我们将其称之为 F6 层。该层的输入是 C5 层的输出，也就是一个通道数为 120 维的向量。该层会计算输入向量和权重向量之间的点积，再加上一个偏置，结果通过 Sigmoid 激活函数输出。可训练参数的数量是 $84 \times (120 + 1) = 10\,164$ 个。这里我们可以再具体计算一下，因为该层是全连接层，F6 层有 84 个节点，对应于一个 7×12 的比特图，–1 表示白色，1 表示黑色。这样每个符号的比特图的黑白色就对应于一个编码。该层的训练参数和连接数是 $(120 + 1) \times 84 = 10\,164$ 个。

第 8 层输出层也是全连接层，共有 10 个节点，分别代表数字 0 到 9，且如果节点 i 的值为 0，则网络识别的结果是数字 i。该层采用的是径向基函数（RBF）的网络连接方式。假设 x 是上一层的输入，y 是 RBF 的输出，则 RBF 输出的计算方式是：

$$y_i = \sum_j (x_j - w_{ij})^2$$

上式 w_{ij} 的值由 i 的比特图编码确定，i 从 0 到 9，j 取值从 0 到 $7 \times 12 - 1$。RBF 输出的值越接近于 0，则越接近于 i，即越接近于 i 的 ASCII 编码图，表示当前网络输入的识别结果是字符 i。该层有 $84 \times 10 = 840$ 个参数和连接。

我们需要了解的是，LeNet 是一种用于手写体字符识别的非常高效的卷积神经网络。我们可以看到卷积神经网络能够很好地利用图像的结构信息。卷积层的参数较少，这也是由卷积层的主要特性即局部连接和共享权重所决定。

由于本章的重点是介绍 AlexNet 实现模型训练，因此这里就不列出 LeNet 的实现代码了，如果读者有兴趣可以在本书附录中找到相关实现代码。

8.2.2 AlexNet

AlexNet 是 2012 年提出的网络结构，该网络是 2012 年由 Alex Krizhevsky 提出的，赢得了 2012 年 ImageNet 的冠军，该网络也就由 Alex 本人命名，AlexNet 是图像识别领域网络的一个重要里程碑。相比于 LeNet，AlexNet 提出了几个非常关键的技术创新点，主要包括以下几个方面。

1）采用 ReLU 作为激活函数：ReLU 和 Sigmoid 不同，该函数是非饱和函数，在 Alex 和 Hinton 的论文中验证其效果在较深的网络超过了 Sigmoid，成功地解决了 Sigmoid 在网络较深时的梯度弥散问题。

2）使用 Dropout 避免模型出现过拟合：在训练时使用 Dropout 随机忽略一部分神经元，以避免模型过拟合。而在 AlexNet 的最后几个全连接层中使用了 Dropout，这个并没有得到充分论证，但是在实际的训练过程中取得了不错的效果。

3）全部采用最大池化：AlexNet 之前的传统深度网络都会采用平均池化，而 AlexNet 中的所有池化层都采用了最大池化而非平均池化，在实际使用中的效果比传统的平均池化要好。

4）提出 LRN 层：LRN 层是由 AlexNet 提出的一种新层，也是 AlexNet 最大的创新。我们将在下一节中详细阐述关于 LRN 层的内容。

5）实现数据增强：随机从 256×256 的原始图像中截取 224×224 大小的区域（以及水平翻转的镜像），相当于增强了 $(256 - 224) \times (256 - 224) \times 2 = 2048$ 倍的数据量。原始图像

在使用了数据增强后，减轻了过拟合，提升了泛化能力。同时也避免了因为原始数据量的大小使得参数众多的 CNN 陷入过拟合中。

如果不计算输入层，那么 AlexNet 只包含 8 组层次，我们从 Alex 的论文[⊖]中援引原图，如图 8-5 所示。

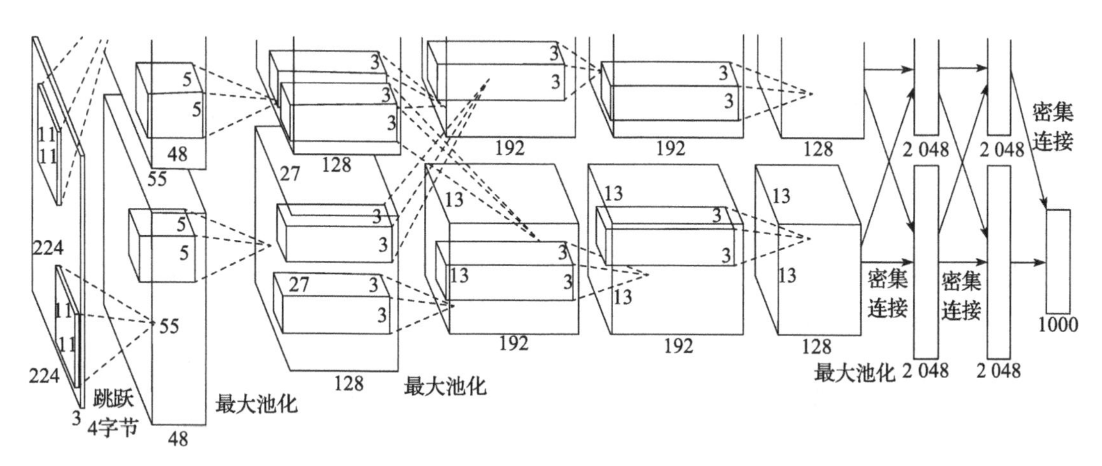

图 8-5　AlexNet网络结构图

第 1 层，输入数据为原始的 227 × 227 × 3 的图像，这个图像被 11 × 11 × 3 的卷积核进行卷积运算，卷积核对原始图像的每次卷积都生成一个新的像素。卷积核分别沿原始图像的 x 轴方向和 y 轴方向两个方向移动，移动的步长是 4 个像素。因此，卷积核在移动的过程中会生成 (227 − 11)/4 + 1 = 55 个像素（227 个像素减去 11 正好是 54，即生成 54 个像素，再加上被减去的 11 也对应生成一个像素），行和列的 55 × 55 个像素形成对原始图像卷积之后的像素层。原始图像共有 96 个卷积核，会生成 55 × 55 × 96 个卷积后的像素层；96 个卷积核分成 2 组，每组 48 个卷积核；对应生成 2 组 55 × 55 × 48 的卷积后的像素层数据。这些像素层经过 ReLu1 单元的处理，生成的是尺寸仍为 2 组 55 × 55 × 48 的像素层数据。

这些像素层经过 pooling 运算（池化运算）的处理，池化运算的尺度为 3 × 3，运算的步长为 2，则池化后图像的尺寸为 (55 − 3)/2 + 1 = 27。即池化后像素的规模为 27 × 27 × 96，然后经过归一化处理，归一化运算的尺度为 5 × 5，卷积第 1 层运算结束后形成的像素层的规模为 27 × 27 × 96。分别对应 96 个卷积核所运算形成。这 96 层像素层分为 2 组，每组 48 个像素层。

第 2 层，输入数据为第 1 层输出的 27 × 27 × 96 的像素层，为便于后续处理，每幅像素层的左右两边和上下两边都要填充 2 个像素；27 × 27 × 96 的像素数据分成 27 × 27 × 48 的两组像素数据，每组像素数据被 5 × 5 × 48 的卷积核进行卷积运算，卷积核对每组数据的每次卷积都生成一个新的像素。卷积核分别沿原始图像的 x 轴方向和 y 轴方向两个方向移动，移动的步长是 1 个像素。因此，卷积核在移动的过程中会生成 (27 − 5 + 2 × 2)/1 + 1 = 27 个

⊖ 感兴趣的读者可以通过访问 http://papers.nips.cc/paper/4824-imagenet-classification-with-deep-convolutional-neural-networks.pdf 来获取论文进行阅读。

像素（27 个像素减去 5，正好是 22。再加之上下和左右各填充的 2 个像素，即生成 26 个像素，再加上被减去的 5 也对应生成一个像素），行和列的 27 × 27 个像素形成对原始图像卷积之后的像素层。共有 256 个 5 × 5 × 48 个卷积核。这 256 个卷积核分成两组，每组针对 27 × 27 × 48 的像素进行卷积运算。会生成两组 27 × 27 × 128 个卷积后的像素层。这些像素层经过 ReLu2 单元的处理，生成激活像素层，是尺寸仍为两组 27 × 27 × 128 的像素层。

第 1 层和第 2 层都包含一个 LRN（Local Response Normalization）层，该层的作用是对输出进行归一化，以提高整个网络的泛化能力。LRN 层的基本公式如下所示：

$$b_{x,y}^{i}=a_{x,y}^{i}\left(k+a\sum_{j=\max(0,i-\frac{n}{2})}^{\min(N-1,i+\frac{n}{2})}(a_{x,y}^{j})^{2}\right)$$

我们将会在 8.3.3 节看到针对 AlexNet 实现中 LRN 的具体实现，如果读者对该公式的推导解释感兴趣，可以在 Alex 本人的论文中自行研究，本书暂不对此作过多阐述。

这些像素层经过 pooling 运算（池化运算）的处理，池化运算的尺度为 3 × 3，运算的步长为 2，则池化后图像的尺寸为 (57 – 3)/2 + 1 = 13。即池化后像素的规模为 2 组 13 × 13 × 128 的像素层，然后经过归一化处理，归一化运算的尺度为 5 × 5。第 2 卷积层运算结束后形成的像素层的规模为 2 组 13 × 13 × 128 的像素层。分别对应 2 组 128 个卷积核所运算形成。

第 3 层，输入数据为第 2 层输出的 2 组 13 × 13 × 128 的像素层。为便于后续处理，每幅像素层的左右两边和上下两边都要填充 1 个像素，每组中都有 192 个卷积核，每个卷积核的尺寸是 3 × 3 × 256。因此，每组中的卷积核都能对 2 组 13 × 13 × 128 的像素层的所有数据进行卷积运算。卷积核对每组数据的每次卷积都生成一个新的像素。卷积核分别沿像素层数据的 x 轴方向和 y 轴方向两个方向移动，移动的步长是 1 个像素。因此，运算后的卷积核的尺寸为 (13 – 3 + 1 × 2)/1 + 1 = 13（13 个像素减去 3，正好是 10。再加上上下、左右各填充的 1 个像素，即生成 12 个像素，再加上被减去的 3 也对应生成一个像素），每组中，共 13 × 13 × 192 个卷积核，共有 13 × 13 × 384 个卷积后的像素层。这些像素层经过 ReLu3 单元的处理，生成激活像素层，其尺寸仍为 2 组 13 × 13 × 192 像素层，共有 13 × 13 × 384 个像素层。

第 4 层，输入数据为第 3 层输出的 2 组 13 × 13 × 192 的像素层。同理，为便于后续处理，每幅像素层的左右两边和上下两边都要填充 1 个像素。一共 2 组，每组 GPU 中都有 192 个卷积核，每个卷积核的尺寸是 3 × 3 × 192。因此，每组中的卷积核能对 1 组 13 × 13 × 192 的像素层的数据进行卷积运算。卷积核对每组数据的每次卷积都生成一个新的像素。卷积核分别沿像素层数据的 x 轴方向和 y 轴方向两个方向移动，移动的步长是 1 个像素。因此，运算后的卷积核的尺寸为 (13 – 3 + 1 × 2)/1 + 1 = 13（13 个像素减去 3，正好是 10。再加上上下、左右各填充的 1 个像素，即生成 12 个像素，再加上被减去的 3 也对应生成一个像素），每组中，共 13 × 13 × 192 个卷积核，2 组一共 13 × 13 × 384 个卷积后的像素层。这些像素层经过 ReLu4 单元的处理，生成激活像素层，其尺寸仍为 2 组 13 × 13 × 192

像素层，共有 13×13×384 个像素层。

第 5 层，输入数据为第 4 层输出的 2 组 13×13×192 的像素层。同理，为便于后续处理，每幅像素层的左右两边和上下两边都要填充 1 个像素。一共 2 组像素层，每组中都有 128 个卷积核，每个卷积核的尺寸是 3×3×192。因此，每组中的卷积核能对 1 组 13×13×192 的像素层的数据进行卷积运算。卷积核对每组数据的每次卷积都生成一个新的像素。卷积核分别沿像素层数据的 x 轴方向和 y 轴方向两个方向移动，移动的步长是 1 个像素。因此，运算后的卷积核的尺寸为 $(13-3+1\times2)/1+1=13$（13 个像素减去 3，正好是 10。再加上上下、左右各填充的 1 个像素，即生成 12 个像素，再加上被减去的 3 也对应生成一个像素），每组共 13×13×128 个卷积核，2 组一共 13×13×256 个卷积后的像素层。这些像素层经过 ReLu5 单元的处理，生成激活像素层，其尺寸仍为 2 组 13×13×128 像素层，共有 13×13×256 个像素层。

第 6 层，输入数据的尺寸是 6×6×256，采用 6×6×256 尺寸的滤波器对第 6 层的输入数据进行卷积运算。其中每个 6×6×256 尺寸的滤波器对第 6 层的输入数据进行卷积运算生成一个运算结果，通过一个神经元输出这个运算结果，共有 4096 个 6×6×256 尺寸的滤波器对输入数据进行卷积运算，通过 4096 个神经元输出运算结果。这 4096 个运算结果通过 ReLu 激活函数生成 4096 个值，并通过 Drop 运算后输出 4096 个本层的输出结果值。

第 7 层，主要是全连接层。第 6 层输出的 4096 个数据与第 7 层的 4096 个神经元进行全连接，然后经由 ReLu7 进行处理后生成 4096 个数据，再经过 Dropout7 处理后输出 4096 个数据。

第 8 层，同样也是全连接层。第 7 层输出的 4096 个数据与第 8 层的 1000 个神经元进行全连接，经过训练后输出被训练的数值。

8.2.3　数据抓取整理

首先我们一般会从网上采集我们需要的大量训练样本图像，这里为了简单起见，直接从 Kaggle 上下载我们需要的训练样本。只要接触过机器学习的读者应该都不会对 Kaggle 陌生，这是一个很棒的机器学习任务平台，有着丰富的学习资源以及优秀的团队。Dogs vs Cats（猫狗分类）就是 Kaggle 中发布的适合本章主题的任务。其中猫狗分类的数据集是任务发布者从网络爬取的若干猫或者狗的图片，目标是识别图片中的动物是猫还是狗。

首先，我们从 Kaggle 搜索并下载一个可用的训练集（train.zip），并将其存储到本地磁盘路径下，读者可以在本书的附带代码中找到相关的数据。数据图片如图 8-6 所示。

图 8-6　数据集示例图

由于任务发布者整理了数据集，这节省了我爬取数据的时间，但是由于我们并不打算使用全部的样本集（因为模型训练速度在单机上不可接受），因此只从训练集中抽取一部分样本作为实验数据，并将训练集的数据整理成我们需要的格式，如代码清单 8-1 所示。

代码清单 8-1 数据整理

```
 1 import os
 2 
 3 import shutilimport random
 4 
 5 train= '../data/dog_cat/train/'
 6 
 7 dogs=[train + i for i in os.listdir(train) if 'dog'in i]
 8 cats=[train + i for i in os.listdir(train)] if 'cat' in i]
 9 
10 print len(dogs), len(cats)
11 
12 
13 target = '../data/dog_cat/arrange/'
14 
15 random.shuffle(dogs)
16 random.shuffle(cats)
17 
18 def ensure_dir(dir_path) :
19   if not os.path.exists(dir_path):
20   try:
21     os.makedirs(dir_path)
22   except OSError:
23     pass
24 
25 ensure_dir(target + 'train/dog')
26 ensure_dir(target + 'train/cat')
27 ensure_dir(target + 'validation/dog')
28 ensure_dir(target + 'validation/cat')
29 
30 for dog_file, cat_file in zip(dogs, cats)[:1000]:
31   shutil.copyfile(dog_file, target + 'train/dog/' + os.path.basename (dog_file))
32   shutil.copyfile(cat_file, target + 'train/cat/' + os.path.basename (cat_file))
33 
34 for dog_file, cat_f1le in zip(dogs, cats)[1000:1500]:
35   shutil.copyfile(dog_file, target + 'validation/dog/' + os.path.basename(dog_file))
36   shutil.copyfile(cat_file, target + 'validation/cat/' + os.path.basename(cat_file))
```

代码中首先读取狗与猫图片的训练集，然后调用 ensure_dir 确保图片目录路径都存在，接着遍历训练集，调用 copyfile 将文件复制到训练集目录和测试集目录中。然后完成数据收集。

8.2.4 数据预处理

数据集准备完毕，接下来预处理样本。这里我们将用一些图片变形手段，将原始样本变形。在提升数据丰富度的同时，通过训练学习变形事物让模型提取出更抽象的事物特征。生成变形图片样本代码如代码清单 8-2 所示。

代码清单 8-2　图片预处理代码

```
 1 from keras.preprocessing.image import ImageDataGenerator
 2 
 3 img_width, img_height = 128, 128
 4 input_shape = (img, width, 1img height, 3)
 5 
 6 train_data_dir = target + 'train'
 7 validation_data_dir = target + 'validation'
 8 
 9 train_pic_gen = ImageDataGenerator(
10       rescale=1. / 255,
11       rotation_range=20,
12       width_shift_range=0.2,
13       height_shift_range=0.2,
14       shear_range=0.2,
15       zoom_range=0.5,
16       horizontal_flip=True,
17       fill_mode='nearest')
18 
19 validation_pic_gen = ImageDataGenerator(rescale=1, / 255)
```

接下来生成数据流。由于这里是二分类问题，标签非 0 即 1。所以不需要 Keras 当中的 np.utils.to_categorical 函数对样本标签进行 One-Hot 编码，我们现在只需要按文件夹生成训练集流和标签，进行二分类即可，如代码清单 8-3 所示。

代码清单 8-3　数据流生成代码

```
 1 train_flow= train_pic_gen.flow_from_directory(
 2       train_data_dir,
 3       target_size=(img_width, img_height),
 4       batch_size=32,
 5       class_mode='binary'
 6 )
 7 
 8 validation_flow = validation_pic_gen.flow_from_directory(
 9       validation_data_dir,
10       target_size=(img_width, img_height),
11       batch_size=32,
12       class_mode='binary'
13 )
14 
```

第 1 行，调用 train_pic_gen 的 flow_from_directory 生成训练数据流，数据目录是 train_data_dir，数据大小为图片的宽度和高度，图片的批次数量是 32。

第 8 行，调用 validation_pic_gen 的 flow_from_directory 生成验证数据流，数据目录是

validation_data_dir，数据大小为图片的宽度和高度，图片的批次数量是 32。

8.2.5 数据训练

数据预处理结束后我们需要准备训练模型，定义模型我们已经轻车熟路了，只需要如代码清单 8-4 即可。

代码清单 8-4 模型定义

```
 1 from keras.models import Sequential
 2 from keras:layers import Convolution2D, MaxPooling2D
 3 from keras.layers import Activation, Dropout, Flatten, Dense
 4
 5 nb_train_samples = 2000
 6 nb_validation_samples = 1000
 7 nb_epoch = 50
 8
 9 model = Sequential([
10     Convolution2D(
11         32, 3, 3, input_shape=input_shape,
12         activation=' relu'),
13     MaxPooling2D(pool_size=(2, 2)),
14     Convolution2D(64, 3, 3, activation='relu'),
15     MaxPooling2D(pool size=(2, 21)),
16     Flatten(),
17     Dense(64, activation='relu'),
18     Dropout(0.51),
19     Dense(1, activation='sigmoid'),
20 ])
21
22 model.compile(Loss='binary_crossentropy', optimizer='rmsprop', metrics=['
   accuracy'])
23
24 model.fit_generator(
25     train_flow,
26     samples_per_epoch=nb_train_samples,
27     nb_epoch=nb_epoch,
28     validation_data=validation_flow,
29     nb_val_samples=nb_validation_samples)
30
31 ensure_dir(target + 'weights')
32 model.save_weights(target + 'weights/' + '1.h5')
```

第 9 ～ 20 行，调用 Sequential 创建一个网络，网络层依次为卷积层（Convolution2D)、最大池化层（MaxPooling2D)、卷积层、最大池化层，然后利用 Flatten 将数据变成平坦向量，接着是全连接层、Dropout 层（随机丢弃参数）和全连接层。所有的激活函数使用的都是 ReLU。

第 22 ～ 29 行，执行模型训练。这里我们选择二元交叉熵作为损失函数，使用 rpmsprop

作为参数优化器，使用准确度作为模型效果的衡量标准。训练循环次数为 nb_epoch 次。

第 31 ～ 32 行，将模型参数保存到文件中，文件名是 1.h5。

这样我们就可以得到一个保存的模型，模型保存在 weights 目录下，文件名为 1.h5。这么一个简单的模型的准确率可以在 90% 以上。

8.3　目标识别与物体检测

图像分类只能解决一张图片是什么的问题，如果仅仅做图像分类是远远不够的，比如我们经常希望从下面的图片中知道到底有哪些物体，如图 8-7 所示。

图 8-7　目标检测示意图

这个时候就需要知道想要识别的物体在哪个位置，这就是所谓的目标检测。检测之后再通过分类器判定这个物体到底是哪个物体。我们已经知道了图像分类，下面将会具体介绍目标识别与其相关算法。

8.3.1　目标识别简介

目标识别检测是目前深度学习在模式识别中应用的重要任务。这里我们需要介绍一些相关的概念以及相关的算法与实现。

目前可以将现有的基于深度学习的目标检测与识别算法大致分为以下 3 大类。

1）基于区域建议的目标检测与识别算法，如 R-CNN、Fast R CNN、Faster R-CNN 等。

2）基于回归的目标检测与识别算法，如 YOLO、SSD 等。

3）基于搜索的目标检测与识别算法，如基于视觉注意的 AttentionNet，基于强化学习的算法等。

目标识别主要有以下几个应用场景。

1）安全领域：指纹识别、人脸识别、地形勘察、飞行物识别等。

2）交通领域：车牌号识别、无人驾驶、交通标志识别等。

3）医疗领域：心电图、B 超、健康管理、营养学等。

4）生活领域：智能家居、购物、智能测肤等。

我们可以看到目标识别的应用领域非常广阔，这也是越来越多的工程师开始学习深度学习模式识别的一个重要原因。

我们了解了目标识别大致完成的任务后，接下来就开始介绍一些流行的目标检测算法。

8.3.2　R-CNN

R-CNN 是最早的基于 Anchor 的目标检测算法，该算法在论文《 Rich feature hierarchies for accurate oject detection and semantic segmentation 》[⊖]中提出。

图 8-8 大致描述了 R-CNN 的检测过程，我们可以清晰地了解到深度学习模型是如何解决目标识别问题的，这张图来自于 R-CNN 的论文，我们此处直接引用。

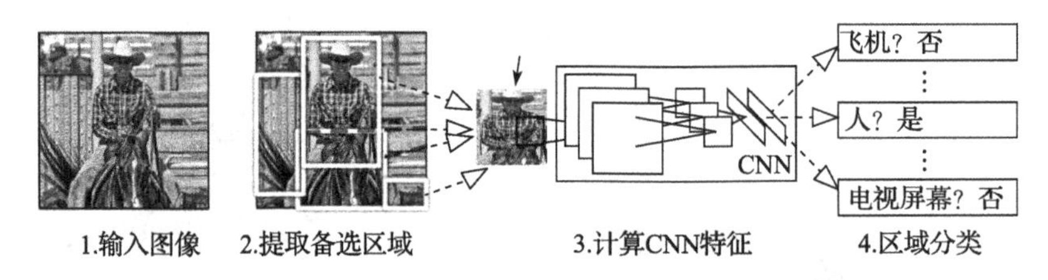

图 8-8　R-CNN 基本流程图

如图 8-8 所示，R-CNN 的基本工作流程基本如下所示。

1）接收一个图像，使用 Selective Search 选择大约 2000 个从上到下的类无关的候选区域（proposal）。

2）将提取出来的候选区域转换为统一大小的图片（拉升 / 压缩等方法），使用 CNN 模型提取每一个候选区域的固定长度的特征。

3）使用特定类别的线性 SVM 分类器对每一个候选区域进行分类。

4）Bounding Box 回归。

可以看出来，其实这就是一个基于滑动窗口的思路，目的是找出图中属于我们想要寻找的目标的小方框区域，在得到所有的方框区域后通过回归得到最后的物体位置。这也就是

⊖　该论文的地址为：https://arxiv.org/abs/1311.2524。

为什么检测结果都是矩形框的原因。

这样我们就知道 R-CNN 要如何处理训练和预测问题了。训练的过程基本如下所示。

1）预训练：预训练 CNN（边界框标签不可用于该数据）。

2）特征领域的微调：使用基于 CNN 的 SGD 的训练，对模型进行微调。在这里选择学习率为预训练的 $\frac{1}{10}$，保证微调不破坏初始化。

将所有候选区域与真实框重叠（IoU）大于等于 0.5 的作为该框类的正例，其余的作为负例，再进行 SVM 分类。这个表明了训练过程是需要 Ground Truth（标定框）的，是有监督的过程的。

预测过程和训练过程基本相同，仅有的差别就是预测不需要初始给定的标定框，另外就是预测之后得到的是一堆小方框，需要利用 Bounding Box 回归得到最后的检测框。简单来说，预测的过程就是根据在训练过程中找到的 CNN 回归值与所要预测的 Ground Truth 之间的关系，反向推导 Ground Truth 的位置。

因此我们可以看出 R-CNN 的一些优点和缺点。

R-CNN 的优点主要是相对于传统的检测识别算法而言的，具体以下几点。

1）使用了 Select Search 进行 proposal 的选择，将 proposal 的数量从百万级别减少到了 2000 个左右，极大地减少了 proposal 的数量。

2）深度学习提取特征来代替人为设计，较大地提高了精度和效率。

3）使用了 Bounding Box 回归，进一步提高了检测的精度。

R-CNN 具体的缺点有以下几点。

1）训练分为多个步骤，包括 Select Search 进行 proposal 的选择、CNN 的模型训练（模型的预训练和微调）、SVM 的分类、Bounding Box 回归等，整个过程需要的时间过长。

2）由于当时的历史等各个因素的影响，使用了 SVM 进行多类别分类，要训练多个分类器，训练时间较长。

3）测试时间长，原因是每张图片要处理大量的目标候选框。

虽然 R-CNN 仍然存在很多问题，但是它打破了传统的目标识别方式，是第一个用于目标识别的深度学习模型，基于深度神经网络的目标识别技术也由此发展起来了。R-CNN 的实现我们在 9.4 节的检测识别实战中再进行详细讨论。下面我们再介绍几种常用的检测算法。

8.3.3 SPP-Net

在 RetinaNet 之前，Faster R-CNN 是用得最多的目标检测方法，为了更加深刻理解 Faster R-CNN 我们先来介绍一下 SPP-Net 这个模型。

SPP-Net 是何凯明在论文《Spatial Pyramid Pooling in Deep Convolutional Networks for Visual Recognition》[⊖]中提出的。

⊖ 论文原文的链接是：https://arxiv.org/abs/1406.4729。

SPP-Net 的创新之处主要体现在两点：一点是结合金字塔的思想，实现了 CNN 的多尺寸输入，解决了因为 CNN 对输入的格式要求进行预处理（如 crop、warp 等）操作造成的数据信息的丢失问题，另一点是只对原图进行一次卷积操作。

第 1 个创新点是 SPP-Net 的金字塔池化，如图 8-9 所示。

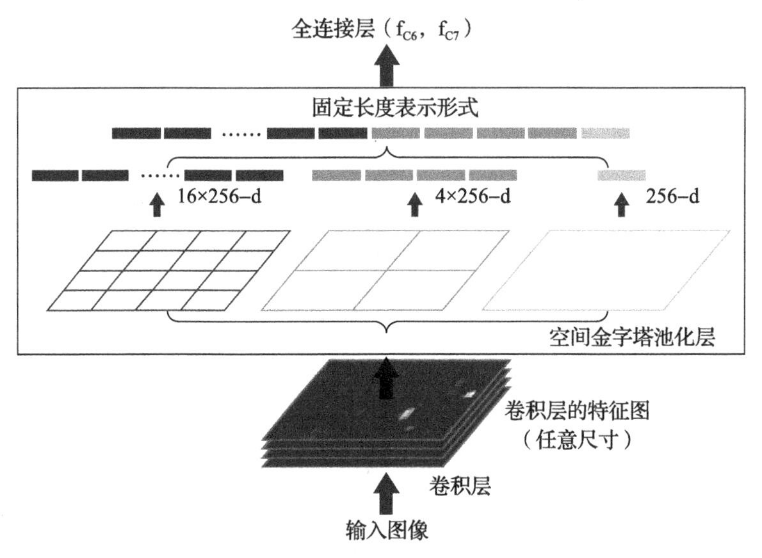

图 8-9 金字塔池化示意图

如图 8-9 所示，输入图片经过多个卷积层操作，再将输出的 FeatureMap 输入到 SPP-Net 池化层，最后将池化后的特征输入全连接层。下面针对图 8-9 来说说 SPP-Net 池化层的思想。

我们使用 3 层的金字塔池化层 pooling，分别设置图片切分成多少块，论文中设置的分别是（1，4，16），然后按照层次对这个 FeatureMap A 进行分别处理（用代码实现就是 for(1，2，3 layer)），也就是在第 1 层对这个 FeatureMap A 整个 FeatureMap 进行池化（池化又分为：最大池化，平均池化，随机池化），论文中使用的是最大池化，得到 1 个特征。

第 2 层先将这个 FeatureMap A 切分为 4 个（20，30）小的 FeatureMap，然后使用对应大小的池化核对其进行池化后，得到 4 个特征，

第 3 层先将这个 FeatureMap A 切分为 16 个（10，15）的小的 FeatureMap，然后使用对应大小的池化核对其进行池化后，得到 16 个特征 .

最后将这 1 + 4 + 16 = 21 个特征输入到全连接层，进行权重计算。当然了，这个层数是可以随意设定的，这个图片划分也是可以随意的，只要效果好并且最后能组合成我们需要的特征个数即可。

第 2 个创新点是 SPP-Net 的一次卷积。

由于 R-CNN 先获取 proposal，再进行 resize，最后输入 CNN 卷积，这样做效率很低。SPP-Net 针对这一缺点，提出了只进行一次原图的卷积操作，得到 FeatureMap，然后找到每

一个 proposal 在 FeatureMap 上对应的 patch，将这个 patch 作为每个 proposal 的卷积特征输入到 SPP-Net 中，然后进行后续运算，速度可以提升百倍。

8.3.4 Fast R-CNN

Fast R-CNN 则在 SPP-Net 上更进一步，它更好地实现了对 R-CNN 的加速工作，R-CNN 的基础上 Fast R-CNN 主要有以下几个方面的改进。

1）借鉴了 SPP-Net 的思路，提出了简化版的 ROI 池化层（没有使用金字塔），同时加入了候选框映射的功能，使得网络能够进行反向传播，解决了 SPP 的整体网络训练的问题。

2）多任务 Loss 层：一方面使用了 Softmax 代替 SVM 进行多分类，另一方面我们使用 SmoothL1Loss 取代了 Bounding Box 回归。

Fast R-CNN 的基本工作流程如下所示。

1）接收一个图像，使用 Selective Search 选择大约 2000 个从上到下的类无关候选区域（proposal）。

2）对整张图片进行卷积操作提取特征，得到 FeatureMap。

3）找到每个候选框在 FeatureMap 中的映射 patch，将 patch 作为每个候选框的特征输入到 ROI 池化层及后面的层。

4）将提取出的候选框的特征输入到 Softmax 分类器中进行分类，替换了 R-CNN 的 SVM 分类。

5）使用 SmoothL1Loss 回归的方法对候选框进一步调整位置。

由此可以看出，Fast R-CNN 其实也就是在 R-CNN 上的改进，下面我们来讨论一下 Fast R-CNN 的优点和缺点。Fast R-CNN 的最大优点是融合了 R-CNN 和 SPP-Net 的精髓，并且引入了多任务损失函数，极大地提高了算法的效率，使得整个网络的训练和测试变得较为简单（相对 R-CNN 而言）。

但是 Fast R-CNN 也存在不足之处，最重要的是没有对 Selective Search 进行候选区域（region proposal）的选择进行改进，仍然不能实现真正意义上的 edge-to-edge（端到端）的训练和测试。

8.3.5 Faster R-CNN

Faster R-CNN 和 Fast R-CNN 的不同点主要是使用 RPN 网络进行 region proposal 的选择，并且将 RPN 网络合并到 CNN 网络中，真正地实现了端到端的目标检测。这也是 Faster R-CNN 的里程碑式的贡献。

接下来我们来看一下 Faster R-CNN 的基本工作流程，工作流程如图 8-10 所示，该图是论文原图，此处直接引用。

1）对整张图片输进 CNN 网络，得到 FeatureMap。

2）卷积特征输入到 RPN，得到候选框的特征信息。

3）对候选框中提取出的特征，使用分类器判别是否属于一个特定类。

4）对于属于某一特征的候选框，用回归器进一步调整其位置。

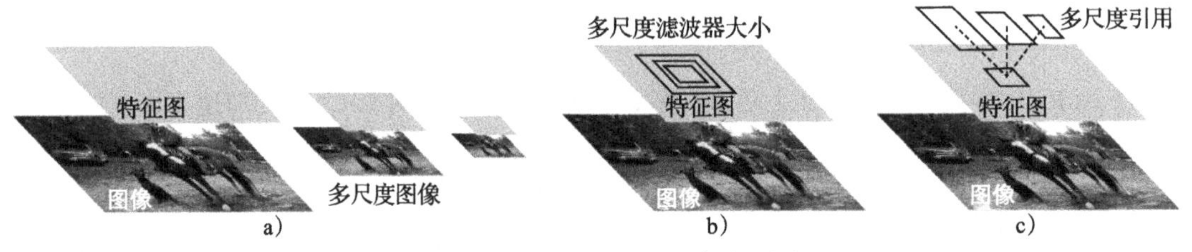

图 8-10 Faster R-CNN 基本流程图

我们可以看到 Faster R-CNN 的主要突破点在于 RPN 这个特殊的结构，下面我们详细介绍一下 RPN。RPN 是用于提取 region proposal 的神经网络，RPN 网络的特点在于通过滑动窗口的方式实现候选框的提取，每个滑动窗口位置生成 9 个候选窗口（不同尺度、不同宽高），提取对应 9 个候选窗口（anchor）的特征，用于目标分类和边框回归，与 Fast R-CNN 类似。目标分类只需要区分候选框内特征为前景或者背景。具体如图 8-11 所示，该图是论文原图，此处直接引用。

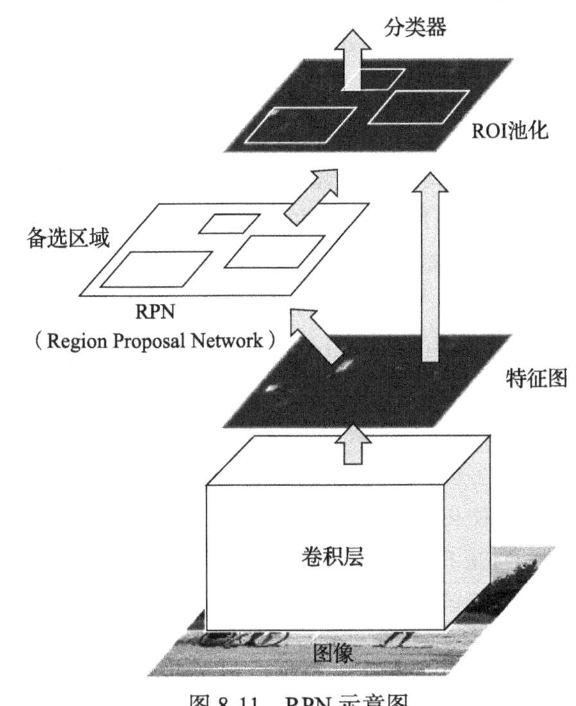

图 8-11 RPN 示意图

那么 RPN是怎么筛选候选框的呢？具体如下所示。

1）对于 IoU ≥ 0.7 的标记为前景样本，低于 0.3 的样本标记为后景样本。

2）丢弃 1 中所有的边界样本。

对于每一个位置，通过两个全连接层（目标分类 + 边框回归）对每个候选框（anchor）进行判断，并且结合概率值进行舍弃（仅保留约 300 个 anchor），没有显式地提取任何候选窗口，完全使用网络自身完成判断和修正。

RPN 中还采用了两种损失函数，分别是分类误差函数和前景样本窗口位置偏差函数。这有效地提升了损失函数的效果。

Faster R-CNN 的训练也和前面的网络有一些区别，比如通过使用共享特征交替训练的方式，达到接近实时的性能。具体来说，首先根据现有网络初始化权值 w，训练 RPN，然后用 RPN 提取训练集上的候选区域，用候选区域训练 FastRCNN，更新权值 w，通过这两步不断重复，直到收敛为止。

Faster R-CNN 的优点是将我们一直以来的目标检测的几个过程（预选框生成、CNN 特征提取、SVM/Soft max/CNN 预选框分类、y 预选框位置微调）完全统一到同一个网络中去，从真正意义上实现了端到端的训练和测试。

Faster R-CNN 的缺点就是预先获取预选区域，再对预选区域进行分类，仍然具有较大的运算量，还是没有实现真正意义上的实时检测的要求，依然需要很强大的硬件来进行计算。

8.3.6 RetinaNet

RetinaNet 是目前效果最好的目标检测算法，该算法主要解决了目标检测算法中类别不平衡的问题。那么什么是类别不平衡呢？检测算法在早期会生成很多 bbox。而一幅常规的图片中，顶多就那么几个 object。这意味着，绝大多数的 bbox 属于 background。

类别不平衡的问题非常严重，因为 bbox 数量爆炸而且 bbox 中属于 background 的 bbox 太多了，所以如果分类器把所有 bbox 统一归类为 background，accuracy 也可以刷得很高。于是分类器的训练就失败了。分类器训练失败，检测精度自然就降低了。

RetinaNet 提出了 two-stage 的解决方案，也是借用了 SPP-Net 的 RPN 网络结构。

第 1 个 stage 的 RPN 会对 anchor 进行简单的二分类（只是简单地区分是前景还是背景，并不区别究竟属于哪个细类）。经过该轮初筛，属于 background 的 bbox 被大幅砍削。虽然其数量依然远大于前景类 bbox，但是至少数量差距已经不像最初生成的 anchor 那样夸张了。就等于是从“类别极不平衡”变成了“类别较不平衡”。

不过，其实 two-stage 系的 detector 也不能完全避免这个问题，只能说是在很大程度上减轻了“类别不平衡”对检测精度所造成的影响。

接着到第 2 个 stage 时，分类器登场，在初筛过后的 bbox 上进行难度小得多的第二波分类（这次是细分类）。这样一来，分类器得到了较好的训练，最终的检测精度自然就提高了。但是，这两个 stage 操作复杂，检测速度被严重拖慢了。

那么如何让 one-stage 在速度不会降低的情况下达到和 two-stage 类似的精度呢？何恺明就提出了 Focal Loss。Focal Loss 的标准非常简单：

$$\mathrm{FL}\left(p_t\right)=-\left(1-p_t\right)\log p_t=\left(1-p_t\right)_y CE\left(\hat{y}\right)\mathrm{i}$$

本质改进点在于乘上了一个权重，一旦乘上了该权重，量大的类别所贡献的 loss 被大幅砍削，量少的类别所贡献的 loss 几乎没有多少降低。虽然整体的 loss 总量减少了，但是训练过程中，量少的类别拥有了更大的话语权。

在下面的章节中我将进一步阐述在实战中 RetinaNet 具体是如何实现的。

8.4 检测识别实战

现在我们看下 Faster R-CNN 和 RetinaNet 的实现。

8.4.1 Faster R-CNN

Faster R-CNN 的关键结构是 ROI Pooling，因此我们先实现 ROI Pooling 层。实现代码在 roi.py 中，如代码清单 8-5 所示。

代码清单 8-5 roi.py

```
 1 from collections import namedtuple
 2 from string import Template
 3 
 4 import cupy, torch
 5 import cupy as cp
 6 import torch as t
 7 from torch.autograd import Function
 8 
 9 from model.utils.roi_cupy import kernel_backward, kernel_forward
10 
11 Stream = namedtuple('Stream', ['ptr'])
12 
13 
14 @cupy.util.memoize(for_each_device=True)
15 def load_kernel(kernel_name, code, **kwargs):
16     cp.cuda.runtime.free(0)
17     code = Template(code).substitute(**kwargs)
18     kernel_code = cupy.cuda.compile_with_cache(code)
19     return kernel_code.get_function(kernel_name)
20 
21 
22 CUDA_NUM_THREADS = 1024
23 
24 
25 def GET_BLOCKS(N, K=CUDA_NUM_THREADS):
26     return (N + K - 1) //K
27 
28 
29 class RoI(Function):
30     def __init__(self, outh, outw, spatial_scale):
31         self.forward_fn = load_kernel('roi_forward', kernel_forward)
32         self.backward_fn = load_kernel('roi_backward', kernel_backward)
33         self.outh, self.outw, self.spatial_scale = outh, outw, spatial_scale
34 
35     def forward(self, x, rois):
36         # NOTE: MAKE SURE input is contiguous too
37         x = x.contiguous()
38         rois = rois.contiguous()
39         self.in_size = B, C, H, W = x.size()
40         self.N = N = rois.size(0)
41         output = t.zeros(N, C, self.outh, self.outw).cuda()
42         self.argmax_data = t.zeros(N, C, self.outh, self.outw).int().cuda()
43         self.rois = rois
44         args = [x.data_ptr(), rois.data_ptr(),
```

```
45                  output.data_ptr(),
46                  self.argmax_data.data_ptr(),
47                  self.spatial_scale, C, H, W,
48                  self.outh, self.outw,
49                  output.numel()]
50          stream = Stream(ptr=torch.cuda.current_stream().cuda_stream)
51          self.forward_fn(args=args,
52                          block=(CUDA_NUM_THREADS, 1, 1),
53                          grid=(GET_BLOCKS(output.numel()), 1, 1),
54                          stream=stream)
55          return output
56
57      def backward(self, grad_output):
58          ##NOTE: IMPORTANT CONTIGUOUS
59          # TODO: input
60          grad_output = grad_output.contiguous()
61          B, C, H, W = self.in_size
62          grad_input = t.zeros(self.in_size).cuda()
63          stream = Stream(ptr=torch.cuda.current_stream().cuda_stream)
64          args = [grad_output.data_ptr(),
65                  self.argmax_data.data_ptr(),
66                  self.rois.data_ptr(),
67                  grad_input.data_ptr(),
68                  self.N, self.spatial_scale, C, H, W, self.outh, self.outw,
69                  grad_input.numel()]
70          self.backward_fn(args=args,
71                           block=(CUDA_NUM_THREADS, 1, 1),
72                           grid=(GET_BLOCKS(grad_input.numel()), 1, 1),
73                           stream=stream
74                           )
75          return grad_input, None
76
77
78  class RoIPooling2D(t.nn.Module):
79
80      def __init__(self, outh, outw, spatial_scale):
81          super(RoIPooling2D, self).__init__()
82          self.RoI = RoI(outh, outw, spatial_scale)
83
84      def forward(self, x, rois):
85          return self.RoI(x, rois)
```

第 29 行，定义了 ROI 类，该类继承自 PyTorch 的 Function 类。

第 30 ～ 33 行，定义了初始化函数，首先初始化 forward_fn，接着初始化 backward_fn。

第 35 ～ 55 行，定义了 forward 函数，用于完成前向计算。首先确保输入是连续的，然后生成 ROI 层所需要的各种参数，最后调用 forward_fn 完成前向计算。

第 57 ～ 75 行，定义了 backward 函数，用于完成反向传播，首先确保输入是连续的，然后生成 ROI 层所需要的各种参数，最后调用 backward_fn 完成反向计算，计算完后将梯度和输入返回。

第 78 ～ 85 行，定义了 ROIPooling2D 类，继承自 Module 类。内部只有一个 ROI 层，通过 ROI 层处理输入并完成前向计算。

接着我们实现用于挑选框的 RegionProposalNetwork 类，实现代码在 region_proposal_network.py 中，如代码清单 8-6 所示。

代码清单 8-6 region_proposal_network.py

```
1 import numpy as np
2 from torch.nn import functional as F
3 import torch as t
4 from torch import nn
5
6 from model.utils.bbox_tools import generate_anchor_base
7 from model.utils.creator_tool import ProposalCreator
8
9
10 class RegionProposalNetwork(nn.Module):
11     def __init__(
12             self, in_channels=512, mid_channels=512, ratios=[0.5, 1, 2],
13             anchor_scales=[8, 16, 32], feat_stride=16,
14             proposal_creator_params=dict(),
15     ):
16         super(RegionProposalNetwork, self).__init__()
17         self.anchor_base = generate_anchor_base(
18             anchor_scales=anchor_scales, ratios=ratios)
19         self.feat_stride = feat_stride
20         self.proposal_layer = ProposalCreator(self, **proposal_creator_params)
21         n_anchor = self.anchor_base.shape[0]
22         self.conv1 = nn.Conv2d(in_channels, mid_channels, 3, 1, 1)
23         self.score = nn.Conv2d(mid_channels, n_anchor * 2, 1, 1, 0)
24         self.loc = nn.Conv2d(mid_channels, n_anchor * 4, 1, 1, 0)
25         normal_init(self.conv1, 0, 0.01)
26         normal_init(self.score, 0, 0.01)
27         normal_init(self.loc, 0, 0.01)
28
29     def forward(self, x, img_size, scale=1.):
30         n, _, hh, ww = x.shape
31         anchor = _enumerate_shifted_anchor(
32             np.array(self.anchor_base),
33             self.feat_stride, hh, ww)
34
35         n_anchor = anchor.shape[0] // (hh * ww)
36         h = F.relu(self.conv1(x))
37
38         rpn_locs = self.loc(h)
39         rpn_locs = rpn_locs.permute(0, 2, 3, 1).contiguous().view(n, -1, 4)
40         rpn_scores = self.score(h)
41         rpn_scores = rpn_scores.permute(0, 2, 3, 1).contiguous()
```

```
42          rpn_softmax_scores = F.softmax(rpn_scores.view(n, hh, ww, n_anchor, 2),
            dim=4)
43          rpn_fg_scores = rpn_softmax_scores[:, :, :, :, 1].contiguous()
44          rpn_fg_scores = rpn_fg_scores.view(n, -1)
45          rpn_scores = rpn_scores.view(n, -1, 2)
46
47          rois = list()
48          roi_indices = list()
49          for i in range(n):
50              roi = self.proposal_layer(
51                  rpn_locs[i].cpu().data.numpy(),
52                  rpn_fg_scores[i].cpu().data.numpy(),
53                  anchor, img_size,
54                  scale=scale)
55              batch_index = i * np.ones((len(roi),), dtype=np.int32)
56              rois.append(roi)
57              roi_indices.append(batch_index)
58
59          rois = np.concatenate(rois, axis=0)
60          roi_indices = np.concatenate(roi_indices, axis=0)
61          return rpn_locs, rpn_scores, rois, roi_indices, anchor
62
63
64  def _enumerate_shifted_anchor(anchor_base, feat_stride, height, width):
65      import numpy as xp
66      shift_y = xp.arange(0, height * feat_stride, feat_stride)
67      shift_x = xp.arange(0, width * feat_stride, feat_stride)
68      shift_x, shift_y = xp.meshgrid(shift_x, shift_y)
69      shift = xp.stack((shift_y.ravel(), shift_x.ravel(),
70                        shift_y.ravel(), shift_x.ravel()), axis=1)
71
72      A = anchor_base.shape[0]
73      K = shift.shape[0]
74      anchor = anchor_base.reshape((1, A, 4)) + \
75               shift.reshape((1, K, 4)).transpose((1, 0, 2))
76      anchor = anchor.reshape((K * A, 4)).astype(np.float32)
77      return anchor
78
79
80  def _enumerate_shifted_anchor_torch(anchor_base, feat_stride, height, width):
81      import torch as t
82      shift_y = t.arange(0, height * feat_stride, feat_stride)
83      shift_x = t.arange(0, width * feat_stride, feat_stride)
84      shift_x, shift_y = xp.meshgrid(shift_x, shift_y)
85      shift = xp.stack((shift_y.ravel(), shift_x.ravel(),
86                        shift_y.ravel(), shift_x.ravel()), axis=1)
87
88      A = anchor_base.shape[0]
89      K = shift.shape[0]
90      anchor = anchor_base.reshape((1, A, 4)) + \
91               shift.reshape((1, K, 4)).transpose((1, 0, 2))
```

```
92     anchor = anchor.reshape((K * A, 4)).astype(np.float32)
93     return anchor
94
95
96 def normal_init(m, mean, stddev, truncated=False):
97     if truncated:
98         m.weight.data.normal_().fmod_(2).mul_(stddev).add_(mean)  # not a perfect
           approximation
99     else:
100        m.weight.data.normal_(mean, stddev)
101        m.bias.data.zero_()
```

第 10 行，定义了 RegionProposal Net work 类，该类继承自 Module 类。

第 11 ～ 27 行，定义了构造函数，主要定义了网络结构。

第 29 ～ 61 行，定义了 forward 函数，主要定义了前向计算实现，首先调用 _enumerate_shifted_anchor 生成 anchor，接着调用 locs、scores 等几个卷积层完成卷积计算，然后调用 proposal_layer 完成 roi 计算，最后将结果返回。

第 64 ～ 70 行，定义了 enumerate_shifted_anchor 函数，用于完成 anchor 的移位操作。

第 96 ～ 101 行，定义了 normal_init，用于加载网络的预训练模型初始权重。

接着就可以实现 Faster R-CNN 的网络结构，如代码清单 8-7 所示。

代码清单 8-7 faster_rcnn.py

```
1 from __future__ import  absolute_import
2 from __future__ import division
3 import torch as t
4 import numpy as np
5 import cupy as cp
6 from utils import array_tool as at
7 from model.utils.bbox_tools import loc2bbox
8 from model.utils.nms import non_maximum_suppression
9
10 from torch import nn
11 from data.dataset import preprocess
12 from torch.nn import functional as F
13 from utils.config import opt
14
15
16 def nograd(f):
17     def new_f(*args,**kwargs):
18         with t.no_grad():
19            return f(*args,**kwargs)
20     return new_f
21
22 class FasterRCNN(nn.Module):
23     def __init__(self, extractor, rpn, head,
24                 loc_normalize_mean = (0., 0., 0., 0.),
25                 loc_normalize_std = (0.1, 0.1, 0.2, 0.2)
```

```
26      ):
27          super(FasterRCNN, self).__init__()
28          self.extractor = extractor
29          self.rpn = rpn
30          self.head = head
31
32          # mean and std
33          self.loc_normalize_mean = loc_normalize_mean
34          self.loc_normalize_std = loc_normalize_std
35          self.use_preset('evaluate')
36
37      @property
38      def n_class(self):
39          return self.head.n_class
40
41      def forward(self, x, scale=1.):
42          img_size = x.shape[2:]
43
44          h = self.extractor(x)
45          rpn_locs, rpn_scores, rois, roi_indices, anchor = \
46              self.rpn(h, img_size, scale)
47          roi_cls_locs, roi_scores = self.head(
48              h, rois, roi_indices)
49          return roi_cls_locs, roi_scores, rois, roi_indices
50
51      def use_preset(self, preset):
52          if preset == 'visualize':
53              self.nms_thresh = 0.3
54              self.score_thresh = 0.7
55          elif preset == 'evaluate':
56              self.nms_thresh = 0.3
57              self.score_thresh = 0.05
58          else:
59              raise ValueError('preset must be visualize or evaluate')
60
61      def _suppress(self, raw_cls_bbox, raw_prob):
62          bbox = list()
63          label = list()
64          score = list()
65          for l in range(1, self.n_class):
66              cls_bbox_l = raw_cls_bbox.reshape((-1, self.n_class, 4))[:, l, :]
67              prob_l = raw_prob[:, l]
68              mask = prob_l > self.score_thresh
69              cls_bbox_l = cls_bbox_l[mask]
70              prob_l = prob_l[mask]
71              keep = non_maximum_suppression(
72                  cp.array(cls_bbox_l), self.nms_thresh, prob_l)
73              keep = cp.asnumpy(keep)
74              bbox.append(cls_bbox_l[keep])
75              # The labels are in [0, self.n_class - 2].
76              label.append((l - 1) * np.ones((len(keep),)))
```

```
77                score.append(prob_l[keep])
78            bbox = np.concatenate(bbox, axis=0).astype(np.float32)
79            label = np.concatenate(label, axis=0).astype(np.int32)
80            score = np.concatenate(score, axis=0).astype(np.float32)
81            return bbox, label, score
82
83        @nograd
84        def predict(self, imgs,sizes=None,visualize=False):
85            self.eval()
86            if visualize:
87                self.use_preset('visualize')
88                prepared_imgs = list()
89                sizes = list()
90                for img in imgs:
91                    size = img.shape[1:]
92                    img = preprocess(at.tonumpy(img))
93                    prepared_imgs.append(img)
94                    sizes.append(size)
95            else:
96                 prepared_imgs = imgs
97            bboxes = list()
98            labels = list()
99            scores = list()
100           for img, size in zip(prepared_imgs, sizes):
101               img = at.totensor(img[None]).float()
102               scale = img.shape[3] / size[1]
103               roi_cls_loc, roi_scores, rois, _ = self(img, scale=scale)
104               roi_score = roi_scores.data
105               roi_cls_loc = roi_cls_loc.data
106               roi = at.totensor(rois) / scale
107
108               mean = t.Tensor(self.loc_normalize_mean).cuda(). \
109                   repeat(self.n_class)[None]
110               std = t.Tensor(self.loc_normalize_std).cuda(). \
111                   repeat(self.n_class)[None]
112
113               roi_cls_loc = (roi_cls_loc * std + mean)
114               roi_cls_loc = roi_cls_loc.view(-1, self.n_class, 4)
115               roi = roi.view(-1, 1, 4).expand_as(roi_cls_loc)
116               cls_bbox = loc2bbox(at.tonumpy(roi).reshape((-1, 4)),
117                                   at.tonumpy(roi_cls_loc).reshape((-1, 4)))
118               cls_bbox = at.totensor(cls_bbox)
119               cls_bbox = cls_bbox.view(-1, self.n_class * 4)
120               # clip bounding box
121               cls_bbox[:, 0::2] = (cls_bbox[:, 0::2]).clamp(min=0, max=size[0])
122               cls_bbox[:, 1::2] = (cls_bbox[:, 1::2]).clamp(min=0, max=size[1])
123
124               prob = at.tonumpy(F.softmax(at.totensor(roi_score), dim=1))
125
126               raw_cls_bbox = at.tonumpy(cls_bbox)
127               raw_prob = at.tonumpy(prob)
```

```
128
129                 bbox, label, score = self._suppress(raw_cls_bbox, raw_prob)
130                 bboxes.append(bbox)
131                 labels.append(label)
132                 scores.append(score)
133
134             self.use_preset('evaluate')
135             self.train()
136             return bboxes, labels, scores
137
138         def get_optimizer(self):
139             lr = opt.lr
140             params = []
141             for key, value in dict(self.named_parameters()).items():
142                 if value.requires_grad:
143                     if 'bias' in key:
144                         params += [{'params': [value], 'lr': lr * 2, 'weight_
                          decay': 0}]
145                     else:
146                         params += [{'params': [value], 'lr': lr, 'weight_ decay':
                          opt.weight_decay}]
147             if opt.use_adam:
148                 self.optimizer = t.optim.Adam(params)
149             else:
150                 self.optimizer = t.optim.SGD(params, momentum=0.9)
151             return self.optimizer
152
153         def scale_lr(self, decay=0.1):
154             for param_group in self.optimizer.param_groups:
155                 param_group['lr'] *= decay
156             return self.optimizer
```

第 22 行，定义了 FasterRCNN 类，继承自 Module 类。

第 23 ～ 35 行，定义了初始化函数。首先调用基类初始化方法，然后依次初始化 extractor 网络，RPN 网络，还有均值与标准差运算符。

第 38 ～ 39 行，定义了 n_class 属性，该属性直接返回 head 的 n_class 字段。

第 41 ～ 49 行，定义了 forward 方法，其中 *x* 参数是输入数据，scale 是缩放比例。首先使用切片取输入数据 shape 中图片的尺寸，然后调用 extractor 提取输入数据的特征，接着调用 rpn 处理特征，最后调用 head 生成检测结果。

第 51 ～ 59 行，定义了 use_preset 方法，其中 preset 参数是模型。如果 preset 是 visualize，那么将 nms_thresh 设置为 0.3，将 score_thresh 设置为 0.7。如果 preset 是 evaluate，那么将 nms_thresh 设置为 0.3，将 score_thresh 设置为 0.05。

第 61 ～ 81 行，定义了 _suppress 方法，其中 raw_cls_bbox、raw_prob 分别是预测的框和每个框的概率（置信度）。其作用是将这些预测框添加到框列表中。

第 84 ～ 136 行，定义了 predict 方法，该方法用于使用模型进行预测。首先调用 self.

eval() 完成测试。如果用户指定了 visualize，那么该方法会将预测的图片进行预处理并添加到处理好的图片集合中。然后遍历所有的框，如果框满足特定的条件，就将这些框留下来。最后调用 self.train 完成训练。

第 138 ～ 151 行，定义了 get_optimizer 方法，该方法返回当前网络使用的参数优化器。首先遍历 named_parameters 字典，如果某个参数需要采用梯度下降法优化，那么就根据偏置更新参数。如果用户使用了 Adam 参数优化器，那么就调用 Adam 函数构造参数优化器，否则就调用 SGD 构建 SGD 参数优化器，并返回参数优化器。

第 153 ～ 156 行，定义了 scale_lr 方法，用于执行 LR 参数的更新。

训练程序的代码在 trainer.py 中，如代码清单 8-8 所示。

代码清单 8-8　trainer.py

```
 1 from __future__ import  absolute_import
 2 import os
 3 from collections import namedtuple
 4 import time
 5 from torch.nn import functional as F
 6 from model.utils.creator_tool import AnchorTargetCreator, ProposalTargetCreator
 7
 8 from torch import nn
 9 import torch as t
10 from utils import array_tool as at
11 from utils.vis_tool import Visualizer
12
13 from utils.config import opt
14 from torchnet.meter import ConfusionMeter, AverageValueMeter
15
16 LossTuple = namedtuple('LossTuple',
17                        ['rpn_loc_loss',
18                         'rpn_cls_loss',
19                         'roi_loc_loss',
20                         'roi_cls_loss',
21                         'total_loss'
22                         ])
23
24
25 class FasterRCNNTrainer(nn.Module):
26     def __init__(self, faster_rcnn):
27         super(FasterRCNNTrainer, self).__init__()
28
29         self.faster_rcnn = faster_rcnn
30         self.rpn_sigma = opt.rpn_sigma
31         self.roi_sigma = opt.roi_sigma
32
33         self.anchor_target_creator = AnchorTargetCreator()
34         self.proposal_target_creator = ProposalTargetCreator()
35
36         self.loc_normalize_mean = faster_rcnn.loc_normalize_mean
```

```
37        self.loc_normalize_std = faster_rcnn.loc_normalize_std
38
39        self.optimizer = self.faster_rcnn.get_optimizer()
40        self.vis = Visualizer(env=opt.env)
41
42        self.rpn_cm = ConfusionMeter(2)
43        self.roi_cm = ConfusionMeter(21)
44        self.meters = {k: AverageValueMeter() for k in LossTuple._fields}  #
          average loss
45
46    def forward(self, imgs, bboxes, labels, scale):
47        n = bboxes.shape[0]
48        if n != 1:
49            raise ValueError('Currently only batch size 1 is supported.')
50
51        _, _, H, W = imgs.shape
52        img_size = (H, W)
53
54        features = self.faster_rcnn.extractor(imgs)
55
56        rpn_locs, rpn_scores, rois, roi_indices, anchor = \
57            self.faster_rcnn.rpn(features, img_size, scale)
58
59        bbox = bboxes[0]
60        label = labels[0]
61        rpn_score = rpn_scores[0]
62        rpn_loc = rpn_locs[0]
63        roi = rois
64
65        sample_roi, gt_roi_loc, gt_roi_label = self.proposal_target_creator(
66            roi,
67            at.tonumpy(bbox),
68            at.tonumpy(label),
69            self.loc_normalize_mean,
70            self.loc_normalize_std)
71        sample_roi_index = t.zeros(len(sample_roi))
72        roi_cls_loc, roi_score = self.faster_rcnn.head(
73            features,
74            sample_roi,
75            sample_roi_index)
76
77        gt_rpn_loc, gt_rpn_label = self.anchor_target_creator(
78            at.tonumpy(bbox),
79            anchor,
80            img_size)
81        gt_rpn_label = at.totensor(gt_rpn_label).long()
82        gt_rpn_loc = at.totensor(gt_rpn_loc)
83        rpn_loc_loss = _fast_rcnn_loc_loss(
84            rpn_loc,
85            gt_rpn_loc,
86            gt_rpn_label.data,
```

```
 87                 self.rpn_sigma)
 88
 89         rpn_cls_loss = F.cross_entropy(rpn_score, gt_rpn_label.cuda(), ignore_
            index=-1)
 90         _gt_rpn_label = gt_rpn_label[gt_rpn_label > -1]
 91         _rpn_score = at.tonumpy(rpn_score)[at.tonumpy(gt_rpn_label) > -1]
 92         self.rpn_cm.add(at.totensor(_rpn_score, False), _gt_rpn_label.data.long())
 93
 94         n_sample = roi_cls_loc.shape[0]
 95         roi_cls_loc = roi_cls_loc.view(n_sample, -1, 4)
 96         roi_loc = roi_cls_loc[t.arange(0, n_sample).long().cuda(), \
 97                               at.totensor(gt_roi_label).long()]
 98         gt_roi_label = at.totensor(gt_roi_label).long()
 99         gt_roi_loc = at.totensor(gt_roi_loc)
100
101         roi_loc_loss = _fast_rcnn_loc_loss(
102             roi_loc.contiguous(),
103             gt_roi_loc,
104             gt_roi_label.data,
105             self.roi_sigma)
106
107         roi_cls_loss = nn.CrossEntropyLoss()(roi_score, gt_roi_label.cuda())
108
109         self.roi_cm.add(at.totensor(roi_score, False), gt_roi_label.data.long())
110
111         losses = [rpn_loc_loss, rpn_cls_loss, roi_loc_loss, roi_cls_loss]
112         losses = losses + [sum(losses)]
113
114         return LossTuple(*losses)
115
116     def train_step(self, imgs, bboxes, labels, scale):
117         self.optimizer.zero_grad()
118         losses = self.forward(imgs, bboxes, labels, scale)
119         losses.total_loss.backward()
120         self.optimizer.step()
121         self.update_meters(losses)
122         return losses
123
124     def save(self, save_optimizer=False, save_path=None, **kwargs):
125         save_dict = dict()
126
127         save_dict['model'] = self.faster_rcnn.state_dict()
128         save_dict['config'] = opt._state_dict()
129         save_dict['other_info'] = kwargs
130         save_dict['vis_info'] = self.vis.state_dict()
131
132         if save_optimizer:
133             save_dict['optimizer'] = self.optimizer.state_dict()
134
135         if save_path is None:
136             timestr = time.strftime('%m%d%H%M')
```

```
137                 save_path = 'checkpoints/fasterrcnn_%s' % timestr
138                 for k_, v_ in kwargs.items():
139                     save_path += '_%s' % v_
140 
141             save_dir = os.path.dirname(save_path)
142             if not os.path.exists(save_dir):
143                 os.makedirs(save_dir)
144 
145             t.save(save_dict, save_path)
146             self.vis.save([self.vis.env])
147             return save_path
148 
149         def load(self, path, load_optimizer=True, parse_opt=False, ):
150             state_dict = t.load(path)
151             if 'model' in state_dict:
152                 self.faster_rcnn.load_state_dict(state_dict['model'])
153             else:  # legacy way, for backward compatibility
154                 self.faster_rcnn.load_state_dict(state_dict)
155                 return self
156             if parse_opt:
157                 opt._parse(state_dict['config'])
158             if 'optimizer' in state_dict and load_optimizer:
159                 self.optimizer.load_state_dict(state_dict['optimizer'])
160             return self
161 
162         def update_meters(self, losses):
163             loss_d = {k: at.scalar(v) for k, v in losses._asdict().items()}
164             for key, meter in self.meters.items():
165                 meter.add(loss_d[key])
166 
167         def reset_meters(self):
168             for key, meter in self.meters.items():
169                 meter.reset()
170             self.roi_cm.reset()
171             self.rpn_cm.reset()
172 
173         def get_meter_data(self):
174             return {k: v.value()[0] for k, v in self.meters.items()}
175 
176 
177     def _smooth_l1_loss(x, t, in_weight, sigma):
178         sigma2 = sigma ** 2
179         diff = in_weight * (x - t)
180         abs_diff = diff.abs()
181         flag = (abs_diff.data < (1. / sigma2)).float()
182         y = (flag * (sigma2 / 2.) * (diff ** 2) +
183              (1 - flag) * (abs_diff - 0.5 / sigma2))
184         return y.sum()
185 
186 
187     def _fast_rcnn_loc_loss(pred_loc, gt_loc, gt_label, sigma):
```

```
188     in_weight = t.zeros(gt_loc.shape).cuda()
189     in_weight[(gt_label > 0).view(-1, 1).expand_as(in_weight).cuda()] = 1
190     loc_loss = _smooth_l1_loss(pred_loc, gt_loc, in_weight.detach(), sigma)
191     loc_loss /= ((gt_label >= 0).sum().float()) # ignore gt_label==-1 for rpn_loss
192     return loc_loss
```

第 16 ～ 22 行，定义了一个 namedtuple，存储了不同的损失函数元组名称。

第 25 行，定义了 FasterRCNNTrainer 类，也就是我们的训练器类，该类继承自 Module 类。

第 29 ～ 31 行，初始化 FasterRCNN 网络与两个基本参数 rpn_sigma、roi_sigma。

第 39 行，从 faster_rcnn 对象中获取其参数优化器。

第 42 ～ 45 行，创建各类评估网络性能用的 Meter 对象。

第 46 ～ 114 行，定义了 forward 方法，是网络的前向计算实现。

第 116 ～ 122 行，定义了 train_step 方法，主要用于进行一次完整的训练，首先将优化器梯度清零，然后调用 forward 完成前向计算，接着调用 loss 对象的 backword 完成反向传播，接着调用优化器的 step 对参数进行调整，最后调用 update_meters 生成性能测量结果。

第 124 ～ 147 行，定义了 save 方法，主要用于模型保存操作。

第 149 ～ 160 行，定义了 load 方法，主要用于从文件中加载模型。

第 162 ～ 165 行，定义了 update_meters，用于根据当前模型更新模型性能度量结果。

第 167 ～ 171 行，定义了 reset_meters，用于重置模型性能度量结果。

第 173 ～ 174 行，定义了 get_meter_data，用于获取度量数据。

第 177 ～ 194 行，定义了 smooth_l1_loss 方法，实现 SmoothL1Loss 函数。

第 187 ～ 192 行，定义了 fast_rcnn_loc_loss 方法，实现 LOC Loss 函数。

最后我们编写 train.py，调用 faster_rcnn 和 trainer 中的成果训练完整的 Fast R-CNN 模型，如代码清单 8-9 所示。

代码清单 8-9 train.py

```
 1 from __future__ import  absolute_import
 2 import cupy as cp
 3 import os
 4
 5 import ipdb
 6 import matplotlib
 7 from tqdm import tqdm
 8
 9 from utils.config import opt
10 from data.dataset import Dataset, TestDataset, inverse_normalize
11 from model import FasterRCNN
12 from torch.utils import data as data_
13 from trainer import FasterRCNNTrainer
14 from utils import array_tool as at
15 from utils.vis_tool import visdom_bbox
16 from utils.eval_tool import eval_detection_voc
```

```
17
18 import resource
19
20 rlimit = resource.getrlimit(resource.RLIMIT_NOFILE)
21 resource.setrlimit(resource.RLIMIT_NOFILE, (20480, rlimit[1]))
22
23 matplotlib.use('agg')
24
25
26 def eval(dataloader, faster_rcnn, test_num=10000):
27     pred_bboxes, pred_labels, pred_scores = list(), list(), list()
28     gt_bboxes, gt_labels, gt_difficults = list(), list(), list()
29     for ii, (imgs, sizes, gt_bboxes_, gt_labels_, gt_difficults_) in tqdm(enumer
       ate(dataloader)):
30         sizes = [sizes[0][0].item(), sizes[1][0].item()]
31         pred_bboxes_, pred_labels_, pred_scores_ = faster_rcnn.predict(imgs,
           [sizes])
32         gt_bboxes += list(gt_bboxes_.numpy())
33         gt_labels += list(gt_labels_.numpy())
34         gt_difficults += list(gt_difficults_.numpy())
35         pred_bboxes += pred_bboxes_
36         pred_labels += pred_labels_
37         pred_scores += pred_scores_
38         if ii == test_num: break
39
40     result = eval_detection_voc(
41         pred_bboxes, pred_labels, pred_scores,
42         gt_bboxes, gt_labels, gt_difficults,
43         use_07_metric=True)
44     return result
45
46
47 def train(**kwargs):
48     opt._parse(kwargs)
49
50     dataset = Dataset(opt)
51     print('load data')
52     dataloader = data_.DataLoader(dataset, \
53                                   batch_size=1, \
54                                   shuffle=True, \
55                                   # pin_memory=True,
56                                   num_workers=opt.num_workers)
57     testset = TestDataset(opt)
58     test_dataloader = data_.DataLoader(testset,
59                                        batch_size=1,
60                                        num_workers=opt.test_num_workers,
61                                        shuffle=False, \
62                                        pin_memory=True
63                                        )
64     faster_rcnn = FasterRCNN()
65     print('model construct completed')
```

```
66      trainer = FasterRCNNTrainer(faster_rcnn).cuda()
67      if opt.load_path:
68          trainer.load(opt.load_path)
69          print('load pretrained model from %s' % opt.load_path)
70      trainer.vis.text(dataset.db.label_names, win='labels')
71      best_map = 0
72      lr_ = opt.lr
73      for epoch in range(opt.epoch):
74          trainer.reset_meters()
75          for ii, (img, bbox_, label_, scale) in tqdm(enumerate(dataloader)):
76              scale = at.scalar(scale)
77              img, bbox, label = img.cuda().float(), bbox_.cuda(), label_.cuda()
78              trainer.train_step(img, bbox, label, scale)
79
80              if (ii + 1) % opt.plot_every == 0:
81                  if os.path.exists(opt.debug_file):
82                      ipdb.set_trace()
83
84                  trainer.vis.plot_many(trainer.get_meter_data())
85
86                  ori_img_ = inverse_normalize(at.tonumpy(img[0]))
87                  gt_img = visdom_bbox(ori_img_,
88                                       at.tonumpy(bbox_[0]),
89                                       at.tonumpy(label_[0]))
90                  trainer.vis.img('gt_img', gt_img)
91
92                  _bboxes, _labels, _scores = trainer.faster_rcnn.predict([ori_
                    img_], visualize=True)
93                  pred_img = visdom_bbox(ori_img_,
94                                         at.tonumpy(_bboxes[0]),
95                                         at.tonumpy(_labels[0]).reshape(-1),
96                                         at.tonumpy(_scores[0]))
97                  trainer.vis.img('pred_img', pred_img)
98
99                  trainer.vis.text(str(trainer.rpn_cm.value().tolist()), win='rpn_cm')
100                 trainer.vis.img('roi_cm', at.totensor(trainer.roi_cm.conf,
                    False).float())
101         eval_result = eval(test_dataloader, faster_rcnn, test_num=opt.test_num)
102         trainer.vis.plot('test_map', eval_result['map'])
103         lr_ = trainer.faster_rcnn.optimizer.param_groups[0]['lr']
104         log_info = 'lr:{}, map:{},loss:{}'.format(str(lr_),
105         str(eval_result['map']),str(trainer.get_meter_data()))
106
107         trainer.vis.log(log_info)
108
109         if eval_result['map'] > best_map:
110             best_map = eval_result['map']
111             best_path = trainer.save(best_map=best_map)
112         if epoch == 9:
113             trainer.load(best_path)
114             trainer.faster_rcnn.scale_lr(opt.lr_decay)
```

```
115             lr_ = lr_ * opt.lr_decay
116
117         if epoch == 13:
118             break
119
120
121 if __name__ == '__main__':
122     import fire
123
124     fire.Fire()
```

第 20 行，调用 resource.getrlimit 获取系统的文件资源数量上限。

第 21 行，调用 resource.setrlimit 设置系统的文件资源数量上限，取 20 480 和系统文件资源数量上限的最大值。

第 26 ～ 44 行，定义了 eval 函数，该函数用于评估模型，dataloader 参数是评估数据的装载器，faster_rcnn 是 FasterRCNN 模型，test_num 是测试样本数量。

第 27 行，定义了 pred_bboxes、pred_labels、pred_scores，用于存储预测到的矩形框的位置形状、标签和分数。

第 28 行，定义了 gt_bboxes、gt_labels、gt_difficults，用于存储 Ground Truth 的矩形框的位置形状、标签和分数。

第 29 ～ 38 行，遍历数据装载器中的所有数据，获取图片的尺寸，然后调用 faster_rcnn 的 predict 方法预测图像中的矩形框，并将返回的结果存储在 pred_bboxes_、pred_labels_、pred_scores_ 中。然后将该图像对应的 Ground Truth 框添加到结果的 gt_bboxes 中，将预测得到的框添加到 pred_bboxes 等变量中。

第 40 ～ 44 行，调用 eval_detection_voc 创建处理后的检测框，并返给调用方。

第 47 ～ 115 行，定义了 train 函数，用于执行训练。

第 48 行，调用 opt.parse 解析输入参数。

第 50 ～ 63 行，首先调用 Dataset 创建一个数据集对象，然后调用 DataLoader 创建一个训练集数据装载器对象 dataloader。接着调用 TestDataset 创建一个测试数据集对象，最后调 DataLoader 创建一个测试集装载器对象 test_dataloader。

第 64 行，创建一个 FasterRCNN 网络模型对象。

第 66 ～ 70 行，创建 trainer 对象，并启用 CUDA，然后从指定路径中加载预训练模型。

第 73 ～ 78 行，根据参数中的 epoch 进行循环，每次都进行一轮完整的训练。每一轮训练都通过 dataloader 加载一批批数据以及其标注，并调用 train_step 完成训练。

第 80 ～ 100 行，如果用户需要可视化，那么这里会生成图片，并在图片上标注对应的检测框，以及每个检测框的分数。

第 101 ～ 104 行，调用 eval 进行测试，并调用 plot 绘制测试结果，最后读取 lr 并输出日志。

第 109 ～ 118 行，如果测试结果比历史最优解好，那么最优解将被替换成当前的测试结果，并将当前的模型保存成本地文件。如果迭代次数为 9 的时候，需要对学习率进行一次缩放。如果迭代次数为 13 时，结束训练，也就是最多训练 13 轮。

现在我们执行 train.py，系统就会开始执行训练并测试训练出的模型。

8.4.2 RetinaNet

RetinaNet 的关键结构是 FPN，我们首先实现 fpn.py，如代码清单 8-10 所示。

代码清单 8-10 fpn.py

```
 1 import torch
 2 import torch.nn as nn
 3 import torch.nn.functional as F
 4
 5 from torch.autograd import Variable
 6
 7
 8 class Bottleneck(nn.Module):
 9     expansion = 4
10
11     def __init__(self, in_planes, planes, stride=1):
12         super(Bottleneck, self).__init__()
13         self.conv1 = nn.Conv2d(in_planes, planes, kernel_size=1, bias=False)
14         self.bn1 = nn.BatchNorm2d(planes)
15         self.conv2 = nn.Conv2d(planes, planes, kernel_size=3, stride=stride,
           padding=1, bias=False)
16         self.bn2 = nn.BatchNorm2d(planes)
17         self.conv3 = nn.Conv2d(planes, self.expansion*planes, kernel_size=1,
           bias=False)
18         self.bn3 = nn.BatchNorm2d(self.expansion*planes)
19
20         self.downsample = nn.Sequential()
21         if stride != 1 or in_planes != self.expansion*planes:
22             self.downsample = nn.Sequential(
23                  nn.Conv2d(in_planes, self.expansion*planes, kernel_size=1,
                     stride=stride, bias=False),
24                 nn.BatchNorm2d(self.expansion*planes)
25             )
26
27     def forward(self, x):
28         out = F.relu(self.bn1(self.conv1(x)))
29         out = F.relu(self.bn2(self.conv2(out)))
30         out = self.bn3(self.conv3(out))
31         out += self.downsample(x)
32         out = F.relu(out)
33         return out
34
35
36 class FPN(nn.Module):
```

```
37      def __init__(self, block, num_blocks):
38          super(FPN, self).__init__()
39          self.in_planes = 64
40
41          self.conv1 = nn.Conv2d(3, 64, kernel_size=7, stride=2, padding=3, bias=False)
42          self.bn1 = nn.BatchNorm2d(64)
43
44          self.layer1 = self._make_layer(block,  64, num_blocks[0], stride=1)
45          self.layer2 = self._make_layer(block, 128, num_blocks[1], stride=2)
46          self.layer3 = self._make_layer(block, 256, num_blocks[2], stride=2)
47          self.layer4 = self._make_layer(block, 512, num_blocks[3], stride=2)
48          self.conv6 = nn.Conv2d(2048, 256, kernel_size=3, stride=2, padding=1)
49          self.conv7 = nn.Conv2d( 256, 256, kernel_size=3, stride=2, padding=1)
50
51          # Lateral layers
52          self.latlayer1 = nn.Conv2d(2048, 256, kernel_size=1, stride=1, padding=0)
53          self.latlayer2 = nn.Conv2d(1024, 256, kernel_size=1, stride=1, padding=0)
54          self.latlayer3 = nn.Conv2d( 512, 256, kernel_size=1, stride=1, padding=0)
55
56          # Top-down layers
57          self.toplayer1 = nn.Conv2d(256, 256, kernel_size=3, stride=1, padding=1)
58          self.toplayer2 = nn.Conv2d(256, 256, kernel_size=3, stride=1, padding=1)
59
60      def _make_layer(self, block, planes, num_blocks, stride):
61          strides = [stride] + [1]*(num_blocks-1)
62          layers = []
63          for stride in strides:
64              layers.append(block(self.in_planes, planes, stride))
65              self.in_planes = planes * block.expansion
66          return nn.Sequential(*layers)
67
68      def _upsample_add(self, x, y):
69          _,_,H,W = y.size()
70          return F.upsample(x, size=(H,W), mode='bilinear') + y
71
72      def forward(self, x):
73          c1 = F.relu(self.bn1(self.conv1(x)))
74          c1 = F.max_pool2d(c1, kernel_size=3, stride=2, padding=1)
75          c2 = self.layer1(c1)
76          c3 = self.layer2(c2)
77          c4 = self.layer3(c3)
78          c5 = self.layer4(c4)
79          p6 = self.conv6(c5)
80          p7 = self.conv7(F.relu(p6))
81          p5 = self.latlayer1(c5)
82          p4 = self._upsample_add(p5, self.latlayer2(c4))
83          p4 = self.toplayer1(p4)
84          p3 = self._upsample_add(p4, self.latlayer3(c3))
85          p3 = self.toplayer2(p3)
86          return p3, p4, p5, p6, p7
87
```

```
88
89 def FPN50():
90     return FPN(Bottleneck, [3,4,6,3])
91
92 def FPN101():
93     return FPN(Bottleneck, [2,4,23,3])
```

第 8 行，定义了 Bottleneck 类，该类继承自 Module 类。

第 11 行，定义了类的初始化函数。依次定义了网络的所有层，第 1 个层是卷积层（Conv2d），第 2 个层是 BatchNorm 层（BatchNorm2d），接着是卷积层、BatchNorm 层。接下来我们使用 Sequential 组织一个用于降采样的子网络，包含一个卷积层和一个 BatchNorm 层。

第 27 ～ 33 行，定义了网络的前向计算函数，输入数据会先过卷积层和 BatchNorm 层，然后通过激活函数 ReLU。接下来又是过一组卷积、BatchNorm 和 ReLU。然后又是过一组卷积、BatchNorm。接下来经过我们的降采样网络，最后使用 ReLU 激活函数，得到我们的最终输出。

第 36 行，定义了 FPN 类，该类继承自 Module。

第 37 行，定义了初始化方法。依次定义了网络的所有层：第 1 个层是卷积层（Conv2d），第 2 个层是 BatchNorm 层（BatchNorm2d），接着紧跟着四个 block，然后两个卷积层。接下来定义 3 个侧边层和 2 个顶部层。

第 60 ～ 66 行，定义了 _make_layer 方法，该方法支持生成一组 block 表示的层，并且组织成一个 Sequential 返回。

第 68 ～ 70 行，定义了 _upsample_add 方法，该方法调用 upsample 函数进行插值并加上用户传入的 y 向量。

第 72 ～ 86 行，定义了 forward 方法，定义了前向计算过程。这里的代码和前面几个网络类似，我们就不一一介绍了。这里最特别的就是网络不是一条线到底，而是通过 latlayer 与 toplayer 制造了分支，读者可以从代码中看出来这些分支是怎么处理的。

第 89 ～ 90 行，定义了 FPN50 函数，返回一个 FPN 网络，block 是 Bottleneck，数量依次为 3、4、6、3。

第 92 ～ 93 行，定义了 FPN101 函数返回一个 FPN 网络，block 是 Bottleneck，数量依次为 2、4、23、3。

接着我们利用 FPN 构建 RetinaNet 网络，网络代码如代码清单 8-11 所示。

代码清单 8-11 retinanet.py

```
1 import torch
2 import torch.nn as nn
3
4 from fpn import FPN50
5 from torch.autograd import Variable
6
7
```

```
 8 class RetinaNet(nn.Module):
 9     num_anchors = 9
10
11     def __init__(self, num_classes=20):
12         super(RetinaNet, self).__init__()
13         self.fpn = FPN50()
14         self.num_classes = num_classes
15         self.loc_head = self._make_head(self.num_anchors*4)
16         self.cls_head = self._make_head(self.num_anchors*self.num_classes)
17
18     def forward(self, x):
19         fms = self.fpn(x)
20         loc_preds = []
21         cls_preds = []
22         for fm in fms:
23             loc_pred = self.loc_head(fm)
24             cls_pred = self.cls_head(fm)
25             loc_pred = loc_pred.permute(0,2,3,1).contiguous().view(x.size(0),-1,4)
26             cls_pred = cls_pred.permute(0,2,3,1).contiguous().view(x.size(0),-1,
               self.num_classes)
27             loc_preds.append(loc_pred)
28             cls_preds.append(cls_pred)
29         return torch.cat(loc_preds,1), torch.cat(cls_preds,1)
30
31     def _make_head(self, out_planes):
32         layers = []
33         for _ in range(4):
34             layers.append(nn.Conv2d(256, 256, kernel_size=3, stride=1, padding=1))
35             layers.append(nn.ReLU(True))
36          layers.append(nn.Conv2d(256, out_planes, kernel_size=3, stride=1,
            padding=1))
37         return nn.Sequential(*layers)
38
39     def freeze_bn(self):
40         for layer in self.modules():
41             if isinstance(layer, nn.BatchNorm2d):
42                 layer.eval()
```

第 8 行，定义了 RetinaNet 类，继承自 Module 类。

第 11 行，定义了初始化方法，首先创建了一个 FPN50 的子网络，然后定义了类别的数量 num_classes，接着调用 _make_head 创建用于定位的自网络，最后调用 _make_head 创建应用于分类的子网络。

第 18 行，定义了 forward 方法，输入首先过 FPN 网络，然后分别过定位网络和分类网络，最后经过向量形状变换得到想要的结果，添加到预测结果中。最后将预测的位置和类别都返回。

第 31 ～ 37 行，定义了 _make_head 方法，用于根据指定的参数构建子网络。该子网络包含 4 个卷积层和 ReLU，然后再加上一个额外的卷积层。最后使用 Sequential 组织返回。

第39行，定义了freeze_bn函数，用于测试BatchNorm层。

现在我们来编写训练代码，训练其实就是调用retinanet.py中定义的网络，其他的与之前的代码没有太大区别，如代码清单8-12所示。

代码清单8-12 train.py

```
 1 from __future__ import print_function
 2 
 3 import os
 4 import argparse
 5 
 6 import torch
 7 import torch.nn as nn
 8 import torch.optim as optim
 9 import torch.nn.functional as F
10 import torch.backends.cudnn as cudnn
11 
12 import torchvision
13 import torchvision.transforms as transforms
14 
15 from loss import FocalLoss
16 from retinanet import RetinaNet
17 from datagen import ListDataset
18 
19 from torch.autograd import Variable
20 
21 
22 parser = argparse.ArgumentParser(description='PyTorch RetinaNet Training')
23 parser.add_argument('--lr', default=1e-3, type=float, help='learning rate')
24 parser.add_argument('--resume', '-r', action='store_true', help='resume from
   checkpoint')
25 args = parser.parse_args()
26 
27 assert torch.cuda.is_available(), 'Error: CUDA not found!'
28 best_loss = float('inf')
29 start_epoch = 0
30 
31 # Data
32 print('==> Preparing data..')
33 transform = transforms.Compose([
34     transforms.ToTensor(),
35     transforms.Normalize((0.485,0.456,0.406), (0.229,0.224,0.225))
36 ])
37 
38 trainset = ListDataset(root='/search/odin/liukuang/data/voc_all_images',
39                        list_file='./data/voc12_train.txt', train=True,
   transform=transform, input_size=600)
40 trainloader = torch.utils.data.DataLoader(trainset, batch_size=16, shuffle=True,
   num_workers=8, collate_fn=trainset.collate_fn)
41 
```

```
42 testset = ListDataset(root='/search/odin/liukuang/data/voc_all_images',
43                             list_file='./data/voc12_val.txt', train=False,
   transform=transform, input_size=600)
44 testloader = torch.utils.data.DataLoader(testset, batch_size=16, shuffle=False,
   num_workers=8, collate_fn=testset.collate_fn)
45
46 net = RetinaNet()
47 net.load_state_dict(torch.load('./model/net.pth'))
48 if args.resume:
49     print('==> Resuming from checkpoint..')
50     checkpoint = torch.load('./checkpoint/ckpt.pth')
51     net.load_state_dict(checkpoint['net'])
52     best_loss = checkpoint['loss']
53     start_epoch = checkpoint['epoch']
54
55 net = torch.nn.DataParallel(net, device_ids=range(torch.cuda.device_count()))
56 net.cuda()
57
58 criterion = FocalLoss()
59 optimizer = optim.SGD(net.parameters(), lr=args.lr, momentum=0.9, weight_decay=1e-4)
60
61 def train(epoch):
62     print('\nEpoch: %d' % epoch)
63     net.train()
64     net.module.freeze_bn()
65     train_loss = 0
66     for batch_idx, (inputs, loc_targets, cls_targets) in enumerate(trainloader):
67         inputs = Variable(inputs.cuda())
68         loc_targets = Variable(loc_targets.cuda())
69         cls_targets = Variable(cls_targets.cuda())
70
71         optimizer.zero_grad()
72         loc_preds, cls_preds = net(inputs)
73         loss = criterion(loc_preds, loc_targets, cls_preds, cls_targets)
74         loss.backward()
75         optimizer.step()
76
77         train_loss += loss.data[0]
78         print('train_loss: %.3f | avg_loss: %.3f' % (loss.data[0], train_loss/
   (batch_idx+1)))
79
80 def test(epoch):
81     print('\nTest')
82     net.eval()
83     test_loss = 0
84     for batch_idx, (inputs, loc_targets, cls_targets) in enumerate(testloader):
85         inputs = Variable(inputs.cuda(), volatile=True)
86         loc_targets = Variable(loc_targets.cuda())
87         cls_targets = Variable(cls_targets.cuda())
88
89         loc_preds, cls_preds = net(inputs)
```

```
 90            loss = criterion(loc_preds, loc_targets, cls_preds, cls_targets)
 91            test_loss += loss.data[0]
 92            print('test_loss: %.3f | avg_loss: %.3f' % (loss.data[0], test_loss/
               (batch_idx+1)))
 93
 94        global best_loss
 95        test_loss /= len(testloader)
 96        if test_loss < best_loss:
 97            print('Saving..')
 98            state = {
 99                'net': net.module.state_dict(),
100                'loss': test_loss,
101                'epoch': epoch,
102            }
103            if not os.path.isdir('checkpoint'):
104                os.mkdir('checkpoint')
105            torch.save(state, './checkpoint/ckpt.pth')
106            best_loss = test_loss
107
108
109    for epoch in range(start_epoch, start_epoch+200):
110        train(epoch)
111        test(epoch)
```

第 22 ～ 25 行，调用 argparse 解析命令行参数。

第 27 ～ 29 行，检测初始化 CUDA 环境，初始化 best_loss 和 start_epoch。

第 32 ～ 36 行，使用 Compose 构建了一组转换函数，用来转换数据并标准化。

第 38 ～ 40 行，使用 ListDataset 读入训练集对象 trainset，并生成训练集装载器对象 trainloader。

第 42 ～ 44 行，使用 ListDataset 读入训练集对象 testset，并生成训练集装载器对象 testloader。

第 46 ～ 53 行，创建 RetinaNet 网络对象 net，然后调用 load 加载预训练模型 net.pth，接着如果用户定义了 resume 参数，则再加载 ckpt.pth 文件，并还原之前训练的参数、Loss 和迭代次数信息。

第 55 ～ 59 行，为训练做准备。其中我们采用 SGD 作为参数优化器。

第 61 ～ 78 行，定义了 train 函数，首先调用 net 的 train 方法，接着调用 freeze_bn 方法完成一轮训练。然后循环定位与类别列表，并清除参数优化器的梯度信息，调用 net 对输入数据进行处理，处理之后通过 criterion 计算结果的 Loss。接着调用 Loss 的 backward 完成反向传播。最后调用 step 完成参数调节优化。

第 80 ～ 106 行，定义了 test 函数，用于测试网络。实现主要就是，首先调用 net 的 eval 得到预测的位置和类别信息。然后逐个经过 net 进行处理，并通过 criterion 函数计算 Loss，最后得到所有样本的 Loss 之和。如果 Loss 比之前最好的 Loss 低，那么就将数据保存到 ckpt.pth。

第 109 ～ 111 行，循环 200 次，每次都进行完整的训练和测试。

代码中主要是在多个 epoch 中反复调用 train 函数，训练完模型后调用 test 进行测试。

在训练过程中会保存中间模型快照，以防止程序崩溃丢失模型。

8.5 移动平台检测识别实战

到此为止，我们已经涵盖了相当丰富的内容并使用 Python 作为验证实验的编程语言进行了多轮实践。现在我们要考虑一个更为实际的问题，那就是如何把实验阶段的代码转换成产品级别的代码。我们需要讨论诸多方面，包括工程实践方面的方法、技巧，以及如何使用本书推荐的 C/C++ 来实现高性能的产品代码等。在本节中，我们将首先讨论开发该系统的思路，然后设计接口，并基于 RetinaNet 和 AlexNet 来实现 C/C++ 编码。最后我们还会讨论接口设计和封装方面的问题。这个实践内容十分重要，它为我们后续实战内容打下基础。

8.5.1 移动平台系统开发思路

对于移动平台的系统开发来说，我们首要需要考虑和解决的问题如下。

1）前向引擎移植开发：它需要开发适用于移动平台的前向引擎，前文所述的 TensorFlow Lite 就是适用于该用途的引擎。

2）图像处理库裁剪移植：我们经常使用 OpenCV 作为图像处理库，但是原版的 OpenCV 对于移动系统而言过于“臃肿”。

3）模型轻量化移植：它需要对模型进行定制裁剪，同时采用轻量化网络，减少模型参数数量，加快模型速度，减少模型体积。

4）接口封装：封装给上层应用使用的接口，比如提供 C/C++ 的易于使用的统一接口，同时为 Android 的 Java 平台提供互操作使用的 JNI 接口。

第 1 部分和第 3 部分的内容将重点在第 11 与 12 章中阐述，本节主要讨论图像处理代码、网络实现与接口封装。

8.5.2 基于 RetinaNet 的检测定位实现

首先定义检测类 detectNet.h，如代码清单 8-13 所示。

代码清单 8-13　基于 C++ 实现的 RetinaNet 定义

```
 1 #include "MlType.h"
 2 #include "net.h"
 3
 4 namespace learnml {
 5
 6 class DetectNet
 7 {
 8 public:
 9     DetectNet();
10     DetectNet(const char* modelPath);
11
```

```
12      int SetParam(MlDetectorParam* param);
13      int DetectObjectRects(unsigned char* imageData, int width, int height, int
        pitch, int bpp,
14          float threshold, int maxCount, MlObjectRect* objectRects);
15      int DetectObjectByRect(unsigned char* imageData, int width, int height,
        int pitch, int bpp,
16          MlObjectRect* objectRect, MlLandmarkResult* objectLandMarkResult);
17
18      int DetectObjects(unsigned char* imageData, int width, int height, int pitch,
        int bpp,
19          float threshold, int maxCount, MlLandmarkResult* objectLandMarkResults);
20
21 private:
22      Net* detectNet;
23      Net* landmarkNet;
24      Mat landmark_mean;
25
26      float _scale;
27 };
28
29 }
```

第 6 行，定义了 DetectNet 两类。

第 13 ～ 18 行，定义了参数的成员函数，用于完成检测工作。

接着实现检测类 detectNet.cpp，代码如代码清单 8-14 所示。

代码清单 8-14 基于 C++ 实现的检测类

```
 1 #include "detectNet.h"
 2 #include "common/Exception.h"
 3
 4 #include "resunpack/resunpack.hpp"
 5
 6 #include <string>
 7 #include <algorithm>
 8 #include <fstream>
 9 #include <iostream>
10 #include <sstream>
11 #include <cmath>
12
13 #ifdef WIN32
14 #undef max
15 #undef min
16 #endif
17
18 const TPoint3DF CAFFE_LANDMARK_KPS[] = {
19     { -31964.1012369792, -34082.0214843750, 92502.0611979167 },
20     { 31131.1191406250, -34101.7893880208, 92279.8593750000 },
21     { -57454.2578125000, -47999.3007812500, 79612.7968750000 },
22     { -19306.5332031250, -53098.0859375000, 107505.515625000 },
```

```
23      { 18457.7910156250, -53323.0195312500, 107447.601562500 },
24      { 56890.7382812500, -48158.5625000000, 79479.7734375000 },
25      { -146.368896484375, -34128.0859375000, 110560.226562500 },
26      { 2.72319674491882, 111.864158630371, 131227.406250000 },
27      { -192.024765014648, 24960.4531250000, 116207.859375000 },
28      { -154.684158325195, 40559.1953125000, 112943.679687500 },
29      { -25539.5566406250, 33627.8476562500, 98388.8984375000 },
30      { 24523.9921875000, 33622.1679687500, 98218.9375000000 },
31      { 11689.0810546875, 9230.85156250000, 108837.046875000 },
32      { -12155.0888671875, 9290.84765625000, 108878.031250000 },
33      { -262.772941589355, 31417.9765625000, 111709.699218750 },
34      { -174.798309326172, 11534.9863281250, 115540.867187500 },
35      { -19522.4179687500, -33381.6484375000, 92335.7500000000 },
36      { -31909.4716796875, -30979.1679687500, 93353.7539062500 },
37      { -43420.1523437500, -33702.6445312500, 86386.4921875000 },
38      { 42852.0781250000, -33576.5312500000, 86324.2031250000 },
39      { 31121.0175781250, -31050.3291015625, 93217.2617187500 },
40      { 18462.4433593750, -33379.6835937500, 92001.1796875000 },
41      { -38618.1367187500, -56473.7773437500, 99980.5781250000 },
42      { 37875.5585937500, -56829.4687500000, 99749.8515625000 },
43      { -54.8117485046387, 77982.6171875000, 95650.3437500000 },
44 };
45
46
47 static Mat loadBinaryBlob(std::istream& blobFile) {
48      int num = 0;
49      int channels = 0;
50      int width = 0;
51      int height = 0;
52
53      blobFile.read(reinterpret_cast<char*>(&num), sizeof(int));
54      blobFile.read(reinterpret_cast<char*>(&channels), sizeof(int));
55      blobFile.read(reinterpret_cast<char*>(&width), sizeof(int));
56      blobFile.read(reinterpret_cast<char*>(&height), sizeof(int));
57
58      Mat blob(width, height, channels);
59      float* blobData = blob.floatData();
60      blobFile.read(reinterpret_cast<char*>(blobData), width * height * channels
   * sizeof(float));
61
62      return blob;
63 }
64
65 const float RModel[4][4] = {
66      { 0.1801f, 0.2433f, -0.1801f, -0.2433f },
67      { 0.1177f, 0.1699f, -0.1177f, -0.1699f },
68      { -0.1988f, -0.2434f, 0.1988f, 0.2434f },
69      { -0.1899f, -0.3874f, 0.1899f, 0.3874f }
70 };
71
72 static void bboxRegression(float* bbox_dt_init, float* bbox_out)
```

```
 73 {
 74     float center_x = (bbox_dt_init[2] + bbox_dt_init[0]) / 2;
 75     float center_y = (bbox_dt_init[3] + bbox_dt_init[1]) / 2;
 76     float llength = ((bbox_dt_init[2] - bbox_dt_init[0]) + (bbox_dt_init[3] -
    bbox_dt_init[1])) / 4;
 77     float bboxes_norm[4];
 78     bboxes_norm[0] = (bbox_dt_init[0] - center_x) / llength;
 79     bboxes_norm[1] = (bbox_dt_init[1] - center_y) / llength;
 80     bboxes_norm[2] = (bbox_dt_init[2] - center_x) / llength;
 81     bboxes_norm[3] = (bbox_dt_init[3] - center_y) / llength;
 82
 83     for (int i = 0; i < 4; i++)
 84     {
 85         for (int j = 0; j < 4; j++)
 86         {
 87             bbox_out[i] += RModel[i][j] * bboxes_norm[j];
 88         }
 89         bbox_out[i] *= llength;
 90     }
 91
 92     bbox_out[0] += center_x;
 93     bbox_out[1] += center_y;
 94     bbox_out[2] += center_x;
 95     bbox_out[3] += center_y;
 96 }
 97
 98 static void bboxAdapt(float* bbox_dt_init, float* bbox_out, int width, int height)
 99 {
100     float* regression_box = new float[4];
101     memset(regression_box, 0, sizeof(float)* 4);
102     bboxRegression(bbox_dt_init, regression_box);
103
104     //std::cout << regression_box[0] << "," << regression_box[1] << "," <<
    regression_box[2] << "," << regression_box[3] << std::endl;
105
106     float extend_scale = 1.2f;
107     float llength = ((regression_box[2] - regression_box[0]) + (regression_
    box[3] - regression_box[1])) / 2;
108     llength = round(llength * extend_scale);
109     float center_x = (regression_box[2] + regression_box[0]) / 2;
110     float center_y = (regression_box[3] + regression_box[1]) / 2;
111
112     bbox_out[0] = round(center_x - llength / 2);
113     bbox_out[1] = round(center_y - llength / 2);
114     bbox_out[2] = bbox_out[0] + llength;
115     bbox_out[3] = bbox_out[1] + llength;
116
117     if (bbox_out[0] < 0)
118         bbox_out[0] = 0;
119     if (bbox_out[2] > width)
120         bbox_out[2] = width;
```

```
121     if (bbox_out[1] < 0)
122         bbox_out[1] = 0;
123     if (bbox_out[3] > height)
124         bbox_out[3] = height;
125     delete[] regression_box;
126 }
127
128 namespace learnml {
129
130 DetectNet::DetectNet() :
131         _scale(0.0f)
132 {
133
134 }
135
136 DetectNet::DetectNet(const char* modelPath) :
137         _scale(0.0f)
138 {
139     using learnml::resunpack::PackageManager;
140     using learnml::resunpack::Package;
141     using learnml::resunpack::ResunpackException;
142
143     //load detect Net
144     try {
145         PackageManager& packageManager = PackageManager::GetInstance();
146
147         std::string modelDirPath = modelPath;
148         Package& detectPackage = packageManager.openPackage(modelDirPath +
            "/Detector.pkg");
149         std::istream& detectNetParamsFile = dynamic_cast<std::istream&>(de
            tectPackage.openResource("Detector.parambin"));
150         std::istream& detectModelFile = dynamic_cast<std::istream&>(detect
            Package.openResource("Detector.bin"));
151
152         detectNet = new Net();
153         detectNet->loadBinaryParams(detectNetParamsFile);
154         detectNet->loadModel(detectModelFile);
155
156         //load landmark Net
157         Package& landmarkPackage = packageManager.openPackage(modelDirPath + "/
            Landmarker.pkg");
158         std::istream& landmarkMeanFile = dynamic_cast<std::istream&>(landm
            arkPackage.openResource("Landmarker.mean"));
159         std::istream& landmarkParamsFile = dynamic_cast<std::istream&>(lan
            dmarkPackage.openResource("Landmarker.parambin"));
160         std::istream& landmarkModelFile = dynamic_cast<std::istream&>(land
            markPackage.openResource("Landmarker.bin"));
161
162         landmarkNet = new Net();
163         landmark_mean = loadBinaryBlob(landmarkMeanFile);
164         landmarkNet->loadBinaryParams(landmarkParamsFile);
```

```
165         landmarkNet->loadModel(landmarkModelFile);
166
167         detectPackage.closeResource(detectNetParamsFile);
168         detectPackage.closeResource(detectModelFile);
169         detectPackage.closeResource(landmarkMeanFile);
170         detectPackage.closeResource(landmarkParamsFile);
171         detectPackage.closeResource(landmarkModelFile);
172
173         packageManager.closePackage(detectPackage);
174         packageManager.closePackage(landmarkPackage);
175     }
176     catch ( const ResunpackException& ) {
177         throw Exception(AMCORE_INVALID_MODEL, "Open model of detector failed");
178     }
179 }
180
181 int DetectNet::SetParam(MlDetectorParam* param) {
182     if (!param) {
183         return -1;
184     }
185
186     _scale = param->scaleFactor;
187
188     return 0;
189 }
190
191 float bgrMeans[] = { 104.f, 117.f, 123.f };
192 float grayMeans[] = { 127.5f };
193
194 int DetectNet::DetectObjectRects(unsigned char* imageData, int width, int
    height, int pitch, int bpp, float threshold,
195     int maxCount, MlObjectRect* objectRects)
196 {
197     Extractor detectEngine = detectNet->create_extractor();
198
199     float scale = 1.0f;
200     if(_scale == 0.0f)
201     {
202         float scaleX = width / 640.0f;
203         float scaleY = height / 640.0f;
204
205         if ( scaleX > 1.0f || scaleY > 1.0f )
206             scale = std::max(scaleX, scaleY);
207
208         scaleX = width / 100.0f;
209         scaleY = height / 100.0f;
210         if ( scaleX < 1.0f || scaleY < 1.0f )
211             scale = 0.5;
212     }
213     else
214         scale = _scale;
```

```
215
216     int newWidth = ((int)((width / scale) / 4)) * 4;
217     int newHeight = height / scale;
218
219     Mat in;
220     if ( bpp == 8 )
221     {
222         in = Mat::from_pixels_resize(imageData, Mat::PIXEL_GRAY, width, height,
            newWidth, newHeight);
223     }
224     else if ( bpp == 24 )
225     {
226         in = Mat::from_pixels_resize(imageData, Mat::PIXEL_BGR2GRAY, width,
    height, newWidth, newHeight);
227     }
228 ^M
229     in.substract_mean_normalize(grayMeans, 0);
230
231     detectEngine.set_num_threads(THREAD_COUNT);
232     Mat out;
233     detectEngine.input("data", in);
234     detectEngine.extract("detection_out", out);
235
236     int objectCount = out.h;
237     int feaSize = out.w;
238     float* result_ptr = out.floatData();
239
240     std::vector<MlObjectRect> tempRects;
241     for ( int i = 0; i < objectCount; i++ )
242     {
243         MlObjectRect tempRect;
244         tempRect.score = result_ptr[1];
245         tempRect.left = result_ptr[2] * width;
246         tempRect.top = result_ptr[3] * height;
247         tempRect.right = result_ptr[4] * width;
248         tempRect.bottom = result_ptr[5] * height;
249         result_ptr += feaSize;
250         if ( tempRect.score > threshold )
251         {
252             tempRects.push_back(tempRect);
253         }
254     }
255
256     std::sort(tempRects.begin(), tempRects.end(),
257         [](const MlObjectRect& rect1, const MlObjectRect& rect2) -> bool {
258         float square1 = (rect1.right - rect1.left) * (rect1.bottom - rect1.top);
259         float square2 = (rect2.right - rect2.left) * (rect2.bottom - rect2.top);
260
261         return square1 > square2;
262     });
263
```

```
264     objectCount = tempRects.size();
265     if ( objectCount > maxCount )
266         objectCount = maxCount;
267
268     for ( int i = 0; i < objectCount; i++ )
269     {
270         objectRects[i] = tempRects[i];
271     }
272     return objectCount;
273 }
274
275
276 }
```

第 47 ～ 63 行，定义了 loadBinaryBlob 函数，用于根据给定的二进制输入流从中加载二进制数据，并返回对应的矩阵对象。

第 72 行，定义了 bboxRegression 函数，该函数用于实现检测框的回归。

第 130 ～ 134 行，定义了默认构造函数。

第 136 ～ 179 行，定义了构造函数，采用 PackageManager 从打包的文件中获取数据流，然后调用网络的 loadBinaryParams 和 loadModel 加载网络层参数和模型参数。

第 181 ～ 189 行，设置检测一些参数，比如缩放因子等。

第 194 ～ 273 行，完成目标对象检测，返回检测框。① 根据设定的缩放因子缩放图像以加快检测速度；② 对输入数据进行预处理，包括灰度化、减均值、标准化等；③ 调用 extract 完成检测框提取；④ 通过循环选定符合要求的检测框；⑤ 根据检测框的分数排序，并筛选分数最高的几个框作为最后的结果。

8.5.3 基于 AlexNet 的识别分类实现

首先我们定义识别分类类 extractor.h，如代码清单 8-15 所示。

代码清单 8-15 基于 C++ 实现的识别分类器定义

```
 1 #include "types.h"
 2 #include "net.h"
 3
 4 namespace learnml {
 5
 6 class ExtractNet
 7 {
 8 public:
 9     ExtractNet();
10     ExtractNet(const char* modelPath);
11
12     int ExtractFeature(unsigned char* imageData, int width, int height, int
   pitch, int bpp,
13         MlLandmarkResult* objectLandMarkResults, unsigned char* feature);
```

```
14
15 private:
16     Net* extractNet;
17 };
18
19 }
```

第 6 行，定义了 ExtractNet 类。

第 9 ～ 10 行，声明了构造函数。

第 12 行，声明了特征提取成员函数。

第 16 行，定义了成员变量 extractNet，适用于提取特征的网络。

最后实现识别分类类 extractor.cpp，如代码清单 8-16 所示。

代码清单 8-16　基于 C++ 实现的识别分类器的具体实现

```
 1 #include "extractNet.h"
 2 #include "cropImage.h"
 3 #include "Exception.h"
 4
 5 #include "resunpack/resunpack.hpp"
 6
 7 #include <string>
 8 #include <algorithm>
 9 #include <fstream>
10 #include <iostream>
11 #include <sstream>
12
13 namespace learnml {
14
15 ExtractNet::ExtractNet(const char* modelPath)
16 {
17     using learnml::resunpack::PackageManager;
18     using learnml::resunpack::Package;
19     using learnml::resunpack::ResunpackException;
20
21     try {
22         PackageManager& packageManager = PackageManager::GetInstance();
23
24         std::string modelDirPath = modelPath;
25         Package& extractPackage = packageManager.openPackage(modelDirPath + "/
   Extractor.pkg");
26         std::istream& extractNetParamsFile = dynamic_cast<std::istream&>(ex
   tractPackage.openResource("Extractor.parambin"));
27         std::istream& extractModelFile = dynamic_cast<std::istream&>(extrac
   tPackage.openResource("Extractor.bin"));
28
29         extractNet = new Net();
30         extractNet->loadBinaryParams(extractNetParamsFile);
31         extractNet->loadModel(extractModelFile);
```

```
32
33         extractPackage.closeResource(extractNetParamsFile);
34         extractPackage.closeResource(extractModelFile);
35         packageManager.closePackage(extractPackage);
36
37         CropImageUtil::GetInstance();
38     }
39     catch ( const ResunpackException& ) {
40         throw Exception(AMCORE_INVALID_MODEL, "Open model of extractor failed");
41     }
42 }
43
44 int ExtractNet::ExtractFeature(unsigned char* imageData, int width, int
   height, int pitch, int bpp,
45     MlLandmarkResult* faceLandMarkResults, unsigned char* feature)
46 {
47     minicv::Mat image;
48     if ( bpp == 8 )
49     {
50         image = minicv::Mat(height, width, CV_8UC1, imageData);
51         minicv::cvtColor(image, image, CV_GRAY2BGR);
52     }
53     else if ( bpp == 24 )
54     {
55         image = minicv::Mat(height, width, CV_8UC3, imageData);
56     }
57     else
58     {
59         return -1;
60     }
61
62     int isMirror = 0;
63     TLandmarks1 lms;
64     lms.count = 25;
65
66     for ( int k = 0; k < lms.count; k++ )
67     {
68         lms.pts[k].id = landmark_ids[k];
69         lms.pts[k].x = faceLandMarkResults->landmarks[k * 2];
70         lms.pts[k].y = faceLandMarkResults->landmarks[k * 2 + 1];
71     }
72
73     vector<minicv::Mat> patches = CropImageUtil::PreparePatches(image, &lms,
       isMirror);
74     if ( patches.size() == 0 )
75         return -2;
76
77     minicv::Mat bgr = patches[0];
78
79     Mat in =
80         Mat::from_pixels(bgr.data, Mat::PIXEL_BGR, bgr.cols, bgr.rows);
```

```
81
82      int total = in.total();
83      for ( int i = 0; i < total; i++ ) {
84          in[i] = (in[i] - 127.5f) * 0.0078125f;
85      }
86
87      Extractor extractEngine = extractNet->create_extractor();
88      extractEngine.set_num_threads(THREAD_COUNT);
89
90      Mat out;
91      extractEngine.input("Data1", in);
92      extractEngine.extract("L2", out);
93
94      memcpy(feature, out.data, sizeof(float)* 256);
95
96      return 0;
97 }
98
99 }
```

第 15 ～ 42 行，定义了类的构造函数，参数是模型地址。我们使用 PackageManager 从打包文件中打开对应文件的二进制数据流，然后调用网络的 loadBinaryParams 和 loadModel 成员函数加载网络的层参数和模型参数。

第 44 ～ 97 行，定义了 ExtractFeature 函数，参数是输入图像、宽度、高度、每个通道的字节数、位深、检测结果和特征缓冲区。首先将图像进行灰度化，然后调用 PreparePatches，从图像中将需要分类的位置图切割出来，最后将这些切片组合，再一起输入特征、提取网络、提取图像特征。提取后将特征写入缓冲区中。

8.5.4　接口设计封装

由于 C++ 的 ABI 问题，如果在 JNI 中直接使用 C++ 的类并不是特别合适，因此我们会再封装一个 C 接口。检测的 C 接口实现如代码清单 8-17 所示。

代码清单 8-17　检测的 C 接口

```
 1 #include "api.h"
 2 #include "error.h"
 3 #include "ResourcePool.h"
 4
 5 #include <cstring>
 6
 7 const int RESOURCE_POOL_SIZE = 32;
 8
 9 using learnml::api::ResourcePool;
10
11 static ResourcePool DetectorPool(RESOURCE_POOL_SIZE);
12 static ResourcePool TrackerPool(RESOURCE_POOL_SIZE);
13
```

```
14 ApiHandle ApiCreateDetector(const char* modelPath, ApiError* error) {
15     FRAS_SET_ERROR(error, FRAS_SUCCESS);
16
26     MlDetectorHandle detector = nullptr;
27     int32_t errorCode = MlCreateDetector(modelPath, &detector);
28
29     FRAS_SET_ERROR(error, static_cast<ApiError>(errorCode));
30
31     if (errorCode) {
32         return FRAS_INVALID_HANDLE;
33     }
34
35     ApiHandle detectorHandle = DetectorPool.Allocate(detector);
36     if (detectorHandle == FRAS_INVALID_HANDLE) {
37         FRAS_SET_ERROR(error, FRAS_HANDLE_USE_UP);
38     }
39
40     return detectorHandle;
41 }
42
43 void ApiDestroyDetector(ApiHandle detectorHandle, ApiError* error) {
44     FRAS_SET_ERROR(error, FRAS_SUCCESS);
45
46     MlDetectorHandle detector = DetectorPool.GetResource(detectorHandle);
47     if (!detector) {
48         FRAS_SET_ERROR(error, FRAS_HANDLE_NOT_FOUND);
49         return;
50     }
51
52     MlFreeDetector(&detector);
53
54     DetectorPool.Free(detectorHandle);
55 }
56
57 static void MlLandmarkResultToObjectLandMarks(ObjectLandMarks* detectionResult,
   const MlLandmarkResult& objectLandMarkResult) {
58     detectionResult->left = objectLandMarkResult.left;
59     detectionResult->top = objectLandMarkResult.top;
60     detectionResult->right = objectLandMarkResult.right;
61     detectionResult->bottom = objectLandMarkResult.bottom;
62     detectionResult->score = objectLandMarkResult.score;
63     detectionResult->roll = objectLandMarkResult.roll;
64     detectionResult->yaw = objectLandMarkResult.yaw;
65     detectionResult->pitch = objectLandMarkResult.pitch;
66     detectionResult->ptScore = objectLandMarkResult.ptScore;
67     memcpy(detectionResult->landmarks, objectLandMarkResult.landmarks, sizeof
   (detectionResult->landmarks));
68 }
69
70 int ApiSetDetectorParam(ApiHandle detectorHandle, MlDetectorParam* param,
   ApiError* error) {
```

```
71     FRAS_SET_ERROR(error, FRAS_SUCCESS);
72
73     MlDetectorHandle detector = DetectorPool.GetResource(detectorHandle);
74     if (!detector) {
75         FRAS_SET_ERROR(error, FRAS_HANDLE_NOT_FOUND);
76         return 0;
77     }
78
79     return MlSetDetectorParam(detector, param);
80 }
81
82 int ApiDetect(ApiHandle detectorHandle, unsigned char* image, int width, int
   height, ObjectLandMarks *detectionResult, ApiError* error) {
83     FRAS_SET_ERROR(error, FRAS_SUCCESS);
84
85     MlDetectorHandle detector = DetectorPool.GetResource(detectorHandle);
86     if (!detector) {
87         FRAS_SET_ERROR(error, FRAS_HANDLE_NOT_FOUND);
88         return 0;
89     }
90
91     MlLandmarkResult objectLandMarkResult;
92     int objectCount = MlDetectObjects(detector, image, width, height, width
                       * 3, 24, 0.7f, 1, &objectLandMarkResult);
93
94     if (objectCount) {
95         MlLandmarkResultToObjectLandMarks(detectionResult, objectLand Mark-
           Result);
96     }
97
98     return objectCount;
99 }
100
101 int ApiDetectMany(ApiHandle detectorHandle, unsigned char* image, int width,
    int height, ObjectLandMarks *detectionResult, int maxCount, ApiError*
    error) {
102     FRAS_SET_ERROR(error, FRAS_SUCCESS);
103
104     MlDetectorHandle detector = DetectorPool.GetResource(detectorHandle);
105     if (!detector) {
106         FRAS_SET_ERROR(error, FRAS_HANDLE_NOT_FOUND);
107         return 0;
108     }
109
110     MlLandmarkResult* objectLandMarkResults = new MlLandmarkResult[maxCount];
111     int objectCount = MlDetectObjects(detector, image, width, height, width *
        3, 24, 0.7f, maxCount, objectLandMarkResults);
112
113     for (int objectIndex = 0; objectIndex != maxCount; ++objectIndex) {
114         MlLandmarkResultToObjectLandMarks(detectionResult + objectIndex, ob
            jectLandMarkResults[objectIndex]);
```

```
115     }
116
117     return objectCount;
118 }
119
```

我们实现网络使用的是C++，但是与其他语言互操作的时候使用C++并不一定非常方便，因此我们选择使用C再封装一层接口。

第14～41行，定义了创建目标检测器的函数，该函数的参数是模型地址和错误代码缓冲区。首先调用MlCreateDetector生成一个检测器指针，然后强制转换成MlDetectorHandle类型。接着为该检测器分配一个句柄，并将句柄返回。

第43～55行，定义了销毁目标检测器的函数，该函数的参数是检测器句柄和错误代码缓冲区。首先调用GetResource通过句柄获取到检测器的指针，如果指针不存在，直接返回错误，否则就调用MlFreeDetector销毁句柄。

第70～79行，定义了ApiSetDetectorParam函数，该函数用于设置检测器参数。首先根据句柄获取检测器指针，然后调用MlSetDetectorParam函数设置检测器参数。

第82～99行，定义了ApiDetect函数，该函数用于进行单个目标检测。首先根据句柄获取检测器指针，然后调用MlDetectObjects函数获取检测结果。

第101～118行，定义了ApiDetectMany函数，该函数用于进行多目标检测。首先根据句柄获取检测器指针，然后调用MlDetectObjects函数获取检测结果。

在此基础上我们使用JNI封装的检测Java代码，实现如代码清单8-18所示。

代码清单8-18 JNI封装的检测逻辑

```
 1 #include "api/jni/ObjectDetector.h"
 2 #include "api/jni/ObjectDetectorParam.h"
 3 #include "api/jni/ObjectDetectResult.h"
 4 #include "api/jni/Util.h"
 5 #include "api/api.h"
 6
 7 #include <iostream>
 8
 9 #define CLASS_METHOD(method) Java_com_am_api_ObjectDetector_##method
10
11 /*
12 * Class:     com_am_api_ObjectDetector
13 * Method:    initialize
14 * Signature: (Ljava/lang/String;)V
15 */
16 JNIEXPORT void JNICALL CLASS_METHOD(initialize)(JNIEnv* env, jobject object,
   jstring jModelPath) {
17     std::string modelPath = ConvertJStringToString(env, jModelPath);
18
19     ApiError error;
```

```
20      ApiHandle detectorHandle = ApiCreateDetector(modelPath.c_str(), &error);
21
22      SetObjIntField(env, object, "handle", detectorHandle);
23  }
24
25  /*
26  * Class:     com_am_api_ObjectDetector
27  * Method:    destroy
28  * Signature: ()V
29  */
30  JNIEXPORT void JNICALL CLASS_METHOD(destroy)(JNIEnv* env, jobject object) {
31      ApiHandle detectorHandle;
32      GetObjIntField(env, object, "handle", &detectorHandle);
33
34      ApiError error;
35      ApiDestroyDetector(detectorHandle, &error);
36  }
37
38  /*
39  * Class:     com_am_api_ObjectDetector
40  * Method:    setParam
41  * Signature: (Lcom/am/api/ObjectDetectorParam;)V
42  */
43  JNIEXPORT void JNICALL JNICALL CLASS_METHOD(setParam)(JNIEnv* env, jobject
    object, jobject jParam) {
44      ApiHandle detectorHandle;
45      GetObjIntField(env, object, "handle", &detectorHandle);
46
47      AmDetectorParam detectorParam;
48      if ( !ParseJObjectDetectorParam(env, jParam, &detectorParam) ) {
49          return;
50      }
51
52      ApiError error;
53      ApiSetDetectorParam(detectorHandle, &detectorParam, &error);
54  }
55
56  /*
57  * Class:     com_am_api_ObjectDetector
58  * Method:    detectObject
59  * Signature: ([BII)Lcom/am/api/ObjectLandMarks;
60  */
61  JNIEXPORT jobject JNICALL CLASS_METHOD(detectObject)(JNIEnv* env, jobject
    object, jbyteArray jImageBytes, jint imageWidth, jint imageHeight) {
62      ApiHandle detectorHandle;
63      GetObjIntField(env, object, "handle", &detectorHandle);
64
65      unsigned char * imageData = (unsigned char *)env->GetByteArrayElements
        (jImageBytes, 0);
66
67      ObjectLandMarks result;
```

```
68      ApiError error;
69      int objectCount = ApiDetect(detectorHandle, imageData, imageWidth, imageHeight,
        &result, &error);
70
71      env->ReleaseByteArrayElements(jImageBytes, (jbyte*)imageData, 0);
72
73      if (objectCount) {
74          return CreateJObjectDetectResult(env, result);
75      }
76      else {
77          return nullptr;
78      }
79  }
80
81  /*
82  * Class:     com_am_api_ObjectDetector
83  * Method:    detectManyObjects
84
85  * Signature: ([BIII)[Lcom/am/api/ObjectDetectResult;
86  */
87  JNIEXPORT jobjectArray JNICALL CLASS_METHOD(detectManyObjects)(JNIEnv* env,
    jobject object, jbyteArray jImageBytes, jint imageWidth, jint imageHeight,
    jint maxCount) {
88      ApiHandle detectorHandle;
89      GetObjIntField(env, object, "handle", &detectorHandle);
90
91      unsigned char * imageData = (unsigned char *)env->GetByteArrayElements
        (jImageBytes, 0);
92
93      ObjectLandMarks* results = new ObjectLandMarks[maxCount];
94      ApiError error;
95      int objectCount = ApiDetectMany(detectorHandle, imageData, imageWidth,
        imageHeight, results, maxCount, &error);
96
97      env->ReleaseByteArrayElements(jImageBytes, (jbyte*)imageData, 0);
98
99      jobjectArray jObjectDetectResults = CreateObjArray(env, "com/am/api/Object
        DetectResult", objectCount);
100     for (int objectIndex = 0; objectIndex != objectCount; ++objectIndex) {
101         jobject jObjectDetectResult = CreateJObjectDetectResult(env, results
            [objectIndex]);
102         env->SetObjectArrayElement(jObjectDetectResults, objectIndex, jObject
            DetectResult);
103     }
104
105     return jObjectDetectResults;
106 }
```

识别分类的C接口实现，如代码清单8-19所示。

代码清单 8-19　识别分类 C 接口

```
 1 #include "error.h"
 2 #include "api.h"
 3 #include "ResourcePool.h"
 4 #include "type.h"
 5
 6 #include <iostream>
 7
 8 const int RESOURCE_POOL_SIZE = 32;
 9
10 using learnml::api::ResourcePool;
11
12 static ResourcePool ExtractorPool(RESOURCE_POOL_SIZE);
13
14 ApiHandle ApiCreateExtractor(const char* modelPath, ApiError* error) {
15     FRAS_SET_ERROR(error, FRAS_SUCCESS);
16
17     int licError = ApiVerifyLicense(licensePath.c_str(), error);
18     if(licError != 0){
19          FRAS_SET_ERROR(error, FRAS_LICENSE_NOT_FOUND);
20          return FRAS_INVALID_HANDLE;
21     }
22
23     if(licError != 0 || *error != FRAS_SUCCESS)
24        return FRAS_INVALID_HANDLE;
25
26     MlExtractorHandle extractor = nullptr;
27     int32_t errorCode = MlCreateExtractor(modelPath, &extractor);
28
29     if (error) {
30         *error = static_cast<ApiError>(errorCode);
31     }
32
33     if (errorCode) {
34         return FRAS_INVALID_HANDLE;
35     }
36
37     ApiHandle extractorHandle = ExtractorPool.Allocate(extractor);
38     if (extractorHandle == FRAS_INVALID_HANDLE) {
39         FRAS_SET_ERROR(error, FRAS_HANDLE_USE_UP);
40     }
41
42     return extractorHandle;
43 }
44
45 void ApiDestroyExtractor(ApiHandle extractorHandle, ApiError* error) {
46     FRAS_SET_ERROR(error, FRAS_SUCCESS);
47
48     MlExtractorHandle extractor = ExtractorPool.GetResource(extractorHandle);
49     if (!extractor) {
```

```
50          FRAS_SET_ERROR(error, FRAS_HANDLE_NOT_FOUND);
51          return;
52      }
53
54      MlFreeExtractor(&extractor);
55
56      ExtractorPool.Free(extractorHandle);
57 }
58
59 static void ObjectLandMarksToAmLandmarkResult(MlLandmarkResult* objectLand
   MarkResult, const ObjectLandMarks& detectionResult) {
60      objectLandMarkResult->left = detectionResult.left;
61      objectLandMarkResult->top = detectionResult.top;
62      objectLandMarkResult->right = detectionResult.right;
63      objectLandMarkResult->bottom = detectionResult.bottom;
64      objectLandMarkResult->score = detectionResult.score;
65      objectLandMarkResult->roll = detectionResult.roll;
66      objectLandMarkResult->yaw = detectionResult.yaw;
67      objectLandMarkResult->pitch = detectionResult.pitch;
68
69      memcpy(objectLandMarkResult->landmarks, detectionResult.landmarks, sizeof
        (objectLandMarkResult->landmarks));
70 }
71
72 void ApiExtractFeature(ApiHandle extractorHandle, unsigned char* image, int
   width, int height, ObjectLandMarks *landmarks, unsigned char * feature, ApiError*
   error) {
73      FRAS_SET_ERROR(error, FRAS_SUCCESS);
74
75      MlExtractorHandle extractor = ExtractorPool.GetResource(extractorHandle);
76      if (!extractor) {
77          FRAS_SET_ERROR(error, FRAS_HANDLE_NOT_FOUND);
78          return;
79      }
80
81      MlLandmarkResult landmarkResult;
82      ObjectLandMarksToAmLandmarkResult(&landmarkResult, *landmarks);
83      unsigned char* dfeature = new unsigned char[AM_VERIFIER_FEATURE_LENGTH];
84      int errorCode = MlExtractFeature(extractor, image, width, height, width *
        3, 24, &landmarkResult, dfeature);
85      memset(feature, 0, AM_VERIFIER_JFEATURE_LENGTH);
86      int randomIndex = rand() % 10 + 1;
87      memcpy(feature + randomIndex * 4, dfeature, AM_VERIFIER_FEATURE_LENGTH);
88      feature[0] = randomIndex * 4;
89      delete[] dfeature;
90
91      FRAS_SET_ERROR(error, static_cast<ApiError>(errorCode));
92 }
93
94 static float normalizationScore(float score)
95 {
```

```
 96     if (score < 0)
 97         score = 0;
 98     if (score < 0.39f)  //0.0f ~ 0.39f -> 0.0f ~ 0.7f  FAR = 0.1%   70
 99     {
100         score = score / 0.39f * 0.7f;
101     }
102     else if (score >= 0.39f && score < 0.47f) //0.39f ~ 0.47f -> 0.7f ~ 0.8f
        FAR = 0.01% 80
103     {
104         score = (score - 0.39f) / (0.47f - 0.39f) * 0.1f + 0.7f;
105     }
106     else if (score >= 0.47f && score < 0.53f) //0.47f ~ 0.53f -> 0.8f ~ 0.85f
        FAR = 0.001% 85
107     {
108         score = (score - 0.53f) / (0.53f - 0.47f) * 0.05f + 0.8f;
109     }
110     else if (score >= 0.53f && score < 0.59f) //0.53f ~ 0.59f -> 0.85f ~ 0.9f
        FAR = 0.0001% 90
111     {
112         score = (score - 0.59f) / (0.59f - 0.53f) * 0.05f + 0.85f;
113     }
114     else //0.59f ~ 1.0f -> 0.9f ~ 1.0f  FAR = 0.00001%
115     {
116         score = (score - 0.59f) / (1.0f - 0.59f) * 0.1f + 0.9f;
117     }
118     return score;
119 }
120
121 static float getCosDistance(float* feature1, float* feature2)
122 {
123     float score = 0.0f;
124     float temp1 = 0.0f;
125     float temp2 = 0.0f;
126
127     for (int k = 0; k < AM_VERIFIER_FEATURE_LENGTH / 4; k++) {
128         score += feature1[k] * feature2[k];
129     }
130     score = normalizationScore(score);
131     return score;
132 }
133
134
135 float ApiMatchFeatures(unsigned char* feature1, unsigned char* feature2, ApiError*
    error) {
136     FRAS_SET_ERROR(error, FRAS_SUCCESS);
137
138     float* floatFeature1 = reinterpret_cast<float*>(feature1 + feature1[0]);
139     float* floatFeature2 = reinterpret_cast<float*>(feature2 + feature2[0]);
140
141     float score = getCosDistance(floatFeature1, floatFeature2);
142
```

```
143     return score;
144 }
145
146 void ApiMatchBatchFeatures(unsigned char* feature1, unsigned char* feature2,
    int size, float* score, ApiError* error) {
147     for (int featureIndex = 0; featureIndex != size; ++featureIndex) {
148         score[featureIndex] = ApiMatchFeatures(feature1 + featureIndex * FEATURE_
            SIZE, feature2 + featureIndex * FEATURE_SIZE, error);
149
150         if (error && *error != FRAS_SUCCESS) {
151             return;
152         }
153     }
154 }
```

在此基础上我们使用JNI封装的识别分类的Java代码实现，如代码清单8-20所示。

代码清单 8-20 使用 JNI 封装的识别分类的具体实现

```
 1 #include "api/jni/ObjectExtractor.h"
 2 #include "api/jni/ObjectDetectResult.h"
 3 #include "api/jni/Util.h"
 4 #include "api/api.h"
 5
 6 #include <iostream>
 7
 8 #define CLASS_METHOD(method) Java_com_am_api_ObjectExtractor_##method
 9
10 /*
11 * Class:     com_am_api_ObjectExtractor
12 * Method:    initialize
13 * Signature: (Ljava/lang/String;)V
14 */
15 JNIEXPORT void JNICALL CLASS_METHOD(initialize)(JNIEnv* env, jobject object,
   jstring jModelPath) {
16     std::string modelPath = ConvertJStringToString(env, jModelPath);
17
18     ApiError error;
19     ApiHandle extractorHandle = ApiCreateExtractor(modelPath.c_str(), &error);
20
21     SetObjIntField(env, object, "handle", extractorHandle);
22 }
23
24 /*
25 * Class:     com_am_api_ObjectExtractor
26 * Method:    destroy
27 * Signature: ()V
28 */
29 JNIEXPORT void JNICALL CLASS_METHOD(destroy)(JNIEnv* env, jobject object) {
30     ApiHandle extractorHandle;
31     GetObjIntField(env, object, "handle", &extractorHandle);
```

```
32
33     ApiError error;
34     ApiDestroyExtractor(extractorHandle, &error);
35 }
36
37 /*
38 * Class:     com_am_api_ObjectExtractor
39 * Method:    extractFeature
40 * Signature: ([BIILcom/am/api/ObjectDetectResult;)[B
41 */
42 JNIEXPORT jbyteArray JNICALL CLASS_METHOD(extractFeature)(JNIEnv* env, jobject
   object, jbyteArray jImageBytes, jint imageWidth, jint imageHeight, jobject
   jDetectResult) {
43     ApiHandle extractorHandle;
44     GetObjIntField(env, object, "handle", &extractorHandle);
45
46     ApiError error;
47     ObjectLandMarks objectLandmarks;
48     ParseJObjectDetectResult(env, jDetectResult, &objectLandmarks);
49
50     unsigned char feature[FEATURE_SIZE];
51     unsigned char * imageData = (unsigned char *)env->GetByteArrayElements
       (jImageBytes, 0);
52
53     ApiExtractFeature(extractorHandle, imageData, imageWidth, imageHeight,
       &objectLandmarks, feature, &error);
54
55     env->ReleaseByteArrayElements(jImageBytes, (jbyte*)imageData, 0);
56
57     jbyteArray jFeature = env->NewByteArray(FEATURE_SIZE);
58     env->SetByteArrayRegion(jFeature, 0, FEATURE_SIZE, reinterpret_cast<jbyte*>
       (feature));
59
60     return jFeature;
61 }
62
63 /*
64 * Class:     com_am_api_ObjectExtractor
65 * Method:    matchFeatures
66 * Signature: ([B[B)F
67 */
68 JNIEXPORT jfloat JNICALL CLASS_METHOD(matchFeatures)(JNIEnv* env, jobject
   object, jbyteArray jFeature1, jbyteArray jFeature2) {
69     unsigned char * feature1 = (unsigned char *)env->GetByteArrayElements
       (jFeature1, 0);
70     unsigned char * feature2 = (unsigned char *)env->GetByteArrayElements
       (jFeature2, 0);
71
72     ApiError error;
73     float score = ApiMatchFeatures(feature1, feature2, &error);
74
```

```
 75     env->ReleaseByteArrayElements(jFeature1, (jbyte*)feature1, 0);
 76     env->ReleaseByteArrayElements(jFeature2, (jbyte*)feature2, 0);
 77
 78     return score;
 79 }
 80
 81 /*
 82 * Class:     com_am_api_ObjectExtractor
 83 * Method:    matchBatchFeatures
 84 * Signature: ([B[BI)[F
 85 */
 86 JNIEXPORT jfloatArray JNICALL CLASS_METHOD(matchBatchFeatures)(JNIEnv* env,
    jobject, jbyteArray jFeatures1, jbyteArray jFeatures2, jint size) {
 87     unsigned char * features1 = (unsigned char *)env->GetByteArrayElements
    (jFeatures1, 0);
 88     unsigned char * features2 = (unsigned char *)env->GetByteArrayElements
    (jFeatures2, 0);
 89
 90     ApiError error;
 91     float* scores = new float[size];
 92     ApiMatchBatchFeatures(features1, features2, size, scores, &error);
 93
 94     jfloatArray jScores = env->NewFloatArray(size);
 95     env->SetFloatArrayRegion(jScores, 0, size, scores);
 96
 97     delete[] scores;
 98
 99     return jScores;
100 }
```

8.6 本章小结

本章主要介绍了模式识别和物体识别的基本概念，介绍了传统模式识别方法和基于深度学习的模式识别方法。

本章主要介绍了两种经典的用于图像识别分类的网络，分别是 LeNet 和 AlexNet。然后介绍了完整的物体分类实例，以“猫狗识别”为例介绍了如何实现一个模式识别系统。

接着本书介绍了几种经典的目标检测算法，包括 R-CNN、SPP-Net、Fast R-CNN、Faster R-CNN、RetinaNet，并介绍了这些算法的演进过程和实现原理。

最后介绍了 Faster R-CNN 和 RetinaNet 的实现，让读者具体了解如何实现目标检测，并且能够更好地理解前面对算法的理论阐述。

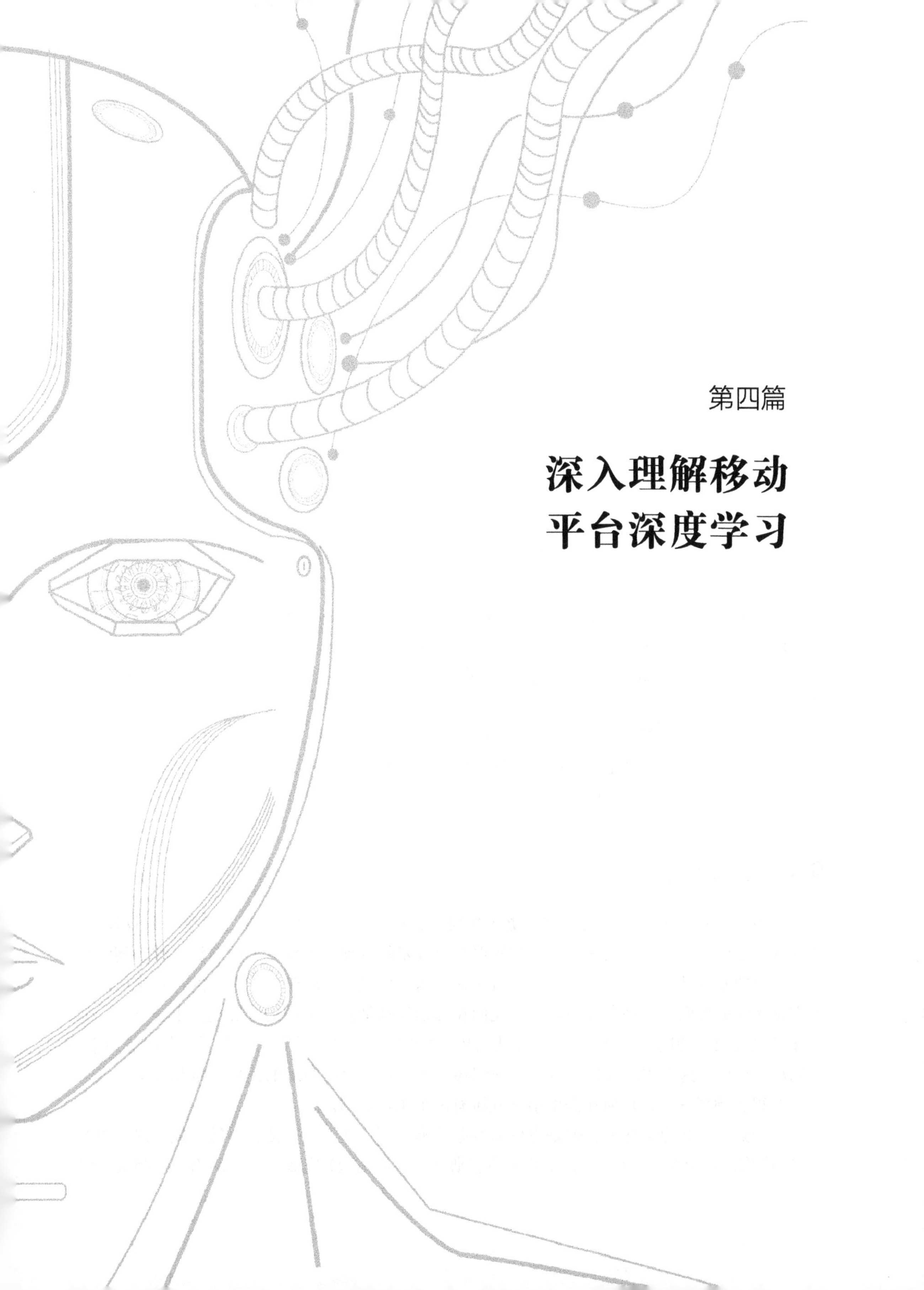

第四篇

深入理解移动平台深度学习

第9章

深入移动平台性能优化

我们在前面的章节中阐述了使用深度学习模型完成图像检测与识别任务的原因，并针对这个目标进行了详细的讲解。在第 8 章中，我们主要介绍了模式识别的概念，详细阐述了包括 R-CNN、SPP-Net、Fast R-CNN、Faster R-CNN 和 RetinaNet 在内的多个种物体检测网络。同时演示了如何在实际的图像处理任务中使用 AlexNet 来完成图像分类识别，展示了使用 Faster R-CNN 和 RetinaNet 完成物体检测的过程，并最终以移动平台为基础架构构建了整个解决方案。

在本章中，我们更进一步介绍如何在移动平台对深度网络进行优化，在不损失过多精度的情况下尽量确保提升整个网络的速度，同时减小模型的尺寸，使得系统能够运行在存储空间相对较小的移动平台或嵌入式设备中。

9.1 模型压缩

随着移动计算平台的高速发展，更大规模的存储空间、计算单元层出不穷，不仅如此，芯片制造工艺的进步使移动平台计算和机器学习技术的发展如虎添翼，面向深度神经网络和机器学习的专有处理芯片在移动计算平台崭露头角。但是，相较于数据中心的计算集群以及工作站级别的桌面计算平台来说，可供我们在移动计算平台上使用的资源仍然十分有限，如何在确保高效率的同时降低功耗、提升机器学习效率是我们需要研究的课题。在本节当中，我们从模型压缩这个主题开始，进一步介绍移动平台深度学习系统的优化策略和方法。

和很多领域一样，目前在深度学习领域有两个工作方向。

一个是去寻找更为强大，但是也更为复杂的模型网络和实验方法，目的是提高深度神经网络的性能（准确率），这类工作主要是由科研人员（学院派）完成。这些网络虽然强大，但是复杂的网络也带来了更大的计算负担，拖慢了执行速度，尤其是很多实际任务（比如人脸识别）需要极高的实时性，这使得很多准确率很高的网络无法直接在实际应用场景中落地。

复杂网络的实时性需求催生了另一个工作方向，这个工作方向的主要目的是研究如何将科研人员的研究成果落地到实际的硬件与应用场景中，并且要确保算法稳定、高效，从事相关的工作的人员就是所谓的工程派。但是我们知道复杂网络的参数数量肯定远多于简单网络的参数数量，这就导致复杂网络的模型体积远大于简单网络的模型体积，很多模型的体积极易超过 1GB，这种体积的模型无论是在移动平台上存储（存储空间不足）还是执行（内存更小）都极其困难，因此工程派面临的第一个问题就是在尽量不降低模型精度的情况下缩小模型的体积。

现在深度学习在实际应用中运用得越来越普遍，目前已经进行了非常多的模型压缩方法的研究，无论是理论研究还是工程实现，目前都取得了非常大的进展。

在模型压缩领域目前最重要的几个方法都是由 Song Han 在其文章《Deep Compression》㊀中发表的，这篇论文是 ICLR2016 的最佳论文，它让工程人员看到了深度神经网络在移动平台设备落地的可能性，引导了后面对模型压缩的一系列研究。不过其实早在 1989 年，Lecun 就已提出了 OBD（Optimal Brain Damage）这种剔除模型中不重要的参数以减小网络体积的方法，只不过当时的计算资源还不足以解决神经网络的计算，更不用说深度神经网络了，即便如此该方法仍具有很好的前瞻性，目前很多方法基本都是基于该方法的思路。

目前深度学习模型压缩方法的研究主要可以分为以下几个方向。

1）更精细模型的设计。目前很多网络都具有模块化设计，在深度和宽度上都很大，这也造成了参数的冗余，因此有很多关于模型设计的研究，如 SqueezeNet、MobileNet 等，都使用更加细致、高效的模型设计，能够很大程度地缩小模型尺寸，并且也具有不错的性能。这些相关内容已经在前面的章节介绍过，此处不再赘述。

2）权重稀疏化。在训练过程中，对权重的更新进行诱导，使其更加稀疏，对于稀疏矩阵，可以使用更加紧致的存储方式，如 CSC，但是使用稀疏矩阵操作在硬件平台上运算效率不高，容易受到带宽的影响，因此加速并不明显。

3）模型裁剪。结构复杂的网络具有非常好的性能，其参数也存在冗余，因此对于已训练好的模型网络，可以寻找一种有效的评判手段，将不重要的连接或者过滤器进行裁剪以减少模型的冗余。

除此之外，关于量化、Low-rank 分解、迁移学习等方法的研究也有很多，并在模型压缩中起到了非常好的效果。但由于相关内容体量庞大，每个研究方向都可以另开新题进行阐述，且偏离了本书阐述的工程实战解决方案的主线，因此，感兴趣的读者可以自行查阅相关资料，此处不再赘述。

㊀ 原论文标题为《Deep Compression: Compressing Deep Neural Networks with Pruning, Trained Quantization and Huffman Coding》，由 Song Han, Huizi Mao, William J. Dally 发表。可以访问 https://arxiv.org/abs/1510.00149 来阅读原文。

9.2 权重稀疏化

权重稀疏化是我们将要介绍的模型压缩算法。该算法是指在训练过程中，对权重的更新以正则项进行诱导，使其更加稀疏，使大部分的权值都为 0。权重的稀疏化方法分为正则化的和非正则化的，正则化的稀疏化后，裁剪起来更加容易，尤其是对 im2col 的矩阵操作效率更高。而非正则化的稀疏化后，参数需要特定的存储方式，或者需要平台上稀疏矩阵操作库的支持。

接下来，我们介绍几种权重稀疏化的方法。

9.2.1 Structured Sparsity Learning

第 1 种是 Structured Sparsity Learning 方法，也就是结构化稀疏学习方法，能够学习一个稀疏的结构来降低计算消耗，所学到的结构性稀疏化能够有效地在硬件上进行加速。该方法发表在论文《Learning Structured Sparsity in Deep Neural Networks》[⊖]中。这种方法的创新点在于传统非结构化的随机稀疏化会带来不规则的内存访问，因此在 GPU 等硬件平台上无法有效地进行加速，而 Structured Sparsity Learning 则在网络的目标函数上增加了 Group Lasso 的限制项，可以实现 filter 级与 channel 级以及 shape 级稀疏化。所有稀疏化的操作都是基于下面的损失函数进行的，其中 Rg 表示 Group Lasso：

$$E(\boldsymbol{W}) = E_D(\boldsymbol{W}) + \lambda \cdot R(\boldsymbol{W}) + \lambda_g \cdot \sum_{l=1}^{L} R_g(\boldsymbol{W}^{(l)})$$

网络的 filter-channel wise 为：

$$E(\boldsymbol{W}) = E_D(\boldsymbol{W}) + \lambda_n \cdot \sum_{l=1}^{L} \left(\sum_{n_l=1}^{N_l} \left\| \boldsymbol{W}_{n_l,:,:,:}^{(l)} \right\|_g \right) + \lambda_c \cdot \sum_{l=1}^{L} \left(\sum_{c_l=1}^{C_l} \left\| \boldsymbol{W}_{:,c_l,:,:}^{(l)} \right\|_g \right)$$

网络的 shape wise 为：

$$E(\boldsymbol{W}) = E_D(\boldsymbol{W}) + \lambda_s \cdot \sum_{l=1}^{L} \left(\sum_{c_l=1}^{C_l} \sum_{m_l=1}^{M_l} \sum_{k_l=1}^{K_l} \left\| \boldsymbol{W}_{:,c_l,m_l,k_l}^{(l)} \right\|_g \right)$$

在 GEMM 中将 weight tensor 拉成 matrix 的结构，因此可以通过将 filter 级与 shape 级的稀疏化进行结合来将 2D 矩阵的行和列稀疏化，再分别在矩阵的行和列上裁剪并剔除全为 0 的值，以降低矩阵的维度，从而提升模型的运算效率。该方法是正则化的方法，压缩粒度较粗，适用于各种现成的算法库，但是训练的收敛性和优化难度不确定。

9.2.2 Dynamic Network Surgery

第 2 种方法名为 Dynamic Network Surgery，该方法发表在论文 *Dynamic Network Surgery for*

⊖ 原论文标题为《Learning Structured Sparsity in Deep Neural Networks》，由 Wei Wen, Chunpeng Wu, Yandan Wang, Yiran Chen, Hai Li 发表。可以访问 http://papers.nips.cc/paper/6504-learning-structured-sparsity-in-deep-neural-networks.pdf 来阅读原文。

Efficient DNNs[⊖]中。这是一种动态的模型裁剪方法，该方法包含了两个过程。第 1 个过程叫作 pruning，作用是将该方法认为不重要的权重裁剪掉。但是我们往往不能够直观地判断出哪些权重是比较重要的，因此需要增加第 2 个过程，这个过程叫作 splicing，该过程的作用是对某些被裁剪掉的重要权重进行恢复，这看起来就像一种外科手术，这就是该方法名为 Surgery 即“手术”的原因。

作者的思路是在 pruning 阶段不把权重真正从网络中删除，而是在常见的权重 $\boldsymbol{W}$ 上增加一个矩阵 $\boldsymbol{T}$，$\boldsymbol{T}$ 是一个二值矩阵，其作用相当于一个掩码，当某个位置为 1 的时候表示该权重有效，保留该权重，如果某个位置为 0 时就把这个权重裁剪掉。在训练过程中，我们使用 $\boldsymbol{T}$ 矩阵作为掩码来表示某些权重被我们裁剪掉，同时我们也需要学习这个掩码矩阵 $\boldsymbol{T}$，学习这个矩阵可以将 W 中不重要的那些权重剔除，使得整个权重变得稀疏。由于删除一些网络的连接会导致网络其他连接的重要性发生改变，所以通过优化最小损失函数来训练删除后的网络比较合适。

如果用形式化的公式来表达我们的优化思路，可以将其描述为下面这个公式：

$$\min_{W_k,T_k} L(\boldsymbol{W}_k \odot \boldsymbol{T}_k) s.t. \boldsymbol{T}_k^{(i,j)} = h_k(\boldsymbol{W}_k^{(i,j)}), \quad \forall (i,j) \in \tau$$

整个网络的参数迭代过程的公式如下：

$$\boldsymbol{W}_k^{(i,j)} \leftarrow \boldsymbol{W}_k^{(i,j)} - \beta \frac{\partial}{\partial (\boldsymbol{W}_k^{(i,j)} \boldsymbol{T}_k^{(i,j)})} L\left(\boldsymbol{W}_k \odot \boldsymbol{T}_k\right), \quad \forall (i,j) \in \tau$$

最后我们定义了一个函数用来衡量网络连接（也就是权重）的重要性：

$$h_k\left(\boldsymbol{W}_k^{(i,j)}\right) = \begin{cases} 0 & if\ a_k > \left|\boldsymbol{W}_k^{(i,j)}\right| \\ \boldsymbol{T}_k^{(i,j)} & if\ a_k \leqslant \left|\boldsymbol{W}_k^{(i,j)}\right| < b_k \\ 1 & if\ b_k \leqslant \left|\boldsymbol{W}_k^{(i,j)}\right| \end{cases}$$

该算法采取了剪枝与嫁接相结合、训练与压缩相同步的策略完成网络压缩任务。通过网络嫁接操作的引入，避免了错误剪枝所造成的性能损失，从而能在实际操作中更好地逼近网络压缩的理论极限。该方法属于一种非正则的方式，但是 a_k 和 b_k 的值在不同的模型以及不同的层中无法确定，并且容易受到稀疏矩阵算法库以及带宽的限制。

这两种方法都是利用权重稀疏化的思路减小模型体积，也就是都是在训练过程中对参数的更新进行限制，使其趋向于稀疏，或者在训练的过程中将不重要的连接截断。其中第 1 种方法提供了结构化的稀疏化，可以利用 GEMM 的矩阵操作来实现加速。第 2 种方法同样是在权重更新的时候增加限制，虽然通过对权重的更新进行限制可以很好地达到稀疏化的目的，但是会给训练的优化增加了难度，降低了模型的收敛性。此外，第 2 种方法是非结构化的稀疏化，容易受到稀疏矩阵算法库以及带宽的限制，在截断连接后还使用了一个 surgery

[⊖] 原论文标题为《 Dynamic Network Surgery for Efficient DNNs 》，由 Yiwen Guo, Anbang Yao, Yurong Chen 发表。可以访问 https://arxiv.org/abs/1608.04493 来阅读原文。

的过程，以降低重要参数被裁剪的风险。后面还会对其他的模型压缩方法进行介绍。

9.2.3 Dynamic Network Surgery 实现

由于 Dynamic Network Surgery 一般比 Structured Sparsity Learning 效果好，因此本节我们将会介绍 Dynamic Network Surgery 的代码实现，由于代码需要运行在移动平台中，因此我们使用 C++ 而非 Python 来实现这个网络。

我们可以看到，Dynamic Network Surgery 主要是修改了卷积层和全连接层的实现，因此我们需要实现两个类，一个是 CConvolution 类（CompressConvolution），一个是 CInner Product 类（CompressInnerProduct）。

首先来编写 cconvolution.h，这是 CConvolution 类的头文件，如代码清单 9-1 所示。

代码清单 9-1 cconvolution.h

```
 1 template <typename Dtype>
 2 class CConvolutionLayer : public BaseConvolutionLayer<Dtype> {
 3     public:
 4 
 5     explicit CConvolutionLayer(const LayerParameter& param)
 6         : BaseConvolutionLayer<Dtype>(param) {}
 7     virtual void LayerSetUp(const vector<Blob<Dtype>*>& bottom,
 8         const vector<Blob<Dtype>*>& top);
 9     virtual inline const char* type() const { return "CConvolution"; }
10 
11     protected:
12     virtual void Forward_cpu(const vector<Blob<Dtype>*>& bottom,
13         const vector<Blob<Dtype>*>& top);
14     virtual void Forward_gpu(const vector<Blob<Dtype>*>& bottom,
15         const vector<Blob<Dtype>*>& top);
16     virtual void Backward_cpu(const vector<Blob<Dtype>*>& top,
17         const vector<bool>& propagate_down, const vector<Blob<Dtype>*>& bottom);
18     virtual void Backward_gpu(const vector<Blob<Dtype>*>& top,
19         const vector<bool>& propagate_down, const vector<Blob<Dtype>*>& bottom);
20     virtual inline bool reverse_dimensions() { return false; }
21     virtual void compute_output_shape();
22 
23     private:
24     Blob<Dtype> weight_tmp_;
25     Blob<Dtype> bias_tmp_;
26     Blob<Dtype> rand_weight_m_;
27     Blob<Dtype> rand_bias_m_;
28     Dtype gamma,power;
29     Dtype crate;
30     Dtype mu,std;
31     int iter_stop_;
32 };
```

在这段代码中，我们首先定义了类 CConvolutionLayer，代码的重点在第 12 ～ 18 行，定义了 Forward_cpu、Forward_gpu、Backward_cpu、Backward_gpu 4 个成员函数，分别用于 CPU/GPU 的前向 / 反向传播。

然后编写 cconvolution.cpp，这是 CConvolution 类的实现文件，如代码清单 9-2 所示。

代码清单 9-2　cconvolution.cpp

```
 1 template <typename Dtype>
 2 void CConvolutionLayer<Dtype>::LayerSetUp(const vector<Blob<Dtype>*>& bottom,
 3         const vector<Blob<Dtype>*>& top) {
 4     BaseConvolutionLayer <Dtype>::LayerSetUp(bottom, top);
 5
 6         CConvolutionParameter cconv_param = this->layer_param_.cconvolution_
   param();
 7
 8     if(this->blobs_.size()==2 && (this->bias_term_)){
 9         this->blobs_.resize(4);
10         //初始化填充权重和偏置掩码
11         this->blobs_[2].reset(new Blob<Dtype>(this->blobs_[0]->shape()));
12         shared_ptr<Filler<Dtype> > weight_mask_filler(GetFiller<Dtype>(
13             cconv_param.weight_mask_filler()));
14         weight_mask_filler->Fill(this->blobs_[2].get());
15         this->blobs_[3].reset(new Blob<Dtype>(this->blobs_[1]->shape()));
16         shared_ptr<Filler<Dtype> > bias_mask_filler(GetFiller<Dtype>(
17             cconv_param.bias_mask_filler()));
18         bias_mask_filler->Fill(this->blobs_[3].get());
19     }
20     else if(this->blobs_.size()==1 && (!this->bias_term_)){
21         this->blobs_.resize(2);
22         //初始化并填充权重掩码
23         this->blobs_[1].reset(new Blob<Dtype>(this->blobs_[0]->shape()));
24         shared_ptr<Filler<Dtype> > bias_mask_filler(GetFiller<Dtype>(
25                 cconv_param.bias_mask_filler()));
26         bias_mask_filler->Fill(this->blobs_[1].get());
27     }
28
29     //初始化临时向量
30     this->weight_tmp_.Reshape(this->blobs_[0]->shape());
31     this->bias_tmp_.Reshape(this->blobs_[1]->shape());
32
33         //初始化超参数
34     this->std = 0;this->mu = 0;
35     this->gamma = cconv_param.gamma();
36     this->power = cconv_param.power();
37     this->crate = cconv_param.c_rate();
38     this->iter_stop_ = cconv_param.iter_stop();
39 }
40
41 template <typename Dtype>
42 void CConvolutionLayer<Dtype>::compute_output_shape() {
43     this->height_out_ = (this->height_ + 2 * this->pad_h_ - this->kernel_h_)
```

```
44          / this->stride_h_ + 1;
45      this->width_out_ = (this->width_ + 2 * this->pad_w_ - this->kernel_w_)
46          / this->stride_w_ + 1;
47 }
48
49 template <typename Dtype>
50 void CConvolutionLayer<Dtype>::Forward_cpu(const vector<Blob<Dtype>*>& bottom,
51         const vector<Blob<Dtype>*>& top) {
52
53     const Dtype* weight = this->blobs_[0]->mutable_cpu_data();
54     Dtype* weightMask = this->blobs_[2]->mutable_cpu_data();
55     Dtype* weightTmp = this->weight_tmp_.mutable_cpu_data();
56     const Dtype* bias = NULL;
57     Dtype* biasMask = NULL;
58     Dtype* biasTmp = NULL;
59     if (this->bias_term_) {
60         bias = this->blobs_[1]->mutable_cpu_data();
61         biasMask = this->blobs_[3]->mutable_cpu_data();
62         biasTmp = this->bias_tmp_.mutable_cpu_data();
63     }
64
65     if (this->phase_ == TRAIN){
66             //计算可学习参数的平均值与标准差
67         if (this->std==0 && this->iter_==0){
68              unsigned int ncount = 0;
69              for (unsigned int k = 0;k < this->blobs_[0]->count(); ++k) {
70                  this->mu  += fabs(weightMask[k]*weight[k]);
71                  this->std += weightMask[k]*weight[k]*weight[k];
72                  if (weightMask[k]*weight[k]!=0) ncount++;
73              }
74              if (this->bias_term_) {
75                 for (unsigned int k = 0;k < this->blobs_[1]->count(); ++k) {
76                     this->mu  += fabs(biasMask[k]*bias[k]);
77                     this->std += biasMask[k]*bias[k]*bias[k];
78                     if (biasMask[k]*bias[k]!=0) ncount++;
79                 }
80             }
81             this->mu /= ncount; this->std -= ncount*mu*mu;
82             this->std /= ncount; this->std = sqrt(std);
83         }
84
85         //计算包含概率的权重掩码和偏置掩码
86         Dtype r = static_cast<Dtype>(rand())/static_cast<Dtype>(RAND_MAX);
87         if (pow(1+(this->gamma)*(this->iter_),-(this->power))>r &&(this- >
   iter_)<(this->iter_stop_)) {
88             for (unsigned int k = 0;k < this->blobs_[0]->count(); ++k) {
89                 if (weightMask[k]==1 && fabs(weight[k])<=0.9*std::max(mu+ crate*
   std,Dtype(0)))
90                     weightMask[k] = 0;
91                 else if (weightMask[k]==0 && fabs(weight[k])>1.1*std::max(mu+
   crate*std,Dtype(0)))
```

```
 92                      weightMask[k] = 1;
 93                  }
 94              if (this->bias_term_) {
 95          for (unsigned int k = 0;k < this->blobs_[1]->count(); ++k) {
 96              if (biasMask[k]==1 && fabs(bias[k])<=0.9*std::max(mu+crate*std,
                 Dtype(0)))
 97                   biasMask[k] = 0;
 98               else if (biasMask[k]==0 && fabs(bias[k])>1.1*std::max(mu+crate*st-
                  d,Dtype(0)))
 99                      biasMask[k] = 1;
100                  }
101              }
102          }
103      }
104
105      //计算当前被掩码的权重和偏置
106          for (unsigned int k = 0;k < this->blobs_[0]->count(); ++k) {
107              weightTmp[k] = weight[k]*weightMask[k];
108          }
109          if (this->bias_term_){
110              for (unsigned int k = 0;k < this->blobs_[1]->count(); ++k) {
111                  biasTmp[k] = bias[k]*biasMask[k];
112              }
113          }
114
115          //使用包含掩码的权重掩码的前向计算
116      for (int i = 0; i < bottom.size(); ++i) {
117          const Dtype* bottom_data = bottom[i]->cpu_data();
118          Dtype* top_data = top[i]->mutable_cpu_data();
119          for (int n = 0; n < this->num_; ++n) {
120              this->forward_cpu_gemm(bottom_data + bottom[i]->offset(n), weightTmp,
121                  top_data + top[i]->offset(n));
122              if (this->bias_term_) {
123                  this->forward_cpu_bias(top_data + top[i]->offset(n), biasTmp);
124              }
125          }
126      }
127 }
128
129 template <typename Dtype>
130 void CConvolutionLayer<Dtype>::Backward_cpu(const vector<Blob<Dtype>*>& top,
131         const vector<bool>& propagate_down, const vector<Blob<Dtype>*>& bottom) {
132         const Dtype* weightTmp = this->weight_tmp_.cpu_data();
133         const Dtype* weightMask = this->blobs_[2]->cpu_data();
134         Dtype* weight_diff = this->blobs_[0]->mutable_cpu_diff();
135     for (int i = 0; i < top.size(); ++i) {
136         const Dtype* top_diff = top[i]->cpu_diff();
137         //如果需要的话这里需要计算偏置梯度
138         if (this->bias_term_ && this->param_propagate_down_[1]) {
139                 const Dtype* biasMask = this->blobs_[3]->cpu_data();
140             Dtype* bias_diff = this->blobs_[1]->mutable_cpu_diff();
```

```
141                     for (unsigned int k = 0;k < this->blobs_[1]->count();++k) {
142                         bias_diff[k] = bias_diff[k]*biasMask[k];
143                         }
144                 for (int n = 0; n < this->num_; ++n) {
145                     this->backward_cpu_bias(bias_diff, top_diff + top[i]->offset(n));
146                 }
147             }
148             if (this->param_propagate_down_[0] || propagate_down[i]) {
149                     const Dtype* bottom_data = bottom[i]->cpu_data();
150                     Dtype* bottom_diff = bottom[i]->mutable_cpu_diff();
151                     for (unsigned int k = 0;k < this->blobs_[0]->count(); ++k) {
152                         weight_diff[k] = weight_diff[k]*weightMask[k];
153                     }
154                 for (int n = 0; n < this->num_; ++n) {
155                     // 计算差异累积的权重梯度
156                     if (this->param_propagate_down_[0]) {
157                         this->weight_cpu_gemm(bottom_data + bottom[i]->offset(n),
158                             top_diff + top[i]->offset(n), weight_diff);
159                     }
160                     // 如果需要的话,计算输入数据的梯度
161                     if (propagate_down[i]) {
162                          this->backward_cpu_gemm(top_diff + top[i]->offset(n),
                             weightTmp,
163                             bottom_diff + bottom[i]->offset(n));
164                     }
165                 }
166             }
167         }
168 }
169
170 #ifdef CPU_ONLY
171 STUB_GPU(CConvolutionLayer);
172 #endif
173
174 INSTANTIATE_CLASS(CConvolutionLayer);
175 REGISTER_LAYER_CLASS(CConvolution);
```

第 2 行,定义了 LayerSetUp 函数,用于初始化层。

第 11 ~ 18 行,初始化权重数据并填充权重掩码。

第 23 ~ 26 行,初始化偏置数据并填充偏置掩码。

第 29 ~ 31 行,初始化临时向量。

第 33 ~ 38 行,初始化超参数,包括 std、gamma、power、crate 和 iter_stop_。

第 41 ~ 47 行,定义了 compute_output_shape 成员函数,用于计算输出矩阵的形状。

第 49 行开始,定义了 Forward_cpu 成员函数,用于执行 CPU 的前向计算。

第 51 ~ 63 行,获取权重参数、权重掩码、临时权重、偏置参数、权重偏置、临时偏置。

第 65 行,如果是训练阶段,开始训练。

第 67 ～ 82 行，计算参数的平均值和标准差。

第 86 ～ 102 行，根据掩码、参数的概率计算新的掩码。

第 106 ～ 113 行，计算当前被掩码遮盖的权重和偏置。

第 116 ～ 125 行，采用带掩码的权重进行正常的卷积层的前向计算。

第 130 行开始，定义了 Backward_cpu 成员函数，用于执行 CPU 的反向传播计算。

第 131 ～ 134 行，取出临时权重、权重掩码和权重的残差。

第 138 ～ 147 行，如果有偏置需要计算偏置的梯度。

第 154 ～ 165 行，计算权重和输入数据的梯度。

接着来编写 cinnerproduct.h，它是 CInnerProduct 类的头文件，如代码清单 9-3 所示。

代码清单 9-3　cinnerproduct.h

```
 1 template <typename Dtype>
 2 class CInnerProductLayer : public Layer<Dtype> {
 3     public:
 4      explicit CInnerProductLayer(const LayerParameter& param)
 5          : Layer<Dtype>(param) {}
 6     virtual void LayerSetUp(const vector<Blob<Dtype>*>& bottom,
 7         const vector<Blob<Dtype>*>& top);
 8     virtual void Reshape(const vector<Blob<Dtype>*>& bottom,
 9         const vector<Blob<Dtype>*>& top);
10
11     virtual inline const char* type() const { return "CInnerProduct"; }
12     virtual inline int ExactNumBottomBlobs() const { return 1; }
13     virtual inline int ExactNumTopBlobs() const { return 1; }
14
15  protected:
16     virtual void Forward_cpu(const vector<Blob<Dtype>*>& bottom,
17         const vector<Blob<Dtype>*>& top);
18     virtual void Forward_gpu(const vector<Blob<Dtype>*>& bottom,
19         const vector<Blob<Dtype>*>& top);
20     virtual void Backward_cpu(const vector<Blob<Dtype>*>& top,
21         const vector<bool>& propagate_down, const vector<Blob<Dtype>*>& bottom);
22     virtual void Backward_gpu(const vector<Blob<Dtype>*>& top,
23         const vector<bool>& propagate_down, const vector<Blob<Dtype>*>& bottom);
24
25     int M_;
26     int K_;
27     int N_;
28     bool bias_term_;
29     Blob<Dtype> bias_multiplier_;
30
31  private:
32     Blob<Dtype> weight_tmp_;
33     Blob<Dtype> bias_tmp_;
34     Blob<Dtype> rand_weight_m_;
35     Blob<Dtype> rand_bias_m_;
36     Dtype gamma,power;
```

```
37      Dtype crate;
38      Dtype mu,std;
39      int iter_stop_;
40 };
```

代码的重点在第16～23行，定义了Forward_cpu、Forward_gpu、Backward_cpu、Backward_gpu 4个成员函数，分别用于CPU/GPU的前向/反向传播。

最后编写cinnerproduct.cpp，这是CInnerProduct类的实现文件，如代码清单9-4所示。

代码清单 9-4 cinnerproduct.cpp

```
 1 template <typename Dtype>
 2 void CInnerProductLayer<Dtype>::LayerSetUp(const vector<Blob<Dtype>*>& bottom,
 3         const vector<Blob<Dtype>*>& top) {
 4     const int num_output = this->layer_ param_.inner_ product_ param().num_output();
 5     bias_term_ = this->layer_param_.inner_product_param().bias_term();
 6     N_ = num_output;
 7     const int axis = bottom[0]->CanonicalAxisIndex(
 8         this->layer_param_.inner_product_param().axis());
 9     //将axis开始的数据都处理成长度为K_的一维向量，假设bottom[0]的形状是(N, C, H, W),
   axios=1，那么将会执行N与剩余维度数据的内积，K_ = bottom[0]->count(axis)
10 //假设bottom[0]的形状是(N,C,H,W),axios = 1,
11 //那么将会执行N与剩余维度数据的内积，K_=bottom[0]→count(axios)
12     K_ = bottom[0]->count(axis);
13     //检查权重有没有初始化
14     if (this->blobs_.size() > 0) {
15         LOG(INFO) << "Skipping parameter initialization";
16     } else {
17         if (this->bias_term_) {
18             this->blobs_.resize(2);
19         } else {
20             this->blobs_.resize(1);
21         }
22         //初始化权重
23         vector<int> weight_shape(2);
24         weight_shape[0] = N_;
25         weight_shape[1] = K_;
26         this->blobs_[0].reset(new Blob<Dtype>(weight_shape));
27         //填充权重
28         shared_ptr<Filler<Dtype> > weight_filler(GetFiller<Dtype>(
29             this->layer_param_.inner_product_param().weight_filler()));
30         weight_filler->Fill(this->blobs_[0].get());
31         //如果必要就初始化并填充偏置项
32         if (this->bias_term_) {
33             vector<int> bias_shape(1, N_);
34             this->blobs_[1].reset(new Blob<Dtype>(bias_shape));
35             shared_ptr<Filler<Dtype> > bias_filler(GetFiller<Dtype>(
36                 this->layer_param_.inner_product_param().bias_filler()));
37             bias_filler->Fill(this->blobs_[1].get());
38         }
```

```
39      }  //初始化参数
40      this->param_propagate_down_.resize(this->blobs_.size(), true);
41
42      /************ 实现 dynamic network surgery ***************/
43          CInnerProductParameter cinner_param = this->layer_param_.cinner_product_
  param();
44
45      if(this->blobs_.size()==2 && (this->bias_term_)){
46          this->blobs_.resize(4);
47          //初始化并填充权重掩码和偏置掩码
48          this->blobs_[2].reset(new Blob<Dtype>(this->blobs_[0]->shape()));
49          shared_ptr<Filler<Dtype> > weight_mask_filler(GetFiller<Dtype>(
50              cinner_param.weight_mask_filler()));
51          weight_mask_filler->Fill(this->blobs_[2].get());
52          this->blobs_[3].reset(new Blob<Dtype>(this->blobs_[1]->shape()));
53          shared_ptr<Filler<Dtype> > bias_mask_filler(GetFiller<Dtype>(
54              cinner_param.bias_mask_filler()));
55          bias_mask_filler->Fill(this->blobs_[3].get());
56      }
57      else if(this->blobs_.size()==1 && (!this->bias_term_)){
58          this->blobs_.resize(2);
59          //初始化并填充权重掩码
60          this->blobs_[1].reset(new Blob<Dtype>(this->blobs_[0]->shape()));
61          shared_ptr<Filler<Dtype> > bias_mask_filler(GetFiller<Dtype>(
62              cinner_param.bias_mask_filler()));
63          bias_mask_filler->Fill(this->blobs_[1].get());
64      }
65
66      //初始化临时向量
67      this->weight_tmp_.Reshape(this->blobs_[0]->shape());
68      this->bias_tmp_.Reshape(this->blobs_[1]->shape());
69
70      //初始化超参数
71      this->std = 0;this->mu = 0;
72      this->gamma = cinner_param.gamma();
73      this->power = cinner_param.power();
74      this->crate = cinner_param.c_rate();
75      this->iter_stop_ = cinner_param.iter_stop();
76      /*********************************************************/
77  }
78
79  template <typename Dtype>
80  void CInnerProductLayer<Dtype>::Reshape(const vector<Blob<Dtype>*>& bottom,
81          const vector<Blob<Dtype>*>& top) {
82      //获取维度
83      const int axis = bottom[0]->CanonicalAxisIndex(
84          this->layer_param_.inner_product_param().axis());
85      const int new_K = bottom[0]->count(axis);
86      CHECK_EQ(K_, new_K)
87          << "Input size incompatible with inner product parameters.";
88      //第一个轴的维度与内积无关，其总数为 M_
```

```
 89
 90     M_ = bottom[0]->count(0, axis);
 91     //输出数据的形状是输入数据平坦化后的形状（丢弃了一些特征）
 92     //需要使用 num_output 这个维度
 93     vector<int> top_shape = bottom[0]->shape();
 94     top_shape.resize(axis + 1);
 95     top_shape[axis] = N_;
 96     top[0]->Reshape(top_shape);
 97     //初始化偏置系数
 98     if (bias_term_) {
 99         vector<int> bias_shape(1, M_);
100         bias_multiplier_.Reshape(bias_shape);
101         caffe_set(M_, Dtype(1), bias_multiplier_.mutable_cpu_data());
102     }
103 }
104
105 template <typename Dtype>
106 void CInnerProductLayer<Dtype>::Forward_cpu(const vector<Blob<Dtype>*>& bottom,
107         const vector<Blob<Dtype>*>& top) {
108
109     const Dtype* weight = this->blobs_[0]->mutable_cpu_data();
110     Dtype* weightMask = this->blobs_[2]->mutable_cpu_data();
111     Dtype* weightTmp = this->weight_tmp_.mutable_cpu_data();
112     const Dtype* bias = NULL;
113     Dtype* biasMask = NULL;
114     Dtype* biasTmp = NULL;
115     if (this->bias_term_) {
116         bias = this->blobs_[1]->mutable_cpu_data();
117         biasMask = this->blobs_[3]->mutable_cpu_data();
118         biasTmp = this->bias_tmp_.mutable_cpu_data();
119     }
120
121     if (this->phase_ == TRAIN){
122         //计算可学习参数的平均值与标准差
123             if (this->std==0 && this->iter_==0){
124                 unsigned int ncount = 0;
125                 for (unsigned int k = 0;k < this->blobs_[0]->count();++k) {
126                     this->mu  += fabs(weight[k]);
127                     this->std += weight[k]*weight[k];
128                     if (weight[k]!=0) ncount++;
129                 }
130                 if (this->bias_term_) {
131                    for (unsigned int k = 0;k < this->blobs_[1]->count(); ++k) {
132                        this->mu  += fabs(bias[k]);
133                        this->std += bias[k]*bias[k];
134                        if (bias[k]!=0) ncount++;
135                    }
136                }
137                this->mu /= ncount; this->std -= ncount*mu*mu;
138                this->std /= ncount; this->std = sqrt(std);
139                LOG(INFO)<<mu<<"  "<<std<<"  "<<ncount<<"\n";
```

```
140                }
141
142                // 体现全连接层的稀疏性
143                /*********************************************************/
144                /*if(this->iter_%100==0){
145                    unsigned int ncount = 0;
146                    for (unsigned int k = 0;k < this->blobs_[0]->count(); ++k) {
147                        if (weightMask[k]*weight[k]!=0) ncount++;
148                    }
149                    if (this->bias_term_) {
150                        for (unsigned int k = 0;k < this->blobs_[1]->count(); ++k) {
151                            if (biasMask[k]*bias[k]!=0) ncount++;
152                        }
153                    }
154                    LOG(INFO)<<ncount<<"\n";
155                }*/
156                /*********************************************************/
157
158                // 计算考虑概率的权重掩码和偏置掩码
159                Dtype r = static_cast<Dtype>(rand())/static_cast<Dtype>(RAND_MAX);
160                if (pow(1+(this->gamma)*(this->iter_),-(this->power))>r && (this->
    iter_)<(this->iter_stop_)) {
161                    for (unsigned int k = 0;k < this->blobs_[0]->count();++k) {
162                        if (weightMask[k]==1 && fabs(weight[k])<=0.9*std::max(mu+
    crate*std,Dtype(0)))
163                            weightMask[k] = 0;
164                        else if (weightMask[k]==0 && fabs(weight[k])>1.1*std::max(mu+
    crate*std,Dtype(0)))
165                            weightMask[k] = 1;
166                    }
167                    if (this->bias_term_) {
168                        for (unsigned int k = 0;k < this->blobs_[1]->count(); ++k) {
169                            if (biasMask[k]==1 && fabs(bias[k])<=0.9*std::max
                                   (mu+crate*std,Dtype(0)))
170                                biasMask[k] = 0;
171                            else if (biasMask[k]==0 && fabs(bias[k])>1.1*std::
    max(mu+crate*std,Dtype(0)))
172                                biasMask[k] = 1;
173                        }
174                    }
175                }
176            }
177
178        // 计算当前权重（包含掩码）和偏置
179            for (unsigned int k = 0;k < this->blobs_[0]->count(); ++k) {
180                weightTmp[k] = weight[k]*weightMask[k];
181            }
182            if (this->bias_term_){
183                for (unsigned int k = 0;k < this->blobs_[1]->count(); ++k) {
184                    biasTmp[k] = bias[k]*biasMask[k];
185                }
```

```
186         }
187
188         //使用权重和偏置（包含掩码）进行前向计算
189     const Dtype* bottom_data = bottom[0]->cpu_data();
190     Dtype* top_data = top[0]->mutable_cpu_data();
191     caffe_cpu_gemm<Dtype>(CblasNoTrans, CblasTrans, M_, N_, K_, (Dtype)1.,
192         bottom_data, weightTmp, (Dtype)0., top_data);
193     if (bias_term_) {
194         caffe_cpu_gemm<Dtype>(CblasNoTrans, CblasNoTrans, M_, N_, 1, (Dtype)1.,
195             bias_multiplier_.cpu_data(), biasTmp, (Dtype)1., top_data);
196     }
197 }
198
199 template <typename Dtype>
200 void CInnerProductLayer<Dtype>::Backward_cpu(const vector<Blob<Dtype>*>& top,
201         const vector<bool>& propagate_down,
202         const vector<Blob<Dtype>*>& bottom) {
203         //使用包含掩码的权重进行反向传播
204     const Dtype* top_diff = top[0]->cpu_diff();
205     if (this->param_propagate_down_[0]) {
206             const Dtype* weightMask = this->blobs_[2]->cpu_data();
207             Dtype* weight_diff = this->blobs_[0]->mutable_cpu_diff();
208         const Dtype* bottom_data = bottom[0]->cpu_data();
209         //计算权重梯度
210            for (unsigned int k = 0;k < this->blobs_[0]->count(); ++k) {
211                weight_diff[k] = weight_diff[k]*weightMask[k];
212            }
213         caffe_cpu_gemm<Dtype>(CblasTrans, CblasNoTrans, N_, K_, M_, (Dtype)1.,
214            top_diff, bottom_data, (Dtype)1., weight_diff);
215     }
216     if (bias_term_ && this->param_propagate_down_[1]) {
217             const Dtype* biasMask = this->blobs_[3]->cpu_data();
218         Dtype* bias_diff = this->blobs_[1]->mutable_cpu_diff();
219         //计算偏置梯度
220             for (unsigned int k = 0;k < this->blobs_[1]->count(); ++k) {
221                 bias_diff[k] = bias_diff[k]*biasMask[k];
222             }
223         caffe_cpu_gemv<Dtype>(CblasTrans, M_, N_, (Dtype)1., top_diff,
224             bias_multiplier_.cpu_data(), (Dtype)1., bias_diff);
225     }
226     if (propagate_down[0]) {
227         const   Dtype* weightTmp = this->weight_tmp_.cpu_data();
228         //计算输入数据梯度
229         caffe_cpu_gemm<Dtype>(CblasNoTrans, CblasNoTrans, M_, K_, N_, (Dtype)1.,
230             top_diff, weightTmp, (Dtype)0.,
231             bottom[0]->mutable_cpu_diff());
232     }
233 }
234
235 #ifdef CPU_ONLY
236 STUB_GPU(CInnerProductLayer);
```

```
237 #endif
238
239 INSTANTIATE_CLASS(CInnerProductLayer);
240 REGISTER_LAYER_CLASS(CInnerProduct);
```

第 2 行，定义了 LayerSetUp 函数，用于初始化层。

第 4 ～ 8 行，取出内积的权重参数和偏置参数。

第 14 ～ 21 行，检查权重有没有进行初始化，如果没有则需要初始化。

第 23 ～ 30 行，初始化并采用 Filler 填充权重参数。

第 32 ～ 38 行，如果有偏置，那么初始化并填充偏置项。

第 40 行，初始化参数传播。

第 45 ～ 64 行，初始化权重掩码和偏置掩码。

第 67 ～ 68 行，初始化临时向量。

第 71 ～ 75 行，初始化超参数，包括 std、gamma、power、crate 和 iter_stop_。

第 80 行，定义了 Reshape 函数，用于处理输入 / 输出数据的向量形状变化。

第 105 行，定义了 Forward_cpu 函数，用于进行 CPU 的前向计算。

第 109 ～ 119 行，取出权重参数、权重掩码、临时权重、偏置参数、偏置掩码和临时偏置。

第 123 ～ 140 行，计算参数的平均值与标准差。

第 144 ～ 155 行，利用稀疏性处理掩码。

第 159 ～ 166 行，根据当前的权重参数、权重掩码和概率，计算之后的权重参数掩码。

第 159 ～ 166 行，根据当前的偏置参数、偏置掩码和概率，计算之后的偏置参数掩码。

第 178 ～ 186 行，根据参数和掩码计算最后的权重与偏置。

第 189 ～ 196 行，使用当前的权重和偏置（经过掩码处理）进行前向计算。

和前文一样，代码中最重要的是 Forward_gpu、Forward_cpu、Backward_gpu 和 Backward_cpu，实现中重要的部分都已经在代码中注释，这里就不重复阐述了。

9.3 模型加速

在 9.1 节中，我们讨论了权重稀疏化这种模型裁剪的方案，这类方法的核心思路就是去掉那些不重要的权重和链接，整个网络的权重变少了，那么模型自然而然也就变小了，但是这种方法会带来比较明显的信息丢失，虽然我们会在最后的性能与模型体积中采取一种折中的方案，但性能的损失仍是不可避免的。在本节中，我们讨论工业界的模型加速方案并辅以编程实战。

9.3.1 半精度与权重量化

权重量化（weight quantize）是另一种减小模型体积的方法。每一个权重都是一个浮点数，那么这个浮点数在存储的时候至少是一个单精度（32 位）浮点数，如果我们能用一个比 32 位小，但是又能近似等价于原来权重的数字来替代原本的权重，比如把每个数字变成 16 位甚至是 8 位，那么就可以将整个模型的大小减至原来的 $\frac{1}{2}$ 甚至是 $\frac{1}{4}$，相比于权重稀疏化我们能看到更为直接明显的效果，而且减小模型的效果也更加稳定。

这里如果我们将一个参数变成比其更窄的参数，但是每个权重依然是浮点数，这是比较简单的，比如所谓半精度的思路就是把每个 32 位的浮点数缩小成 16 位的浮点数，这样就可以将模型体积压缩为原来的 $\frac{1}{2}$。

但是在计算机中，其实整数才是占用存储空间更小而且计算速度更快的方式，而量化模型就是以一个等价的小整数（比如 8 位整数）来替代原来的权重参数，这样就能得到更小的模型。整数不仅能缩小模型尺寸，还能加快计算速度，因此其实量化模型（quantized model）是一种模型压缩与加速（model acceleration）方法的总称，具体的量化模型包括二值化网络（Binary Network）、三值化网络（Ternary Network）以及深度压缩（Deep Compression）等。接下来我们逐一介绍这些算法。

9.3.2 深度压缩

深度压缩的概念在开始讲解模型压缩的时候我们就提到过，这是 Song Han 在其 1989 年发表的论文中提出的模型压缩算法，这个算法也是我们讨论的各种模型压缩算法的源头，首先探讨一下这个算法的细节。深度压缩算法整体框架如图 9-1 所示。

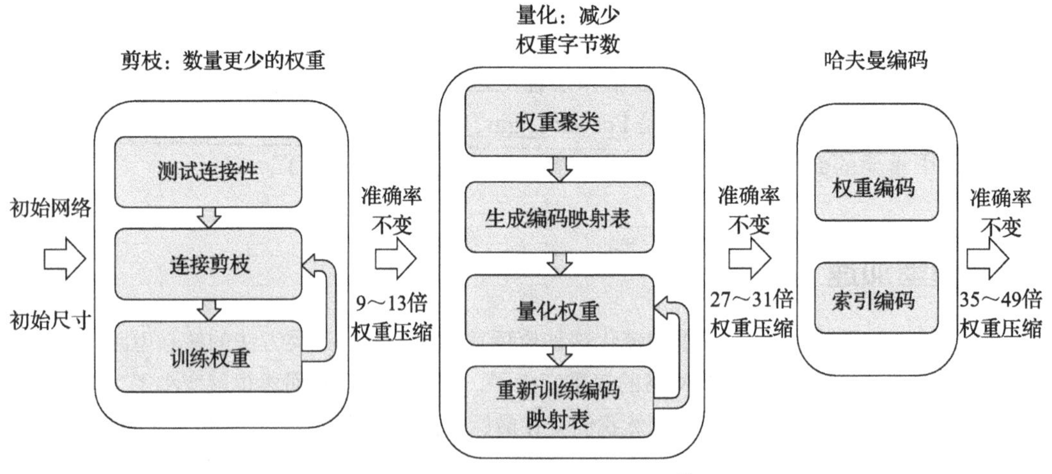

图 9-1 深度压缩算法整体框架[⊖]

⊖ 该图来源于论文《Deep Compression: Compressing Deep Neural Networks with Pruning, Trained Quantization and Huffman Coding》，由 Song Han、Huizi Mao、William J. Dally 发表。可以访问 https://arxiv.org/abs/1510.00149 来阅读原文。

Deep Compression 主要分为 3 个部分：剪枝、量化、哈夫曼编码，下面分别探讨这几种方法及它们在硬件前向配置方面的加速潜力。

（1）剪枝

剪枝（pruning）的核心思路非常简单，当网络收敛到一定程度的时候，就认为阈值小于一定权重的权重对网络作用很小，那么这些权重就被无情地抛弃了。注意，是抛弃，彻底抛弃，在复现的时候被剪掉的权重不会再接收任何梯度。这也就是 9.2 节中讨论的权重稀疏化。

然后下面的操作就是很简单地重新加载网络，然后重新训练至收敛。重复这个过程，直到网络参数变成一个高度稀疏的矩阵。这个过程的难点在于调参，由于小的参数会不断被剪枝，为了持续增大压缩率，阈值必须不断增大，那么剩下的就看调参效果了。

最后参数会变成一个稀疏矩阵，具体方法在 9.2 节中都有介绍，这里就不再赘述了。

（2）量化

量化的作用就是将接近的值变成同一个数，我们在此援引论文中的图，其大致思路如图 9-2 所示。

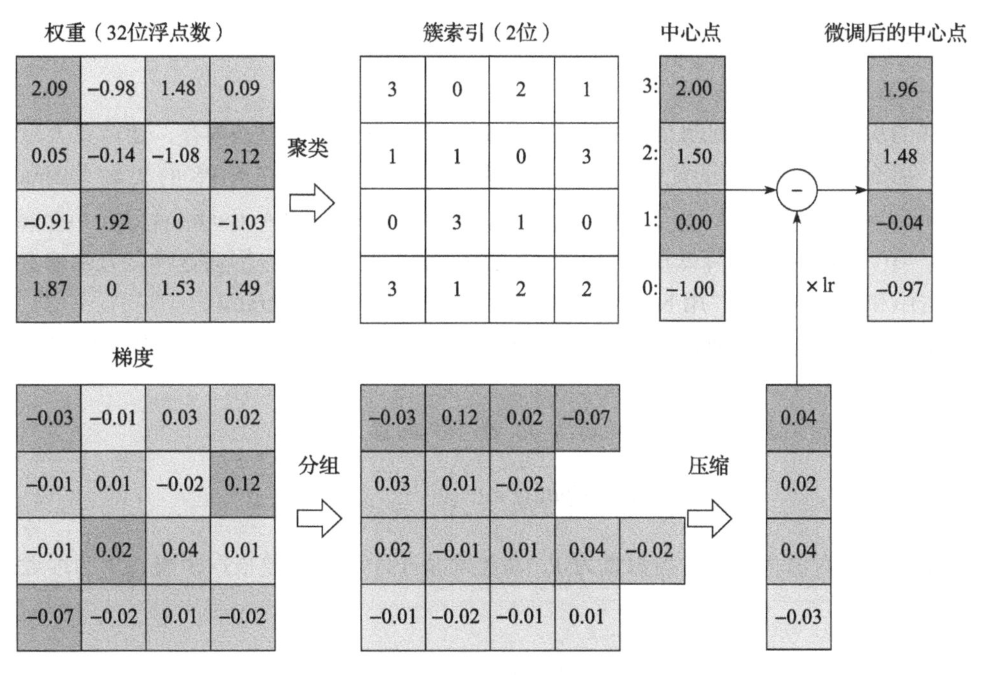

图 9-2 量化思路图

从图 9-2 中可以看出，这里简单地将每个浮点数都近似成一个对应的整数，比如 2.09、1.92、1.87 这些数字都变成了 3，而 −0.98、−1.08 之类的数字都对应成 0。这里需要注意的是，量化其实是一种权值共享的策略。量化后的权值张量是一个高度稀疏的有很多共享权值的矩阵，我们还可以对非零参数进行定点压缩，以获得更高的压缩率。

（3）哈夫曼编码

论文的最后一步是使用哈夫曼编码进行权值压缩，其实如果将权值使用哈夫曼编码进行编码，解码的代价是非常大的，尤其是时间代价，因此在实际使用的时候一般不会采用这种方案。

虽然 Deep Compression 的方法实现十分粗糙，但是我们可以从中提炼出模型压缩的基本思路，后续的量化方法都可以视为 Deep Compression 量化方法的延伸扩展与优化提高，并没有改变基本的思路。

9.3.3 二值化网络

通常我们在构建神经网络模型中使用的都是 32 位单精度浮点数，在网络模型规模较大的时候，需要的内存资源就会非常巨大。浮点数是由 1 位符号位、8 位指数位和尾数位 3 个部分构成的。完成浮点加减运算的操作过程大体分为以下 4 步。

1）操作数的检查，即若至少有一个参与运算的数为 0 可直接得到结果。

2）比较阶码大小并完成对阶。

3）对尾数进行加或减运算。

4）将结果规格化并进行舍入处理。

这样的步骤所带来的问题是，网络在运行过程中不仅需要大量的内存，还需要大量的计算资源。那么 quantization 的优越性就体现出来了，2016 年发表在 NIPS 的文章《Binarized Neural Networks: Training Deep Neural Networks with Weights and Activations Constrained to +1 or −1》[⊖]中，提出了利用降低权重和输出精度的方法来加速模型，因为这样会大幅减少网络的内存占用和访问次数，并用 bit-wise operator 代替 arithmetic operator。

下面具体介绍一下这种方法的原理。在训练 BNN 时，将权重和输出置为 1 或 −1，下面是两种二值化的方法。

第 1 种直接将大于等于零的参数置为 1，小于 0 的置为 −1：

$$x^b = sign(x) = \begin{cases} +1, & x > 0 \\ -1, & x \leqslant 0 \end{cases}$$

第 2 种将绝对值大于 1 的参数置为 1，将绝对值小于 1 的参数根据距离 ±1 的远近按概率随机置为 ±1：

$$x^b = sign(x) = \begin{cases} +1, & \sigma(x) \\ -1, & 1-p \end{cases}$$

公式的函数 $\sigma(x)$ 中是一个 *clip* 函数：

⊖ 原论文标题为《Binarized Neural Networks: Training Deep Neural Networks with Weights and Activations Constrained to +1 or −1》，由 Matthieu Courbariaux, Itay Hubara, Daniel Soudry, Ran El-Yaniv, Yoshua Bengio 发表。可以访问 https://arxiv.org/abs/1602.02830 来阅读原文。

$$\sigma(x) = clip\left(\frac{x+1}{2}, 0, 1\right) = \max\left[0, \min\left(\frac{x+1}{2}\right)\right]$$

第 2 种二值化方式看起来更为合理，但是由于其引入了按概率分布的随机比特数，所以硬件实现会消耗很多时间，我们通常使用第 1 种量化方法来对权重和输出进行量化。

虽然 BNN 的参数和各层的输出是二值化的，但梯度不得不用较高精度的实数而不是二值进行存储。因为梯度很小，所以无法使用低精度来正确表达梯度，同时梯度是有高斯白噪声的，累加梯度才能抵消噪声。

另外，二值化相当于给权重和输出值添加了噪声，而这样的噪声具有正则化作用，可以防止模型过拟合。所以，二值化也可以看作 Dropout 的一种变形，Dropout 是将输出按概率置 0，从而造成一定的稀疏性，而二值化将权重也进行了稀疏，所以更有利于防止过拟合。

由于 sign 函数的导数在非零处都是 0，所以在梯度回传时使用 tanh 来代替 sign 进行求导。假设 loss function 是 C，input 是 r，对 r 做二值化可得：

$$q = sign(r)$$

C 对 q 的导数使用 gq 表示，那么 q 对 r 的导数则为：

$$g_r = g_p 1_{|r| \leq 1}$$

这样就可以进行梯度回传，然后就能根据梯度不断优化并训练参数。这里我们需要使用 BatchNorm 层，BN 层最大的作用就是加速学习，减少权重尺度影响，带来一定量的正则化，可以提高网络性能，但是 BN 涉及很多矩阵运算，会降低运算速度，因此，提出了一种 Shift-based Batch Normalization（以下简称 SBN）。SBN 最大的优势就是几乎不需要进行矩阵运算，而且不会造成性能损失。

此外，由于网络除了输入以外，全部都是二值化的，所以需要对第一层进行处理，将其二值化，处理过程如图 9-3 所示。

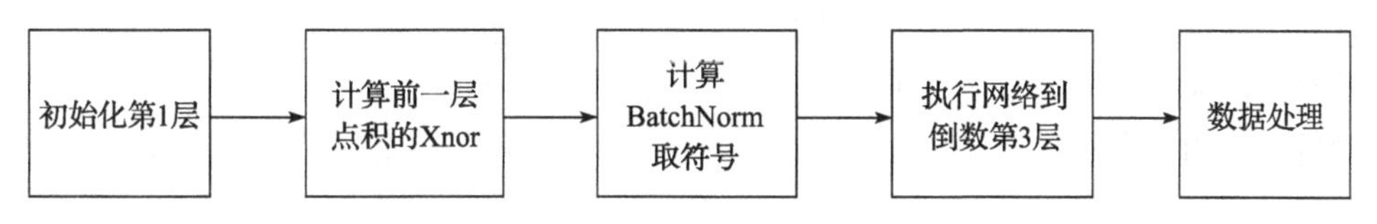

图 9-3　二值化处理过程示意图

以上是我们假定每个数字只有 8 位的场景，如果我们希望采用任意 n 位的整数，那么可以对公式进行推广，得到如下公式：

$$\textbf{LinearQuant}(x, bitwidth) = clip(round\left(\frac{x}{bitwidth}\right) \times bitwidth, \min V, \max V)$$

$$\textbf{LogQuant}(x, bitwidth) = clip(AP2(x), \min V, \max V)$$

二值化的实现代码参见 9.2.3 节。

该算法在 MNIST、CIFAR-10 等常见库中都做了测试，测试结果如图 9-4 所示（参见原论文）。

Data set	MNIST	SVHN	CIFAR-10
Binarized activations + weights, during training and test			
BNN (Torch7)	1.40%	2.53%	10.15%
BNN (Theano)	0.96%	2.80%	11.40%
Committee Machines' Array (Baldassi et al., 2015)	1.35%	—	—
Binarized weights, during training and test			
BinaryConnect (Courbariaux et al., 2015)	1.29 ± 0.08%	2.30%	9.90%
Binarized activations + weights, during test			
EBP (Cheng et al., 2015)	2.2 ± 0.1%	—	—
Bitwise DNNs (Kim & Smaragdis, 2016)	1.33%	—	—
Ternary weights, binary activations, during test			
(Hwang & Sung, 2014)	1.45%	—	—
No binarization (standard results)			
Maxout Networks (Goodfellow et al.)	0.94%	2.47%	11.68%
Network in Network (Lin et al.)	—	2.35%	10.41%
Gated pooling (Lee et al., 2015)	—	1.69%	7.62%

图 9-4 二值化网络性能测试

我们可以看到，这些简单网络的误差还在可接受范围之内，但是这种二值化网络在 ImageNet 上的测试效果不尽如人意，出现了很大的误差。虽然我们有很多优化技巧，比如放宽 tanh 的边界，用 2-bit 的激活函数，可以提升一些准确率，但是在复杂的模型下，在牺牲那么多运算和储存资源的情况下其准确率仍然差强人意。这也就是二值化网络的缺点——可以应付简单模型，却不适用于复杂模型。

9.3.4 三值化网络

相比于二值化网络，三值化网络可以得到更好的效果，这是 2016 年由 Fengfu Li 在论文《Ternary Weight Networks》[⊖]中提出的算法。

首先，该论文提出多权值比二值化具有更好的网络泛化能力。

其次，认为权值的分布接近于一个正态分布和一个均匀分布的组合。

最后，使用一个 scale 参数去最小化三值化前的权值和三值化之后的权值的 L2 距离。

参数三值化的公式如下：

$$W_i^t = f_t(W_i|\Delta) = \begin{cases} +1, & W_i > \Delta \\ 0, & |W_i| \leqslant \Delta \\ -1, & W_i < -\Delta \end{cases}$$

其实就是简单地选取一个阈值（Δ），大于这个阈值的权值变成 1，小于这个阈值的权值变成 -1，其他变成 0。当然这个阈值其实是根据权值分布的先验知识算出来的。本文最核心的部分其实就是阈值和 scale 参数 alpha 的推导过程。

在参数三值化之后，该算法使用了一个 scale 参数去让三值化之后的参数更接近于三值

[⊖] 原论文标题为《Ternary Weight Networks》，由 Fengfu Li, Bo Zhang, Bin Liu 发表。可以访问 https://arxiv.org/abs/1605.04711 来阅读原文。

化之前的参数。具体描述如下：

$$\begin{cases} a^* \quad \boldsymbol{W}^{t^*} = \quad argmin_{\alpha,\boldsymbol{W}^t} J(a,\boldsymbol{W}^t) = \|\boldsymbol{W} - \alpha \boldsymbol{W}(x)^t\|_2^2 \\ \qquad s.t. \quad a \geqslant 0, \boldsymbol{W}_i^t \in \{-1,0,1\}, i = 1,2,\cdots,n \end{cases}$$

利用此公式推导出 alpha 的值如下：

$$a_\Delta^* = \frac{1}{|I_\Delta|}\sum_{i \in I_\Delta} |\boldsymbol{W}_i|$$

由此推得阈值的计算公式如下：

$$\Delta^* = arg\max_{\Delta>0} \frac{1}{|I_\Delta|}\left(\sum_{i \in I_\Delta} |\boldsymbol{W}_i|\right)^2$$

由于这个式子需要迭代才能得到解，会造成训练速度过慢，所以如果可以提前预测权值的分布，就可以通过权值分布大大减少阈值计算的计算量。文中推导了正态分布和平均分布两种情况，并按照权值分布是正态分布和平均分布组合的先验知识提出了计算阈值的经验公式。

$$\Delta^* \approx 0.7 \bullet (|\boldsymbol{W}|) \approx \frac{0.7}{n}\sum_{i=1}^{n} |\boldsymbol{W}_i|$$

三值化的目的就是解决二值化 BNN 的问题。当然，这种方法有进化版本，我们完全可以将权值组合变成（-2，-1，0，1，2），以期获得更高的准确率。现将我之前推过的相关公式贴出来供大家参考，这个时候权值的离散化公式如下：

$$\boldsymbol{W}_i^t = f_t(\boldsymbol{W}\_i|\Delta) = \{ \begin{cases} +2, & \boldsymbol{W}_i > \Delta_2 \\ +1, & \Delta_2 > \boldsymbol{W}_i > \Delta_1 \\ 0, & |\boldsymbol{W}_i| \leqslant \Delta_1 \\ -1, & -\Delta_2 < \boldsymbol{W}_i < -\Delta_1 \\ -2, & \boldsymbol{W}_i < -\Delta_2 \end{cases}$$

Scale 参数的计算公式如下：

$$\boldsymbol{\alpha}_\Delta^* = \frac{1}{(\boldsymbol{I}_{\Delta_2} + 4\boldsymbol{I}_{\Delta_2})}\left(\sum_{i \in \Delta_1} \boldsymbol{W}_i + 2\sum_{i \in I_{\Delta_{21}}} \boldsymbol{W}_i\right)$$

此时阈值的计算公式如下：

$$\Delta_1^* = \mathrm{scale}_1 E(|\boldsymbol{W}|) \approx \frac{1.4}{n}\sum_{i=1}^{n} |\boldsymbol{W}_i|$$

$$\Delta_2^* = \mathrm{scale}_2 E(|\boldsymbol{W}|) \approx \frac{1.4}{n}\sum_{i=1}^{n} |\boldsymbol{W}_i|$$

权值三值化并没有完全消除乘法器，在实际进行前向运算的时候，它需要给每一个输出乘以一个 scale 参数，然后这个时候的权值是（-1，0，1），以此来减少乘法器的数目，其原理与 BNN 是一样的。

9.3.5 DoReFa-Net

DoReFa-Net 是 Face++ 团队在 2016 年提出的算法[㊀]，和上面两种量化方法思路也比较接近，但 DoReLa-Net 对比例因子的设计更为简单，这里并没有针对卷积层输出的每一个过滤映射计算比例因子，而是对卷积层的整体输出计算一个均值常量作为比例因子。这样的做法可以简化反向运算，因为在反向计算时也要实现量化。

首先我们来介绍如何利用 DoReFa-Net 中的比特卷积内核，然后详细说明如何使用低比特数的方法量化权值，激活和梯度。

和之前 BNN 的点积方法一样，DoReFa 也采用了这种简化的点积方式：

$$x \bullet y = N - 2 \times \text{bitcount}[\text{xnor}(x, y)], x, y, \in \{-1, 1\} \forall i$$

对于定点数 x 和 y，可以得到下面的公式：

$$x \bullet y = \sum_{m=0}^{M-1} \sum_{k=0}^{K-1} 2^{(m+k)} \text{bitcount}[\text{and}(c_m(x), c_k(y))],$$

$$c_m(x)_i, c_k(y)_i \in \{x\} \forall i, m, k$$

同样为了规避 0 梯度的问题，采用了直通估计（STE）：

$$\text{Forward}: r_0 = \frac{1}{(2^k - 1)\text{round}((2^k - 1) r_i)}$$

$$\text{Backward}: \frac{\partial_c}{\partial_{r_i}} = \frac{\partial_c}{\partial_{r_0}}$$

对于权重二值化的梯度回传，采用下面的方法，即二值化乘比例因子，回传时直接跳过二值化：

$$\text{Forward}: r_0 = sign(r_i) \times E(|r_i|)$$

$$\text{Backward}: \frac{\partial_c}{\partial_{r_i}} = \frac{\partial_c}{\partial_{r_0}}$$

比特数 k 大于 1 的梯度回传，需要先将参数 *clip* 到 [0，1] 之间：

$$\text{Forward}: r_0 = f_w^k(r_i) = 2quantize_k\left(\frac{\tanh(r_i)}{2\max(|\tanh(r_i)|)} + \frac{1}{2}\right) - 1$$

$$\text{Backward}: \frac{\partial_c}{\partial_{r_i}} = \frac{\partial_{r_0}}{\partial_{r_i}} \frac{\partial_c}{\partial_{r_0}}$$

由于二值化输出会降准确率，所以采用 k-bit 量化（$k > 1$），这里的 r 也要经过 clip：

$$f_\alpha^k(r) = quantize_k(r)$$

DoReFa 的梯度量化方法比较复杂，因为梯度是无界的，并且可能具有比隐含层输出更大的值范围。我们可以通过可微分非线性函数传递值来将隐含层输出范围映射到 [0，1]。但

㊀ 原论文标题为《DOREFA-NET: TRAINING LOW BITWIDTH CONVOLUTIONAL NEURAL NETWORKS WITH LOW BITWIDTH GRADIENTS》，由 Shuchang Zhou, Yuxin Wu, Zekun Ni, Xinyu Zhou, He Wen, Yuheng Zou 发表。可以访问 https://arxiv.org/pdf/1606.06160.pdf 来阅读原文。

是，这种构造不适用于渐变。算法设计了以下用于梯度 k 位量化的函数，这里 dr 是 r 对损失函数 C 的偏导：

$$\tilde{f}_{\gamma}^{k}(dr) = 2\max_0(|dr|)\left[quantize_k\left(\frac{dr}{2\max_0(|dr|)}+\frac{1}{2}\right)-\frac{1}{2}\right]$$

为了补偿量化梯度带来的潜在偏差，在 clip 后的结果增加了一个高斯噪声：

$$\tilde{f}_{\gamma}^{k}(dr) = 2\max_0(|dr|)\left[quantize_k\left(\frac{dr}{2\max_0(|dr|)}+\frac{1}{2}+N(k)\right)-\frac{1}{2}\right]$$

梯度的量化仅在回程中完成，因此我们在每个卷积层的输出上应用以下 STE：

$$\text{Forward}: r_0 = r_i$$

$$\text{Backward}: \frac{\partial_c}{\partial_{r_i}} = \tilde{f}_{\gamma}^{k}\left(\frac{\partial_c}{\partial_{r_0}}\right)$$

最终得到了 DoReFa-net 的算法，这里对第 1 层和最后一层不做量化，因为输入层对图像任务来说通常是 8-bit 的数据，做低比特量化会对精度造成很大的影响，输出层一般是一些 One-Hot 向量，所以一般输出层也要保持原样，除非做特殊的声明。

DoReFa-Net 分别对 SVHN 和 ImageNet 进行了实验，其准确率明显比二值化网络与三值化网络更高。

9.3.6　编程实战

根据理论描述，DoReFa-Net 实际上就是重写了原本的卷积层，解决了参数最多、运算最慢的一个层，因此我们不需要改动其他层的任何代码，只需要修改卷积层的实现就能完成对 DoReFa-Net 的支持，我们现在实现一下 ConvDorefaLayer。

首先编写头文件 conv_dorefa_conv.h，这是 ConvDorefaLayer 类的声明文件，如代码清单 9-5 所示。

代码清单 9-5　conv_dorefa_conv.h

```
 1 template <typename Dtype>
 2 class ConvDorefaLayer : public Layer<Dtype> {
 3     public:
 4     explicit ConvDorefaLayer(const LayerParameter& param)
 5             : Layer<Dtype>(param) {}
 6     virtual void LayerSetUp(const vector<Blob<Dtype>*>& bottom,
 7             const vector<Blob<Dtype>*>& top);
 8     virtual void Reshape(const vector<Blob<Dtype>*>& bottom,
 9             const vector<Blob<Dtype>*>& top);
10
11     virtual inline const char* type() const { return "ConvDorefa"; }
12     virtual inline int ExactNumBottomBlobs() const { return 1; }
13     virtual inline int ExactNumTopBlobs() const { return 1; }
```

```
14
15     protected:
16     virtual void Forward_cpu(const vector<Blob<Dtype>*>& bottom,
17             const vector<Blob<Dtype>*>& top){}
18     virtual void Backward_cpu(const vector<Blob<Dtype>*>& top,
19             const vector<bool>& propagate_down, const vector<Blob<Dtype>*>& bottom){}
20     virtual void Forward_gpu(const vector<Blob<Dtype>*>& bottom,
21             const vector<Blob<Dtype>*>& top);
22     virtual void Backward_gpu(const vector<Blob<Dtype>*>& top,
23             const vector<bool>& propagate_down, const vector<Blob<Dtype>*>& bottom);
24
25         shared_ptr<Layer<Dtype> > internalConv_layer_;
26         bool containActive;
27         bool weightIntiByConv;
28         int w_bit;
29         int a_bit;
30         int g_bit;
31         int conv_learnable_blob_size;
32         Blob<Dtype> bitW;
33         Blob<Dtype> bitA;
34         Blob<Dtype> bitG;
35         Dtype scale_w;
36         Dtype scale_a;
37         Dtype quanK2Pow_w;
38         Dtype quanK2Pow_a;
39         Dtype quanK2Pow_g;
40         bool blobsInitialized;
41         void binaryFw(Blob<Dtype>*fp, Blob<Dtype>*bin,const Dtype&bitCount);
42 };
```

第 2 行，定义了一个模板类 ConvDorefaLayer，该类的参数是 Dtype，表示元素类型。

第 4 行，声明了 ConvDorefaLayer 构造函数，参数是层的参数对象。

第 6 行，声明了 LayerSetUp 成员函数，用于初始化层的内部状态。

第 8 行，声明了 Reshape 成员函数，用于在计算前处理输入和输出向量的维度。

第 11 行，定义了 type 成员函数，用于返回层的类型名称，这里返回 ConvDorefa。

第 12 行，声明了 ExactNumBottomBlobs 成员函数，用于获取输入数据的数量。

第 13 行，声明了 ExactNumTopBlobs 成员函数，用于获取输出数据的数量。

第 16 行，声明了 Forward_cpu 成员函数，利用 CPU 完成网络的前向传播计算。

第 18 行，声明了 Backward_cpu 成员函数，利用 CPU 完成网络的反向传播计算。

第 20 行，声明了 Forward_gpu 成员函数，利用 GPU 完成网络的前向传播计算。

第 22 行，声明了 Backward_gpu 成员函数，利用 GPU 完成网络的反向传播计算。

第 25 行，定义了 internalConvLayer 成员变量，用于存储内部实际完成卷积计算的层对象指针。这里用 shared_ptr 防止内存泄漏。

第 26 ～ 40 行，定义了各类参数的成员变量。

第 41 行，声明了私有成员函数 binaryFw，用于完成二值化计算。

接着编写源文件 conv_dorefa_conv.cpp，这是 ConvDorefaLayer 类的实现文件，如代码清单 9-6 所示。

代码清单 9-6 conv_dorefa_conv.cpp

```
 1 template <typename Dtype>
 2 void ConvDorefaLayer<Dtype>::LayerSetUp(const vector<Blob<Dtype>*>& bottom,
 3             const vector<Blob<Dtype>*>& top) {
 4     const ConvDorefaParameter convDorefa_param = this->layer_param_.convolution_
   dorefa_param();
 5     const ConvolutionParameter conv_param = this->layer_param_.convolution_param();
 6     containActive=convDorefa_param.contain_active();
 7     w_bit = convDorefa_param.w_bits();
 8     a_bit = convDorefa_param.a_bits();
 9     g_bit = convDorefa_param.g_bits();
10     CHECK(w_bit>0);
11     CHECK(a_bit>0);
12     CHECK(g_bit>0);
13     quanK2Pow_w=quanK2Pow_a=quanK2Pow_g=1.0;
14     for(int i=0;i<w_bit && w_bit!=1;i++) quanK2Pow_w*=2.0;
15     for(int i=0;i<a_bit && a_bit!=1;i++) quanK2Pow_a*=2.0;
16     for(int i=0;i<g_bit && g_bit!=1;i++) quanK2Pow_g*=2.0;
17
18     this->conv_learnable_blob_size=this->layer_param_.convolution_param().bias_
   term()==true?2:1;
19     this->blobs_.resize(this->conv_learnable_blob_size);//fake
20         LayerParameter layer_param(this->layer_param_);
21         layer_param.set_name(this->layer_param_.name() + "_internalConv");
22         layer_param.set_type("Convolution");
23         internalConv_layer_ = LayerRegistry<Dtype>::CreateLayer(layer_param);
24         internalConv_layer_->LayerSetUp(bottom,top);
25         weightIntiByConv=false;
26         scale_w=-1.;
27         scale_a=-1.;
28         blobsInitialized=false;
29 }
30
31 template <typename Dtype>
32 void ConvDorefaLayer<Dtype>::Reshape(const vector<Blob<Dtype>*>& bottom,
33             const vector<Blob<Dtype>*>& top) {
34         internalConv_layer_->Reshape(bottom, top);
35
36         //bitW.Reshape(internalConv_layer_->blobs()[0]->shape());
37         if(containActive) bitA.Reshape(bottom[0]->shape());
38         if(blobsInitialized==false)
39         {
40                 if (conv_learnable_blob_size==2) {
41                     this->blobs_.resize(2);
42                 } else {
```

```
43                      this->blobs_.resize(1);
44                  }
45                  for(int i=0;i<this->conv_learnable_blob_size;i++)
46                  {
47                          this->blobs_[i].reset(new Blob<Dtype>(internalConv_layer_->
   blobs()[i]->shape()));
48                          caffe_copy(this->blobs_[i]->count(),internalConv_layer_->
   blobs()[i]->cpu_data(), this->blobs_[i]->mutable_cpu_data());
49                  }
50                  blobsInitialized=true;
51          }
52
53 }
54
55
56 #ifdef CPU_ONLY
57 STUB_GPU(ConvDorefaLayer);
58 #endif
59
60 INSTANTIATE_CLASS(ConvDorefaLayer);
61 REGISTER_LAYER_CLASS(ConvDorefa);
```

第 2 行，定义了 LayerSetUp 成员函数，该函数的输入是 bottom，也就是输入数据，输出是 top，也就是输出数据。

第 4 行，从 layer_param 的 convolution_dorefa_param 获取 DoRefa 层的特定参数。

第 5 行，从 layer_param 的 convolution_param 中获取卷积层的通用参数。

第 6 ～ 9 行，从 convDorefa_param 参数中获取 contain_active、w_bits、a_bits 和 g_bits 等几个参数，完成初始化。

第 13 ～ 16 行，根据 w_bit、a_bit 和 g_bit 来计算 quanK2Pow_w、quanK2Pow_a 和 quanK2_Pow_g 等。

第 18 行，根据 convolution_param 计算 conv_learnable_blob_size。

第 19 行，根据 conv_learnable_blob_size 调整内部存储数据块的数量。

第 20 ～ 22 行，初始化卷积层的层参数。

第 23 行，使用卷积层的构造函数构造卷积层对象，并将返回的指针存储在 internalConv_layer_ 成员变量中。

第 24 行，调用卷积层的 LayerSetUp 初始化内部的卷积层对象。

第 25 ～ 28 行，初始化剩余的变量。

第 32 行，定义了 Reshape 成员函数，该函数用于在前向计算前调整输入和输出向量以及内部向量的维度。

第 34 行，调用内部卷积层对象的 Reshape 调整卷积层的内部维度。

第 37 行，如果模型中包含激活向量（根据 containActive 判定），那么使此激活值存储在 bitA 矩阵中，调用 bitA 的 Reshape 函数调整 bitA 向量的维度。

第38～51行，如果数据块没有初始化，那么就调用blobs的resize函数重新调整数据块的维度。

第45～49行，根据conv_learnable_blob_size调整数据块的数量与维度。

第57行，调用STUB_GPU生成GPU版本的成员函数实现。

第60行，调用INSTANTIATE_CLASS实例化ConvDorefaLayer类。

第61行，调用REGISTER_LAYER_CLASS注册ConvDorefa类。

9.4 嵌入式优化

前文我们一直思考如何从模型自身的角度去提升模型速度，这一点非常重要，但还是远远不够。本节将从针对嵌入式设备特性进行优化改进的角度讨论如何从工程技术上解决该问题。

9.4.1 算法局限与改进

目前的压缩加速算法存在一些局限性，尤其是在嵌入式平台中问题最大，虽然这也是压缩加速算法的初衷。最主要的问题还是准确率，论文中为了数据美观往往选择传统的神经网络结构，比如AlexNet、VGG作为测试对象，而这种网络一般是比较冗余的。

如果想把参数压缩方案和其他一些方案结合，比如与下面讲到的一些SqueezeNet、MobileNet和ShuffleNet结合起来，会对准确率造成比较大的影响。原因可以归为参数压缩算法其实是一个找次优解的问题，网络冗余度越小，该次优解越难找。所以，目前的高精度压缩算法只适合于传统的有很多冗余的网络。

9.4.2 理论改进

从理论上来讲，量化模型是通往高速神经网络的最佳方法，不过由于种种问题，如实现难度大、准确性不稳定，使用门槛非常高，所以除了量化模型外，目前有很多更加常用的模型加速方法，比如2017年的Deep Compression提升版，2017年基于Pruning方法的Channel Pruning算法，以及我们之前介绍过的几种面向移动平台的轻量级网络，也就是SqueezeNet、MobileNet和ShuffleNet。

提示 就像本书所提及的那样，在移动平台和物联网（IoT）等边缘设备上执行推理效率极其重要。这些设备在处理、内存、能耗和模型存储方面有许多限制。为此Google提供了一些关于深度学习网络优化的工具可供优化流程，包含在TensorFlow Lite和TensorFlow Model Optimization Toolkit（TensorFlow模型优化工具包）中。此外，模型优化解锁了定点硬件（fixed-point hardware）和下一代硬件加速器的处理能力。

其中 TensorFlow Lite 提供了网络权重和激活参数的量化转化工具，可以有效减少已训练的 TensorFlow 模型的大小，提升运行时性能。而 TensorFlow Model Optimization Toolkit 则提供了更高层次的通用模型优化方法，比如前文提到的模型剪枝、稀疏化训练等，同时也提供了可以利用最小精度下降训练网络的工具，可以在量化前有效减少模型大小。量化的好处包括：

1）对现有 CPU 平台的支持；

2）激活值得的量化降低了用于读取和存储中间激活值的存储器访问成本；

3）许多 CPU 和硬件加速器实现提供了 SIMD 指令功能，这对量化特别有益。

只不过和我们在前面所说的一样，模型的裁剪和速度提升会降低模型的准确率，具体的提升与对准确率的影响以及工具的使用方法可以参见 Google 的官方文档：https://www.tensorflow.org/lite/performance/model_optimization 和 https://www.tensorflow.org/model_optimization。

9.4.3 编程实战

由于目前基于 PC 平台的神经网络加速一定程度上不能满足实际需要，主要是部分现场不允许使用高性能 PC，开发基于嵌入式硬件如 ARM 的加速平台就显得很有必要。其实嵌入式加速神经网络前向运算最主要的任务就是完成卷积优化，减少卷积运算的资源和能源消耗尤其重要。

而 Vivienne 的论文《Efficient Processing of Deep Neural Networks: A Tutorial and Survey》[㊀] 提出了关于嵌入式设备卷积优化的思路与实现方法。卷积的核心优化思路一般有以下两种。

1）内存换取时间：如果深度学习中每一层的卷积都是针对同一张图片，那么所有的卷积核可以一起对这张图片进行卷积运算，然后再分别存储到不同的位置，这就可以增加内存的使用率，一次加载图片，产生多次数据，而不需要多次访问图片，这就是用内存来换时间。

2）乘法优化：以图 9-5[㊁]为例，上方是卷积核。我们可以把卷积核心展开成一行，然后多个卷积核就可以排列成多行，再把图像也用类似的方法展开，就可以把一个卷积问题转换成乘法问题。这样就是一行乘以一列，得出一个结果。这样虽然多做了一些展开的操作，但是对于计算来讲，速度会提升很多。

在乘法优化方面是目前的工程优化做得最多的，包括 NCNN 和 TensorFlow Lite 在内主要的优化内容就在此处。

第 1 步，采用著名的矩阵乘法优化方法，即 Strassen 算法。如果我们分析 CNN 的线性代数特性，增加加法减少乘法，这样可以降低卷积运算计算的复杂度，将 $O(n^3)$ 优化为 $O(n^{2.81})$。

第 2 步，采用数据重用的原理进行优化。软件中的卷积运算，其实是在不断地读取数据，进行数据计算。也就是说，卷积操作中数据的存取其实是一个很大的浪费，卷积操作中

㊀ 原论文标题为《Efficient Processing of Deep Neural Networks: A Tutorial and Survey》，由 Vivienne Sze, Yu-Hsin Chen, Tien-Ju Yang, Joel S. Emer 发表。可以访问 http://www.rle.mit.edu/eems/wp-content/uploads/2017/11/2017_pieee_dnn.pdf 来阅读原文。

㊁ 可在 http://www.rle.mit.edu/eems/wp-content/uploads/2017/11/2017_pieee_dnn.pdf 阅读原文。

数据的重用如图 9-6 所示[⊖]。

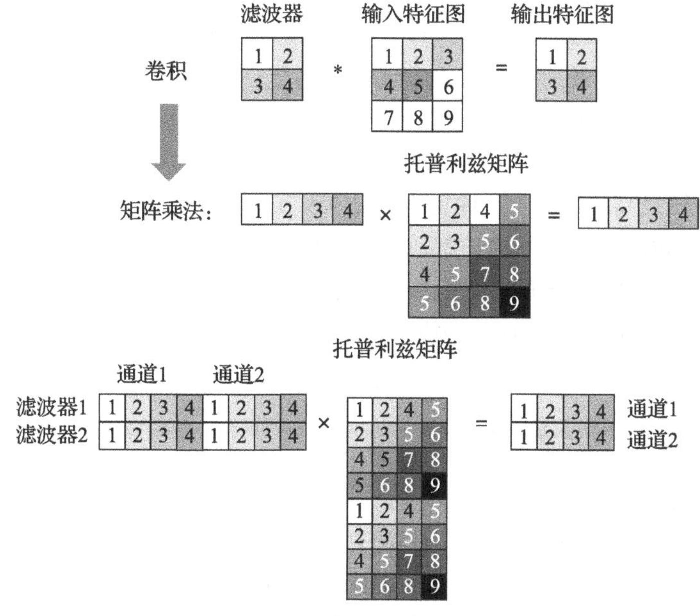

图 9-5 乘法优化示意图

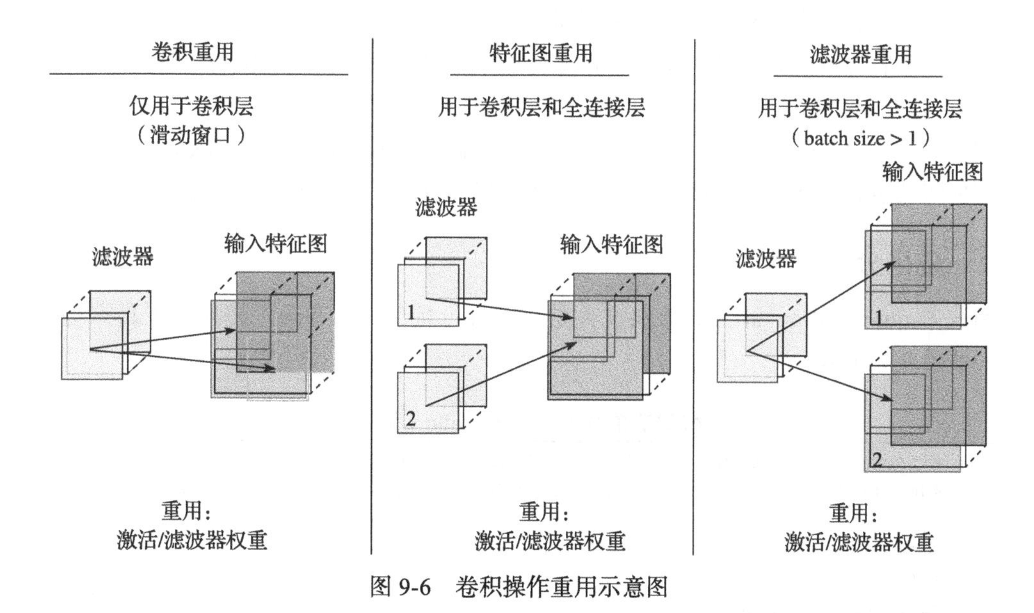

图 9-6 卷积操作重用示意图

由图 9-6 可知，减少数据的重用、减少数据的存取成为解决卷积计算问题的一个很重要的方面。目前这样的方法有很多，最主要的方法包括以下几种。

⊖ 该图引用自论文《Efficient Processing of Deep Neural Networks: A Tutorial and Survey》。

1）权重固定：最小化权重读取的消耗，最大化卷积和卷积核权重的重复使用。

2）输出固定：最小化部分和 R/W 能量消耗，最大化本地积累。

3）NLR（No Local Reuse）：使用大型全局缓冲区共享存储，减少 DRAM 访问能耗。

根据这种思路，其实最后在嵌入式实现也并不复杂，就是简单地将模型序列化方法使用新的模型序列化算法进行替换，同时替换关键的卷积层实现，并且采用加速指令集。如果是 BNN，参数只有两种情形，那么如果参数为 1 的时候，直接通过而无须计算，如果参数为 -1 的时候，翻转最高位即可。具体实现参见 9.5 节内容。

如果是 DoReFaNet，权值和输出都固定在一定的种类内部，那么它们的乘积情形也只有一定的种类，这个时候相当于把乘法指令变成了一个寻址操作，每次乘法只需要在查找表里面寻到正确的结果读出即可，这样的执行速度比直接执行乘法操作要快得多。

9.5 嵌入式优化代码实现

量化代码的实现主要包含以下几个方面。

1）模型量化分析：分析如何对参数进行量化，也就是计算出权重的共享模式，这样才能处理正常训练得到的模型，生成量化版本的模型，实现模型的压缩。

2）模型量化计算：计算的时候使用到量化参数的层要根据量化参数完成运算，这个和普通的浮点数计算会有差别。而且因为不同平台有不同的整型计算加速指令，因此还需要考虑到平台的兼容性以及如何针对特定平台进行加速。具体来说就是要实现能够完成量化计算的几个常用层，我们这里主要关心的层包括卷积层、池化层以及 Softmax。

接下来，以 TensorFlow Lite 的量化计算功能来看一下在低成本的 ARM 嵌入式设备上应该如何实现量化加速与模型压缩，为了方便，我们省略了部分源代码的注释。

9.5.1 量化分析实现

首先是 quantization_util.h，该头文件是用于进行量化分析和数据转换的工具声明文件，如代码清单 9-7 所示。

代码清单 9-7 quantization_util.h

```
 1 #ifndef TENSORFLOW_LITE_KERNELS_INTERNAL_QUANTIZATION_UTIL_H_
 2 #define TENSORFLOW_LITE_KERNELS_INTERNAL_QUANTIZATION_UTIL_H_
 3
 4 #include <cmath>
 5 #include <cstdint>
 6 #include <limits>
 7
 8 #include "tensorflow/lite/kernels/internal/compatibility.h"
 9 #include "tensorflow/lite/kernels/internal/round.h"
10 #include "tensorflow/lite/kernels/internal/types.h"
11
```

```
12 namespace tflite {
13
14 // 给定一个包含 min 和 max 的浮点型数组，返回
15 // 适用于该数组的量化参数
16 template <typename T>
17 QuantizationParams ChooseQuantizationParams(double rmin, double rmax,
18                                             bool narrow_range) {
19     const T qmin = std::numeric_limits<T>::min() + (narrow_range ? 1 : 0);
20     const T qmax = std::numeric_limits<T>::max();
21     const double qmin_double = qmin;
22     const double qmax_double = qmax;
23     // 0 should always be a representable value. Let's assume that the initial
24     // min,max 范围包含 0
25     TENSORFLOW LITE_CHECK_LE(rmin, 0.);
26     TENSORFLOW LITE_CHECK_GE(rmax, 0.);
27     if (rmin == rmax) {
28         // Special case where the min,max range is a point. Should be {0}.
29         TENSORFLOW LITE_CHECK_EQ(rmin, 0.);
30         TENSORFLOW LITE_CHECK_EQ(rmax, 0.);
31         QuantizationParams quantization_params;
32         quantization_params.zero_point = 0;
33         quantization_params.scale = 0.;
34         return quantization_params;
35     }
36
37     // 一般情况
38     const double scale = (rmax - rmin) / (qmax_double - qmin_double);
39
40     const double zero_point_from_min = qmin_double - rmin / scale;
41     const double zero_point_from_max = qmax_double - rmax / scale;
42     const double zero_point_from_min_error =
43         std::abs(qmin_double) + std::abs(rmin / scale);
44     const double zero_point_from_max_error =
45         std::abs(qmax_double) + std::abs(rmax / scale);
46
47     const double zero_point_double =
48         zero_point_from_min_error < zero_point_from_max_error
49             ? zero_point_from_min
50             : zero_point_from_max;
51
52     T nudged_zero_point = 0;
53     if (zero_point_double < qmin_double) {
54         nudged_zero_point = qmin;
55     } else if (zero_point_double > qmax_double) {
56         nudged_zero_point = qmax;
57     } else {
58         nudged_zero_point = static_cast<T>(round(zero_point_double));
59     }
60     // 量化值范围中必须包含零点
61     // [qmin, qmax].
62     TENSORFLOW LITE_CHECK_GE(nudged_zero_point, qmin);
```

```
63      TENSORFLOW LITE_CHECK_LE(nudged_zero_point, qmax);
64
65      //最后，存储量化后的参数
66      QuantizationParams quantization_params;
67      quantization_params.zero_point = nudged_zero_point;
68      quantization_params.scale = scale;
69      return quantization_params;
70  }
71
72  template <typename T>
73  QuantizationParams ChooseQuantizationParams(double rmin, double rmax) {
74      return ChooseQuantizationParams<T>(rmin, rmax, false);
75  }
76
77  template <class IntOut, class FloatIn>
78  IntOut SafeCast(FloatIn x) {
79      static_assert(!std::numeric_limits<FloatIn>::is_integer,
80                    "FloatIn is integer");
81      static_assert(std::numeric_limits<IntOut>::is_integer,
82                    "IntOut is not integer");
83      static_assert(std::numeric_limits<IntOut>::radix == 2, "IntOut is base 2");
84
85      //NaN特殊情况，该情况下直接退出
86      if (std::isnan(x)) {
87          return 0;
88      }
89
90      //负数返回0
91      if (!std::numeric_limits<IntOut>::is_signed && x < 0) {
92          return 0;
93      }
94
95      //处理无穷大
96      if (std::isinf(x)) {
97          return x < 0 ? std::numeric_limits<IntOut>::min()
98                       :std::numeric_limits<IntOut>::max();
99      }
100
101     int exp = 0;
102     std::frexp(x, &exp);
103
104     if (exp <= std::numeric_limits<IntOut>::digits) {
105         return x;
106     }
107
108     //处理量级 >= 2^N的情况
109     return x < 0 ? std::numeric_limits<IntOut>::min()
110                  : std::numeric_limits<IntOut>::max();
111 }
112
113 //限定系数<1且确保非负
```

```
114 void QuantizeMultiplierSmallerThanOneExp(double double_multiplier,
115                                          int32_t* quantized_multiplier,
116                                          int* left_shift);
117
118 //限定系数 > 1
119 void QuantizeMultiplierGreaterThanOne(double double_multiplier,
120                                       int32_t* quantized_multiplier,
121                                       int* left_shift);
122
123 void QuantizeMultiplier(double double_multiplier, int32_t* quantized_multiplier,
124                         int* shift);
125
126 int64_t IntegerFrExp(double input, int* shift);
127
128 double DoubleFromFractionAndShift(int64_t fraction, int shift);
129
130 double IntegerDoubleMultiply(double a, double b);
131
132 int IntegerDoubleCompare(double a, double b);
133
134 void PreprocessSoftmaxScaling(double beta, double input_scale,
135                               int input_integer_bits,
136                               int32_t* quantized_multiplier, int* left_shift);
137 void PreprocessLogSoftmaxScalingExp(double beta, double input_scale,
138                                     int input_integer_bits,
139                                     int32_t* quantized_multiplier,
140                                     int* left_shift,
141                                     int32_t* reverse_scaling_divisor,
142                                     int* reverse_scaling_left_shift);
143 int CalculateInputRadius(int input_integer_bits, int input_left_shift);
144
145 void NudgeQuantizationRange(const float min, const float max,
146                             const int quant_min, const int quant_max,
147                             float* nudged_min, float* nudged_max,
148                             float* nudged_scale);
149
150 void FakeQuantizeArray(const float nudged_scale, const float nudged_min,
151                        const float nudged_max, const float* input_data,
152                        float* output_data, const float size);
153
154 bool CheckedLog2(const float x, int* log2_result);
155
156 void QuantizeMultiplierArray(const double* effective_scales, size_t size,
157                              int32_t* effective_scale_significand,
158                              int* effective_shift);
159
160 }  //namespace TensorFlow Lite
161
162 #endif  //TENSORFLOW_LITE_KERNELS_INTERNAL_QUANTIZATION_UTIL_H_
```

第 17 行，定义了 ChooseQuantizationParams 函数，用于根据输入数据选择量化参数。

参数 min 是数组的最小值，参数 max 是数组的最大值。

第 19 ～ 22 行，根据 narrow_range 初始化区间下限和区间上限。

第 25 ～ 26 行，根据参数指定区间的上限和下限是否包含 0，按照量化的假设，区间中必须包含 0 点，如果不包含就报错。

第 27 ～ 35 行，如果区间上限和下限相等就返回 zero_point 和 scale 都为 0 的量化参数。

第 38 行，根据区间计算缩放参数 scale。

第 40 ～ 59 行，根据区间计算 zero_point。

第 62 ～ 63 行，检测我们计算出来的 zero_point 是否包含在 qmin 和 qmax 中。

第 66 ～ 70 行，将计算出来的量化参数存储在 quantization_params 中并且返回。

第 72 ～ 75 行，定义了 ChooseQuantizationParams 函数，该函数调用了上面那个函数返回自动选择的量化参数。

第 78 行，定义了 SafeCast 函数，用于将一个浮点数安全转换成整数。

第 79 行，确定输入类型不是整数，如果是就抛出异常。

第 81 行，确定输出类型是整数，如果不是就抛出异常。

第 83 行，确定输出是二进制类型，如果不是就抛出异常。

第 86 ～ 88 行，如果 x 是 nan，那么直接返回 0。

第 91 ～ 93 行，如果 x 是负数，那么直接返回 0。

第 96 ～ 99 行，如果 x 是无穷大，根据 x 的正负返回输出整数类型范围内的最小值或者最大值。

第 101 ～ 102 行，调用 frexp 函数，根据指数取指数的幂级。

第 104 ～ 106 行，如果幂级小于整数的最大位数，那么直接返回 x。

第 109 ～ 111 行，如果幂级大于整数的最大位数，如果是负数，就返回整数范围内的最小值，如果是正数，就返回整数范围内的最大值。

第 114 行，声明了 QuantizeMultiplierSmallerThanOneExp，用于限定系数 <1 且确保非负。

第 119 行，声明了 QuantizeMultiplierGreaterThanOne，用于限定系数 >1。

第 123 行，声明了 QuantizeMultiplier 函数，用于计算量化系数。

第 126 行，声明了 IntegerFrExp 函数，用于根据输入浮点数计算幂级。

第 134 ～ 136 行，声明了 PreprocessSoftmaxScaling 函数，用于预处理 Softmax 的缩放参数。

第 137 ～ 142 行，声明了 PreprocessLogSoftmaxScalingExp 函数，用于预处理 LogSoftmax 的缩放参数。

第 156 ～ 158 行，声明了 QuantizeMultiplierArray 函数，用于量化多组数据，并将量化参数存储到数组中。

接着是 quantization_util.cc，该文件是量化分析工具函数的实现，如代码清单 9-8 所示。

提示 此处代码后缀是 .cc 而不是 .cpp，这也是 C++ 代码的一种常用后缀名，TensorFlow Lite 的代码均以 .cc 结尾。

代码清单 9-8 quantization_util.cc

```
1 #include <algorithm>
2 #include <cmath>
3 #include <limits>
4
5 #include "tensorflow/lite/kernels/internal/compatibility.h"
6 #include "tensorflow/lite/kernels/internal/quantization_util.h"
7 #include "tensorflow/lite/kernels/internal/round.h"
8
9 namespace TensorFlow Lite {
10
11 namespace {
12 constexpr uint64_t kSignMask = 0x8000000000000000LL;
13 constexpr uint64_t kExponentMask = 0x7ff0000000000000LL;
14 constexpr int32_t kExponentShift = 52;
15 constexpr int32_t kExponentBias = 1023;
16 constexpr uint32_t kExponentIsBadNum = 0x7ff;
17 constexpr uint64_t kFractionMask = 0x000ffffffc00000LL;
18 constexpr uint32_t kFractionShift = 22;
19 constexpr uint32_t kFractionRoundingMask = 0x003fffff;
20 constexpr uint32_t kFractionRoundingThreshold = 0x00200000;
21 }  // namespace
22
23 void QuantizeMultiplier(double double_multiplier, int32_t* quantized_multiplier,
24                  int* shift) {
25     if (double_multiplier == 0.) {
26         *quantized_multiplier = 0;
27         *shift = 0;
28         return;
29     }
30 #ifdef TFLITE_EMULATE_FLOAT
31     int64_t q_fixed = IntegerFrExp(double_multiplier, shift);
32 #else    // TFLITE_EMULATE_FLOAT
33     const double q = std::frexp(double_multiplier, shift);
34     auto q_fixed = static_cast<int64_t>(TFLiteRound(q * (1ll << 31)));
35 #endif  // TFLITE_EMULATE_FLOAT
36     TFLITE_CHECK(q_fixed <= (1ll << 31));
37     if (q_fixed == (1ll << 31)) {
38         q_fixed /= 2;
39         ++*shift;
40     }
41     TFLITE_CHECK_LE(q_fixed, std::numeric_limits<int32_t>::max());
42     *quantized_multiplier = static_cast<int32_t>(q_fixed);
43 }
44
45 void QuantizeMultiplierGreaterThanOne(double double_multiplier,
46                                     int32_t* quantized_multiplier,
```

```
47                                  int* left_shift) {
48   TFLITE_CHECK_GT(double_multiplier, 1.);
49   QuantizeMultiplier(double_multiplier, quantized_multiplier, left_shift);
50   TFLITE_CHECK_GE(*left_shift, 0);
51 }
52
53 void QuantizeMultiplierSmallerThanOneExp(double double_multiplier,
54                                          int32_t* quantized_multiplier,
55                                          int* left_shift) {
56     TFLITE_CHECK_LT(double_multiplier, 1.);
57     TFLITE_CHECK_GT(double_multiplier, 0.);
58     int shift;
59     QuantizeMultiplier(double_multiplier, quantized_multiplier, &shift);
60     TFLITE_CHECK_LE(shift, 0);
61     *left_shift = shift;
62 }
63
64 int64_t IntegerFrExp(double input, int* shift) {
65     // 检测 double 的长度是否为 8 字节，确保符合内存布局要求
66     TFLITE_CHECK_EQ(8, sizeof(double));
67
68     // 我们想直接访问输入的双精度浮点数的比特位，为了安全起见，
69     // 使用 union 来做类型转换
70     union {
71         double double_value;
72         uint64_t double_as_uint;
73     } cast_union;
74     cast_union.double_value = input;
75     const uint64_t u = cast_union.double_as_uint;
76
77     // If the bitfield is all zeros apart from the sign bit, this is a normalized
78     // zero value, so return standard values for this special case.
79     if ((u & ~kSignMask) == 0) {
80         *shift = 0;
81         return 0;
82     }
83
84     // 处理数字为 NaN 和 Inf 的情况，这两种情况下指数都有固定的模式可循，
85     // 我们需要通过分数是否为 0 或者正负数来区分
86     //
87     const uint32_t exponent_part = ((u & kExponentMask) >> kExponentShift);
88     if (exponent_part == kExponentIsBadNum) {
89         *shift = std::numeric_limits<int>::max();
90         if (u & kFractionMask) {
91             // NaN，直接返回 0，将指数设置为 INT_MAX
92             return 0;
93         } else {
94             // 无穷，返回 +/- INT_MAX.
95             if (u & kSignMask) {
96                 return std::numeric_limits<int64_t>::min();
97             } else {
```

```
 98                 return std::numeric_limits<int64_t>::max();
 99             }
100         }
101     }
102 
103     *shift = (exponent_part - kExponentBias) + 1;
104 
105     int64_t fraction = 0x40000000 + ((u & kFractionMask) >> kFractionShift);
106 
107     if ((u & kFractionRoundingMask) > kFractionRoundingThreshold) {
108         fraction += 1;
109     }
110     //如果设置了符号位，则对 fraction 取负数
111     if (u & kSignMask) {
112         fraction *= -1;
113     }
114 
115     return fraction;
116 }
117 
118 double DoubleFromFractionAndShift(int64_t fraction, int shift) {
119     union {
120         double double_value;
121         uint64_t double_as_uint;
122     } result;
123 
124     //判断值是否为 NaNs 或 Infs
125     if (shift == std::numeric_limits<int>::max()) {
126         if (fraction == 0) {
127             return NAN;
128         } else if (fraction > 0) {
129             return INFINITY;
130         } else {
131             return -INFINITY;
132         }
133     }
134 
135     //如果 fraction 为 0，则返回标准化 0
136     if (fraction == 0) {
137         result.double_as_uint = 0;
138         return result.double_value;
139     }
140 
141     bool is_negative = (fraction < 0);
142     int64_t encoded_fraction = is_negative ? -fraction : fraction;
143     int64_t encoded_shift = (shift - 1);
144     while (encoded_fraction < 0x40000000) {
145         encoded_fraction *= 2;
146         encoded_shift -= 1;
147     }
148     while (encoded_fraction > 0x80000000) {
```

```
149             encoded_fraction /= 2;
150             encoded_shift += 1;
151         }
152         encoded_fraction -= 0x40000000;
153         if (encoded_shift < -1022) {
154             encoded_shift = -1023;
155         } else if (encoded_shift > 1022) {
156             encoded_shift = 1023;
157         }
158         encoded_shift += kExponentBias;
159         uint64_t encoded_sign = is_negative ? kSignMask : 0;
160         result.double_as_uint = encoded_sign | (encoded_shift << kExponentShift) |
161                                 (encoded_fraction <<kFractionShift);
162         return result.double_value;
163 }
164
165 double IntegerDoubleMultiply(double a, double b) {
166         int a_shift;
167         const int64_t a_fraction = IntegerFrExp(a, &a_shift);
168         int b_shift;
169         const int64_t b_fraction = IntegerFrExp(b, &b_shift);
170         // 判断是否为 NaNs 和 Infs
171         if (a_shift == std::numeric_limits<int>::max() ||
172                 (b_shift == std::numeric_limits<int>::max())) {
173             return NAN;
174         }
175         const int result_shift = a_shift + b_shift + 1;
176         const int64_t result_fraction = (a_fraction * b_fraction) >> 32;
177         return DoubleFromFractionAndShift(result_fraction, result_shift);
178 }
179
180 int IntegerDoubleCompare(double a, double b) {
181         int a_shift;
182         const int64_t a_fraction = IntegerFrExp(a, &a_shift);
183         int b_shift;
184         const int64_t b_fraction = IntegerFrExp(b, &b_shift);
185
186         // 判断是否为 NaNs 和 Infs
187         if (a_shift == std::numeric_limits<int>::max() ||
188                 (b_shift == std::numeric_limits<int>::max())) {
189             return 1;
190         }
191
192         if ((a_fraction == 0) && (b_fraction < 0)) {
193             return 1;
194         } else if ((a_fraction < 0) && (b_fraction == 0)) {
195             return -1;
196         } else if (a_shift < b_shift) {
197             return -1;
198         } else if (a_shift > b_shift) {
199             return 1;
```

```
200     } else if (a_fraction < b_fraction) {
201         return -1;
202     } else if (a_fraction > b_fraction) {
203         return 1;
204     } else {
205         return 0;
206     }
207 }
208
209 void PreprocessSoftmaxScaling(double beta, double input_scale,
210                               int input_integer_bits,
211                               int32_t* quantized_multiplier, int* left_shift) {
212 #ifdef TFLITE_EMULATE_FLOAT
213     const double input_beta = IntegerDoubleMultiply(beta, input_scale);
214     int shift;
215     int64_t fraction = IntegerFrExp(input_beta, &shift);
216     shift += (31 - input_integer_bits);
217     double input_beta_real_multiplier =
218             DoubleFromFractionAndShift(fraction, shift);
219     if (IntegerDoubleCompare(input_beta_real_multiplier, (1ll << 31) - 1.0) > 0) {
220         input_beta_real_multiplier = (1ll << 31) - 1.0;
221     }
222 #else   // TFLITE_EMULATE_FLOAT
223     const double input_beta_real_multiplier = std::min(
224             beta * input_scale * (1 << (31 - input_integer_bits)), (1ll <<
                                  31) - 1.0);
225 #endif  // TFLITE_EMULATE_FLOAT
226
227     QuantizeMultiplierGreaterThanOne(input_beta_real_multiplier,
228                                      quantized_multiplier, left_shift);
229 }
230
231 void PreprocessLogSoftmaxScalingExp(double beta, double input_scale,
232                                     int input_integer_bits,
233                                     int32_t* quantized_multiplier,
234                                     int* left_shift,
235                                     int32_t* reverse_scaling_divisor,
236                                     int* reverse_scaling_left_shift) {
237     PreprocessSoftmaxScaling(beta, input_scale, input_integer_bits,
238                              quantized_multiplier, left_shift);
239
240     // 计算逆向伸缩因子的数量
241     const double real_reverse_scaling_divisor =
242             (1 << (31 - *left_shift)) / static_cast<double>(*quantized_multiplier);
243     tflite::QuantizeMultiplierSmallerThanOneExp(real_reverse_scaling_divisor,
244                                                 reverse_scaling_divisor,
245                                                 reverse_scaling_left_shift);
246 }
247
248 int CalculateInputRadius(int input_integer_bits, int input_left_shift) {
249 #ifdef TFLITE_EMULATE_FLOAT
```

```
250     int64_t result = (1 << input_integer_bits) - 1;
251     result <<= (31 - input_integer_bits);
252     result >>= input_left_shift;
253     return result;
254 #else   //TFLITE_EMULATE_FLOAT
255     const double max_input_rescaled = 1.0 * ((1 << input_integer_bits) - 1) *
256                                    (1ll << (31 - input_integer_bits)) /
257                                    (1ll << input_left_shift);
258     //Tighten bound using floor.  Suppose that we could use the exact value.
259     //After scaling the difference, the result would be at the maximum.  Thus we
260     //必须确保我们的值是相对不重要的
261     return static_cast<int>(std::floor(max_input_rescaled));
262 #endif  //TFLITE_EMULATE_FLOAT
263 }
264
265 void NudgeQuantizationRange(const float min, const float max,
266                             const int quant_min, const int quant_max,
267                             float* nudged_min, float* nudged_max,
268                             float* nudged_scale) {
269     //这部分代码来源于 tensorflow/core/kernels/fake_quant_ops_functor.h.
270         const float quant_min_float = static_cast<float>(quant_min);
271     const float quant_max_float = static_cast<float>(quant_max);
272     *nudged_scale = (max - min) / (quant_max_float - quant_min_float);
273     const float zero_point_from_min = quant_min_float - min / *nudged_scale;
274     uint16 nudged_zero_point;
275     if (zero_point_from_min < quant_min_float) {
276         nudged_zero_point = static_cast<uint16>(quant_min);
277     } else if (zero_point_from_min > quant_max_float) {
278         nudged_zero_point = static_cast<uint16>(quant_max);
279     } else {
280         nudged_zero_point = static_cast<uint16>(tfliteRound(zero_point_from_min));
281     }
282     *nudged_min = (quant_min_float - nudged_zero_point) * (*nudged_scale);
283     *nudged_max = (quant_max_float - nudged_zero_point) * (*nudged_scale);
284 }
285
286 void FakeQuantizeArray(const float nudged_scale, const float nudged_min,
287                        const float nudged_max, const float* input_data,
288                        float* output_data, const float size) {
289     //这部分代码来源于 tensorflow/core/kernels/fake_quant_ops_functor.h.
290     const float inv_nudged_scale = 1.0f / nudged_scale;
291
292     for (int i = 0; i < size; i++) {
293         const float src_val = input_data[i];
294         const float clamped = std::min(nudged_max, std::max(nudged_min, src_val));
295         const float clamped_shifted = clamped - nudged_min;
296         const float dst_val =
297             tfliteRound(clamped_shifted * inv_nudged_scale) * nudged_scale +
298             nudged_min;
299         output_data[i] = dst_val;
300     }
```

```
301 }
302
303 bool CheckedLog2(const float x, int* log2_result) {
304     const float x_log2 = std::log(x) * (1.0f / std::log(2.0f));
305     const float x_log2_rounded = tfliteRound(x_log2);
306     const float x_log2_fracpart = x_log2 - x_log2_rounded;
307
308     *log2_result = static_cast<int>(x_log2_rounded);
309     return std::abs(x_log2_fracpart) < 1e-3;
310 }
311
312 void QuantizeMultiplierArray(const double* effective_scales, size_t size,
313                              int32_t* effective_scale_significand,
314                              int* effective_shift) {
315     for (size_t i = 0; i < size; ++i) {
316         QuantizeMultiplier(effective_scales[i], &effective_scale_significand[i],
317                            &effective_shift[i]);
318     }
319 }
320
321 }    //namespace tflite
```

第12～20行，利用constexpr定义了一系列的常量。这些常量都用于位运算。

第23行，定义了QuantizeMultiplier函数。

第25～29行，如果double_multiplier为0，那么初始化量化参数和移位为0。

第30～31行，如果是模拟浮点数，调用IntegerFrExp函数将double_multiplier转换为对应的整数。

第33～34行，如果是使用系统内置浮点数处理，那么直接调用标准库的frexp得到计算结果，并调用Round移位结合类型转换得到对应的定点整数。

第37行，如果q_fixed为111 << 31，那么将其除以2。

第42行，将量化参数设置为q_fixed。

第45行，定义了QuantizeMultiplierGreaterThanOne函数，该函数首先检查double_multiplier是否大于1，如果大于1就调用QuantizeMultiplier计算量化系数。

第53行，定义了QuantizeMultiplierSmallerThanOneExp函数，该函数首先检查double_multiplier是否小于1，如果小于1就调用QuantizeMultiplier计算量化系数。

第64行，定义了IntegerFrExp函数，用于将浮点数转换为整数的位数。首先检查系统中double是否为8字节。接着定义cast_union联合类型，这样可以直接访问输入的双精度浮点数的比特位。

第79～82行，如果数字除去正负位都为0，那么返回。

第87～101行，主要处理数字为NaN和Inf时的操作。

第118～163行，如果有进展，调用函数返回国内最差成绩。

第165行，目前已经废弃。

第 180 行，定义了 IntegerDoubleCompare 函数，用于将浮点数转换为整数，并返回两者的对比结果。首先调用 IntegerFrExp 将浮点数转换为整数，然后处理 NaN 以及 Inf 的特殊情况，最后根据两者的大小返回 -1（小于）、1（大于）或者 0（相等）。

第 209 行，定义了 PreprocessSoftmaxScaling 函数。首先将输入的浮点数类型转换为整数，然后计算 input_beta_real_multiplier，最后调用 QuantizeMultiplierGreaterThanOne 计算最后的量化系数。

第 231 行，定义了 PreprocessLogSoftmaxScalingExp 函数，首先调用 PreprocessSoftmaxScaling 完成初步的量化计算，然后计算逆向伸缩因子的数量，最后调用 QuantizeMultiplierSmaller-ThanOneExp 计算最后的量化参数。

第 248 行，定义了 CalculateInputRadius 函数，如果启用了 TFLITE_EMULATE_FLOAT，那么直接通过位运算返回计算后的结果，否则需要调用 floor 计算出小于最大缩放系数的最大整数，最后将结果返回。

第 265 行，定义了 NudgeQuantizationRange 函数，该函数实现来源于 tensorflow/core/kernels/fake_quant_ops_functor.h 文件，用于完成量化参数计算。

第 270 ～ 271 行，初始化区间下限和区间上限。

第 272 行，根据区间计算缩放参数 scale。

第 273 ～ 281 行，根据区间计算 zero_point。

第 282 ～ 283 行，将计算出来的量化参数存储在 nudged_min 和 nudged_max 中并返回。

第 286 行，定义了 FakeQuantizeArray，主要作用就是遍历所有数据，并针对每个数据区间计算量化参数，最后将量化参数存储在输出数据的数组里返回。

第 312 行，定义了 QuantizeMultiplierArray 函数，用于分别计算指定数组中存储的多批数据的量化参数。主要作用就是遍历所有数据，然后调用 QuantizeMultiplier 计算该批次数据的量化参数，最后将其存储在输出数组中返回。

9.5.2 层实现

接着就是各个层的具体实现。首先是 conv.h，该头文件定义了卷积层的量化实现，如代码清单 9-9 所示。

代码清单 9-9 conv.h

```
1 #ifndef TENSORFLOW_LITE_KERNELS_INTERNAL_REFERENCE_INTEGER_OPS_CONV_H_
2 #define TENSORFLOW_LITE_KERNELS_INTERNAL_REFERENCE_INTEGER_OPS_CONV_H_
3
4 #include "tensorflow/lite/kernels/internal/common.h"
5
6 namespace tflite {
7 namespace reference_integer_ops {
8
9 // Fixed-point per-channel-quantization convolution reference kernel.
```

```
10 inline void ConvPerChannel(
11         const ConvParams& params, const int32* output_multiplier,
12         const int32* output_shift, const RuntimeShape& input_shape,
13         const int8* input_data, const RuntimeShape& filter_shape,
14         const int8* filter_data, const RuntimeShape& bias_shape,
15         const int32* bias_data, const RuntimeShape& output_shape,
16         int8* output_data) {
17     //获取参数
18     const int32 input_offset = params.input_offset;  //r = s(q - Z)
19     const int stride_width = params.stride_width;
20     const int stride_height = params.stride_height;
21     const int dilation_width_factor = params.dilation_width_factor;
22     const int dilation_height_factor = params.dilation_height_factor;
23     const int pad_width = params.padding_values.width;
24     const int pad_height = params.padding_values.height;
25     const int32 output_offset = params.output_offset;
26
27     //设置输出的min、max值
28     const int32 output_activation_min = std::numeric_limits<int8_t>::min();
29     const int32 output_activation_max = std::numeric_limits<int8_t>::max();
30
31     // 一般性检查
32     TFLITE_DCHECK_LE(output_activation_min, output_activation_max);
33     TFLITE_DCHECK_EQ(input_shape.DimensionsCount(), 4);
34     TFLITE_DCHECK_EQ(filter_shape.DimensionsCount(), 4);
35     TFLITE_DCHECK_EQ(output_shape.DimensionsCount(), 4);
36     const int batches = MatchingDim(input_shape, 0, output_shape, 0);
37     const int input_depth = MatchingDim(input_shape, 3, filter_shape, 3);
38     const int output_depth = MatchingDim(filter_shape, 0, output_shape, 3);
39     if (bias_data) {
40         TFLITE_DCHECK_EQ(bias_shape.FlatSize(), output_depth);
41     }
42
43     //检查tensor(数据向量)的维度
44     const int input_height = input_shape.Dims(1);
45     const int input_width = input_shape.Dims(2);
46     const int filter_height = filter_shape.Dims(1);
47     const int filter_width = filter_shape.Dims(2);
48     const int output_height = output_shape.Dims(1);
49     const int output_width = output_shape.Dims(2);
50     for (int batch = 0; batch < batches; ++batch) {
51         for (int out_y = 0; out_y < output_height; ++out_y) {
52             for (int out_x = 0; out_x < output_width; ++out_x) {
53                 for (int out_channel = 0; out_channel < output_depth; ++out_
                   channel) {
54                     const int in_x_origin = (out_x * stride_width) - pad_width;
55                     const int in_y_origin = (out_y * stride_height) - pad_height;
56                     int32 acc = 0;
57                     for (int filter_y = 0; filter_y < filter_height; ++filter_y) {
58                         for (int filter_x = 0; filter_x < filter_width; ++
   filter_x) {
```

```
59                                 for (int in_channel = 0; in_channel < input_depth;
                                   ++in_channel) {
60                                     const int in_x = in_x_origin + dilation_width_
                                       factor * filter_x;
61                                     const int in_y =
62                                             in_y_origin + dilation_height_factor*
                                               filter_y;
63                                     //使用 0 填充图像外围周边区域
64                                     const bool is_point_inside_image =
65                                           (in_x >= 0) && (in_x < input_width)&&
                                             (in_y >= 0) &&
66                                           (in_y < input_height);
67                                     if (is_point_inside_image) {
68                                         int32 input_val = input_data[Offset(input_
                                           shape, batch, in_y,
69                                                          in_x, in_channel)];
70                                         int32 filter_val =
71                                             filter_data[Offset(filter_shape, out_
                                               channel, filter_y,
72                                                          filter_x, in_channel)];
73
74                                         acc += filter_val * (input_val - input_
                                           offset);
75                                     }
76                                 }
77                             }
78                         }
79
80                         if (bias_data) {
81                             acc += bias_data[out_channel];
82                         }
83                         acc = MultiplyByQuantizedMultiplier(
84                                 acc, output_multiplier[out_channel], output_shift[out_
                                   channel]);
85                         acc += output_offset;
86                         acc = std::max(acc, output_activation_min);
87                         acc = std::min(acc, output_activation_max);
88                         output_data[Offset(output_shape, batch, out_y, out_x, out_
                           channel)] =
89                                 static_cast<int8_t>(acc);
90                     }
91                 }
92             }
93     }
94 }
95
96 }    //namespace reference_integer_ops
97 }    //namespace tflite
98
99 #endif  //TENSORFLOW_LITE_KERNELS_INTERNAL_REFERENCE_INTEGER_OPS_CONV_H_
```

第 10 行，定义了 ConvPerChannel 函数，用于计算每个通道的卷积结果。

第 18 ～ 25 行，从输入的卷积层参数中获取各个参数。

第 27 ～ 29 行，设置输出的最小值与最大值。

第 30 ～ 35 行，检查各个参数是否合法。

第 39 ～ 41 行，如果有偏置数据，那么需要检查偏置数据的总数量是否与输出数据的深度相等，如果不相等需要抛出异常。

第 44 ～ 49 行，将各个 Tensor 的维度读取到局部变量中。

第 50 ～ 53 行，遍历输入矩阵中的所有元素（首先是 Batch、然后是行、最后是列），计算卷积结果。

第 54 ～ 59 行，遍历用于进行卷积计算的滤波器（首先是行，然后是列，最后是批次数量）。

第 60 ～ 61 行，计算卷积的起始位置。

第 64 ～ 66 行，如果卷积核过大就需要调整图像，使用 0 填充图像外围周边区域，防止卷积计算越界。

第 67 ～ 74 行，使用卷积核中指定位置的数据与目前矩阵中指定位置的数据进行乘加，将最后的结果记录在变量 acc 中。遍历滤波器后可以计算出整个窗口内两个矩阵的乘加结果。

第 80 ～ 81 行，如果模型中包含了偏置数据，那么就将偏置数据加到 acc 变量上。

第 83 行，调用 MultiplyByQuantizedMultiplier，因为这里所有的参数都是量化后的结果，因此都需要调用特定的量化计算函数完成运算，包括向量乘法。

第 86 ～ 87，将根据计算出来的 acc 与输出激活值的最小值、最大值进行比较，确保最后的结果在激活值的最小值与最大值之间。

第 88 行，将最后的 acc 结果转化为 8 位整数类型并存储在输出向量的指定位置。这样就得到了量化矩阵的卷积结果。

池化层实现在 pooling.h 中，实现代码如代码清单 9-10 所示。

代码清单 9-10　pooling.h

```
 1 #ifndef TENSORFLOW_LITE_KERNELS_INTERNAL_REFERENCE_INTEGER_OPS_POOLING_H_
 2 #define TENSORFLOW_LITE_KERNELS_INTERNAL_REFERENCE_INTEGER_OPS_POOLING_H_
 3
 4 #include "tensorflow/lite/kernels/internal/common.h"
 5
 6 namespace tflite {
 7 namespace reference_integer_ops {
 8
 9 inline void AveragePool(const PoolParams& params,
10                         const RuntimeShape& input_shape, const int8* input_data,
11                         const RuntimeShape& output_shape, int8* output_data) {
12     TFLITE_DCHECK_LE(params.quantized_activation_min,
13                      params.quantized_activation_max);
14     TFLITE_DCHECK_EQ(input_shape.DimensionsCount(), 4);
15     TFLITE_DCHECK_EQ(output_shape.DimensionsCount(), 4);
```

```
16      const int batches = MatchingDim(input_shape, 0, output_shape, 0);
17      const int depth = MatchingDim(input_shape, 3, output_shape, 3);
18      const int input_height = input_shape.Dims(1);
19      const int input_width = input_shape.Dims(2);
20      const int output_height = output_shape.Dims(1);
21      const int output_width = output_shape.Dims(2);
22      const int stride_height = params.stride_height;
23      const int stride_width = params.stride_width;
24      for (int batch = 0; batch < batches; ++batch) {
25          for (int out_y = 0; out_y < output_height; ++out_y) {
26              for (int out_x = 0; out_x < output_width; ++out_x) {
27                  for (int channel = 0; channel < depth; ++channel) {
28                      const int in_x_origin =
29                          (out_x * stride_width) - params.padding_values.width;
30                      const int in_y_origin =
31                          (out_y * stride_height) - params.padding_values.height;
32                      //计算滤波器区域边界,
33                      //确保滤波器窗口能够适应输入数据
34                      const int filter_x_start = std::max(0, -in_x_origin);
35                      const int filter_x_end =
36                          std::min(params.filter_width, input_width - in_x_origin);
37                      const int filter_y_start = std::max(0, -in_y_origin);
38                      const int filter_y_end =
39                          std::min(params.filter_height, input_height - in_y_origin);
40                      int32 acc = 0;
41                      int filter_count = 0;
42                      for (int filter_y = filter_y_start; filter_y < filter_y_end;
43                               ++filter_y) {
44                          for (int filter_x = filter_x_start; filter_x < filter_
                                 x_end;
45                                   ++filter_x) {
46                              const int in_x = in_x_origin + filter_x;
47                              const int in_y = in_y_origin + filter_y;
48                              acc +=
49                                      input_data[Offset(input_shape, batch, in_
                                        y, in_x, channel)];
50                              filter_count++;
51                          }
52                      }
53                      //近似取整
54                      acc = acc > 0 ? (acc + filter_count / 2) / filter_count
55                                  :(acc - filter_count / 2) /filter_count;
56                      acc = std::max(acc, params.quantized_activation_min);
57                      acc = std::min(acc, params.quantized_activation_max);
58                      output_data[Offset(output_shape, batch, out_y, out_x, channel)] =
59                          static_cast<int8>(acc);
60                  }
61              }
62          }
63      }
64  }
```

```
65
66 }      //namespace reference_integer_ops
67 }      //namespace tflite
68
69 #endif  //TENSORFLOW_LITE_KERNELS_INTERNAL_REFERENCE_INTEGER_OPS_POOLING_H_
```

第 9 行，定义了 AveragePool 函数，用于计算每个通道的池化结果。

第 16 ～ 23 行，从输入的池化层参数中获取各个参数。

第 24 ～ 27 行，遍历输入矩阵中的所有元素（依次遍历 Batch、行、列），计算池化结果。

第 29 ～ 30 行，计算待池化矩阵中需要池化部分的起始位置。

第 34 ～ 39 行，计算滤波器区域边界，确保滤波器窗口能够适应输入数据。

第 42 ～ 45 行，遍历用于进行池化计算的滤波器（先行后列）。

第 46 ～ 47 行，计算当前循环中需要处理的元素的位置（x，y）。

第 48 ～ 50 行，将输入数据中当前位置的数据累加到 acc 中，并将 filter_count 加 1。

第 54 ～ 55 行，得到的 acc 是当前位置窗口数据的和，需要除以窗口中的实际元素数量（filter_count）得到平均值，然后再近似取整，将其转换成整数。

第 56 ～ 57 行，将计算出来的 acc 与输出激活值的最小值、最大值进行比较，确保最后的结果在激活值的最小值与最大值之间。

第 58 ～ 59 行，将最后的 acc 结果转化为 8 位整数类型并存储在输出向量的指定位置。这样就得到了量化矩阵的池化结果，不过需要注意这里用的是平均池化而不是最大池化。如果想要实现最大池化，只需要将 45 ～ 51 行循环内部的累加替换成比较，获取滤波器窗口范围内的最大值即可。

最后是 softmax.h，该文件封装了 Softmax 的量化实现。具体实现如代码清单 9-11 所示。

代码清单 9-11　softmax.h

```
 1 #ifndef TENSORFLOW_LITE_KERNELS_INTERNAL_REFERENCE_INTEGER_OPS_SOFTMAX_H_
 2 #define TENSORFLOW_LITE_KERNELS_INTERNAL_REFERENCE_INTEGER_OPS_SOFTMAX_H_
 3
 4 #include "tensorflow/lite/kernels/internal/common.h"
 5
 6 namespace tflite {
 7 namespace reference_integer_ops {
 8
 9 // 输入输出为 int8 类型的量化版本 softmax
10 inline void Softmax(const SoftmaxParams& params,
11                     const RuntimeShape& input_shape, const int8* input_data,
12                     const RuntimeShape& output_shape, int8* output_data) {
13     const int32 input_beta_multiplier = params.input_multiplier;
14     const int32 input_beta_left_shift = params.input_left_shift;
15     const int diff_min = params.diff_min;
16
17     static const int kScaledDiffIntegerBits = 5;
18     static const int kAccumulationIntegerBits = 12;
```

```
19      using FixedPointScaledDiff =
20          gemmlowp::FixedPoint<int32, kScaledDiffIntegerBits>;
21      using FixedPointAccum = gemmlowp::FixedPoint<int32, kAccumulationIntegerBits>;
22      using FixedPoint0 = gemmlowp::FixedPoint<int32, 0>;
23
24      const int trailing_dim = input_shape.DimensionsCount() - 1;
25      const int outer_size =
26              MatchingFlatSizeSkipDim(input_shape, trailing_dim, output_shape);
27      const int depth =
28              MatchingDim(input_shape, trailing_dim, output_shape, trailing_dim);
29
30      for (int i = 0; i < outer_size; ++i) {
31          int8 max_in_row = -128;
32          for (int c = 0; c < depth; ++c) {
33              max_in_row = std::max(max_in_row, input_data[i * depth + c]);
34          }
35
36          FixedPointAccum sum_of_exps = FixedPointAccum::Zero();
37          for (int c = 0; c < depth; ++c) {
38              int32 input_diff =
39                      static_cast<int32>(input_data[i * depth + c]) - max_in_row;
40              if (input_diff >= diff_min) {
41                  const int32 input_diff_rescaled =
42                      MultiplyByQuantizedMultiplierGreaterThanOne(
43                          input_diff, input_beta_multiplier, input_beta_left_shift);
44                  const FixedPointScaledDiff scaled_diff_f8 =
45                      FixedPointScaledDiff::FromRaw(input_diff_rescaled);
46                  sum_of_exps = sum_of_exps + gemmlowp::Rescale<kAccumulation
                        IntegerBits>(
47                                          exp_on_negative_values(scaled_diff_f8));
48              }
49          }
50
51          int num_bits_over_unit;
52          FixedPoint0 shifted_scale = FixedPoint0::FromRaw(GetReciprocal(
53              sum_of_exps.raw(), kAccumulationIntegerBits, &num_bits_over_unit));
54
55          for (int c = 0; c < depth; ++c) {
56              int32 input_diff =
57                  static_cast<int32>(input_data[i * depth + c]) - max_in_row;
58              if (input_diff >= diff_min) {
59                  const int32 input_diff_rescaled =
60                      MultiplyByQuantizedMultiplierGreaterThanOne(
61                          input_diff, input_beta_multiplier, input_beta_left_shift);
62                  const FixedPointScaledDiff scaled_diff_f8 =
63                      FixedPointScaledDiff::FromRaw(input_diff_rescaled);
64
65                  FixedPoint0 exp_in_0 = exp_on_negative_values(scaled_diff_f8);
66                  const int32 unsat_output = gemmlowp::RoundingDivideByPOT(
67                      (shifted_scale * exp_in_0).raw(), num_bits_over_unit+ 31 - 8);
68                  const int32 shifted_output = unsat_output - 128;
```

```
69
70                  output_data[i * depth + c] = static_cast<int8>(
71                      std::max(std::min(shifted_output, static_cast<int32>(127)),
72                               static_cast<int32>(-128)));
73
74              } else {
75                  output_data[i * depth + c] = -128;
76              }
77          }
78      }
79 }
80
81 }  //namespace reference_integer_ops
82 }  //namespace tflite
83
84 #endif  //TENSORFLOW_LITE_KERNELS_INTERNAL_REFERENCE_INTEGER_OPS_SOFTMAX_H_
```

第 10 行，定义了 Softmax 函数，用于根据 8 位整型输入输出 Softmax 激活值。

第 13 ～ 15 行，从输入的 Softmax 参数中获取各个参数。

第 70 ～ 75 行，将最后的 acc 结果转化为 8 位整数类型并存储在输出向量的指定位置。这样就完成了 Softmax 计算。

9.5.3 量化矩阵计算

需要注意的是，在层实现中都调用了 MultiplyByQuantizedMultiplier 函数用来执行量化后的矩阵乘法，因此该函数就是量化加速的实现核心。该函数定义在 TensorFlow Lite 的 common.h 文件内，这个函数的定义如代码清单 9-12 所示。

代码清单 9-12 TensorFlow Lite common.h 中 MultiplyByQuantizedMultiplier 函数的定义

```
inline int32 MultiplyByQuantizedMultiplier(int32 x, int32 quantized_multiplier,
                                           int shift) {
    using gemmlowp::RoundingDivideByPOT;
    using gemmlowp::SaturatingRoundingDoublingHighMul;
    int left_shift = shift > 0 ? shift : 0;
    int right_shift = shift > 0 ? 0 : -shift;
    return RoundingDivideByPOT(SaturatingRoundingDoublingHighMul(
                                   x * (1 << left_shift), quantized_multiplier),
                               right_shift);
}
```

可以看到，该函数调用了 RoundingDivideByPOT 和 SaturatingRoundingDoublingHighMul 两个函数，这两个函数并不是由 TensorFlow Lite 实现的，而是使用了 Google 的 gemmlowp 库，该库实现了强大的定点数计算，而且为 ARM 等嵌入式平台提供了加速功能，我们看一下 gemmlowp 中是如何实现加速的。

我们用到的函数定义在 fixedpoint.h 中，其中 SaturatingRoundingDoublingHighMul 函数

的代码实现如代码清单 9-13 所示。

代码清单 9-13 SaturatingRoundingDoublingHighMul 函数实现

```
319 template <typename IntegerType>
320 IntegerType SaturatingRoundingDoublingHighMul(IntegerType a, IntegerType b) {
321     static_assert(std::is_same<IntegerType, void>::value, "unimplemented");
322     (void)b;
323     return a;
324 }
325
326 // 该函数实现了与 ARMv7 NEON VQRDMULH 指令相同的
327 // 计算功能
328 template <>
329 inline std::int32_t SaturatingRoundingDoublingHighMul(std::int32_t a,
330                                                        std::int32_t b) {
331     bool overflow = a == b && a == std::numeric_limits<std::int32_t>::min();
332     std::int64_t a_64(a);
333     std::int64_t b_64(b);
334     std::int64_t ab_64 = a_64 * b_64;
335     std::int32_t nudge = ab_64 >= 0 ? (1 << 30) : (1 - (1 << 30));
336     std::int32_t ab_x2_high32 =
337             static_cast<std::int32_t>((ab_64 + nudge) / (1ll << 31));
338     return overflow ? std::numeric_limits<std::int32_t>::max() : ab_x2_high32;
339 }
340
341 template <>
342 inline std::int16_t SaturatingRoundingDoublingHighMul(std::int16_t a,
343                                                        std::int16_t b) {
344     bool overflow = a == b && a == std::numeric_limits<std::int16_t>::min();
345     std::int32_t a_32(a);
346     std::int32_t b_32(b);
347     std::int32_t ab_32 = a_32 * b_32;
348     std::int16_t nudge = ab_32 >= 0 ? (1 << 14) : (1 - (1 << 14));
349     std::int16_t ab_x2_high16 =
350             static_cast<std::int16_t>((ab_32 + nudge) / (1 << 15));
351     return overflow ? std::numeric_limits<std::int16_t>::max() : ab_x2_high16;
352 }
```

第 329 ～ 339 行，实现了 32 位整数的双倍乘法操作，具体来说，首先是将 a 与 b 相乘，然后乘以 2，如果结果溢出，那么就取 32 位整数的最大值。

第 341 ～ 352 行，实现了 16 位整数的双倍乘法操作，具体来说，首先是将 a 与 b 相乘，然后乘以 2，如果结果溢出，那么就取 16 位整数的最大值。

RoundingDivideByPOT 函数的代码实现如代码清单 9-14 所示。

代码清单 9-14 RoundingDivideByPOT 函数实现

```
356 template <typename IntegerType, typename ExponentType>
357 inline IntegerType RoundingDivideByPOT(IntegerType x, ExponentType exponent) {
358     assert(exponent >= 0);
```

```
359     assert(exponent <= 31);
360     const IntegerType mask = Dup<IntegerType>((1ll << exponent) - 1);
361     const IntegerType zero = Dup<IntegerType>(0);
362     const IntegerType one = Dup<IntegerType>(1);
363     const IntegerType remainder = BitAnd(x, mask);
364     const IntegerType threshold =
365         Add(ShiftRight(mask, 1), BitAnd(MaskIfLessThan(x, zero), one));
366     return Add(ShiftRight(x, exponent),
367                BitAnd(MaskIfGreaterThan(remainder, threshold), one));
368 }
369
```

我们看到该函数调用了 BitAnd、Add、ShiftRight、MaskIfGreaterThan 等函数，这些函数被 gemmlowp 封装在不同的实现中，比如 AVX 的实现封装在 fixedpoint_avx.h 中，Neon 的实现封装在 fixedpoint_neon.h 中，比如我们现在关心的是 ARM 中的实现，就可以看到 fixedpoint_neon.h 中对这几个函数的定义。代码实现如代码清单 9-15 至代码清单 9-18 所示。

代码清单 9-15　BitAnd 定义

```
37 template <>
38 inline int32x4_t BitAnd(int32x4_t a, int32x4_t b) {
39     return vandq_s32(a, b);
40 }
41
42 template <>
43 inline int16x8_t BitAnd(int16x8_t a, int16x8_t b) {
44     return vandq_s16(a, b);
45 }
```

第 37 ～ 40 行，是对 int32x4_t 类型的 BitAnd 特化，调用 vandq_s32 完成两个向量的位与运算。一次性可以处理 4 对数字。

第 42 ～ 45 行，是对 int16x8_t 类型的 BitAnd 特化，调用 vandq_s16 完成两个向量的位与运算。一次性可以处理 8 对数字。

代码清单 9-16　Add 定义

```
77 template <>
78 inline int32x4_t Add(int32x4_t a, int32x4_t b) {
79     return vaddq_s32(a, b);
80 }
81
82 template <>
83 inline int16x8_t Add(int16x8_t a, int16x8_t b) {
84     return vaddq_s16(a, b);
85 }
```

第 77 ～ 80 行，是对 int32x4_t 类型的 Add 特化，调用 vaddq_s32 完成两个向量的加法运算。一次性可以处理 4 对数字。

第 82 ～ 85 行，是对 int16x8_t 类型的 Add 特化，调用 vaddq_s16 完成两个向量的加法运算。一次性可以处理 8 对数字，如代码清单 9-17 所示。

代码清单 9-17 Shift Right 定义

```
127 template <>
128 inline int32x4_t ShiftRight(int32x4_t a, int offset) {
129     return vshlq_s32(a, vdupq_n_s32(-offset));
130 }
131
132 template <>
133 inline int16x8_t ShiftRight(int16x8_t a, int offset) {
134     return vshlq_s16(a, vdupq_n_s16(-offset));
135 }
```

第 127 ～ 130 行，是对 int32x4_t 类型的 ShiftRight 特化，先调用 vdupq_n_s32 生成 offset 向量，然后调用 vshlq_s32 完成两个向量的向右移位运算，一次性可以处理 4 对数字。

第 132 ～ 135 行，是对 int16x8_t 类型的 ShiftRight 特化，先调用 vdupq_n_s16 生成 offset 向量，然后调用 vshlq_s16 完成两个向量的向右移位运算，一次性可以处理 8 对数字。代码实现如代码清单 9-18 所示。

代码清单 9-18 MaskIfGreaterThan 定义

```
189 template <>
190 inline int32x4_t MaskIfGreaterThan(int32x4_t a, int32x4_t b) {
191     return vreinterpretq_s32_u32(vcgtq_s32(a, b));
192 }
193
194 template <>
195 inline int16x8_t MaskIfGreaterThan(int16x8_t a, int16x8_t b) {
196     return vreinterpretq_s16_u16(vcgtq_s16(a, b));
197 }
198
199 template <>
200 inline int32x4_t MaskIfGreaterThanOrEqual(int32x4_t a, int32x4_t b) {
201     return vreinterpretq_s32_u32(vcgeq_s32(a, b));
202 }
203
204 template <>
205 inline int16x8_t MaskIfGreaterThanOrEqual(int16x8_t a, int16x8_t b) {
206     return vreinterpretq_s16_u16(vcgeq_s16(a, b));
207 }
```

第 190 ～ 192 行，是对 int32x4_t 类型的 MaskIfGreaterThan 特化，先调用 vcgtq_s32 比较两个向量的大小，然后调用 vreinterpretq_s32_u32 将有符号数转换为无符号数，一次性可以处理 4 对数字。

第 194 ～ 197 行，是对 int16x8_t 类型的 MaskIfGreaterThan 特化，先调用 vcgtq_s16 比

较两个向量的大小，然后调用 vreinterpretq_s16_u16 将有符号数转换为无符号数，一次性可以处理 8 对数字。

第 199 ～ 202 行，是对 int32x4_t 类型的 MaskIfGreaterThanOrEqual 特化，先调用 vcgeq_s32 比较两个向量的大小，然后调用 vreinterpretq_s32_u32 将有符号数转换为无符号数，一次性可以处理 4 对数字。

第 204 ～ 207 行，是对 int16x8_t 类型的 MaskIfGreaterThanOrEqual 特化，先调用 vcgeq_s16 比较两个向量的大小，然后调用 vreinterpretq_s16_u16 将有符号数转换为无符号数，一次性可以处理 8 对数字。

这样我们就完成了整个嵌入式量化层的实现。

9.6　本章小结

本章主要阐述了模型压缩算法与模型加速算法，研究如何在不损失过多精度的情况下尽量提升整个网络的速度，同时减小模型的尺寸，使得系统能够运行在资源有限的移动计算平台。

我们学习了权重稀疏化这种热门的模型压缩算法，实现了 Dynamic Network Surgery 算法。然后介绍了模型加速算法，首先介绍了半精度算法和权重量化的思路，然后着重介绍了目前最热门的权重量化这种兼具模型压缩与模型加速功能的优化方法，同时介绍了几种具体的实现算法，包括最初的深度压缩，改进版本的二值化网络和三值化网络，接着介绍了效果比较理想的 DoReFa-Net，并示例了如何在嵌入式平台实现 DoReFa-Net。

最后我们介绍了量化方法的移动平台优化思路，首先分析了量化方法的局限性，介绍了理论上的改进思路，最后参照论文《 Efficient Processing of Deep Neural Networks: A Tutorial and Survey 》介绍了在移动计算平台或嵌入式硬件设备上的工程改进方法，最后实现了 ARM 中的改良版量化算法，并将其集成在 NCNN 中，最终得到了明显的优化效果。

第10章

数据采集与模型训练实战

我们已经在前面的章节中涵盖了诸多针对移动平台研发机器学习系统的优化方法以及实现方式。从本章开始，我们将以 TensorFlow Lite 作为我们移动平台的主要前向引擎，从爬取数据开始到训练测试模型，对每个细节进行叙述，并完成整个数据采集和训练平台，为最终完成整个在移动平台计算的基于机器学习的图像分类系统建立基础。

10.1 收集海量数据

在深度学习领域中，最重要的一环就是数据，深度学习是一种真正释放了数据威力的模型。一般来说，非常令人头疼的一点是数据到底从哪里来？

获取训练数据的一个途径就是许多公开的公共数据集，这些数据集在对应的领域里一般也算不小，比如图像分类常用的 ImageNet 数据集或 Kaggle 数据集等。这些数据集往往是经过整理的噪声比较小的数据集。其数据量对于验证一个算法的基本性能是否相对于以往的算法有所提升是足够的，也是学术界论文发表的数据基准，毕竟如果没有标准的数据，那就更加难以比较算法之间的优劣。

但是，这些数据量如果放在真正的实际生产环境中就会显得比较单薄，训练出来的模型很难在实际产品中得到非常好的效果，因此对于工程界来说，获取更多的数据使得我们的模型越来越强大是非常重要的。

而目前获取数据的最好方法就是通过互联网这一途径。比如对于图像任务来说，互联网上就存在大量已经被初步标注好的图片。比如我们在搜索引擎当中搜索“猫”这个关键字，可以获得大量有关猫的图片，这里面可能有些并不是猫的图片，但是可以确保大部分图片是“真”的猫。如果我们可以将检索结果中的图片自动下载下来，就可以获取到大量关于猫的图片，再通过人工筛选，排除不是猫的图片，就可以为图像分类器训练提供大量可靠的图像数据。根据这种思路我们可以去各种图库、各种搜索引擎采用类似的方法抓取更多的图片，图片越多，训练出的模型性能自然也就越好。

那么，我们应该怎么样去抓取图片呢？接下来我们来了解一下“爬虫”的基本原理，以及在开发类似系统时需要注意的问题和可供学习的经验。

10.1.1　搜索引擎工作原理

爬虫应用最为深入的一个领域就是搜索引擎，我们现在以一个搜索引擎为例解释爬虫是如何工作的。

（1）抓取网页

搜索引擎工作的第 1 步是抓取网页。搜索引擎网络抓取网页的基本工作流如下。

1）选取一部分的种子 URL（Uniform Resource Locator，统一资源定位符），将这些 URL 放入待抓取 URL 队列。

2）取出待抓取的 URL，解析 DNS 得到主机 IP，并将 URL 对应的网页下载下来，存储进已下载网页库中，并且将这些 URL 放进已抓取 URL 队列。

3）分析已抓取 URL 队列中的 URL，分析其中的其他 URL，并且将 URL 放入待抓取 URL 队列，从而进入下一个循环。

那么搜索引擎如何获取一个新网站的 URL 呢？一般来说，方法如下。

1）新网站向搜索引擎主动提交网址（如必应：https://www.bing.com/search?q= 关键字）。

2）在其他网站上设置新网站外链（尽可能处于搜索引擎爬虫的爬取范围内）。

3）搜索引擎和 DNS 解析服务商合作，新网站域名将被迅速抓取。

但是搜索引擎爬虫的爬行是被输入了一定规则的，它需要遵从一些命令或文件的内容，如标注为 nofollow 的链接，或者是 Robots 协议。Robots 协议（也叫爬虫协议、机器人协议等），全称是“网络爬虫排除标准”（Robots Exclusion Protocol），网站通过 Robots 协议告诉搜索引擎哪些页面可以抓取，哪些页面不能抓取，如淘宝就设置了 Robots 禁止搜索引擎爬取。

（2）数据存储

搜索引擎通过爬虫爬取到的网页数据将存入原始页面数据库。其中的页面数据与用户浏览器得到的 HTML 是完全一样的。

因为检索到的数据量非常庞大，因此为了减少存储负担，搜索引擎爬虫在抓取页面时，也做一定的重复内容检测，一旦遇到访问权重很低的网站上有大量抄袭、采集或者复制的内容，很可能就不再爬取该网页中的数据了。如果是爬取图像，检测图像是否重复是一个很大的难题。

（3）数据处理

数据处理环节，对于文本类的数据可能需要提取文字、分词和索引处理等；对于图像，可能也要进行压缩和去重等，这些内容会在后续章节分别讲解。

但是，这些通用搜索引擎往往存在局限性，主要有以下几点。

1）通用搜索引擎所返回的结果都是网页，而大多情况下，网页里 90% 的内容对用户来说是无用的。

2）不同领域、不同背景的用户往往具有不同的检索目的和需求，搜索引擎无法提供针对具体用户的搜索结果。

3）随着网络上数据形式的丰富和网络技术的不断发展，图片、数据库、音频、视频多媒体等各种数据大量出现，搜索引擎对这些文件无能为力，不能很好地发现和获取。

所以对于爬取训练数据而言，所使用的其实是聚焦爬虫，这是“面向特定主题需求”的一种网络爬虫程序，它与通用搜索引擎爬虫的区别在于，聚焦爬虫在实施网页抓取时会对内容进行处理筛选，尽量保证只抓取与需求相关的网页信息。

接下来我们将会讲解与爬取网页数据、解析网页相关的一些基础知识。

提示 网页的基础协议是 HTTP/HTTPS，因此如果读者对 HTTP/HTTPS 的基础知识有兴趣，可以参照 MDN 的说明文档（https://developer.mozilla.org/en-US/docs/Web/HTTP）自行查阅相关知识。

10.1.2 HTTP 会话

需要注意的是，HTTP 本身是无状态协议，也就是说服务器和客户端的交互仅限于请求 / 响应过程，结束之后便断开，在下一次请求时，服务器会认为是新的客户端。

为了维护它们之间的链接，让服务器知道这是前一个用户发送的请求，必须在一个地方保存客户端的信息。因此很多网站会通过特殊的方法来传递服务器的会话信息，主流的方法有以下几种。

1）Cookie：在请求头和响应头的 Cookie 中，一般是将加密后的 Session Id 放在 Cookie 中。

2）Query：在客户端登录时服务器为 Session 生成一个 Token，服务器将 Token 返回给前端，前端取出 Token，每次发送请求的时候都需要包含在请求的查询字段中。Token 可能采用 JWT 这种无存储的认证体系。

3）Authorization 字段：在客户端登录时服务器为 Session 生成一个 Token，服务器将通过 Authorization 响应头返回给前端，前端取出 Token，每次发送请求的时候都需要包含在请求的 Authorization 请求头中。请求头的名称可以自己定义，所以不一定是 Authorization。Token 可能采用 JWT 这种无存储的认证体系。

我们只有了解这些知识才能针对不同的网站编写不同的会话解决方案。

10.1.3 解决 JavaScript 渲染问题

开发爬虫的时候总是会遇到一些特例，比如现在的百度图片，搜索结果并不是通过

HTML 直接返回，或者说 HTML 只负责返回第一页的搜索结果，而 HTML 加载完成后，再通过 JavaScript 脚本向服务器发送异步请求（AJAX），获取后续的图片信息。

目前大多数异步请求可能都是采用了 JSON 作为请求体和响应体的格式，因此解析 AJAX 请求的时候其实也就是根据抓取网站的请求包分析哪些请求是获取数据，然后使用代码模拟这些行为，一般来说，其实就是直接对 AJAX 地址进行 post 或 get 然后返回 JSON 数据。

通过代码调用浏览器或者类似于浏览器的引擎，直接通过代码自动化填写登录信息完成登录，然后通过代码模拟鼠标点击网页中的翻页按钮。每次翻页之后通过代码获取当前浏览器中显示的 HTML 并进行解析处理。这样就能解决一切 JavaScript 异步渲染的问题。

常用的引擎有 Selenium、WebDriver、Puppeteer、Cypress、dom4js 等。其中，Puppeteer 和 Cypress 都是安装了一个 Headless 的 Chrome/Chromium，然后直接通过浏览器执行操作。然而，我们仍然需要在产品研发和工程实践过程中，确保拥有合法版权，而对于企业研发产品而言，获取合法且高质量的训练数据是开发 AI 产品的重要一环。

10.2　图片数据爬虫实现

10.1 节主要介绍了和爬虫相关的原理与概念，本节将会介绍爬虫的代码实现。由于我们关注的是爬虫的性能，因此需要开发一套分布式爬虫。分布式爬虫会采用 Hurricane 作为任务调度系统。

整个方案架构如图 10-1 所示。

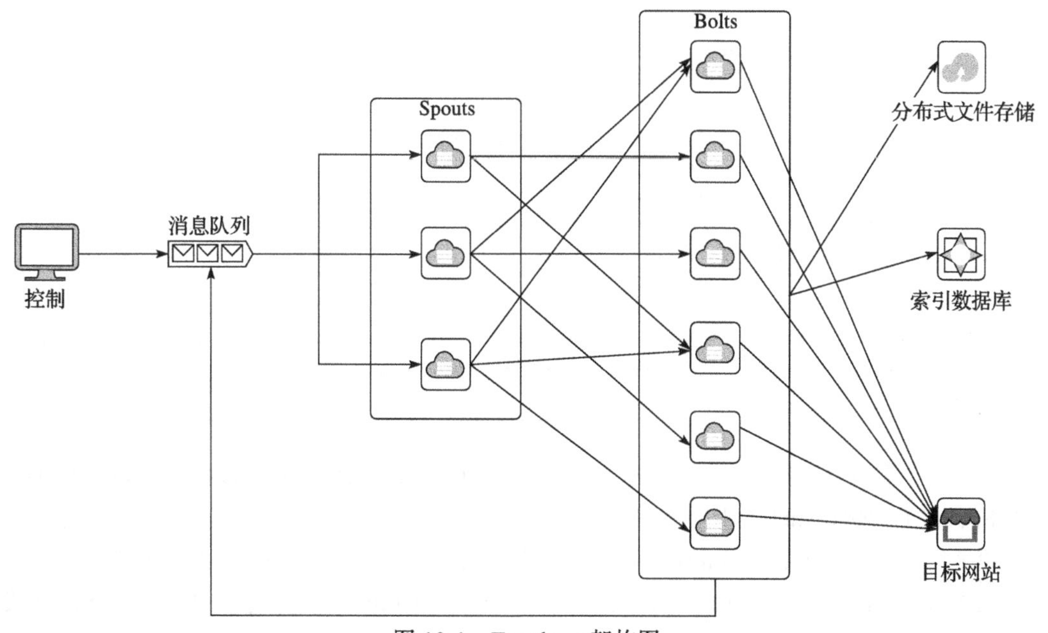

图 10-1　Topology 架构图

首先，控制单元将爬虫任务发送到消息队列中，然后 Hurricane 的 Spout 从消息队列中获取爬虫任务，接着将任务预处理成 Tuple 发送给 Bolt，Bolt 根据 Tuple 访问目标网站并爬取相应信息。爬虫如果发现网页中包含更多的任务，也会将抓取任务发布到消息队列中。爬取到的图片索引信息会记录到同一个数据库中，然后将图片放到分布式文件系统中。

百闻不如一见，现在就开始编程实战。

10.2.1 获取任务

先编写 SpiderTaskSpout.h，用来从 Redis 中获取任务信息并发布给真正的计算节点，如代码清单 10-1 所示。

代码清单 10-1 SpiderTaskSpout.h

```
 1 #pragma once
 2 
 3 #include "hurricane/spout/ISpout.h"
 4 #include <vector>
 5 #include <memory>
 6 
 7 namespace redox {
 8     class Subscriber;
 9 }
10 
11 class SpiderTaskSpout : public hurricane::spout::ISpout {
12 public:
13     virtual hurricane::spout::ISpout* Clone() override {
14         return new SpiderTaskSpout(*this);
15     }
16     virtual void Prepare(std::shared_ptr<hurricane::collector::OutputColle-
       ctor> outputCollector) override;
17     virtual void Cleanup() override;
18     virtual std::vector<std::string> DeclareFields() override;
19     virtual void NextTuple() override;
20 
21 private:
22     std::shared_ptr<hurricane::collector::OutputCollector> _outputCollector;
23     std::shared_ptr<redox::Subscriber> _subscriber;
24 };
```

第 3 行，包含了 ISpout.h，该头文件中定义了 Hurricane 的 ISpout 接口类，该接口类定义了 Spout 所需要实现的接口。

第 8 行，声明了 redox::Subscriber 类，避免在 C++ 中直接包含 redox 的头文件。

第 11 行，定义了 SpiderTaskSpout 类，该类继承自 ISpout 类，也就是实现了 Spout 类的必要接口。

第 13 ～ 15 行，定义了 Clone 成员函数，该成员函数主要用于复制生成新的 Spout 对象。这里我们直接调用 SpiderTaskSpout 的复制构造函数，创建新的对象。

第 16 行，声明了 Prepare 成员函数，该成员函数用于完成 Spout 对象的初始化工作。

第 17 行，声明了 Cleanup 成员函数，该成员函数用于完成 Spout 对象的清理工作。

第 18 行，声明了 DeclareFields 成员函数，该成员函数用于声明 Spout 的输出字段。

第 19 行，声明了 NextTuple 成员函数，该成员函数用于生成数据元组。元组会输入到 Topology 中。

第 22 行，定义了 OutputCollector 指针，用于记录 Hurricane 的输出数据收集器指针，会在初始化的时候设置该指针。

第 23 行，定义了 redox::Subscriber 对象指针，用于记录 Redis 的事件监听器，负责订阅消息队列。

抓取任务的实际代码在 SpiderTaskSpout.cpp 中，具体实现如代码清单 10-2 所示。

代码清单 10-2　SpiderTaskSpout.cpp

```
 1 #include "SpiderTaskSpout.h"
 2 #include "hurricane/util/StringUtil.h"
 3 #include <thread>
 4 #include <chrono>
 5 #include <redox.hpp>
 6
 7 const std::string REDIS_HOST="localhost";
 8 const int32_t REDIS_PORT = 6379;
 9
10 void HelloWorldSpout::Prepare(std::shared_ptr<hurricane::collector::Output-
   Collector> outputCollector) {
11     _outputCollector = outputCollector;
12     _subscriber = std::make_shared<redox::Subscriber>(REDIS_HOST, REDIS_PORT);
13 }
14
15 void HelloWorldSpout::Cleanup() {
16     if (!_subscriber.get()) {
17         return;
18     }
19
20     _subscriber->disconnect();
21     delete _redox;
22 }
23
24 std::vector<std::string> HelloWorldSpout::DeclareFields() {
25     return { "url" };
26 }
27
28 void HelloWorldSpout::NextTuple() {
29     sub.subscribe("spide", [](const string& topic, const string& msg) {
30         _outputCollector->Emit({ msg });
```

```
31      });
32 }
```

第 8 ～ 9 行，定义了两个和 Redis 连接相关的常量，REDIS_HOST 是 Redis 的服务主机名，REDIS_PORT 是 Redis 的服务端口号。

第 10 ～ 13 行，定义了 Prepare 成员函数，该函数的参数是 OutputCollector 对象指针，这个对象是 Hurricane 创建的用于收集输出数据的对象，我们只负责引用。函数中我们先存储 OutputCollector 指针，然后创建 Redis 的 Subscriber 对象。

第 15 ～ 22 行，定义了 Cleanup 成员函数，首先判定是否初始化了 Subscriber 对象，如果没有初始化直接返回，否则调用 Subscriber 的 disconnect 成员函数断开与 Redis 服务器的连接，然后使用 delete 释放 Redis 对象。

第 24 ～ 26 行，定义了 DeclareFields 成员函数。该 Spout 只输出一个 URL 字段，因此返回一个包含 URL 字符串的数组。

第 28 ～ 31 行，定义了 NextTuple 成员函数，该函数调用了 Subscriber 对象的 subscribe 成员函数，监听 spide 队列，当数据到来的时候会触发回调函数。回调函数包含两个参数——topic 是数据主题，msg 是消息参数，也就是需要抓取的网页的 URL。我们将 url 通过 OutputCollector 发送出去。这样就完成了用来读取数据源并发送数据的 SpiderTaskSpout 的实现。

10.2.2 解析图片

处理节点接收任务后需要从网页里将所有的图片地址全部提取出来，如果是非图片链接还需要将链接推送到消息队列中。处理节点类声明代码在 UrlParseBolt.h 中，如代码清单 10-3 所示。

代码清单 10-3 UrlParseBolt.h

```
 1 #pragma once
 2 
 3 #include "hurricane/bolt/IBolt.h"
 4 
 5 #include <string>
 6 #include <cstdint>
 7 
 8 class UrlParseBolt : public hurricane::bolt::IBolt {
 9 public:
10     virtual hurricane::bolt::IBolt* Clone() override {
11         return new UrlParseBolt(*this);
12     }
13     virtual void Prepare(std::shared_ptr<hurricane::collector::OutputColle-
   ctor> outputCollector) override;
14     virtual void Cleanup() override;
```

```
15     virtual std::vector<std::string> DeclareFields() override;
16     virtual void Execute(const hurricane::base::Tuple& tuple) override;
17
18 private:
19     void PerConnect(const std::string& url);
20     void PutImageToSet(
21             std::vector<std::string>& photoUrls,
22             std::vector<std::string>& comUrls)
23     void StoreImage(const std::string& imageUrl);
24
25     std::shared_ptr<hurricane::collector::OutputCollector> _outputCollector;
26     int _socketFd;
27 };
```

第 3 行包含了头文件 IBolt.h，该头文件中定义了 Hurricane 的 IBolt 接口类，该接口类定义了 Bolt 所需要实现的接口。

第 8 行，定义了 UrlParseBolt 类，该类继承自 IBolt 类，也就是实现了 Bolt 类的必要接口。

第 10 ～ 12 行，定义了 Clone 成员函数，该成员函数主要用于复制生成新的 Bolt 对象。这里我们直接调用 UrlParseBolt 的复制构造函数，创建新的对象。

第 13 行，声明了 Prepare 成员函数，该成员函数用于完成 Bolt 对象的初始化工作。

第 14 行，声明了 Cleanup 成员函数，该成员函数用于完成 Bolt 对象的清理工作。

第 15 行，声明了 DeclareFields 成员函数，该成员函数用于声明 Spout 的输出字段。

第 16 行，声明了 Execute 成员函数，该成员函数用于接收前一个节点的元组，并处理后生成新的元组。元组会输入到 Topology 中。

第 19 行，定义了 PerConnect 函数，用于创建到指定 URL 的 HTTP 连接。

第 20 ～ 22 行，定义了 PutImageToSet 函数，用于将下载好的图片添加到爬取的网页集合中。

第 23 行，定义了 StoreImage 函数，用于将指定 URL 的图片保存在本地。

第 25 行，定义了 OutputCollector 指针，用于记录 Hurricane 的输出数据收集器指针，会在初始化的时候设置该指针。

第 26 行，定义了 _socketFd 属性，定义了用于连接 HTTP 服务器的 Socket 连接。

处理节点类实现代码在 UrlParseBolt.cpp 中，如代码清单 10-4 所示。

代码清单 10-4　UrlParseBolt.cpp

```
1 #include "UrlParseBolt.h"
2 #include "hurricane/util/StringUtil.h"
3
4 #include <iostream>
5 #include <sstream>
6 #include <cstring>
7
8 #include<sys/types.h>
```

```
 9 #include<sys/socket.h>
10 #include<netinet/in.h>
11
12 struct ParsedUrl {
13     std::string host;
14     std::string path;
15 };
16
17 const int REMOTE_PORT = 80;
18
19 static void RegexGetImages(const string& allHtml, std::vector<std::string>&
   photoUrls);
20 static void RegexGetComs(const string &allHtml, std::vector<std::string>&
   comUrls);
21
22 void UrlParseBolt::Prepare(std::shared_ptr<hurricane::collector::OutputCol-
   lector> outputCollector) {
23     _outputCollector = outputCollector;
24     _socketFd = socket(AF_INET, SOCK_STREAM, 0);
25     if (_socketFd < 0) {
26         std::cerr << "Create socket failed" << std::endl;
27         return;
28     }
29 }
30
31 void UrlParseBolt::Cleanup() {
32 }
33
34 std::vector<std::string> UrlParseBolt::DeclareFields() {
35     return{ "image" };
36 }
37
38 void UrlParseBolt::PreConnect(const std::string& url) {
39     ParsedUrl parsedUrl;
40
41     if (!ParseUrl(url.c_str(), &parsedUrl)) {
42         std::cerr << "Parse url error: " << url << std::endl;
43         return;
44     }
45
46     struct hostent *hptr = gethostbyname(parsedUrl.host.c_str());
47     if(!hptr) {
48         std::cerr << "Parse host name error: " << parsedUrl.host << std::endl;
49         return;
50     }
51
52     struct sockaddr_in serverAddress;
53     memset(&servaddr, 0, sizeof(servaddr));
54     serverAddress.sin_family = AF_INET;
55     serverAddress.sin_port = htons(REMOTE_PORT);
```

```
56      serverAddress.sin_addr.s_addr = *((unsigned long*)hptr->h_addr_list[0]);
57
58      if (connect(_socketFd,(struct sockaddr *)&servaddr,sizeof(servaddr)) ) {
59          std::cerr << "Connect to remote server failed: " << url << std::endl;
60          return;
61      }
62
63      string reqInfo = "GET " + parsedUrl.path + " HTTP/1.1\r\nHost: " + parsedUrl.
        host + "\r\nConnection:Close\r\n\r\n";
64      if (SOCKET_ERROR == send(_socketFd, reqInfo.c_str(), reqInfo.size(), 0))
65      {
66          cout << "Send request failed" << endl;
67          close(_socketFd);
68          return;
69      }
70  }
71
72  void UrlParseBolt::Execute(const hurricane::base::Tuple& tuple) {
73      std::string url = tuple[0].GetStringValue();
74      bool connected = PreConnect(url);
75      if (!connected) {
76          return;
77      }
78
79      std::vector<std::string> photoUrls;
80      std::vector<std::string> comUrls;
81      PutImageToSet(photoUrls, comUrls);
82
83      for (std::vector<std::string>::iterator it; it != photoUrls.end(); ++ it)
84      {
85          StoreImage(*it);
86      }
87
88      for (std::vector<std::string>::iterator it; it != photoUrls.end(); ++ it)
89      {
90          std::string newUrl = *it
91          _outputCollector->Emit({ newUrl });
92      }
93  }
94
95  void UrlParseBolt::PutImageToSet(
96          std::vector<std::string>& photoUrls,
97          std::vector<std::string>& comUrls)
98  {
99      int n;
100     char buf[1024];
101     std::string allHtml;
102     while ((n = recv(_socketFd, buf, sizeof(buf)-1, 0)) > 0)
103     {
104         buf[n] = '\0';
```

```
105         allHtml += string(buf);
106     }
107 
108     RegexGetImages(allHtml, photoUrls);
109     RegexGetComs(allHtml, comUrls);
110 }
111 
112 static bool ParseUrl(char *url, ParsedUrl* parsedUrl)
113 {
114     char host[255];
115     char othPath[255];
116 
117     char *pos = strstr(url, "http://");
118     if (pos == NULL)
119         return false;
120     else
121         pos += 7;
122     sscanf(pos, "%[^/]%s", host, othPath);   //http://后一直到/之前的是主机名
123 
124     parsedUrl->host = host;
125     parsedUrl->path = othPath;
126 
127     return true;
128 }
129 
130 void RegexGetImages(const string& allHtml, std::vector<std::string>& photoUrls)
131 {
132     smatch mat;
133     regex pattern("src=\"(.*?\.jpg)\"");
134     string::const_iterator start = allHtml.begin();
135     string::const_iterator end = allHtml.end();
136     while (regex_search(start, end, mat, pattern))
137     {
138         string msg(mat[1].first, mat[1].second);
139         photoUrls.push_back(msg);
140         start = mat[0].second;
141     }
142 }
143 
144 void RegexGetComs(const string &allHtml, std::vector<std::string>& comUrls)
145 {
146     smatch mat;
147     regex pattern("href=\"(http://[^\s'\"]+)\"");
148     string::const_iterator start = allHtml.begin();
149     string::const_iterator end = allHtml.end();
150     while (regex_search(start, end, mat, pattern))
151     {
152         string msg(mat[1].first, mat[1].second);
153         comUrls.push_back(msg);
154         start = mat[0].second;
```

```
155         }
156 }
```

第 12 行，定义了解析后的 URL 结构体，包含两个字段：一个是 host 字段，表示网址的域名；一个是 path 字段，表示网页的路径。

第 17 行，定义了 REMOTE_PORT 常量，该常量表示远程网站的端口，默认为 80。

第 19 行，定义了 RegexGetImages 函数，该函数使用正则表达式从网页源代码中抽取所有的图片 URL。

第 20 行，定义了 RegexGetComs 函数，该函数使用正则表达式从网页中抽取其他页面的 URL。

第 22 ～ 29 行，定义了 Prepare 成员函数。首先将 outputCollector 赋值给成员变量，然后调用 socket 创建 Socket 连接，如果 Socket 连接创建失败就打印错误提示并返回。

第 34 行，定义了 DeclareFields 成员函数，该成员函数返回了 image 字段。

第 38 行，定义了 PreConnect 成员函数。首先调用 ParsedUrl 解析 URL，将网页解析成 ParsedUrl 结构体，如果解析失败，就直接输出错误信息然后返回。

第 46 行，调用 gethostbyname 查找 URL 的域名，如果没有找到域名，报错并返回。

第 52 ～ 61 行，根据解析出来的 IP，连接到指定的服务器，如果 connect 函数返回错误，那么就打印错误输出并返回。

第 63 ～ 70 行，我们拼接一下获取网页内容的请求，首先是 GET，然后是网页的内部路径，接着是 Host 和网页的域名，最后是请求头。拼接后我们就发送请求到服务器获得响应。如果发送失败就管理 Socket 并返回。

第 72 ～ 93 行，我们定义 Execute 成员函数。该函数的参数是 Bolt 的处理函数。首先从元组中获取需要爬取的 URL。然后调用 PreConnect 连接到网页。接着调用 PutImageToSet 解析网页中的图片地址存储到 photoUrls 中。

第 83 行，遍历我们抽取出来的图片 URL 数组，调用 StoreImage 存储每个图片。

第 88 ～ 93 行，遍历所有的 URL，并将 URL 通过 Emit 发送出去，这样下一个节点就能知道有哪些图片。

第 95 ～ 106 行，定义了 PutImageToSet 函数。首先调用 recv 从远程服务器接收网页数据，然后调用 RegexGetImages 将图片地址解析出来存储在 photoUrls 中，调用 RegexGetComs 将其他网址存储在 comUrls 中。

第 112 ～ 128 行，定义了 ParseUrl 成员函数，该函数使用正则表达式解析 URL。

第 130 ～ 142 行，定义了 RegexGetImages 成员函数，该函数使用正则表达式从网页中将所有的图片 URL 提取出来并放到 photoUrls 中，我们首先调用 regex 类匹配字符串中的文本，然后通过迭代 search 逐个获取文本。

第 144 ～ 156 行，定义了 RegexGetComs 成员函数，该函数使用正则表达式从网页中将所有的图片 URL 提取出来并放到 comUrls 中，我们首先调用 regex 类匹配字符串中的文本，然后通过迭代 search 逐个获取文本。

10.2.3 图片存储

图片解析完成后需要进行下载存储，图片存储代码在 UrlParseBolt.cpp 中，如代码清单 10-5 所示。

代码清单 10-5 UrlParseBolt.cpp 续

```
158 void UrlParseBolt::StoreImage(const string& imageUrl)
159 {
160     int n;
161     std::string tempUrl = imageUrl;
162 
163     PreConnect(tempUrl);
164 
165     std::string photoName;
166     photoName.resize(imageUrl.size());
167     int k = 0;
168     for (int i = 0; i<imageUrl.length(); i++){
169         char ch = imageUrl[i];
170         if (ch != '\\'&&ch != '/'&&ch != ':'&&ch != '*'&&ch != '?'&&ch != 
    '"'&&ch != '<'&&ch != '>'&&ch != '|')
171             photoName[k++] = ch;
172     }
173     photoName = "./img/"+photoName.substr(0, k) + ".jpg";
174 
175     std::fstream file;
176     file.open(photoName.c_str(), std::ios_base::out | std::ios_base::binary);
177     char buf[1024];
178     memset(buf, 0, sizeof(buf));
179     n = recv(_socketFd, buf, sizeof(buf)-1, 0);
180     char *cpos = strstr(buf, "\r\n\r\n");
181 
182     file.write(cpos + strlen("\r\n\r\n"), n - (cpos - buf) - strlen("\r\n\r\n"));
183     while ((n = recv(_socketFd, buf, sizeof(buf)-1, 0)) > 0)
184     {
185         file.write(buf, n);
186     }
187     file.close();
188 }
```

第 163 行，调用 PerConnect 连接到 tempUrl，并下载网页中的图片。

第 166 ～ 173 行，循环遍历 imagUrl 字符串，然后将 URL 中的一些特殊字符替换掉。

第 175 ～ 180 行，根据图片名称打开本地文件，准备写入。

第 182 ～ 188 行，不断调用 recv 函数获取远程数据并将输入写入到图片中。

10.2.4　图片去重

因为获取的有些图片是重复的，因此我们需要使用图像去重算法判定两张图片是否相同。首先需要编写算法抽取图像的特征值，然后编写特征比较函数确定两张图是否相同。这里我们使用的是 pHash 算法，如代码清单 10-6 所示。

代码清单 10-6　图片去重实现

```
 1 #include <iostream>
 2 #include <opencv2/core/core.hpp>
 3 #include <opencv2/highgui/highgui.hpp>
 4 #include <opencv2/imgproc/imgproc.hpp>
 5 #include <string>
 6 #include <cstdint>
 7
 8 enum class ImageSimilarity {
 9     Similar,
10     Different,
11     SomeWhatSimilar
12 };
13
14 std::vector<int32_t> GetImageHash(const std::string& imagePath) {
15     cv::Mat image = cv::imread(imagePath, CV_LOAD_IMAGE_COLOR);
16
17     cv::Mat processedImage;
18     cv::resize(image, processedImage, cv::Size(8, 8), 0, 0, cv::INTER_CUBIC);
19     cv::cvtColor(processedImage, processedImage, CV_BGR2GRAY);
20
21     int avg = 0;
22     int features[64];
23
24     for (int i = 0; i < 8; i++)
25     {
26         uchar* imageData = processedImage.ptr<uchar>(i);
27         for (int j = 0; j < 8; j++)
28         {
29             int featureIndex = i * 8 + j;
30
31             features[featureIndex] = imageData[j] / 4 * 4;
32
33             avg += fatures[featureIndex];
34         }
35     }
36
37     avg /= 64;
38
39     for (int i = 0; i < 64; i++)
40     {
41         features[i] = (features[i] >= avg) ? 1 : 0;
42     }
```

```
43
44     return std::vector<int32_t>(features, fatures + 64);
45 }
46
47 ImageSimilarity IsDifferentImage(const std::vector<int32_t>& hash1, const std::
   vector<int32_t>& hash2) {
48     int difference = 0;
49
50     for (int i = 0; i < 64; i++)
51         if (hash1[i] != hash2[i])
52             ++ difference;
53
54     if (difference <= 5) {
55         return ImageSimilarity::Similar;
56     }
57     else if (difference > 10) {
58         return ImageSimilarity::Different;
59     }
60
61     return ImageSimilarity::SomeWhatSimilar;
62 }
```

第 14 行，定义了 GetImageHash 函数，该函数负责读取文件，并根据文件内容计算图像的 pHash 值。

第 15 行，调用 OpenCV 的 imread 读取文件中的图像数据。

第 17 ～ 19 行，调用 resize 和 cvtColor 先将图像缩放再转成灰度图。

第 24 ～ 35 行，使用二重循环将图像分割为一块块的独立区块，每次计算这个区块的平均值。

第 37 ～ 44 行，将特征存储在长度为 64 的数组里。最后构造成长度为 64 的字符串返回。

10.2.5 完成 Topology

最后我们需要按照系统架构将之前的 Spout 和 Bolt 全部组织起来。首先编写 CrawlerTopology.h，该文件定义了 GetTopology 函数，这个函数会被 Hurricane 调用以生成 Topology。另外，注意该函数是一个 C 符号的函数，因此代码中使用了 BEGIN_EXTERN_C 和 END_EXTERN_C 来处理这个函数声明，这两个宏定义在 Hurricane 的 base/externc.h 中。该文件如代码清单 10-7 所示。

代码清单 10-7 CrawlerTopology.h

```
1 #pragma once
2
3 namespace hurricane {
4     namespace topology {
5         class Topology;
6     }
7 }
```

```
 8
 9 #include "hurricane/base/externc.h"
10
11 BEGIN_EXTERN_C
12 hurricane::topology::Topology* GetTopology();
13 END_EXTERN_C
```

接下来我们需要编写 CrawlerTopology.cpp 以实现这个 GetTopology 函数，该文件如代码清单 10-8 所示。

代码清单 10-8　CrawlerTopology.cpp

```
 1 #include "CrawlerTopology.h"
 2 #include "SpiderTaskSpout.h"
 3 #include "UrlParseBolt.h"
 4 #include "HashFilterBolt.h"
 5
 6 #include "hurricane/topology/Topology.h"
 7
 8 hurricane::topology::Topology* GetTopology() {
 9     hurricane::topology::Topology* topology = new hurricane::topology::Topo-
       logy("crawler-topology");
10
11     topology->SetSpout("get-task-spout", new SpiderTaskSpout)
12         .ParallismHint(1);
13
14     topology->SetBolt("url-parse-bolt", new UrlParseBolt)
15         .Random("get-task-spout")
16         .ParallismHint(3);
17
18     topology->SetBolt("hash-filter-bolt", new HashFilterBolt)
19         .Random("url-parse-bolt")
20         .ParallismHint(2);
21
22     return topology;
23 }
```

第 6 行，包含了 Topology.h，该头文件定义了 Topology 类。

第 8 行，我们定义了 GetTopology 函数，该函数会构建并返回 Topology 对象，定义了整个计算网络。

第 9 行，调用 Topology 的构造函数创建一个 Topology 对象，Topology 的名称是 crawler-topology。

第 11 ～ 12 行，创建 SpiderTaskSpout 对象，调用 topology 的 SetSpout 构造函数，将该 Spout 加入到网络中，将其命名为 get-task -spout，然后调用 ParallismHint 将其并行度设置为 1。

第 14 ～ 16 行，创建 UrlParseBolt 对象，调用 topology 的 SetBolt 成员函数将 Bolt 加入到网络中，将其命名为 url-parse-bolt，使用 Random 将其接到 get-task-spout 后，然后调用

ParallismHint 将其并行度设置为 3。

第 18 ～ 20 行，创建 HashFilterBolt 对象，调用 topology 的 SetBolt 成员函数将 Bolt 加入到网络中，将其命名为 hash-filter-bolt，使用 Random 将其接到 url-parse-bolt 后，然后调用 ParallismHint 将其并行度设置为 2。

第 22 行，返回创建好的 Topology 对象指针，这样我们就完成了 Topology 的编写。整个 Topology 的结构图如图 10-2 所示。

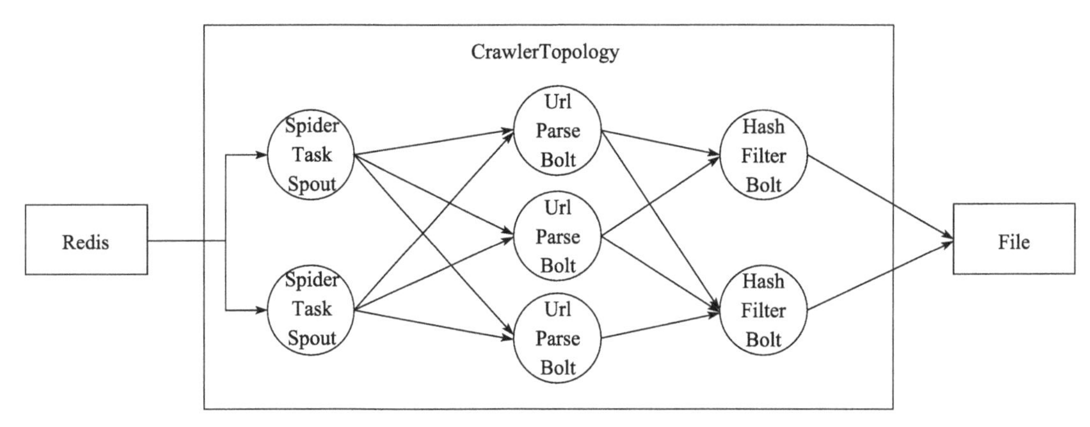

图 10-2 CrawlerTopology 结构图

10.3 训练与测试

我们爬取整理完图片后就可以开始训练了。由于在移动平台上使用的是 TensorFlow Lite，因此先使用 TensorFlow 进行训练。

10.3.1 模型定义

首先我们编写一下我们的网络，在定义网络模型之前我们编写 train_util.py，将 TensorFlow 的常用操作符做一个简单封装，让其使用起来像 PyTorch 那么简单，如代码清单 10-9 所示。

代码清单 10-9 train_util.py

```
1 import os
2 import random
3 import tensorflow as tf
4 import numpy as np
5 from scipy.io import loadmat
6 from PIL import Image
7
8
9 def weight(shape, name):
```

```
10          initial = tf.truncated_normal(shape, stddev=0.01)
11          w = tf.Variable(initial, name=name)
12          tf.add_to_collection('weights', w)
13          return w
14
15 def bias(value, shape, name):
16          initial = tf.constant(value, shape=shape)
17          return tf.Variable(initial, name=name)
18
19 def conv2d(x, W, stride, padding):
20          return tf.nn.conv2d(x, W, strides=[1, stride[0], stride[1], 1], padding =
            padding)
21
22 def max_pool2d(x, kernel, stride, padding):
23          return tf.nn.max_pool(x, ksize=kernel, strides=stride, padding=padding)
24
25 def lrn(x, depth_radius, bias, alpha, beta):
26          return tf.nn.local_response_normalization(x, depth_radius, bias, alpha, beta)
27
28 def relu(x):
29          return tf.nn.relu(x)
30
31 def batch_norm(x):
32          epsilon = 1e-3
33          batch_mean, batch_var = tf.nn.moments(x, [0])
34          return tf.nn.batch_normalization(x, batch_mean, batch_var, None, None,
            epsilon)
```

第 9 ～ 13 行，定义了 weight 函数，该函数用于将权重参数添加到 TensorFlow 网络中。

第 15 ～ 17 行，定义了 bias 函数，该函数用于将偏置参数添加到 TensorFlow 网络中。

第 19 ～ 20 行，定义了 conv2d 函数，该函数封装了 TensorFlow 的 conv2d 层。

第 22 ～ 23 行，定义了 max_pool2d 函数，该函数封装了 TensorFlow 的 max_pool 层。

第 25 ～ 26 行，定义了 lrn 函数，该函数封装了 TensorFlow 的 local_response_normalization 层。

第 28 ～ 29 行，定义了 relu 函数，该函数封装了 TensorFlow 的 relu 层。

第 31 ～ 34 行，定义了 batch_norm 函数，该函数封装了 TensorFlow 的 batch_normalization 层。

接下来利用 train_util.py 编写网络模型，网络模型在 model.py 中，如代码清单 10-10 所示。

代码清单 10-10　model.py

```
1 import tensorflow as tf
2 import train_util as tu
3
4 def cnn(x):
```

```
 5         with tf.name_scope('cnn') as scope:
 6                 with tf.name_scope('cnn_conv1') as inner_scope:
 7                         wcnn1 = tu.weight([11, 11, 3, 96], name='wcnn1')
 8                         bcnn1 = tu.bias(0.0, [96], name='bcnn1')
 9                         conv1 = tf.add(tu.conv2d(x, wcnn1, stride=(4, 4), padding=
                                'SAME'), bcnn1)
10                         conv1 = tu.relu(conv1)
11                         norm1 = tu.lrn(conv1, depth_radius=2, bias=1.0, alpha=
                                2e-05, beta=0.75)
12                         pool1 = tu.max_pool2d(norm1, kernel=[1, 3, 3, 1], stride=
                                [1, 2, 2, 1], padding='VALID')
13
14                 with tf.name_scope('cnn_conv2') as inner_scope:
15                         wcnn2 = tu.weight([5, 5, 96, 256], name='wcnn2')
16                         bcnn2 = tu.bias(1.0, [256], name='bcnn2')
17                         conv2 = tf.add(tu.conv2d(pool1, wcnn2, stride=(1, 1),
                                padding='SAME'), bcnn2)
18                         conv2 = tu.relu(conv2)
19                         norm2 = tu.lrn(conv2, depth_radius=2, bias=1.0, alpha=
                                2e-05, beta=0.75)
20                         pool2 = tu.max_pool2d(norm2, kernel=[1, 3, 3, 1], stride=
                                [1, 2, 2, 1], padding='VALID')
21
22                 with tf.name_scope('cnn_conv3') as inner_scope:
23                         wcnn3 = tu.weight([3, 3, 256, 384], name='wcnn3')
24                         bcnn3 = tu.bias(0.0, [384], name='bcnn3')
25                         conv3 = tf.add(tu.conv2d(pool2, wcnn3, stride=(1, 1),
                                padding='SAME'), bcnn3)
26                         conv3 = tu.relu(conv3)
27
28                 with tf.name_scope('cnn_conv4') as inner_scope:
29                         wcnn4 = tu.weight([3, 3, 384, 384], name='wcnn4')
30                         bcnn4 = tu.bias(1.0, [384], name='bcnn4')
31                         conv4 = tf.add(tu.conv2d(conv3, wcnn4, stride=(1, 1),
                                padding='SAME'), bcnn4)
32                         conv4 = tu.relu(conv4)
33
34                 with tf.name_scope('cnn_conv5') as inner_scope:
35                         wcnn5 = tu.weight([3, 3, 384, 256], name='wcnn5')
36                         bcnn5 = tu.bias(1.0, [256], name='bcnn5')
37                         conv5 = tf.add(tu.conv2d(conv4, wcnn5, stride=(1, 1),
                                padding='SAME'), bcnn5)
38                         conv5 = tu.relu(conv5)
39                         pool5 = tu.max_pool2d(conv5, kernel=[1, 3, 3, 1], stride=
                                [1, 2, 2, 1], padding='VALID')
40
41                 return pool5
42
43 def classifier(x, dropout):
44         pool5 = cnn(x)
45
```

```
46          dim = pool5.get_shape().as_list()
47          flat_dim = dim[1] * dim[2] * dim[3]
48          flat = tf.reshape(pool5, [-1, flat_dim])
49
50          with tf.name_scope('classifier') as scope:
51                  with tf.name_scope('classifier_fc1') as inner_scope:
52                          wfc1 = tu.weight([flat_dim, 4096], name='wfc1')
53                          bfc1 = tu.bias(0.0, [4096], name='bfc1')
54                          fc1 = tf.add(tf.matmul(flat, wfc1), bfc1)
55                          fc1 = tu.relu(fc1)
56                          fc1 = tf.nn.dropout(fc1, dropout)
57
58                  with tf.name_scope('classifier_fc2') as inner_scope:
59                          wfc2 = tu.weight([4096, 4096], name='wfc2')
60                          bfc2 = tu.bias(0.0, [4096], name='bfc2')
61                          fc2 = tf.add(tf.matmul(fc1, wfc2), bfc2)
62                          fc2 = tu.relu(fc2)
63                          fc2 = tf.nn.dropout(fc2, dropout)
64
65                  with tf.name_scope('classifier_output') as inner_scope:
66                          wfc3 = tu.weight([4096, 1000], name='wfc3')
67                          bfc3 = tu.bias(0.0, [1000], name='bfc3')
68                          fc3 = tf.add(tf.matmul(fc2, wfc3), bfc3)
69                          softmax = tf.nn.softmax(fc3)
70
71          return fc3, softmax
```

第 4 行，定义了 cnn 函数，该函数用于构建 CNN 模型。

第 5 行，调用 name_scope 创建一个 cnn 命名空间，每个 name_scope 都可以嵌套更多的内部 name_scope，就和 PyTorch 的 Module 一样。

第 6 行，创建新的 scope，命名为 cnn_conv1，这是 Conv1 网络。首先创建权重参数输入和偏置输入，然后调用 conv2d 创建卷积层添加到 TensorFlow 中，接着调用 relu 进行激活。然后调用 lrn 接入 LRN 层，最后调用 max_pool2d 接入池化层。

第 14 行，创建新的 scope，命名为 cnn_conv2，这是 Conv2 网络。首先创建权重参数输入和偏置输入，然后调用 conv2d 创建卷积层添加到 TensorFlow 中，接着调用 relu 进行激活。然后调用 lrn 接入 LRN 层，最后调用 max_pool2d 接入池化层。

第 22 行，创建新的 scope，命名为 cnn_conv3，这是 Conv3 网络。首先创建权重参数输入和偏置输入，然后调用 conv2d 创建卷积层添加到 TensorFlow 中，接着调用 relu 进行激活。

第 28 行，创建新的 scope，命名为 cnn_conv4，这是 Conv4 网络。首先创建权重参数输入和偏置输入，然后调用 conv2d 创建卷积层添加到 TensorFlow 中，接着调用 relu 进行激活。

第 34 行，创建新的 scope，命名为 cnn_conv5，这是 Conv5 网络。首先创建权重参数输入和偏置输入，然后调用 conv2d 创建卷积层添加到 TensorFlow 中，接着调用 relu 进行激活，最后调用 max_pool2d 接入池化层。

第 41 行，我们将特征提取网络的最后一个 pooling 层返回，就完成了特征提取网络的构建。

第 43 行，定义了 classifier 函数，该函数用于构建分类器网络。该函数有两个参数，x 是网络的输入，dropout 是用来随机删除参数的函数。

第 44 行，调用 cnn 网络完成参数提取。

第 46 ～ 48 行，首先获取 pool5 的向量 shape。然后调用 reshape 将其变换成平坦化的一维向量。

第 50 行，创建新的 scope，命名为 calssifier_fc1，这是 FC1 网络。首先创建权重参数输入和偏置输入，然后调用 add 创建求向量的向量点乘之和，接着调用 relu 进行激活。最后调用 dropout 丢弃部分参数。

第 58 行，创建新的 scope，命名为 calssifier_fc2，这是 FC2 网络。首先创建权重参数输入和偏置输入，然后调用 add 创建求向量的向量点乘之和，接着调用 relu 进行激活。最后调用 dropout 丢弃部分参数。

第 65 行，创建新的 scope，命名为 calssifier_output，该网络用于输出分类结果。首先创建权重参数输入和偏置输入，然后调用 add 创建求向量的向量点乘之和，最后调用 softmax 完成分类。

第 71 行，返回 fc3 和 softmax，分别是分类用的特征和分类结果。

10.3.2 训练

定义好模型之后我们在 train_util.py 里追加一些训练常用的工具函数，比如图片读取解析等工具函数，如代码清单 10-11 所示。

代码清单 10-11 常用工具函数的实现

```
36 def onehot(index):
37         onehot = np.zeros(1000)
38         onehot[index] = 1.0
39         return onehot
40
41 def read_batch(batch_size, images_source, wnid_labels):
42         batch_images = []
43         batch_labels = []
44
45         for i in range(batch_size):
46                 class_index = random.randint(0, 999)
47
48                 folder = wnid_labels[class_index]
49                 batch_images.append(read_image(os.path.join(images_source, folder)))
50                 batch_labels.append(onehot(class_index))
51
52         np.vstack(batch_images)
53         np.vstack(batch_labels)
```

```
54          return batch_images, batch_labels
55
56 def read_image(images_folder):
57          image_path = os.path.join(images_folder, random.choice(os.listdir
   (images_folder)))
58
59          im_array = preprocess_image(image_path)
60
61          return im_array
62
63 def preprocess_image(image_path):
64          IMAGENET_MEAN = [123.68, 116.779, 103.939]
65
66          img = Image.open(image_path).convert('RGB')
67
68          if img.size[0] < img.size[1]:
69                  h = int(float(256 * img.size[1]) / img.size[0])
70                  img = img.resize((256, h), Image.ANTIALIAS)
71          else:
72                  w = int(float(256 * img.size[0]) / img.size[1])
73                  img = img.resize((w, 256), Image.ANTIALIAS)
74
75          x = random.randint(0, img.size[0] - 224)
76          y = random.randint(0, img.size[1] - 224)
77          img_cropped = img.crop((x, y, x + 224, y + 224))
78
79          cropped_im_array = np.array(img_cropped, dtype=np.float32)
80
81          for i in range(3):
82                  cropped_im_array[:,:,i] -= IMAGENET_MEAN[i]
83
84          return cropped_im_array
85
86
87 def read_k_patches(image_path, k):
88          IMAGENET_MEAN = [123.68, 116.779, 103.939]
89
90          img = Image.open(image_path).convert('RGB')
91
92          if img.size[0] < img.size[1]:
93                  h = int(float(256 * img.size[1]) / img.size[0])
94                  img = img.resize((256, h), Image.ANTIALIAS)
95          else:
96                  w = int(float(256 * img.size[0]) / img.size[1])
97                  img = img.resize((w, 256), Image.ANTIALIAS)
98
99          patches = []
100         for i in range(k):
101                 x = random.randint(0, img.size[0] - 224)
102                 y = random.randint(0, img.size[1] - 224)
```

```
103                 img_cropped = img.crop((x, y, x + 224, y + 224))
104
105                 cropped_im_array = np.array(img_cropped, dtype=np.float32)
106
107                 for i in range(3):
108                         cropped_im_array[:,:,i] -= IMAGENET_MEAN[i]
109
110                 patches.append(cropped_im_array)
111
112         np.vstack(patches)
113         return patches
114
115 def read_validation_batch(batch_size, validation_source, annotations):
116         batch_images_val = []
117         batch_labels_val = []
118
119         images_val = sorted(os.listdir(validation_source))
120
121         with open(annotations) as f:
122                 gt_idxs = f.readlines()
123                 gt_idxs = [(int(x.strip()) - 1) for x in gt_idxs]
124
125         for i in range(batch_size):
126                 idx = random.randint(0, len(images_val) - 1)
127
128                 image = images_val[idx]
129                 batch_images_val.append(preprocess_image(os.path.join(validation_
                                            source, image)))
130                 batch_labels_val.append(onehot(gt_idxs[idx]))
131
132         np.vstack(batch_images_val)
133         np.vstack(batch_labels_val)
134         return batch_images_val, batch_labels_val
135
136 def load_imagenet_meta(meta_path):
137         metadata = loadmat(meta_path, struct_as_record=False)
138
139         synsets = np.squeeze(metadata['synsets'])
140         ids = np.squeeze(np.array([s.ILSVRC2012_ID for s in synsets]))
141         wnids = np.squeeze(np.array([s.WNID for s in synsets]))
142         words = np.squeeze(np.array([s.words for s in synsets]))
143         return wnids, words
144
145 def read_test_labels(annotations_path):
146         gt_labels = []
147
148         with open(annotations_path) as f:
149                 gt_idxs = f.readlines()
150                 gt_idxs = [(int(x.strip()) - 1) for x in gt_idxs]
151
```

```
152         for gt in gt_idxs:
153                 gt_labels.append(onehot(gt))
154 
155         np.vstack(gt_labels)
156 
157         return gt_labels
158 
159 def format_time(time):
160         m, s = divmod(time, 60)
161         h, m = divmod(m, 60)
162         d, h = divmod(h, 24)
163         return ('{:02d}d {:02d}h {:02d}m {:02d}s').format(int(d), int(h), int(m),
                int(s))
164 
165 def imagenet_size(im_source):
166         n = 0
167         for d in os.listdir(im_source):
168                 for f in os.listdir(os.path.join(im_source, d)):
169                         n += 1
170         return n
```

第 36 ～ 39 行，定义了 onehot 函数，用于生成 onehot 向量。

第 41 ～ 54 行，定义了 read_batch 函数，用于随机抽取图片，批量读取图片和标签并返回。

第 56 ～ 61 行，定义了 read_image 函数，用于从指定的目录中读取所有的图片列表，然后使用 random.choice 从中随机选择部分路径作为数据集。最后调用 preprocess_image 完成图片预处理。

第 63 ～ 84 行，定义了 preprocess_image 函数，用于完成图片预处理。

第 87 ～ 113 行，定义了 read_k_patches 函数，用于将图片切割成多个切片（patch），并存储在 patches 列表中返回。

第 115 ～ 134 行，定义了 read_validation_batch 函数，该函数用于从数据集中选择特定数量的验证集合并返回。

第 136 ～ 143 行，定于了 load_imagenet_meta 函数，用于加载 ImageNet 的元数据。

第 145 ～ 157 行，定义了 read_test_labels 函数，用于从 annotations_path 中读取测试集数据的标签。

第 145 ～ 157 行，定义了 read_test_labels 函数，用于从 annotations_path 中读取测试集数据的标签。

第 159 ～ 163 行，定义了 format_time 函数，用于将时间格式化成我们需要的格式。

第 165 ～ 170 行，定义了 imagenet_size 函数，用于从指定的图片目录中获取图片的数量。

完成基础工作后，我们就可以编写 train.py 完成模型训练了，训练代码在 train.py 中，如代码清单 10-12 所示。

代码清单 10-12 train.py

```
 1 import sys
 2 import os.path
 3 import time
 4 import model
 5 import tensorflow as tf
 6 import train_util as tu
 7 import numpy as np
 8 import threading
 9
10 def train(
11                 epochs,
12                 batch_size,
13                 learning_rate,
14                 dropout,
15                 momentum,
16                 lmbda,
17                 resume,
18                 imagenet_path,
19                 display_step,
20                 test_step,
21                 ckpt_path,
22                 summary_path):
23         train_img_path = os.path.join(imagenet_path, 'ILSVRC2012_img_train')
24         ts_size = tu.imagenet_size(train_img_path)
25         num_batches = int(float(ts_size) / batch_size)
26
27         wnid_labels, _ = tu.load_imagenet_meta(os.path.join(imagenet_path,
                          'data/meta.mat'))
28
29         x = tf.placeholder(tf.float32, [None, 224, 224, 3])
30         y = tf.placeholder(tf.float32, [None, 1000])
31
32         lr = tf.placeholder(tf.float32)
33         keep_prob = tf.placeholder(tf.float32)
34
35         with tf.device('/cpu:0'):
36                 q = tf.FIFOQueue(batch_size * 3, [tf.float32, tf.float32],
                     shapes=[[224, 224, 3], [1000]])
37                 enqueue_op = q.enqueue_many([x, y])
38
39                 x_b, y_b = q.dequeue_many(batch_size)
40
41         pred, _ = model.classifier(x_b, keep_prob)
42
43         with tf.name_scope('cross_entropy'):
44                 cross_entropy = tf.reduce_mean(tf.nn.softmax_cross_entropy_
                                 with_logits(logits=pred, labels=y_b, name=
                                 'cross-entropy'))
45
```

```
46          with tf.name_scope('l2_loss'):
47                  l2_loss = tf.reduce_sum(lmbda * tf.stack([tf.nn.l2_loss(v)
                            for v in tf.get_collection('weights')]))
48                  tf.summary.scalar('l2_loss', l2_loss)
49
50          with tf.name_scope('loss'):
51                  loss = cross_entropy + l2_loss
52                  tf.summary.scalar('loss', loss)
53
54          with tf.name_scope('accuracy'):
55                  correct = tf.equal(tf.argmax(pred, 1), tf.argmax(y_b, 1))
56                  accuracy = tf.reduce_mean(tf.cast(correct, tf.float32))
57                  tf.summary.scalar('accuracy', accuracy)
58
59          global_step = tf.Variable(0, trainable=False)
60          epoch = tf.div(global_step, num_batches)
61
62          with tf.name_scope('optimizer'):
63                  optimizer = tf.train.MomentumOptimizer(learning_rate=lr, momen-
                            tum=momentum).minimize(loss, global_step=global_step)
64
65          merged = tf.summary.merge_all()
66
67          saver = tf.train.Saver()
68
69          coord = tf.train.Coordinator()
70
71          init = tf.global_variables_initializer()
72
73          with tf.Session(config=tf.ConfigProto()) as sess:
74                  if resume:
75                          saver.restore(sess, os.path.join(ckpt_path, 'cnn.ckpt'))
76                  else:
77                          sess.run(init)
78
79                  def enqueue_batches():
80                          while not coord.should_stop():
81                                  im, l = tu.read_batch(batch_size, train_img_
                                        path, wnid_labels)
82                                  sess.run(enqueue_op, feed_dict={x: im,y: l})
83
84                  num_threads = 3
85                  for i in range(num_threads):
86                          t = threading.Thread(target=enqueue_batches)
87                          t.setDaemon(True)
88                          t.start()
89
90                  train_writer = tf.summary.FileWriter(os.path.join(summary_
                            path, 'train'), sess.graph)
91
92                  start_time = time.time()
```

```
 93                 for e in range(sess.run(epoch), epochs):
 94                         for i in range(num_batches):
 95
 96                                 summary_str,_, step = sess.run([merged,
   optimizer, global_step], feed_dict={lr: learning_rate, keep_prob: dropout})
 97                                 train_writer.add_summary(summary_str, step)
 98
 99                                 if step == 170000 or step == 350000:
100                                         learning_rate /= 10
101
102                                 if step % display_step == 0:
103                                      c, a = sess.run([loss, accuracy], feed_
   dict={lr: learning_rate, keep_prob: 1.0})
104                                         print ('Epoch: {:03d} Step/Batch:
   {:09d} --- Loss: {:.7f} Training accuracy:{:.4f}'.format(e, step, c, a))
105
106                                 if step % test_step == 0:
107                                         val_im, val_cls = tu.read_validation_
   batch(batch_size, os.path.join(imagenet_path, 'ILSVRC2012_img_val'), os.
   path.join(imagenet_path, 'data/ILSVRC2012_validation_ground_truth.txt'))
108                                         v_a = sess.run(accuracy, feed_dict=
   {x_b: val_im, y_b: val_cls, lr: learning_rate, keep_prob: 1.0})
109                                         int_time = time.time()
110                                         print ('Elapsed time: {}'.format
  (tu.format_ time(int_time - start_time)))
111                                         print ('Validation accuracy: {:.04f}'.
   format(v_a))
112                                         save_path = saver.save(sess, os.path.
                                            join(ckpt_path, 'cnn.ckpt'))
113                                         print('Variables saved in file: %s' %
                                            save_path)
114
115                 end_time = time.time()
116                 print ('Elapsed time: {}'.format(tu.format_time(end_time -
                    start_time)))
117                 save_path = saver.save(sess, os.path.join(ckpt_path, 'cnn.
                    ckpt'))
118                 print('Variables saved in file: %s' % save_path)
119
120                 coord.request_stop()
121
122
123 if __name__ == '__main__':
124         DROPOUT = 0.5
125         MOMENTUM = 0.9
126         LAMBDA = 5e-04
127         LEARNING_RATE = 1e-03
128         EPOCHS = 90
129         BATCH_SIZE = 128
130         CKPT_PATH = 'ckpt'
131         if not os.path.exists(CKPT_PATH):
```

```
132                 os.makedirs(CKPT_PATH)
133         SUMMARY = 'summary'
134         if not os.path.exists(SUMMARY):
135                 os.makedirs(SUMMARY)
136 
137         IMAGENET_PATH = 'ILSVRC2012'
138         DISPLAY_STEP = 10
139         TEST_STEP = 500
140 
141         if sys.argv[1] == '-resume':
142                 resume = True
143         elif sys.argv[1] == '-scratch':
144                 resume = False
145 
146         train(
147                 EPOCHS,
148                 BATCH_SIZE,
149                 LEARNING_RATE,
150                 DROPOUT,
151                 MOMENTUM,
152                 LAMBDA,
153                 resume,
154                 IMAGENET_PATH,
155                 DISPLAY_STEP,
156                 TEST_STEP,
157                 CKPT_PATH,
158                 SUMMARY)
```

第 10 行，定义了 train 函数，用于启动训练。

第 23 ～ 25 行，获得图片目录路径，调用 imagenet_size 计算图片数量，同时计算训练批次的数量。

第 27 行，调用 load_imagenet_meta 函数读取 ImageNet 的元数据。

第 29 ～ 33 行，定义输入变量 x、y、lr、keep_prob。

第 35 ～ 39 行，调用 tf.device 调用第 0 个 CPU，然后通过 FIFOQueue 创建一个 FIFO 队列，接着创建用于添加数据的 enqueue_op 和用于获取数据的 x_b、y_b。

第 41 行，调用 classifier 从输入获取预测的特征 pred 和预测的分类。

第 43 ～ 44 行，调用 name_scope 创建交叉熵计算网络。

第 46 ～ 48 行，调用 name_scope 创建 l2_loss 误差网络。

第 50 ～ 52 行，调用 name_scope 创建 loss 误差网络。

第 54 ～ 57 行，调用 name_scope 创建 accuracy 准确率计算网络。

第 59 ～ 63 行，调用 name_scope 创建 optimizer，用于进行参数优化。

第 65 ～ 71 行，创建 TensorFlow 服务器、协调器，创建变量初始化类。

第 73 行，创建 TensorFlow 的 Session。

第 74 ～ 77 行，如果是恢复模式，调用 saver 的 restore 方法从 cnn.ckpt 中读取模型。否则调用 init 初始化会话变量参数。

第 79 ～ 82 行，定义了 enqueue_batches 函数，用来读取训练集并将样本不断放到队列中。

第 84 ～ 88 行，定义了 num_threads，同时启动多个线程进行训练。

第 90 ～ 120 行，开始训练，一共训练 epoch 轮，每一轮都从训练集中取出对应的批次。每一轮训练都调用 save 将训练得到的参数保存到磁盘文件中。

第 123 行，定义了 main 入口，接着定义了各类参数的默认值，最后调用 train 函数开始训练。

10.3.3 测试

完成训练后我们可以对模型的效果进行测试，测试需要在测试集上进行，测试代码在 test.py 中，如代码清单 10-13 所示。

代码清单 10-13 test.py

```
 1 import os.path
 2 import tensorflow as tf
 3 import train_util as tu
 4 import model
 5 import numpy as np
 6
 7 def test(
 8                 top_k,
 9                 k_patches,
10                 display_step,
11                 imagenet_path,
12                 ckpt_path):
13         test_images = sorted(os.listdir(os.path.join(imagenet_path, 'ILSVRC2012_
                            img_val')))
14          test_labels = tu.read_test_labels(os.path.join(imagenet_path, 'data/ILSVRC
        2012_validation_ground_truth.txt'))
15
16         test_examples = len(test_images)
17
18         x = tf.placeholder(tf.float32, [None, 224, 224, 3])
19         y = tf.placeholder(tf.float32, [None, 1000])
20
21         _, pred = model.classifier(x, 1.0)
22
23         avg_prediction = tf.div(tf.reduce_sum(pred, 0), k_patches)
24
25         top1_correct = tf.equal(tf.argmax(avg_prediction, 0), tf.argmax(y, 1))
26         top1_accuracy = tf.reduce_mean(tf.cast(top1_correct, tf.float32))
27
28         topk_correct = tf.nn.in_top_k(tf.stack([avg_prediction]), tf.argmax
                                   (y, 1), k=top_k)
29         topk_accuracy = tf.reduce_mean(tf.cast(topk_correct, tf.float32))
30
```

```
31          saver = tf.train.Saver()
32
33          with tf.Session(config=tf.ConfigProto()) as sess:
34                  saver.restore(sess, os.path.join(ckpt_path, 'cnn.ckpt'))
35
36                  total_top1_accuracy = 0.
37                  total_topk_accuracy = 0.
38
39                  for i in range(test_examples):
40                          image_patches = tu.read_k_patches(os.path.join(imagenet_
    path, 'ILSVRC2012_img_val', test_images[i]), k_patches)
41                          label = test_labels[i]
42
43                          top1_a, topk_a = sess.run([top1_accuracy, topk_accuracy],
  feed_dict={x: image_patches, y: [label]})
44                          total_top1_accuracy += top1_a
45                          total_topk_accuracy += topk_a
46
47                          if i % display_step == 0:
48                                  print ('Examples done: {:5d}/{} ---- Top-1:
    {:.4f} -- Top-{}: {:.4f}'.format(i + 1, test_examples, total_top1_accuracy /
    (i + 1), top_k, total_topk_accuracy / (i + 1)))
49
50                  print ('---- Final accuracy ----')
51                  print ('Top-1: {:.4f} -- Top-{}: {:.4f}'.format(total_top1_
    accuracy / test_examples, top_k, total_topk_accuracy / test_examples))
52                  print ('Top-1 error rate: {:.4f} -- Top-{} error rate: {:.4f}'.
    format(1 - (total_top1_accuracy / test_examples), top_k, 1 - (total_topk_
    accuracy / test_examples)))
53
54 if __name__ == '__main__':
55          TOP_K = 5
56          K_PATCHES = 5
57          DISPLAY_STEP = 10
58          IMAGENET_PATH = 'ILSVRC2012'
59          CKPT_PATH = 'ckpt'
60
61          test(
62                  TOP_K,
63                  K_PATCHES,
64                  DISPLAY_STEP,
65                  IMAGENET_PATH,
66                  CKPT_PATH)
```

第 7 行，定义了 test 函数，用于进行模型测试。

第 13 ～ 14 行，读取测试数据集的图片和标签，调用 sorted 进行排序。

第 16 行，获取测试数据数量。

第 17 ～ 19 行，初始化输入变量。

第 21 行，连接 classifier 函数获取预测的特征和分类。

第 23 ～ 29 行，创建用于计算分类准确率的部分网络。

第 31 行，创建训练模型的保存工具。

第 33 行，创建 TensorFlow 的 Session。开始准备执行测试。

第 34 行，调用 restore 从 cnn.ckpt 中读取训练得到的模型。

第 36 ～ 48 行，遍历所有测试集，对每个测试集做测试，计算该样本误差，最后计算误差总和，计算出测试的准确率。

第 54 行，定义了脚本执行的入口，首先初始化参数，然后调用 test 完成模型的测试。

10.3.4 封装

完成测试后我们来编写可以调用模型完成单次分类的分类器接口，这样就可以发布出来让其他人使用了，代码在 classify.py 中，如代码清单 10-14 所示。

代码清单 10-14 classify.py

```
 1 import sys
 2 import os.path
 3 import tensorflow as tf
 4 import train_util as tu
 5 import model
 6 import numpy as np
 7
 8 def classify(
 9                 image,
10                 top_k,
11                 k_patches,
12                 ckpt_path,
13                 imagenet_path):
14         wnids, words = tu.load_imagenet_meta(os.path.join(imagenet_path, 'data/meta.mat'))
15
16         image_patches = tu.read_k_patches(image, k_patches)
17
18         x = tf.placeholder(tf.float32, [None, 224, 224, 3])
19
20         _, pred = model.classifier(x, dropout=1.0)
21
22         avg_prediction = tf.div(tf.reduce_sum(pred, 0), k_patches)
23
24         scores, indexes = tf.nn.top_k(avg_prediction, k=top_k)
25
26         saver = tf.train.Saver()
27
28         with tf.Session(config=tf.ConfigProto()) as sess:
29                 saver.restore(sess, os.path.join(ckpt_path, 'cnn.ckpt'))
30
31                 s, i = sess.run([scores, indexes], feed_dict={x: image_patches})
32                 s, i = np.squeeze(s), np.squeeze(i)
33
```

```
34                    print('AlexNet saw:')
35                    for idx in range(top_k):
36                            print ('{} - score: {}'.format(words[i[idx]], s[idx]))
37
38
39 if __name__ == '__main__':
40            TOP_K = 5
41            K_CROPS = 5
42            IMAGENET_PATH = 'ILSVRC2012'
43            CKPT_PATH = 'ckpt'
44
45            image_path = sys.argv[1]
46
47            classify(
48                    image_path,
49                    TOP_K,
50                    K_CROPS,
51                    CKPT_PATH,
52                    IMAGENET_PATH)
```

第 8 行，定义了 classify 函数，用于进行模型分类。

第 14 ～ 16 行，读取 ImageNet 的元数据，并初始化图像切片。

第 18 行，初始化输入变量。

第 22 行，连接 classifier 函数获取预测的特征和分类。

第 24 行，获取概率最高的几种分类结果。

第 26 行，创建训练模型的保存工具。

第 28 行，创建 TensorFlow 的 Session。开始准备执行分类。

第 29 行，调用 restore 从 cnn.ckpt 中读取训练得到的模型。

第 31 ～ 36 行，执行分类，获取最后的分类结果，然后循环输出分类结果。

现在我们完成了所有的训练测试工作，也可以在 PC 上使用 Python 进行图像分类了，现在的问题是，我们应该如何将模型转移到嵌入式平台处理呢？在第 11 章中，我们开始介绍 TensorFlow Lite 的针对性改进和集成。

10.4　本章小结

本章首先讲解了海量数据的抓取原理，讨论了搜索引擎的工作原理、爬虫的原理和开发过程中需要注意的问题以及解决方案。接着讲解了如何使用 Hurricane 完成一个训练测试用的数据抓取工具，包括任务获取、图片解析、图片存储与图片去重。接着讲解了如何使用 TensorFlow 构建一个用于图像分类的深度学习模型，并讲解了如何编写模型定义、训练与测试代码，最后演示了如何为上层引用封装接口，并开发完成了整套数据采集与训练平台。

第11章

移动和嵌入式平台引擎与工具实战

本章我们讲解的重点是集成 TensorFlow Lite。TensorFlow Lite 和 TensorFlow 本体不同，主要是一个单纯的前向框架。但是为了支持 TensorFlow 的完整特性，TensorFlow Lite 内部本身其实也是比较庞杂的，如果直接移植到移动平台还是略显庞大，必须要对其进行裁剪。裁剪的前提是要非常了解 TensorFlow Lite 的内部结构，因此本节将会先讲解 TensorFlow Lite 的内部结构和核心组件，然后再讲解如何根据实际需求完成 TensorFlow Lite 的裁剪。

11.1 TensorFlow Lite 构建

TensorFlow Lite 使用的是 Google 自己的构建工具 Bazel，大部分开发人员应该很少接触过这个构建工具，因此这里需要先介绍一下 Bazel。

Bazel 是一个构建工具，即一个可以运行编译和测试来组装软件的工具，跟 Make、Ant、Gradle、Buck、Pants 和 Maven 一样。

Bazel 是设计用来配合 Google 的软件开发模式。有以下几个特点。

1）多语言支持。Bazel 支持 Java、Objective-C 和 C++ 等编程语言，可以扩展来支持任意的编程语言。

2）高级别的构建语言。工程是通过 BUILD 语言来描述的。BUILD 语言以简洁的文本格式，描述了由多个小的互相关联的库、二进制程序和测试程序组成的一个项目。而与之相比，Make 这类的工具需要描述各个单独的文件和编译的命令。

3）多平台支持。同一套工具和同样的 BUILD 文件可以用来构建不同架构和不同平台的软件。Google 公司使用 Bazel 来构建在数据中心系统中运行的服务器端程序和在手机上运行的客户端应用程序。

4）重现性（reproducibility）。在 BUILD 文件中，每个库、测试程序、二进制文件都必须明确完整地指定直接依赖。当修改源代码文件后，Bazel 使用这个依赖信息就可以知道哪些必须重新构建，哪些任务可以并行执行。这意味着所有的构建都是增量形式的并能够每次都生成相同的结果。

5）伸缩性（scalability）。Bazel 可以处理巨大的构建；在 Google，一个服务器端程序超过 100KB 的源码是常有的事情，如果没有文件被改动，构建过程大约需要 200ms。

有一个非常关键的问题就是，现在有那么多构建工具，Google 为何又要自己"造轮子"呢？下面我们来简要分析一下。

第 1 类构建工具是 Make 以及 Ninja，虽然通过这些工具都能够控制执行哪些命令来构建文件，但是需要用户书写正确的规则。而用户跟 Bazel 在更高级别上交互。例如，它有内置的"Java test""C++ binary"的规则，有 Target Platform、Host Platform 这种概念。这些规则都经历了充分的测试，是不会出错的。

第 2 类工具是 Ant 和 Maven。Ant 和 Maven 主要是面向 Java，而 Bazel 可以处理多种语言。Bazel 鼓励把代码库的内容划分成小的、可复用的单元，并且只重新构建需要重构的文件。这会提高在庞大的代码库上进行开发的速度。

第 3 类工具是 Gradle。Bazel 配置文件比 Gradle 的要更加结构化，这让 Bazel 能够准确理解每个行为的所作所为，使得其能够有更多的并发和更好的可重现性。

Bazel 支持构建集群，但是同时也支持单机构建，在我们的日常使用场景中一般做单机构建已经足够了。

相对于这些构建工具，Bazel 可以成倍提高构建速度，因为它只重新编译需要重新编译的文件。类似地，它会跳过没有被改变的测试。同时 Bazel 产出确定的结果。这消除了增量和干净构建、开发机器和持续集成之间的构建结果的差异。最后，Bazel 可以使用同一个工程下的相同工具来构建不同的客户端和服务器端应用程序。例如，你可以在一次提交里修改一个客户端 / 服务器协议，然后测试更新后的手机程序和服务器端程序能够正常工作，构建时使用的是同样的工具，利用的都是上面提到的 Bazel 的特性。

现在我们用一个实例来看看 Bazel 是如何工作的。

Bazel 采用了 Google 的工作模式，将代码划分成一个个包（package），我们可以将一个包理解成一个目录，这个目录里面包含了源文件和一个描述文件，描述文件中指定了如何将源文件转换成构建的输出。这个描述文件叫作 BUILD，只要一个目录中存在这个 BUILD 文件，就可以把这个目录当作一个包。

所有的包都在同一个文件树下面，使用从文件树的根到包含 BUILD 文件的目录的相对路径来作为这个包的全局唯一的标识。这说明包名和目录名之间是一一对应的关系。

在 BUILD 文件中，我们用规则（rule）来描述构建后的包的输出。使用包名和规则名可以唯一地标识这条规则。我们把这两者的结合叫作标签（label），我们使用标签来描述规则之间的依赖关系。我们来看一个具体的例子，具体如代码清单 11-1 所示。

代码清单 11-1 BUILD 规则

```
 1 /search/BUILD:
 2 cc_binary(name = 'google_search_page',
 3        deps = [ ':search',
 4                    ':show_results'])
 5
 6 cc_library(name = 'search',
 7        srcs = [ 'search.h','search.cc'],
 8        deps = ['//index:query'])
 9
10 /index/BUILD:
11
12 cc_library(name = 'query',
13        srcs = [ 'query.h', 'query.cc', 'query_util.cc'],
14        deps = [':ranking',
15                ':index'])
16
17 cc_library(name = 'ranking',
18        srcs = ['ranking.h', 'ranking.cc'],
19        deps = [':index',
20                '//storage/database:query'])
21
22 cc_library(name = 'index',
23        srcs = ['index.h', 'index.cc'],
24        deps = ['//storage/database:query'])
```

这是一个项目的 BUILD 文件，第 1 个 BUILD 文件描述了 //search 这个包，包含一个可执行文件和一个库。第 2 个 BUILD 文件描述了包含几个库的 //index 包。name 属性用来命名规则，deps 属性用来描述规则之间的依赖关系。使用冒号来分隔包名和规则名。如果某条规则所依赖的规则在其他目录下，就用“//”开头；如果在同一目录下，则可以忽略包名而用冒号开头。这样就可以清晰地看到各个规则之间的依赖关系。如果仔细查看上面的例子，就可以看到几个规则都依赖于 //storage/database:query 规则，说明依赖之间构成了一个有向图。这个有向图必须是无环的，这样我们就可以梳理出构建各个目标的顺序了。

我们可以用图 11-1 来描述上述的依赖关系。

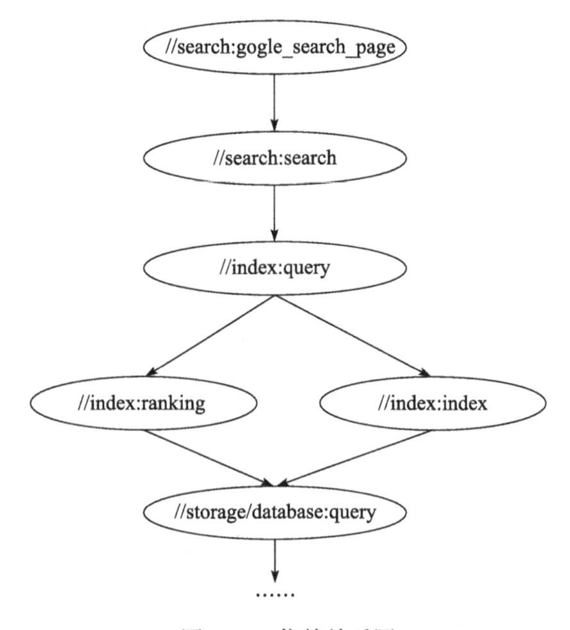

图 11-1 依赖关系图

由图 11-1 可以看到，跟基于 Make 的构建系统不同，我们引用的是抽象的实体而非具体构建的输出结果。实际上，cc_library 这样的规则并不需要产出任何输出，它就是一个简单的从逻辑上组织源文件的方式。为了让我们的构建系统以更快的速度完成构建，这一点尤其重要。尽管各个 cc_library 规则之间有依赖关系，但我们可以用任意顺序编译所有的源文件。编译 query.cc 和 query_util.cc 时，我们只需要依赖头文件 ranking.h 和 index.h。实际上，可以同时编译这些源文件，除非我们依赖于其他规则的输出文件。

为了真正执行构建所需的步骤，我们把每个规则分解成一个或多个实际的步骤并称之为“行为”（action）。可以把行为理解为一条命令和输入、输出文件。一个行为的输出可以是另一个行为的输入。这样所有的行为就形成了由行为和文件组成的二分图。为了构建目标所需要做的就是从这个二分图的叶子节点（那些不需要任何行为来创建就已经存在的源文件）遍历到根节点并顺序执行这些行为。这样可以保证在执行一个行为之前，相关的所有输入文件都已经就位。

图 11-2 所示为一个小规模目标组成的行为二分图的例子，行为是灰色，文件是白色。

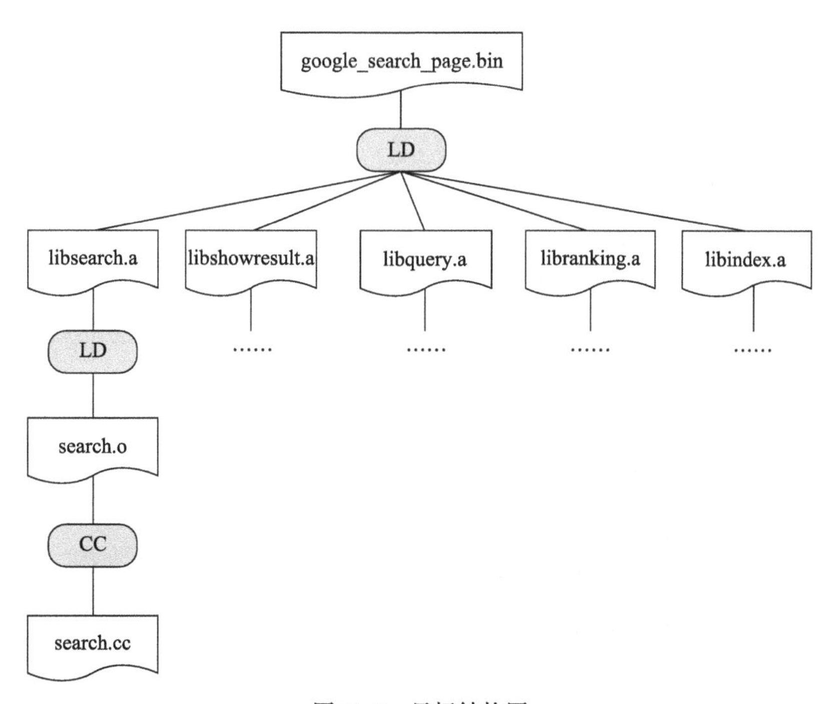

图 11-2　目标结构图

确保每个行为对应的命令行参数中的文件名称使用的都是相对路径——源文件使用从源文件目录层级中根目录开始的相对路径。同时由于我们知道一个行为所有的输入和输出文件，所以可以很容易地远程执行任何行为：只需要把所有的输入文件复制到远程机器，然后在远程机器上执行命令，再把输出文件复制回用户机器。后面我们会介绍一些使远程构建更高效的方法。

所有这些跟 Make 所做的事情没有太大区别。最重要的区别是我们不是以文件为单元来确定依赖关系，这就让构建系统在决定行为的执行顺序时有更大的自由度。在一次构建过程中，并发度越高（即行为二分图宽度越宽），执行时间就越短。使用 Bazel，通过简单地增加机器就可以扩展构建系统。如果数据中心的机器足够多，那么一次构建的时间就主要由行为二分图的高度来决定。

上面描述的是如何使用 Bazel 执行一次完整的构建。在实际中大多数开发过程中的构建是增量的。这意味着一个开发人员在两次构建中间只修改了小部分源文件，这种情况下构建整个行为图是很浪费的，所以我们只执行跟上次构建相比，输入文件发生变化的行为。为了达到这个目标，Bazel 采用的方法是跟踪每次执行行为时输入文件的内容摘要，并使用这个摘要来跟踪对文件的修改。这种设计下，构建系统可以让我们不用执行那些输入文件没有改变的行为。

接下来，我们来看一下裁剪后的 TensorFlow Lite 的 BUILD 文件，如代码清单 11-2 所示。

代码清单 11-2　裁剪后的 TensorFlow Lite 对应的 BUILD 文件

```
 1 package(
 2     default_visibility = ["//visibility:public"],
 3 )
 4
 5 licenses(["notice"])  # Apache 2.0
 6
 7 load("//tensorflow:tensorflow.bzl", "tf_cc_test", "if_not_windows")
 8 load("//tensorflow/lite:build_def.bzl", "TensorFlow Lite_copts")
 9 load("//tensorflow/lite:special_rules.bzl", "TensorFlow Lite_portable_test_suite")
10
11 exports_files(glob([
12     "testdata/*.bin",
13     "testdata/*.pb",
14     "models/testdata/*",
15 ]))
16
17 config_setting(
18     name = "with_select_tf_ops",
19     define_values = {"with_select_tf_ops": "true"},
20     visibility = ["//visibility:public"],
21 )
22
23 TENSORFLOW LITE_DEFAULT_COPTS = if_not_windows([
24     "-Wall",
25     "-Wno-comment",
26 ])
27
28 cc_library(
29     name = "schema_fbs_version",
30     hdrs = ["version.h"],
```

```
31      copts = TENSORFLOW LITE_DEFAULT_COPTS,
32 )
33
34 cc_library(
35      name = "arena_planner",
36      srcs = ["arena_planner.cc"],
37      hdrs = ["arena_planner.h"],
38      copts = TENSORFLOW LITE_DEFAULT_COPTS,
39      deps = [
40          ":graph_info",
41          ":memory_planner",
42          ":simple_memory_arena",
43          "//tensorflow/lite/c:c_api_internal",
44      ],
45 )
46
47 tf_cc_test(
48      name = "arena_planner_test",
49      size = "small",
50      srcs = ["arena_planner_test.cc"],
51      deps = [
52          ":arena_planner",
53          "//tensorflow/core:TensorFlow Lite_portable_logging",
54          "//tensorflow/lite/testing:util",
55          "@com_google_googletest//:gtest",
56      ],
57 )
58
59 cc_library(
60      name = "context",
61      hdrs = ["context.h"],
62      copts = TENSORFLOW LITE_DEFAULT_COPTS,
63      deps = ["//tensorflow/lite/c:c_api_internal"],
64 )
65
66 cc_library(
67      name = "graph_info",
68      hdrs = ["graph_info.h"],
69      copts = TENSORFLOW LITE_DEFAULT_COPTS,
70      deps = ["//tensorflow/lite/c:c_api_internal"],
71 )
72
73 cc_library(
74      name = "memory_planner",
75      hdrs = ["memory_planner.h"],
76      copts = TENSORFLOW LITE_DEFAULT_COPTS,
77      deps = ["//tensorflow/lite/c:c_api_internal"],
78 )
79
80 cc_library(
81      name = "simple_memory_arena",
```

```
 82     srcs = ["simple_memory_arena.cc"],
 83     hdrs = ["simple_memory_arena.h"],
 84     copts = TENSORFLOW LITE_DEFAULT_COPTS,
 85     deps = ["//tensorflow/lite/c:c_api_internal"],
 86 )
 87
 88 cc_library(
 89     name = "builtin_op_data",
 90     hdrs = [
 91         "builtin_op_data.h",
 92     ],
 93     deps = ["//tensorflow/lite/c:c_api_internal"],
 94 )
 95
 96 cc_library(
 97     name = "kernel_api",
 98     hdrs = [
 99         "builtin_op_data.h",
100         "builtin_ops.h",
101         "context_util.h",
102     ],
103     deps = ["//tensorflow/lite/c:c_api_internal"],
104 )
105
106 exports_files(["builtin_ops.h"])
107
108 cc_library(
109     name = "string",
110     hdrs = [
111         "string.h",
112     ],
113     copts = TENSORFLOW LITE_DEFAULT_COPTS,
114 )
115
116 cc_library(
117     name = "framework",
118     srcs = [
119         "allocation.cc",
120         "core/subgraph.cc",
121         "graph_info.cc",
122         "interpreter.cc",
123         "model.cc",
124         "mutable_op_resolver.cc",
125         "optional_debug_tools.cc",
126         "stderr_reporter.cc",
127     ] + select({
128         "//tensorflow:android": [
129             "nnapi_delegate.cc",
130             "mmap_allocation.cc",
131         ],
132         "//conditions:default": [
```

```
133             "nnapi_delegate_disabled.cc",
134             "mmap_allocation.cc",
135         ],
136     }),
137     hdrs = [
138         "allocation.h",
139         "context.h",
140         "context_util.h",
141         "core/subgraph.h",
142         "error_reporter.h",
143         "graph_info.h",
144         "interpreter.h",
145         "model.h",
146         "mutable_op_resolver.h",
147         "nnapi_delegate.h",
148         "op_resolver.h",
149         "optional_debug_tools.h",
150         "stderr_reporter.h",
151     ],
152     copts = TensorFlow Lite_copts() + TENSORFLOW LITE_DEFAULT_COPTS,
153     linkopts = [
154     ] + select({
155         "//tensorflow:android": [
156             "-llog",
157         ],
158         "//conditions:default": [
159         ],
160     }),
161     deps = [
162         ":arena_planner",
163         ":graph_info",
164         ":memory_planner",
165         ":schema_fbs_version",
166         ":simple_memory_arena",
167         ":string",
168         ":util",
169         "//tensorflow/lite/c:c_api_internal",
170         "//tensorflow/lite/core/api:api",
171         "//tensorflow/lite/nnapi:nnapi_implementation",
172         "//tensorflow/lite/profiling:profiler",
173         "//tensorflow/lite/schema:schema_fbs",
174     ] + select({
175         ":with_select_tf_ops": [
176             "//tensorflow/lite/delegates/flex:delegate",
177         ],
178         "//conditions:default": [],
179     }),
180 )
181 
182 cc_library(
183     name = "string_util",
```

```
184     srcs = ["string_util.cc"],
185     hdrs = ["string_util.h"],
186     copts = TENSORFLOW LITE_DEFAULT_COPTS,
187     deps = [
188         ":string",
189         "//tensorflow/lite/c:c_api_internal",
190     ],
191 )
192
193 cc_test(
194     name = "string_util_test",
195     size = "small",
196     srcs = ["string_util_test.cc"],
197     tags = [
198         "TensorFlow Lite_not_portable_ios",
199     ],
200     deps = [
201         ":framework",
202         ":string_util",
203         "//tensorflow/lite/c:c_api_internal",
204         "//tensorflow/lite/testing:util",
205         "@com_google_googletest//:gtest",
206     ],
207 )
208
209 # Test main interpreter
210 cc_test(
211     name = "interpreter_test",
212     size = "small",
213     srcs = ["interpreter_test.cc"],
214     tags = [
215         "TensorFlow Lite_not_portable_ios",
216     ],
217     deps = [
218         ":framework",
219         ":string_util",
220         "//tensorflow/lite/core/api",
221         "//tensorflow/lite/kernels:builtin_ops",
222         "//tensorflow/lite/kernels:kernel_util",
223         "//tensorflow/lite/kernels/internal:tensor_utils",
224         "//tensorflow/lite/schema:schema_fbs",
225         "//tensorflow/lite/testing:util",
226         "@com_google_googletest//:gtest",
227     ],
228 )
229
230 # Test graph utils
231 cc_test(
232     name = "graph_info_test",
233     size = "small",
234     srcs = ["graph_info_test.cc"],
```

```
235     tags = [
236         "TensorFlow Lite_not_portable_ios",
237     ],
238     deps = [
239         ":framework",
240         "//tensorflow/lite/testing:util",
241         "@com_google_googletest//:gtest",
242     ],
243 )
244
245 # Test arena allocator
246 cc_test(
247     name = "simple_memory_arena_test",
248     size = "small",
249     srcs = ["simple_memory_arena_test.cc"],
250     tags = [
251         "TensorFlow Lite_not_portable_ios",
252     ],
253     deps = [
254         ":simple_memory_arena",
255         "//tensorflow/lite/testing:util",
256         "@com_google_googletest//:gtest",
257     ],
258 )
259
260 # Test model framework.
261 cc_test(
262     name = "model_test",
263     size = "small",
264     srcs = ["model_test.cc"],
265     data = [
266         "testdata/0_subgraphs.bin",
267         "testdata/2_subgraphs.bin",
268         "testdata/empty_model.bin",
269         "testdata/multi_add_flex.bin",
270         "testdata/test_model.bin",
271         "testdata/test_model_broken.bin",
272     ],
273     tags = [
274         "TensorFlow Lite_not_portable",
275     ],
276     deps = [
277         ":framework",
278         "//tensorflow/lite/core/api",
279         "//tensorflow/lite/kernels:builtin_ops",
280         "//tensorflow/lite/testing:util",
281         "@com_google_googletest//:gtest",
282     ],
283 )
284
285 tf_cc_test(
```

```
286     name = "model_flex_test",
287     size = "small",
288     srcs = ["model_flex_test.cc"],
289     data = [
290         "testdata/multi_add_flex.bin",
291     ],
292     tags = [
293         "no_gpu",
294         "no_windows",
295         "TensorFlow Lite_not_portable_android",
296         "TensorFlow Lite_not_portable_ios",
297     ],
298     deps = [
299         ":framework",
300         "//tensorflow/lite/core/api",
301         "//tensorflow/lite/delegates/flex:delegate",
302         "//tensorflow/lite/kernels:builtin_ops",
303         "//tensorflow/lite/testing:util",
304         "@com_google_googletest//:gtest",
305     ],
306 )
307
308 cc_test(
309     name = "mutable_op_resolver_test",
310     size = "small",
311     srcs = ["mutable_op_resolver_test.cc"],
312     tags = [
313         "TensorFlow Lite_not_portable_ios",
314     ],
315     deps = [
316         ":framework",
317         "//tensorflow/lite/testing:util",
318         "@com_google_googletest//:gtest",
319     ],
320 )
321
322 cc_library(
323     name = "util",
324     srcs = ["util.cc"],
325     hdrs = ["util.h"],
326     copts = TENSORFLOW LITE_DEFAULT_COPTS + TensorFlow Lite_copts(),
327     deps = [
328         "//tensorflow/lite/c:c_api_internal",
329     ],
330 )
331
332 cc_test(
333     name = "util_test",
334     size = "small",
335     srcs = ["util_test.cc"],
336     tags = [
```

```
337             "TensorFlow Lite_not_portable_ios",
338         ],
339         deps = [
340             ":util",
341             "//tensorflow/lite/c:c_api_internal",
342             "@com_google_googletest//:gtest",
343         ],
344 )
345
346 TensorFlow Lite_portable_test_suite()
```

由于不需要支持 Windows 平台，我们裁剪掉了所有与 Windows 相关的部分，只留下了核心的构建配置。

11.2　集成 TensorFlow Lite

集成 TensorFlow Lite 非常简单，只需要复制 TensorFlow Lite 的所有文件，然后链接 Bazel 生成的 .a 文件即可。我们现在来编写 TensorFlow Lite 的调用代码 main.cpp，如代码清单 11-3 所示。

代码清单 11-3　调用 TensorFlow Lite 的 main.cpp

```
 1 #include <cstdio>
 2 #include "tensorflow/lite/interpreter.h"
 3 #include "tensorflow/lite/kernels/register.h"
 4 #include "tensorflow/lite/model.h"
 5 #include "tensorflow/lite/optional_debug_tools.h"
 6
 7 using namespace TensorFlow Lite;
 8
 9 #define TENSORFLOW LITE_MINIMAL_CHECK(x)                              \
10     if (!(x)) {                                                  \
11         fprintf(stderr, "Error at %s:%d\n", __FILE__, __LINE__); \
12         exit(1);                                                 \
13     }
14
15 int main(int argc, char* argv[]) {
16   if(argc != 2) {
17      fprintf(stderr, "minimal <TensorFlow Lite model>\n");
18      return 1;
19     }
20     const char* filename = argv[1];
21
22     std::unique_ptr<TensorFlow Lite::FlatBufferModel> model =
23         TensorFlow Lite::FlatBufferModel::BuildFromFile(filename);
24     TENSORFLOW LITE_MINIMAL_CHECK(model != nullptr);
25
26     TensorFlow Lite::ops::builtin::BuiltinOpResolver resolver;
```

```
27     InterpreterBuilder builder(*model, resolver);
28     std::unique_ptr<Interpreter> interpreter;
29     builder(&interpreter);
30     TENSORFLOW LITE_MINIMAL_CHECK(interpreter != nullptr);
31
32     TENSORFLOW LITE_MINIMAL_CHECK(interpreter->AllocateTensors() == kTensor
                                     Flow LiteOk);
33     printf("=== Pre-invoke Interpreter State ===\n");
34     TensorFlow Lite::PrintInterpreterState(interpreter.get());
35
36     TENSORFLOW LITE_MINIMAL_CHECK(interpreter->Invoke() == kTensorFlow LiteOk);
37     printf("\n\n=== Post-invoke Interpreter State ===\n");
38     TensorFlow Lite::PrintInterpreterState(interpreter.get());
39
40     return 0;
41 }
```

该文件会读取我们指定的模型文件并执行模型，最后输出预测的结果。我们现在已经了解了如何构建使用 TensorFlow Lite，接下来对 TensorFlow Lite 进行进一步分析，以指导对 TensorFlow Lite 的改造与裁剪。由于 TensorFlow Lite 代码非常庞杂，我们只抽取最关键部分的代码进行解释，同时讲解一下如何扩展操作符并针对特定平台优化的方法。

11.3 核心实现分析

在了解了 TensorFlow Lite 的构建方法和简单集成方法后，我们现在来深入分析一下 TensorFlow Lite 的核心代码，充分了解嵌入式框架的实现原理和技巧。

11.3.1 解释器代码分析

使用 TensorFlow Lite 的时候我们需要先创建一个解释器，然后加载模型，生成图与操作符实例，最后输入数据，完成前向传播过程。因此，整个 TensorFlow Lite 的入口就是解释器，这里我们先讲解一下 TensorFlow Lite 的解释器代码。

解释器声明在 interpreter.h 中，如代码清单 11-4 所示。

代码清单 11-4 TensorFlow Lite interpreter.h

```
 1 #ifndef TENSORFLOW_LITE_INTERPRETER_H_
 2 #define TENSORFLOW_LITE_INTERPRETER_H_
 3
 4 #include <complex>
 5 #include <cstdio>
 6 #include <cstdlib>
 7 #include <vector>
 8
 9 #include "tensorflow/lite/allocation.h"
10 #include "tensorflow/lite/c/c_api_internal.h"
```

```
11 #include "tensorflow/lite/core/api/error_reporter.h"
12 #include "tensorflow/lite/core/subgraph.h"
13 #include "tensorflow/lite/memory_planner.h"
14 #include "tensorflow/lite/profiling/profiler.h"
15 #include "tensorflow/lite/stderr_reporter.h"
16
17 namespace tflite {
18
19 template <class T>
20 constexpr TfLiteType typeToTfLiteType() {
21   return kTfLiteNoType;
22 }
23 template <>
24 constexpr TfLiteType typeToTfLiteType<int>() {
25   return kTfLiteInt32;
26 }
27 template <>
28 constexpr TfLiteType typeToTfLiteType<int16_t>() {
29   return kTfLiteInt16;
30 }
31 template <>
32 constexpr TfLiteType typeToTfLiteType<int64_t>() {
33   return kTfLiteInt64;
34 }
35 template <>
36 constexpr TfLiteType typeToTfLiteType<float>() {
37   return kTfLiteFloat32;
38 }
39 template <>
40 constexpr TfLiteType typeToTfLiteType<unsigned char>() {
41   return kTfLiteUInt8;
42 }
43 template <>
44 constexpr TfLiteType typeToTfLiteType<int8_t>() {
45     return kTfLiteInt8;
46 }
47 template <>
48 constexpr TfLiteType typeToTfLiteType<bool>() {
49     return kTfLiteBool;
50 }
51 template <>
52 constexpr TfLiteType typeToTfLiteType<std::complex<float>>() {
53     return kTfLiteComplex64;
54 }
55 template <>
56 constexpr TfLiteType typeToTfLiteType<string>() {
57     return kTfLiteString;
58 }
59
60 class Interpreter {
61  public:
```

```
62     explicit Interpreter(ErrorReporter* error_reporter = DefaultErrorReporter());
63
64     ~Interpreter();
65
66     Interpreter(const Interpreter&) = delete;
67     Interpreter& operator=(const Interpreter&) = delete;
68
69     TfLiteStatus SetInputs(std::vector<int> inputs);
70
71     TfLiteStatus SetOutputs(std::vector<int> outputs);
72
73     TfLiteStatus SetVariables(std::vector<int> variables);
74
75     void ReserveNodes(int count);
76
77     TfLiteStatus AddNodeWithParameters(const std::vector<int>& inputs,
78                                        const std::vector<int>& outputs,
79                                        const char* init_data,
80                                        size_t init_data_size, void* builtin_data,
81                                        const TfLiteRegistration* registration,
82                                        int* node_index = nullptr);
83
84     TfLiteStatus AddTensors(int tensors_to_add,
85                             int* first_new_tensor_index = nullptr);
86
87     TfLiteStatus SetTensorParametersReadOnly(
88             int tensor_index, TfLiteType type, const char* name,
89             const std::vector<int>& dims, TfLiteQuantization quantization,
90             const char* buffer, size_t bytes, const Allocation* allocation = nullptr);
91
92     inline TfLiteStatus SetTensorParametersReadOnly(
93         int tensor_index, TfLiteType type, const char* name,
94         const std::vector<int>& dims, TfLiteQuantizationParams quantization,
95         const char* buffer, size_t bytes,
96         const Allocation* allocation = nullptr) {
97         return SetTensorParametersReadOnly(tensor_index, type, name, dims.size(),
98                                            dims.data(), quantization, buffer, bytes,
99                                            allocation);
100    }
101
102    TfLiteStatus SetTensorParametersReadOnly(
103        int tensor_index, TfLiteType type, const char* name, const size_t rank,
104        const int* dims, TfLiteQuantizationParams quantization,
105        const char* buffer, size_t bytes, const Allocation* allocation =
               nullptr);
106
107    TfLiteStatus SetTensorParametersReadWrite(int tensor_index, TfLiteType type,
108                                              const char* name,
109                                              const std::vector<int>& dims,
110                                              TfLiteQuantization quantization,
111                                              bool is_variable = false);
```

```
112
113    TfLiteStatus SetTensorParametersReadWrite(
114        int tensor_index, TfLiteType type, const char* name, const size_t rank,
115        const int* dims, TfLiteQuantizationParams quantization,
116        bool is_variable = false);
117
118    const std::vector<int>& inputs() const { return primary_subgraph().inputs(); }
119
120    const char* GetInputName(int index) const {
121      return context_->tensors[inputs()[index]].name;
122    }
123
124    const std::vector<int>& outputs() const {
125      return primary_subgraph().outputs();
126    }
127
128    const std::vector<int>& variables() const {
129      return primary_subgraph().variables();
130    }
131
132    const char* GetOutputName(int index) const {
133      return context_->tensors[outputs()[index]].name;
134    }
135
136    size_t tensors_size() const { return context_->tensors_size; }
137
138    size_t nodes_size() const { return primary_subgraph().nodes_size(); }
139
140    const std::vector<int>& execution_plan() const {
141      return primary_subgraph().execution_plan();
142    }
143
144    TfLiteStatus SetExecutionPlan(const std::vector<int>& new_plan);
145
146    TfLiteTensor* tensor(int tensor_index) {
147        return primary_subgraph().tensor(tensor_index);
148    }
149
150    const TfLiteTensor* tensor(int tensor_index) const {
151        return primary_subgraph().tensor(tensor_index);
152    }
153
154    const std::pair<TfLiteNode, TfLiteRegistration>* node_and_registration(
155            int node_index) const {
156        return primary_subgraph().node_and_registration(node_index);
157    }
158
159    template <class T>
160    T* typed_tensor(int tensor_index) {
161        if (TfLiteTensor* tensor_ptr = tensor(tensor_index)) {
162            if (tensor_ptr->type == typeToTfLiteType<T>()) {
```

```
163                     return reinterpret_cast<T*>(tensor_ptr->data.raw);
164                 }
165             }
166             return nullptr;
167         }
168
169         template <class T>
170         const T* typed_tensor(int tensor_index) const {
171             if (const TfLiteTensor* tensor_ptr = tensor(tensor_index)) {
172                 if (tensor_ptr->type == typeToTfLiteType<T>()) {
173                    return reinterpret_cast<const T*>(tensor_ptr->data.raw);
174                 }
175             }
176             return nullptr;
177         }
178
179         template <class T>
180         T* typed_input_tensor(int index) {
181             return typed_tensor<T>(inputs()[index]);
182         }
183
184         template <class T>
185         const T* typed_input_tensor(int index) const {
186             return typed_tensor<T>(inputs()[index]);
187         }
188
189         template <class T>
190         T* typed_output_tensor(int index) {
191             return typed_tensor<T>(outputs()[index]);
192         }
193
194         template <class T>
195         const T* typed_output_tensor(int index) const {
196             return typed_tensor<T>(outputs()[index]);
197         }
198
199         TfLiteStatus ResizeInputTensor(int tensor_index,
200                                        const std::vector<int>& dims);
201
202         TfLiteStatus AllocateTensors();
203
204         TfLiteStatus Invoke();
205
206         void UseNNAPI(bool enable);
207
208         void SetNumThreads(int num_threads);
209
210         void SetAllowFp16PrecisionForFp32(bool allow);
211
212           bool GetAllowFp16PrecisionForFp32() const {
213             return context_->allow_fp32_relax_to_fp16;
```

```
214     }
215
216     void SetCancellationFunction(void* data, bool (*check_cancelled_func)(void*));
217
218     using TfLiteDelegatePtr =
219             std::unique_ptr<TfLiteDelegate, void (*)(TfLiteDelegate*)>;
220
221     TfLiteStatus ModifyGraphWithDelegate(TfLiteDelegate* delegate);
222
223     TfLiteStatus EnsureTensorDataIsReadable(int tensor_index) {
224         return primary_subgraph().EnsureTensorDataIsReadable(tensor_index);
225     }
226
227     TfLiteStatus SetBufferHandle(int tensor_index,
228                                  TfLiteBufferHandle buffer_handle,
229                                  TfLiteDelegate* delegate);
230
231     TfLiteStatus GetBufferHandle(int tensor_index,
232                                  TfLiteBufferHandle* buffer_handle,
233                                  TfLiteDelegate** delegate);
234
235     void SetProfiler(profiling::Profiler* profiler);
236
237     profiling::Profiler* GetProfiler();
238
239     static constexpr int kTensorsReservedCapacity = 128;
240     static constexpr int kTensorsCapacityHeadroom = 16;
241
242     void SetAllowBufferHandleOutput(bool allow_buffer_handle_output) {
243         allow_buffer_handle_output_ = allow_buffer_handle_output;
244     }
245
246     TfLiteStatus ResetVariableTensors();
247
248     const char* OpProfilingString(const TfLiteRegistration& op_reg,
249                                   const TfLiteNode* node) const {
250         if (op_reg.profiling_string == nullptr) return nullptr;
251         return op_reg.profiling_string(context_, node);
252     }
253
254     void SetExternalContext(TfLiteExternalContextType type,
255                             TfLiteExternalContext* ctx);
256
257     void AddSubgraphs(int subgraphs_to_add,
258                       int* first_new_subgraph_index = nullptr);
259
260     size_t subgraphs_size() const { return subgraphs_.size(); }
261
262     Subgraph* subgraph(int subgraph_index) {
263         if (subgraph_index < 0 ||
264                 static_cast<size_t>(subgraph_index) >= subgraphs_size())
```

```
265             return nullptr;
266         return &*subgraphs_[subgraph_index];
267     }
268
269     Subgraph& primary_subgraph() {
270         return *subgraphs_.front();  //Safe as subgraphs_ always has 1 entry.
271     }
272
273     const Subgraph& primary_subgraph() const {
274         return *subgraphs_.front();  //Safe as subgraphs_ always has 1 entry.
275     }
276
277  private:
278     friend class InterpreterBuilder;
279     friend class InterpreterTest;
280
281     static void SetExternalContext(struct TfLiteContext* context,
282                                    TfLiteExternalContextType type,
283                                    TfLiteExternalContext* ctx);
284
285     TfLiteStatus ModifyGraphWithDelegate(TfLiteDelegatePtr delegate) {
286         owned_delegates_.push_back(std::move(delegate));
287         return ModifyGraphWithDelegate(owned_delegates_.back().get());
288     }
289
290     TfLiteContext* context_;
291
292     ErrorReporter* error_reporter_;
293
294     std::vector<TfLiteDelegatePtr> owned_delegates_;
295
296     bool allow_buffer_handle_output_ = false;
297
298     TfLiteExternalContext* external_contexts_[kTfLiteMaxExternalContexts];
299
300     std::vector<std::unique_ptr<Subgraph>> subgraphs_;
301 };
302
303 }  //namespace tflite
304 #endif  //TENSORFLOW_LITE_INTERPRETER_H_
```

第 20 行，定义了模板函数 typeToTfLiteType，用于将特定的类型转换为 TensorFlow Lite 中对应的类型。这里使用了 constexpr 修饰符，确保编译器能计算出转换的类型。如果不符合任何预定参数会直接返回 kTfLiteNoType，表示无法识别该类型。

第 23 ～ 56 行，是 typeToTfLiteType 函数的各类特化版本，这些特化版本都用于将特定的类型转换为 TensorFlow Lite 的对应类型。

第 60 行，定义了 Interpreter 类。

第 62 行，声明了 Interpreter 的构造函数，其参数包含一个 ErrorReporter 对象指针。

第 64 行，声明了 Interpreter 的析构函数。

第 66 ～ 67 行，声明了 Interpreter 的复制构造函数和赋值操作符，这里使用了 delete 修饰符，用于将这两个函数的默认实现删除掉。

第 69 ～ 73 行，声明了 SetInputs、SetOuputs 和 SetVariables 函数，分别用于设置输入、输出和内部变量。

第 75 行，声明了 ReserveNodes 函数，用于预留一部分计算节点缓冲区。

第 77 行，声明了 AddNodeWithParameters，用于添加包含参数的计算节点。

第 84 行，声明了 AddTensors 函数，用于添加数据 Tensor。

第 87 ～ 105 行，声明了 SetTensorParametersReadOnly 函数，用于将 Tensor 的参数设置为只读模式。

第 107 ～ 116 行，声明了 SetTensorParametersReadWrite 函数，用于将 Tensor 的参数设置为读写模式。

第 118 行，定义了 inputs 函数，用于返回子图的所有输入。

第 120 行，定义了 GetInputName，用于返回特定输入 Tensor 的名称。

第 124 行，定义了 outputs 函数，用于返回子图的所有输出。

第 128 行，定义了 variables 函数，用于返回子图的所有变量。

第 132 行，定义了 GetOutputName，用于返回特定输出 Tensor 的名称。

第 136 行，定义了 tensors_size 函数，用于返回 Tensor 的数量。

第 140 行，定义了 execution_plan 函数，用于返回执行计划。

第 144 行，声明了 SetExecutionPlan 函数，用于设置新的执行计划。

第 146 ～ 152 行，定义了 tensor 函数，用于返回特定的 Tensor 对象。

第 154 行，定义了 node_and_registration 函数，用于返回节点的注册关系。

第 159 ～ 177 行，定义了 typed_tensor，用于根据 Tensor 的索引返回 Tensor 中的原始数据。

第 180 ～ 187 行，定义了 typed_input_tensor 函数，用于获取特定索引的输入 Tensor。

第 189 ～ 197 行，定义了 typed_output_tensor 函数，用于获取特定索引的输出 Tensor。

第 199 行，声明了 ResizeInpuTensors 函数，用于调整输入 Tensor 的缓冲区。

第 202 行，声明了 AllocateTensors 函数，用于为 Tensor 分配数据存储空间。

第 204 行，声明了 Invoke 函数，用于调用解释器，启动计算。

第 206 行，声明了 UseNNAPI 函数，用于指定是否使用 NNAPI。

第 208 行，声明了 SetNumThreads 函数，用于设置线程数量。

第 210 ～ 214 行，声明了 SetAllowFp16PrecisionForFp32，用于设置是否启用半精度。

第 216 行，声明了 SetCancellationFunction，用于设置函数，表示是否允许取消任务。

第 218 行，定义了 TfLiteDelegatePtr 类型，是一个 TfLiteDelegate 的 unique_ptr。

第 221 行，声明了 ModifyGraphWithDelegate 函数，用于利用代理来修改图的数据。

第 223 ～ 225 行，定义了 EnsureTensorDataIsReadable，用于确保数据已经初始化并且可读取数据。

第 227 ～ 231 行，声明了 SetBufferHandle 和 GetBufferHandle，用于设置获取缓冲区句柄。

第 239 ～ 240 行，定义了 kTensorsReservedCapacity 和 kTensorsCapacityHeadroom，用于指定预留的缓冲区大小和头部空间容量。

第 242 ～ 244 行，定义了 SetAllowBufferHandleOutput，用于设定是否允许向缓冲区句柄中写入数据。

第 246 行，声明了 ResetVariableTesnors 函数，用于重置变量存储使用的 Tensor。

第 254 行，声明了 SetExternalContext 函数，用于设置外部上下文信息。

第 257 行，声明了 AddSubgraphs 函数，用于向图中添加子图。

第 260 行，定义了 subgraphs_size 函数，用于获取子图的数量。

第 262 ～ 267 行，定义了 subgraph 函数，用于根据索引获取指定的子图。

第 269 ～ 275 行，定义了 primary_subgraph 函数，用于获取第 1 个子图。

第 281 行，定义了 SetExternalContext 静态函数，用于设置外部上下文。

第 285 ～ 288 行，定义了 ModifyGraphWithDelegate，用于通过代理修改子图。

第 300 行，定义了 subgraphs_，这也是最关键的属性，其中存储了所有的子图。

解释器代码实现在 interpreter.cc 中，如代码清单 11-5 所示。

代码清单 11-5 interpreter.cc

```
 1 #include "tensorflow/lite/interpreter.h"
 2
 3 #include <cassert>
 4 #include <cstdarg>
 5 #include <cstdint>
 6 #include <cstring>
 7
 8 #include "tensorflow/lite/c/c_api_internal.h"
 9 #include "tensorflow/lite/context_util.h"
10 #include "tensorflow/lite/core/api/error_reporter.h"
11 #include "tensorflow/lite/graph_info.h"
12 #include "tensorflow/lite/memory_planner.h"
13 #include "tensorflow/lite/nnapi_delegate.h"
14 #include "tensorflow/lite/profiling/profiler.h"
15 #include "tensorflow/lite/schema/schema_generated.h"
16 #include "tensorflow/lite/util.h"
17
18 namespace tflite {
19
20 namespace {
21
22 TfLiteQuantization GetQuantizationFromLegacy(
23         const TfLiteQuantizationParams& legacy_quantization) {
24     TfLiteQuantization quantization;
```

```
25     quantization.type = kTfLiteAffineQuantization;
26     auto* affine_quantization = reinterpret_cast<TfLiteAffineQuantization*>(
27             malloc(sizeof(TfLiteAffineQuantization)));
28     affine_quantization->scale = TfLiteFloatArrayCreate(1);
29     affine_quantization->zero_point = TfLiteIntArrayCreate(1);
30     affine_quantization->scale->data[0] = legacy_quantization.scale;
31     affine_quantization->zero_point->data[0] = legacy_quantization.zero_point;
32     quantization.params = affine_quantization;
33
34     return quantization;
35 }
36
37 }  //namespace
38
39 Interpreter::Interpreter(ErrorReporter* error_reporter)
40         : error_reporter_(error_reporter ? error_reporter
41                                          : DefaultErrorReporter()) {
42     AddSubgraphs(1);
43     context_ = primary_subgraph().context();
44
45     for (int i = 0; i < kTfLiteMaxExternalContexts; ++i) {
46         external_contexts_[i] = nullptr;
47     }
48
49     UseNNAPI(false);
50 }
51
52 Interpreter::~Interpreter() {}
53
54 void Interpreter::SetExternalContext(TfLiteExternalContextType type,
55                                      TfLiteExternalContext* ctx) {
56     primary_subgraph().SetExternalContext(type, ctx);
57 }
58
59 TfLiteStatus Interpreter::SetInputs(std::vector<int> inputs) {
60     return primary_subgraph().SetInputs(inputs);
61 }
62
63 TfLiteStatus Interpreter::SetOutputs(std::vector<int> outputs) {
64     return primary_subgraph().SetOutputs(outputs);
65 }
66
67 TfLiteStatus Interpreter::SetVariables(std::vector<int> variables) {
68     return primary_subgraph().SetVariables(variables);
69 }
70
71 TfLiteStatus Interpreter::AllocateTensors() {
72     return primary_subgraph().AllocateTensors();
73 }
74
75 void Interpreter::ReserveNodes(int count) {
```

```
 76     primary_subgraph().ReserveNodes(count);
 77 }
 78
 79 void Interpreter::AddSubgraphs(int subgraphs_to_add,
 80                                int* first_new_subgraph_index) {
 81     const size_t base_index = subgraphs_.size();
 82     if (first_new_subgraph_index) *first_new_subgraph_index = base_index;
 83
 84     subgraphs_.reserve(base_index + subgraphs_to_add);
 85     for (int i = 0; i < subgraphs_to_add; ++i) {
 86         Subgraph* subgraph =
 87                 new Subgraph(error_reporter_, external_contexts_, &subgraphs_);
 88         subgraphs_.emplace_back(subgraph);
 89     }
 90 }
 91
 92 TfLiteStatus Interpreter::AddNodeWithParameters(
 93         const std::vector<int>& inputs, const std::vector<int>& outputs,
 94         const char* init_data, size_t init_data_size, void* builtin_data,
 95         const TfLiteRegistration* registration, int* node_index) {
 96     return primary_subgraph().AddNodeWithParameters(inputs, outputs, init_data,
 97                                                     init_data_size, builtin_data,
 98                                                     registration, node_index);
 99 }
100
101 TfLiteStatus Interpreter::ResizeInputTensor(int tensor_index,
102                                             const std::vector<int>& dims) {
103     return primary_subgraph().ResizeInputTensor(tensor_index, dims);
104 }
105
106 TfLiteStatus Interpreter::Invoke() {
107     TF_LITE_ENSURE_STATUS(primary_subgraph().Invoke());
108
109     if (!allow_buffer_handle_output_) {
110         for (int tensor_index : outputs()) {
111             TF_LITE_ENSURE_STATUS(
112                     primary_subgraph().EnsureTensorDataIsReadable(tensor_index));
113         }
114     }
115
116     return kTfLiteOk;
117 }
118
119 TfLiteStatus Interpreter::AddTensors(int tensors_to_add,
120                                      int* first_new_tensor_index) {
121     return primary_subgraph().AddTensors(tensors_to_add, first_new_tensor_index);
122 }
123
124 TfLiteStatus Interpreter::ResetVariableTensors() {
125     return primary_subgraph().ResetVariableTensors();
126 }
```

```
127
128 TfLiteStatus Interpreter::SetTensorParametersReadOnly(
129         int tensor_index, TfLiteType type, const char* name,
130         const std::vector<int>& dims, TfLiteQuantization quantization,
131         const char* buffer, size_t bytes, const Allocation* allocation) {
132     return primary_subgraph().SetTensorParametersReadOnly(
133             tensor_index, type, name, dims.size(), dims.data(), quantization, buffer,
134             bytes, allocation);
135 }
136
137 TfLiteStatus Interpreter::SetTensorParametersReadWrite(
138         int tensor_index, TfLiteType type, const char* name,
139         const std::vector<int>& dims, TfLiteQuantization quantization,
140         bool is_variable) {
141     return primary_subgraph().SetTensorParametersReadWrite(
142             tensor_index, type, name, dims.size(), dims.data(), quantization,
143             is_variable);
144 }
145
146 TfLiteStatus Interpreter::SetTensorParametersReadOnly(
147         int tensor_index, TfLiteType type, const char* name, const size_t rank,
148         const int* dims, TfLiteQuantizationParams quantization, const char* buffer,
149         size_t bytes, const Allocation* allocation) {
150     TfLiteQuantization new_quantization = GetQuantizationFromLegacy(quantization);
151     if (primary_subgraph().SetTensorParametersReadOnly(
152           tensor_index, type, name, rank, dims, new_quantization, buffer, bytes,
153           allocation) != kTfLiteOk) {
154         TfLiteQuantizationFree(&new_quantization);
155         return kTfLiteError;
156     }
157     return kTfLiteOk;
158 }
159
160 TfLiteStatus Interpreter::SetTensorParametersReadWrite(
161         int tensor_index, TfLiteType type, const char* name, const size_t rank,
162         const int* dims, TfLiteQuantizationParams quantization, bool is_variable) {
163     TfLiteQuantization new_quantization = GetQuantizationFromLegacy(quantization);
164     if (primary_subgraph().SetTensorParametersReadWrite(
165           tensor_index, type, name, rank, dims, new_quantization,
166           is_variable) != kTfLiteOk) {
167         TfLiteQuantizationFree(&new_quantization);
168         return kTfLiteError;
169     }
170     return kTfLiteOk;
171 }
172
173 TfLiteStatus Interpreter::SetExecutionPlan(const std::vector<int>& new_plan) {
174     return primary_subgraph().SetExecutionPlan(new_plan);
175 }
176
177 void Interpreter::UseNNAPI(bool enable) { primary_subgraph().UseNNAPI(enable); }
```

```
178
179 void Interpreter::SetNumThreads(int num_threads) {
180     for (auto& subgraph : subgraphs_) {
181         subgraph->context()->recommended_num_threads = num_threads;
182     }
183
184     for (int i = 0; i < kTfLiteMaxExternalContexts; ++i) {
185         auto* c = external_contexts_[i];
186         if (c && c->Refresh) {
187             c->Refresh(context_);
188         }
189     }
190 }
191
192 void Interpreter::SetAllowFp16PrecisionForFp32(bool allow) {
193     for (auto& subgraph : subgraphs_) {
194         subgraph->context()->allow_fp32_relax_to_fp16 = allow;
195     }
196 }
197
198 void Interpreter::SetCancellationFunction(void* data,
199                                           bool (*check_cancelled_func)(void*)) {
200     for (auto& subgraph : subgraphs_) {
201         subgraph->SetCancellationFunction(data, check_cancelled_func);
202     }
203 }
204
205 TfLiteStatus Interpreter::ModifyGraphWithDelegate(TfLiteDelegate* delegate) {
206     for (auto& subgraph : subgraphs_) {
207         TF_LITE_ENSURE_OK(context_, subgraph->ModifyGraphWithDelegate(delegate));
208     }
209     return kTfLiteOk;
210 }
211
212 TfLiteStatus Interpreter::SetBufferHandle(int tensor_index,
213                                           TfLiteBufferHandle buffer_handle,
214                                           TfLiteDelegate* delegate) {
215     TF_LITE_ENSURE(context_, tensor_index < tensors_size());
216     std::vector<TfLiteTensor>& tensors = primary_subgraph().tensors();
217     TfLiteTensor* tensor = &tensors[tensor_index];
218
219     TF_LITE_ENSURE(context_,
220                    tensor->delegate == nullptr || tensor->delegate == delegate);
221     tensor->delegate = delegate;
222     if (tensor->buffer_handle != kTfLiteNullBufferHandle) {
223         TF_LITE_ENSURE(context_, tensor->delegate->FreeBufferHandle != nullptr);
224         tensor->delegate->FreeBufferHandle(context_, tensor->delegate,
225                                            &tensor->buffer_handle);
226     }
227     tensor->buffer_handle = buffer_handle;
228
```

```
229     return kTfLiteOk;
230 }
231
232 TfLiteStatus Interpreter::GetBufferHandle(int tensor_index,
233                                           TfLiteBufferHandle* buffer_handle,
234                                           TfLiteDelegate** delegate) {
235     TF_LITE_ENSURE(context_, tensor_index < tensors_size());
236     std::vector<TfLiteTensor>& tensors = primary_subgraph().tensors();
237     TfLiteTensor* tensor = &tensors[tensor_index];
238
239     *delegate = tensor->delegate;
240     *buffer_handle = tensor->buffer_handle;
241
242     return kTfLiteOk;
243 }
244
245 void Interpreter::SetProfiler(profiling::Profiler* profiler) {
246     for (auto& subgraph : subgraphs_) subgraph->SetProfiler(profiler);
247 }
248
249 profiling::Profiler* Interpreter::GetProfiler() {
250     return primary_subgraph().GetProfiler();
251 }
252
253 }  //namespace tflite
```

一个解释器会包含一个 NNAPI 对象，用于真正执行计算操作。同时具有 SetInputs 和 SetOutputs 函数，用于接入输入和输出的数据块。SetVariables 用于设置外部变量。AddSubgraphs 用于向解释器中添加子图（子模块），AddNodeWithParameters 用于添加计算节点，同时设置计算节点对的参数。Invoke 用于启动图计算，得到计算结果。这些也就是解释器中常用的接口。

第 22 行，定义了 GetQuantizationFromLegacy 成员函数，首先创建了 TfLiteQuantization 对象，该对象有一个 params 属性，其类型是 kTfLiteAffineQuantization，我们调用 malloc 为其分配内存，并设置了 scale、zero_point 属性以及其中的数据。然后将 TfLiteAffineQuantization 对象赋值给 params 属性。

第 39 行，定义了 Interpreter 构造函数，先初始化 error_reporter，之后调用 AddSubgraphs 添加一个子图作为主要的子图。然后获取 primary_subgraph 的上下文，将所有的外部上下文设置为 nullptr，最后调用 UseNNAPI 默认禁用 NNAPI。

第 54 ～ 57 行，定义了 SetExternalContext 成员函数，设置第 1 个子图的外部上下文。

第 59 ～ 61 行，定义了 SetInputs 成员函数，调用第 1 个子图的 SetInputs 成员函数为第 1 个子图设置输入。

第 63 ～ 65 行，定义了 SetOutputs 成员函数，调用第 1 个子图的 SetOutputs 成员函数为第 1 个子图设置输出。

第 67 ～ 69 行，定义了 SetVariables 成员函数，调用第 1 个子图的 SetVariables 成员函数为第 1 个子图设置内部变量。

第 71 ～ 73 行，定义了 AllocateTensors 成员函数，调用第 1 个子图的 AllocateTensors 成员函数为第 1 个子图分配 Tensor。

第 75 ～ 77 行，定义了 ReserveNodes 成员函数，调用第 1 个子图的 ReserveNodes 成员函数为第 1 个子图预留计算节点缓冲区。

第 79 ～ 90 行，定义了 AddSubgraphs 成员函数，首先调用 subgraphs_ 的 size 成员函数获取当前图的数量，决定将新的子图插入到什么位置。接着，根据插入点和需要插入的子图数量调用 reverse 保留一定大小的缓冲区。然后根据需要添加的子图数量遍历所有子图，每次调用 new Subgraph 创建一个子图，并将子图加入到数组中。

第 92 ～ 99 行，定义了 AddNodeWithParameters 函数，该函数调用了第 1 个子图的 AddNodeWithParameters 将新节点添加到第 1 个子图中。

第 101 ～ 104 行，定义了 ResizeInputTensor 函数，调用第 1 个子图的 ResizeInput-Tensor 成员函数为第 1 个子图重新调整输入 Tensor 缓冲区大小。

第 106 ～ 114 行，定义了 Invoke 函数，调用第 1 个子图的 Invoke 函数启动网络计算。如果 allow_buffer_handle_output 为 false，我们就遍历所有的输出 Tensor，调用第 1 个子图的 EnsureTensorDataIsReadable 确保每个子图都是可读的。最后返回 kTfLiteOk。

第 119 ～ 122 行，定义了 AddTensors 成员函数，调用第 1 个子图的 ResizeInputTensor 成员函数为第 1 个子图重新调整输入 Tensor 缓冲区大小。

第 124 ～ 126 行，定义了 ResetVariableTensors 成员函数，调用第 1 个子图的 ResetVariable-Tensors 成员函数为第 1 个子图重新调整输入 Tensor 缓冲区大小。

第 128 ～ 135 行，定义了 SetTensorParametersReadOnly 成员函数，调用第 1 个子图的 SetTensorParametersReadOnly 成员函数初始化第 1 个子图的 Tensor 量化参数，并将 Tensor 参数全部设置为只读。

第 137 ～ 144 行，定义了 SetTensorParametersReadWrite 成员函数，调用第 1 个子图的 SetTensorParametersReadWrite 成员函数初始化第 1 个子图的 Tensor 量化参数，并将 Tensor 参数全部设置为可读写状态。

第 173 ～ 175 行，定义了 SetExecutionPlan 成员函数，调用第 1 个子图的 SetExecutionPlan 成员函数为第 1 个子图重新调整输入 Tensor 缓冲区大小。

第 177 行，定义了 UseNNAPI 成员函数，调用第 1 个子图的 UseNNAPI 成员函数为第 1 个子图设置是否启用 NNAPI。

第 179 ～ 182 行，定义了 SetNumThreads 成员函数，首先遍历所有子图，将所有子图的建议线程数都设置为 num_threads 参数，然后遍历所有外部上下文，调用所有外部上下文的 Refresh 函数刷新所有的外部上下文。

第 192 ～ 196 行，定义了 SetAllowFp16PrecisionForFp32 成员函数，遍历所有子图，逐

一将子图上下文中的 allow_fp32_relax_to_fp16 根据 allow 变量设置为 true 或者 false。

第 198 ～ 203 行，定义了 SetCancellationFunction 成员函数，遍历所有子图，逐一调用子图的 SetCancellationFunction 成员函数为子图设置判定是否可以计算的函数。

第 205 ～ 210 行，定义了 ModifyGraphWithDelegate 成员函数，遍历所有子图，逐一调用子图的 ModifyGraphWithDelegate 成员函数为子图设置计算代理，最后返回 kTfLiteOk。

第 212 ～ 230 行，定义了 SetBufferHandle 成员函数，首先获取第 1 个子图的所有 Tensor。再获取参数指定索引的 Tensor，然后检查上下文和代理，将 Tensor 中的代理设置成参数指定的代理。接着检查 Tensor 的缓冲区句柄，如果有缓冲区则调用 FreeBufferHandle 将缓冲区释放，最后将用户指定的缓冲区句柄赋值给 Tensor。

第 232 ～ 243 行，定义了 GetBufferHangle 成员函数，首先获取第 1 个子图的所有 Tensor。然后获取参数指定索引的 Tensor，将 Tensor 中的代理设置成参数指定的代理，最后将用户指定的缓冲区句柄赋值给 Tensor。

11.3.2　图代码分析

在 TensorFlow Lite 中和 TensorFlow 一样，最关键的 1 个概念就是图，从 11.3.1 节可知每个解释器可能包含多个子图，那么图的核心代码就在 core/subgraph.h 和 core/subgraph.cc 中，这部分代码如代码清单 11-6 所示。

代码清单 11-6　TensorFlow Lite 图的核心代码

```
 1 #ifndef TENSORFLOW_LITE_CORE_SUBGRAPH_H_
 2 #define TENSORFLOW_LITE_CORE_SUBGRAPH_H_
 3
 4 #include <cstdlib>
 5 #include <vector>
 6
 7 #include "tensorflow/lite/allocation.h"
 8 #include "tensorflow/lite/c/c_api_internal.h"
 9 #include "tensorflow/lite/memory_planner.h"
10 #include "tensorflow/lite/profiling/profiler.h"
11 #include "tensorflow/lite/util.h"
12
13 namespace tflite {
14
15 class NNAPIDelegate;
16
17 class Subgraph {
18  public:
19     friend class Interpreter;
20
21     Subgraph(ErrorReporter* error_reporter,
22                      TfLiteExternalContext** external_contexts,
23                      std::vector<std::unique_ptr<Subgraph>>* subgraphs);
24
```

```
25      Subgraph(const Subgraph&) = delete;
26
27      Subgraph(Subgraph&&) = default;
28      Subgraph& operator=(const Subgraph&) = delete;
29      virtual ~Subgraph();
30
31      TfLiteStatus SetInputs(std::vector<int> inputs);
32
33      TfLiteStatus SetOutputs(std::vector<int> outputs);
34
35      TfLiteStatus SetVariables(std::vector<int> variables);
36
37      void ReserveNodes(int count);
38
39      TfLiteStatus AddNodeWithParameters(const std::vector<int>& inputs,
40                                         const std::vector<int>& outputs,
41                                         const char* init_data,
42                                         size_t init_data_size, void* builtin_data,
43                                         const TfLiteRegistration* registration,
44                                         int* node_index = nullptr);
45
46      TfLiteStatus AddTensors(int tensors_to_add,
47                              int* first_new_tensor_index = nullptr);
48
49      inline TfLiteStatus SetTensorParametersReadOnly(
50              int tensor_index, TfLiteType type, const char* name,
51              const std::vector<int>& dims, TfLiteQuantization quantization,
52              const char* buffer, size_t bytes,
53              const Allocation* allocation = nullptr) {
54          return SetTensorParametersReadOnly(tensor_index, type, name, dims.size(),
55                                             dims.data(), quantization, buffer, bytes,
56                                             allocation);
57      }
58      TfLiteStatus SetTensorParametersReadOnly(
59              int tensor_index, TfLiteType type, const char* name, const size_t rank,
60              const int* dims, TfLiteQuantization quantization, const char* buffer,
61              size_t bytes, const Allocation* allocation = nullptr);
62
63      inline TfLiteStatus SetTensorParametersReadWrite(
64              int tensor_index, TfLiteType type, const char* name,
65              const std::vector<int>& dims, TfLiteQuantization quantization,
66              bool is_variable = false) {
67          return SetTensorParametersReadWrite(tensor_index, type, name, dims.size(),
68                                              dims.data(), quantization, is_variable);
69      }
70      TfLiteStatus SetTensorParametersReadWrite(int tensor_index, TfLiteType type,
71                                                const char* name, const size_t rank,
72                                                const int* dims,
73                                                TfLiteQuantization quantization,
74                                                bool is_variable = false);
75
```

```
76      TfLiteStatus SetExecutionPlan(const std::vector<int>& new_plan);
77
78      TfLiteTensor* tensor(int tensor_index) {
79          if (tensor_index < 0 ||
80                  static_cast<size_t>(tensor_index) >= context_->tensors_size) {
81              return nullptr;
82          }
83          return &context_->tensors[tensor_index];
84      }
85
86      const TfLiteTensor* tensor(int tensor_index) const {
87          if (tensor_index < 0 ||
88                  static_cast<size_t>(tensor_index) >= context_->tensors_size) {
89              return nullptr;
90          }
91          return &context_->tensors[tensor_index];
92      }
93
94      std::vector<int>& inputs() { return inputs_; }
95
96      const std::vector<int>& inputs() const { return inputs_; }
97
98      std::vector<int>& outputs() { return outputs_; }
99
100     const std::vector<int>& outputs() const { return outputs_; }
101
102     std::vector<int>& variables() { return variables_; }
103
104     const std::vector<int>& variables() const { return variables_; }
105
106     size_t tensors_size() const { return tensors_.size(); }
107
108     size_t nodes_size() const { return nodes_and_registration_.size(); }
109
110     std::vector<int>& execution_plan() { return execution_plan_; }
111
112     const std::vector<int>& execution_plan() const { return execution_plan_; }
113
114     std::vector<TfLiteTensor>& tensors() { return tensors_; }
115     std::vector<std::pair<TfLiteNode, TfLiteRegistration>>&
116     nodes_and_registration() {
117         return nodes_and_registration_;
118     }
119
120     const std::vector<std::pair<TfLiteNode, TfLiteRegistration>>&
121     nodes_and_registration() const {
122         return nodes_and_registration_;
123     }
124
125     const std::pair<TfLiteNode, TfLiteRegistration>* node_and_registration(
126             int node_index) const {
```

```
127         if (node_index < 0 || static_cast<size_t>(node_index) >= nodes_size())
128             return nullptr;
129         return &nodes_and_registration_[node_index];
130     }
131
132     TfLiteStatus ResizeInputTensor(int tensor_index,
133                                    const std::vector<int>& dims);
134
135     TfLiteStatus AllocateTensors();
136
137     TfLiteStatus Invoke();
138
139     void ReportError(const char* format, ...);
140
141     void UseNNAPI(bool enable);
142
143     TfLiteContext* context() { return context_; }
144
145     void SetExternalContext(TfLiteExternalContextType type,
146                             TfLiteExternalContext* ctx);
147     bool GetAllowFp16PrecisionForFp32() const {
148         return context_->allow_fp32_relax_to_fp16;
149     }
150
151     void SetCancellationFunction(void* data, bool (*check_cancelled_func)(void*));
152
153     TfLiteStatus EnsureTensorDataIsReadable(int tensor_index) {
154         TfLiteTensor* t = &tensors_[tensor_index];
155         TF_LITE_ENSURE(context_, t != nullptr);
156         if (t->data_is_stale) {
157             TF_LITE_ENSURE(context_, t->delegate != nullptr);
158             TF_LITE_ENSURE(context_, t->buffer_handle != kTfLiteNullBufferHandle);
159             TF_LITE_ENSURE(context_, t->delegate->CopyFromBufferHandle != nullptr);
160             // TODO(b/120420546): we must add a test that exercise this code.
161             TF_LITE_ENSURE_STATUS(t->delegate->CopyFromBufferHandle(
162                     context_, t->delegate, t->buffer_handle, t));
163             t->data_is_stale = false;
164         }
165         return kTfLiteOk;
166     }
167
168     static constexpr int kTensorsReservedCapacity = 128;
169     static constexpr int kTensorsCapacityHeadroom = 16;
170
171     TfLiteStatus ResetVariableTensors();
172
173     void SetProfiler(profiling::Profiler* profiler) {
174         profiler_ = profiler;
175         context_->profiler = profiler;
176     }
177
```

```
178     profiling::Profiler* GetProfiler() { return profiler_; }
179
180     std::vector<std::unique_ptr<Subgraph>>* GetSubgraphs() { return subgraphs_; }
181
182     bool HasDynamicTensors() { return has_dynamic_tensors_; }
183
184   private:
185     void SwitchToKernelContext();
186
187     void SwitchToDelegateContext();
188
189     void* OpInit(const TfLiteRegistration& op_reg, const char* buffer,
190                  size_t length) {
191         if (op_reg.init == nullptr) return nullptr;
192         return op_reg.init(context_, buffer, length);
193     }
194
195     void OpFree(const TfLiteRegistration& op_reg, void* buffer) {
196         if (op_reg.free == nullptr) return;
197         if (buffer) {
198             op_reg.free(context_, buffer);
199         }
200     }
201     i
202     TfLiteStatus OpPrepare(const TfLiteRegistration& op_reg, TfLiteNode* node) {
203         if (op_reg.prepare == nullptr) return kTfLiteOk;
204         return op_reg.prepare(context_, node);
205     }
206
207     TfLiteStatus OpInvoke(const TfLiteRegistration& op_reg, TfLiteNode* node) {
208         if (op_reg.invoke == nullptr) return kTfLiteError;
209         return op_reg.invoke(context_, node);
210     }
211
212     TfLiteStatus PrepareOpsAndTensors();
213
214     TfLiteStatus PrepareOpsStartingAt(int first_execution_plan_index,
215                                       int* last_execution_plan_index_prepared);
216
217     std::vector<TfLiteTensor> tensors_;
218
219     TfLiteStatus CheckTensorIndices(const char* label, const int* indices,
220                                     int length);
221
222     TfLiteStatus BytesRequired(TfLiteType type, const int* dims, size_t dims_size,
223                                size_t* bytes);
224
225     TfLiteStatus ResizeTensorImpl(TfLiteTensor* tensor, TfLiteIntArray* new_size);
226
227     void ReportErrorImpl(const char* format, va_list args);
228
```

```
229     static TfLiteStatus ResizeTensor(TfLiteContext* context, TfLiteTensor* tensor,
230                                      TfLiteIntArray* new_size);
231     static void ReportErrorC(TfLiteContext* context, const char* format, ...);
232 
233     static TfLiteStatus AddTensors(TfLiteContext* context, int tensors_to_add,
234                                    int* first_new_tensor_index);
235 
236     static TfLiteStatus ReplaceNodeSubsetsWithDelegateKernels(
237             TfLiteContext* context, TfLiteRegistration registration,
238             const TfLiteIntArray* nodes_to_replace, TfLiteDelegate* delegate);
239 
240     TfLiteStatus ReplaceNodeSubsetsWithDelegateKernels(
241             TfLiteRegistration registration, const TfLiteIntArray* nodes_to_replace,
242             TfLiteDelegate* delegate);
243 
244     TfLiteStatus GetNodeAndRegistration(int node_index, TfLiteNode** node,
245                                         TfLiteRegistration** registration);
246 
247     static TfLiteStatus GetNodeAndRegistration(struct TfLiteContext*,
248                                                int node_index, TfLiteNode** node,
249                                                TfLiteRegistration** registration);
250 
251     TfLiteStatus GetExecutionPlan(TfLiteIntArray** execution_plan);
252 
253     static TfLiteStatus GetExecutionPlan(struct TfLiteContext* context,
254                                          TfLiteIntArray** execution_plan);
255 
256     TfLiteExternalContext* GetExternalContext(TfLiteExternalContextType type);
257     static TfLiteExternalContext* GetExternalContext(
258             struct TfLiteContext* context, TfLiteExternalContextType type);
259 
260     static void SetExternalContext(struct TfLiteContext* context,
261                                    TfLiteExternalContextType type,
262                                    TfLiteExternalContext* ctx);
263 
264     TfLiteStatus ModifyGraphWithDelegate(TfLiteDelegate* delegate);
265 
266     void EnsureTensorsVectorCapacity() {
267         const size_t required_capacity = tensors_.size() + kTensorsCapacityHeadroom;
268         if (required_capacity > tensors_.capacity()) {
269             tensors_.reserve(required_capacity);
270             context_->tensors = tensors_.data();
271         }
272     }
273 
274     enum State {
275         kStateUninvokable = 0,
276         kStateInvokable,
277         kStateInvokableAndImmutable,
278     };
279     State state_ = kStateUninvokable;
```

```
280
281     TfLiteContext owned_context_;
282     TfLiteContext* context_;
283
284     std::vector<std::pair<TfLiteNode, TfLiteRegistration>>
285             nodes_and_registration_;
286
287     bool consistent_ = true;
288
289     std::vector<int> inputs_;
290     std::vector<int> outputs_;
291     std::vector<int> variables_;
292     ErrorReporter* error_reporter_;
293
294     int next_execution_plan_index_to_prepare_;
295     std::vector<int> execution_plan_;
296     std::unique_ptr<TfLiteIntArray, TfLiteIntArrayDeleter> plan_cache_;
297     std::unique_ptr<NNAPIDelegate> nnapi_delegate_;
298     std::unique_ptr<MemoryPlanner> memory_planner_;
299     bool tensor_resized_since_op_invoke_ = false;
300     TfLiteExternalContext** external_contexts_;
301     profiling::Profiler* profiler_ = nullptr;
302
303     std::vector<std::unique_ptr<Subgraph>>* subgraphs_ = nullptr;
304
305     bool has_dynamic_tensors_ = true;
306
307     bool (*check_cancelled_func_)(void*) = nullptr;
308     void* cancellation_data_ = nullptr;
309 };
310
311 }  //namespace tflite
312 #endif  //TENSORFLOW_LITE_CORE_SUBGRAPH_H_
```

一个子图会包含一个 NNAPI 代理对象，用于 GPU/NNAPI 计算操作。其他对外接口和 Interpreter 非常类似，具有 SetInputs 和 SetOutputs 函数，用于接入输入和输出的数据块。SetVariables 用于设置外部变量。AddNodeWithParameters 用于添加计算节点，同时设置计算节点对的参数。Invoke 用于启动图计算，得到计算结果。这些即是解释器中常用的接口。

第 17 行，定义了 Subgraph 类。

第 21 行，定义了 Subgraph 构造函数，用于构造 Subgraph 对象。

第 25 行，定义了 Subgraph 复制构造函数，并使用了 delete 修饰符，表示删除 Subgraph 类的复制构造函数。

第 27 ～ 29 行，定义了 Subgraph 的移动构造函数，使用 default 修饰符表示保留默认实现。定义了赋值操作符，并使用了 delete 修饰符，表示删除 Subgraph 类的赋值操作符。最后定义了析构函数，考虑到继承问题，这个析构函数是虚析构函数。

第 31 ～ 35 行，声明了 SetInputs、SetOutputs 和 SetVariables 成员函数，用于设置输入、输出和变量。

第 37 行，声明了 ReserveNodes 成员函数，用于保留特定节点数量的缓冲区。

第 39 行，声明了 AddNodeWithParameters 成员函数，用于在图中添加计算节点，并设置节点的输入、输出、初始数据。

第 46 行，声明了 AddTensors 成员函数，用于在图中添加 Tensor。

第 49 行，声明了 SetTensorParametersReadOnly 成员函数，用于初始化特定 Tensor 的量化数据，并将 Tensor 数据设置为只读。

第 63 行，声明了 SetTensorParametersReadWrite 成员函数，用于初始化特定 Tensor 的量化数据，并将 Tensor 数据设置为可读写。

第 76 行，声明了 SetExecutionPlan 成员函数，用于设置执行计划。

第 78 ～ 92 行，定义了 tensor 成员函数，用于获取指定索引的 Tensor。如果索引小于 0，或者超过了 Tensor 总数，那么返回 nullptr。

第 94 ～ 96 行，定义了 inputs 成员函数，用于返回所有的输入 Tensor。

第 98 ～ 100 行，定义了 outputs 成员函数，用于返回所有的输出 Tensor。

第 102 ～ 104 行，定义了 variables 成员函数，用于返回所有的输出内部变量。

第 106 行，定义了 tensors_size 成员函数，用于返回所有的 Tensor 总数。

第 108 行，定义了 node_size 成员函数，用于返回计算节点总数。

第 110 ～ 112 行，定义了 execution_plan 成员函数，用于返回执行计划。

第 114 行，定义了 tensors 成员函数，用于返回所有的 Tensor。

第 115 ～ 123 行，定义了 nodes_and_registration 成员函数，用于返回所有的计算节点及其注册类型的列表。

第 125 ～ 130 行，定义了 node_and_registration 成员函数，用于根据参数索引返回特定的计算节点及其节点类型的注册信息，如果索引小于 0，或者超过了计算节点总数，那么返回 nullptr。

第 132 行，声明了 ResizeInputTensor 成员函数，用于调整某个输入 Tensor 的尺寸。

第 135 行，声明了 AllocateTensors 成员函数，用于为所有的 Tensor 分配内存。

第 139 行，声明了 ReportError 成员函数，用于输出错误信息。

第 141 行，声明了 UseNNAPI 成员函数，用于指定是否启用 NNAPI。

第 143 行，定义了 context 成员函数，用于返回上下文信息。

第 145 行，定义了 SetExternalContext 成员函数，用于设定外部上下文信息。

第 147 行，定义了 GetAllowFp16PrecisionForFp32 成员函数，用于决定是否启用半精度计算加速。

第 151 行，声明了 SetCancellationFunction 成员函数，用于设置返回是否允许取消计算的函数。

第 153 行，定义了 EnsureTensorDataIsReadable 成员函数，用于检查并确保索引指定的 Tensor 一定为可读状态。

第 171 行，声明了 ResetVariableTensors 成员函数，用于重置变量对应的 Tensor。

第 180 行，定义了 GetSubgraphs 成员函数，用于获取所有的子图。

第 182 行，定义了 HasDynamicTensors 成员函数，用于判断是否包含动态 Tensor。

第 185 行，声明了 SwitchToKernelContext 成员函数，用于切换到 CPU 计算缓冲区。

第 187 行，声明了 SwitchToDelegateContext 成员函数，用于切换到代理的计算缓冲区。

第 189 行，定义了 OpInit 成员函数，用于执行操作符的初始化工作。

第 195 行，定义了 OpFree 成员函数，用于执行销毁操作符并释放内存的工作。

第 202 行，定义了 OpPrepare 成员函数，用于执行操作符的 Prepare 操作。

第 207 行，定义了 OpInvoke 成员函数，用于执行操作符的 Invoke 操作。

第 212 行，声明了 PrepareOpsAndTensors 成员函数，用于执行操作符和 Tensor 的初始化操作。

第 222 行，声明了 BytesRequired 成员函数，用于检查特定的类型是否需要字节流。

第 225 行，声明了 ResizeTensorImpl 成员函数，用于调整 Tensor 实现内部缓冲区尺寸。

第 227 行，声明了 ReportErrorImpl 成员函数，用于具体实现日志报错功能。

第 266 行，定义了 EnsureTensorsVectorCapacity 成员函数，用于确保 Tensor 缓冲区能够预留足够多的空间，若空间不足就会预留更多的空间。

11.3.3 操作符注册

TensorFlow Lite 的操作符管理实现在 kernel/mutable_op_resolver 中，该文件提供了 AddBuiltin 函数，用于注册系统内置的操作符，同时提供了 AddCustom 函数用户注册用户自定义的操作符。如代码清单 11-7 所示。

代码清单 11-7 注册操作符

```
 1 #ifndef TENSORFLOW_LITE_MUTABLE_OP_RESOLVER_H_
 2 #define TENSORFLOW_LITE_MUTABLE_OP_RESOLVER_H_
 3
 4 #include <unordered_map>
 5 #include "tensorflow/lite/core/api/op_resolver.h"
 6 #include "tensorflow/lite/util.h"
 7
 8 namespace TensorFlow Lite {
 9
10 namespace op_resolver_hasher {
11 template <typename V>
12 struct ValueHasher {
13     size_t operator()(const V& v) const { return std::hash<V>()(v); }
14 };
15
16 template <>
17 struct ValueHasher<TensorFlow Lite::BuiltinOperator> {
18     size_t operator()(const TensorFlow Lite::BuiltinOperator& v) const {
19         return std::hash<int>()(static_cast<int>(v));
```

```
20     }
21 };
22
23 template <typename T>
24 struct OperatorKeyHasher {
25     size_t operator()(const T& x) const {
26         size_t a = ValueHasher<typename T::first_type>()(x.first);
27         size_t b = ValueHasher<typename T::second_type>()(x.second);
28         return CombineHashes({a, b});
29     }
30 };
31 }  //namespace op_resolver_hasher
32
33 class MutableOpResolver : public OpResolver {
34  public:
35     const TensorFlow LiteRegistration* FindOp(TensorFlow Lite::BuiltinOperator op,
36                                   int version) const override;
37     const TensorFlow LiteRegistration* FindOp(const char* op, int version) const override;
38     void AddBuiltin(TensorFlow Lite::BuiltinOperator op,
39                     const TensorFlow LiteRegistration* registration, int min_version = 1,
40                     int max_version = 1);
41     void AddCustom(const char* name, const TensorFlow LiteRegistration* registration,
42                    int min_version = 1, int max_version = 1);
43     void AddAll(const MutableOpResolver& other);
44
45  private:
46     typedef std::pair<TensorFlow Lite::BuiltinOperator, int> BuiltinOperatorKey;
47     typedef std::pair<std::string, int> CustomOperatorKey;
48
49     std::unordered_map<BuiltinOperatorKey, TensorFlow LiteRegistration,
50                        op_resolver_hasher::OperatorKeyHasher<BuiltinOperatorKey> >
51       builtins_;
52     std::unordered_map<CustomOperatorKey, TensorFlow LiteRegistration,
53                        op_resolver_hasher::OperatorKeyHasher<CustomOperatorKey> >
54             custom_ops_;
55 };
56
57 }  //namespace TensorFlow Lite
58
59 #endif  //  TENSORFLOW_LITE_MUTABLE_OP_RESOLVER_H_
```

每个操作符都需要定义一些函数，包括 ValueHasher、OperatorKeyHasher 用于计算操作符的哈希值。同时定义 MutableOpResolver，用于管理内置操作符和自定义操作符的注册，操作符注册的时候依靠这些完成哈希计算。

定义如代码清单 11-8 所示。

代码清单 11-8 操作符管理实现代码

```
1 #include "tensorflow/lite/mutable_op_resolver.h"
2
```

```
 3 namespace TensorFlow Lite {
 4
 5 const TensorFlow LiteRegistration* MutableOpResolver::FindOp(TensorFlow Lite::
   BuiltinOperator op,
 6                                                          int version) const {
 7     auto it = builtins_.find(std::make_pair(op, version));
 8     return it != builtins_.end() ? &it->second : nullptr;
 9 }
10
11 const TensorFlow LiteRegistration* MutableOpResolver::FindOp(const char* op,
12                                                          int version) const {
13     auto it = custom_ops_.find(std::make_pair(op, version));
14     return it != custom_ops_.end() ? &it->second : nullptr;
15 }
16
17 void MutableOpResolver::AddBuiltin(TensorFlow Lite::BuiltinOperator op,
18                                    const TensorFlow LiteRegistration* registration,
19                                    int min_version, int max_version) {
20     for (int version = min_version; version <= max_version; ++version) {
21         TensorFlow LiteRegistration new_registration = *registration;
22         new_registration.custom_name = nullptr;
23         new_registration.builtin_code = op;
24         new_registration.version = version;
25         auto op_key = std::make_pair(op, version);
26         builtins_[op_key] = new_registration;
27     }
28 }
29
30 void MutableOpResolver::AddCustom(const char* name,
31                                   const TensorFlow LiteRegistration* registration,
32                                   int min_version, int max_version) {
33     for (int version = min_version; version <= max_version; ++version) {
34         TensorFlow LiteRegistration new_registration = *registration;
35         new_registration.builtin_code = BuiltinOperator_CUSTOM;
36         new_registration.custom_name = name;
37         new_registration.version = version;
38         auto op_key = std::make_pair(name, version);
39         custom_ops_[op_key] = new_registration;
40     }
41 }
42
43 void MutableOpResolver::AddAll(const MutableOpResolver& other) {
44     for (const auto& other_builtin : other.builtins_) {
45         builtins_[other_builtin.first] = other_builtin.second;
46     }
47     for (const auto& other_custom_op : other.custom_ops_) {
48         custom_ops_[other_custom_op.first] = other_custom_op.second;
49     }
50 }
51
52 }  //namespace TensorFlow Lite
```

代码中实现了几个关键的函数，其中FindOp负责从builtins数组中查找Op，第1个函数负责查找内置的Op，第2个函数负责查找自定义Op，如果没有就返回nullptr。然后定义了AddBuiltin用于添加内置Op，同时定义了AddCustom用于添加自定义Op。最后定义了一个AddAll函数，用于自动根据Op定义决定将Op添加到内置中还是自定义中。

11.3.4 操作符扩展实现

以add为示例编写操作符，见代码清单11-9。

代码清单11-9 编写add操作符

```
 1 #include "tensorflow/lite/c/builtin_op_data.h"
 2 #include "tensorflow/lite/c/c_api_internal.h"
 3 #include "tensorflow/lite/kernels/internal/optimized/optimized_ops.h"
 4 #include "tensorflow/lite/kernels/internal/quantization_util.h"
 5 #include "tensorflow/lite/kernels/internal/reference/reference_ops.h"
 6 #include "tensorflow/lite/kernels/internal/tensor.h"
 7 #include "tensorflow/lite/kernels/kernel_util.h"
 8 #include "tensorflow/lite/kernels/op_macros.h"
 9
10 namespace TensorFlow Lite {
11 namespace ops {
12 namespace builtin {
13 namespace add {
14
15 constexpr int kInputTensor1 = 0;
16 constexpr int kInputTensor2 = 1;
17 constexpr int kOutputTensor = 0;
18
19 struct OpData {
20     bool requires_broadcast;
21
22     int input1_shift;
23     int input2_shift;
24     int32 output_activation_min;
25     int32 output_activation_max;
26
27     int32 input1_multiplier;
28     int32 input2_multiplier;
29     int32 output_multiplier;
30     int output_shift;
31     int left_shift;
32     int32 input1_offset;
33     int32 input2_offset;
34     int32 output_offset;
35 };
36
37 void* Init(TensorFlow LiteContext* context, const char* buffer, size_t length) {
38     auto* data = new OpData;
39     data->requires_broadcast = false;
```

```
40     return data;
41 }
42
43 void Free(TensorFlow LiteContext* context, void* buffer) {
44     delete reinterpret_cast<OpData*>(buffer);
45 }
46
47 TensorFlow LiteStatus Prepare(TensorFlow LiteContext* context, TensorFlow
   LiteNode* node) {
48     auto* params = reinterpret_cast<TensorFlow LiteAddParams*>(node->builtin_data);
49     OpData* data = reinterpret_cast<OpData*>(node->user_data);
50
51     TF_LITE_ENSURE_EQ(context, NumInputs(node), 2);
52     TF_LITE_ENSURE_EQ(context, NumOutputs(node), 1);
53
54     const TensorFlow LiteTensor* input1 = GetInput(context, node, kInputTensor1);
55     const TensorFlow LiteTensor* input2 = GetInput(context, node, kInputTensor2);
56     TensorFlow LiteTensor* output = GetOutput(context, node, kOutputTensor);
57
58     TF_LITE_ENSURE_EQ(context, input1->type, input2->type);
59     output->type = input2->type;
60
61     data->requires_broadcast = !HaveSameShapes(input1, input2);
62
63     TensorFlow LiteIntArray* output_size = nullptr;
64     if (data->requires_broadcast) {
65         TF_LITE_ENSURE_OK(context, CalculateShapeForBroadcast(
66                                    context, input1, input2, &output_size));
67     } else {
68         output_size = TensorFlow LiteIntArrayCopy(input1->dims);
69     }
70
71     if (output->type == kTFLiteUInt8) {
72         //8 位 -> 8 位的通用量化方法
73         data->input1_offset = -input1->params.zero_point;
74         data->input2_offset = -input2->params.zero_point;
75         data->output_offset = output->params.zero_point;
76         data->left_shift = 20;
77         const double twice_max_input_scale =
78                 2 * std::max(input1->params.scale, input2->params.scale);
79         const double real_input1_multiplier =
80                 input1->params.scale / twice_max_input_scale;
81         const double real_input2_multiplier =
82                 input2->params.scale / twice_max_input_scale;
83         const double real_output_multiplier =
84                 twice_max_input_scale /
85                 ((1 << data->left_shift) * output->params.scale);
86
87         QuantizeMultiplierSmallerThanOneExp(
88                 real_input1_multiplier, &data->input1_multiplier, &data->
                   input1_shift);
```

```
89
90          QuantizeMultiplierSmallerThanOneExp(
91                  real_input2_multiplier, &data->input2_multiplier, &data->
                    input2_shift);
92
93          QuantizeMultiplierSmallerThanOneExp(
94                  real_output_multiplier, &data->output_multiplier, &data->
                    output_shift);
95
96          CalculateActivationRangeUint8(params->activation, output,
97                                        &data->output_activation_min,
98                                        &data->output_activation_max);
99
100     } else if (output->type == kTensorFlow LiteInt16) {
101         TF_LITE_ENSURE_EQ(context, input1->params.zero_point, 0);
102         TF_LITE_ENSURE_EQ(context, input2->params.zero_point, 0);
103         TF_LITE_ENSURE_EQ(context, output->params.zero_point, 0);
104
105         int input1_scale_log2_rounded;
106         bool input1_scale_is_pot =
107                 CheckedLog2(input1->params.scale, &input1_scale_log2_rounded);
108         TF_LITE_ENSURE(context, input1_scale_is_pot);
109
110         int input2_scale_log2_rounded;
111         bool input2_scale_is_pot =
112                 CheckedLog2(input2->params.scale, &input2_scale_log2_rounded);
113         TF_LITE_ENSURE(context, input2_scale_is_pot);
114
115         int output_scale_log2_rounded;
116         bool output_scale_is_pot =
117                 CheckedLog2(output->params.scale, &output_scale_log2_rounded);
118         TF_LITE_ENSURE(context, output_scale_is_pot);
119
120         data->input1_shift = input1_scale_log2_rounded - output_scale_log2_rounded;
121         data->input2_shift = input2_scale_log2_rounded - output_scale_log2_rounded;
122
123         TF_LITE_ENSURE(context, data->input1_shift == 0 || data->input2_shift == 0);
124         TF_LITE_ENSURE(context, data->input1_shift <= 0);
125         TF_LITE_ENSURE(context, data->input2_shift <= 0);
126
127         CalculateActivationRangeQuantized(context, params->activation, output,
128                                           &data->output_activation_min,
129                                           &data->output_activation_max);
130     }
131
132     return context->ResizeTensor(context, output, output_size);
133 }
134
135 void EvalAdd(TensorFlow LiteContext* context, TensorFlow LiteNode* node, TensorFlow
    LiteAddParams* params,
136              const OpData* data, const TensorFlow LiteTensor* input1,
```

```
137                 const TensorFlow LiteTensor* input2, TensorFlow LiteTensor* output) {
138 #define TF_LITE_ADD(type, opname, data_type)                                      \
139     data_type output_activation_min, output_activation_max;                     \
140     CalculateActivationRange(params->activation, &output_activation_min,        \
141                              &output_activation_max);                            \
142     TensorFlow Lite::ArithmeticParams op_params;                                 \
143     SetActivationParams(output_activation_min, output_activation_max,           \
144                         &op_params);                                             \
145     type::opname(op_params, GetTensorShape(input1),                             \
146                 GetTensorData<data_type>(input1), GetTensorShape(input2), \
147                 GetTensorData<data_type>(input2), GetTensorShape(output), \
148                 GetTensorData<data_type>(output))
149     if (output->type == kTensorFlow LiteInt32) {
150         if (data->requires_broadcast) {
151             TF_LITE_ADD(reference_ops, BroadcastAdd4DSlow, int32_t);
152         } else {
153             TF_LITE_ADD(reference_ops, Add, int32_t);
154         }
155     } else if (output->type == kTensorFlow LiteFloat32) {
156         if (data->requires_broadcast) {
157             TF_LITE_ADD(reference_ops, BroadcastAdd4DSlow, float);
158         } else {
159             TF_LITE_ADD(reference_ops, Add, float);
160         }
161     }
162 #undef TF_LITE_ADD
163 }
164
165 TensorFlow LiteStatus EvalAddQuantized(TensorFlow LiteContext* context, TensorFlow
    LiteNode* node,
166                               TensorFlow LiteAddParams* params, const OpData* data,
167                               const TensorFlow LiteTensor* input1,
168                               const TensorFlow LiteTensor* input2,
169                               TensorFlow LiteTensor* output) {
170     if (output->type == kTensorFlow LiteUInt8) {
171         TensorFlow Lite::ArithmeticParams op_params;
172         op_params.left_shift = data->left_shift;
173         op_params.input1_offset = data->input1_offset;
174         op_params.input1_multiplier = data->input1_multiplier;
175         op_params.input1_shift = data->input1_shift;
176         op_params.input2_offset = data->input2_offset;
177         op_params.input2_multiplier = data->input2_multiplier;
178         op_params.input2_shift = data->input2_shift;
179         op_params.output_offset = data->output_offset;
180         op_params.output_multiplier = data->output_multiplier;
181         op_params.output_shift = data->output_shift;
182         SetActivationParams(data->output_activation_min,
183                         data->output_activation_max, &op_params);
184         bool need_broadcast = optimized_ops::ProcessBroadcastShapes(
185                 GetTensorShape(input1), GetTensorShape(input2), &op_params);
186 #define TF_LITE_ADD(type, opname)                                               \
```

```
187     type::opname(op_params, GetTensorShape(input1),                        \
188                  GetTensorData<uint8_t>(input1), GetTensorShape(input2), \
189                  GetTensorData<uint8_t>(input2), GetTensorShape(output), \
190                  GetTensorData<uint8_t>(output));
191         if (need_broadcast) {
192             TF_LITE_ADD(reference_ops, BroadcastAdd4DSlow);
193         } else {
194             TF_LITE_ADD(reference_ops, Add);
195         }
196 #undef TF_LITE_ADD
197     } else if (output->type == kTensorFlow LiteInt16) {
198 #define TF_LITE_ADD(type, opname)                                         \
199     TensorFlow Lite::ArithmeticParams op_params;                           \
200     op_params.input1_shift = data->input1_shift;                           \
201     op_params.input2_shift = data->input2_shift;                           \
202     SetActivationParams(data->output_activation_min,                       \
203                         data->output_activation_max, &op_params);         \
204     type::opname(op_params, GetTensorShape(input1),                        \
205                  GetTensorData<int16_t>(input1), GetTensorShape(input2), \
206                  GetTensorData<int16_t>(input2), GetTensorShape(output), \
207                  GetTensorData<int16_t>(output))
208         //The quantized version of Add doesn't support activations, so we
209         //always use BroadcastAdd.
210         TF_LITE_ADD(reference_ops, Add);
211 #undef TF_LITE_ADD
212     }
213 
214     return kTensorFlow LiteOk;
215 }
216 
217 TensorFlow LiteStatus Eval(TensorFlow LiteContext* context, TensorFlow Lite
    Node* node) {
218     auto* params = reinterpret_cast<TensorFlow LiteAddParams*>(node->builtin_data);
219     OpData* data = reinterpret_cast<OpData*>(node->user_data);
220 
221     const TensorFlow LiteTensor* input1 = GetInput(context, node, kInputTensor1);
222     const TensorFlow LiteTensor* input2 = GetInput(context, node, kInputTensor2);
223     TensorFlow LiteTensor* output = GetOutput(context, node, kOutputTensor);
224 
225     if (output->type == kTensorFlow LiteFloat32 || output->type == kTensorFlow
        LiteInt32) {
226         EvalAdd(context, node, params, data, input1, input2, output);
227     } else if (output->type == kTensorFlow LiteUInt8 || output->type == kTensorFlow
       LiteInt16) {
228         TF_LITE_ENSURE_OK(context,
229                           EvalAddQuantized(context, node, params, data,
230                                            input1, input2, output));
231     } else {
232         context->ReportError(context,
233                              "Inputs and outputs not all float|uint8|int16 types.");
234         return kTensorFlow LiteError;
```

```
235     }
236
237     return kTensorFlow LiteOk;
238 }
239
240 }  //namespace add
241
242 TensorFlow LiteRegistration* Register_ADD() {
243     static TensorFlow LiteRegistration r = {add::Init, add::Free, add::Prepare,
244                                             add::Eval};
245     return &r;
246 }
247
248 }  //namespace builtin
249 }  //namespace ops
250 }  //namespace TensorFlow Lite
```

基本上每个操作符都包含以下几个部分。

1）OpData：定义了操作符数据结构体，相当于操作符的内部数据。

2）Init：初始化函数，定义了如何初始化 Op 操作符，一般这里会初始化操作符内部数据。

3）Prepare ：计算准备函数，定义了如何在计算前准备资源和参数。比如这里就初始化了所有的输入输出参数，进行了量化处理。

4）Eval：执行函数，定义了 Op 的执行流程，也就是实际的前向计算过程。

5）EvalAddOuantized ：量化版本执行函数，定义了 Op 的量化版本执行流程，也就是开启量化后的实际的前线计算过程。

最后定义 Register 函数，这里我们定义了一个 Register_ADD 函数，该函数会返回一个 TensorFlow LiteRegistration 结构体，也就是需要被注册到 TensorFlow Lite 中的操作符定义。我们需要在 register.cc 中调用该函数，将该函数注册进去。

第 13 行，定义了 add 操作符所属的名称空间。

第 19 行，定义了加法操作所需的数据 OpData 类型。

第 37 行，定义了 Init 函数，用于执行加法运算符的初始化操作，根据输入参数初始化结构体的各个数据。

第 43 行，定义了 Free 函数，调用 delete 销毁数据并释放可用空间。

第 47 行，定义了 Prepare 函数，用于进行计算准备。首先确保计算节点的输入数量为 2，同时输出数量为 1。然后调用 GetInput 和 GetOutput 获取输入和输出的 Tensor。接着调用 HaveSameShapes 比较两个输入 Tensor 形状是否相同。接下来根据输入 Tensor 计算输出 Tensor 的实际尺寸。如果输出的类型是 8 位无符号整数，那么先将数据的输入偏移和输出偏移都设置为零点，然后根据输入数据的 scale 计算最大的缩放比例。接着根据参数设定的缩放比例和最大缩放比例计算出实际的输入参数的乘法因子和输出参数的乘法因子。接着调用 QuantizeMultiplierSmallerThanOneExp 检查量化的乘法因子是否符合要求，最后调用

CalculateActivationRangeUint8 计算激活值的最小值与最大值。

第 100 行，如果输出类型为 16 位整数，那么首先检查各个输入参数是否符合要求，最后调用 CalculateActivationRangeQuantized 计算激活值的最小值与最大值。

第 135 行，定义了 EvalAdd 函数，该函数用于完成实际的加法操作（非量化）。

第 138 行，定义了 TF_LITE_ADD 宏，用于根据指定的类型、操作符名称与数据类型完成实际的加法操作。首先计算出激活值的最小值与最大值，然后调用 SetActivationParams 设定激活参数，接着调用运算符，参数包括操作符参数、输入尺寸、输入数据和最后的输出数据。

第 149 行，如果输出类型是 32 位整数，那么调用 BroadcastAdd4DSlow 或者 Add 完成实际加法操作，否则说明输出类型是单精度浮点数，那么调用基于浮点数的 Broadcast Add4DSlow 或者 Add 完成实际加法操作。

第 165 行，定义了 EvalAddQuantized 函数，用于完成实际的量化加法操作。

第 170 ～ 196 行，判定如果输出类型是 uint8，那么执行为 8 位整数编写的计算代码。

第 171 ～ 185 行，取出各种需要的数据，准备用来计算。

第 186 行，定义了 TF_LITE_ADD 宏，用于根据指定的类型、操作符名称与数据类型完成实际的加法操作。首先计算出激活值的最小值与最大值，然后调用 SetActivationParams 设定激活参数，接着调用运算符，参数包括操作符参数、输入尺寸、输入数据和最后的输出数据。

第 191 行，如果 need_broadcast 为 true，说明需要执行 Broadcast Add（比如在 Eltwise Sum 运算中）计算，那么我们调用 BroadcastAdd4DSlow 完成加法操作。否则调用 Add 完成实际加法操作。

第 197 ～ 212 行，如果输出类型输出类型是 16 位整数，那么利用激活函数和量化操作符实现可以完成加法操作。

第 217 行，定义了 Eval 函数，该函数首先初始化各种计算需要的参数，然后通过检查输出类型调用不同版本的函数，最后返回结果。

第 242 行，定义了 Register_ADD 函数，用于返回实际的操作符结构体用来作为操作符的注册信息。

代码中高亮部分就是我们的 Add 操作符对应的注册代码，如代码清单 11-11 所示。

代码清单 11-10　add 操作符对应的注册代码

```
1 #include "tensorflow/lite/kernels/register.h"
2 #include "tensorflow/lite/util.h"
3
4 namespace TensorFlow Lite {
5 namespace ops {
6
7 namespace custom {
8
9 TensorFlow LiteRegistration* Register_AUDIO_SPECTROGRAM();
```

```
10 TensorFlow LiteRegistration* Register_MFCC();
11 TensorFlow LiteRegistration* Register_DETECTION_POSTPROCESS();
12 TensorFlow LiteRegistration* Register_IF();
13
14 }  //namespace custom
15
16 namespace builtin {
17
18 TensorFlow LiteRegistration* Register_ABS();
19 TensorFlow LiteRegistration* Register_RELU();
20 TensorFlow LiteRegistration* Register_RELU_N1_TO_1();
21 TensorFlow LiteRegistration* Register_RELU6();
22 TensorFlow LiteRegistration* Register_TANH();
23 TensorFlow LiteRegistration* Register_LOGISTIC();
24 TensorFlow LiteRegistration* Register_AVERAGE_POOL_2D();
25 TensorFlow LiteRegistration* Register_MAX_POOL_2D();
26 TensorFlow LiteRegistration* Register_L2_POOL_2D();
27 TensorFlow LiteRegistration* Register_CONV_2D();
28 TensorFlow LiteRegistration* Register_DEPTHWISE_CONV_2D();
29 TensorFlow LiteRegistration* Register_SVDF();
30 TensorFlow LiteRegistration* Register_RNN();
31 TensorFlow LiteRegistration* Register_BIDIRECTIONAL_SEQUENCE_RNN();
32 TensorFlow LiteRegistration* Register_UNIDIRECTIONAL_SEQUENCE_RNN();
33 TensorFlow LiteRegistration* Register_EMBEDDING_LOOKUP();
34 TensorFlow LiteRegistration* Register_EMBEDDING_LOOKUP_SPARSE();
35 TensorFlow LiteRegistration* Register_FULLY_CONNECTED();
36 TensorFlow LiteRegistration* Register_LSH_PROJECTION();
37 TensorFlow LiteRegistration* Register_HASHTABLE_LOOKUP();
38 TensorFlow LiteRegistration* Register_SOFTMAX();
39 TensorFlow LiteRegistration* Register_CONCATENATION();
40 TensorFlow LiteRegistration* Register_ADD();
41 TensorFlow LiteRegistration* Register_SPACE_TO_BATCH_ND();
42 TensorFlow LiteRegistration* Register_DIV();
43 TensorFlow LiteRegistration* Register_BATCH_TO_SPACE_ND();
44 TensorFlow LiteRegistration* Register_MUL();
45 TensorFlow LiteRegistration* Register_L2_NORMALIZATION();
46 TensorFlow LiteRegistration* Register_LOCAL_RESPONSE_NORMALIZATION();
47 TensorFlow LiteRegistration* Register_LSTM();
48 TensorFlow LiteRegistration* Register_BIDIRECTIONAL_SEQUENCE_LSTM();
49 TensorFlow LiteRegistration* Register_UNIDIRECTIONAL_SEQUENCE_LSTM();
50 TensorFlow LiteRegistration* Register_PAD();
51 TensorFlow LiteRegistration* Register_PADV2();
52 TensorFlow LiteRegistration* Register_RESHAPE();
53 TensorFlow LiteRegistration* Register_RESIZE_BILINEAR();
54 TensorFlow LiteRegistration* Register_RESIZE_NEAREST_NEIGHBOR();
55 TensorFlow LiteRegistration* Register_SKIP_GRAM();
56 TensorFlow LiteRegistration* Register_SPACE_TO_DEPTH();
57 TensorFlow LiteRegistration* Register_GATHER();
58 TensorFlow LiteRegistration* Register_TRANSPOSE();
59 TensorFlow LiteRegistration* Register_MEAN();
60 TensorFlow LiteRegistration* Register_SPLIT();
```

```
61 TensorFlow LiteRegistration* Register_SPLIT_V();
62 TensorFlow LiteRegistration* Register_SQUEEZE();
63 TensorFlow LiteRegistration* Register_STRIDED_SLICE();
64 TensorFlow LiteRegistration* Register_EXP();
65 TensorFlow LiteRegistration* Register_TOPK_V2();
66 TensorFlow LiteRegistration* Register_LOG();
67 TensorFlow LiteRegistration* Register_LOG_SOFTMAX();
68 TensorFlow LiteRegistration* Register_CAST();
69 TensorFlow LiteRegistration* Register_DEQUANTIZE();
70 TensorFlow LiteRegistration* Register_PRELU();
71 TensorFlow LiteRegistration* Register_MAXIMUM();
72 TensorFlow LiteRegistration* Register_MINIMUM();
73 TensorFlow LiteRegistration* Register_ARG_MAX();
74 TensorFlow LiteRegistration* Register_ARG_MIN();
75 TensorFlow LiteRegistration* Register_GREATER();
76 TensorFlow LiteRegistration* Register_GREATER_EQUAL();
77 TensorFlow LiteRegistration* Register_LESS();
78 TensorFlow LiteRegistration* Register_LESS_EQUAL();
79 TensorFlow LiteRegistration* Register_FLOOR();
80 TensorFlow LiteRegistration* Register_CEIL();
81 TensorFlow LiteRegistration* Register_TILE();
82 TensorFlow LiteRegistration* Register_NEG();
83 TensorFlow LiteRegistration* Register_SUM();
84 TensorFlow LiteRegistration* Register_REDUCE_PROD();
85 TensorFlow LiteRegistration* Register_REDUCE_MAX();
86 TensorFlow LiteRegistration* Register_REDUCE_MIN();
87 TensorFlow LiteRegistration* Register_REDUCE_ANY();
88 TensorFlow LiteRegistration* Register_SELECT();
89 TensorFlow LiteRegistration* Register_SLICE();
90 TensorFlow LiteRegistration* Register_SIN();
91 TensorFlow LiteRegistration* Register_TRANSPOSE_CONV();
92 TensorFlow LiteRegistration* Register_EXPAND_DIMS();
93 TensorFlow LiteRegistration* Register_SPARSE_TO_DENSE();
94 TensorFlow LiteRegistration* Register_EQUAL();
95 TensorFlow LiteRegistration* Register_NOT_EQUAL();
96 TensorFlow LiteRegistration* Register_SQRT();
97 TensorFlow LiteRegistration* Register_RSQRT();
98 TensorFlow LiteRegistration* Register_SHAPE();
99 TensorFlow LiteRegistration* Register_POW();
100 TensorFlow LiteRegistration* Register_FAKE_QUANT();
101 TensorFlow LiteRegistration* Register_PACK();
102 TensorFlow LiteRegistration* Register_ONE_HOT();
103 TensorFlow LiteRegistration* Register_LOGICAL_OR();
104 TensorFlow LiteRegistration* Register_LOGICAL_AND();
105 TensorFlow LiteRegistration* Register_LOGICAL_NOT();
106 TensorFlow LiteRegistration* Register_UNPACK();
107 TensorFlow LiteRegistration* Register_FLOOR_DIV();
108 TensorFlow LiteRegistration* Register_SQUARE();
109 TensorFlow LiteRegistration* Register_ZEROS_LIKE();
110 TensorFlow LiteRegistration* Register_FLOOR_MOD();
111 TensorFlow LiteRegistration* Register_RANGE();
```

```
112 TensorFlow LiteRegistration* Register_LEAKY_RELU();
113 TensorFlow LiteRegistration* Register_SQUARED_DIFFERENCE();
114 TensorFlow LiteRegistration* Register_FILL();
115 TensorFlow LiteRegistration* Register_MIRROR_PAD();
116 TensorFlow LiteRegistration* Register_UNIQUE();
117 TensorFlow LiteRegistration* Register_REVERSE_V2();
118
119 TensorFlow LiteStatus UnsupportedTensorFlowOp(TensorFlow LiteContext* context,
    TensorFlow LiteNode* node) {
120     context->ReportError(
121             context,
122             "Regular TensorFlow ops are not supported by this interpreter.
    Make sure "
123             "you invoke the Flex delegate before inference.");
124     return kTensorFlow LiteError;
125 }
126
127 const TensorFlow LiteRegistration* BuiltinOpResolver::FindOp(TensorFlow Lite::
    BuiltinOperator op,
128                                                          int version) const {
129     return MutableOpResolver::FindOp(op, version);
130 }
131
132 const TensorFlow LiteRegistration* BuiltinOpResolver::FindOp(const char* op,
133                                                          int version) const {
134     if (IsFlexOp(op)) {
135         static TensorFlow LiteRegistration null_op{
136                 nullptr, nullptr, &UnsupportedTensorFlowOp,
137                 nullptr, nullptr, BuiltinOperator_CUSTOM,
138                 "Flex",  1};
139         return &null_op;
140     }
141     return MutableOpResolver::FindOp(op, version);
142 }
143
144 BuiltinOpResolver::BuiltinOpResolver() {
145     AddBuiltin(BuiltinOperator_ABS, Register_ABS());
146     AddBuiltin(BuiltinOperator_RELU, Register_RELU());
147     AddBuiltin(BuiltinOperator_RELU_N1_TO_1, Register_RELU_N1_TO_1());
148     AddBuiltin(BuiltinOperator_RELU6, Register_RELU6());
149     AddBuiltin(BuiltinOperator_TANH, Register_TANH());
150     AddBuiltin(BuiltinOperator_LOGISTIC, Register_LOGISTIC());
151     AddBuiltin(BuiltinOperator_AVERAGE_POOL_2D, Register_AVERAGE_POOL_2D(),
152             /* min_version */ 1,
153             /* max_version */ 2);
154     AddBuiltin(BuiltinOperator_MAX_POOL_2D, Register_MAX_POOL_2D());
155     AddBuiltin(BuiltinOperator_L2_POOL_2D, Register_L2_POOL_2D());
156     AddBuiltin(BuiltinOperator_CONV_2D, Register_CONV_2D(),
157             /* min_version */ 1,
158             /* max_version */ 3);
159     AddBuiltin(BuiltinOperator_DEPTHWISE_CONV_2D, Register_DEPTHWISE_CONV_2D(),
```

```
160             /* min_version */ 1,
161             /* max_version */ 3);
162     AddBuiltin(BuiltinOperator_SVDF, Register_SVDF(),
163             /* min_version */ 1,
164             /* max_version */ 2);
165     AddBuiltin(BuiltinOperator_RNN, Register_RNN(),
166             /* min_version */ 1,
167             /* max_version */ 2);
168     AddBuiltin(BuiltinOperator_BIDIRECTIONAL_SEQUENCE_RNN,
169             Register_BIDIRECTIONAL_SEQUENCE_RNN(),
170             /* min_version */ 1,
171             /* max_version */ 2);
172     AddBuiltin(BuiltinOperator_UNIDIRECTIONAL_SEQUENCE_RNN,
173             Register_UNIDIRECTIONAL_SEQUENCE_RNN(),
174             /* min_version */ 1,
175             /* max_version */ 2);
176     AddBuiltin(BuiltinOperator_EMBEDDING_LOOKUP, Register_EMBEDDING_LOOKUP(),
177             /* min_version */ 1,
178             /* max_version */ 2);
179     AddBuiltin(BuiltinOperator_EMBEDDING_LOOKUP_SPARSE,
180             Register_EMBEDDING_LOOKUP_SPARSE());
181     AddBuiltin(BuiltinOperator_FULLY_CONNECTED, Register_FULLY_CONNECTED(),
182             /* min_version */ 1,
183             /* max_version */ 3);
184     AddBuiltin(BuiltinOperator_LSH_PROJECTION, Register_LSH_PROJECTION());
185     AddBuiltin(BuiltinOperator_HASHTABLE_LOOKUP, Register_HASHTABLE_LOOKUP());
186     AddBuiltin(BuiltinOperator_SOFTMAX, Register_SOFTMAX(),
187             /* min_version */ 1,
188             /* max_version */ 2);
189     AddBuiltin(BuiltinOperator_CONCATENATION, Register_CONCATENATION());
190     AddBuiltin(BuiltinOperator_ADD, Register_ADD());
191     AddBuiltin(BuiltinOperator_SPACE_TO_BATCH_ND, Register_SPACE_TO_BATCH_ND());
192     AddBuiltin(BuiltinOperator_BATCH_TO_SPACE_ND, Register_BATCH_TO_SPACE_ND());
193     AddBuiltin(BuiltinOperator_MUL, Register_MUL());
194     AddBuiltin(BuiltinOperator_L2_NORMALIZATION, Register_L2_NORMALIZATION());
195     AddBuiltin(BuiltinOperator_LOCAL_RESPONSE_NORMALIZATION,
196             Register_LOCAL_RESPONSE_NORMALIZATION());
197     AddBuiltin(BuiltinOperator_LSTM, Register_LSTM(), /* min_version */ 1,
198             /* max_version */ 3);
199     AddBuiltin(BuiltinOperator_BIDIRECTIONAL_SEQUENCE_LSTM,
200             Register_BIDIRECTIONAL_SEQUENCE_LSTM(), /* min_version */ 1,
201             /* max_version */ 3);
202     AddBuiltin(BuiltinOperator_UNIDIRECTIONAL_SEQUENCE_LSTM,
203             Register_UNIDIRECTIONAL_SEQUENCE_LSTM(), /* min_version */ 1,
204             /* max_version */ 2);
205     AddBuiltin(BuiltinOperator_PAD, Register_PAD());
206     AddBuiltin(BuiltinOperator_PADV2, Register_PADV2());
207     AddBuiltin(BuiltinOperator_RESHAPE, Register_RESHAPE());
208     AddBuiltin(BuiltinOperator_RESIZE_BILINEAR, Register_RESIZE_BILINEAR());
209     AddBuiltin(BuiltinOperator_RESIZE_NEAREST_NEIGHBOR,
210             Register_RESIZE_NEAREST_NEIGHBOR());
```

```
211     AddBuiltin(BuiltinOperator_SKIP_GRAM, Register_SKIP_GRAM());
212     AddBuiltin(BuiltinOperator_SPACE_TO_DEPTH, Register_SPACE_TO_DEPTH());
213     AddBuiltin(BuiltinOperator_GATHER, Register_GATHER());
214     AddBuiltin(BuiltinOperator_TRANSPOSE, Register_TRANSPOSE());
215     AddBuiltin(BuiltinOperator_MEAN, Register_MEAN());
216     AddBuiltin(BuiltinOperator_DIV, Register_DIV());
217     AddBuiltin(BuiltinOperator_SPLIT, Register_SPLIT());
218     AddBuiltin(BuiltinOperator_SPLIT_V, Register_SPLIT_V());
219     AddBuiltin(BuiltinOperator_SQUEEZE, Register_SQUEEZE());
220     AddBuiltin(BuiltinOperator_STRIDED_SLICE, Register_STRIDED_SLICE());
221     AddBuiltin(BuiltinOperator_EXP, Register_EXP());
222     AddBuiltin(BuiltinOperator_TOPK_V2, Register_TOPK_V2());
223     AddBuiltin(BuiltinOperator_LOG, Register_LOG());
224     AddBuiltin(BuiltinOperator_LOG_SOFTMAX, Register_LOG_SOFTMAX());
225     AddBuiltin(BuiltinOperator_CAST, Register_CAST());
226     AddBuiltin(BuiltinOperator_DEQUANTIZE, Register_DEQUANTIZE(),
227              /* min_version */ 1,
228              /* max_version */ 2);
229     AddBuiltin(BuiltinOperator_PRELU, Register_PRELU());
230     AddBuiltin(BuiltinOperator_MAXIMUM, Register_MAXIMUM());
231     AddBuiltin(BuiltinOperator_MINIMUM, Register_MINIMUM());
232     AddBuiltin(BuiltinOperator_ARG_MAX, Register_ARG_MAX());
233     AddBuiltin(BuiltinOperator_ARG_MIN, Register_ARG_MIN());
234     AddBuiltin(BuiltinOperator_GREATER, Register_GREATER());
235     AddBuiltin(BuiltinOperator_GREATER_EQUAL, Register_GREATER_EQUAL());
236     AddBuiltin(BuiltinOperator_LESS, Register_LESS());
237     AddBuiltin(BuiltinOperator_LESS_EQUAL, Register_LESS_EQUAL());
238     AddBuiltin(BuiltinOperator_FLOOR, Register_FLOOR());
239     AddBuiltin(BuiltinOperator_CEIL, Register_CEIL());
240     AddBuiltin(BuiltinOperator_NEG, Register_NEG());
241     AddBuiltin(BuiltinOperator_SELECT, Register_SELECT());
242     AddBuiltin(BuiltinOperator_SLICE, Register_SLICE());
243     AddBuiltin(BuiltinOperator_SIN, Register_SIN());
244     AddBuiltin(BuiltinOperator_TRANSPOSE_CONV, Register_TRANSPOSE_CONV());
245     AddBuiltin(BuiltinOperator_TILE, Register_TILE());
246     AddBuiltin(BuiltinOperator_SUM, Register_SUM());
247     AddBuiltin(BuiltinOperator_REDUCE_PROD, Register_REDUCE_PROD());
248     AddBuiltin(BuiltinOperator_REDUCE_MAX, Register_REDUCE_MAX());
249     AddBuiltin(BuiltinOperator_REDUCE_MIN, Register_REDUCE_MIN());
250     AddBuiltin(BuiltinOperator_REDUCE_ANY, Register_REDUCE_ANY());
251     AddBuiltin(BuiltinOperator_EXPAND_DIMS, Register_EXPAND_DIMS());
252     AddBuiltin(BuiltinOperator_SPARSE_TO_DENSE, Register_SPARSE_TO_DENSE());
253     AddBuiltin(BuiltinOperator_EQUAL, Register_EQUAL());
254     AddBuiltin(BuiltinOperator_NOT_EQUAL, Register_NOT_EQUAL());
255     AddBuiltin(BuiltinOperator_SQRT, Register_SQRT());
256     AddBuiltin(BuiltinOperator_RSQRT, Register_RSQRT());
257     AddBuiltin(BuiltinOperator_SHAPE, Register_SHAPE());
258     AddBuiltin(BuiltinOperator_POW, Register_POW());
259     AddBuiltin(BuiltinOperator_FAKE_QUANT, Register_FAKE_QUANT(), 1, 2);
260     AddBuiltin(BuiltinOperator_PACK, Register_PACK());
261     AddBuiltin(BuiltinOperator_ONE_HOT, Register_ONE_HOT());
```

```
262     AddBuiltin(BuiltinOperator_LOGICAL_OR, Register_LOGICAL_OR());
263     AddBuiltin(BuiltinOperator_LOGICAL_AND, Register_LOGICAL_AND());
264     AddBuiltin(BuiltinOperator_LOGICAL_NOT, Register_LOGICAL_NOT());
265     AddBuiltin(BuiltinOperator_UNPACK, Register_UNPACK());
266     AddBuiltin(BuiltinOperator_FLOOR_DIV, Register_FLOOR_DIV());
267     AddBuiltin(BuiltinOperator_SQUARE, Register_SQUARE());
268     AddBuiltin(BuiltinOperator_ZEROS_LIKE, Register_ZEROS_LIKE());
269     AddBuiltin(BuiltinOperator_FLOOR_MOD, Register_FLOOR_MOD());
270     AddBuiltin(BuiltinOperator_RANGE, Register_RANGE());
271     AddBuiltin(BuiltinOperator_LEAKY_RELU, Register_LEAKY_RELU());
272     AddBuiltin(BuiltinOperator_SQUARED_DIFFERENCE, Register_SQUARED_DIFFERENCE());
273     AddBuiltin(BuiltinOperator_FILL, Register_FILL());
274     AddBuiltin(BuiltinOperator_MIRROR_PAD, Register_MIRROR_PAD());
275     AddBuiltin(BuiltinOperator_UNIQUE, Register_UNIQUE());
276     AddBuiltin(BuiltinOperator_REVERSE_V2, Register_REVERSE_V2());
277
278     AddCustom("Mfcc", TensorFlow Lite::ops::custom::Register_MFCC());
279     AddCustom("AudioSpectrogram",
280             TensorFlow Lite::ops::custom::Register_AUDIO_SPECTROGRAM());
281     AddCustom("TensorFlow Lite_Detection_PostProcess",
282             TensorFlow Lite::ops::custom::Register_DETECTION_POSTPROCESS());
283
284     AddCustom("Experimental_If", TensorFlow Lite::ops::custom::Register_IF());
285 }
286
287 }  //namespace builtin
288 }  //namespace ops
289 }  //namespace TensorFlow Lite
```

第4行，声明了之前定义了Register_ADD函数。

第190行，调用AddBuiltin将Regsiter_ADD函数添加到操作符注册信息表中。

代码中也添加了一些自定义的操作符，如Mfcc、AudioSpectrogram等，但是也需要添加到该函数中，在系统载入时统一注册，所以本质上没有太大差异。

最后我们还需要编辑delegates/nnapi/nnapi_delegate.cc文件。在TensorFlow Lite中，之前所描述的Interpreter和Subgraph类都只是接口类型，实际计算工作其实是通过代理交给具体的代理类完成的，这样可以实现将接口和具体的计算后端分离开。现在我们来看一下nnapi_delegate.h，即NNAPI这个代理类的声明，用于调用NNAPI完成实际的计算，如代码清单11-11所示。

代码清单 11-11 NNAPI 代理类声明

```
1 #ifndef TENSORFLOW_LITE_DELEGATES_NNAPI_NNAPI_DELEGATE_H_
2 #define TENSORFLOW_LITE_DELEGATES_NNAPI_NNAPI_DELEGATE_H_
3
4 #include "tensorflow/lite/c/c_api_internal.h"
5
6 namespace TensorFlow Lite {
```

```
 7
 8 TensorFlow LiteDelegate* NnApiDelegate();
 9 }  //namespace TensorFlow Lite
10
11 #endif  //TENSORFLOW_LITE_DELEGATES_NNAPI_NNAPI_DELEGATE_H_
```

我们发现该文件只声明了一个函数 NnApiDelegate，该函数的作用是返回一个代理对象，这是一个单例模式的对象，全局只有一个。具体实现可以参照 nnapi_delegate.cpp。由于该文件过长，因此我们只看关键部分，如代码清单 11-12 所示。

代码清单 11-12　NNAPI 代理类实现

```
1047 TfLiteDelegate* NnApiDelegate() {
1048   static TfLiteDelegate delegate = {
1049       .data_ = nullptr,
1050       .flags = kTfLiteDelegateFlagsNone,
1051       .Prepare = [](TfLiteContext* context,
1052                     TfLiteDelegate* delegate) -> TfLiteStatus {
1053         const NnApi* nnapi = NnApiImplementation();
1054         if (nnapi->android_sdk_version < kMinSdkVersionForNNAPI ||
1055             !nnapi->nnapi_exists) {
1056           return kTfLiteOk;
1057         }
1058
1059         std::vector<int> supported_nodes(1);
1060         TfLiteIntArray* plan;
1061         TF_LITE_ENSURE_STATUS(context->GetExecutionPlan(context, &plan));
1062
1063         int android_sdk_version = NnApiImplementation()->android_sdk_version;
1064         for (int node_index : TfLiteIntArrayView(plan)) {
1065           TfLiteNode* node;
1066           TfLiteRegistration* registration;
1067           TF_LITE_ENSURE_STATUS(context->GetNodeAndRegistration(
1068               context, node_index, &node, &registration));
1069           if (NNAPIDelegateKernel::Map(context, registration->builtin_code,
1070                                        registration->version,
1071                                        android_sdk_version, node)) {
1072             supported_nodes.push_back(node_index);
1073           }
1074         }
1075         supported_nodes[0] = supported_nodes.size() - 1;
1076
1077         static const TfLiteRegistration nnapi_delegate_kernel = {
1078             .init = [](TfLiteContext* context, const char* buffer,
1079                        size_t length) -> void* {
1080               const TfLiteDelegateParams* params =
1081                   reinterpret_cast<const TfLiteDelegateParams*>(buffer);
1082               NNAPIDelegateKernel* kernel_state = new NNAPIDelegateKernel;
1083               kernel_state->Init(context, params);
1084               return kernel_state;
```

```
1085                },
1086
1087                .free = [](TfLiteContext* context, void* buffer) -> void {
1088                  delete reinterpret_cast<NNAPIDelegateKernel*>(buffer);
1089                },
1090
1091                .prepare = [](TfLiteContext* context,
1092                              TfLiteNode* node) -> TfLiteStatus {
1093                  return kTfLiteOk;
1094                },
1095
1096                .invoke = [](TfLiteContext* context,
1097                             TfLiteNode* node) -> TfLiteStatus {
1098                  NNAPIDelegateKernel* state =
1099                      reinterpret_cast<NNAPIDelegateKernel*>(node->user_data);
1100                  return state->Invoke(context, node);
1101                },
1102
1103                .builtin_code = kTfLiteBuiltinDelegate,
1104            };
1105
1106            return context->ReplaceNodeSubsetsWithDelegateKernels(
1107                context, nnapi_delegate_kernel,
1108                reinterpret_cast<TfLiteIntArray*>(supported_nodes.data()),
1109                delegate);
1110          }};
1111
1112    return &delegate;
1113  }
```

第 1048 行，定义了 delegate 结构体。

第 1051 行，定义了 Prepare 函数，首先调用 NnApiImplementation 创建 NnApi 对象。然后检查 Android SDK 版本与 NNAPI 所需的最小版本，如果 Android SDK 版本过低则直接返回。

第 1059 行，创建了一个执行计划对象并调用 GetExecutionPlan 获取执行计划。

第 1064 行，遍历所有的执行计划，获得执行计划中的所有计算节点，逐一检查计算节点状态，并检查计算节点是否能够使用 NNAPI 完成计算，如果可以就添加到 supported_nodes 数组中。

第 1077 行，定义了 nnapi_delegate_kernel，也就是用于注册的 Tensorflow Lite 操作符注册信息，返回了一个 TfLiteRegistration 对象并将其封装为 Delegate 对象，定义了 init 方法（初始化）、free 方法（销毁）、prepare 方法（执行准备）、invoke（执行）与 builtin_code（内置类型编码）。因此如果我们想实现自己的后端也是非常简单的。

最后，我们需要将 add 操作符所需要的参数添加到该文件定义的类 NNAPIDelegateKernel 的 Map 成员函数中，如代码清单 11-13 所示。

代码清单 11-13　添加操作符参数示例

```
373 class NNAPIDelegateKernel {
374  public:
375     NNAPIDelegateKernel() { nnapi_ = NnApiImplementation(); }
376
377     typedef ANeuralNetworksOperationType (*MappingFn)(
378             const NNAPIOpMappingArgs& mapping_args);
379
380     static MappingFn Map(TensorFlow LiteContext* context, int builtin_code,
    int version,
381                          int android_sdk_version, TensorFlow LiteNode* node) {
382         switch (builtin_code) {
383           case kTensorFlow LiteBuiltinAdd:
384                 if (version == 1) {
385                     return [](const NNAPIOpMappingArgs& mapping_args)
386                                         -> ANeuralNetworksOperationType {
387                         auto builtin = reinterpret_cast<TensorFlow LiteAdd
    Params*>(
388                                 mapping_args.node->builtin_data);
389                         mapping_args.builder->AddScalarInt32Operand(builtin-
    >activation);
390                         return ANEURALNETWORKS_ADD;
391                     };
392                 }
393                 break;
```

这里，我们在 Map 函数中，根据 builtin_code 判定执行什么操作，如果是 LiteBuiltinAdd，也就是内置的 add 操作符，那么就从计算节点中取出数据，并将其添加到操作符对象中，并返回操作符的枚举常量。如果想要添加更多的操作符也需要模仿 Add 在这里添加自己的参数定义代码。

11.3.5　计算与优化模块

我们的代码最终需要在 ARM 平台执行。因此需要实现 ARM 端的优化。我们可以看到 11.3.4 节实现的 Add 操作符并没有做任何优化，但是实际上在 ARM 中是有对应的矢量加法指令集的，因此我们可以对上面的代码进行改造，使其支持 ARM，如代码清单 11-14 所示。

代码清单 11-14　Add 操作性能优化示例

```
1 #include "tensorflow/lite/c/builtin_op_data.h"
2 #include "tensorflow/lite/c/c_api_internal.h"
3 #include "tensorflow/lite/kernels/internal/optimized/optimized_ops.h"
4 #include "tensorflow/lite/kernels/internal/quantization_util.h"
5 #include "tensorflow/lite/kernels/internal/reference/reference_ops.h"
6 #include "tensorflow/lite/kernels/internal/tensor.h"
7 #include "tensorflow/lite/kernels/kernel_util.h"
8 #include "tensorflow/lite/kernels/op_macros.h"
9
```

```
10 namespace TensorFlow Lite {
11 namespace ops {
12 namespace builtin {
13 namespace add {
14
15 enum KernelType {
16     kReference,
17     kGenericOptimized,  //Neon-free
18     kNeonOptimized,
19 };
20
21 constexpr int kInputTensor1 = 0;
22 constexpr int kInputTensor2 = 1;
23 constexpr int kOutputTensor = 0;
24
25 struct OpData {
26     bool requires_broadcast;
27
28     int input1_shift;
29     int input2_shift;
30     int32 output_activation_min;
31     int32 output_activation_max;
32
33     int32 input1_multiplier;
34     int32 input2_multiplier;
35     int32 output_multiplier;
36     int output_shift;
37     int left_shift;
38     int32 input1_offset;
39     int32 input2_offset;
40     int32 output_offset;
41 };
42
43 void* Init(TensorFlow LiteContext* context, const char* buffer, size_t length) {
44     auto* data = new OpData;
45     data->requires_broadcast = false;
46     return data;
47 }
48
49 void Free(TensorFlow LiteContext* context, void* buffer) {
50     delete reinterpret_cast<OpData*>(buffer);
51 }
52
53 TensorFlow LiteStatus Prepare(TensorFlow LiteContext* context, TensorFlow Lite
   Node* node) {
54     auto* params = reinterpret_cast<TensorFlow LiteAddParams*>(node->builtin_data);
55     OpData* data = reinterpret_cast<OpData*>(node->user_data);
56
57     TF_LITE_ENSURE_EQ(context, NumInputs(node), 2);
58     TF_LITE_ENSURE_EQ(context, NumOutputs(node), 1);
59
```

```
60      const TensorFlow LiteTensor* input1 = GetInput(context, node, kInputTensor1);
61      const TensorFlow LiteTensor* input2 = GetInput(context, node, kInputTensor2);
62      TensorFlow LiteTensor* output = GetOutput(context, node, kOutputTensor);
63
64      TF_LITE_ENSURE_EQ(context, input1->type, input2->type);
65      output->type = input2->type;
66
67      data->requires_broadcast = !HaveSameShapes(input1, input2);
68
69      TensorFlow LiteIntArray* output_size = nullptr;
70      if (data->requires_broadcast) {
71          TF_LITE_ENSURE_OK(context, CalculateShapeForBroadcast(
72                                     context, input1, input2, &output_size));
73      } else {
74          output_size = TensorFlow LiteIntArrayCopy(input1->dims);
75      }
76
77      if (output->type == kTensorFlow LiteUInt8) {
78          //8bit -> 8bit general quantized path, with general rescalings
79          data->input1_offset = -input1->params.zero_point;
80          data->input2_offset = -input2->params.zero_point;
81          data->output_offset = output->params.zero_point;
82          data->left_shift = 20;
83          const double twice_max_input_scale =
84                  2 * std::max(input1->params.scale, input2->params.scale);
85          const double real_input1_multiplier =
86                  input1->params.scale / twice_max_input_scale;
87          const double real_input2_multiplier =
88                  input2->params.scale / twice_max_input_scale;
89          const double real_output_multiplier =
90                  twice_max_input_scale /
91                  ((1 << data->left_shift) * output->params.scale);
92
93          QuantizeMultiplierSmallerThanOneExp(
94                  real_input1_multiplier, &data->input1_multiplier, &data->
                    input1_shift);
95
96          QuantizeMultiplierSmallerThanOneExp(
97                  real_input2_multiplier, &data->input2_multiplier, &data->
                    input2_shift);
98
99          QuantizeMultiplierSmallerThanOneExp(
100                 real_output_multiplier, &data->output_multiplier, &data->
                    output_shift);
101
102         CalculateActivationRangeUint8(params->activation, output,
103                                       &data->output_activation_min,
104                                       &data->output_activation_max);
105
106     } else if (output->type == kTensorFlow LiteInt16) {
107         TF_LITE_ENSURE_EQ(context, input1->params.zero_point, 0);
```

```
108         TF_LITE_ENSURE_EQ(context, input2->params.zero_point, 0);
109         TF_LITE_ENSURE_EQ(context, output->params.zero_point, 0);
110
111         int input1_scale_log2_rounded;
112         bool input1_scale_is_pot =
113                 CheckedLog2(input1->params.scale, &input1_scale_log2_rounded);
114         TF_LITE_ENSURE(context, input1_scale_is_pot);
115
116         int input2_scale_log2_rounded;
117         bool input2_scale_is_pot =
118                 CheckedLog2(input2->params.scale, &input2_scale_log2_rounded);
119         TF_LITE_ENSURE(context, input2_scale_is_pot);
120
121         int output_scale_log2_rounded;
122         bool output_scale_is_pot =
123                 CheckedLog2(output->params.scale, &output_scale_log2_rounded);
124         TF_LITE_ENSURE(context, output_scale_is_pot);
125
126         data->input1_shift = input1_scale_log2_rounded - output_scale_log2_
                                 rounded;
127         data->input2_shift = input2_scale_log2_rounded - output_scale_log2_
                                 rounded;
128
129         TF_LITE_ENSURE(context, data->input1_shift == 0 || data->input2_shift == 0);
130         TF_LITE_ENSURE(context, data->input1_shift <= 0);
131         TF_LITE_ENSURE(context, data->input2_shift <= 0);
132
133         CalculateActivationRangeQuantized(context, params->activation, output,
134                                           &data->output_activation_min,
135                                           &data->output_activation_max);
136     }
137
138     return context->ResizeTensor(context, output, output_size);
139 }
140
141 template <KernelType kernel_type>
142 void EvalAdd(TensorFlow LiteContext* context, TensorFlow LiteNode* node, TensorFlow
    LiteAddParams* params,
143              const OpData* data, const TensorFlow LiteTensor* input1,
144              const TensorFlow LiteTensor* input2, TensorFlow LiteTensor* output) {
145 #define TF_LITE_ADD(type, opname, data_type)                               \
146     data_type output_activation_min, output_activation_max;                \
147     CalculateActivationRange(params->activation, &output_activation_min,   \
148                              &output_activation_max);                      \
149     TensorFlow Lite::ArithmeticParams op_params;                           \
150     SetActivationParams(output_activation_min, output_activation_max,      \
151                         &op_params);                                       \
152     type::opname(op_params, GetTensorShape(input1),                        \
153                  GetTensorData<data_type>(input1), GetTensorShape(input2), \
154                  GetTensorData<data_type>(input2), GetTensorShape(output), \
155                  GetTensorData<data_type>(output))
```

```
156     if (output->type == kTensorFlow LiteInt32) {
157         if (kernel_type == kReference) {
158           if (data->requires_broadcast) {
159                 TF_LITE_ADD(reference_ops, BroadcastAdd4DSlow, int32_t);
160             } else {
161                 TF_LITE_ADD(reference_ops, Add, int32_t);
162             }
163         } else {
164             if (data->requires_broadcast) {
165                 TF_LITE_ADD(optimized_ops, BroadcastAdd4DSlow, int32_t);
166             } else {
167                 TF_LITE_ADD(optimized_ops, Add, int32_t);
168             }
169         }
170     } else if (output->type == kTensorFlow LiteFloat32) {
171         if (kernel_type == kReference) {
172             if (data->requires_broadcast) {
173                 TF_LITE_ADD(reference_ops, BroadcastAdd4DSlow, float);
174             } else {
175                 TF_LITE_ADD(reference_ops, Add, float);
176             }
177         } else {
178             if (data->requires_broadcast) {
179                 TF_LITE_ADD(optimized_ops, BroadcastAdd4DSlow, float);
180             } else {
181                 TF_LITE_ADD(optimized_ops, Add, float);
182             }
183         }
184     }
185 #undef TF_LITE_ADD
186 }
187
188 template <KernelType kernel_type>
189 TensorFlow LiteStatus EvalAddQuantized(TensorFlow LiteContext* context, TensorFlow
    LiteNode* node,
190                               TensorFlow LiteAddParams* params, const OpData*
                              data,
191                               const TensorFlow LiteTensor* input1,
192                               const TensorFlow LiteTensor* input2,
193                               TensorFlow LiteTensor* output) {
194     if (output->type == kTensorFlow LiteUInt8) {
195         TensorFlow Lite::ArithmeticParams op_params;
196         op_params.left_shift = data->left_shift;
197         op_params.input1_offset = data->input1_offset;
198         op_params.input1_multiplier = data->input1_multiplier;
199         op_params.input1_shift = data->input1_shift;
200         op_params.input2_offset = data->input2_offset;
201         op_params.input2_multiplier = data->input2_multiplier;
202         op_params.input2_shift = data->input2_shift;
203         op_params.output_offset = data->output_offset;
204         op_params.output_multiplier = data->output_multiplier;
```

```
205         op_params.output_shift = data->output_shift;
206         SetActivationParams(data->output_activation_min,
207                             data->output_activation_max, &op_params);
208         bool need_broadcast = optimized_ops::ProcessBroadcastShapes(
209                 GetTensorShape(input1), GetTensorShape(input2), &op_params);
210 #define TF_LITE_ADD(type, opname)                                          \
211     type::opname(op_params, GetTensorShape(input1),                         \
212                  GetTensorData<uint8_t>(input1), GetTensorShape(input2), \
213                  GetTensorData<uint8_t>(input2), GetTensorShape(output), \
214                  GetTensorData<uint8_t>(output));
215         if (kernel_type == kReference) {
216             if (need_broadcast) {
217                 TF_LITE_ADD(reference_ops, BroadcastAdd4DSlow);
218             } else {
219                 TF_LITE_ADD(reference_ops, Add);
220             }
221         } else {
222             if (op_params.broadcast_category ==
223                     BroadcastableOpCategory::kGenericBroadcast) {
224                 TF_LITE_ADD(optimized_ops, BroadcastAdd4DSlow);
225             } else if (need_broadcast) {
226                 TF_LITE_ADD(optimized_ops, BroadcastAddFivefold);
227             } else {
228                 TF_LITE_ADD(optimized_ops, Add);
229             }
230         }
231 #undef TF_LITE_ADD
232     } else if (output->type == kTensorFlow LiteInt16) {
233 #define TF_LITE_ADD(type, opname)                                          \
234     TensorFlow Lite::ArithmeticParams op_params;                            \
235     op_params.input1_shift = data->input1_shift;                            \
236     op_params.input2_shift = data->input2_shift;                            \
237     SetActivationParams(data->output_activation_min,                        \
238                         data->output_activation_max, &op_params);          \
239     type::opname(op_params, GetTensorShape(input1),                         \
240                  GetTensorData<int16_t>(input1), GetTensorShape(input2), \
241                  GetTensorData<int16_t>(input2), GetTensorShape(output), \
242                  GetTensorData<int16_t>(output))
243         //The quantized version of Add doesn't support activations, so we
244         //always use BroadcastAdd.
245         if (kernel_type == kReference) {
246             TF_LITE_ADD(reference_ops, Add);
247         } else {
248             TF_LITE_ADD(optimized_ops, Add);
249         }
250 #undef TF_LITE_ADD
251     }
252 
253     return kTensorFlow LiteOk;
254 }
255 
```

```
256 template <KernelType kernel_type>
257 TensorFlow LiteStatus Eval(TensorFlow LiteContext* context, TensorFlow LiteNode*
    node) {
258     auto* params = reinterpret_cast<TensorFlow LiteAddParams*>(node->builtin_data);
259     OpData* data = reinterpret_cast<OpData*>(node->user_data);
260
261     const TensorFlow LiteTensor* input1 = GetInput(context, node, kInputTensor1);
262     const TensorFlow LiteTensor* input2 = GetInput(context, node, kInputTensor2);
263     TensorFlow LiteTensor* output = GetOutput(context, node, kOutputTensor);
264
265     if (output->type == kTensorFlow LiteFloat32 || output->type == kTensorFlow
            LiteInt32) {
266         EvalAdd<kernel_type>(context, node, params, data, input1, input2, output);
267     } else if (output->type == kTensorFlow LiteUInt8 || output->type == kTensorFlow
          LiteInt16) {
268         TF_LITE_ENSURE_OK(context,
269                         EvalAddQuantized<kernel_type>(context, node, params, data,
270                                                       input1, input2, output));
271     } else {
272         context->ReportError(context,
273                             "Inputs and outputs not all float|uint8|int16 types.");
274         return kTensorFlow LiteError;
275     }
276
277     return kTensorFlow LiteOk;
278 }
279
280 }  //namespace add
281
282 TensorFlow LiteRegistration* Register_ADD_REF() {
283     static TensorFlow LiteRegistration r = {add::Init, add::Free, add::Prepare,
284                                             add::Eval<add::kReference>};
285     return &r;
286 }
287
288 TensorFlow LiteRegistration* Register_ADD_GENERIC_OPT() {
289     static TensorFlow LiteRegistration r = {add::Init, add::Free, add::Prepare,
290                                             add::Eval<add::kGenericOptimized>};
291     return &r;
292 }
293
294 TensorFlow LiteRegistration* Register_ADD_NEON_OPT() {
295     static TensorFlow LiteRegistration r = {add::Init, add::Free, add::Prepare,
296                                             add::Eval<add::kNeonOptimized>};
297     return &r;
298 }
299
300 TensorFlow LiteRegistration* Register_ADD() {
301 #ifdef USE_NEON
302     return Register_ADD_NEON_OPT();
303 #else
```

```
304     return Register_ADD_GENERIC_OPT();
305 #endif
306 }
307
308 }  //namespace builtin
309 }  //namespace ops
310 }  //namespace TensorFlow Lite
```

第 13 行，定义了 add 操作符所属的名称空间。

第 19 行，定义了加法操作所需的数据 OpData 类型。

第 37 行，定义了 Init 函数，用于执行加法运算符的初始化操作，根据输入参数初始化结构体的各个数据。

第 43 行，定义了 Free 函数，调用 delete 销毁数据并释放可用空间。

第 47 行，定义了 Prepare 函数，用于进行计算准备。首先确保计算节点的输入数量为 2，同时输出数量为 1。然后调用 GetInput 和 GetOutput 获取输入与输出的 Tensor。接着调用 HasSameShape 比较两个输入 Tensor 形状是否相同。接下来根据输入 Tensor 计算输出 Tensor 的尺寸。如果输出的类型是 8 位无符号整数，那么先将数据的输入偏移和输出偏移都设置为零点，然后根据输入数据的 scale 计算最大的缩放比例。接着根据参数设定的缩放比例和最大缩放比例计算出实际的输入参数的乘法因子和输出参数的乘法因子。接着调用 QuantizeMultiplierSmallerThanOneExp 检查量化的乘法因子是否符合要求，最后调用 CalculateActivationRangeUint8 计算激活值的最小值与最大值。

第 100 行，如果输出类型为 16 位整数，那么首先检查各个输入参数是否符合要求，最后调用 CalculateActivationRangeUint8 计算激活值的最小值与最大值。

第 141 行，定义了 EvalAdd 函数，该函数用于完成实际的加法操作（非量化）。

第 145 行，定义了 TF_LITE_ADD 宏，用于根据指定的类型、操作符名称与数据类型完成实际的加法操作。首先计算出激活值的最小值与最大值，然后调用 SetActivationParams 设定激活参数，接着调用运算符，参数包括操作符参数、输入尺寸、输入数据和最后的输出数据。

第 156 行，如果输出的输出类型是 32 位整数，那么调用 BroadcastAdd4DSlow（如果需要 Broadcast Add 计算）或者 Add 完成实际加法操作，否则说明输出类型是单精度浮点数，那么调用基于浮点数的 BroadcastAdd4DSlow（如果需要 Broadcast Add 计算）或者 Add 完成实际加法操作。

第 188 行，定义了 EvalAddQuantized 函数，用于完成实际的量化加法操作。

第 194 ～ 209 行，取出各种需要的数据，准备用来计算。

第 210 行，定义了 TF_LITE_ADD 宏，用于根据指定的类型、操作符名称与数据类型完成实际的加法操作。首先计算出激活值的最小值与最大值，然后调用 SetActivationParams 设定激活参数，接着调用运算符，参数包括操作符参数、输入尺寸、输入数据和最后的输出数据。

第 215 ～ 221 行，如果 kernel_type 为 kReference，那么调用通用版本的加法实现。如果 need_broadcast 为 true，说明需要执行 Broadcast Add（比如在 Eltwise Sum 运算中）计算，那么我们调用 BroadcastAdd4DSlow 完成加法操作。否则调用 Add 完成实际加法操作。

第 222 ～ 230 行，此时需要调用平台特定优化版本的加法实现。如果 need_broadcast 为 true，说明需要执行 Broadcast Add（比如在 Eltwise Sum 运算中）计算，那么我们调用 BroadcastAdd4DSlow（通用）或者 BroadcastAddFivefold（特例版本）完成加法操作。否则调用 Add 完成实际加法操作。

第 232 ～ 251 行，如果输出类型输出类型是 16 位整数，那么调用 Add 完成 16 位整型输出的加法操作。

第 257 行，定义了 Eval 函数，该函数首先初始化各种计算需要的参数，然后通过检查输出类型调用不同版本的函数，最后返回结果即可。

第 282 行，定义了 Register_ADD 函数，用于返回实际的操作符结构体，用来作为操作符的注册信息。

我们可以看到这里做了两个阶段的优化：一个是针对非 ARM 平台做了通用级别的优化；另一个是通过 Google 的库完成了针对 ARM 平台的优化。

这里我们定义的 Eval 函数是一个模板函数，会接收一个参数，表示使用通用优化还是基于 NEON 的优化，同样我们将 EvalAdd 也定义成模板函数，模板参数是 kernel_type。在实现中我们会判断 kernel_type 是否为 kReference，如果是 kReference 说明不执行任何优化操作，否则就调用具体的优化操作符处理函数进行计算，加快计算速度，这里是通过 Google 的库完成了针对 ARM 平台的优化。

11.4　模型处理工具

现在我们已经对整个前向引擎非常了解了，但是由于 TensorFlow Lite 和 TensorFlow 是两套独立引擎，明显 TensorFlow Lite 是不支持 TensorFlow 的模型的，我们必须通过模型转换才能在嵌入式平台中使用我们训练好的模型。那么我们如何将 TensorFlow 的模型转换为 TensorFlow Lite 的模型呢？

TensorFlow Lite 的模型转换工具代码都在 toco 目录下，下面我们讲解一下整个转换工具的结构。首先是转换的核心函数——Convert 函数，该函数在 toco_convert.h 中声明，如代码清单 11-15 所示。

代码清单 11-15　模型转换工具 toco_convert.h 定义

```
1 #ifndef TENSORFLOW_LITE_TOCO_TOCO_CONVERT_H_
2 #define TENSORFLOW_LITE_TOCO_TOCO_CONVERT_H_
3
4 #include "tensorflow/core/lib/core/status.h"
5 #include "tensorflow/lite/toco/args.h"
```

```
 6 #include "tensorflow/lite/toco/model_flags.pb.h"
 7 #include "tensorflow/lite/toco/toco_flags.pb.h"
 8
 9 namespace toco {
10
11 tensorflow::Status Convert(const string& graph_def_contents,
12                            const TocoFlags& toco_flags,
13                            const ModelFlags& model_flags,
14                            string* output_file_contents);
15
16 tensorflow::Status Convert(const ParsedTocoFlags& parsed_toco_flags,
17                            const ParsedModelFlags& parsed_model_flags);
18 }  //namespace toco
19
20 #endif  //TENSORFLOW_LITE_TOCO_TOCO_CONVERT_H_
```

代码中定义了两个Convert函数，第1个负责转换模型参数，将序列化TensorFlow的输入字节流转换成TensorFlow Lite版本，转换成序列化字节流输出。第2个负责解析模型和命令行工具的选项标志，调用第1个Convert函数完成实际转换工作。

Convert函数定义在toco_converter.cc中，如代码清单11-16所示。

代码清单 11-16 toco_converter.cc

```
 1 #include <cstdio>
 2 #include <memory>
 3 #include <string>
 4
 5 #include "absl/strings/string_view.h"
 6 #include "tensorflow/lite/toco/model.h"
 7 #include "tensorflow/lite/toco/model_cmdline_flags.h"
 8 #include "tensorflow/lite/toco/model_flags.pb.h"
 9 #include "tensorflow/lite/toco/toco_cmdline_flags.h"
10 #include "tensorflow/lite/toco/toco_flags.pb.h"
11 #include "tensorflow/lite/toco/toco_port.h"
12 #include "tensorflow/lite/toco/toco_tooling.h"
13 #include "tensorflow/lite/toco/toco_types.h"
14 #include "tensorflow/core/lib/core/errors.h"
15 #include "tensorflow/core/platform/logging.h"
16
17 namespace toco {
18 namespace {
19
20 void CheckOutputFilePermissions(const Arg<string>& output_file) {
21     QCHECK(output_file.specified()) << "Missing required flag --output_file.\n";
22     QCHECK(port::file::Writable(output_file.value()).ok())
23             << "Specified output_file is not writable: " << output_file.value()
24             << ".\n";
25 }
26
27 void CheckFrozenModelPermissions(const Arg<string>& input_file) {
```

```
28     QCHECK(input_file.specified()) << "Missing required flag --input_file.\n";
29     QCHECK(port::file::Exists(input_file.value(), port::file::Defaults()).ok())
30             << "Specified input_file does not exist: " << input_file.value() << ".\n";
31     QCHECK(port::file::Readable(input_file.value(), port::file::Defaults()).ok())
32             << "Specified input_file exists, but is not readable: "
33             << input_file.value() << ".\n";
34 }
35
36 void ReadInputData(const ParsedTocoFlags& parsed_toco_flags,
37                    const ParsedModelFlags& parsed_model_flags,
38                    TocoFlags* toco_flags, ModelFlags* model_flags,
39                    string* graph_def_contents) {
40     port::CheckInitGoogleIsDone("InitGoogle is not done yet.\n");
41
42     QCHECK(!parsed_toco_flags.savedmodel_directory.specified())
43             << "Use `tensorflow/lite/python/TensorFlow Lite_convert` script with "
44             << "SavedModel directories.\n";
45
46     CheckFrozenModelPermissions(parsed_toco_flags.input_file);
47     CHECK(port::file::GetContents(parsed_toco_flags.input_file.value(),
48                                   graph_def_contents, port::file::Defaults())
49                           .ok());
50 }
51 }  //namespace
52
53 tensorflow::Status Convert(const string& graph_def_contents,
54                            const TocoFlags& toco_flags,
55                            const ModelFlags& model_flags,
56                            string* output_file_contents) {
57     std::unique_ptr<Model> model =
58             Import(toco_flags, model_flags, graph_def_contents);
59     Transform(toco_flags, model.get());
60     return Export(toco_flags, *model, toco_flags.allow_custom_ops(),
61                   output_file_contents);
62 }
63
64 tensorflow::Status Convert(const ParsedTocoFlags& parsed_toco_flags,
65                            const ParsedModelFlags& parsed_model_flags) {
66     ModelFlags model_flags;
67     ReadModelFlagsFromCommandLineFlags(parsed_model_flags, &model_flags);
68
69     TocoFlags toco_flags;
70     ReadTocoFlagsFromCommandLineFlags(parsed_toco_flags, &toco_flags);
71
72     string graph_def_contents;
73     ReadInputData(parsed_toco_flags, parsed_model_flags, &toco_flags,
74                   &model_flags, &graph_def_contents);
75     CheckOutputFilePermissions(parsed_toco_flags.output_file);
76
77     string output_file_contents;
78     TF_RETURN_IF_ERROR(Convert(graph_def_contents, toco_flags, model_flags,
```

```
79                                  &output_file_contents));
80
81     TF_RETURN_IF_ERROR(
82             port::file::SetContents(parsed_toco_flags.output_file.value(),
83                                  output_file_contents, port::file::Defaults()));
84     return tensorflow::Status();
85 }
86
87 }  //namespace toco
```

第 20 行，定义了 CheckOutputFilePermissions 函数，用于检查程序是否具有写入输出文件的权限，如果没有就输出错误信息并返回。

第 27 行，定义了 CheckFrozenModelPermissions 函数，用于检查程序是否具有读取输入模型文件的权限，如果没有就输出错误信息并返回。

第 36 行，定义了 ReadInputData 函数，该函数负责根据命令行参数读取输入文件的内容。

第 53 行，定义了 Convert 函数。该函数首先调用 GetContents 获取 TensorFlow 的文件内容，接着调用 Import 函数从 TensorFlow 的模型中读取数据，然后调用 Export 函数将模型导出成 TensorFlow Lite 的格式并返回。

第 64 行，定义了 Convert 函数，首先解析模型参数和工具命令行参数，接着调用 Read InputData 读取输入数据，然后调用 Convert 获取输出数据，最后调用 SetContets 输出文件内容。

我们先来看看 GetContents 和 SetContents 的实现，这两个函数在 toco_port.h 中声明，是与平台无关的文件读写函数，如代码清单 11-17 所示。定义则在源文件 toco_port.cc 中。如代码清单 11-18 所示。

代码清单 11-17　toco_port.h

```
 1 #ifndef TENSORFLOW_LITE_TOCO_TOCO_PORT_H_
 2 #define TENSORFLOW_LITE_TOCO_TOCO_PORT_H_
 3
 4 #include <string>
 5 #include "google/protobuf/text_format.h"
 6 #include "tensorflow/lite/toco/format_port.h"
 7 #include "tensorflow/core/lib/core/status.h"
 8 #include "tensorflow/core/platform/logging.h"
 9 #include "tensorflow/core/platform/platform.h"
10 #if defined(PLATFORM_GOOGLE)
11 #include "absl/strings/cord.h"
12 #endif  //PLATFORM_GOOGLE
13
14 #ifdef PLATFORM_GOOGLE
15 #define TENSORFLOW LITE_PROTO_NS proto2
16 #else
17 #define TENSORFLOW LITE_PROTO_NS google::protobuf
18 #endif
```

```
19
20 #ifdef __ANDROID__
21 #include <sstream>
22 namespace std {
23
24 template <typename T>
25 std::string to_string(T value)
26 {
27         std::ostringstream os ;
28         os << value ;
29         return os.str() ;
30 }
31
32 #ifdef __ARM_ARCH_7A__
33 double round(double x);
34 #endif
35 }
36 #endif
37
38 namespace toco {
39 namespace port {
40
41 void InitGoogleWasDoneElsewhere ();
42 void InitGoogle(const char* usage, int* argc, char*** argv, bool remove_flags);
43 void CheckInitGoogleIsDone(const char* message);
44
45 namespace file {
46 class Options {};
47 inline Options Defaults() {
48     Options o;
49     return o;
50 }
51 tensorflow::Status GetContents(const string& filename, string* contents,
52                                const Options& options);
53 tensorflow::Status SetContents(const string& filename, const string& contents,
54                                const Options& options);
55 string JoinPath(const string& base, const string& filename);
56 tensorflow::Status Writable(const string& filename);
57 tensorflow::Status Readable(const string& filename, const Options& options);
58 tensorflow::Status Exists(const string& filename, const Options& options);
59 }  //namespace file
60
61 #if defined(PLATFORM_GOOGLE)
62 void CopyToBuffer(const ::Cord& src, char* dest);
63 #endif  //PLATFORM_GOOGLE
64 void CopyToBuffer(const string& src, char* dest);
65
66 inline uint32 ReverseBits32(uint32 n) {
67     n = ((n >> 1) & 0x55555555) | ((n & 0x55555555) << 1);
68     n = ((n >> 2) & 0x33333333) | ((n & 0x33333333) << 2);
69     n = ((n >> 4) & 0x0F0F0F0F) | ((n & 0x0F0F0F0F) << 4);
```

```
70     return (((n & 0xFF) << 24) | ((n & 0xFF00) << 8) | ((n & 0xFF0000) >> 8) |
71                     ((n & 0xFF000000) >> 24));
72 }
73 }  //namespace port
74
75 inline bool ParseFromStringOverload(const std::string& in,
76                                     TENSORFLOW LITE_PROTO_NS::Message* proto) {
77     return TENSORFLOW LITE_PROTO_NS::TextFormat::ParseFromString(in, proto);
78 }
79
80 template <typename Proto>
81 bool ParseFromStringEitherTextOrBinary(const std::string& input_file_contents,
82                                        Proto* proto) {
83     if (proto->ParseFromString(input_file_contents)) {
84         return true;
85     }
86
87     if (ParseFromStringOverload(input_file_contents, proto)) {
88         return true;
89     }
90
91     return false;
92 }
93
94 }  //namespace toco
95
96 #endif  //TENSORFLOW_LITE_TOCO_TOCO_PORT_H_
```

第 25 行，定义了 to_string 函数，主要用于将各种类型的变量转换成字符串类型。该函数是 C++11 标准库中的函数，只有不支持的情况下才需要我们自己实现。

第 33 行，如果平台为 __ARM_ARCH_7A__，那么声明 double 类型的 round 函数。

第 41 行，声明了 InitGoogleWasDoneElsewhere 函数，用于检测命令行解析是否就绪。

第 42 行，声明了 InitGoogle 函数，用于完成命令行解析。

第 43 行，声明了 CheckInitGoogleIsDone 函数，用于检测命令行解析是否完成。

第 51 行，声明了 GetContents 函数，用于获取指定文件的文件内容。

第 53 行，声明了 SetContents 函数，用于写入指定文件的文件内容。

第 55 行，声明了 JoinPath 函数，用于完成路径的拼接。

第 56 行，声明了 Writable 函数，用于检测文件是否可写。

第 57 行，声明了 Readable 函数，用于检测文件是否可读。

第 58 行，声明了 Exists 函数，用于检测文件是否存在。

第 62 行，声明了 CopyToBuffer 函数，用于将数据从源缓冲区复制到目标缓冲区。

第 66 行，定义了 ReverseBits32 函数，用于转换 32 位整数的字节序。

第 75 行，定义了 ParseFromStringOverload 函数，用于将 Protobuf 的 Message 格式解析成字符串格式。实现方法就是调用 ParseFromString 函数完成该项工作。

第 81 行，定义了 ParseFromStringEitherTextOrBinary 函数，首先尝试直接从字符串解析 Protobuf 对象，如果失败就调用 ParseFromStringOverload 进行 Protobuf 解析。

接着实现 toco_port.cc，如代码清单 11-18 所示。

代码清单 11-18　toco_port.cc

```
 1 #include <cstring>
 2 
 3 #include "tensorflow/lite/toco/toco_port.h"
 4 #include "tensorflow/lite/toco/toco_types.h"
 5 #include "tensorflow/core/lib/core/errors.h"
 6 #include "tensorflow/core/lib/core/status.h"
 7 #include "tensorflow/core/platform/logging.h"
 8 
 9 #if defined(__ANDROID__) && defined(__ARM_ARCH_7A__)
10 namespace std {
11 double round(double x) { return ::round(x); }
12 }  //namespace std
13 #endif
14 
15 namespace toco {
16 namespace port {
17 void CopyToBuffer(const string& src, char* dest) {
18   memcpy(dest, src.data(), src.size());
19 }
20 
21 #ifdef PLATFORM_GOOGLE
22 void CopyToBuffer(const Cord& src, char* dest) { src.CopyToArray(dest); }
23 #endif
24 }  //namespace port
25 }  //namespace toco
26 
27 #if defined(PLATFORM_GOOGLE) && !defined(__APPLE__) && \
28         !defined(__ANDROID__) && !defined(_WIN32)
29 
30 #include "base/init_google.h"
31 #include "file/base/file.h"
32 #include "file/base/filesystem.h"
33 #include "file/base/helpers.h"
34 #include "file/base/options.h"
35 #include "file/base/path.h"
36 
37 namespace toco {
38 namespace port {
39 
40 void InitGoogle(const char* usage, int* argc, char*** argv, bool remove_flags) {
41     ::InitGoogle(usage, argc, argv, remove_flags);
42 }
43 
44 void InitGoogleWasDoneElsewhere() {
45 }
```

```
46
47 void CheckInitGoogleIsDone(const char* message) {
48     ::CheckInitGoogleIsDone(message);
49 }
50
51 namespace file {
52
53 tensorflow::Status ToStatus(const ::util::Status& uts) {
54     if (!uts.ok()) {
55         return tensorflow::Status(
56                 tensorflow::errors::Code(::util::RetrieveErrorCode(uts)),
57                 uts.error_message());
58     }
59     return tensorflow::Status::OK();
60 }
61
62 toco::port::file::Options ToOptions(const ::file::Options& options) {
63     CHECK_EQ(&options, &::file::Defaults());
64     return Options();
65 }
66
67 tensorflow::Status Writable(const string& filename) {
68     File* f = nullptr;
69     const auto status = ::file::Open(filename, "w", &f, ::file::Defaults());
70     if (f) {
71         QCHECK_OK(f->Close(::file::Defaults()));
72     }
73     return ToStatus(status);
74 }
75
76 tensorflow::Status Readable(const string& filename,
77                             const file::Options& options) {
78     return ToStatus(::file::Readable(filename, ::file::Defaults()));
79 }
80
81 tensorflow::Status Exists(const string& filename,
82                           const file::Options& options) {
83     auto status = ::file::Exists(filename, ::file::Defaults());
84     return ToStatus(status);
85 }
86
87 tensorflow::Status GetContents(const string& filename, string* contents,
88                                const file::Options& options) {
89     return ToStatus(::file::GetContents(filename, contents, ::file::Defaults()));
90 }
91
92 tensorflow::Status SetContents(const string& filename, const string& contents,
93                                const file::Options& options) {
94     return ToStatus(::file::SetContents(filename, contents, ::file::Defaults()));
95 }
96
```

```
 97 string JoinPath(const string& a, const string& b) {
 98     return ::file::JoinPath(a, b);
 99 }
100
101 }  // namespace file
102 }  // namespace port
103 }  // namespace toco
104
105 #else  // !PLATFORM_GOOGLE || __APPLE__ || __ANDROID__ || _WIN32
106
107 #include <fcntl.h>
108 #if defined(_WIN32)
109 #include <io.h>  // for _close, _open, _read
110 #endif
111 #include <sys/stat.h>
112 #include <sys/types.h>
113 #include <unistd.h>
114 #include <cstdio>
115
116 #if defined(PLATFORM_GOOGLE)
117 #include "base/commandlineflags.h"
118 #endif
119
120 namespace toco {
121 namespace port {
122
123 #if defined(_WIN32)
124 #define close _close
125 #define open _open
126 #define read _read
127 constexpr int kFileCreateMode = _S_IREAD | _S_IWRITE;
128 constexpr int kFileReadFlags = _O_RDONLY | _O_BINARY;
129 constexpr int kFileWriteFlags = _O_WRONLY | _O_BINARY | _O_CREAT;
130 #else
131 constexpr int kFileCreateMode = 0664;
132 constexpr int kFileReadFlags = O_RDONLY;
133 constexpr int kFileWriteFlags = O_CREAT | O_WRONLY;
134 #endif  // _WIN32
135
136 static bool port_initialized = false;
137
138 void InitGoogleWasDoneElsewhere() { port_initialized = true; }
139
140 void InitGoogle(const char* usage, int* argc, char*** argv, bool remove_flags) {
141     if (!port_initialized) {
142 #if defined(PLATFORM_GOOGLE)
143         ParseCommandLineFlags(argc, argv, remove_flags);
144 #endif
145         port_initialized = true;
146     }
147 }
148
```

```
149 void CheckInitGoogleIsDone(const char* message) {
150     CHECK(port_initialized) << message;
151 }
152
153 namespace file {
154
155 tensorflow::Status Writable(const string& filename) {
156     FILE* f = fopen(filename.c_str(), "w");
157     if (f) {
158         fclose(f);
159         return tensorflow::Status::OK();
160     }
161     return tensorflow::errors::NotFound("not writable");
162 }
163
164 tensorflow::Status Readable(const string& filename,
165                             const file::Options& options) {
166     FILE* f = fopen(filename.c_str(), "r");
167     if (f) {
168         fclose(f);
169         return tensorflow::Status::OK();
170     }
171     return tensorflow::errors::NotFound("not readable");
172 }
173
174 tensorflow::Status Exists(const string& filename,
175                           const file::Options& options) {
176     struct stat statbuf;
177     int ret = stat(filename.c_str(), &statbuf);
178     if (ret == -1) {
179         return tensorflow::errors::NotFound("file doesn't exist");
180     }
181     return tensorflow::Status::OK();
182 }
183
184 tensorflow::Status GetContents(const string& path, string* output,
185                                const file::Options& options) {
186     output->clear();
187
188     int fd = open(path.c_str(), kFileReadFlags);
189     if (fd == -1) {
190         return tensorflow::errors::NotFound("can't open() for read");
191     }
192
193     const int kBufSize = 1 << 16;
194     char buffer[kBufSize];
195     while (true) {
196         int size = read(fd, buffer, kBufSize);
197         if (size == 0) {
198             // Done.
199             close(fd);
```

```
200             return tensorflow::Status::OK();
201         } else if (size == -1) {
202             //Error.
203             close(fd);
204             return tensorflow::errors::Internal("error during read()");
205         } else {
206             output->append(buffer, size);
207         }
208     }
209
210     CHECK(0);
211     return tensorflow::errors::Internal("internal error");
212 }
213
214 tensorflow::Status SetContents(const string& filename, const string& contents,
215                                const file::Options& options) {
216     int fd = open(filename.c_str(), kFileWriteFlags, kFileCreateMode);
217     if (fd == -1) {
218         return tensorflow::errors::Internal("can't open() for write");
219     }
220
221     size_t i = 0;
222     while (i < contents.size()) {
223         size_t to_write = contents.size() - i;
224         ssize_t written = write(fd, &contents[i], to_write);
225         if (written == -1) {
226             close(fd);
227             return tensorflow::errors::Internal("write() error");
228         }
229         i += written;
230     }
231     close(fd);
232
233     return tensorflow::Status::OK();
234 }
235
236 string JoinPath(const string& base, const string& filename) {
237     if (base.empty()) return filename;
238     string base_fixed = base;
239     if (!base_fixed.empty() && base_fixed.back() == '/') base_fixed.pop_back();
240     string filename_fixed = filename;
241     if (!filename_fixed.empty() && filename_fixed.front() == '/')
242         filename_fixed.erase(0, 1);
243     return base_fixed + "/" + filename_fixed;
244 }
245
246 }  //namespace file
247 }  //namespace port
248 }  //namespace toco
249
250 #endif  //!PLATFORM_GOOGLE || __APPLE || __ANDROID__ || _WIN32
```

这个模块帮助我们处理好各种类型数据的输入输出，并且对各个平台都做了适配，是非常有效的序列化工具。Readable 函数用于检测文件是否可读，Exists 函数用于检测文件是否存在，GetContents 用于读取文件数据，SetContents 用于写入文件数据。

第 11 行，定义了 round 函数，实际上就是返回标准库的 round 结果。

第 17 行，定义了 CopyToBuffer 函数，实现的是调用 memcpy 完成缓冲区复制。

第 22 行，定义了使用 Google 库的 CopyToBuffer，就是调用 Cord 对象的 CopyToArray 将数据复制到目标缓冲区中。

第 27 行，检测是否使用 Google 的文件系统库，如果是的话就包含所需的各类头文件。

第 40 行，定义了 InitGoogle 函数，该函数用于解析命令行参数，实现就是调用 InitGoogle 函数完成参数解析。

第 47 行，定义了 CheckInitGoogleIsDone 函数，用于判定是否已经完成命令行解析与初始化。

第 53 行，定义了 ToStatus 函数，该函数用于将库中的 Status 转换为 tensorflow::Status，如果 status 错误，那么调用 RetrieveErrorCode 获取错误码，并通过 tensorflow::errors::Code 返回错误状态码。如果一切正常，直接返回 OK。

第 62 行，定义了 ToOptions 函数，该函数用于将库中的 Options 转换为 toco::port::file::Options，首先检查文件选项是否和默认选项一致，然后直接返回默认的 Options 对象。

第 67 行，定义了 Writable 函数，首先调用 Open 使用写入权限打开文件，然后检测文件打开状态，如果状态合法那就直接返回文件状态否则关闭文件，最后返回文件状态。

第 76 行，定义了 Readable 函数，首先调用 Open 使用只读权限打开文件，然后检测文件打开状态，如果状态合法那就直接返回文件状态否则关闭文件，最后返回文件状态。

第 81 行，定义了 Exists 函数，首先调用 Exists 函数获取文件存在状态，然后调用 ToStatus 将其转为 tensorflow::Status 类型。

第 87 行，定义了 GetContents 函数，首先调用 GetContents 函数获取文件内容，然后调用 ToStatus 将其返回值转为 tensorflow::Status 类型。

第 92 行，定义了 SetContents 函数，首先调用 SetContents 函数获取文件内容，然后调用 ToStatus 将其返回值转为 tensorflow::Status 类型。

第 97 行，定义了 JoinPath 函数，直接调用 file::JoinPath 完成路径拼接。

否则，我们调用系统标准库来实现这些函数，实现不借助 Google 第三方库的跨平台函数。

第 127 ～ 129 行，使用 Windows 下的常量定义 CreateMode、ReadFlags 和 WriteFlags 3 个状态。

第 131 ～ 133 行，使用 POSIX 常量定义 CreateMode、ReadFlags 和 WriteFlags 3 个状态。

第 138 行，定义了 InitGoogleWasDoneElsewhere 函数，将 port_ initialized 设置为 true。

第 140 行，定义了 InitGoogle 函数，如果使用了 Google 库，那么直接调用 ParseCommand-LineFlags 解析命令行，否则不解析命令行。

第 149 行，定义了 CheckInitGoogleIsDone 函数，该函数通过 port_initialized 判断初始化是否完成。

第 155 行，定义了 Writable 函数，该函数调用 fopen，使用写入权限打开文件，如果文件的句柄存在，那么说明文件可写，直接关闭句柄，返回 OK 状态，否则返回文件不可写入状态。

第 164 行，定义了 Readable 函数，该函数调用 fopen，使用只读权限打开文件，如果文件的句柄存在，那么说明文件可读，直接关闭句柄，返回 OK 状态，否则返回文件不可读取状态。

第 174 行，定义了 Exists 函数，该函数调用 stat 获取指定文件状态，如果文件的句柄存在，那么说明文件可读，直接关闭句柄，返回 OK 状态，否则返回文件不可读取状态。

第 184 行，定义了 GetContents 函数，该函数调用 clear 清空输出缓冲区，然后调用 open 打开文件，如果文件描述符为 -1，返回错误。然后定义一个局部缓冲区，不断从文件中读取数据，如果读取到的 size 大于 0，说明读取到了数据，就将缓冲区中的数据写入 output 中，如果 size 为 0，说明文件读取完毕，直接返回 OK。如果返回 -1，说明出现了 IO 错误，那么直接返回错误信息。

第 214 行，定义了 SetContents 函数，该函数调用 open 打开文件，如果文件描述符为 -1，返回错误。然后不断遍历 contents，每次写入一部分数据，如果写入数据量少于 -1，说明出现了 IO 错误，那么直接返回错误信息。否则全部完成后关闭文件描述符并返回 OK。

第 236 行，定于了 JoinPath 函数，该函数首先检查 base 路径是否为空，如果为空返回文件名。否则检测 base 路径是否使用 / 结尾，如果是的话就移除最后的 /。然后检测文件名第一个字符是否为 /，如果是则直接移除这个 /，最后将两个路径使用 / 连接在一起，完成路径拼接。

最后来看看导入和导出的实现。Import 函数的声明在文件 toco/TensorFlow Lite/import.h 中，如代码清单 11-19 所示。

代码清单 11-19　TF 模型导入函数声明

```
 1 #ifndef TENSORFLOW_LITE_TOCO_TFLITE_IMPORT_H_
 2 #define TENSORFLOW_LITE_TOCO_TFLITE_IMPORT_H_
 3
 4 #include "tensorflow/lite/schema/schema_generated.h"
 5 #include "tensorflow/lite/toco/model.h"
 6
 7 namespace toco {
 8
 9 namespace tflite {
10
11 std::unique_ptr<Model> Import(const ModelFlags &model_flags,
12                               const string &input_file_contents);
13
14 namespace details {
15
```

```
16 using TensorsTable = std::vector<string>;
17
18 using OperatorsTable = std::vector<string>;
19
20 void LoadTensorsTable(const ::tflite::Model &input_model,
21                       TensorsTable *tensors_table);
22 void LoadOperatorsTable(const ::tflite::Model &input_model,
23                         OperatorsTable *operators_table);
24
25 }    //namespace details
26 }    //namespace tflite
27
28 }    //namespace toco
29
30 #endif    //TENSORFLOW_LITE_TOCO_TFLITE_IMPORT_H_
```

第11行，声明了Import函数，该函数用于完成TensorFlow模型的导入。

第20行，声明了LoadTensorsTable函数，该函数用于从模型文件中加载Tensor表。

第22行，声明了LoadOperatorsTable函数，该函数用于从模型文件中加载Operator表。

Import函数定义在文件toco/TensorFlow Lite/import.cc中，如代码清单11-20所示。

代码清单11-20　TF模型导入函数定义

```
 1 #include "tensorflow/lite/toco/TensorFlow Lite/import.h"
 2
 3 #include "flatbuffers/flexbuffers.h"
 4 #include "tensorflow/lite/model.h"
 5 #include "tensorflow/lite/schema/schema_generated.h"
 6 #include "tensorflow/lite/toco/TensorFlow Lite/operator.h"
 7 #include "tensorflow/lite/toco/TensorFlow Lite/types.h"
 8 #include "tensorflow/lite/toco/tooling_util.h"
 9 #include "tensorflow/lite/tools/verifier.h"
10
11 namespace toco {
12
13 namespace TensorFlow Lite {
14
15 namespace details {
16 void LoadTensorsTable(const ::TensorFlow Lite::Model& input_model,
17                   TensorsTable* tensors_table) {
18     auto tensors = (*input_model.subgraphs())[0]->tensors();
19     if (!tensors) return;
20     for (const auto* tensor : *tensors) {
21         tensors_table->push_back(tensor->name()->c_str());
22     }
23 }
24
25 void LoadOperatorsTable(const ::TensorFlow Lite::Model& input_model,
26                    OperatorsTable* operators_table) {
27     auto opcodes = input_model.operator_codes();
```

```
28      if (!opcodes) return;
29      for (const auto* opcode : *opcodes) {
30          if (opcode->builtin_code() != ::TensorFlow Lite::BuiltinOperator_CUSTOM) {
31              operators_table->push_back(
32                      EnumNameBuiltinOperator(opcode->builtin_code()));
33          } else {
34              operators_table->push_back(opcode->custom_code()->c_str());
35          }
36      }
37 }
38 }  //namespace details
39
40 void ImportTensors(const ::TensorFlow Lite::Model& input_model, Model* model) {
41      auto tensors = (*input_model.subgraphs())[0]->tensors();
42      auto* buffers = input_model.buffers();
43      if (!tensors) return;
44      for (const auto* input_tensor : *tensors) {
45          Array& array = model->GetOrCreateArray(input_tensor->name()->c_str());
46          array.data_type = DataType::Deserialize(input_tensor->type());
47          int buffer_index = input_tensor->buffer();
48          auto* buffer = buffers->Get(buffer_index);
49          DataBuffer::Deserialize(*input_tensor, *buffer, &array);
50
51          auto shape = input_tensor->shape();
52          if (shape) {
53              array.mutable_shape()->mutable_dims()->clear();
54              for (int i = 0; i < shape->Length(); ++i) {
55                  auto d = shape->Get(i);
56                  array.mutable_shape()->mutable_dims()->push_back(d);
57              }
58          }
59
60          auto quantization = input_tensor->quantization();
61          if (quantization) {
62              if (quantization->min() && quantization->max()) {
63                  CHECK_EQ(1, quantization->min()->Length());
64                  CHECK_EQ(1, quantization->max()->Length());
65                  MinMax& minmax = array.GetOrCreateMinMax();
66                  minmax.min = quantization->min()->Get(0);
67                  minmax.max = quantization->max()->Get(0);
68              }
69              if (quantization->scale() && quantization->zero_point()) {
70                  CHECK_EQ(1, quantization->scale()->Length());
71                  CHECK_EQ(1, quantization->zero_point()->Length());
72                  QuantizationParams& q = array.GetOrCreateQuantizationParams();
73                  q.scale = quantization->scale()->Get(0);
74                  q.zero_point = quantization->zero_point()->Get(0);
75              }
76          }
77      }
78 }
```

```
79
80 void ImportOperators(
81         const ::TensorFlow Lite::Model& input_model,
82         const std::map<string, std::unique_ptr<BaseOperator>>& ops_by_name,
83         const details::TensorsTable& tensors_table,
84         const details::OperatorsTable& operators_table, Model* model) {
85     auto ops = (*input_model.subgraphs())[0]->operators();
86
87     if (!ops) return;
88     for (const auto* input_op : *ops) {
89         int index = input_op->opcode_index();
90         if (index < 0 || index > operators_table.size()) {
91             LOG(FATAL) << "Index " << index << " must be between zero and "
92                                   << operators_table.size();
93         }
94         string opname = operators_table.at(index);
95
96         std::unique_ptr<Operator> new_op = nullptr;
97         if (ops_by_name.count(opname) == 0) {
98             string effective_opname = "TENSORFLOW_UNSUPPORTED";
99             if (ops_by_name.count(effective_opname) == 0) {
100                LOG(FATAL) << "Internal logic error: TENSORFLOW_UNSUPPORTED
                   not found.";
101            }
102            new_op = ops_by_name.at(effective_opname)
103                ->Deserialize(input_op->builtin_options(),
104                              input_op->custom_options());
105            if (new_op->type == OperatorType::kUnsupported) {
106                auto* unsupported_op =
107                        static_cast<TensorFlowUnsupportedOperator*>(new_op.
                        get());
108                unsupported_op->tensorflow_op = opname;
109                // TODO(b/109932940): Remove this when quantized is removed.
110                // For now, we assume all ops are quantized.
111                unsupported_op->quantized = true;
112            } else {
113                LOG(FATAL) << "Expected a TensorFlowUnsupportedOperator";
114            }
115        } else {
116            new_op = ops_by_name.at(opname)->Deserialize(input_op->builtin_options(),
117                                                         input_op->custom_options());
118        }
119        model->operators.emplace_back(new_op.release());
120        auto* op = model->operators.back().get();
121
122        auto inputs = input_op->inputs();
123        for (int i = 0; i < inputs->Length(); i++) {
124            auto input_index = inputs->Get(i);
125            if (input_index != -1) {
126                const string& input_name = tensors_table.at(input_index);
127                op->inputs.push_back(input_name);
```

```
128             } else {
129                 const string& tensor_name =
130                         toco::AvailableArrayName(*model, "OptionalTensor");
131                 model->CreateOptionalArray(tensor_name);
132                 op->inputs.push_back(tensor_name);
133             }
134         }
135         auto outputs = input_op->outputs();
136         for (int i = 0; i < outputs->Length(); i++) {
137             auto output_index = outputs->Get(i);
138             const string& output_name = tensors_table.at(output_index);
139            op->outputs.push_back(output_name);
140         }
141     }
142 }
143 
144 void ImportIOTensors(const ModelFlags& model_flags,
145                      const ::TensorFlow Lite::Model& input_model,
146                      const details::TensorsTable& tensors_table, Model* model) {
147     if (model_flags.input_arrays().empty()) {
148         auto inputs = (*input_model.subgraphs())[0]->inputs();
149         if (inputs) {
150             for (int input : *inputs) {
151                 const string& input_name = tensors_table.at(input);
152                 model->flags.add_input_arrays()->set_name(input_name);
153             }
154         }
155     }
156 
157     if (model_flags.output_arrays().empty()) {
158         auto outputs = (*input_model.subgraphs())[0]->outputs();
159         if (outputs) {
160             for (int output : *outputs) {
161                 const string& output_name = tensors_table.at(output);
162                 model->flags.add_output_arrays(output_name);
163             }
164         }
165     }
166 }
167 
168 namespace {
169 bool Verify(const void* buf, size_t len) {
170     ::flatbuffers::Verifier verifier(static_cast<const uint8_t*>(buf), len);
171     return ::TensorFlow Lite::VerifyModelBuffer(verifier);
172 }
173 }  //namespace
174 
175 std::unique_ptr<Model> Import(const ModelFlags& model_flags,
176                               const string& input_file_contents) {
177     ::TensorFlow Lite::AlwaysTrueResolver r;
178     if (!::TensorFlow Lite::Verify(input_file_contents.data(), input_file_
```

```
contents. size(),
179                          r, ::TensorFlow Lite::DefaultErrorReporter())) {
180         LOG(FATAL) << "Invalid flatbuffer.";
181     }
182     const ::TensorFlow Lite::Model* input_model =
183             ::TensorFlow Lite::GetModel(input_file_contents.data());
184
185     const auto ops_by_name = BuildOperatorByNameMap();
186
187     if (!input_model->subgraphs() || input_model->subgraphs()->size() != 1) {
188         LOG(FATAL) << "Number of subgraphs in TensorFlow Lite should be
            exactly 1.";
189     }
190     std::unique_ptr<Model> model;
191     model.reset(new Model);
192
193     details::TensorsTable tensors_table;
194     details::LoadTensorsTable(*input_model, &tensors_table);
195
196     details::OperatorsTable operators_table;
197     details::LoadOperatorsTable(*input_model, &operators_table);
198
199     ImportTensors(*input_model, model.get());
200     ImportOperators(*input_model, ops_by_name, tensors_table, operators_table,
201                                  model.get());
202
203     ImportIOTensors(model_flags, *input_model, tensors_table, model.get());
204
205     UndoWeightsShuffling(model.get());
206
207     return model;
208 }
209
210 }  //namespace TensorFlow Lite
211
212 }  //namespace toco
```

第16行，定义了LoadTensorsTables函数，用于加载模型中的所有Tensor的基本信息。

第25行，定义了LoadOperatorsTable函数，用于加载模型中用到的所有操作符对象的基本信息。

第40行，定义了ImportTensors函数，用于从模型中读取所有Tensor的数据。

第60～76行，从导入的Tensor数据中获取quantization，表示数据是否量化，如果量化了就读取量化的最小值与最大值，根据参数对读取的数据进行量化。

第80行，定义了ImportOperators函数，用于从模型中读取操作符的详细数据。首先遍历模型中的所有操作符，如果操作符名称在系统中尚未注册则抛出错误，否则调用Deserialize反序列化模型数据，如果TensorFlow不支持这种自定义操作符，那么也会抛出错误。如果没问题就创建 Op 对象并初始化数据，添加到模型中。

第 122 ～ 134 行，从 Tensor 记录中查找该操作符关联的所有输入 Tensor，并将 Tensor 添加到操作符中。

第 135 ～ 140 行，从 Tensor 记录中查找该操作符关联的所有输出 Tensor，并将 Tensor 添加到操作符中。

第 144 行，定义了 ImportIOTensors 函数，该函数用于导入模型中涉及数据输出的 Tensor。

第 169 行，定义了 Verify 函数，该函数用来检查缓冲区数据是否属于正常的 flatbuffers 格式缓冲区，如果是的话就返回校验后的缓冲区。

第 175 行，定义了 Import 函数，该函数用来从文件内容中导入 TensorFlow 模型，首先调用 Verify 校验缓冲区模型，然后调用 GetModel 函数读取 TensorFlow 模型，接着调用 LoadTensorsTable、LoadOperatorsTable 加载向量表和操作符表，然后调用 ImportTensors 和 ImportOperators 读取向量和操作符数据，最后调用 ImportIOTensors 导入输出 Tensor，并返回加载后的模型对象。

Export 函数的代码较为庞杂，这里就不罗列了，有兴趣的读者可以自行阅读 Tensor Flow Lite 的代码作为了解这部分内容的扩展知识补充。

11.5 本章小结

本章的重点是集成 TensorFlow Lite，并详细分析了 TensorFlow Lite 的代码。首先讲解了 TensorFlow Lite 的构建问题。因为 TensorFlow Lite 采用了 Bazel 构建系统，因此我们首先介绍了 Bazel，然后讲解了 TensorFlow Lite 中的 Bazel 构建文件。接着讨论了如何直接在我们自己的系统中集成 TensorFlow Lite，以简单的 C++ 代码为例介绍了 TensorFlow Lite 的简单调用方式。然后讲解了 TensorFlow Lite 的内部结构和核心组件，并讨论了如何根据实际需求完成 TensorFlow Lite 的修改。最后讨论了 TensorFlow Lite 的模型处理代码，完成了 TensorFlow 的模型转换与压缩，实现了在移动平台使用 TensorFlow 训练的模型，这些也是 TensorFlow Lite 的关键内容。

第12章

移动平台框架与接口实战

我们已经在本书的前序章节中涵盖了移动计算平台和嵌入式平台实现机器学习解决方案的方方面面，理解和掌握这些内容对于研发移动平台机器学习系统或深度学习系统极为重要，这不仅仅是从理论层面如此考虑，事实上这更是在实际产品研发过程中透彻理解系统架构、鉴别系统关键优化指标的基石。从知识体系结构完整性出发，我们有必要针对移动计算平台接口进行介绍。在本章中，我们将针对 Core ML 和 NNAPI 进行阐述，辅以实战内容。并在最后做出总结，探讨研发移动平台机器学习系统以及未来展望。

12.1 Core ML

在结束整个移动平台深度神经网络理论和实战的内容以前，还有一些重要内容尚未涉及。那就是通用流行的用于机器学习开发的移动平台框架与接口。这些技术相对易于掌握和使用，对快速开发和构建应用于经典使用场景的机器学习应用程序来说尤为有用。比如，想开发一个能够做图像识别的 App，通过图片的输入（比如使用摄像头）来识别所拍摄的花朵的种类，那么使用本节介绍的框架 Core ML 和相应的工具就显得尤为方便。开发者可以通过 Core ML 开发图像识别功能、自然语言处理系统以及执行训练好的决策树。Core ML 框架基于苹果自有的 Accelerate、BNNS 和 Metal Performance Shaders 等技术构建，并针对性能、存储和功耗等方面进行了优化。通过使用 Core ML，一般的开发人员也可以轻松简单地在 iOS 平台部署离线机器学习应用。

当然，这并不是说 Core ML 无法胜任复杂的机器学习任务或深度神经网络的运算，Amazon 和 Apple 在 MXNet 机器学习框架中投入了大量精力，通过使用 Amazon AWS 平台或直接使用 MXNet 来进行训练而产生的模型可以经过简单的配置和开发工作，使用 Core

ML 在 iOS 或 iPad OS 平台运行。因此，对于典型的通用机器学习任务来说，使用 Core ML 能够帮助我们在以考虑优化为前提的条件下，快速构建运行在 iOS 或 iPad OS 设备上的应用程序，对实际的生产环境和具体应用具有一定价值，值得我们对其进行介绍，并针对典型的工作流进行阐述。

我们会在本节当中创建一个可以识别花的品种的 iOS App，使用 Create ML 来创建模型，并使用 Core ML 作为前向引擎做最终的预测，最后部署应用程序到设备上。

12.1.1 准备数据和生成模型

我们反复强调数据的重要性，这不仅仅在于数据的容量，我们还需要对收集的数据进行清洗等操作才能达到一个数据可用的状态。在本节中，为了方便起见，我们选择由 Kaggle 收集整理好的数据作为训练和测试数据，并使用 Create ML 来创建我们的模型。

首先，下载本书的参考代码（见第 12 章代码和数据），我们会得到以下准备好的数据。其中每个目录下包含了一定数量的对应花的品种的图片，这些图片已经过清洗和预处理可供我们直接使用，如图 12-1 所示。

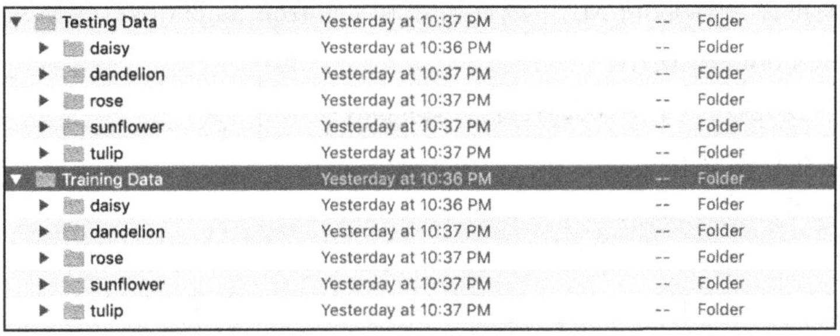

▼ Testing Data	Yesterday at 10:37 PM	--	Folder
▶ daisy	Yesterday at 10:36 PM	--	Folder
▶ dandelion	Yesterday at 10:37 PM	--	Folder
▶ rose	Yesterday at 10:37 PM	--	Folder
▶ sunflower	Yesterday at 10:37 PM	--	Folder
▶ tulip	Yesterday at 10:37 PM	--	Folder
▼ Training Data	Yesterday at 10:36 PM	--	Folder
▶ daisy	Yesterday at 10:36 PM	--	Folder
▶ dandelion	Yesterday at 10:37 PM	--	Folder
▶ rose	Yesterday at 10:37 PM	--	Folder
▶ sunflower	Yesterday at 10:37 PM	--	Folder
▶ tulip	Yesterday at 10:37 PM	--	Folder

图 12-1 用于 Create ML 的训练和测试数据

创建这样的目录结构是有原因的，我们需要保持数据的摆放结构与 MLImageClassifier.DataSource 类型兼容，该类型的数据源是供 Create ML 工具的图像分类器使用。Create ML 主要用来创建典型的机器学习模型，其包含了计算机视觉、自然语言处理等各个方面的机器学习功能，如表 12-1 所示。

表 12-1 Create ML 主要类型

应用领域	符号	类型	描述
计算机视觉	MLImageClassifier	结构体	训练用于图像分类的模型
	MLObjectDetector	结构体	训练用于检测图像中对象的模型
自然语言处理	MLTextClassifier	结构体	训练用于自然文本分类的模型
	MLWordTagger	结构体	训练用于自然语言文本分类（单词级别）的单词标注模型
	MLGazetteer	结构体	词元及其标签的集合，用于增强自然语言文本标注的效果
	MLWordEmbedding	结构体	创建字符串与其向量之间的映射表，便于 App 查找临近和近似的元素

（续）

应用领域	符号	类型	描述
声音分类	MLSoundClassifier	结构体	训练用于分类声音数据模型的结构体
行为分类	MLActivityClassifier	结构体	训练用于行为分类的模型（基于运动传感器数据）
表格数据	用于完成标注信息、估算数量或者寻找类型信息等工作的通用结构体与模型		
	MLClassifier	结构体	训练用于将数据分类成离散类型的模型
	MLRegressor	结构体	训练用于估算连续数值的模型
	MLRecommender	结构体	训练用于根据项目相似度或者用户评价进行推荐的模型
	MLDataTable	结构体	用于训练或者测试机器学习模型的表格
	MLDataValue	枚举	数据表中的一项数据
模型性能评估	MLClassifierMetrics	结构体	用于评估分类性能的度量模型
	MLRegressorMetrics	结构体	用于评估回归性能的度量模型
模型元数据	MLModelMetadata	结构体	存储在 Core ML 模型文件中的模型信息
错误	MLCreateError	枚举	CreateML 抛出的错误
枚举	MLSplitStrategy	枚举	数据集分割方法

MXNet 模型可以兼容 Core ML，因此可以在 Amazon SageMaker 上训练模型或自己训练 MXNet 模型供 Core ML 使用。

接下来，我们来创建一个 Xcode 项目，选择 playground 类型，如图 12-2 所示。

Get started with a playground
Explore new ideas quickly and easily.

图 12-2 创建一个 playground 项目

然后在 macOS 平台下创建一个 Blank 项目，并将其命名为“FlowerExpert”，如图 12-3 所示。我们在 macOS 平台下创建该项目的目的在于训练数据，而非开发基于 Core ML 的预测程序，并且训练数据和产生模型的工作需要预先准备好，以便于后续工作的展开。

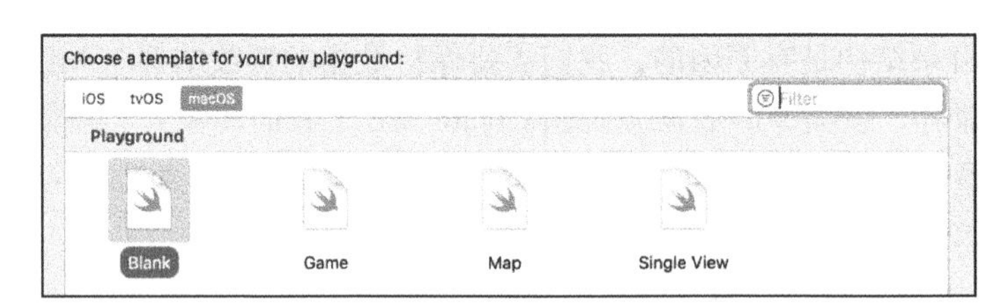

图 12-3 在 macOS 系统下创建空白项目

编写一小段代码，用来初始化 Create ML 的图像分类构建器，如代码清单 12-1 所示。

代码清单 12-1 构建分类器

```
import CreateMLUI

let builder = MLImageClassifierBuilder()
builder.showInLiveView()
```

与此同时，确保 Xcode Live View 已被开启，我们可以看到通过以上一段代码我们初始化了一个名为 ImageClassifier 的图像分类器视图，如图 12-4 所示。

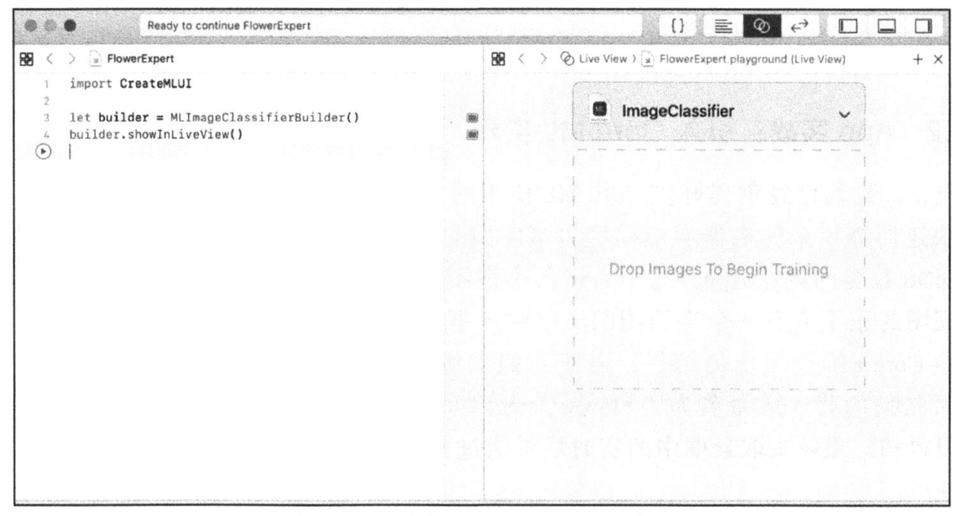

图 12-4　开启 Xcode Live View 功能

接着，将已经准备好的训练数据通过鼠标拖动的方式拖入图 12-4 所示的虚线框当中，开始训练并等待训练结束，我们可以从底端的控制台输出来查看处理图片的数量、所消耗的时间以及完成百分比，如图 12-5 示。

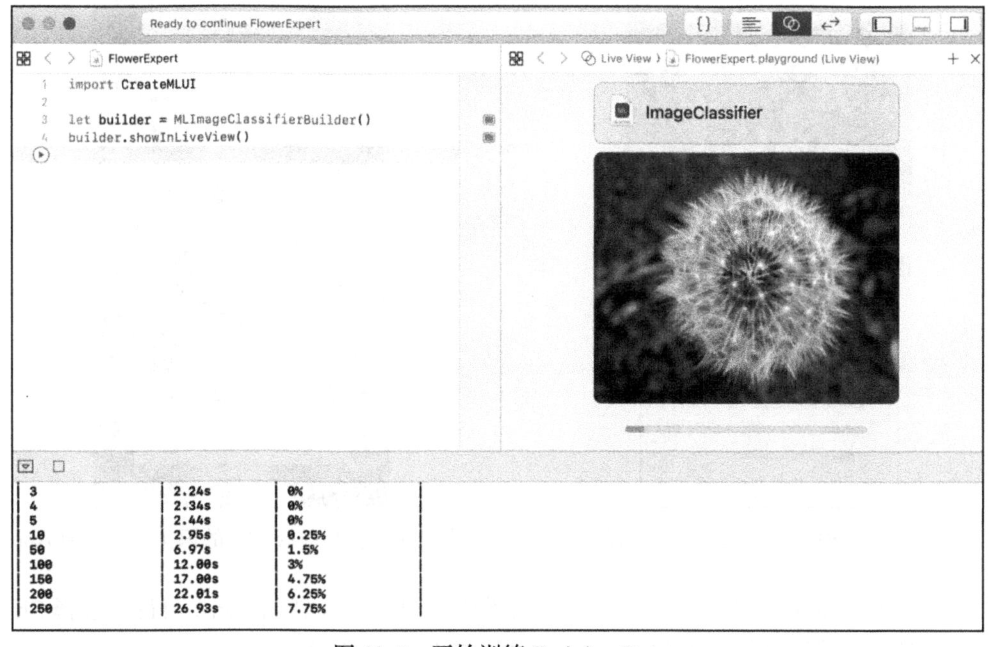

图 12-5　开始训练 Training Data

当训练集计算完成后，再使用相同的方法将测试集拖入虚线框中完成测试，结果如图12-6所示。

保存训练后的模型文件，我们可以为其设定一些基本信息，如图12-7所示。保存后的模型文件以.mlmodel结尾。这样一来，我们就通过Create ML创建完成一个图像分类器。

12.1.2 App实战：引入Core ML实现

现在，我们已经创建好供Core ML使用的机器学习模型了。接下来看一下如何让这个快速训练出来的机器学习模型付诸实践。在本节中，我们会创建一个简单的iOS或iPadOS兼容的识花App，这个App的主视图由一个摄像头捕捉的实时画面构成，并在其视图的正下方有一个半透明的文字输入框，用来显示由摄像头画面作为输入的数据和由Core ML预测出的结果，由于我们训练的模型是用来识别几种不同的花的类别，因此我们将App命名为“FlowerDetect”。实际的运行效果如图12-8所示。从图中可以得知，摄像头取景框中的实时场景通过预测识别出蒲公英（dandelion）的准确率为99.97%。

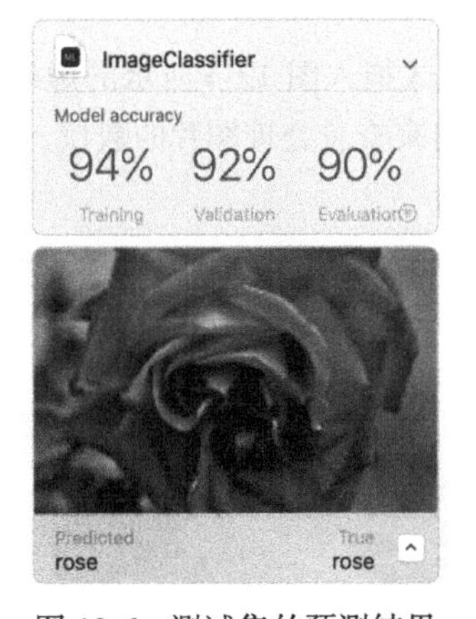

图12-6 测试集的预测结果

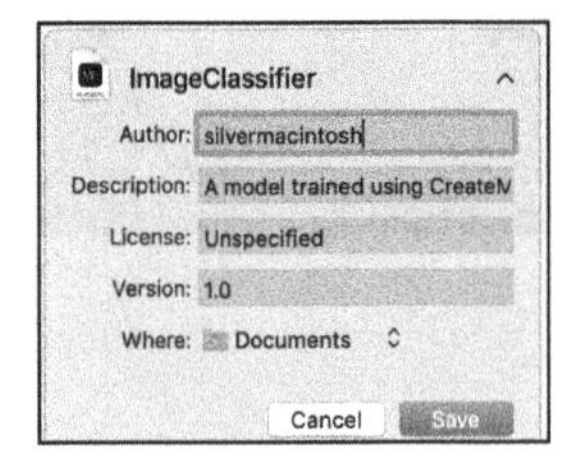

图12-7 为模型设置基本信息并保存

图12-8 基于Core ML的识花实时预测App

创建这个App十分简单。首先，我们只需要创建一个全新的Swift项目，选择Single View App选项，然后将其命名为FlowerDetect，如图12-9所示。

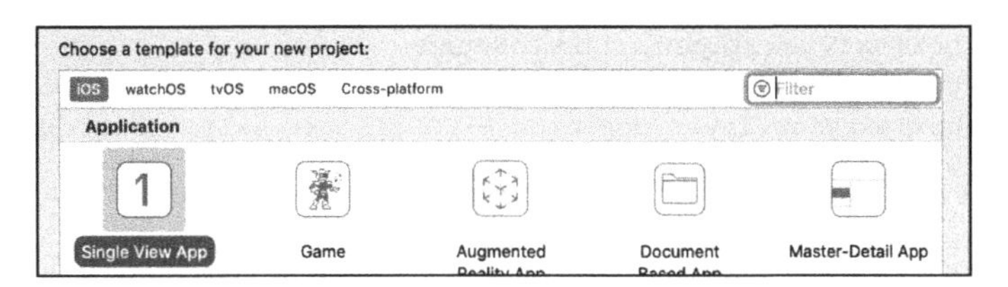

图 12-9　创建 iOS 运行的 Single View App 程序

我们将前面创建好的机器学习模型拖入 Xcode 的项目列表中，将其命名为 Image Classifier.mlmodel，供后续代码使用。接着，我们先来创建 App 图形界面相关的代码和逻辑，如代码清单 12-2 所示。

代码清单 12-2　创建 App 图形界面相关代码

```
 1 import UIKit
 2 import AVFoundation
 3 import CoreML
 4 import Vision
 5 import ImageIO
 6
 7 Class ViewController: UIViewController {
 8     @IBOutlet weak var previewView : UIView!
 9
10     var timepoint: Int64 = 0
11     var boxView:UIView!
12     let boxTextView: UITextView = UITextView()
13
14     var videoDataOutput: AVCaptureVideoDataOutput!
15     var videoDataOutputQueue: DispatchQueue!
16     var previewLayer:AVCaptureVideoPreviewLayer!
17     var captureDevice : AVCaptureDevice!
18     let session = AVCaptureSession()
19
20     override func viewDidLoad() {
21         super.viewDidLoad()
22
23         timepoint = Int64(Date().timeIntervalSince1970 * 1000)
24         previewView.contentMode = UIView.ContentMode.scaleAspectFit
25         view.addSubview(previewView)
26
27         boxView = UIView(frame: self.view.frame)
28         boxTextView.text = "Classifying..."
29         boxTextView.font = UIFont.init(name: "Helvetica", size: 16)
30         boxTextView.textContainerInset = UIEdgeInsets.init(top: 10, left: 10, bottom:
                                              0, right: 0)
31         boxTextView.frame = CGRect(x: 0, y: 0, width: 300, height: 80)
32         boxTextView.frame.origin = CGPoint(x: 30, y: 90)
33         boxTextView.backgroundColor = UIColor.white
34         boxTextView.alpha = 0.8
```

```
35          boxTextView.layer.masksToBounds = true
36          boxTextView.layer.cornerRadius = 6
37          boxTextView.layer.position = CGPoint(x: self.view.frame.width / 2, y:
   self.view.frame.height - 100)
38
39          view.addSubview(boxView)
40          view.addSubview(boxTextView)
41
42          self.setupAVCapture()
43      }
44
45      override var shouldAutorotate: Bool {
46          if (UIDevice.current.orientation == UIDeviceOrientation.landscapeLeft ||
47              UIDevice.current.orientation == UIDeviceOrientation.landscapeRight ||
48              UIDevice.current.orientation == UIDeviceOrientation.unknown) {
49              return false
50          }
51          else {
52              return true
53          }
54      }
```

第 1 ～ 6 行，我们导入了一些必需的头文件，其中 UIKit 用于有关 UI 界面操作的接口，AVFoundation 和 ImageIO 用于处理摄像头设备、音频、视频以及图像处理相关的功能。Core ML 则不必多说，使用该框架来对输入的数据进行分类，而导入的 Vision 框架则与 Core ML 协同工作，用于处理图像信息并输入 Core ML 做预测动作。

第 8 行，我们创建了一个名为 previewView 的 UIView，并将其定义为一个 IBOutlet，这意味着我们会在 Main.storyboard 当中将其定义与视图建立一个连接，读者可以自己从头开始创建连接，也可参考本章代码。该视图的作用是用来显示预览画面，即我们稍后会将摄像头捕捉到的画面投射在这个视图之上。现在，我们只需创建好这个 IBOutlet，以供后续编码使用。

第 10 行，我们创建一个名为 timepoint 的数值型变量。我们会定时向 Core ML 中输入摄像头捕捉到的图像数据供其预测，因此我们在这里创建一个成员变量，用来记录上次输入图片数据的时间点，每隔一段时间更新这个变量并再次向 Core ML 中输入数据。

第 11 ～ 12 行，我们又创建了一套用于显示的工具，名为 boxView 和 boxTextView，其中 boxView 为图 13-8 当中展示的文本框的容器，而 boxTextView 则主要负责显示具体信息。这里的代码跟我们创建 previewView 的方式稍有不同，我们直接在代码当中创建了 UITextView 对象，并在稍后的代码当中直接以编码方式将其插入视图。

第 14 ～ 18 行，我们创建了与视频输入输出和图像捕捉、会话等相关的变量供后续代码使用。

接下来，我们在 viewDidLoad() 方法当中初始化我们的 App 视图。

第 24 行，我们将 previewView 的视图模式设置为 scaleAspectFit，这样就能确保其包含的内容能填充满整块设备屏幕。

第 27 ～ 37 行，我们初始化了一系列有关显示信息的文字框的功能，这其中包含设置的字体，文本框的位置、大小、背景、alpha 通道以及矩形框的圆角等。

第 39 ～ 40 行，我们将创建好的视图用编码的方式插入主视图中。

第 42 行，调用 setupAVCapture() 方法初始化音视频设备。具体可见代码清单 12-4。

第 45 行，我们重载 shouldAutorotate 方法来支持设备的自动翻转功能，由于这是涉及具体设备编程的知识点，超出了本书讨论的范围，感兴趣的读者可以参考苹果官方的开发文档[⊖]来了解更多信息。

接下来的内容十分关键，我们要在这里编写有关 Core ML 的代码，这是整个项目的核心部分，没了这部分逻辑，机器学习和预测就无从谈起。我们会创建 Core ML 请求并使用它，如代码清单 12-3 所示。

代码清单 12-3　创建 Core ML 请求

```
57      lazy var classificationRequest: VNCoreMLRequest = {
58          do {
59              let model = try VNCoreMLModel(for: ImageClassifier().model)
60
61              let request = VNCoreMLRequest(model: model, completionHandler: { [
    weak self] request, error in
62                  self?.processClassifications(for: request, error: error)
63              })
64              request.imageCropAndScaleOption = .centerCrop
65              return request
66          } catch {
67              fatalError("Failed to load Vision ML model file due to: \(error)")
68          }
69      }()
```

第 57 行，创建了一个类型为 VNCoreMLRequest 的 Core ML 请求，该类型是使用 Core ML 机器学习模型来处理图像的图像分析请求的。

第 59 行，载入 VNCoreMLModel，我们在前面通过鼠标将该模型拖入 Xcode 项目，该模型是我们在前面已经创建好的 ImageClassifier.mlmodel 模型文件，我们通过调用 ImageClassifier().model 来获取具体的模型引用。

第 61 行，创建具体的机器学习请求并返回该请求给方法的调用者。

接下来，我们来看看如何使用载入已创建好的图像分析机器学习请求，如代码清单 12-4 所示。

代码清单 12-4　使用 Core ML 请求

```
70      func updateClassifications(for image: CIImage) {
```

⊖ 读者可以参阅 https://developer.apple.com/documentation/uikit/uiviewcontroller/1621419-shouldautorotate 来了解更多有关 iOS 和 iPadOS 针对设备转向的内容。

```
71        DispatchQueue.global(qos: .userInitiated).async {
72            let handler = VNImageRequestHandler(ciImage: image)
73            do {
74                try handler.perform([self.classificationRequest])
75            } catch {
76                print("Failed to perform classification.")
77            }
79        }
80    }
81
82    func processClassifications(for request: VNRequest, error: Error?) {
83        DispatchQueue.main.async {
84            guard let results = request.results else {
85                self.boxTextView.text = "Unable to classify image :<"
86                return
87            }
88            let classifications = results as! [VNClassificationObservation]
89
90           if classifications.isEmpty {
91                self.boxTextView.text = "Nothing recognized :<"
92            } else {
93                //Display top classifications ranked by confidence in the UI.
94                let topClassifications = classifications.prefix(2)
95                let descriptions = topClassifications.map { classification in
96                    return String(format: "\t(%.2f %%) %@", classification.
  confi dence * 100, classification.identifier)
97                }
98                 self.boxTextView.text = "Real-time classification result:\n" +
  descriptions.joined(separator: "\n")
99            }
100        }
101    }
```

第 70 行，我们创建了一个名为 updateClassifications 的方法，用来定时更新预测的输入，该方法的输入是一张图片。

第 71 ～ 79 行，我们通过 DispatchQueue 来执行一个异步调用，该异步调用接收传入的图片对象，并将其封装成 VNImageRequestHandler，可以看到该请求使用输入的图片作为输入，并使用我们创建的 classificationRequest 来执行具体预测。

第 83 行，我们通过 DispatchQueue 在主线程更新 UI 相关的显示。需要注意的是，有关 UI 的改变需要在主线程完成操作，这是我们在这里将调用同步到主线程执行的原因。该方法接收 VNRequest 作为输入。

第 84 行，我们通过输入的 VNRequest 得到异步请求的预测结果。

第 90 行，如果预测结果为空，则在 UI 上显示一条错误信息：“Nothing recognized :<”。

第 94 ～ 98 行，我们将预测结果稍作格式化，显示在 UI 上。

到此为止，我们已经实现了主要的代码逻辑，接下来的部分则属于 App 的基础设施部分，为了叙述完整，我们仍有必要对其进行基本了解，如代码清单 12-5 所示。

代码清单 12-5　初始化多媒体设备

```
107 extension ViewController:  AVCaptureVideoDataOutputSampleBufferDelegate{
108     func setupAVCapture(){
109         session.sessionPreset = AVCaptureSession.Preset.photo
110         guard let device = AVCaptureDevice
111             .default(AVCaptureDevice.DeviceType.builtInWideAngleCamera,
112                      for: .video,
113                      position: AVCaptureDevice.Position.back) else {
114                         return
115         }
116         captureDevice = device
117         beginSession()
118     }
119 
120     func beginSession(){
121         var deviceInput: AVCaptureDeviceInput!
122 
123         do {
124             deviceInput = try AVCaptureDeviceInput(device: captureDevice)
125             guard deviceInput != nil else {
126                 print("error: failed to get deviceInput")
127                 return
128             }
129 
130             if self.session.canAddInput(deviceInput){
131                 self.session.addInput(deviceInput)
132             }
133 
134             videoDataOutput = AVCaptureVideoDataOutput()
135             videoDataOutput.alwaysDiscardsLateVideoFrames=true
136             videoDataOutputQueue = DispatchQueue(label: "VideoDataOutputQueue")
137             videoDataOutput.setSampleBufferDelegate(self, queue:self.videoData
    OutputQueue)
138 
139             if session.canAddOutput(self.videoDataOutput){
140                 session.addOutput(self.videoDataOutput)
141             }
142 
143             videoDataOutput.connection(with: .video)?.isEnabled = true
144 
145             previewLayer = AVCaptureVideoPreviewLayer(session: self.session)
146             previewLayer.videoGravity = AVLayerVideoGravity.resizeAspectFill
147 
148             let rootLayer :CALayer = self.previewView.layer
149             rootLayer.masksToBounds=true
150             previewLayer.frame = rootLayer.bounds
151             rootLayer.addSublayer(self.previewLayer)
152             session.startRunning()
```

```
153         } catch let error as NSError {
154             deviceInput = nil
155             print("error: \(error.localizedDescription)")
156         }
157     }
158 
159     func captureOutput(_ output: AVCaptureOutput, didOutput sampleBuffer:
    CMSample Buffer, from connection: AVCaptureConnection) {
160         let imageBuffer: CVPixelBuffer = CMSampleBufferGetImageBuffer(sampleBuffer)!
161         let ciimage : CIImage = CIImage(cvPixelBuffer: imageBuffer)
162         let image : UIImage = self.convert(cmage: ciimage)
163 
164         DispatchQueue.main.sync {
165             let currentTimestamp = Int64(Date().timeIntervalSince1970 * 1000)
166             if (currentTimestamp > self.timepoint + 1500) {
167                 self.timepoint = currentTimestamp
168                 self.updateClassifications(for: image)
169             }
170         }
171     }
172 
173     func stopCamera(){
174         session.stopRunning()
175     }
176 }
```

第 108 行，初始化音视频设备，并在第 117 行调用 beginSession() 方法来执行具体的初始化动作。

第 145 行，我们初始化实际的预览视图，通过 AVCaptureVideoPreviewLayer 以及之前初始化的 session 作为输入来进行初始化。

第 146 行，我们将视频输出的 AVLayerVideoGravity 设置为 resizeAspectFill，从而将摄像头输出铺满整块设备屏幕。

第 148 ～ 151 行，我们将初始化好的 previewLayer 视图添加至主视图中。

第 159 行，我们覆盖了一个名为 captureOutput 的方法，当摄像头设备有图像输入时由系统调用的回调函数接收 CIImage 格式的图片对象。

第 163 行，我们切换回主线程，同步地将图片数据输入到我们编写的 updateClassifications 方法，并执行预测。

这样一来，我们整个程序就编写完成了，十分简单。通过这个案例，我们能清楚地看到使用 Core ML 以及其提供的一系列工具，能够轻松快速地开发并部署简单经典的机器学习应用，能够一定程度上满足一般的开发需求，因此在研发系统时，我们需要针对系统的实际需求合理地选择解决方案，考虑使用混合解决方案来解决整个开发需求。

不仅是苹果提供的 Core ML 框架可以在 iOS 或 iPadOS 上运行我们的机器学习模型，Android 也同样提供了相应的机器学习解决方案，接下来我们来对其进行简单介绍。

12.2 Android Neural Networks API

Android Neural Networks API（以下简称 NNAPI）是一个 Android C API，专门为在移动设备上针对机器学习运行计算密集型运算而设计。NNAPI 旨在为编译和训练神经网络的更高级机器学习框架（比如 TensorFlow Lite）提供一个基础的功能层。该 API 适用于运行 Android 8.1（API 级别 27）或更高版本的所有设备。

也就是说，和 Core ML 不同，Android NNAPI 本身是一个底层的 API，我们必须要手动创建网络所需要的操作数和操作符，在运行时手动编译构建整个网络，然后调用 API 加载模型，设定输入输出，手动处理数据变换，因此想要使用 Android NNAPI 开发一个高层业务应用仍需要不少的开发量。

12.2.1 等等，Google 还有一个 ML Kit

其实，Google 推出了一款移动端的机器学习 SDK——ML Kit on Firebase，如图 12-10 所示。这是一个十分易于上手使用的机器学习框架，可以在 Android 和 iOS 中轻松完成一些机器学习任务。对于初学者或不想深究机器学习艰深原理的开发人员来说，可以直接调用 API 完成一系列的机器学习任务，而经验丰富的机器学习开发者可以使用自己的 TensorFlow Lite 模型完成工作。

图 12-10　ML Kit on Firebase

和 Core ML 一样，ML Kit 也能完成大量机器学习任务，包括识别文字、检测人脸、识别地标、扫描条形码、为图片加标签和识别文字语言等。SDK 提供了设备端和云端的 API，可以在设备上运行机器学习任务，也能通过 Firebase 利用云端资源完成更多的运算。

由于 ML Kit 和 Core ML 从某种意义上说理念相近，而且在实际应用场景或高性能需求的生产环境中我们一般都会采取自己深度定制框架的方法，甚至原生 TensorFlow Lite 都过于繁重，我们已经在前面章节涵盖了具有针对性的优化和裁剪方法。在本节中，我们调整方向，与介绍 Core ML 不同的是，我们在接下来的内容中将向底层深挖，阐述如何在 NNAPI 这样的底层 API 上构建机器学习解决方案。因此这里就不再过多介绍 ML Kit 了，感兴趣的读者可以参阅相关文档或资料了解更多有关 ML Kit 的内容和示例代码。

12.2.2 NNAPI 编程模型

由于 NNAPI 是个底层的 API 接口，所以我们必须了解它的概念与模型才能正确使用它。下面我们简单介绍一下 NNAPI 的概念与使用流程。

NNAPI 计算时需要开发者先构建一个需要执行计算的有向图。此计算图与输入数据

（例如，从机器学习框架传递过来的权重和偏差）相结合，构成 NNAPI 运行时计算使用的模型。NNAPI 主要包含 4 个概念。

1）**模型**。即由数学运算和通过训练过程学习到的常量值构成的计算图。这些运算特定于神经网络。它们包括卷积运算、池化运算、Sigmoid 激活函数、ReLU 激活函数等。创建模型是一种同步操作，相对比较消耗时间，但成功创建后，即可在线程和编译之间重复使用该模型。在 NNAPI 中，一个模型表示为一个 ANeuralNetworksModel 实例。

2）**编译**。表示用于将 NNAPI 模型编译到更低级别代码中的配置。编译是一种同步操作，但编译完成后，即可在线程和执行之间重复使用编译结果。在 NNAPI 中，每个编译表示为一个 ANeuralNetworksCompilation 实例。

3）**内存**。表示共享内存、内存映射文件和其他的内存缓冲区。内存缓冲区的目的是让 NNAPI 运行时能够将数据更高效地传输到计算设备中。一个应用一般会创建一个共享内存缓冲区，包含定义模型所需的每一个 Tensor。您还可以使用内存缓冲区来存储执行实例的输入和输出。在 NNAPI 中，每个内存缓冲区表示为一个 ANeuralNetworksMemory 实例。

4）**执行**。即用于输入数据并执行 NNAPI 模型的接口。执行是一种异步操作，但是我们可以像等待线程一样等待执行结束。当执行完成后，所有的异步线程都将释放。在 NNAPI 中，每一个执行表示为一个 ANeuralNetworksExecution 实例。

我们一般会按照如图 12-11 所示的流程来开发 NNAPI 程序，该流程包含了刚刚介绍的主要概念。

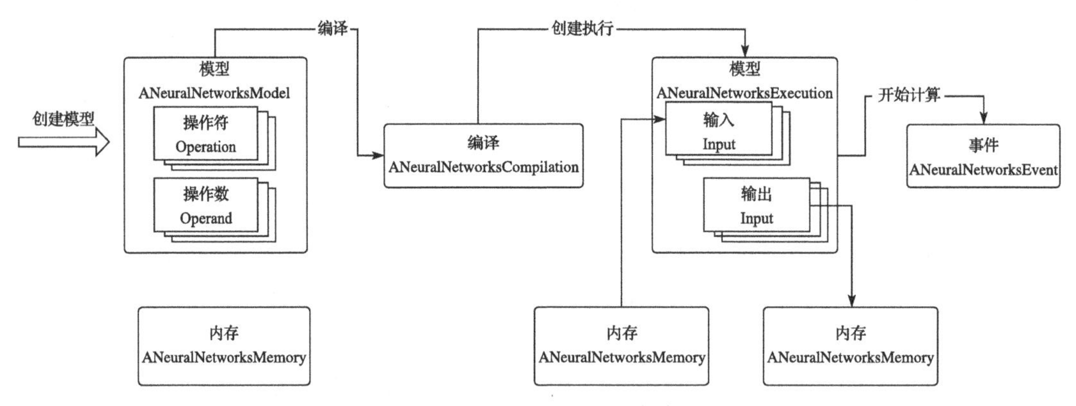

图 12-11　NNAPI 通用开发流程

除了上面的主要概念外，我们还需要了解操作符（Operation）和操作数（Operand），这两个逻辑的单元组成了我们的模型。

操作数用于定义计算图中的数据对象中包括模型的输入和输出、中间数据节点（从一个操作符流向另一个操作符的数据），以及这些操作符需要使用的常量。

NNAPI 模型支持两种类型的操作数，分别是“标量”(scalar) 和“张量”(tensor)。

标量表示一个数字。NNAPI 支持采用 32 位浮点、32 位整数和无符号 32 位整数。

NNAPI 大多数操作符都需要使用张量。张量是一个 N 维数组。NNAPI 支持的张量元素类型有 32 位整数、32 位浮点和 8 位量化值。

操作符用于指定计算图中的具体计算。每个操作符都包含以下元素。

1）操作符类型（如加法、乘法、卷积）。

2）用于操作符读取输入的操作数索引列表。

3）用于操作符存储输出的操作数索引列表。

我们可以看到操作符的输入输出都需要和具体的操作数关联，因此在添加操作符之前我们必须要先创建对应的操作数，这将在我们后续的代码中有所体现。

接下来我们看一下如何使用 NNAPI 实现一个简单的 App。

12.2.3　创建网络与计算

NNAPI 是一种底层的 C++ 接口，需要通过 C++ 调用 NDK 完成计算。现在我们来实现一个非常简单的加法乘法网络，网络的结构如图 12-12 所示。

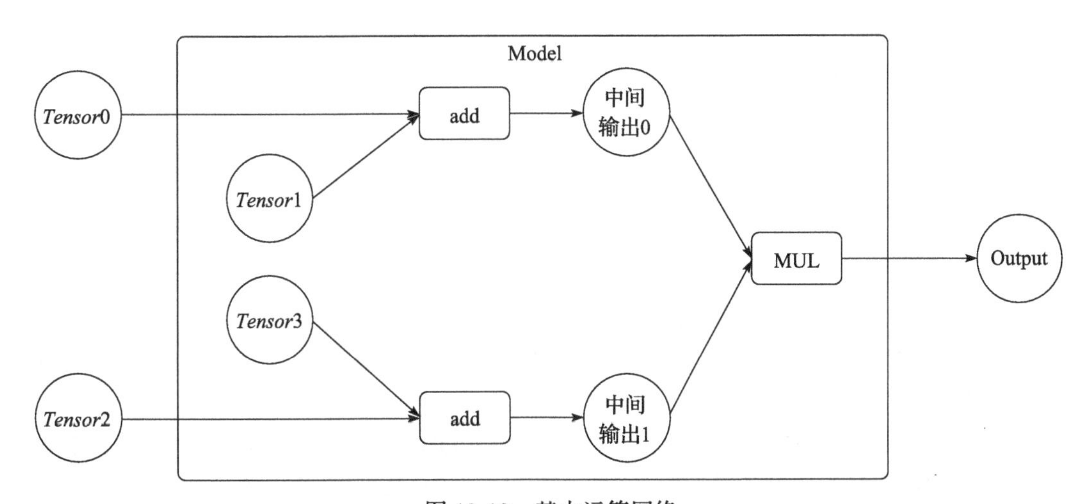

图 12-12　基本运算网络

最后想要实现的计算也就是：

$$Output = (Tensor0 + Tensor1) \times (Tensor2 + Tensor3)$$

首先我们编写 model.h 文件用于定义 Model 类，如代码清单 12-6 所示。

代码清单 12-6　model.h

```
1 #ifndef NNAPI_MODEL_H
2 #define NNAPI_MODEL_H
3
4 #include <android/NeuralNetworks.h>
5 #include <vector>
6
```

```
 7 #define FLOAT_EPISILON (1e-6)
 8 #define TENSOR_SIZE 200
 9 #define LOG_TAG "NNAPI_DEMO"
10
11 class Model {
12 public:
13     explicit Model(size_t size, int protect, int fd, size_t offset);
14     ~Model();
15
16     bool CreateCompiledModel();
17     bool Compute(float inputValue1, float inputValue2, float *result);
18
19 private:
20     ANeuralNetworksModel *model_;
21     ANeuralNetworksCompilation *compilation_;
22     ANeuralNetworksMemory *memoryModel_;
23     ANeuralNetworksMemory *memoryInput2_;
24     ANeuralNetworksMemory *memoryOutput_;
25
26     uint32_t dimLength_;
27     uint32_t tensorSize_;
28     size_t offset_;
29
30     std::vector<float> inputTensor1_;
31     int modelDataFd_;
32     int inputTensor2Fd_;
33     int outputTensorFd_;
34 };
35
36 #endif //NNAPI_MODEL_H
```

第 4 行，包含了头文件 NeuralNetworks.h，这是 NNAPI 的标准头文件，只要使用 NNAPI 就得包含这个头文件。

第 7 ～ 9 行，定义了几个常量，FLOAT_EPISILON 是浮点数比较的误差精度要求，TENSOR_SIZE 是 Tensor 的数量，LOG_TAG 是用于打印调试日志的标签。

第 11 行，定义了 Model 类，该类就是模型类。

第 13 ～ 14 行，声明了 Model 的构造函数和析构函数。

第 16 行，声明了 CreateCompiledModel 成员函数，用于创建模型并对模型进行编译。

第 17 行，声明了 Compute 成员函数，用于完成前向计算。

第 20 ～ 24 行，定义了几个成员变量，model_ 是模型对象，compilation_ 是模型编译结果，memoryModel_ 是模型参数，memoryInput2_ 是输入数据，memoryOutput_ 是输出结果。

第 30 ～ 33 行，inputTensor1_ 是输入数据的 Tensor 对象，modelDataFd_ 是模型参数文件的文件描述符（file description），inputTensor2Fd_ 是输入数据的文件描述符，outputTensorFd_ 是输出结果的文件描述符。

接下来，我们需要实现这个模型，这部分代码的实现相当漫长和复杂，但又是极为重要的，是 NNAPI 最重要的一个代码，该清单解释了调用 API 构建一个网络的具体方法。因此我们会在代码之间加入重要的解释，具体如代码清单 12-7 所示。

代码清单 12-7　model 实现

```
 1 #include "model.h"
 2 
 3 #include <android/log.h>
 4 #include <android/sharedmem.h>
 5 #include <sys/mman.h>
 6 #include <string>
 7 #include <unistd.h>
 8 
 9 Model::Model(size_t size, int protect, int fd, size_t offset) :
10         model_(nullptr),
11         compilation_(nullptr),
12         dimLength_(TENSOR_SIZE),
13         modelDataFd_(fd),
14         offset_(offset) {
15     tensorSize_ = dimLength_;
16     inputTensor1_.resize(tensorSize_);
17 
18     int32_t status = ANeuralNetworksMemory_createFromFd(size + offset, protect, fd, 0,
19                                                           &memoryModel_);
20     if (status != ANEURALNETWORKS_NO_ERROR) {
21         __android_log_print(ANDROID_LOG_ERROR, LOG_TAG,
22                             "ANeuralNetworksMemory_createFromFd failed for trained
                             weights");
23         return;
24     }
25 
26     inputTensor2Fd_ = ASharedMemory_create("input2", tensorSize_ * sizeof(float));
27     outputTensorFd_ = ASharedMemory_create("output", tensorSize_ * sizeof(float));
28 
29     status = ANeuralNetworksMemory_createFromFd(tensorSize_ * sizeof(float),
30                                                 PROT_READ,
31                                                 inputTensor2Fd_, 0,
32                                                 &memoryInput2_);
33     if (status != ANEURALNETWORKS_NO_ERROR) {
34         __android_log_print(ANDROID_LOG_ERROR, LOG_TAG,
35                             "ANeuralNetworksMemory_createFromFd failed for
                             Input2");
36         return;
37     }
38     status = ANeuralNetworksMemory_createFromFd(tensorSize_ * sizeof(float),
39                                                 PROT_READ | PROT_WRITE,
40                                                 outputTensorFd_, 0,
41                                                 &memoryOutput_);
42     if (status != ANEURALNETWORKS_NO_ERROR) {
43         __android_log_print(ANDROID_LOG_ERROR, LOG_TAG,
```

```
44                                "ANeuralNetworksMemory_createFromFd failed for
                                  Output");
45          return;
46      }
47  }
48
```

第 9 ～ 47 行，定义了模型文件的输入参数。首先给根据 dimLength 初始化向量维度并创建 inputTensor1_。然后调用 ANeuralNetworksMemory 的 createFromFd 函数从模型文件描述符创建网络参数的内存模型，如果失败就打印消息并返回。接着调用 ASharedMemory 的 create 函数创建输入向量的文件描述符和输出数据的文件描述符，并调用 ANeuralNetworksMemory 的 createFromFd 函数从输入数据文件描述符创建输入数据的内存模型，调用 ANeuralNetworksMemory 的 createFromFd 函数从输出结果描述符创建输出结果的内存模型。

```
49 bool Model::CreateCompiledModel() {
50     int32_t status;
51
52     status = ANeuralNetworksModel_create(&model_);
53     if (status != ANEURALNETWORKS_NO_ERROR) {
54         __android_log_print(ANDROID_LOG_ERROR, LOG_TAG,
55                             "ANeuralNetworksModel_create failed");
56         return false;
57     }
58
59     uint32_t dimensions[] = {dimLength_};
60     ANeuralNetworksOperandType float32TensorType{
61             .type = ANEURALNETWORKS_TENSOR_FLOAT32,
62             .dimensionCount = sizeof(dimensions) / sizeof(dimensions[0]),
63             .dimensions = dimensions,
64             .scale = 0.0f,
65             .zeroPoint = 0,
66     };
67     ANeuralNetworksOperandType scalarInt32Type{
68             .type = ANEURALNETWORKS_INT32,
69             .dimensionCount = 0,
70             .dimensions = nullptr,
71             .scale = 0.0f,
72             .zeroPoint = 0,
73     };
74
75     uint32_t opIdx = 0;
76
77     status = ANeuralNetworksModel_addOperand(model_, &scalarInt32Type);
78     uint32_t fusedActivationFuncNone = opIdx++;
79     if (status != ANEURALNETWORKS_NO_ERROR) {
80         __android_log_print(ANDROID_LOG_ERROR, LOG_TAG,
```

```
81                              "ANeuralNetworksModel_addOperand failed for operand
                                 (%d)",
82                              fusedActivationFuncNone);
83          return false;
84      }
85
86      FuseCode fusedActivationCodeValue = ANEURALNETWORKS_FUSED_NONE;
87      status = ANeuralNetworksModel_setOperandValue(
88              model_, fusedActivationFuncNone, &fusedActivationCodeValue,
89              sizeof(fusedActivationCodeValue));
90      if (status != ANEURALNETWORKS_NO_ERROR) {
91          __android_log_print(ANDROID_LOG_ERROR, LOG_TAG,
92                              "ANeuralNetworksModel_setOperandValue failed for
                                 operand (%d)",
93                              fusedActivationFuncNone);
94          return false;
95      }
96
97   status = ANeuralNetworksModel_addOperand(model_, &float32TensorType);
98   uint32_t tensor0 = opIdx++;
99   if (status != ANEURALNETWORKS_NO_ERROR) {
100      __android_log_print(ANDROID_LOG_ERROR, LOG_TAG,
101                             "ANeuralNetworksModel_addOperand failed for operand
                                (%d)",
102                             tensor0);
103          return false;
104  }
105  status = ANeuralNetworksModel_setOperandValueFromMemory(model_,
106                                                          tensor0,
107                                                          memoryModel_,
108                                                          offset_,
109                                                          tensorSize_ *  sizeof
  (float));
110     if (status != ANEURALNETWORKS_NO_ERROR) {
111         __android_log_print(ANDROID_LOG_ERROR, LOG_TAG,
112                             "ANeuralNetworksModel_setOperandValueFromMemory
                                failed for operand (%d)",
113                             tensor0);
114         return false;
115     }
116
```

第 49 行，定义了 CreateCompiledModel 成员函数，该函数负责创建模型并编译模型。

第 52 ～ 57 行，调用 ANeuralNetworksModel_create 创建模型对象。

第 60 ～ 66 行，创建了一个 ANeuralNetworksOperandType 结构体变量，名为 float32 TensorType，定义了一种操作数类型，也就是 Tensor 向量类型。

第 67 ～ 73 行，创建了 scalarInt32Type 变量，也是 ANeuralNetworksOperandType 类型，定义了一种操作数类型，也就是标量。

第 75 ～ 84 行，调用模型的 addOperand 函数添加一个标量操作数，并将操作符编号记录在 fusedActivationFuncNode 中。

第 86 ～ 95 行，调用模型的 setOperandValue 函数将 fusedActivationFuncNone 操作数设置为 fusedActivationCodeValue 的操作数据，用来接收激活函数输出。

第 97 ～ 104 行，调用模型的 addOperand 函数添加一个向量操作数，并将操作符编号记录在 tensor0 中。

第 105 ～ 115 行，调用模型的 setOperandValueFromMemory，将 memoryModel 设计为模型定义，并将数据绑定到 tensor0 这个 Tensor 上。

```
117     status = ANeuralNetworksModel_addOperand(model_, &float32TensorType);
118     uint32_t tensor1 = opIdx++;
119     if (status != ANEURALNETWORKS_NO_ERROR) {
120         __android_log_print(ANDROID_LOG_ERROR, LOG_TAG,
121                                "ANeuralNetworksModel_addOperand failed for
                                   operand (%d)",
122                             tensor1);
123         return false;
124     }
125
126     status = ANeuralNetworksModel_addOperand(model_, &float32TensorType);
127     uint32_t tensor2 = opIdx++;
128     if (status != ANEURALNETWORKS_NO_ERROR) {
129         __android_log_print(ANDROID_LOG_ERROR, LOG_TAG,
130                             "ANeuralNetworksModel_addOperand failed for
                                 operand (%d)",
131                             tensor2);
132         return false;
133     }
134     status = ANeuralNetworksModel_setOperandValueFromMemory(
135             model_, tensor2, memoryModel_, offset_ + tensorSize_ * sizeof(float),
136             tensorSize_ * sizeof(float));
137     if (status != ANEURALNETWORKS_NO_ERROR) {
138         __android_log_print(ANDROID_LOG_ERROR, LOG_TAG,
139                             "ANeuralNetworksModel_setOperandValueFromMemory
                                failed for operand (%d)",
140                             tensor2);
141         return false;
142     }
143
144     status = ANeuralNetworksModel_addOperand(model_, &float32TensorType);
145     uint32_t tensor3 = opIdx++;
146     if (status != ANEURALNETWORKS_NO_ERROR) {
147         __android_log_print(ANDROID_LOG_ERROR, LOG_TAG,
148                             "ANeuralNetworksModel_addOperand failed for
                                 operand (%d)",
149                             tensor3);
150         return false;
151     }
```

```
152
153     status = ANeuralNetworksModel_addOperand(model_, &float32TensorType);
154     uint32_t intermediateOutput0 = opIdx++;
155     if (status != ANEURALNETWORKS_NO_ERROR) {
156         __android_log_print(ANDROID_LOG_ERROR, LOG_TAG,
157                             "ANeuralNetworksModel_addOperand failed for
                            operand (%d)",
158                             intermediateOutput0);
159         return false;
160     }
161
162     status = ANeuralNetworksModel_addOperand(model_, &float32TensorType);
163     uint32_t intermediateOutput1 = opIdx++;
164     if (status != ANEURALNETWORKS_NO_ERROR) {
165         __android_log_print(ANDROID_LOG_ERROR, LOG_TAG,
166                             "ANeuralNetworksModel_addOperand failed for
                            operand (%d)",
167                             intermediateOutput1);
168         return false;
169     }
170
171     status = ANeuralNetworksModel_addOperand(model_, &float32TensorType);
172     uint32_t multiplierOutput = opIdx++;
173     if (status != ANEURALNETWORKS_NO_ERROR) {
174         __android_log_print(ANDROID_LOG_ERROR, LOG_TAG,
175                             "ANeuralNetworksModel_addOperand failed for
                            operand (%d)",
176                             multiplierOutput);
177         return false;
178     }
179
180     std::vector<uint32_t> add1InputOperands = {
181             tensor0,
182             tensor1,
183             fusedActivationFuncNone,
184     };
185     status = ANeuralNetworksModel_addOperation(model_, ANEURALNETWORKS_ADD,
186                                                add1InputOperands.size(),
                                               add1InputOperands.data(),
187                                                1, &intermediateOutput0);
188     if (status != ANEURALNETWORKS_NO_ERROR) {
189         __android_log_print(ANDROID_LOG_ERROR, LOG_TAG,
190                         "ANeuralNetworksModel_addOperation failed for ADD_1");
191         return false;
192     }
193
```

第 117 ～ 124 行，调用模型的 addOperand 函数添加一个向量操作数，并将操作符编号记录在 tensor1 中。

第 126 ～ 133 行，调用模型的 addOperand 函数添加一个向量操作数，并将操作符编号记录在 tensor2 中。

第 134 ~ 142 行，调用 setOperandValueFromMemory。将 memoryModel 设计为模型定义，并将数据绑定到 tensor2 这个 Tensor 上。

第 144 ~ 151 行，调用模型的 addOperand 函数添加一个向量操作数，并将操作符编号记录在 tensor3 中。

第 153 ~ 160 行，调用模型的 addOperand 函数添加一个向量操作数，并将操作符编号记录在 intermediateOutput0 中。

第 162 ~ 169 行，调用模型的 addOperand 函数添加一个向量操作数，并将操作符编号记录在 intermediateOutput1 中。

第 171 ~ 178 行，调用模型的 addOperand 函数添加一个向量操作数，并将操作符编号记录在 multiplierOutput 中。

第 180 ~ 192 行，定义了 add1InputOperands 数组，定义了 add1 所需的输入操作数，然后调用 addOperation，在模型中添加了一个加法操作符，并绑定 add1InputOperands 中的操作数作为输入操作数，绑定 intermediateOutput0 作为输出操作数。

```
194     std::vector<uint32_t> add2InputOperands = {
195             tensor2,
196             tensor3,
197             fusedActivationFuncNone,
198     };
199     status = ANeuralNetworksModel_addOperation(model_, ANEURALNETWORKS_ADD,
200                                                add2InputOperands.size(),add2
                                                   Input Operands.data(),
201                                                1, &intermediateOutput1);
202     if (status != ANEURALNETWORKS_NO_ERROR) {
203         __android_log_print(ANDROID_LOG_ERROR, LOG_TAG,
204                 "ANeuralNetworksModel_addOperation failed for ADD_2");
205         return false;
206     }
207
208     std::vector<uint32_t> mulInputOperands = {
209             intermediateOutput0,
210             intermediateOutput1,
211             fusedActivationFuncNone};
212     status = ANeuralNetworksModel_addOperation(model_, ANEURALNETWORKS_MUL,
213                                                mulInputOperands.size(),mul
                                                   Input Operands.data(),
214                                                1, &multiplierOutput);
215     if (status != ANEURALNETWORKS_NO_ERROR) {
216         __android_log_print(ANDROID_LOG_ERROR, LOG_TAG,
217                 "ANeuralNetworksModel_addOperation failed for MUL");
218         return false;
219     }
220
221     std::vector<uint32_t> modelInputOperands = {
```

```
222                 tensor1, tensor3,
223         };
224         status = ANeuralNetworksModel_identifyInputsAndOutputs(model_,
225                                                            modelInputOperands.size(),
226                                                            modelInputOperands.data(),
227                                                                                1,
228                                                            &multiplierOutput);
229         if (status != ANEURALNETWORKS_NO_ERROR) {
230             __android_log_print(ANDROID_LOG_ERROR, LOG_TAG,
231                                 "ANeuralNetworksModel_identifyInputsAndOutputs
                                    failed");
232             return false;
233         }
234 
235         status = ANeuralNetworksModel_finish(model_);
236         if (status != ANEURALNETWORKS_NO_ERROR) {
237             __android_log_print(ANDROID_LOG_ERROR, LOG_TAG,
238                                 "ANeuralNetworksModel_finish failed");
239             return false;
240         }
241 
242         status = ANeuralNetworksCompilation_create(model_, &compilation_);
243         if (status != ANEURALNETWORKS_NO_ERROR) {
244             __android_log_print(ANDROID_LOG_ERROR, LOG_TAG,
245                                 "ANeuralNetworksCompilation_create failed");
246             return false;
247         }
248 
```

第 194 ～ 206 行，定义了 add2InputOperands 数组，定义了 add2 所需的输入操作数，然后调用 addOperation，在模型中添加了一个加法操作符，并绑定 add2InputOperands 中的操作数作为输入操作数，绑定 intermediateOutput1 作为输出操作数。

第 208 ～ 219 行，定义了 mulInputOperands 数组，定义了 MUL 所需的输入操作数，然后调用 addOperation，在模型中添加了一个乘法操作符，并绑定 mulInputOperands 中的操作数作为输入操作数，绑定 multiplierOutput 作为输出操作数。

第 221 ～ 223 行，定义了 modelInputOperands 数组，定义了模型输入绑定的输入操作数，然后调用 identifyInputsAndOutputs 将 modelInputOperands 中的操作数作为整个模型的输入，将 multiplierOutput 作为整个模型的输出。

第 235 ～ 240 行，调用 ANeuralNetworksModel_finish 函数，表示模型结构定义完成。

第 242 ～ 247，调用 ANeuralNetworksCompilation_create 根据 model_ 中的网络模型定义编译生成 compilation_，存储了编译结果。

```
249         status = ANeuralNetworksCompilation_setPreference(compilation_,
250                                                           ANEURALNETWORKS_PREFER_
                                                              FAST_SINGLE_ANSWER);
251         if (status != ANEURALNETWORKS_NO_ERROR) {
252             __android_log_print(ANDROID_LOG_ERROR, LOG_TAG,
```

```
253                                 "ANeuralNetworksCompilation_setPreference failed");
254         return false;
255     }
256
257     status = ANeuralNetworksCompilation_finish(compilation_);
258     if (status != ANEURALNETWORKS_NO_ERROR) {
259         __android_log_print(ANDROID_LOG_ERROR, LOG_TAG,
260                                 "ANeuralNetworksCompilation_finish failed");
261         return false;
262     }
263
264     return true;
265 }
266
267 bool Model::Compute(float inputValue1, float inputValue2,
268                             float *result) {
269     if (!result) {
270         return false;
271     }
272
273     ANeuralNetworksExecution *execution;
274     int32_t status = ANeuralNetworksExecution_create(compilation_, &execution);
275     if (status != ANEURALNETWORKS_NO_ERROR) {
276         __android_log_print(ANDROID_LOG_ERROR, LOG_TAG,
277                                 "ANeuralNetworksExecution_create failed");
278         return false;
279     }
280
281     std::fill(inputTensor1_.data(), inputTensor1_.data() + tensorSize_,
282               inputValue1);
283
284     status = ANeuralNetworksExecution_setInput(execution, 0, nullptr,
285                                                 inputTensor1_.data(),
286                                                 tensorSize_ * sizeof(float));
287     if (status != ANEURALNETWORKS_NO_ERROR) {
288         __android_log_print(ANDROID_LOG_ERROR, LOG_TAG,
289                                 "ANeuralNetworksExecution_setInput failed for input1");
290         return false;
291     }
292
293     float *inputTensor2Ptr = reinterpret_cast<float *>(mmap(nullptr, tensorSize_ *
                                                              sizeof(float),
294                                                           PROT_READ | PROT_WRITE,
                                                              MAP_SHARED,
295                                                           inputTensor2Fd_, 0));
296     for (int i = 0; i < tensorSize_; i++) {
297         *inputTensor2Ptr = inputValue2;
298         inputTensor2Ptr++;
299     }
300     munmap(inputTensor2Ptr, tensorSize_ * sizeof(float));
301
```

```
302     status = ANeuralNetworksExecution_setInputFromMemory(execution, 1, nullptr,
303                                                          memoryInput2_, 0,
304                                                          tensorSize_ * sizeof
                                                             (float));
305     if (status != ANEURALNETWORKS_NO_ERROR) {
306         __android_log_print(ANDROID_LOG_ERROR, LOG_TAG,
307                             "ANeuralNetworksExecution_setInputFromMemory
                                failed for input2");
308         return false;
309     }
310
311     status = ANeuralNetworksExecution_setOutputFromMemory(execution, 0, nullptr,
312                                                           memoryOutput_, 0,
313                                                           tensorSize_ * sizeof
                                                              (float));
314     if (status != ANEURALNETWORKS_NO_ERROR) {
315         __android_log_print(ANDROID_LOG_ERROR, LOG_TAG,
316                             "ANeuralNetworksExecution_setOutputFromMemory failed
    for output");
317         return false;
318     }
319
320     ANeuralNetworksEvent *event = nullptr;
321     status = ANeuralNetworksExecution_startCompute(execution, &event);
322     if (status != ANEURALNETWORKS_NO_ERROR) {
323         __android_log_print(ANDROID_LOG_ERROR, LOG_TAG,
324                             "ANeuralNetworksExecution_startCompute failed");
325         return false;
326     }
327
328     status = ANeuralNetworksEvent_wait(event);
329     if (status != ANEURALNETWORKS_NO_ERROR) {
330         __android_log_print(ANDROID_LOG_ERROR, LOG_TAG,
331                             "ANeuralNetworksEvent_wait failed");
332         return false;
333     }
334
335     ANeuralNetworksEvent_free(event);
336     ANeuralNetworksExecution_free(execution);
337
338     const float goldenRef = (inputValue1 + 0.5f) * (inputValue2 + 0.5f);
339     float *outputTensorPtr = reinterpret_cast<float *>(mmap(nullptr,
340                                                        tensorSize_ *sizeof
                                                           (float),
341                                                         PROT_READ, MAP_SH-
                                                            ARED,
342                                                    outputTensorFd_, 0));
343     for (int32_t idx = 0; idx < tensorSize_; idx++) {
344         float delta = outputTensorPtr[idx] - goldenRef;
345         delta = (delta < 0.0f) ? (-delta) : delta;
346         if (delta > FLOAT_EPISILON) {
```

```
347             __android_log_print(ANDROID_LOG_ERROR, LOG_TAG,
348                                 "Output computation Error: output0(%f), delta
                                    (%f) @ idx(%d)",
349                                 outputTensorPtr[0], delta, idx);
350         }
351     }
352     *result = outputTensorPtr[0];
353     munmap(outputTensorPtr, tensorSize_ * sizeof(float));
354     return result;
355 }
356
357 Model::~Model() {
358     ANeuralNetworksCompilation_free(compilation_);
359     ANeuralNetworksModel_free(model_);
360     ANeuralNetworksMemory_free(memoryModel_);
361     ANeuralNetworksMemory_free(memoryInput2_);
362     ANeuralNetworksMemory_free(memoryOutput_);
363     close(inputTensor2Fd_);
364     close(outputTensorFd_);
365     close(modelDataFd_);
366 }
```

第 249 行，调用 ANeuralNetworksCompilation_setPreference 将模型的输出方式设置为 FAST_SINGLE 模型，是一种只支持单值输出的快速输出方式。

第 257 ～ 265 行，调用 ANeuralNetworksCompilation_finish 完成整个编译。

第 267 行，定义了 Compute 成员函数，作为前向计算的实现。

第 273 ～ 279，调用 ANeuralNetworksExecution_create 创建整个神经网络的执行环境，输入是已编译结果，输出是执行环境对象。

第 281 ～ 291，定义了 inputTensor1，调用 fill 将所有的元素都处理完毕。

第 293 ～ 295 行，调用 mmap，将 inputTensor2Fd_ 对应的文件映射到内存中，并将内存指针赋值给 inputTensorPtr2。

第 296 ～ 299 行，遍历 inputTensorPtr2 指向的内存缓冲区，将缓冲区逐字节填充为 inputValue2，完成初始化。

第 300 行，调用 munmap 将 inputTensorPtr2 指向的内存缓冲区解除映射。

第 302 ～ 309 行，调用 ANeuralNetworksExecution_setInputFromMemory 为执行环境设定输入，这里以 memoryInput2_ 作为内存数据输入。如果设置输入失败，则输出错误信息并返回 false。

第 311 ～ 318 行，调用 ANeuralNetworksExecution_ setOutputFromMemory 为执行环境设定输出，这里以 memoryOutput _ 作为内存数据输入。如果设置输出失败，则输出错误信息并返回 false。

第 320 ～ 326 行，定义 ANeuralNetworksEvent 类型指针 event，调用 ANeuralNetworks Execution_startCompute，在执行环境中启动计算，并将事件存储到 event 指针中。如果执行

失败则输出错误信息并返回 false。

第 328 ～ 333 行，调用 ANeuralNetworksEvent_wait，在 event 指针上等待网络计算结束。如果等待失败，则输出错误信息并返回 false。

第 335 ～ 336 行，分别调用 ANeuralNetworksEvent_free 和 ANeuralNetworksExecution_free 释放 event 指针和 execution 指针。

第 338 ～ 342 行，调用 mmap，将 outputTensorFd _ 对应的文件映射到内存中，并将内存指针赋值给 outputTensorPtr，用于通过输出缓冲区指针将输出数据加载到内存中。

第 343 ～ 351 行，遍历输出缓冲区，将输出缓冲区和阈值进行比较，如果输出的结果比阈值大，则将结果打印出来。

第 352 ～ 354 行，将输出缓冲区的第一个结果赋值给 result，调用 munmap 将输出缓冲区解除映射，最后将结果指针返回。

第 357 行，定义了 Model 的析构函数，在析构函数中，调用 NNAPI 的资源释放函数逐个释放资源并调用 close 关闭输入数据、输出数据和模型数据的文件描述符。

好了，漫长的模型定义和实现到此结束，到这里我们其实有一个清晰的认识，即 NNAPI 作为一个十分原始和底层的 API 支持，相比我们在前面所了解的 Core ML 是天壤之别。究其主要原因是这两者的定位本身就不同，同时也能看到开发 iOS（包括 iPadOS）应用程序和开发 Android 应用程序上的一个显著差异，由两个特色极为鲜明的大型企业为全球开发者提供的技术。

12.2.4　JNI 封装与调用

我们都知道 Android App 需要使用 Java 开发，因此 C++ 开发的接口是无法直接提供给 Java 使用的，需要通过 JNI 进行封装才行。因此我们需要使用 JNI 封装我们刚刚编写的 C++ 代码，为 Java 类提供对应的接口，具体代码在 nn_sample.cpp 中，代码如代码清单 12-8 所示。

代码清单 12-8　nn_sample.cpp

```
 1 #include <jni.h>
 2 #include <string>
 3 #include <iomanip>
 4 #include <sstream>
 5 #include <fcntl.h>
 6
 7 #include <android/asset_manager_jni.h>
 8 #include <android/log.h>
 9 #include <android/sharedmem.h>
10 #include <sys/mman.h>
11
12 #include "model.h"
13
14 extern "C"
```

```
15 JNIEXPORT jlong
16 JNICALL
17 Java_com_example_android_nnapidemo_MainActivity_initModel(
18         JNIEnv *env,
19         jobject /* this */,
20         jobject _assetManager,
21         jstring _assetName) {
22     AAssetManager *assetManager = AAssetManager_fromJava(env, _assetManager);
23     const char *assetName = env->GetStringUTFChars(_assetName, NULL);
24     AAsset *asset = AAssetManager_open(assetManager, assetName, AASSET_MODE_BUFFER);
25     if(asset == nullptr) {
26         __android_log_print(ANDROID_LOG_ERROR, LOG_TAG, "Failed to open the asset.");
27         return 0;
28     }
29     env->ReleaseStringUTFChars(_assetName, assetName);
30     off_t offset, length;
31     int fd = AAsset_openFileDescriptor(asset, &offset, &length);
32     AAsset_close(asset);
33     if (fd < 0) {
34         __android_log_print(ANDROID_LOG_ERROR, LOG_TAG,
35                             "Failed to open the model_data file descriptor.");
36         return 0;
37     }
38     Model* nn_model = new Model(length, PROT_READ, fd, offset);
39     if (!nn_model->CreateCompiledModel()) {
40         __android_log_print(ANDROID_LOG_ERROR, LOG_TAG,
41                             "Failed to prepare the model.");
42         return 0;
43     }
44
45     return (jlong)(uintptr_t)nn_model;
46 }
47
48 extern "C"
49 JNIEXPORT jfloat
50 JNICALL
51 Java_com_example_android_nnapidemo_MainActivity_startCompute(
52         JNIEnv *env,
53         jobject /* this */,
54         jlong _nnModel,
55         jfloat inputValue1,
56         jfloat inputValue2) {
57     Model* nn_model = (Model*) _nnModel;
58     float result = 0.0f;
59     nn_model->Compute(inputValue1, inputValue2, &result);
60     return result;
61 }
62
63 extern "C"
64 JNIEXPORT void
65 JNICALL
```

```
66 Java_com_example_android_nnapidemo_MainActivity_destroyModel(
67         JNIEnv *env,
68         jobject /* this */,
69         jlong _nnModel) {
70     Model* nn_model = (Model*) _nnModel;
71     delete(nn_model);
72 }
```

第 14 行，extern“C”表示该函数符号以 C 符号导出，因为 Java 只支持 C 的 ABI。

第 15 行，jlong 对应了 Java 中的 long 类型，表示该函数的返回值在 Java 中是 long 类型。

第 17 行，定义了函数 Java_com_example_android_nnapidemo_MainActivity_initModel，这个函数的命名是有规则的，其中 Java_ 是 JNI 函数的固定前缀，com_example_android_nnapidemo 是 Java 中类的包名，对应了 com.example.android.nnapidemo，只不过将“.”替换成了“_”。MainActivity 是类的名称，initModel 是我们编写的 JNI 函数对应的方法的名称，所以这个函数实现的是 Java 中的 com.example.android.nnapidemo.MainActivity 的 initModel 方法，该函数用于完成模型初始化。

该函数有 4 个参数，env 是 JNI 的环境对象，Java 的执行环境的信息封装在内部，this 代表了方法的 this 引用，是一个 jobject 类型的指针，_assetManager 和 _assetName 都是这个方法的实际参数，分别是 jobject 和 jstring 类型。在 JNI 中，所有的自定义对象类型都是 jobject，jstring 则对应 Java 中的 String 类型。

第 22 行，调用 AAssetManager_fromJava 函数获取 Java 中的 AssetManager 对象指针。

第 23 行，调用 GetStringUTFChars 将 _assetName 这种 Java 中的 String 对象转换为 C 中的 C 风格字符串。

第 24 行，调用 AAssetManager_open 打开项目 assets 中的指定文件，并检测是否打开成功，如果失败就打印消息并返回 0。

第 29 行，调用 ReleaseStringUTFChars 将之前从 Java 中获取的字符串缓冲区释放掉。否则可能会造成内存泄漏。

第 31 行，调用 AAsset_openFileDescriptor 获取打开文件指定位置的描述符，如果失败就打印消息并返回 0。

第 38 行，创建 Model 对象，将刚刚获取到的文件描述符传入，作为模型文件的描述符。

第 45 行，将 nn_model 转换成 jlong 类型返回。因为在 Java 中没有指针类型，但是我们需要考虑存储下 64 位指针，因此这里需要返回 jlong 类型以确保 64 位指针能够以数字方式存储在 Java 中。

第 51 行，定义了 Java_com_example_android_nnapidemo_MainActivity_startCompute 函数，该函数对应了 Java 中 com.example.android.nnapidemo.MainActivity 类的 startCompute 方法，用于完成网络的前向计算。该函数除了 env 和 this 外还包含 3 个参数：_nnModel 是模型文件对象的指针，inputValue1 和 inputValue2 是网络的两个输入。

第 57 行，我们采用强制类型转换的方式将 jlong 转换 Model 类型的指针。

第 59 行，调用 model 对象的 Compute 成员函数完成前向计算。

第 60 行，将计算结果返回。这里返回类型是 jfloat，对应了 Java 中的 float 类型。

第 66 行，定义了 Java_com_example_android_nnapidemo_MainActivity_destroyModel 函数，该函数对应了 Java 中的 com.example.android.nnapidemo，MainActivity 的 destroyModel 方法，用于销毁模型。该函数除了 env 和 this 外还包含一个参数 _nnModel，该参数是模型文件对象的指针。

第 70 行，我们采用强制类型转换的方式将 jlong 转换 Model 类型的指针。

第 71 行，调用 delete 销毁 _nnModel 对象。

12.2.5 App 实战：集成 NNAPI

封装完 JNI 接口后我们就可以编写完整的应用了。为了简单起见，我们使用 Android Studio 创建一个最简单的项目。项目包名是 org.learnml.nnapidemo，并且将所有 Java 代码都编写在一个 Activity 中。

读者可以将本书准备的模型、model.bin 文件放置到项目的 assets 中。

现在来编写 MainActivity 类，如代码清单 12-9 所示。

代码清单 12-9 MainActivity 实现

```
 1 package org.learnml.nnapidemo;
 2
 3 import android.app.Activity;
 4 import android.content.res.AssetManager;
 5 import android.os.AsyncTask;
 6 import android.os.Bundle;
 7 import android.util.Log;
 8 import android.view.View;
 9 import android.widget.Button;
10 import android.widget.EditText;
11 import android.widget.TextView;
12 import android.widget.Toast;
13
14 public class MainActivity extends Activity {
15     static {
16         System.loadLibrary("nn_sample");
17     }
18
19     private final String LOG_TAG = "NNAPI_DEMO";
20     private long modelHandle = 0;
21
22     public native long initModel(AssetManager assetManager, String assetName);
23
24     public native float startCompute(long modelHandle, float input1, float input2);
25
```

```
26      public native void destroyModel(long modelHandle);
27
28      @Override
29      protected void onCreate(Bundle savedInstanceState) {
30          super.onCreate(savedInstanceState);
31          setContentView(R.layout.activity_main);
32
33          new InitModelTask().execute("model_data.bin");
34
35          Button compute = (Button) findViewById(R.id.button);
36          compute.setOnClickListener(new View.OnClickListener() {
37              @Override
38              public void onClick(View v) {
39                  if (modelHandle != 0) {
40                      EditText edt1 = (EditText) findViewById(R.id.inputValue1);
41                      EditText edt2 = (EditText) findViewById(R.id.inputValue2);
42
43                      String inputValue1 = edt1.getText().toString();
44                      String inputValue2 = edt2.getText().toString();
45                      if (!inputValue1.isEmpty() && !inputValue2.isEmpty()) {
46                          Toast.makeText(getApplicationContext(), "Computing",
47                                  Toast.LENGTH_SHORT).show();
48                          new ComputeTask().execute(
49                                  Float.valueOf(inputValue1),
50                                  Float.valueOf(inputValue2));
51                      }
52                  } else {
53                      Toast.makeText(getApplicationContext(), "初始化模型中，请等待",
54                              Toast.LENGTH_SHORT).show();
55                  }
56              }
57          });
58      }
59
60      @Override
61      protected void onDestroy() {
62          if (modelHandle != 0) {
63              destroyModel(modelHandle);
64              modelHandle = 0;
65          }
66          super.onDestroy();
67      }
68
69      private class InitModelTask extends AsyncTask<String, Void, Long> {
70          @Override
71          protected Long doInBackground(String... modelName) {
72              if (modelName.length != 1) {
73                  Log.e(LOG_TAG, "模型文件参数数量错误");
74                  return 0l;
75              }
76
```

```
 77             return initModel(getAssets(), modelName[0]);
 78         }
 79 
 80         @Override
 81         protected void onPostExecute(Long result) {
 82             modelHandle = result;
 83         }
 84     }
 85 
 86     private class ComputeTask extends AsyncTask<Float, Void, Float> {
 87         @Override
 88         protected Float doInBackground(Float... inputs) {
 89             if (inputs.length != 2) {
 90                 Log.e(LOG_TAG, " 输入参数数量错误 ");
 91                 return 0.0f;
 92             }
 93 
 94             return startCompute(modelHandle, inputs[0], inputs[1]);
 95         }
 96 
 97         @Override
 98         protected void onPostExecute(Float result) {
 99             TextView tv = (TextView) findViewById(R.id.textView);
100             tv.setText(String.valueOf(result));
101         }
102     }
103 }
```

第 14 行，定义了类 MainActivity，继承了 Activity，也就是 Android 应用中的一个页面。

第 15 ～ 17 行，定义了静态初始化块，调用了 loadLibrary 函数，用于从 JVM 的预定加载路径中加载 nn_sample 的动态库文件。

第 22 行，定义了 initModel 方法，这里使用了 native，表示该方法实现其实是在我们加载的动态库中，调用该方法会去调用加载库中对应的 C 函数。

第 24 ～ 26 行，定义了 startCompute 和 detroyModel 方法。

第 29 行，定义了 onCreate 方法，这是 Android 的一个生命周期函数，用于完成 Activity 的初始化工作。

第 30 行，调用了父类的 onCreate 方法完成初始化。

第 31 行，调用 setContentView 将资源中的 activity_main 布局设置为 App 的核心布局。

第 33 行，创建了 Init ModelTask 对象，并调用该对象的 execute 方法完成模型初始化。

第 35 行，调用 findViewById 方法找到 UI 中的 button 按钮组件，并将其转换为 Button 类型。

第 36 行，调用 Button 的 setOnClickListener 设置点击事件的监听器。

第 40 ～ 44 行，在点击事件中首先从 inputValue1 和 inputValue2 两个输入框获取输入的值，并将其转换为字符串类型。

第 45 ～ 55 行，检测如果输入内容不为空，就将输入的值转换为浮点类型，并调用 ComputeTask 的 execute 方法执行前向计算。调用 Toast.makeText 提示用户正在计算中。

第 69 行，定义了 InitModelTask 类，这是一个内部类，用于完成模型初始化任务，该类继承自 AsyncTask，是 Android 中对异步任务的简单抽象，防止 UI 主线程阻塞。

第 71 行，定义了 doInBackground 方法，这是异步任务的主要计算方法，用于在后台线程完成异步任务。这里主要是调用外部类的 initModel 方法完成模型初始化工作。

第 81 行，定义了 onPostExecute 方法，这是异步任务在结束计算后将结果返回给主线程的函数，用于完成任务的收尾工作，在 UI 主线程中执行，因此不会出现竞争问题。这里我们直接将 result 赋值给 modelHandle。

第 86 行，定义了 ComputeTask 类，同样继承自 AsyncTask，用于完成模型计算任务。

第 88 行，定义了 doInBackground 方法。这里主要是调用外部类的 startCompute 方法完成前向计算工作。

第 81 行，定义了 onPostExecute 方法，这里我们首先获取界面中的结果文本组件，然后调用 setText 将转换为字符串的结果显示在界面中。

这样我们的 App 主体代码已经完成了。

但是这样还不够，因为我们的项目中有 C++ 代码，这部分代码 Android Studio 是不会自动构建的，我们需要依靠其他的构建工具来完成其构建，比如本项目中我们使用 CMake 构建我们的 C++ 代码。现在我们来编写 CMake 的构建配置 CMakeLists.txt，如代码清单 12-10 所示。

代码清单 12-10 CMake 的构建配置 CMakeLists.txt

```
 1 cmake_minimum_required(VERSION 3.4.1)
 2
 3 add_library(nn_sample
 4             SHARED
 5             nn_sample.cpp
 6             simple_model.cpp)
 7
 8 target_link_libraries(nn_sample
 9             neuralnetworks
10             android
11             log)
```

第 1 行，使用 cmake_mininum_required 检查 CMake 的最低版本。

第 3 行，调用 add_library 添加一个编译目标，将 nn_sample.cpp、simpe_model.cpp 编译成 nn_sample 共享库。

第 8 行，调用 target_link_libraries 将 neuralnetworks、android 和 log 库作为链接时的依赖项一起链接到共享库中。

接着我们修改项目的 build.gradle，将 CMake 的构建配置添加到整个项目的构建流程中，修改后的 build.gralde 如代码清单 12-11 所示。

代码清单 12-11 修改后的 build.gralde 文件

```
 1 apply plugin: 'com.android.application'
 2
 3 android {
 4     compileSdkVersion 28
 5     defaultConfig {
 6         applicationId "org.learnml.nnapidemo"
 7         minSdkVersion 27
 8         targetSdkVersion 28
 9         versionCode 1
10         versionName "1.0"
11         externalNativeBuild {
12             cmake {
13                 cppFlags "-std=c++11"
14             }
15         }
16     }
17     buildTypes {
18         release {
19             minifyEnabled false
20              proguardFiles getDefaultProguardFile('proguard-android.txt'), 'proguard-
   rules.pro'
21         }
22     }
23     externalNativeBuild {
24         cmake {
25             version '3.10.2'
26             path "src/main/cpp/CMakeLists.txt"
27         }
28     }
29     aaptOptions {
30         noCompress 'bin'
31     }
32
33 }
34
35 dependencies {
36     implementation fileTree(dir: 'libs', include: ['*.jar'])
37     implementation 'com.android.support.constraint:constraint-layout:1.1.3'
38 }
```

第 11 行，使用 externalNativeBuild 定义了外部的构建工具规则。

第 12 行，指定了 cmake 作为外部构建工具进行构建。

第 13 行，设定了 cppFlags，用于指定 C++ 编译时的选项。我们将 C++ 的标准设定成 C++11，这样可以支持更多的新语法特性。

第 23 ～ 27 行，指定了 externalNativeBuild 的构建规则，并指定了 CMake 的版本，并将

src/main/cpp/CMakeLists.txt 作为 CMake 的构建输入规则文件，即上面编写的文件。

接着我们执行构建就可以将 App 安装到我们的手机上了。

12.3 实战：实现 Android 图像分类器 App

本章我们使用裁剪之后的 TensorFlow Lite 编写一个图像分类器，并且确保其可以在安装有 Android 的树莓派上运行。

12.3.1 JNI 封装

第 11 章中介绍的 TensorFlow Lite 是用 C++ 编写的，因此如果想要 App 中可以调用 TensorFlow Lite 就需要进行 JNI 封装。

因此我们来编写与 nativeinterpreterwrapper.cpp 对应的 Java 类——NativeInterpreterWrapper 类，该类的实现代码如代码清单 12-12 所示。

代码清单 12-12　NativeInterpreterWrapper 类实现

```
 1 package org.tensorflow.lite;
 2 
 3 import java.nio.ByteBuffer;
 4 import java.nio.ByteOrder;
 5 import java.nio.MappedByteBuffer;
 6 import java.util.ArrayList;
 7 import java.util.HashMap;
 8 import java.util.List;
 9 import java.util.Map;
10 
11 final class NativeInterpreterWrapper implements AutoCloseable {
12 
13     NativeInterpreterWrapper(String modelPath) {
14         this(modelPath, /* options= */ null);
15     }
16 
17     NativeInterpreterWrapper(String modelPath, Interpreter.Options options) {
18         long errorHandle = createErrorReporter(ERROR_BUFFER_SIZE);
19         long modelHandle = createModel(modelPath, errorHandle);
20         init(errorHandle, modelHandle, options);
21     }
22 
23     NativeInterpreterWrapper(ByteBuffer byteBuffer) {
24         this(byteBuffer, /* options= */ null);
25     }
26 
27     NativeInterpreterWrapper(ByteBuffer buffer, Interpreter.Options options) {
28         if (buffer == null
29                 || (!(buffer instanceof MappedByteBuffer)
30                         && (!buffer.isDirect() || buffer.order() != ByteOrder.
```

```
    nativeOrder())))) {
31              throw new IllegalArgumentException(
32                      "Model ByteBuffer should be either a MappedByteBuffer
    of the model file, or a direct "
33                              + "ByteBuffer using ByteOrder.nativeOrder() which
                                   contains bytes of model content.");
34          }
35          this.modelByteBuffer = buffer;
36          long errorHandle = createErrorReporter(ERROR_BUFFER_SIZE);
37          long modelHandle = createModelWithBuffer(modelByteBuffer, errorHandle);
38          init(errorHandle, modelHandle, options);
39      }
40
41      private void init(long errorHandle, long modelHandle, Interpreter.Options
        options) {
42          if (options == null) {
43              options = new Interpreter.Options();
44          }
45          this.errorHandle = errorHandle;
46          this.modelHandle = modelHandle;
47          this.interpreterHandle = createInterpreter(modelHandle, errorHandle,
                                                      options.numThreads);
48          this.inputTensors = new Tensor[getInputCount(interpreterHandle)];
49            this.outputTensors = new Tensor[getOutputCount(interpreterHandle)];
50            if (options.useNNAPI != null) {
51              setUseNNAPI(options.useNNAPI.booleanValue());
52          }
53          if (options.allowFp16PrecisionForFp32 != null) {
54              allowFp16PrecisionForFp32(
55                      interpreterHandle, options.allowFp16PrecisionForFp32.
                        booleanValue());
56          }
57          if (options.allowBufferHandleOutput != null) {
58              allowBufferHandleOutput(interpreterHandle, options.allowBuffer
                                        HandleOutput.booleanValue());
59          }
60          for (Delegate delegate : options.delegates) {
61              applyDelegate(interpreterHandle, errorHandle, delegate.getNative
                              Handle());
62              delegates.add(delegate);
63          }
64          allocateTensors(interpreterHandle, errorHandle);
65          this.isMemoryAllocated = true;
66      }
67
68      @Override
69      public void close() {
70          for (int i = 0; i < inputTensors.length; ++i) {
71              if (inputTensors[i] != null) {
72                  inputTensors[i].close();
73                  inputTensors[i] = null;
```

```
74                  }
75              }
76              for (int i = 0; i < outputTensors.length; ++i) {
77                  if (outputTensors[i] != null) {
78                      outputTensors[i].close();
79                      outputTensors[i] = null;
80                  }
81              }
82              delete(errorHandle, modelHandle, interpreterHandle);
83              errorHandle = 0;
84              modelHandle = 0;
85              interpreterHandle = 0;
86              modelByteBuffer = null;
87              inputsIndexes = null;
88              outputsIndexes = null;
89              isMemoryAllocated = false;
90              delegates.clear();
91          }
92
93          void run(Object[] inputs, Map<Integer, Object> outputs) {
94              inferenceDurationNanoseconds = -1;
95              if (inputs == null || inputs.length == 0) {
96                  throw new IllegalArgumentException("Input error: Inputs should
                                                      not be null or empty.");
97              }
98              if (outputs == null || outputs.isEmpty()) {
99                  throw new IllegalArgumentException("Input error: Outputs should
                                                     not be null or empty.");
100             }
101
102             for (int i = 0; i < inputs.length; ++i) {
103                 Tensor tensor = getInputTensor(i);
104                 int[] newShape = tensor.getInputShapeIfDifferent(inputs[i]);
105                 if (newShape != null) {
106                     resizeInput(i, newShape);
107                 }
108             }
109
110             boolean needsAllocation = !isMemoryAllocated;
111             if (needsAllocation) {
112                 allocateTensors(interpreterHandle, errorHandle);
113                 isMemoryAllocated = true;
114             }
115
116             for (int i = 0; i < inputs.length; ++i) {
117                 getInputTensor(i).setTo(inputs[i]);
118             }
119
120             long inferenceStartNanos = System.nanoTime();
121             run(interpreterHandle, errorHandle);
122             long inferenceDurationNanoseconds = System.nanoTime() - inference
```

```
                                                            StartNanos;
123
124         // 内存分配会触发输出向量尺寸的动态调整，调用 kefreshShape 方法更新每个输出向量的尺寸
125         if (needsAllocation) {
126             for (int i = 0; i < outputTensors.length; ++i) {
127                 if (outputTensors[i] != null) {
128                     outputTensors[i].refreshShape();
129                 }
130             }
131         }
132         for (Map.Entry<Integer, Object> output : outputs.entrySet()) {
133             getOutputTensor(output.getKey()).copyTo(output.getValue());
134         }
135
136         this.inferenceDurationNanoseconds = inferenceDurationNanoseconds;
137     }
138
```

第 11 行，定义了 NativeInterpreterWrapper 类。

第 13 行，定义了 NativeInterpreterWrapper 构造方法，会从用户指定的路径中读取模型，会调用另一个构造方法完成实际的初始化工作。

第 17 行，定义了完整的构造方法，会从用户指定的路径中读取模型，首先调用 createErrorReporter 创建错误报告对象，然后调用 createModel 方法创建模型，最后调用 init 完成进一步的初始化工作。

第 23 ～ 39 行，定义了另一套构造方法，会从用户给定的字节缓冲区中读取模型。首先检测缓冲区是否为 MappedByteBuffer 类型：如果不是则抛出异常；否则调用 createErrorReporter 创建错误报告对象，然后调用 createModelWithBuffer 方法从缓冲区中创建模型，最后调用 init 完成进一步的初始化工作。

第 41 行，定义了 init 方法，完成类的初始化工作。

第 47 行，调用 createInterpreter 返回解释器的对象句柄。

第 48 行，调用 getInputCount 获取输入向量数量，并创建对应数量对的输入向量数组。

第 49 行，调用 getOutputCount 获取输出向量数量，并创建对应数量对的输出向量数组。

第 50 行，根据选项中的 useNNAPI 指定是否使用 NNAPI。

第 53 行，根据选项中的 allowFp16PrecisionForFp32 确定是否调用 allowFp16PrecisionForFp32 设置半浮点计算。

第 57 ～ 63 行，根据选项中的 allowBufferHandleOutput 确定是否调用 allowBufferHandleOutput 设置缓冲区输出。

第 60 ～ 62 行，根据选项中指定的代理初始化所有的代理对象。

第 64 行，调用 allocateTensors 为解释器创建分配向量。

第 69 行，定义了 close 方法，用于关闭整个解释器。

第 70 ～ 75 行，循环遍历所有的输入缓冲区中的向量对象，如果元素不为 null，则调用 close 关闭所有的向量对象，并将数组中的对应元素设置成 null。

第 76 ～ 81 行，循环遍历所有的输出缓冲区中的向量对象，如果元素不为 null，则调用 close 关闭所有的向量对象，并将数组中的对应元素设置成 null。

第 82 ～ 90 行，释放清理对象中的其他字段。

第 93 行，定义了 run 方法，用于执行整个前向计算操作。

第 95 ～ 97 行，检测是否初始化了输入向量，如果没有就抛出异常。

第 98 ～ 100 行，检测是否初始化了输出向量，如果没有就抛出异常。

第 102 ～ 108 行，遍历所有的输入向量，逐一获取输入缓冲区的实际尺寸，并调用 resizeInput 调整缓冲区大小。

第 110 ～ 114 行，检测是否执行过 allocateTensors，如果没有则执行以为 Tensor 分配内存。

第 116 ～ 118 行，循环遍历所有的输入向量，将其与实际的输入向量绑定。

第 120 ～ 122 行，调用 run 方法执行前向计算，并通过 nanoTime 计算执行时间。

第 125 ～ 131 行，如果需要分配内存缓冲区则遍历所有输出向量，逐一调用 refresh-Shape 方法调整缓冲区大小。

第 132 ～ 134 行，遍历所有输出向量，逐一调用 copyTo 将输出 Tensor 中的内容复制到 Java 的输出向量对象中。

接下来我们声明一下 JNI 代码的 Java 声明部分，如代码清单 12-13 所示。

代码清单 12-13 JNI 代码 Java 声明

```
254     private static native int getOutputDataType(long interpreterHandle, int
    outputIdx);
255     private static native int getOutputQuantizationZeroPoint(long interpreterHandle,
        int outputIdx);
256     private static native float getOutputQuantizationScale(long interpreter
        Handle, int outputIdx);
257
258     private static final int ERROR_BUFFER_SIZE = 512;
259
270     private final List<Delegate> delegates = new ArrayList<>();
271
272     private static native long allocateTensors(long interpreterHandle, long
        errorHandle);
273      private static native int getInputTensorIndex(long interpreterHandle, int
         inputIdx);
274     private static native int getOutputTensorIndex(long interpreterHandle,
        int outputIdx);
275     private static native int getInputCount(long interpreterHandle);
276     private static native int getOutputCount(long interpreterHandle);
277     private static native String[] getInputNames(long interpreterHandle);
278     private static native String[] getOutputNames(long interpreterHandle);
279     private static native void useNNAPI(long interpreterHandle, boolean state);
```

```
280     private static native void numThreads(long interpreterHandle, int numThreads);
281     private static native void allowFp16PrecisionForFp32(long interpreterHandle,
        boolean allow);
282     private static native void allowBufferHandleOutput(long interpreterHandle,
        boolean allow);
283     private static native long createErrorReporter(int size);
284     private static native long createModel(String modelPathOrBuffer, long
        errorHandle);
285     private static native long createModelWithBuffer(ByteBuffer modelBuffer,
        long errorHandle);
286     private static native long createInterpreter(long modelHandle, long error
        Handle, int numThreads);
287     private static native void applyDelegate(
288             long interpreterHandle, long errorHandle, long delegateHandle);
289     private static native void delete(long errorHandle, long modelHandle,
        long interpreterHandle);
```

现在我们调用javah根据该Java类自动生成头文件，接着我们需要在JNI的C++文件中编写这些native方法的实现。

现在编写JNI的C++实现，如代码清单12-14所示。

代码清单 12-14 通过 JNI 调用 TensorFlow Lite

```
 1 #include "tensorflow/lite/java/src/main/native/nativeinterpreterwrapper_jni.h"
 2 namespace {
 3
 4 tflite::Interpreter* convertLongToInterpreter(JNIEnv* env, jlong handle) {
 5     if (handle == 0) {
 6         throwException(env, kIllegalArgumentException,
 7                        "Internal error: Invalid handle to Interpreter.");
 8         return nullptr;
 9     }
10     return reinterpret_cast<tflite::Interpreter*>(handle);
11 }
12
13 tflite::FlatBufferModel* convertLongToModel(JNIEnv* env, jlong handle) {
14     if (handle == 0) {
15         throwException(env, kIllegalArgumentException,
16                        "Internal error: Invalid handle to model.");
17         return nullptr;
18     }
19     return reinterpret_cast<tflite::FlatBufferModel*>(handle);
20 }
21
22 BufferErrorReporter* convertLongToErrorReporter(JNIEnv* env, jlong handle) {
23     if (handle == 0) {
24         throwException(env, kIllegalArgumentException,
25                        "Internal error: Invalid handle to ErrorReporter.");
26         return nullptr;
27     }
```

```
28     return reinterpret_cast<BufferErrorReporter*>(handle);
29 }
30
31 TfLiteDelegate* convertLongToDelegate(JNIEnv* env, jlong handle) {
32     if (handle == 0) {
33         throwException(env, kIllegalArgumentException,
34                        "Internal error: Invalid handle to delegate.");
35         return nullptr;
36     }
37     return reinterpret_cast<TfLiteDelegate*>(handle);
38 }
39
40 std::vector<int> convertJIntArrayToVector(JNIEnv* env, jintArray inputs) {
41     int size = static_cast<int>(env->GetArrayLength(inputs));
42     std::vector<int> outputs(size, 0);
43     jint* ptr = env->GetIntArrayElements(inputs, nullptr);
44       if (ptr == nullptr) {
45         throwException(env, kIllegalArgumentException,
46                        "Array has empty dimensions.");
47         return {};
48     }
49     for (int i = 0; i < size; ++i) {
50         outputs[i] = ptr[i];
51     }
52     env->ReleaseIntArrayElements(inputs, ptr, JNI_ABORT);
53     return outputs;
54 }
55
56 int getDataType(TfLiteType data_type) {
57     switch (data_type) {
58         case kTfLiteFloat32:
59             return 1;
60         case kTfLiteInt32:
61             return 2;
62         case kTfLiteUInt8:
63             return 3;
64         case kTfLiteInt64:
65             return 4;
66         case kTfLiteString:
67             return 5;
68         default:
69             return -1;
70     }
71 }
72
73 void printDims(char* buffer, int max_size, int* dims, int num_dims) {
74     if (max_size <= 0) return;
75     buffer[0] = '?';
76     int size = 1;
77     for (int i = 1; i < num_dims; ++i) {
78         if (max_size > size) {
```

```
 79             int written_size =
 80                     snprintf(buffer + size, max_size - size, ",%d", dims[i]);
 81             if (written_size < 0) return;
 82             size += written_size;
 83         }
 84     }
 85 }
 86
 87 bool areDimsDifferent(JNIEnv* env, TfLiteTensor* tensor, jintArray dims) {
 88     int num_dims = static_cast<int>(env->GetArrayLength(dims));
 89     jint* ptr = env->GetIntArrayElements(dims, nullptr);
 90     if (ptr == nullptr) {
 91         throwException(env, kIllegalArgumentException,
 92                        "Empty dimensions of input array.");
 93         return true;
 94     }
 95     if (tensor->dims->size != num_dims) {
 96         return true;
 97     }
 98     for (int i = 0; i < num_dims; ++i) {
 99         if (ptr[i] != tensor->dims->data[i]) {
100             return true;
101         }
102     }
103     env->ReleaseIntArrayElements(dims, ptr, JNI_ABORT);
104     return false;
105 }
106
107
108 bool VerifyModel(const void* buf, size_t len) {
109     flatbuffers::Verifier verifier(static_cast<const uint8_t*>(buf), len);
110     return tflite::VerifyModelBuffer(verifier);
111 }
112
113 }  // namespace
```

第 4 行，定义了 convertLongToInterpreter 函数，该函数用于将 Java 内部的长整型句柄转换成 C++ 内部的 Interpreter 类型的指针。

第 13 行，定义了 convertLongToModel 函数，该函数用于将 Java 内部的长整型句柄转换成 C++ 内部的 Model 类型的指针。

第 22 行，定义了 convertLongToErrorReporter 函数，该函数用于将 Java 内部的长整型句柄转换成 C++ 内部的 BufferErrorReporter 类型的指针。

第 31 行，定义了 convertLongToDelegate 函数，该函数用于将 Java 内部的长整型句柄转换成 C++ 内部的 TfLiteDelegate 类型的指针。

第 40 行，定义了 convertJIntArrayToVector 函数，该函数用于将 Java 内部的整型数转换成 C++ 内部的 std::vector<int> 类型的对象。首先调用 GetIntArrayElements 获取 Java 数

组，然后遍历数组，将数据内容复制到 outputs 的 vector 中，最后调用 ReleaseIntArray Elements 释放 Java 指针并返回 outputs 对象。

第 56 行，定义了 getDataType 函数，用于将指定的 TfLite 类型转换成对应的枚举值，这些枚举值可以在 Java 中解析处理。

第 73 行，定义了 printDim 函数，用于打印特定缓冲区信息，便于我们进行调试。

第 87 行，定义了 areDimsDifferent 函数，用于比较 Tensor 和 Java 数组的维度是否相同。如果相同返回 true，否则返回 false。

第 108 行，定义了 VerifyModel 函数，会调用 TensorFlow Lite 的 VerifyModelBuffer 检测缓冲区是否是合法的 TensorFlow Lite 模型缓冲区。

然后我们调用 javah 生成 NativeInterpreterWrapper 类的 C/C++ 声明，并在上面几个工具函数的基础上完成 NativeInterpreterWrapper 类的实现，如代码清单 12-15 所示。

代码清单 12-15　NativeInterpreterWrapper 实现

```
115 JNIEXPORT jobjectArray JNICALL
116 Java_org_tensorflow_lite_NativeInterpreterWrapper_getInputNames(JNIEnv* env,
117                                                                   jclass clazz,
118                                                                   jlong handle) {
119     tflite::Interpreter* interpreter = convertLongToInterpreter(env, handle);
120     if (interpreter == nullptr) return nullptr;
121     jclass string_class = env->FindClass("java/lang/String");
122     if (string_class == nullptr) {
123         throwException(env, kUnsupportedOperationException,
124                        "Internal error: Can not find java/lang/String class to get "
125                        "input names.");
126         return nullptr;
127     }
128     size_t size = interpreter->inputs().size();
129     jobjectArray names = static_cast<jobjectArray>(
130             env->NewObjectArray(size, string_class, env->NewStringUTF("")));
131     for (int i = 0; i < size; ++i) {
132         env->SetObjectArrayElement(names, i,
133                                    env->NewStringUTF(interpreter->GetInputName(i)));
134     }
135     return names;
136 }
137
138 JNIEXPORT void JNICALL
139 Java_org_tensorflow_lite_NativeInterpreterWrapper_allocateTensors(
140         JNIEnv* env, jclass clazz, jlong handle, jlong error_handle) {
141     tflite::Interpreter* interpreter = convertLongToInterpreter(env, handle);
142     if (interpreter == nullptr) return;
143     BufferErrorReporter* error_reporter =
144             convertLongToErrorReporter(env, error_handle);
145     if (error_reporter == nullptr) return;
146
147     if (interpreter->AllocateTensors() != kTfLiteOk) {
```

```
148         throwException(
149                 env, kIllegalStateException,
150                 "Internal error: Unexpected failure when preparing tensor
                     allocations:"
151                 " %s",
152                 error_reporter->CachedErrorMessage());
153     }
154 }
```

代码里的函数定义都是从javah中的函数声明中复制过来的，自己手动输入很麻烦。

第116行，定义了Java_org_tensorflow_lite_NativeInterpreterWrapper_getInputNames函数，用于获取输入解释器中关联的所有输入数据的名称。

第119行，调用convertLongToInterpreter将句柄转换成解释器指针。

第128～133行，获取解释器中的所有输入，并调用NewObjectArray构造新的数组对象，然后循环获取设置输入元素的名称，最后返回。

限于篇幅，这里我们只列出了两个函数，更多的函数实现请参阅随书提供的本章代码（位于ch12/tflite/java/src/main/native/nativeinterpreterwrapper_jni.cc当中）。

接着编写DataTypes.java，用于描述TensorFlow Lite支持的数据类型，和JNI封装实现一一对应。这里其实就是定义了一个枚举类，如代码清单12-16所示。

代码清单12-16 DataTypes.java

```
 1 package org.tensorflow.lite;
 2
 3 public enum DataType {
 4   FLOAT32(1),
 5   INT32(2),
 6   UINT8(3),
 7     INT64(4),
 8     STRING(5);
 9
10     private final int value;
11
12     DataType(int value) {
13         this.value = value;
14     }
15
16     public int byteSize() {
17         switch (this) {
18             case FLOAT32:
19                 return 4;
20             case INT32:
21                 return 4;
22             case UINT8:
23                 return 1;
24             case INT64:
25                 return 8;
```

```
26                case STRING:
27                    return -1;
28            }
29            throw new IllegalArgumentException(
30                    "DataType error: DataType " + this + " is not supported yet");
31        }
32
33        int c() {
34            return value;
35        }
36
37        static DataType fromC(int c) {
38            for (DataType t : values) {
39                if (t.value == c) {
40                    return t;
41                }
42            }
43            throw new IllegalArgumentException(
44                    "DataType error: DataType "
45                            + c
46                            + " is not recognized in Java (version "
47                            + TensorFlowLite.version()
48                            + ")");
49        }
50
51        String toStringName() {
52            switch (this) {
53                case FLOAT32:
54                    return "float";
55                case INT32:
56                    return "int";
57                case UINT8:
58                    return "byte";
59                case INT64:
60                    return "long";
61                case STRING:
62                    return "string";
63            }
64            throw new IllegalArgumentException(
65                    "DataType error: DataType " + this + " is not supported yet");
66        }
67
68        private static final DataType[] values = values();
69    }
```

第 3 行，定义了枚举类型 DataType，该枚举类型包含了 5 个值，分别是 FLOAT32、INT32、UINT8、INT64 和 STRING，分别赋予了 1 ～ 5 个枚举值。

第 12 行，定义了 DataType 类型的构造方法，可以传入 value 类型初始化内部属性。

第 16 行，定义了 byteSize 方法，返回不同类型对应的字节数。如果类型不存在，那么直接抛出异常。

第33行，定义了c方法，直接将内部存储的枚举数字返回。

第37行，定义了fromC方法，会遍历所有的value，返回与枚举定义的整型值相同的value的值。

第51行，定义了toStringName方法，用于根据当前枚举的值返回枚举对应的描述字符串。如果值不存在，那么直接抛出异常。

最后在NativeInterpreterWrapper的基础上封装顶层Java类、Interpreter类，如代码清单12-17所示。

代码清单 12-17 Java Interpreter 类实现

```
 1 package org.tensorflow.lite;
 2
 3 import java.io.File;
 4 import java.nio.ByteBuffer;
 5 import java.nio.MappedByteBuffer;
 6 import java.util.ArrayList;
 7 import java.util.HashMap;
 8 import java.util.List;
 9 import java.util.Map;
10 import org.checkerframework.checker.nullness.qual.NonNull;
11
12 public final class Interpreter implements AutoCloseable {
13     public static class Options {
14         public Options() {}
15
16         public Options setNumThreads(int numThreads) {
17             this.numThreads = numThreads;
18             return this;
19         }
20
21         public Options setUseNNAPI(boolean useNNAPI) {
22             this.useNNAPI = useNNAPI;
23             return this;
24         }
25
26         public Options setAllowFp16PrecisionForFp32(boolean allow) {
27             this.allowFp16PrecisionForFp32 = allow;
28             return this;
29         }
30
31         public Options addDelegate(Delegate delegate) {
32             delegates.add(delegate);
33             return this;
34         }
35
36         public Options setAllowBufferHandleOutput(boolean allow) {
37             this.allowBufferHandleOutput = allow;
```

```
38              return this;
39          }
40
41          int numThreads = -1;
42          Boolean useNNAPI;
43          Boolean allowFp16PrecisionForFp32;
44          Boolean allowBufferHandleOutput;
45          final List<Delegate> delegates = new ArrayList<>();
46      }
47
48      public Interpreter(@NonNull File modelFile) {
49          this(modelFile, /*options = */ null);
50      }
51
52      public Interpreter(@NonNull File modelFile, Options options) {
53          wrapper = new NativeInterpreterWrapper(modelFile.getAbsolutePath(),
    options);
54      }
55
56      public Interpreter(@NonNull ByteBuffer byteBuffer) {
57          this(byteBuffer, /* options= */ null);
58      }
59
60      public Interpreter(@NonNull ByteBuffer byteBuffer, Options options) {
61          wrapper = new NativeInterpreterWrapper(byteBuffer, options);
62      }
63
64      public void run(Object input, Object output) {
65          Object[] inputs = {input};
66          Map<Integer, Object> outputs = new HashMap<>();
67          outputs.put(0, output);
68          runForMultipleInputsOutputs(inputs, outputs);
69      }
70
71      public void runForMultipleInputsOutputs(
72              @NonNull Object[] inputs, @NonNull Map<Integer, Object> outputs) {
73          checkNotClosed();
74          wrapper.run(inputs, outputs);
75      }
76
77      public void resizeInput(int idx, @NonNull int[] dims) {
78          checkNotClosed();
79          wrapper.resizeInput(idx, dims);
80      }
81
82      public int getInputTensorCount() {
83          checkNotClosed();
84          return wrapper.getInputTensorCount();
85      }
86
87      public int getInputIndex(String opName) {
```

```
 88         checkNotClosed();
 89         return wrapper.getInputIndex(opName);
 90     }
 91 
 92     public Tensor getInputTensor(int inputIndex) {
 93         checkNotClosed();
 94         return wrapper.getInputTensor(inputIndex);
 95     }
 96 
 97     public int getOutputTensorCount() {
 98         checkNotClosed();
 99         return wrapper.getOutputTensorCount();
100     }
101 
102     public int getOutputIndex(String opName) {
103         checkNotClosed();
104         return wrapper.getOutputIndex(opName);
105     }
106 
107     public Tensor getOutputTensor(int outputIndex) {
108         checkNotClosed();
109         return wrapper.getOutputTensor(outputIndex);
110     }
111 
112     public Long getLastNativeInferenceDurationNanoseconds() {
113         checkNotClosed();
114         return wrapper.getLastNativeInferenceDurationNanoseconds();
115     }
116 
117     public void modifyGraphWithDelegate(Delegate delegate) {
118         checkNotClosed();
119         wrapper.modifyGraphWithDelegate(delegate);
120     }
121 
122     @Override
123     public void close() {
124         if (wrapper != null) {
125             wrapper.close();
126             wrapper = null;
127         }
128     }
129 
130     @Override
131     protected void finalize() throws Throwable {
132         try {
133             close();
134         } finally {
135             super.finalize();
136         }
137     }
138 
```

```
139     private void checkNotClosed() {
140         if (wrapper == null) {
141             throw new IllegalStateException("Internal error: The Interpreter
    has already been closed.");
142         }
143     }
144
145     NativeInterpreterWrapper wrapper;
146 }
```

第 12 行，定义了 Interpreter 类，该类是供用户调用的解释器类。

第 13 行，定义了内部嵌套类 Options，表示 Interpreter 的选项。

第 16 行，定义了 setNumThreads 函数，用于设置解释器执行计算时的线程数量。

第 21 行，定义了 setUseNNAPI 函数，用于设置是否启用 NNAPI 完成运算。

第 26 行，定义了 setAllowFp16PrecisionForFp32 函数，用于设置了是否启用半精度运算。

第 31 行，定义了 addDelegate 方法，用于为解释器添加计算用的代理。

第 36 行，定义了 setAllowBufferHandleOutput，用于设置是否允许将结果输出到句柄对应的缓冲区中。

第 41 ～ 45 行，定义了几个字段，分别存储选项的状态。

第 48 ～ 52 行，定义了根据模型文件对象构造 Interpreter 的方法，首先从 modelFile 对象中获取路径，然后调用 NativeInterpreterWrapper 创建 JNI 对象。

第 56 ～ 62 行，定义了根据模型字节缓冲区内容构造 Interpreter 的方法，直接调用 NativeInterpreterWrapper 创建 JNI 对象。

第 64 ～ 69 行，定义了 run 方法，首先创建一个对象数组，该数组包含一个 input 对象，然后创建一个 HashMap 对象，用于存储所有的输出元组。最后调用 runForMultipleInputsOutputs 根据输入计算输出，并将输出内容存储到 outputs 中。

第 71 行，定义了 runForMultipleInputsOutputs 方法，用于执行计算。首先调用 checkNotClosed 检测计算引擎是否关闭，然后调用引擎的 run 方法执行前向计算，输入是 inputs，输出结果存储在 outputs 中。

第 77 行，定义了 resizeInput 方法，用于调整输入维度，idx 是输入向量的索引，dims 是输入向量的维度。首先调用 checkNotClosed 检测计算引擎是否关闭，然后调用引擎的 resizeInput 方法调整输入向量的维度。

第 82 行，定义了 getInputTensorCount 方法，用于获取输入向量的数量。首先调用 checkNotClosed 检测计算引擎是否关闭，然后调用引擎的 getInputTensorCount 方法获取输入向量的数量。

第 87 行，定义了 getInputIndex 方法，用于根据操作数名称获取某个输入操作数的向量索引。首先调用 checkNotClosed 检测计算引擎是否关闭，然后调用引擎的 getInputIndex 方法获取输入向量索引。

第 92 行，定义了 getInputTensor 方法，用于根据输入向量索引获取输入向量对象。首先调用 checkNotClosed 检测计算引擎是否关闭，然后调用引擎的 getInputTensor 方法获取输入向量对象。

第 97 行，定义了 getOutputTensorCount 方法，用于获取输出向量的数量。首先调用 checkNotClosed 检测计算引擎是否关闭，然后调用引擎的 getOutputTensorCount 方法获取输出向量的数量。

第 102 行，定义了 getOutputIndex 方法，用于根据操作数名称获取某个输出操作数的向量索引。首先调用 checkNotClosed 检测计算引擎是否关闭，然后调用引擎的 getOutputIndex 方法获取输出向量索引。

第 107 行，定义了 getOutputTensor 方法，用于根据输入向量索引获取输出向量对象。首先调用 checkNotClosed 检测计算引擎是否关闭，然后调用引擎的 getOutputTensor 方法获取输出向量对象。

第 112 行，定义了 getLastNativeInferenceDurationNanoseconds 方法，用于获取计算消耗的时间，以纳秒为单位。首先调用 checkNotClosed 检测计算引擎是否关闭，然后调用引擎的 getLastNativeInferenceDurationNanoseconds 方法获取输入计算消耗时间。

第 117 行，定义了 modifyGraphWithDelegate 方法，用于修改引擎使用的代理对象。首先调用 checkNotClosed 检测计算引擎是否关闭，然后调用引擎的 modifyGraphWithDelegate 方法修改引擎的代理对象。

第 123 行，定义了 close 方法，用于关闭引擎。首先检测 wrapper 是否为 null，如果不为 null，就调用 close 关闭引擎，然后将引擎设置为 null。

第 130 行，定义了 finalize 方法，用于销毁系统资源。首先调用 close 关闭引擎，然后在 finally 中调用基类的 finalize 方法销毁基类的资源。

第 139 行，定义了 checkNotClosed 方法，用于检测引擎是否关闭。如果 wrapper 为 null，直接抛出异常，表示引擎无法正常使用。

第 145 行，定义了 NativeInterpreterWrapper 对象，就是用于完成计算的 JNI 引擎对象。

12.3.2 Java 调用

封装好 JNI 接口后需要编写对应的 Java 类，调用 JNI 实现。我们现在编写 TensorFlowLiteImageClassifier 类，用于实现一个使用 TensorFlow Lite 的分类器，如代码清单 12-18 所示。

代码清单 12-18 Java 图像分类器实现

```
1 package org.tensorflow.demo;
2
3 import android.content.res.AssetFileDescriptor;
4 import android.content.res.AssetManager;
5 import android.graphics.Bitmap;
```

```
 6 import android.os.SystemClock;
 7 import android.os.Trace;
 8 import android.util.Log;
 9 import java.io.BufferedReader;
10 import java.io.FileInputStream;
11 import java.io.IOException;
12 import java.io.InputStreamReader;
13 import java.nio.ByteBuffer;
14 import java.nio.ByteOrder;
15 import java.nio.MappedByteBuffer;
16 import java.nio.channels.FileChannel;
17 import java.util.ArrayList;
18 import java.util.Comparator;
19 import java.util.List;
20 import java.util.PriorityQueue;
21 import java.util.Vector;
22 import org.tensorflow.lite.Interpreter;
23
24 public class TFLiteImageClassifier implements Classifier {
25     private static final String TAG = "TFLiteImageClassifier";
26
27     private static final int MAX_RESULTS = 3;
28
29     private Interpreter tflite;
30
31     private static final int DIM_BATCH_SIZE = 1;
32
33     private static final int DIM_PIXEL_SIZE = 3;
34
35     private static final int DIM_IMG_SIZE_X = 224;
36     private static final int DIM_IMG_SIZE_Y = 224;
37
38     byte[][] labelProb;
39
40     private Vector<String> labels = new Vector<String>();
41     private int[] intValues;
42     private ByteBuffer imgData = null;
43
44     private TFLiteImageClassifier() {}
45
46     private static MappedByteBuffer loadModelFile(AssetManager assets, String
                                                       modelFilename)
47             throws IOException {
48         AssetFileDescriptor fileDescriptor = assets.openFd(modelFilename);
49         FileInputStream inputStream = new FileInputStream(fileDescriptor.getFile
                                                                 Descriptor());
50         FileChannel fileChannel = inputStream.getChannel();
51         long startOffset = fileDescriptor.getStartOffset();
52         long declaredLength = fileDescriptor.getDeclaredLength();
53         return fileChannel.map(FileChannel.MapMode.READ_ONLY, startOffset, declared
                                   Length);
```

```
54      }
55
56      public static Classifier create(
57              AssetManager assetManager, String modelFilename, String label
                Filename, int inputSize) {
58          TFLiteImageClassifier c = new TFLiteImageClassifier();
59
60          Log.i(TAG, "Reading labels from: " + labelFilename);
61          BufferedReader br = null;
62          try {
63              br = new BufferedReader(new InputStreamReader(assetManager.open
                                         (labelFilename)));
64              String line;
65              while ((line = br.readLine()) != null) {
66                  c.labels.add(line);
67              }
68              br.close();
69          } catch (IOException e) {
70              throw new RuntimeException("Problem reading label file!" , e);
71          }
72
73          c.imgData =
74                  ByteBuffer.allocateDirect(
75                          DIM_BATCH_SIZE * DIM_IMG_SIZE_X * DIM_IMG_SIZE_Y *
                            DIM_PIXEL_SIZE);
76
77          c.imgData.order(ByteOrder.nativeOrder());
78          try {
79              c.tflite = new Interpreter(loadModelFile(assetManager, modelFilename));
80          } catch (Exception e) {
81              throw new RuntimeException(e);
82          }
83
84          Log.i(TAG, "Read " + c.labels.size() + " labels");
85
86          c.intValues = new int[inputSize * inputSize];
87
88          c.labelProb = new byte[1][c.labels.size()];
89
90          return c;
91      }
92
93      private void convertBitmapToByteBuffer(Bitmap bitmap) {
94          if (imgData == null) {
95              return;
96          }
97          imgData.rewind();
98          bitmap.getPixels(intValues, 0, bitmap.getWidth(), 0, 0, bitmap.getWidth(),
                            bitmap.getHeight());
99          int pixel = 0;
100         long startTime = SystemClock.uptimeMillis();
```

```
101         for (int i = 0; i < DIM_IMG_SIZE_X; ++i) {
102             for (int j = 0; j < DIM_IMG_SIZE_Y; ++j) {
103                 final int val = intValues[pixel++];
104                 imgData.put((byte) ((val >> 16) & 0xFF));
105                 imgData.put((byte) ((val >> 8) & 0xFF));
106                 imgData.put((byte) (val & 0xFF));
107             }
108         }
109         long endTime = SystemClock.uptimeMillis();
110         Log.d(TAG, "Timecost to put values into ByteBuffer: " + Long.toString
                (endTime - startTime));
111     }
112
113     @Override
114     public List<Recognition> recognizeImage(final Bitmap bitmap) {
115         Trace.beginSection("recognizeImage");
116
117         Trace.beginSection("preprocessBitmap");
118
119         long startTime;
120         long endTime;
121         startTime = SystemClock.uptimeMillis();
122
123         convertBitmapToByteBuffer(bitmap);
124
125         Trace.beginSection("run");
126         startTime = SystemClock.uptimeMillis();
127         tflite.run(imgData, labelProb);
128         endTime = SystemClock.uptimeMillis();
129         Log.i(TAG, "Inf time: " + (endTime - startTime));
130         Trace.endSection();
131
132         PriorityQueue<Recognition> pq =
133                 new PriorityQueue<Recognition>(
134                         3,
135                         new Comparator<Recognition>() {
136                             @Override
137                             public int compare(Recognition lhs, Recognition rhs) {
138                                 // Intentionally reversed to put high confidence
                                    // at the head of the queue.
139                                 return Float.compare(rhs.getConfidence(),
                                    lhs.getConfidence());
140                             }
141                         });
142         for (int i = 0; i < labels.size(); ++i) {
143             pq.add(
144                     new Recognition(
145                             "" + i,
146                             labels.size() > i ? labels.get(i) : "unknown",
147                             (float) labelProb[0][i],
148                             null));
```

```
149             }
150             final ArrayList<Recognition> recognitions = new ArrayList<Recognition>();
151             int recognitionsSize = Math.min(pq.size(), MAX_RESULTS);
152             for (int i = 0; i < recognitionsSize; ++i) {
153                 recognitions.add(pq.poll());
154             }
155             Trace.endSection();
156             return recognitions;
157         }
158 
159         @Override
160         public void enableStatLogging(boolean logStats) {
161         }
162 
163         @Override
164         public String getStatString() {
165             return "";
166         }
167 
168         @Override
169         public void close() {
170         }
171 }
```

第 24 行，定义了 TFLiteImageClassifier 类，该类继承自 Classifier 类。

第 25 行，定义了 TAG 静态变量，用来作为日志输出的标签。

第 29 行，定义了一个 Interpreter 对象 tflite，是 TensorFlow Lite 的解释器对象。

第 31 ～ 36 行，定义了后面要用到的几个变量，分别是批次的样本数量、图像通道数、图像宽度和图像高度。

第 38 行，定义了 labelProb 数组，主要用于存储各个标签输出的概率值。

第 40 ～ 42 行，定义了标签数组、整型数组和图像数据。

第 44 行，定义了 TFLiteImageClassifier 的构造方法，这是一个空构造方法，不需要完成什么任务。

第 46 ～ 54 行，定义了 loadModelFile 方法，主要负责从 APK 的资源中加载模型。参数 assets 是 AssetManager 对象，modelFilename 是资源文件名。首先调用 openFd 获取模型文件的文件描述符，然后通过 FileInputStream 构造指向文件的输入流，接着调用 getChannel 获取文件读取通道，并获取文件的起始偏移与需要读取的内容长度。最后调用 fileChannel 的 map 方法从文件中读取指定的内容，并返回 MappedByteBuffer，这种数据结构其实是将文件内容映射到内存中，是随机读取文件的较快方式。

第 56 ～ 91 行，定义了 create 方法，主要用于创建分类器对象。参数 assetManager 是资源管理器对象，modelFileName 是模型文件名，labelFilename 是标签文件名，inputSize 是输入的数据长度。

第 58 行，创建 TFLiteImageClassifier 对象。

第 61 ～ 71 行，调用 assetManager 的 open 方法打开标签文件，调用 BufferedReader 和 InputStreamReader 从文件中读取数据。每次读取一行，每一行就是一个标签。

第 73 ～ 75 行，为输入的图像数据分配内存，图像所需内存为 DIM_BATCH_SIZE × DIM_IMG_SIZE_X × DIM_IMG_SIZE_Y × DIM_PIXEL_SIZE 字节。

第 77 行，调用 order 方法将读入的数据转换为本地字节序。

第 78 ～ 82 行，调用 Interpreter 的构造方法创建解释器对象并赋予 tflite 属性。

第 86 ～ 89 行，创建输入向量缓冲区和标签概率数组。

第 90 行，返回上面构建好的分类器对象。

第 93 ～ 111 行，定义了 convertBitmapToByteBuffer 方法，该方法将一个位图数据转换成对应的字节数组缓冲区。

第 94 ～ 96 行，如果图像数据为 null，直接返回。

第 97 ～ 98 行，通过 getPixels 将图像的像素数据转换存储到整型缓冲区中。

第 101 ～ 108 行，循环遍历所有的像素，利用位运算取出每个像素的 R、G、B 3 个通道，并添加到字节缓冲区中。

第 114 ～ 157 行，定义了 recognizeImage 方法，用于返回从图片中分类出的对象。

第 123 行，调用 convertBitmapToByteBuffer 将位图转换成字节数组。

第 127 行，调用 tflite 的 run 方法，对图像数据进行分类，将分类结果放到 labelProb 中，每个标签都有一个置信度。

第 132 ～ 141 行，创建一个优先级队列，这个优先级队列用于决定我们如何从分类出的结果中取出前 3 个置信度最高的结果。其中定义了一个 Comparator 对象，该对象的 compare 方法会调用 Float 类的 compare 方法比较两个置信度的大小。这里不直接比较的原因是浮点数的比较可能存在误差，而 Float 的 compare 方法帮我们做了误差判定。

第 142 ～ 150 行，遍历所有的分类结果，将分类的置信度结果添加到优先级队列中。

第 150 ～ 156 行，取出分类结果中的前 3 个分类标签并存到结果中返回。

12.4　未来之路

我们已经涵盖了相当丰富的内容、讨论和实战，无论是基础机器学习原理、深度神经网络原理，还是高性能数据预处理实战，针对移动平台的深度优化细节以及可以直接应用于生产环境的产品级实战，本书讨论的移动平台深度神经网络研发主题帮助读者深入了解这个领域的核心内涵，我们甚至在最后一部分内容中为大家涵盖了流行移动平台机器学习框架和接口的使用与指导策略，其目的就是尽可能地覆盖该领域的林林总总，为读者呈现一套完整的知识体系架构。在本书当中讨论的 Hurricane 实时处理系统，甚至其底层使用的 libmeshy 网络框架以及后续为读者呈现的高性能代码均为开源项目，它们的实现和功能会在未来不断完善和增强。机器学习技术已经呈现出爆炸式增长之态势，并且已经在多个领域当中证明有效，成为越来越多软件或服务的核心功能，势必成为软件研发领域的中坚力量，拥有广阔的市场前景。本书不是整个移动平台机器学习研发的终点，而恰是一个崭新的起点，期望本书能为读者带来全方位的知识体系展现，帮助读者在此基础之上，继续前进成为该领域的专家。就像我们在本书开头所说的那样，未来已经到来，我们需要做好准备。

12.5 本章小结

本章介绍了业界流行的移动平台机器学习框架和接口，并针对性地辅以实战内容以加深读者对对应产品的理解，我们首先介绍了由 Apple 开发的 Core ML 及其对应的工具，使用 Swift 作为编程语言实现了一个简单的实时机器学习 App。接着，我们又介绍了以 Android 为阵营的 NNAPI，并针对其实现了一个加法乘法网络，并实现了可以在 Android 上执行的 App。接着我们在 TensorFlow Lite 的基础上实现了图像分类器，并完成了 JNI 接口封装，最终实现能够完成图像分类任务的 Android App。最后讨论了移动平台深度学习系统开发的未来。

推荐阅读

神经网络与深度学习

作者：邱锡鹏　ISBN：978-7-111-64968-7

本书是深度学习领域的入门教材，系统地整理了深度学习的知识体系，并由浅入深地阐述了深度学习的原理、模型以及方法，使得读者能全面地掌握深度学习的相关知识，并提高以深度学习技术来解决实际问题的能力。

神经网络设计（原书第2版）

作者：[美]马丁 T. 哈根　霍华德 B. 德姆斯　马克 H. 比勒　奥兰多·德·赫苏斯

译者：章毅 等　ISBN:：978-7-111-58674-6

新增关于泛化、动态网络和径向基网络的新章节以及5个实例分析，全面涵盖前馈网络、回复网络和竞争网络，使得全书从问题引入、基础概念、设计方法到工程应用的脉络更加清晰。

甄选实用的神经网络结构、学习规则和训练技巧，提供理解网络原理所必需的数学知识，同时舍弃生物学基础和硬件实现细节，目的是专注于讲解设计之道，而不是成为知识大全。

采用自成体系的章节设计，全书模块一致，从目标到结束语、从理论到实例皆一目了然，各章之间的过渡尤为流畅，用坚实的基础和张弛有序的节奏为步步深入的学习扫清了障碍。

情感分析：挖掘观点、情感和情绪

作者：[美] 刘兵　译者：刘康 赵军　ISBN：978-7-111-57498-9

给出观点以及观点挖掘和情感分析的全面定义，并对其中的关键概念进行了详细解释，使初学者能够对该任务的目标和脉络进行全面了解。

不仅介绍了经典观点挖掘和情感分析问题，同时还详细介绍了意图识别、垃圾评论检测、立场分析等相关新任务和新技术的最新研究方法。

既包含了观点挖掘与情感分析的相关基础理论知识，还涉及大量实战经验的介绍。读者在阅读之后能够快速地搭建一套观点挖掘与情感分析的实际系统。

推荐阅读

数据挖掘
原理与实践
Data Mining
Data Mining
The Textbook

数据挖掘
原理与实践
Data Mining
Data Mining
The Textbook

深入浅出Pandas
利用Python进行数据处理与分析

数据科学
工程实践
用户行为分析与建模、A/B
实验、SQLFlow
DATA
SCIENCE
ENGINEERING
PRACTICE

Python金融数据分析
（原书第2版）
Mastering
Python
for Finance
MASTERING PYTHON FOR FINANCE

Python数据分析
与数据化运营
（第2版）

Python数据可视化
基于Bokeh的可视化绘图

Python数据分析
与挖掘实战

增强型分析
AI驱动的数据分析、业务决策与案例实践